国家科学技术学术著作出版基金资助出版
中国科学院大学教材出版中心资助

生态基因组学

康　乐　主编

科学出版社
北　京

内 容 简 介

生态基因组学是研究生物基因组对环境响应和适应的学科，是生态学和基因组学交叉、融合的结果。本书是我国第一部关于生态基因组学的专著，阐述了生态基因组学的概念、起源和发展历史，也介绍了生态基因组学研究的方法和技术。书中的57位作者根据自己的研究方向和对象，分别撰写了生态基因组学研究的热点案例，涉及生态适应性、行为、免疫、物种形成、种间关系、表观遗传调控及肠道微生物相关的生态基因组学研究进展和展望，同时也涉及水生生态系统、生态环境与流感病毒、人体疾病相关的生态基因组等应用实例。本书内容广泛、图文并茂、参考文献丰富。

本书可供生物学、生态学、遗传学专业的本科生和研究生阅读，也可供生命科学、环境科学、医学、基因组学等领域的研究人员参考。

图书在版编目（CIP）数据

生态基因组学/康乐主编. —北京：科学出版社，2019.9
ISBN 978-7-03-062082-8

Ⅰ.①生… Ⅱ.①康… Ⅲ. ①基因组–研究 Ⅳ. ①Q343.2

中国版本图书馆 CIP 数据核字(2019)第 181052 号

责任编辑：李 悦 付丽娜 / 责任校对：郑金红
责任印制：吴兆东 / 封面设计：刘新新

科学出版社出版
北京东黄城根北街 16 号
邮政编码：100717
http://www.sciencep.com

北京九州迅驰传媒文化有限公司印刷

科学出版社发行 各地新华书店经销

*

2019 年 9 月第 一 版 开本：787 × 1092 1/16
2025 年 1 月第三次印刷 印张：27 1/2
字数：650 000

定价：268.00 元

(如有印装质量问题，我社负责调换)

《生态基因组学》编辑委员会

序

朋友之间，最愉快的事情莫过于共同去做一件大家都感兴趣的事情。康乐院士就是我许多朋友中难得的一位。

我最早听闻康乐的名字是在20世纪90年代，他因在生态学方面的研究获得国家自然科学奖而闻名，但那时我们并未谋面。我们真正相识是在20世纪90年代末期，华大基因中心（简称华大）成功地申请到国际人类基因组计划“1%项目”，但经费一直没有落实。康乐作为当时中国科学院生命科学与生物技术局的负责人，为我们项目的完成给予了道义、政策和经费上的大力支持。不久，在他的积极建议下，华大基因中心正式纳入中国科学院研究机构序列。随后，华大相继完成了水稻基因组、家蚕基因组、人类基因组“单体型计划”等一系列基于中国生物资源的基因组项目。那时，康乐代表中国科学院负责督促和检查项目的完成情况，他几乎每周都去华大基因中心。华大搬迁到深圳也得到了康乐的理解和支持。我当时就认为他是一位非常有担当、有见解、懂科学的学者型领导。

我的成长经历使我对我国的生态环境问题有着天然的亲近感。在我的印象中，生态学更多的是一种理论性、思辨性和在旷野中开展的宏观生物学研究。但是，康乐及其团队的研究彻底颠覆了我对生态学的认识。2004年他在《美国科学院院报》上发表了第一篇生态基因组学的文章，立即引起国际社会的高度反响。这是他给我的第一个惊喜，原来生态学问题可以用基因组学方法去解决。随后几年，康乐团队在生态基因组学领域发表了大量的系列文章，国际同行见到我时每每提起康的工作，这是第二个惊喜。让我更感到吃惊的是，康乐团队竟领先世界完成了当时最大的动物基因组——飞蝗基因组的测序和深度分析，阐明了飞蝗迁飞、食性和群聚的基因组基础。今天，在他的组织和引领下，康乐团队完成了《生态基因组学》的专著。我真的相信了，在基因组学迅速发展的今天，基因组学能为生态学、环境科学服务。

在认真阅读了康乐院士撰写的第1章“生态基因组学：当生态学遇到基因组学”相关内容后，我对他深入挖掘这个新兴学科的起源和发展的行为感到钦佩，更被他对两个学科融合的内在科学逻辑所折服。这一章告诉我们生态基因组学绝不是生态学和基因组学的机械结合，而是两个独立学科发展、交叉，最终走向融合的必然。生态基因组学的许多研究方向对生命科学来讲都极具挑战性，是一门典型的交叉科学。

通读全书，发现该书的内容极为丰富，共有26章，由中国科学院动物研究所、植物研究所、微生物研究所、生态环境研究中心和北京生命科学研究院（简称北京生科院）的57位科学家撰写。书中既介绍了生态基因组学的原理和方法，又列举了很多生态基因组学研究的热点案例。书中还包括了生物适应生物环境和非生物环境的基因组学、行为生态的基因组学、生态免疫学、物种形成的基因组学、生物与寄主和宿主互作的基因组学，以及小 RNA 和非编码 RNA 表达调控的生态基因组学、肠道生态基因组学等研究进展和展望；也涉及水生生态系统、生态环境与流感病毒、人体微生物组与人体慢性疾病的基因组学研究。该书最大限度地保障了著作的理论性、实践性和前沿性，同时也提出了生态基因组学未来的研究方向和挑战，非常值得研读。

我从事基因组学研究多年，曾为我国基因组学的发展奔走、呼吁。虽然我与该书中的绝大部分作者还没有直接的科研合作，但《生态基因组学》一书的出版让我感到由衷的高兴并深受鼓舞！中国的基因组和生态基因组学能够在世界上占有一席之地绝不是偶然的。实际上，我们都在不同方向、领域和研究单位从事着共同的事业，基因组学不孤单！士不可以不弘毅，任重而道远。

匆匆书之，是为序。

杨焕明

2018 年 8 月于北京

前　　言

完成一部关于生态基因组学的专著无疑是具有挑战性的。生态学和基因组学是生物科学中两个领域拓展最快的学科，它们的结合势必为生命科学打开更为广阔的天地。

生态学是研究生物与环境之间相互关系和作用的科学。生物与其所在环境不断地进行着能量、物质和信息的交流。这就要求我们认识生物与环境的关系不能仅仅局限于经典生态学中对生物分布和丰富度的研究。目前生态学更加注重强化科学发现与机制认识，强调多过程、多尺度、多学科的综合研究，关注系统模拟与科学预测，重视服务社会需求。从发展趋势看，全球变化生态学、生态系统服务、极端生境生态学与退化生态系统恢复重建、生物多样性保护、生物入侵机制与控制、生物地球化学循环、水资源管理生态学、传染病生态和进化、可持续发展生态学等将成为生态学重点关注的问题和领域。因此，生态学可为未来人类与自然生态系统共存提供理论依据和行动指南。但是，当把测定生态系统的复杂性尺度逐步扩大时，我们发现对生物与其环境相互作用的机制性认识在减弱。把许多看起来相关的事情转化为阐明它们的因果性必然会拓展我们的知识和指导我们的管理实践。

基因组学是研究生物基因组的组成，基因组内各基因的精确结构、相互关系及表达调控的科学。基因组学、转录组学、蛋白质组学与代谢组学等一同构成系统生物学的组学（omics）生物学基础。基因组学出现于20世纪80年代，20世纪90年代随着几个模式物种基因组计划的启动，基因组学取得了长足发展。基因组学已经成为生命科学中发展最快、影响最大的前沿学科之一。它主要研究基因组表达及调控、基因信息的识别和鉴定、基因功能信息的提取和鉴定、基因多样性分析、比较基因组学等。以基因组精细结构注释、基因组功能多样性和复杂性阐释为核心的基因组学已成为生命科学的重点发展方向。同时，我们看到，基因组学的发展也体现在单细胞测序、非编码RNA的功能及三维基因组等新的方向。当前国际上正在开展的国际免疫基因组协作计划、微生物基因组计划及以个体化基因组为标志的精准医学，都充分说明基因组学在农业、环境和人类健康研究中有巨大的生命力和引导性作用。

生态基因组学是生态学和基因组学发展过程中的自然融合，是一次新的综合。这不能简单地概括为用基因组学的方法研究生态学问题，其中最重要的一点是，生态基因组学将生态学问题由相关性研究提升到机制性研究。例如，在基因组水平可以更清楚地展示动植物生活史的类型、转变和特征，从而将基因组的变异与生态学的性状联系起来。地球上的生物多样性是生物与生物及生物与环境长期相互作用的结果。生态基因组学为深刻理解环境条件影响下表型与基因型的复杂关系提供了可行途径。对于表型可塑性研究，长期以来仅限于数量遗传特征的统计分析。生态基因组学的研究使得我们更清楚地展现不同表型背后的基因组程式。结合转录组及功能基因研究，我们能够更清晰地阐明环境作用下表型可塑性的适应机制及进化过程。生态基因组学将基因型与表型变异联系起来，例如，亲代的生活经历可影响其后代的表型性状和生理状态，这就使得跨代的表观遗传的概念在生态学中得到了很好的应用。

生态基因组学使生态学的研究获得了新的拓展。基因的水平转移，使我们对物种的形成和种间相互关系有了更加明确的证据和清晰的线路。小 RNA、非编码 RNA，以及蛋白质磷酸化、甲基化、乙酰化研究，加深了我们对表观遗传机制如何影响生态学性状的理解，即生物个体如何成功地应对迅速变化的环境条件。生态基因组学对于解释生物的适应性分化也有重要的作用，特别是在涉及生物在不同的寄主、胁迫环境和人类改变的环境条件下，生态基因组学能从分子水平和机制上给出合理的解释。另外，生态基因组学对于解释微生物基因组在适应性、生态功能和趋同进化等方面具有重要的意义。

生态基因组学的发展，使生态学的理论与实践得到新的应用。环境因素对生物的影响是多方面的，过去生态学研究更多地考虑到对种群及其以上生物水平的影响。生态基因组学的研究成果将加深我们对环境因子如何塑造基因和蛋白质网络的认识，试图回答生态学和进化中最具挑战性的问题。在应用层次上，生态基因组学提升我们保护生物、控制有害生物、管理外来物种的水平，为预防人类疾病的发生和流行提供重要的理论依据和技术支撑。另外，通过在严格控制的条件下进行生态基因组学研究，可为空间生物学和航天器生命支持系统提供更加精准的理论支持。

本书邀请了我国 57 位从事生态学、基因组学、生态基因组学研究的学者和专家分别撰写相关章节，集中反映了国际上生态基因组学的最新进展及他们在该领域的研究成果，是我国第一部生态基因组学领域的专著。我们希望，本书的出版为发展我国的生态基因组学贡献力量，希望国内外同行高度关注和支持该领域的研究。生态基因组学的发展，必将产生更多的新发现、新理论、新技术，从而进一步丰富这一领域的内容，提高其深度、广度。

康　乐

2018 年 6 月 6 日于北京

目　　录

第一部分　生态基因组学概论

第二部分 生态基因组学的热点科学问题

第三部分　生态基因组学的未来科学问题及应用

第一部分　生态基因组学概论

第 1 章　生态基因组学：当生态学遇到基因组学

1.1　什么是生态基因组学

生态学（ecology）和基因组学（genomics）都是生命科学领域最重要的分支学科。生态学是研究生物与环境之间相互关系和相互作用的科学。基因组学是研究基因组（genome）的科学，特别强调研究基因组的结构和功能。基因组的结构特征是序列化和数字化的，功能则主要体现在表达和调控方面，基因组学更强调结构和功能密不可分的相互关系（杨焕明，2016）。

什么是生态基因组学（ecological genomics）呢?与其他生物学名词类似，生态基因组学也有许多不同的定义。较早和较相关的定义是 Feder 和 Mitchell-Olds（2003）提出的进化和生态功能基因组学（evolutionary and ecological functional genomics）的概念，其基本含义是在自然环境和种群中，聚焦影响生存成功和进化适合度的基因。我们于 2004 年提出生态基因组学（ecological genomics 或 ecogenomics）的定义：用基因组学的原理和方法研究生态学问题（Kang et al.，2004）。2006 年，国际上生态基因组学的第一本书籍出版，编著者认为生态基因组学是一个分支学科，尽管瞄准的是生物有机体与生物和非生物环境间的关系，但强调基因组的结构和功能的密切联系（Straalen and Rolofs，2012）。一个类似的概念是强调自然种群的适应性研究，生态基因组学研究试图揭示生物有机体对环境的适应性响应的遗传机制，特别是通过基因组的结构和功能方面理解其机制（Eads et al.，2008）。堪萨斯州立大学（Kansas State University）有专门的研究团队，在他们的网站上把生态基因组学定义为：在生态和进化时间的尺度上研究一个或多个基因组群如何与环境相互作用。一些微生物学家认为，生态基因组学实际在性质上是跨学科的，它使生态学家能够通过基因组学来阐明生物多样性的机制（Landry and Aubin-Horth，2013）。最近，一个较新的定义被提出：生态基因组学试图阐明基因组对环境变化的反应，以及基因组的变异如何塑造有机体对环境的响应（Abbot，2017）。

仔细留意不难发现，上述这些定义有一些区别，但都大同小异。梳理生态基因组学定义演变的过程，也能对这个学科的发展有所了解。因为这个演变过程实际上反映了科学发展的时代特征，科学家的特定研究领域、生物的类群，以及研究手段的发展和变化。这其中有一个共同的特点，即这些定义是与进化、种群和基因组紧密联系的，强调的问题是基因组与环境的相互作用，研究手段是基因组学相关的技术，最终的目的是更好地理解有机体在生态系统中所发挥的作用。

1.2　生态学的发展趋势

1866 年德国动物学家 Ernst Heinrich Haeckel 首次把生态学定义为“研究生物与其环

境之间相互关系的科学”，特别是动物与其他生物之间的有益和有害关系，从此揭开了生态学发展的序幕。1877 年，德国动物学家 Mobius 提出了生物群落（biocenosis）的概念，意指生活在一个栖境中的相互作用的所有有机体；1905 年，美国植物学家 Clements 提出植物群落的概念。1935 年英国的 Tansley 提出了生态系统的概念，即环境中不仅生物之间有相互作用，而且这种相互作用也发生在无机成分之间。之后，美国的年轻学者 Lindeman 在对 Mondota 湖生态系统详细考察之后，提出了生态金字塔能量转换的“十分之一定律”。20 世纪 50 年代之后，生态学定义中又增加了系统生态的观点，把生物与环境的关系归纳为物质流动及能量交换；20 世纪 70 年代以来则进一步概括为物质流、能量流及信息流。生态学成为一门有自己的研究对象、任务和方法的比较完整和独立的学科。

生态学是生命科学领域 20 世纪发展最快的学科之一。20 世纪 50 年代以来，生态学汲取了数学、物理、化学和工程技术科学的研究成果，向精确定量方向发展并形成了自己的理论体系。数理化方法、精密仪器和电子计算机的应用，使生态学工作者有可能更广泛、深入地探索生物与环境之间相互作用的物质基础，从而对复杂的生态现象进行定量分析；整体概念的发展，产生出生态学若干新分支学科。生态学家感兴趣的问题包括：生物多样性、分布、生物量和种群动态，以及种间的合作与竞争。生态系统生态学是研究生物系统和非生物系统的相互作用。生态系统过程主要涉及初级生产过程、成土作用、营养循环、生态位构成等调控通过环境的能量和物质流。这个过程被生物有机体协同其生活史特征所维持。生物多样性是指物种、基因和生态系统的变化，这种多层次的集合加强了生态系统的服务功能。生态学与环境科学和自然历史研究并不相同，而与进化生物学、遗传学、行为学有紧密的联系。生态学家最关心的问题是更好地理解生物多样性如何影响生态功能。因此，生态学家试图解释：①生命过程，相互作用和适应性；②生物群落中物质和能量的流动；③生态系统的演替；④环境中有机体和生物多样性的分布和丰富度。

由于地球上的生态系统大都受人类活动的影响，社会经济生产系统与生态系统相互交织，形成了庞大的复合系统。随着社会经济和现代工业化的高速发展，自然资源、人口、粮食和环境等一系列影响社会生产和生活的问题日益突出。1962 年，美国海洋生物学家 Rachel Carson 出版震惊世界的生态学著作《寂静的春天》，提出了农药滴滴涕（DDT）造成的生态公害与环境保护问题，唤起了公众对环保事业的关注。

为了寻找解决这些问题的科学依据和有效措施，国际生物科学联合会（IUBS）制定了“国际生物学计划”（IBP），对陆地和水域生物群落进行生态学研究。1972 年联合国教育、科学及文化组织等继 IBP 之后，设立了人与生物圈（MAB）国际组织，制定“人与生物圈”规划，组织各参加国开展森林、草原、海洋、湖泊等生态系统与人类活动及农业、城市、污染等有关的科学研究。许多国家都设立了生态学和环境科学研究机构。1986 年由国际科学联合会（ICSU）建立国际地圈生物圈计划（International Geosphere-Biosphere Program，IGBP），认识控制整个地球系统相互作用的物理、化学和生物学过程；理解和描述支持生命的独特环境；理解和描述发生在该系统中的变化及人类活动对它们的影响方式。1980 年由世界自然保护联盟（IUCN）、联合国环境规划署（UNEP）、世界自然基金会（WWF）共同发表《世界自然保护大纲》。1987 年以布伦兰特夫人为首的世界环境与发展委员会（WCED）发表了报告《我们共同的未来》，这份报告正式使用了可持续发展的概念并产生了广泛的影响。1992 年 6 月，“联合国环境与发展大会”在巴西里约热内卢举行，这次会议上与会者普遍赞同 1987 年提出的“可持续发展战略”。会议通过了《里约环境与发展宣言》（*Rio Declaration on Environment and Development*），又称《地球宪章》（*Earth Charter*），这是一个有关环境与发展中国家和国际行动的指导性文件，第一次在承认发展中国家拥有发展权力的同时，制定了环境与发展相结合的方针。然而，条款中“到 2000 年，生物农药用量要占农药的 60%”这一号召，至今仍是一纸空文。会议还通过了 21 世纪在环境问题上的战略行动文件：《联合国可持续发展二十一世纪议程》《关于森林问题的原则声明》《联合国气候变化框架公约》与《生物多样性公约》。会上，非政府环保组织通过了《消费和生活方式公约》，认为新的经济模式应当是大力发展满足居民基本需求的生产，禁止为少数人服务的奢侈品的生产，降低世界消费水平，减少不必要的浪费。

人类目前正面临着一系列前所未有的重大的全球性环境问题——温室效应与全球变暖、人口激增与土地荒漠化、森林面积骤减与生物物种急剧灭绝、水资源匮乏、臭氧层破坏、环境污染与气候异常等。全球变化对于世界各国的经济发展和人类生存都有着深远的影响，它直接涉及地球上有限资源的可持续利用和地球的可居住性等重大的战略性科学与社会问题。全球环境变化和可持续发展已经成为当前人类面临的两大挑战。如何确保人类生存环境的可持续发展，减轻全球环境变化的不良影响，直接关系到人类的生活水平和生活质量（Scholze et al.，2006）。因此，全球变化生物学和全球变化生态学都对生态学提出了前所未有的挑战，经典和传统的生态学理论和方法已不能满足这些新兴学科的发展需要。

据不完全统计，生态学根据生物组织层次，生物类群，生物栖境，与其他学科、产业和应用领域甚至社会经济等的交叉，形成了大约 94 个分支学科（谢平，2013）。概括起来看，生态学发展有这样几个基本规律：生态学在研究尺度上，一方面向更为微观的方向发展（如分子生态学等），另一方面向更加宏观的方向发展（如景观生态学、全球生态学）；从研究的问题看，一方面向理论化方向发展（如理论生态学、数学生态学等），另一方面向应用发展（如恢复生态学、污染生态学）；从环境的类型看，生态学的许多分支学科已经涵盖了地球上所有的生态系统类型，甚至外层空间。生态学还从一个纯粹的生物学分支学科逐步发展成为与环境、经济、社会、人文科学相交叉的一系列分支学科。这充分说明生态学的重要性及人类活动对地球环境影响的广度和深度。

在生态学的长期发展过程中，人类对其规律性的认识经历了一个由浅入深、由片面到全面的较长历史过程。表现在方法上，从逐渐摆脱直接观察的“猜测思辨法”，到野外定性描述的“经验归纳法”，再到野外定位定量测试与室内实验相结合的“系统综合法”。上述方法虽然有力地推动了生态学的发展，但其研究视野仍局限在宏观水平上。表现出外貌或形态相同的生命有机体，由于所处的环境条件不同，其生理功能也不相同；亲代外貌、形态和生理功能相同的生命有机体，子代却由于所处的环境条件不同而产生新的变异。因此，宏观生态现象的多样性需要用微观的室内实验分析来揭示其生态本质的一致性，这也就成为生态学宏观与微观相结合发展的必然趋势。

毋庸置疑，在生态学迅速发展的过程中，学科的不足也显露出来，主要包括以下几点：囿于研究对象、生态系统类型和地区，许多研究结果缺乏普遍性。由于生态学的主要工作是在野外开展的，尽管分析手段精确，但原始数据不够准确。虽然设计了严格的实验，阐述生态系统的各因子之间是相关的，但有些实验生态学研究也不能很明确地阐明机制和因果关系。还有上面提到的大量分支学科的形成，导致生态学过于泛化，以至于生态学的边界不够清晰。在实际工作中，出现了稍微了解一点生态的概念就想去解决实际中存在的问题的现象。随着科技的发展，一些新的问题出现，传统和经典的生态学不能很好地解释这些问题。例如，环境胁迫和污染物对生物的影响不仅仅表现在死亡和存活这样的宏观特征和短期影响上；遗传修饰生物（GMO）释放到环境中可能引起的生态学问题；生物种间关系可能也不是简单的食物链问题；生物体内的共生微生物及环境中的微生物（特别是那些不可培养的微生物）如何影响其寄主和环境；许多非模式生物在生态系统和应用中的价值越来越重要。另外，全球气候变化会深刻影响生物的各个层面，最新的研究表明，生物有机体不仅仅是被动地受气候变化的影响，而是通过基因的改变、物种的进化、自身的可塑性来提高对逆境的适应性（Franks et al., 2007; Jump et al., 2008; Bradshaw and Holzapfel, 2008）。由于科学发展和现实的需要，特别是分子生物学向其他生物科学领域的渗透，分子生态学（molecular ecology）和生态遗传学（ecological genetics）应运而生，这两个学科的产生和发展，为生态基因组学的产生奠定了重要的基础。

1.3 生态基因组学的形成过程

回顾整个生命科学发展的历程，我们发现生命科学基本可以分为两大分支，一个分支是研究生物的多样性，如形态学、解剖学、分类学、生态学和生物进化等；另一个分支是研究生物的同一性，如遗传学、细胞生物学、分子生物学和基因组学等。实际上，生态学的核心问题是研究生物的适应性，从生态学角度适应性可以用物种数量、分布和丰富度来度量（Krebs，2009）。随着研究的深入，这些定性和定量指标就显得不够了，特别是当集中研究一个物种或几个相关物种的适应性时，种下或种间的遗传和非遗传变异对生态学提出了挑战。在这种情况下，生态学家就自然会去借助遗传学的方法研究生物的适应性。在生物同一性研究领域，许多科学家认为生命科学的一个主要问题是基因型与表型的关系。他们也认识到，表型是基因型和环境共同作用的结果。但是环境因素在多大程度上影响表型变异，对科学家来说也是一个重要的挑战。

在这种形势下，有三个主要学科的发展对生态基因组学的形成起到了关键作用。

第一，生物学家 E. B. Ford 于 1964 年提出生态遗传学（ecological genetics），主要研究自然种群对它们生存环境的自主调整和适应性，而这个问题恰恰是达尔文和华莱士共同关心的生态学（生存）和遗传学（变异）原理。其主要研究方法是瞄准一个或少数几个特定基因变异所产生的生态特性的改变。生态遗传学主要研究分子标记物和取样，遗传多样性和分化，基因流和婚配系统，种下多型和谱系地理学，物种形成和杂交。这个学科的主要不足是不能大量地研究野外物种和基因。

第二，随着 1966 年研究基因组变异的电泳技术的出现，生态学家面临着解释大量显著的种群遗传变异的挑战，也难以确定这种变异多大程度上可以用适应进化来解释（Lewontin，1991）。在进一步认识了一些可能的对非生物和生物环境产生反应的基因组机制后，出现了进化和生态功能基因组学（evolutionary and ecological functional genomics）的概念（Feder and Mitchell-Olds，2003）。进化和生态功能基因组学这个框架阐明：①重要生态性状的基因组机制的研究方法；②这些性状如何影响适应；③适应可能出现和保留的进化过程。总体目标是将基因型和表现型联系起来，找到最终适应环境的机制。这个学科的重要不足是，仅瞄准编码蛋白质的基因，所以称为功能基因组学。由于时代和技术的局限性，当时人们对非编码 DNA 和表观遗传学的认识还不够清楚。

第三，分子生态学（molecular ecology），研究分子生物学、生态学和种群生物学的界面问题，使用分子生物学的手段来研究自然的和引进的种群与其环境的关系及重组生物的生态学意义。重点研究分子种群和进化生物学、分子行为生物学和保护生物学、种群遗传学和基因流、释放重组生物的环境生态学及遗传交流、遗传分化和生理适应，以及环境对基因表达的影响、生态适应性、重组生物带来的危险、害虫的控制等问题。分子生态学的发展依赖分子标记和检测技术的重大突破。分子标记技术包括限制性片段长度多态性（restriction fragment length polymorphism，RFLP）、单核苷酸多态性（single nucleotide polymorphism，SNP）、扩增片段长度多态性（amplified fragment length polymorphism，AFLP）等。Weber（1989）通过 PCR 扩增和直接的序列测定发现了一类特殊的可变数目串联重复序列（variable number of tandem repeat，VNTR），其串联重复的核心单元仅由 2 个碱基组成，称为微卫星（microsatellite），它与等位酶和 RFLP 一样是很好的共显性标记物。分子生态学的主要局限性是需要依靠分子标记物分析基因序列和蛋白质序列的变化来解释问题，在阐明生态现象的分子机制方面存在不足。进入 21 世纪，分子生态学家也发现了分子生态学的局限性，认为应该突破分子标记物的局限性，使用基因组学的方法研究自然种群的地区适应、生态物种形成、物种相互作用、协同进化和遗传变异，提出了种群在自然条件下的生态和进化基因组学（ecological and evolutionary genomics of populations in nature）（Lee and Mitchell-Olds，2006）。从此之后，*Molecular Ecology* 杂志开始发表生态基因组学相关的文章，特别是在环境影响下的基因表达和调控方面的成果，而不是仅限于基于分子标记物手段涉及的生态和进化问题。

生态基因组学（ecological genomics or ecogenomics）一词最早出现在 20 世纪 90 年代，主要是微生物学家使用。Avise（1994）的专著 *Molecular Markers，Natural History and Evolution* 被认为具有里程碑式的意义，仅在第一个微生物基因组被测序的两年后，他就提出了分子生物学应该与生态学、进化和保护生物学相结合的论点。一个巨大的推动力来自 2000 年人类基因组草图计划的完成。这使得 Streelman 和 Kocher（2000）能够及时总结在进化和生态学上重要遗传因子的基因组及转录组研究。随着新一代测序技术的迅速发展，许多有关生态基因组学的文章发表在各类杂志上，涉及生态基因组学的许多方面。其中最主要的是特别强调将生态基因组学与进化和功能方面整合（Feder and Mitchell-Olds，2003；Rokas and Abbot，2009）。随后，有许多涉及生态基因组和数量遗传学方面的研究（Stinchcombe and Hoekstra，2007），以及一些基因组学应用到生态学中的研究（Ungerer et al.，2007）。这期间许多综述文章都是介绍研究技术和分析方法如何应用到生态和进化研究中的（Hudson，2008；Ekblom and Galindo，2011；Pavey et al.，2012）。这些文章的一个共性就是将现代生态的原理与基因组学整合起来（Straalen and Roelofs，2012）。在这样的形势下，从2003年起堪萨斯州立大学每年举办生态基因组学年会。

第一本关于生态基因组学的书籍是由Nico Van Straalen 和Dick Roelofs于2006年编写的，其中很大一部分是基因组学的内容，该书也提出了其在群落结构和功能、生活史类型、逆境反应等方面的应用。该书在 2012 年出版了第二版，比较完整地阐述了生态基因组学的原理和相关文献（Van Straalen and Roelofs，2012）。Landry 和 Aubin-Horth（2013）编著了生态基因组学的论文集，主要收集了关于生活史进化、适应性和物种形成的基因组学方面的文章。也有许多书籍介绍生态基因组学在特定生物群中的应用，以及强调在生态基因组学领域相关的理论和计算。

我国生态基因组学的研究于 21 世纪初起步，其特点是首先从研究具体的生态学问题开始。本研究团队以密度依赖性飞蝗的基因型多态性为研究模型，发现了一系列编码和非编码基因对飞蝗型变的遗传和表观遗传调控机制，为国际生态基因组学的发展做出了重要的贡献。从2004年开始，他们通过大规模基因表达序列标签（EST）测序，首先发现群居型和散居型基因表达谱的差异（Kang et al.，2004）。该论文（*Who is Publishing in My Domain?*PMID：15591108）被 *BioMed Updater Journal* 列为国际生态基因组学领域的牵头文章。随后通过全基因组表达谱和生物信息学分析陆续发现，嗅觉相关基因与多巴胺的生物合成和释放的基因调控了飞蝗型变（Guo et al.，2011；Ma et al.，2011）。代谢组学研究揭示了肉碱在调节飞蝗行为型变中的重要作用（Wu et al.，2012）。除编码基因外，飞蝗两型还在小 RNA 表达谱上表现出差异（Wei et al.，2009）。Yang 等（2006）揭示了 miR-133 同时调控多巴胺通路上的两个关键基因—— *henna* 和 *pale*，调控飞蝗型变。Guo 等（2018）发现 Dop1 通过抑制 RNA 结合蛋白 La 蛋白与 miR-9a 前体的结合，导致 miR-9a 成熟过程受到抑制，从而降低 miR-9a 的表达量，随之解除了对 ac2 的抑制作用，最终诱导了飞蝗的嗅觉吸引行为。Chen 等（2015）发现飞蝗卵的大小和基因表达模式兼具母性与父性跨代遗传效应。He 等（2016）揭示了 miR-276 通过识别 *brm* 基因茎环结构介导群居型卵孵化的整齐度。在进化基因组学方面，Wang 等（2014）解析了世界上最大的动物基因组——飞蝗全基因组图谱，揭示了基因组庞大、长距离迁飞、取食禾本科植物等生物学特性的基因基础。基于全线粒体基因组测序，Ma 等（2012）阐明了飞蝗的起源、扩散的途径，厘清了世界飞蝗的亚种地位。Zhang 等（2013）发现飞蝗西藏高原种群通过增大细胞色素 c 氧化酶活性和三羧酸循环的关键酶 PDHE1 维持低氧下有氧呼吸的能力。Chen 等（2017）发现转座子 Lm1 在飞蝗自然种群中的分布频率是造成飞蝗南北种群胚胎发育和温度响应变异的原因。这些研究为生态基因组学的发展和飞蝗生态适应性及治理方法提供了重要的基因组信息。

1.4 生态基因组学主要研究的问题和挑战

基因组学是 21 世纪生命科学的前沿和新的起点，是生命科学中最为年轻、最为活跃、进展最快的领域（杨焕明，2016）。21 世纪基因组学技术和分析方法的发展，推动了生态基因组学的形成和发展。生态基因组学是一门交叉科学，它的原理和方法吸取了来自环境科学、进化生物学、种群遗传学、分子生物学、毒理学、生理学、环境微生物学，甚至化学的精华。从某种意义上看，生态基因组学与生态学有异曲同工之处。经典生态学中的物种组成和相对丰富度这两个指标，与基因组中的基因种类和相对表达量形成了类似平行的度量指标。生态学本身的发展也是运用了数学、物理、化学的方法，在不同生物组织层次、研究对象和应用方向上形成不同的分支学科。

生态基因组学要回答的基本问题包括以下几个方面，但不限于这些方面：①生理和代谢胁迫下基因在基因组尺度上的表达格局；②特定生物群落（特别是微生物群落）是如何构建的，在生态梯度上如何变化；③表型可塑性的基因组基础；④哪些基因和遗传标记物与适应性特征相关；⑤基因组变异如何影响生活史格局和婚配系统；⑥表观遗传修饰如何影响生态学特性。这些问题看起来很宽泛，但这些问题的解决可能使生物学领域得到更大的拓展。最近的生态基因组学研究进展，一个最突出的方面是影响种内和种间表型可塑性的格局及机制的多样性研究，特别是在非模式生物中。因此，生态基因组学有望揭示更广泛的生物学问题，甚至颠覆我们以前积累的认识（Abbot，2017）。

生态基因组学的总体目标是将基因型和表现型联系起来，找到最终适应环境的机制。生态学和基因组学的融合代表的不仅仅是一个新的基因组方法的拓展。新兴技术提出了绝好的基因组学角度下的物种观点，以及其他许多需要检验的新的问题，而现有的问题可以以一种前所未有的方式解决（Barrett and Hoekstra，2011）。预计未来生态基因组学家将至少在以下几方面挑战自己：①证明适应性的进化遗传变异的重要性（Colosimo et al.，2005）；②揭示即使很小的基因序列的改变（包括调控区）也可能会导致显著的适应性进化（Hoekstra，2006）；③测定、选择和确认候选基因；④阐明自然种群中微进化改变的遗传学基础（Gratten et al.，2008，2012）；⑤确定适应性进化和生态物种形成的基因组结构（Rogers and Bernatchez，2007）；⑥确立适应性进化中可塑性的重要性（McCairns and Bernatchez，2010）；⑦评估和权衡生活史在全基因组基因表达格局中的作用，同时权衡适应性差异（Colbourne et al.，2011）。

生态基因组学理论和技术的迅速发展，使其涵盖的科学问题包括了很多方面，具体包括物种形成、表型可塑性、环境胁迫和全球变化响应及其分子、遗传和表观遗传学机制。但是，要想超越对遗传变异模式的描述性研究，以阐明进化过程中驱动物种适应和进化的机制，仍然是相当有挑战性的。从研究广泛的自然选择到基因水平上的进化适应，可用的方法有很多，如从经典的数量性状位点（QTL）研究到限制性位点相关 DNA（RAD）测序及 mRNA 测序（RNA-seq），研究对象也由个体、种群向群落甚至景观尺度延伸。

1.5　生态基因组学研究的实例——飞蝗表型可塑性研究

蝗灾是世界性的重大农业灾害，在中国历史上，蝗灾与“水灾”“旱灾”并称三大自然灾害。蝗灾的形成主要是由于飞蝗能够在散居型和群居型之间相互转变、远距离迁飞和具有较强的生态适应性。这些也是表型可塑性的重要特征，因此飞蝗是研究表型可塑性的理想模型。该项研究从基因组的解析，到两型转变机制的探索，再到生态适应机制，逐步将蝗虫种群暴发成灾机制阐述清楚，为开发出阻断飞蝗群居化的环境友好型药物提供重要基础。

1.5.1 飞蝗两型转变的编码基因调控机制

21 世纪之前的半个多世纪，国际上对于蝗虫群居型和散居型的相关研究长期停留在形态、行为和生理学水平，一直没有深入分子生物学和基因组学水平。飞蝗群居型和散居型之间的转变是一种密度依赖的表型可塑性。Kang 等（2004）通过对大规模散居型和群居型飞蝗 EST 测序，鉴定出 532 个飞蝗型变相关基因，表明飞蝗型变调控过程涉及多种分子途径和复杂网络，为后续功能研究提供了重要的序列信息和基础。这项工作将蝗虫型变研究提升到基因组研究水平，成为国际上生态基因组学研究的先导性论文。该论文发表之后当即被 *Science* 评述，相关科学家认为有希望开发出阻止蝗虫群居的药物。基于群居型和散居型飞蝗大规模的 EST 数据，通过与果蝇、蜜蜂、家蚕、按蚊等已测序昆虫的序列进行比对、注释和信号途径的富集分析，建立了飞蝗基因信息数据库 LocustDB（Ma et al.，2006）。

在 2012 年之前，飞蝗基因表达的检测是基于飞蝗大规模的 EST 而设计的 70mer 的寡聚核苷酸探针，合成制备包括近 1 万条基因的寡聚核苷酸基因芯片。通过比较飞蝗两型和型变过程（散居化和群居化）、发育过程基因表达谱及小分子代谢物表达谱，并结合 RNAi 基因操作技术和行为学检测，对飞蝗型变的分子机制获得了全新认识：其一，两类气味感受相关基因（*CSP* 和 *takeout*）的表达能够调控飞蝗型变过程中个体间排斥行为和吸引行为的转变，这表明了嗅觉感受差异在飞蝗型变启动过程中具有关键作用（Guo et al.，2011）。其二，发现多巴胺代谢途径调控飞蝗行为和体色，基因和药物干扰试验证明多巴胺代谢途径是维持两型差异的必要条件（Ma et al.，2011）。其三，鉴定出脂类代谢物等 319 个飞蝗型变特征的标记分子，证明其中肉碱类分子在调控型变中发挥的关键作用。该研究将飞蝗表型与代谢组相联系，表明飞蝗两型转变是一个涉及生命活动多个层次的复杂网络，大大加深了对飞蝗型变调控过程的理解（Wu et al.，2012），而且对于人类自闭症等精神类疾病机制的研究具有很好的启示意义。其四，发现天然免疫系统中可溶性模式识别蛋白（PGRP-SA 和 GNBP）等的基因调控群居型飞蝗的预防性免疫容忍策略，即用模式识别蛋白激活的体液蛋白复合物包裹、隔离真菌来降低感染的副作用，而不是表达抗菌肽杀灭真菌（Wang et al.，2013）。这些工作被国际蝗虫学知名专家 Simpson 评述为蝗虫型变分子机制研究中最为成功的案例（Simpson et al.，2011）。代谢组研究相关论文被 Faculty of 1000 数据库推荐为必读文章，同行推荐专家 Zera 2013 年认为该文章“第一次揭示出一种中间代谢物可作为表型可塑性发育过程中的信号调控分子，为将来表型可塑性机制的研究提供了范例和新的方向”。他们鉴定了飞蝗所有的神经肽（Hou et al.，2015），发现飞蝗的神经肽（NPF1/NPF2）通过调控一氧化氮的合成调控飞蝗型变中的活动性（Hou et al.，2017），在人们多年来一直怀疑存在的神经肽调节机制上给予了清晰的阐明。

1.5.2 飞蝗型变的表观遗传调控机制

在自然界，飞蝗的型变也表现出明显的表观遗传特征，即两型间可以互变，代际也有某些性状的传承。康乐研究组发展了一种无基因组序列前提下鉴定特有 miRNA 的方法，发现飞蝗中有大量的小 RNA 及参与型变的 microRNA（Wei et al., 2009），开发了一种核苷 *k* 联体方法，在飞蝗的小 RNA 库中预测到 87 536 条 piRNA（Zhang et al., 2011）。他们揭示 miR-133 调控了多巴胺通路上的两个关键基因——*henna* 和 *pale*，导致多巴胺生成量发生变化，从而引起飞蝗产生型变，这项研究进一步证实了多巴胺及其代谢途径的重要性（Yang et al., 2014）。他们的研究发现，多巴胺通过多巴胺受体 1（Dop1）调控飞蝗的吸引行为，从而使其从散居型向群居型转变，多巴胺受体 2（Dop2）的作用正好相反（Guo et al., 2015）。为了进一步研究 Dop1 调控飞蝗嗅觉吸引行为的机制，他们采用 RNA-seq 技术检测激活和干扰 Dop1 后飞蝗脑内 microRNA 的变化，发现 miR-9a 在 Dop1 激活后降低，在 Dop1 干扰后升高。行为检测发现在群居型中过表达 miR-9a 能够减少飞蝗的嗅觉吸引行为，而在散居型中降低 miR-9a 能够升高飞蝗的嗅觉吸引比例。同时他们发现升高 miR-9a 能够逆转 Dop1 激活诱导的嗅觉吸引行为。在机制上，他们发现 Dop1 通过抑制 RNA 结合蛋白 La 蛋白与 miR-9a 前体的结合，导致 miR-9a 成熟过程受到抑制，从而降低 miR-9a 的表达量，随之解除了对 ac2 的抑制作用，最终诱导了飞蝗的嗅觉吸引行为（Guo et al., 2018）。

飞蝗型的特征既可在当代发生转变，又有遗传给后代的倾向，具有明显的表观遗传特征。Wang 等（2012）发现飞蝗耐寒性特征具有母性遗传效应。卵的大小和基因表达模式兼具母性和父性跨代遗传效应（Chen et al., 2015）。另外，他们发现 miR-276 在飞蝗群居型卵巢和卵中都呈现出高表达趋势，参与卵孵化速率整齐度的调控，且 miR-276 通过识别 *brm* 的 RNA 中的一个茎环结构以实现 *brm* 的上调表达，保证群居型卵孵化的整齐度，明确了飞蝗卵的一致性发育的表观调控机制（He et al., 2016）。

1.5.3 揭示蝗虫种群暴发的生态适应机制

飞蝗是世界性分布最为广泛的昆虫物种之一，其起源和种群分化一直争论不休。Ma 等（2012）基于全线粒体基因组测序，发现世界范围内的飞蝗分子谱系主要分化成北方和南方种群，阐明了飞蝗的起源、扩散的途径，厘清了世界飞蝗的亚种地位，为认识飞蝗的种群生物学和暴发成灾规律提供了重要的遗传学证据。国际直翅目昆虫物种名录采用了这项研究的结果（http://orthoptera.speciesfile.org/Common/basic/Taxa.aspx?TaxonNameID=1103073）。Zhao 等（2013）发现飞蝗平原种群表现出更显著的低氧应激反应，高原种群具有更强的低氧耐受能力；高原种群通过提高细胞色素 c 氧化酶活性和三羧酸循环的关键酶 PDHE1 活性维持了低氧下有氧呼吸的能力，最终增强了对低氧的耐受，阐释了飞蝗不同海拔种群的低氧适应机制。Chen 等（2017）发现转座子 Lm1 在飞蝗自然种群中的分布频率是造成飞蝗南北种群胚胎发育和温度相应变异的原因，揭示了转座子在微进化和平衡选择中起到关键作用的机制。Yang 等（2019）证明了飞蝗两型体色的变化直接受β胡萝卜素结合蛋白的调控，一个红色的蛋白复合体的形成和分离导致了飞蝗黑色向绿色的转变。Wei等（2019）证明苯乙氰在飞蝗的化学防御中发挥关键作用，苯乙氰转化成HCN避免了鸟类的捕食。群居型蝗虫使用苯乙氰作为气味警戒实现群体防御，散居型蝗虫通过绿色体色在植物背景中得到隐藏。

飞蝗的基因组巨大（6.5Gb），因此其基因组学研究面临巨大挑战。研究者通过构建多代严格近交系和发展超大基因组组装方法，获得高质量的飞蝗全基因组图谱和17 300个蛋白编码基因集，揭示基因组庞大、长距离迁飞、取食禾本科植物等生物学特性的基因基础（Wang et al.，2014）。Hou等（2015）鉴定出23个飞蝗神经肽前体序列，并刻画它们的发育、组织和两型转变相关表达模式。结合触角转录组数据，鉴定出142条嗅觉受体基因（*OR*）和32条亲离子受体基因（*IR*），发现飞蝗嗅觉系统并不遵守"一个嗅觉受体-一个嗅小球"的规律，提出了飞蝗"嗅小球集簇化"假说（Wang et al.，2015）。利用CRISPR/Cas9系统成功构建了嗅觉缺失（ORCO）的突变品系，这个突变体丧失了对聚集信息素的选择性反应（Li et al.，2016）。该研究为更好地揭示飞蝗聚群及暴发机制，以及开发可持续性治理方法提供了宝贵的基因组资源，为对昆虫纲进化的深入理解提供了必要信息。

参考文献

陈兵, 康乐. 2013. 表型可塑性研究//新生物学年鉴2013编委会. 新生物学年鉴2013. 北京: 科学出版社: 128-155.

谢平. 2013. 从生态学透视生命系统的设计、运用和演化——生态、遗传和进化通过生殖融合. 北京: 科学出版社: 1-397.

杨焕明. 2016. 基因组学. 北京: 科学出版社: 1-487.

Abbot P. 2017. Ecological Genomics-Ecology-Oxford Bibliographies. http://www.oxfordbibliographies.com/abstract/document/obo-9780199830060/obo-9780199830060-0129.xml.

Avise J C. 1994. Molecular Markers, Natural History and Evolution. New York: Chapman &Hall.

Barrett R D H, Hoekstra H E. 2011. Molecular spandrels: tests of adaptation at the genetic level. Nature Reviews Genetics, 12: 767-780.

Bradshaw W E, Holzapfel C M. 2008. Genetic response to rapid climate change: it's seasonal timing that matters. Molecular Ecology, 17: 157-166.

Chen B, Zhang B, Xu L L, et al. 2017. Transposable element-mediated balancing selection at Hsp90 underlies embryo developmental variation. Molecular Biology and Evolution, 34(5): 1127-1139.

Chen Q Q, He J, Ma C, et al. 2015. Syntaxin 1A modulates the sexual maturity rate and progeny egg size related to phase changes in locusts. Insect Biochemistry and Molecular Biology, 56: 1-8.

Chippindale A K. 2006. Experimental evolution. *In*: Fox C W, Wolf J B. Evolutionary Genetics: Concepts and Case Studies. New York: Oxford University Press.

Colbourne J K, Pfrender M E, Gilbert D, et al. 2011. The ecoresponsive genome of *Daphnia pulex*. Science, 331: 555-561.

Colosimo P F, Hosemann K E, Balabhadra S, et al. 2005. Widespread parallel evolution in sticklebacks by repeated fixation of ectodysplasin alleles. Science, 307: 1928-1933.

Eads B D, Andrews J, Colbourne J K. 2008. Ecological genomics in *Daphnia*: stress responses and environmental sex determination. Heredity, 100: 184-190.

Ekblom R, Galindo J. 2011. Next generation sequencing in non-model organisms. Heredity, 107: 1-15.

Feder M E, Mitchell-Olds T. 2003. Evolutionary and ecological functional genomics. Nature Reviews Genetics, 4: 651-657.

Franks S J, Sim S, Weis A E. 2007. Rapid evolution of flowering time by an annual plant in response to a climate fluctuation. Proceedings of the National Academy of Sciences of the United States of America, 104: 1278-1282.

Gratten J, Pilkington J G, Brown E A, et al. 2012. Selection and microevolution of coat pattern are cryptic in a wild population of sheep. Molecular Ecolog, 21 (12): 2977-2990.

Gratten J, Wilson A J, McRae A F, et al. 2008. A localized negative genetic correlation constrains microevolution of coat color in wild sheep. Science, 319 (5861): 318-320.

Guo W, Wang X H, Ma Z Y, et al. 2011. CSP and takeout genes modulate the switch between attraction and repulsion during behavioral phase change in the migratory locust. PLoS Genetics, 7: e1001291.

Guo X J, Ma Z Y, Kang L. 2015. Two dopamine receptors play different roles in phase change of the migratory locust. Frontiers in Behavioral Neuroscience, 9: 80.

Guo X J, Ma Z Y, Yang P C, et al. 2018. Dop1 enhances conspecific olfactory attraction by inhibiting miR-9a maturation in locusts. Nature Communication, 9(1): 1193.

He J, Chen Q, Wei Y Y, et al. 2016. MicroRNA-276 promotes egg-hatching synchrony by up-regulating *brm* in locusts. Proceedings of the National Academy of Sciences of the United States of America, 113: 584-589.

Hoekstra H. 2006. Genetics, development and evolution of adaptive pigmentation in vertebrates. Heredity, 97: 222-234.

Hou L, Jiang F, Yang P C, et al. 2015. Molecular characterization and expression profiles of neuropeptid precursors in the migratory locust. Insect Biochemistry and Molecular Biology, 63: 63-71.

Hou L, Yang P C, Jiang F, et al. 2017. The neuropeptide F/nitric oxide pathway is essential for shaping locomotor plasticity underlying locust phase transition. eLife, 6: e22526.

Hudson M E. 2008. Sequencing breakthroughs for genomic ecology and evolutionary biology. Molecular Ecology Resources, 8: 3-17.

Jump A S, Penuelas J, Rico L, et al. 2008. Simulated climate change provokes rapid genetic change in the Mediter-ranean shrub *Fumana thymifolia*. Global Change Biol, 14: 637-643.

Kang L, Chen X Y, Zhou Y, et al. 2004. The analysis of large-scale gene expression correlated to the phase changes of the migratory locust. Proceedings of the National Academy of Sciences of the United States of America, 101: 17611-17615.

Krebs C J. 2009. Ecology: The Experimental Analysis of Distribution and Abundance. 6th ed. San Francisco: Benjamin Cummings: 655.

Landry C R, Aubin-Horth N. 2013. Ecological Genomics: Ecology and the Evolution of Genes and Genomes. New York: Springer.

Lee C E, Mitchell-Olds T. 2006. Preface to the special issue: ecological and evolutionary genomics of populations in nature. Molecular Ecology, 15: 1193-1196.

Lewontin R C. 1991. Twenty-five years ago in genetics: electrophoresis in the development of evolutionary genetics: milestone or millstone? Genetics, 128(4): 657-662.

Li Y, Zhang J, Chen D F, et al. 2016. CRISPR/Cas9 in locusts: successful establishment of an olfactory deficiency line by targeting the mutagenesis of an odorant receptor co-receptor (Orco). Insect Biochemistry and Molecular Biology, 79: 27-35.

Ma C, Yang P C, Jiang F, et al. 2012. Mitochondrial genomes reveal the global phylogeography and dispersal routes of the migratory locust. Molecular Ecology, 21: 4344-4358.

Ma Z Y, Guo X J, Guo W, et al. 2011. Modulation of behavioral phase changes of the migratory locust by the catecholamine metabolic pathway. Proceedings of the National Academy of Sciences of the United States of America, 108: 3882-3887.

Ma Z Y, Yu J, Kang L. 2006. LocustDB: a relational database for the transcriptome and biology of the migratory locust (*Locusta migratoria*). BMC Genomics, 7 (1): 11.

McCairns R J S, Bernatchez L. 2010. Adaptive divergence between freshwater and marine sticklebacks: insights into the role of phenotypic plasticity from an integrated analysis of candidate gene expression. Evolution, 64: 1029-1047.

Pavey S, Bernatchez L, Aubin-Horth N, et al. 2012. What is needed for next-generation ecological and evolutionary genomics? Trends in Ecology & Evolution, 27: 673-678.

Rogers S M, Bernatchez L. 2007. The genetic architecture of ecological speciation and the association with signatures of selection in natural lake whitefish (Coregonus spp. Salmonidae) species pairs. Molecular Biology and Evolution, 24: 1423-1438.

Rokas A, Abbot P. 2009. Harnessing genomics for evolutionary insights. Trends in Ecology and Evolution, 24: 192-200.

Scholze M, Knorr W, Arnell N W, et al. 2006. A climate-change risk analysis for world ecosystems. Proceedings of the National Academy of Sciences of the United States of America, 103(35): 13116-13120.

Simpson S J, Sword G A, Lo N. 2011. Polyphenism in insects. Current Biology, 21: 738-749.

Stinchcombe J R, Hoekstra H E. 2007. Combining population genomics and quantitative genetics: finding the genes underlying ecologically important traits. Heredity, 100: 158-170.

Streelman J T, Kocher T D. 2000. From phenotype to genotype. Evolution and Development, 2: 166-173.

Ungerer M C, Johnson L C, Herman M A. 2007. Ecological genomics: understanding gene and genome function in the natural environment. Heredity, 100: 178-183.

Van Straalen N, Roelofs D. 2012. Introduction to Ecological Genomics. New York: Oxford University Press.

Verhoeven K J F, Jansen J J, van Dijk P J, et al. 2010. Stress-induced DNA methylation changes and their heritability in asexual dandelions. New Phytologist, 185: 1108-1118.

Wang H S, Ma Z Y, Cui F, et al. 2012. Parental phase status affects the cold hardiness of progeny eggs in locusts. Functional Ecology, 26: 379-389.

Wang X, Kang L. 2014. Molecular mechanisms of phase change in locusts. Annual Review of Entomology, 59: 225-244.

Wang X H, Fang X, Yang P, et al. 2014. The locust genome provides insight into swarm formation and long-distance flight. Nature Communications, 5: 2957.

Wang Y D, Yang P C, Cui F, et al. 2013. Altered immunity in crowded locust reduced fungal (*Metarhizium anisopliae*) pathogenesis. PLoS Pathogens, 9: e1003102.

Wang Z F, Yang P C, Chen D F, et al. 2015. Identification and functional analysis of olfactory receptor family reveal unusual characteristics of the olfactory system in the migratory locust. Cellular and Molecular Life Sciences, 72(22): 4429-4443.

Weber J L. 1991. Length polymorphisms in (dC-dA) *n*, (dG-dT) *n*, sequences: US, 5075217.

Wei J N, Shao W B, Cao M M, et al. 2019. Phenylacetonitrile in locusts facilitates an antipredator defence by acting as an olfactory aposematic signal and cyanide precursor. Science Advances, 5: eaav5495.

Wei Y Y, Chen S, Yang P C, et al. 2009. Characterization and transcriptomes of small RNAs in two phases of locust. Genome Biology, 10: R6l.

Wu R, Wu Z M, Wang X H, et al. 2012. Metabolomic analysis reveals that carnitines are key regulatory metabolites in phase transition of the locusts. Proceedings of the National Academy of Sciences of the United States of America, 109: 3259-3263.

Yang M L, Wang Y, Jiang F, et al. 2016. miR-71 and miR-263 jointly regulate target genes chitin synthase and chitinase to control locust molting. PLoS Genetics, 12(8): e1006257.

Yang M L, Wei Y Y, Jiang F, et al. 2014. MicroRNA-133 inhibits behavioral aggregation by controlling dopamine synthesis in locusts. PLoS Genetics, 10: e1004206.

Yang M L, Wang Y L, Liu Q, et al. 2019. A β-carotene-binding protein carrying a red pigment regulates body-color transition between green and black in locusts. eLife, 8: e41362.

Zhang Y, Wang X H, Kang L. 2011. A *k*-mer scheme to predict piRNAs and characterize locust piRNAs. Bioinformatics, 27(6): 771-776.

Zhang Z Y, Chen B, Zhao D J, et al. 2013. Functional modulation of mitochondrial cytochrome c oxidase underlies adaptation to high-altitude hypoxia in Tibetan migratory locust. Proceedings of the Royal Society B: Biological Sciences, 280: 20122758.

Zhao D J, Zhang Z Y, Cease A, et al. 2013. Efficient utilization of aerobic metabolism helps Tibetan locusts conquer hypoxia. BMC Genomics, 14: 631.

第 2 章　高通量测序技术及其在生态基因组学上的应用

DNA 测序是鉴定 DNA 序列中核苷酸分子精确顺序的过程。传统的 Sanger 法测序，虽然准确度极高，但是通量低，极大地限制了测序技术的应用。随着物理、化学、计算机等学科的发展，高通量测序技术近 10 年来飞速发展，经历了从第二代边合成边测序，到第三代单分子实时测序，以及正在发展的纳米孔测序。本章突出比较了这些技术平台之间的异同，如在样品制备、测序通量和长度、测序时间等方面的差异，重点介绍了高通量测序技术在生态基因组学上的应用，包括对物种基因组进行测序来鉴定参考基因组，对不同条件下的转录组测序来检测基因表达水平的变化，对不同群体进行 RAD 测序来构建遗传图谱和寻找性状关联位点，对群体进行重测序来进行种群结构分析，对不同条件下的 DNA 进行甲基化测序来寻找差异甲基化位点，对不同环境下的微生物进行宏基因组测序来鉴定和量化其对环境的响应。本章介绍了这些技术的应用途径，并展望了它们的发展前景。

2.1　高通量测序技术介绍

2.1.1　第一代测序技术

Sanger 等在 20 世纪 70 年代中期发明了 DNA 末端终止法测序技术。该技术使 DNA 在 DNA 聚合酶、模板、放射性同位素标记的引物、dNTP 和 ddNTP 的作用下发生延伸反应，由于 ddNTP 的存在，会形成长度不一的 DNA 延伸片段；然后利用平板凝胶电泳，用 4 条电泳道来分离 4 个反应的产物，便可以按顺序读出相应的 DNA 序列。基于该技术开发的 ABI3730 测序仪可以在一次运行中分析 96 个样本，读长最多可以超过 1000bp。但是，由于该技术对电泳分离技术的依赖，其难以进一步提高分析的速度和通过微型化降低测序成本，因此在 2005 年后，该技术除在 PCR 产物测序和病毒的基因组测序中继续发挥重要作用外，在其他方面均已较少使用。但由于其在原始数据质量（准确率高达 99.999%）及序列读长方面具有的优势，它还将与新的测序平台并存。

2.1.2　第二代高通量测序技术

高通量测序技术自 2005 年进入市场，改变了测序的规模化进程。新一代 DNA 测序仪采用矩阵分析技术，实现了大规模并行化，使得矩阵上的 DNA 样本可以被同时并行分析；不再采用电泳技术，使得 DNA 测序仪得以微型化；通过边合成边测序，测序速度大幅提高。通过这些改进，测序成本以“超摩尔定律”的速度不断下降。其技术原理是：首先构建 DNA 模板文库。通常这一步需要把 DNA 打断成预期长度的片段，如 Illumina 平台的双末端测序，可以打断成 200bp 至 40kb 的长度。其次将 DNA 固定在芯片表面或微球表面，然后通过扩增形成 DNA 簇或扩增微球。最后利用聚合酶或者连接酶进行一系列循环的反应操作，通过 CCD 相机采集每个循环反应中产生的光学事件信息，或者检测 pH 变化，从而获得 DNA 片段的序列。二代测序平台主要有 Illumina 公司的边合成边测序技术[包括 Genome Analyzer（简称 GA）、HiSeq、MiSeq、NextSeq 等]，罗氏公司(Roche)的 454 测序仪，以及 Life Technologies 公司的 SOLiD 平台和 Ion Torrent 平台（表 2.1）。

（1）罗氏 454 基因组测序仪

2005 年推出的 454 测序仪是第一个商业化的二代测序仪。该技术将固化引物的微球与单链 DNA 相结合，构建 DNA 模板文库（Margulies et al.，2005）。调整微球与文库片段的比例，以保证大多数微球只能结合 1 个单链 DNA 分子。油与水溶液混合形成油包水结构乳滴，利用微乳滴 PCR 来生成扩增产物。经过多轮循环，每个微球表面都结合了大量相同的 DNA 片段。富集微球并将其转移到带有规则微孔阵列的微孔板上，每个微孔只能容纳 1 个微球。微孔板的其中一面可以进行测序反应，另一面则与 CCD 光学检测系统相接触。

序列测定同样采用边合成边测序的方法。核苷三磷酸结合到 DNA 链上会释放出焦磷酸，此时通过萤光素酶和 ATP 硫酰化酶催化的级联反应会释放出光信号。454 测序仪利用该光信号来进行检测。具体方法是顺次向微孔板中加入 4 种 dNTP 中的一种，监测每个微孔中是否释放出光信号，表明该 dNTP 是否连接到 DNA 片段上，以此明确 DNA 模板上的互补碱基。

454 测序仪刚开始出现时，因为其高通量、读长长的独特优势，并且和后来出现的 Illumina GA 和 HiSeq 2000（读长通常不超过 100bp）形成互补，在基因组组装、全长转录组测序方面获得了大量应用。但是近年来，来自其他测序仪公司所获得的读长得到不断提升，如 Illumina 公司的 HiSeq 和 MiSeq，以及 Life Technologies 公司的 Ion Torrent 平台，它们的测序读长都接近 500bp。而第三代测序仪 PacBio 的测序准确度也不断提高，其读长更是在 kb 以上。所以，454 测序仪读长长的优势逐渐消失，并且机器成本昂贵，导致罗氏 2013 年关闭了 454 测序仪业务。

（2）Life Technologies SOLiD 测序平台

与454测序仪类似，SOLiD也采用微乳滴PCR的方法扩增DNA模板（Holt and Jones，2008），并将扩增微球固定在玻璃基板上形成高通量的阵列。SOLiD 采用连接反应进行边合成边测序，将通用引物与连在微球上的 DNA 文库模板杂交，然后进行一系列的连接反应。每个连接反应都发生在 DNA 延伸链和带有荧光标记的单链八核苷酸探针池中的某一探针之间。八核苷酸探针的碱基与特定的荧光颜色有明确的对应关系。经过一系列复杂的连接、酶切和引物结合的反应循环后，获取荧光图像，即可根据碱基与荧光之间的对应关系读出 DNA 序列信息。

表 2.1　测序平台参数比较

测序平台	Sanger	454	SOLiD	HiSeq	MiSeq	Ion Torrent	PacBio	MinION
公司	Life Technologies	Roche	Life Technologies	Illumina	Illumina	Life Technologies	Pacific Biosciences	Oxford Nanopore Technologies
推出时间	1986 年	2005 年	2007 年	2010 年	2011 年	2010 年	2010 年	2015 年
主流型号	3730XL	FLX Titanium	SolidTM4.0	HiSeq2000/2500/4000 等	MiSeq	PGM，Proton	PacBio RS，Sequel	MinION
测序原理	双脱氧链终止法	焦磷酸测序	边连接边测序	边合成边测序	边合成边测序	半导体芯片测序	边合成边测序，单分子实时测序	通过检测电流变化进行测序
模板制备	PCR 扩增	微乳液 PCR	微乳液 PCR	桥式扩增	桥式扩增	PCR 扩增	SMRTbell library	无须扩增
读长	500~1000bp	400bp	PE50	SE36，PE50/100/125/150 等	PE75/150/250	200~400bp	平均 10~15kb	平均 8kb
通量/运行一次	未知	0.4~0.8Gb	100~120Gb	9~600Gb	150Mb~15Gb	10Mb~10Gb	500Mb~160Gb	约 4Mb
时间/运行一次	36 分钟至 2 小时	10 小时	7~12 天	7 小时至 11 天	9~39 小时	2~7.3 小时	0.5~6 小时	几分钟
碱基精确度（%）	99.999	1	99.9	约 99.9	约 99.9	约 99	81~83	65~86
试剂成本($/Gb)	200 万	1.6 万	68	30~90	109~1000	81~3700	200~1111	1000
仪器成本（$/台）	9.5 万	50 万	49.5 万	69 万	12 万	5 万~15 万	35 万~70 万	0.1
优点	测序金标准，读长长	读长长	准确度高，通量大	通量大，成本低，测序方式灵活，分析软件多样化	样品制备简单快速，在一台仪器上完成测序和数据处理	快速，可选芯片多	读长长，最新 Sequel 极大地提高了通量，缩短了运行时间	设备及测序成本低，体积小，易携带
缺点	通量低，成本高	同聚体错误，通量小且费用高	运行时间长，不能检测回文序列	仪器成本高，快速模式和高产量模式不能同时运行	比 HiSeq 通量更低，成本更高	错误率和测序成本都要高于 Illumina，用户群少	错误率高，仪器昂贵，分析方法有待开发	错误率高

注：此表内容来自于文献 Glenn（2011）、Ballester 等（2016），以及 http://www.molecularecologist.com/next-gen-fieldguide-2014/

虽然 SOLiD 平台以高准确性和高通量优势在高通量测序市场占据了一席之地，但是这一优势正在逐渐被 Illumina HiSeq 平台取代，再加上 SOLiD 对回文序列难以准确测定（Huang et al.，2012），近年来 SOLiD 平台的用户越来越少。

（3）Illumina 公司测序仪

Illumina 公司利用边合成边测序技术。该技术利用单链 DNA 两端的非对称接头将 DNA 片段固定在芯片表面形成寡核苷酸桥，并将该芯片置于流通池内，完成 DNA 模板文库构建步骤。经过多个 PCR 循环扩增出大量的复制产物，每一簇复制产物都分别固定在芯片表面的特定位置上。然后测序引物杂交到扩增产物中的接头上，开始合成测序反应。在每一轮的测序循环中，DNA 聚合酶和标记不同荧光基团的 4 种核苷酸被同时加入流通池中，按照碱基互补配对的原则延伸一个核苷酸。此时采集荧光基团所发出的荧光图像，就可以获得模板中该位置的 DNA 序列信息。为防止额外的延伸，每个核苷酸的 3′羟基是被封闭起来的，然后打开 3′端，继续进行下一轮反应并重复多次。使用该技术，Illumina 先后开发出了 GA Ⅰ、Ⅱ，HiSeq，MiSeq，NextSeq 及 HiSeq X 系列，以满足不同用户的需要。

Illumina 公司于 2007 年推出 GA Ⅰ，以及后来的 GA Ⅱ。在 2010 年，该公司又推出了更灵活、测序成本更低的 HiSeq，HiSeq 在准确度、读长及通量方面都超越了前者。HiSeq 系列包括 2500/3000/4000，不同型号间的差别主要是测序通量和灵活性不同。每个型号下，都有不同的试剂来满足不同的测序需求。HiSeq2500 充分考虑了灵活性，既照顾到不同通量的要求（高通量模式），又照顾到运行时间的要求（快速运行模式）；既可以使用单末端 SE36，又可以使用双末端 PE50/100/125。在高通量模式下，一次最大可以产生 1T①b 的数据，在快速模式下，一次单末端 SE36，只需要 7h，即使是双末端 PE125，也只需要 40h。HiSeq3000/4000 更进一步提高了速度，相对于 HiSeq2500 的 PE125 测 500G②b 数据需要 6 天，HiSeq3000/4000 测 PE150 产生 700Gb 的数据只需要 3.5 天。虽然 HiSeq 系列满足了灵活性和高通量的需求，但是对于一个实验室来说，测序仪价格昂贵，而且高通量并不是首选的需求，因此，Illumina 推出了 MiSeq，这是一款体积更小的测序仪，类似于一个台式工作系统，通量也比较灵活，虽然通量比 HiSeq 低很多，但也能满足一个实验室的测序需求。而且其读长更是达到 PE300 水平，价格也比 HiSeq 便宜很多，适合一个实验室自己使用，但是通量太低。为了弥补 MiSeq 通量低的缺点，Illumina 推出了 NextSeq，这是一款体积类似于 MiSeq 但通量向 HiSeq 看齐的测序系统。NextSeq 也分为高通量和低通量模式，用户可以根据需要自己选择。随着测序技术的应用范围越来越广，工业级的测序系统 HiSeq X 系列应运而生。它将 5 台或 10 台 HiSeq 连到一起，极大地降低了测序成本，不到 3 天的时间就可以产生 1.8Tb 的数据。由于 Illumina 测序技术充分考虑了通量、运行时间、体积等因素，目前二代测序市场主要使用的测序仪都来自于 Illumina 公司。

---

① $1T=10^{12}$
② $1G=10^{9}$

（4）Life Technologies 公司 Ion Torrent 测序平台

Ion Torrent 测序的核心是利用半导体技术把化学信号转变成数字信号。首先将待测的 DNA 片段固定在离子微球颗粒（ion sphere particle，ISP）上，通过油包水 PCR 扩增，使每个微球表面包含约 100 万个 DNA 分子拷贝。经过变性和洗脱，微球表面的 DNA 片段变成单链，并转移至半导体芯片的微孔中，随后按照一定顺序掺入 T、A、C、G 的 dNTP 流中。在一个特定的微孔中，若 dNTP 与模板 DNA 分子互补结合，将释放出 H^+，导致孔内溶液的 pH 变化。离子传感器检测到 pH 变化后，把化学信号转变为电压信号，再由芯片转为数字信号记录序列信息。该方法直接检测 DNA 的合成，减少了 CCD 扫描、荧光激发等步骤，大大缩短了测序时间。

Life Technologies 于 2010 年推出个人化操作基因组测序仪（personal genome machine，PGM），使用不同的芯片，可以在 7h 内测出 1.2Gb 读长为 400bp 的序列。该平台的优点是速度快，并且可以连续测 200~400bp，读长也具有相当的优势，但是通量太低，这受限于芯片上能存储的传感器的数量，因此测序成本也比 Illumina 平台高。为了解决这个问题，Life Technologies 推出了 Ion Torrent Proton，该平台可以在 4h 内测 10Gb 读长为 200bp 的数据。该系统在医学领域发挥了很大的作用，但是在时间要求不是很严格的情况下，MiSeq 是更好的选择。因此，Ion Torrent 的用户群体也较小。

第二代测序技术是目前市场上主流的 DNA 测序技术，已经广泛地应用于各项研究领域中。较第一代测序技术而言，第二代测序技术测量通量明显提高，成本极大降低。第二代测序技术极大地推进了基因组相关研究的进展，以前让研究者望尘莫及的基因组测序工作，现在几乎每一个实验室都可以开展。但是其不足之处也日益凸显，首先，第二代测序读长较短（Pop and Salzberg，2008）；这一缺点给后续的序列拼接、组装及注释等生物信息学分析带来了很大困难。MiSeq 平台可以测 PE300，但是其质量分布并不均匀，读段（read）后部分的质量较低；Ion Torrent 也能产生连续的 400bp 的读长，虽然读长接近 500bp，但是这两个平台的通量都很低，因此测序成本较高。其次，第二代测序技术原理建立在 PCR 的基础上，但是扩增后得到的 DNA 分子片段的数目和扩增前 DNA 分子片段的数目比例有相对偏差，在分析基因表达方面存在较大的弊端（Torres et al.，2008）。因此序列读长较短和需要模板扩增步骤成为第二代测序技术的弊端所在。因此需要开发出不经过扩增的单分子测序、读长超过以往的新型测序技术，第三代测序技术便应运而生。

2.1.3　第三代测序技术

近年来，以单分子测序技术（SMS）为代表的第三代测序技术也发展起来（Harris et al.，2008）。它们的突出特点是单分子测序，不需要任何 PCR 过程，能有效避免因 PCR 偏向性而导致的系统错误，同时提高读长，并保持高通量、低成本（Chan et al.，2012）。最具代表性的是 HeliScope 单分子测序技术、单分子实时合成测序技术（SMRT）和纳米孔单分子测序技术（表 2.1）。

（1）HeliScope 单分子测序

Helicos Biosciences 是第一个设计开发单分子测序方法（$tSMS^{TM}$）技术平台的公司（Bowers et al.，2009）。该公司主要利用合成测序理论，在测序时首先将待测序列打断成小片段并在 3′端加上多个腺苷酸[poly(A)]，并用末端转移酶阻断，同时在玻璃芯片上随机固定多个 poly (T)引物（其末端皆带有荧光标记），将小片段 DNA 模板与检测芯片上的 poly (T)引物进行杂交并精确定位，通过成像来精确定位杂交模板所处的位置，建立边合成边测序的位点；逐一加入荧光标记的单色末端终止子及聚合酶的混合液孵育，洗涤，利用全内反射显微镜（total internal reflection microscopy，TIRM）进行单色成像，之后切开荧光染料和抑制剂，洗涤，加帽，允许下一个核苷酸的掺入。通过掺入、检测和切除的反复循环，就可以实现实时测序。由于该技术采用了吲哚-5-菁(Cy5)荧光基团（具有很好的光稳定性、高水溶性和高荧光效率，激发波长在 647nm 处）和灵敏的监测系统，能够直接记录单个碱基的荧光，从而克服了其他方法须同时测数千个相同基因片段以增加信号亮度的缺陷。该公司虽然可以提供单分子实时测序，但是仍有很多缺点：每次运行的样本数只有 4800 个；通量低，每次运行总产量为 21~35Gb；测序的平均读长相对较短，只有 35bp；错误率较高，一次检错率在 2%~7%。因此，该公司在 2012 年宣布破产。2013 年成立的 SeqLL 公司延续了 HeliScope 的 tSMS 技术，但是只提供测序服务，其测序读长还是只有 31~100bp。

（2）美国太平洋生物科学公司（Pacific Biosciences，PacBio）的单分子实时测序

PacBio 于 2010 年推出的单分子实时 DNA 测序技术（SMRT）PacBio RS 是第一个商业化的单分子测序技术。SMRT 技术基于边合成边测序的思想，以 SMRT 芯片为载体进行测序。SMRT 芯片是一种带有很多零模式波导孔（zero-mode waveguide，ZMW，厚度为 100nm）的金属片。ZMW 是一种直径只有几十纳米的孔，由于其底部上的小孔短于激光的单个波长，激光无法直接穿过小孔，而会在小孔处发生光的衍射，形成局部发光的区域，即荧光信号检测区。该区域内锚定有 DNA 聚合酶，测序时将基因组的 DNA 打断成许多小的片段，制成液滴后将其分散到不同的 ZMW 纳米孔中。当 ZMW 纳米孔底部发生聚合反应时，被不同荧光标记的核苷酸会在小孔的荧光探测区域中被聚合酶滞留数十毫秒，荧光标记会在激光束的激发下发出荧光，根据荧光的种类就可以判定 dNTP 的种类。反应完成后荧光标记会被聚合酶切除而弥散出 ZMW 小孔，其他未参与合成的 dNTP 由于未进入荧光信号检测区而不会发出荧光（Eid et al.，2009）。

PacBio 新推出的 Sequel 平台每个 SMRT cell 的产量达到 5~10Gb，平均读长 8~12kb。这样一次运行 16 个 SMRT cell 的产量就是 80~160Gb。随着通量的增加，成本更是极大地降低。

SMRT 测序时，样品准备过程涉及样品 DNA 的打断、末端补齐、连接接头、测序这几个步骤（Travers et al.，2010）。测序中需要的样品量很少，样品准备中所用的试剂也很少，而且测序过程中省去扫描和洗涤的过程，所以测序所花的时间较短。SMRT 技术使用的聚合酶的聚合速度和持续合成能力保持着较好的平衡，所以读长较长，这一点在很大程度上优于二代测序。综上所述，SMRT 技术在序列拼接、定位及需要跨越重复区域的应用中有着极大优势。另外，随着读长的增加，拼接过程中需要的测序覆盖深度也会随之下降。长读长可以帮助研究者对变异进行更准确的定位。另外，该平台通量高、费用较低、耗时短。

（3）Oxford Nanopore Technologies 的 MinION 测序平台

虽然 PacBio 带来了更长的读长，但是其仪器昂贵，测序费用高，仪器笨重，不利于携带，这些缺点都限制了其应用范围。Oxford Nanopore Technologies 于 2015 年推出的 MinION 试用款改进了这些缺点，它体积小巧（只有 U 盘大小），即插即用，插到电脑的 USB 接口即可以进行测序，并直接读入电脑。MinION 测序的原理是：当单链 DNA 穿过 500 个微小的蛋白质孔时电流会发生改变，仪器通过测定电流的改变来进行测序。随着技术的进步，目前 MinION 的测序准确度已经达到 85%，加之它的测序读长平均长度达到 6kb，最大读长 10kb，因此在检测 DNA 结构变异方面有很大优势（Norris et al.，2016）。但是准确性低，通量低仍然是其明显的缺点。可以预见，随着准确性的进一步提升，MinION 测序平台极有可能成为未来测序技术的主流。

2.2　测序技术在生态基因组学研究中的应用

生态基因组学是一门综合利用基因组学、生物信息学、生态学、分子生物学的手段来研究生物体响应外界生态环境变化的分子机制的学科。通过在个体、群体、物种水平比较基因表达水平、基因型、表观修饰等方面的差异，来理解同一群体应对不同生态环境，或者不同群体和物种应对同一生态环境的不同机制，从而有助于我们理解物种对生态环境变化的适应机制，以及生态环境变化对物种进化、物种形成的影响。高通量测序技术在生态基因组学中的应用主要体现在对物种基因组的测定来获取参考基因组、对群体的重测序来获得群体的进化关系及性状相关位点、绘制不同环境下的转录组图谱来获得受环境变化影响的候选基因、对群体转录组测序来获得表达数量性状位点、绘制不同环境下的表观遗传图谱来获得受环境变化影响的表观修饰。不同的测序平台在这些研究方面都有各自不同的优势，下面我们就这些应用进行介绍。

在传统生物学中，主要问题都是用模式生物来研究，如线虫。线虫是第一个进行全基因组测序的动物，随后其基因组不断完善。几乎全世界的实验室都对线虫进行了大量的功能基因组学实验，近年的 modENCODE 计划更是为线虫的研究积累了海量数据。但是，作为模式生物，线虫并不能满足生态基因组学研究的需要，因为线虫一般都在实验室内饲养，而生态环境在实验室内是不能完全模拟的。所以，我们需要研究野外的非模式物种在自然环境下的状态（McKay and Stinchcombe，2008）。

常规的高通量测序技术应用包括基因组从头测序、群体基因组学、转录组测序、表观基因组测序和宏基因组测序（图 2.1）。测序技术在这些方面的应用，在实验和生物信息学分析上，有一些共同的部分。实验部分，一般都需要获取样品 DNA（不同样品有不同的提取方法），随机打断，构建测序文库（不同测序平台有不同的方案）。如果是 RNA，则经过反转录组成互补 DNA（cDNA）。测序过程中各个测序平台各自不同。对下机原始数据，都需要经过质控步骤，包括：测序数据质量分布、过滤低质量读段（含有接头，含有多个 N，低质量碱基达到设定的阈值）、通过比回参考序列确定插入片段长度分布是否符合预期。后续的常规生物信息学分析包括：从头组装（无论是基因组还是转录组）获得参考序列、把读段比对回参考序列、获得单碱基多态性位点等。另外一个需要注意的因素是，基于高通量的分析一般需要较大的计算机分析能力，包括计算能力（CPU 数量）、存储空间、大内存计算节点。为了满足这些需求，通常要搭建高性能计算平台，并且平台要具有可扩展性，以满足不断发展的技术和科研需求。

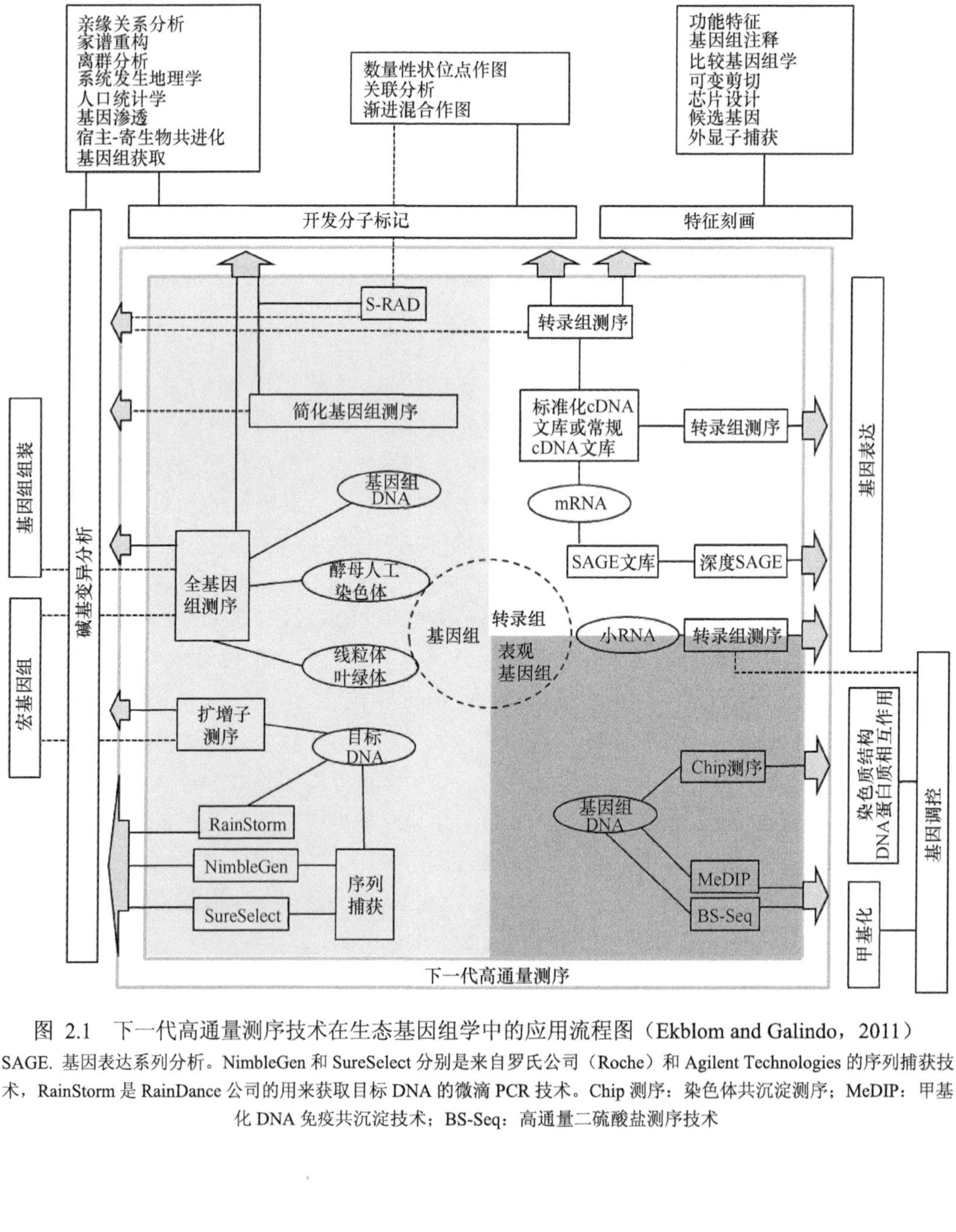

图 2.1 下一代高通量测序技术在生态基因组学中的应用流程图（Ekblom and Galindo，2011）

SAGE. 基因表达系列分析。NimbleGen 和 SureSelect 分别是来自罗氏公司（Roche）和 Agilent Technologies 的序列捕获技术，RainStorm 是 RainDance 公司的用来获取目标 DNA 的微滴 PCR 技术。Chip 测序：染色体共沉淀测序；MeDIP：甲基化 DNA 免疫共沉淀技术；BS-Seq：高通量二硫酸盐测序技术

2.2.1　基因组从头测序

基因组序列是我们进行功能基因组学研究的基础。基因组从头测序是在没有任何 DNA 序列资料的情况下，直接对某个物种的基因组进行测序。在进行基因组测序之前，应该通过各种方法了解要研究物种的基因组大小，这有利于我们预估测序费用，评估组装质量。基因组大小可以通过查询基因组大小数据库（动物：http://www.genomesize.com/，植物：http://data.kew.org/cvalues/，真菌：http://www.zbi.ee/fungal-genomesize/），或者通过流式细胞仪进行测量，也可以通过近缘物种的基因组大小来预估，然后利用二代测序 30X 数据，使用基于 *k*-mer 的方法来估计基因组大小。但是，*k*-mer 估计法对于简单基因组，即低杂合度低重复序列的物种比较可靠，对于复杂基因组仍然需要实验进行验证。

基因组组装面临的主要问题是高杂合度与高重复序列。高杂合度问题会导致两条同源染色体都被组装出来，从而增加了最终组装的基因组的长度，而高重复序列会导致多条相似性非常高的重复区域只组装了一条，导致最终的基因组长度偏小。对于高杂合度问题，我们解决的办法是，尽可能进行近交纯化，选择尽可能少的个体提取基因组 DNA。但是，在现实中杂合有其存在的自然因素：首先，因为我们研究的对象是非模式生物，其中有些物种是没办法在实验室进行近交纯化的；其次，还有一些物种体积太小，为了测序取样，不得不取很多个个体才能满足测序对 DNA 量的需求；最后，对于昆虫等物种，在自然种群中，种群数量大，世代更替快，这也导致其杂合度高于一般的哺乳动物。

为了更好地组装出参考基因组，也要考虑测序策略，主要考虑测序读长和成本两个问题。读长越长，越有利于组装，特别是对于重复序列，如果读长能直接跨过重复区域，就可以直接组装出来。但是读长越长，成本也会越高。因此为了兼顾这两个需求，我们可以采用混合测序，即使用 HiSeq 平台测几个梯度的插入片段长度，覆盖基因组 60X 以上，再使用 PacBio 平台测长片段。当然，如果基因组很小，直接用 PacBio 平台测也可，尤其是 PacBio Sequel 平台推出以后。

传统的基因组测序，首先要构建遗传图谱和物理图谱，要开发非常多的遗传标签和物理标签，用来把序列锚定到染色体上，这是一项费时费力的工作。随着高通量测序技术的发展，现在基因组测序组装主要采用鸟枪法测序，其策略是，把基因组 DNA 随机打断成大小不等的片段，形成插入片段长度梯度，从 200bp 到 40kb 不等。1kb 以下的片段（通常覆盖基因组 60X 以上）主要用来构建连续的重叠群（contig），而 1kb 以上的片段（通常覆盖基因组 20X 以上）主要用来连接 contig 形成基因支架（scaffold）。在组装的时候，采用 *de Bruijn* 图的算法（详细步骤见第 3 章）。基于这种算法，Li 等（2010）开发了 SOAPdenovo 组装软件，成功拼接了大熊猫的基因组。但是，这种方法不能利用长读长的信息，因为所有读段最终都要解析成 *k*-mer，用来构建 *de Bruijn* 图。对于高杂合度与高重复序列的基因组，往往组装结果的 contig N50 太低，连接成 scaffold 后，存在大量的未知区域，这对后续的生物学功能分析造成很大的影响。因此，对于复杂基因组，通常采用一代、二代和三代测序混合组装的策略。针对这种测序策略，通常对每个平台的数据单独使用特异的组装软件进行组装，然后将组装的结果作为假读段使用Celera Assembler进行组装。

基因组组装成功之后，随之而来的是一系列的质量评估：选取短插入片段的读段再比回拼接的基因组上来检查拼接的完整性；把长度为100kb左右该物种的细菌人工染色体（BAC）序列比回基因组来检查拼接的连续性；把已有的表达序列标签（EST）序列，或者转录组测序数据比回基因组来检查基因区的拼接完整性和连续性；通过分析基因组读段比回基因组的结果文件来确认该物种的杂合度；通过把已知在真核生物中保守的248个蛋白质比回基因组来确认拼接的完整性。通过这些评估，我们可以确认是否可以继续进行后续的分析。

在确认基因组拼接质量可靠的前提下，对基因组进行注释。基因组注释包括鉴定出基因组中的蛋白编码基因、小RNA、重复序列，以及基因的功能，包括与NR/SwissProt/TrEMBL数据库比对的最佳比对结果、基因本体信息、结构域信息和代谢通路信息。在进行基因注释时，通常要和其他物种进行比较，以判断所分析物种的特征是否合理。

在获得基因信息之后，可以进行各种生物学分析，常见的有：鉴定与物种特征有关联的功能基因，如昆虫中的生长发育相关基因、免疫相关基因、神经肽、化学感受蛋白、气味结合蛋白、神经胺类受体基因等；和近缘物种比较，构建基因家族，分析该物种中收缩和扩张的基因家族，并和功能表型联系起来进行解释；分析该物种的重复序列特征；通过基因家族，构建基于所有单拷贝基因的物种进化树，并基于此树研究物种的进化地位和分化时间等。通常，为了配合基因组测序，还会做一些转录组的研究，结合表型，找到关联基因，通过基因敲除研究候选基因的功能，以及重测序来研究群体结构，或者找到表型关联位点。

近年来，随着测序技术和组装算法的飞速发展，大量非模式生物的基因组序列被组装出来，并且进行了非常好的生物学研究。飞蝗是一种典型的研究表型可塑性的模型，在不同种群密度下，可以发生群居型和散居型的互变。2014年，通过单独利用Illumina HiSeq 2000测序平台，构建插入片段长度分别为170bp、200bp、500bp、800bp、2kb、5kb、10kb、20kb和40kb的梯度，成功使用SOAPdenovo组装出东亚飞蝗的基因组。这是文章发表时成功组装的最大的动物基因组，总长度达6.5Gb。其scaffold N50达到323kb，contig N50达到9.3kb。流式细胞仪检测的飞蝗基因组大小为6.3Gb，*k*-mer分析估计基因组大小为6.4Gb，我们组装的飞蝗基因组大小和预估的基本一致。通过评估发现，94%的短片段读段可以比回拼接的基因组，说明拼接的参考序列几乎代表了整个飞蝗基因组；通过检查短片段比回基因组之后的碱基覆盖深度，实际覆盖深度分布的峰值和理论一致，都是22X。但是，在半峰值处有一个峰，这说明组装结果中有高杂合区域导致组装偏多。BAC评估发现，平均有94%的区域都被一条基因组序列覆盖，说明我们组装的连续性比较好。EST评估发现，长度大于500bp的EST中，有97%都被基因组序列覆盖90%以上。在248个真核生物保守蛋白中，246个能被一条基因组序列覆盖90%以上。最后，使用RNA-seq测序数据评估发现，所有样品中，比回基因组的读段都达到 75%以上。这充分说明我们组装的基因组质量可以进行后续的生物学分析（Wang et al.，2014）。随后的基因注释发现，飞蝗基因组含有 17 307 个蛋白编码基因，60%的区域是重复序列，通过物种比较发现，飞蝗基因组较大的原因是飞蝗中重复序列发生缺失的比率低于其他物种。通过和 8 个已测序昆虫进行比较，以水蚤为外群，筛选出 122 个单拷贝基因，构建了飞蝗和其他昆虫的物种进化树，基于全基因组的数据再一次证明飞蝗处于昆虫分化的根部。通过对功能基因进行详细分析，我们鉴定了和飞蝗两型转变相关的 DNA 甲基化修饰基因，与长距离迁飞相关的能量代谢、翅膀发育、神经内分泌调控、肌肉形态等基因，与取食相关的气味相关基因、解毒相关基因和异源物转运基因，以及与害虫防治相关的 G 蛋白偶联受体、候选杀虫剂基因、免疫系统、激酶及 RNA 干扰系统基因等。通过基因组测序和相关分析，我们对一个物种在基因层面有了深入的了解，为后续的表型相关基因的发现及功能验证打下了很好的基础。

2.2.2　群体基因组学

群体基因组学，即对群体的多个个体进行基因组测序，也称重测序。同一物种的不同群体对不同环境适应之后，会表现出不同的行为、表型或者生理上的改变，为了探究这一现象的遗传学基础，往往需要我们对不同群体的多个个体进行测序，以获得和表型关联的遗传标记。通过重测序获得多态性位点，利用这些多态性位点，我们可以对多个群体进行亲缘关系分析、家谱重构、系统发生地理学分析、群体间的基因渗透、数量性状位点研究及宿主和寄生物的共进化机型研究（Ellegren，2014）。随着测序技术的发展及重测序实验技术的开发，大规模群体测序已经成功应用于非模式生物的研究中。

群体基因组学研究有几个关键步骤：①设计测序策略；②产生测序数据；③把测序数据比回参考基因组或者从头组装；④获得每个个体的基因型；⑤下游的群体遗传学和分子进化分析。

由于研究对象、经费限制、期望的结果等因素的差异，测序策略差异比较大，主要有三个维度的问题需要考虑：对单个碱基而言，高深度测序能保证发现的多态性位点更可信；在一个群体中测序更多的个体；在基因组上测更多的区域（Buerkle and Gompert，2012）。研究发现，对更多的个体进行低覆盖度的测序，比对少量的个体进行深度的测序能获得更多的群体结构方面的信息（Buerkle and Gompert，2012）。通常每个个体测 1X，一个群体选择 100 个个体。从测序区域来看，可以对群体的全基因组、外显子组、简化基因组、基因组上的特定区域或者转录组进行测序。从获得的标记数量看，全基因组重测序获得的标记最多，而外显子组仅限于基因组上蛋白质编码区，酶切消减后的片段仅限于酶切位点附近 100bp，以及片段另外一端的 100bp，目标区域测序针对感兴趣的基因组区域。

很多情况下，我们没必要对全基因组进行重测序。重测序无论从测序量、计算资源还是经费预算上都带来很大挑战，而简化基因组测序则针对基因组上的特定区域进行测序。方法包括限制性位点相关的 DNA（RAD），或者通过捕获芯片提取预定的区域（Davey et al.，2011）。RAD 方法通过限制性酶切割基因组 DNA，在酶切位点 5′端加入含有正向扩增引物及测序引物的P1接头，另外P1接头还含有4~5bp用以区分不同样品的条形码。连接接头的多个样品混合到一起，随机打断，根据片段大小进行选择。此时，加入P2接头，只有P1和P2接头都存在的情况下，才能对片段进行扩增。随后进行测序，可以单末端测序也可以双末端测序（Baird et al.，2008）。得到的数据可以直接比回参考基因组，或者进行组装，以组装的序列作为参考序列把所有RAD读段比回去，从而获得多态性位点。利用这一方法，Baird等采用识别8个碱基位点的*Sbf* I内切酶，对海洋和淡水来源的三刺鱼亲本，以及F2代群体进行RAD测序，并进行性状关联位点分析，成功在参考基因组上定位出控制三刺鱼鳍刺表型差异性状的位点。根据研究人员测试，不依赖于参考基因组同样找到了18个连锁位点，并且这些位点在基因组上的定位和预期的一致。RAD测序已经发展成为针对非模式生物种群基因组学研究的常用方法（Narum et al.，2013）。

测群体转录组也是常用的方法。把个体的转录组比到参考序列进行遗传标记开发，包括单碱基多态性位点及微卫星位点。但是基于转录组开发的多态性位点会偏向于表达量较高的基因（Seeb et al.，2011）。在没有参考基因组时，可以对转录组序列进行从头组装，从而获得参考序列。Gayral等（2013）使用无参考基因组的方法对野兔、海龟、牡蛎、海鞘及白蚁5个物种的群体转录组进行从头组装，把测序数据比回组装的参考序列获得多态性位点。经过比较分析发现，无脊椎动物群体内基因组序列的分歧度要大于脊椎动物群体，这和无脊椎动物的群体较大有一定关系。

从测序平台选择上，一般群体测序使用HiSeq平台较为合适，因为测序量很大。对于没有参考基因组的转录组，需要先构建参考序列，所以454平台或PacBio平台对于获得更多的全长cDNA比较有帮助。而大规模群体转录组则使用HiSeq平台较为经济。

2.2.3 转录组测序

转录组测序是对样品的所有RNA，包括mRNA和各种小RNA，进行定量测序的一种方法。通过转录组测序，我们可以获得RNA的序列（通过从头组装）、表达量样品间比较得到差异表达基因，从而找到和表型关联的候选基因；对差异基因进行功能分析，可以找到候选基因参与的代谢及信号通路。在过去的10多年中，转录组测序对于我们认识自然状态下生物体响应外界环境变化的分子机制发挥了很重要的作用（Alvarez et al.，2015）。转录组测序过程如下。

先介绍转录组测序的文库制备。对于mRNA-seq实验，其整个实验流程如下：提取样品总RNA，通过poly(T)富集含有poly(A)尾的mRNA，对所得的RNA随机打断成片段，再用随机引物和逆转录酶从RNA片段合成cDNA，然后选择长度在200bp的片段，再进行PCR扩增，然后建库测序。将RNA随机片段化和采用随机引物进行反转录，都是为了使所得cDNA片段较均匀地分布于各个转录本。常规转录组进行双末端100bp测序，而数字表达谱则进行单末端50bp测序。在上述建库过程中，如果不进行poly(T)富集，而是使用全部RNA，则转录组测序得到的就是细胞内的全部转录本。如果把带poly(A)的转录本去掉，则得到的都是非poly(A)的转录本，其中大部分都是非编码转录本。如果从总 RNA 中只提取长度为 14~30 个碱基的 RNA，则得到全部的小 RNA 转录本，相应的方法称为小 RNA 测序。这一技术所获得的序列没有原始 RNA 序列的方向信息。

在获得转录组测序数据后，通常要进行一系列的质控，包括插入片段长度分布是否和预期一致、碱基组成是否有偏、测序质量值在读段上的分布是否均匀、测序产量是否符合要求、通过检测测序读段在基因区上的分布是否有偏来判断样品是否有降解、读段 *k*-mer 分布是否出现高频异常、是否有接头污染、通过把读段比回参考序列计算表达量而检查重复样品间相关性是否很高。另外，对于从头组装的转录组，还需要进行组装质量的评估，包括和 EST 比较确认组装的连续性，和近缘物种的蛋白质比较确认是否有嵌合体。这些质控为接下来的生物信息学分析提供了基础。

转录组的生物信息学分析过程一般包括如下步骤：①表达量计算。把转录组比回参考基因组，或进行从头组装获得参考序列，从头注释基因或者使用已经发表的基因注释结果来计算基因的表达量。一般使用每百万个读段比对 cDNA 上每千个碱基长度的读段数（RPKM）来衡量表达量。表达量的计算可以在基因水平进行，也可以在剪切体和外显子水平进行。②差异表达基因分析。在过滤掉低表达量基因及有问题的样品之后，采用非参或者有参的统计检验方法检测样品间的差异表达基因，或者剪切体和外显子。同时，也找出差异表达的剪切体。③差异表达基因的功能分析。通过结合基因的功能注释数据来解释差异表达基因所参与的通路和生物学过程。这些功能注释数据的获得可以参考基因组测序应用部分的介绍。④更高级的分析。包括对基因结构的可视化、基因融合检测、共表达网络分析，转录调控网络分析等。

在我们熟悉转录组测序实验和生物信息学分析流程之后，我们再讨论转录组测序的策略及实验设计，主要考虑：样品重复数量、是否有参考基因组、测转录组还是表达谱、实验设计等。目前，由于经费限制，大量的转录组实验都没有生物学重复。一般实验采用的方法是把同一实验条件下的多个生物样品进行混合，得到一个生物学重复，但是这种做法所获得的表达量仅仅是多个个体的一个平均值，并不是真正意义上的生物学重复，不能反映生物个体间的表达波动。所以，以此获得的结果很不确切。如果我们仅关心基因表达量的变化，那么只需要对表达谱进行测序，成本就会大幅降低。当没有参考序列时，我们可以通过从头组装转录组测序数据获得。

由于测序成本逐渐降低，通过该技术可以快速获得全基因组范围内基因的变化，因此转录组测序大量应用于生态基因组学研究中。我们在全球最大的文献数据库 ISI Web of Science 中使用“Transcriptom*”关键词检索，并限定研究方向在“ENVIRONMENTAL SCIENCES ECOLOGY OR EVOLUTIONARY BIOLOGY”，对结果使用关键词“RNA-seq OR RNAseq”过滤之后，得到在 2008~2016 年共发表了 426 篇文献，仅 2015 年就有 146 篇之多。转录组测序在生态基因组学研究中的应用范围非常广，可以分为三个类别（Alvarez et al.，2015）：有多少基因对外界环境变化产生了表达变化的响应，这些表达变化的基因在基因组范围内是怎样组织的；环境变化怎样导致了基因表达的变化；基因表达的变化是怎样导致了生物体表型的变化。Chen 等于 2010 年对群居型和散居型飞蝗的不同发育阶段进行了从头转录组组装和差异表达基因分析。通过组装，获得了 72 977

条转录本，其中有 11 490 条蛋白编码基因。通过和已有 EST 序列进行比较，发现 74.9% 的 EST 被组装序列覆盖了 80%以上；通过和 NR 比对发现，不到 1%的序列可能存在错误组装或者嵌合体；通过 PCR 克隆发现，93.3%（45 条序列中有 42 条）的序列得到验证，这说明序列组装的高度可信性。通过主成分分析（PCA），发现相同发育阶段的样品聚类到一起。同时，差异表达基因的数量随着发育阶段逐渐增加，在 4 龄达到最大。通过整合不同龄期数据，我们鉴定了 242 条飞蝗两型标记基因。结合 4 龄飞蝗高深度测序，我们发现，群居型飞蝗高表达基因主要参与了感知、处理环境信号相关通路，而散居型飞蝗高表达基因主要体现在代谢、生物合成等维持生存相关的通路上（Chen et al.，2010）。

2.2.4 表观基因组学测序

表观基因组学是一门在基因组的水平上研究表观遗传修饰的学科。表观遗传修饰作用于细胞内的 DNA 及其包装蛋白、组蛋白，从而通过在不改变 DNA 序列的情况下影响染色体架构来影响与其邻近的 DNA 的转录，从而实现功能调控，影响表型。因此，表观遗传修饰对生物体适应外界环境变化有非常积极的意义。2016 年《分子生态》杂志编辑了一期“生态和进化中的表观遗传研究”特刊，19 篇研究论文涉及“环境变化的表观遗传学效应”“表观遗传变化和表型的关联”“表观遗传变异的进化潜力”三个方面，说明表观遗传学在生态进化领域的蓬勃发展（Verhoeven et al.，2016）。

基因组 DNA 甲基化是指 DNA 中胞嘧啶（C）5′位置的甲基化。使用高通量测序测定 5′C 甲基化水平，根据预处理方法的不同可以分为三大类：基于酶解的方法、基于亲和富集的方法，以及使用亚硫酸盐处理的方法（Laird，2010）。

基于酶解的方法主要利用了一些对甲基化 C 敏感的内切酶。例如，*Hpa* II 和 *Sma* I 对发生甲基化 C 所在的位点很敏感，因此当酶切位点有甲基化 C 存在时不会进行酶切；而 *Msp* I 和 *Xma* I 与上述两种酶的酶切位点相同，却对甲基化 C 不敏感。使用对甲基化 C 敏感的酶对基因组进行酶切，对酶切后的片段进行建库测序，同时平行进行的对照组把基因组 DNA 随机打断之后建库测序，将两个测序结果比回参考基因组来确定发生甲基化的位点。这个方法的缺点是需要同时对一个平行的对照组进行测序，而且不能直接测量甲基化的水平。

基于亲和富集的方法利用特异结合甲基化 C 的抗体来富集基因组 DNA 片段，然后建库测序。通过把测序的读段比回基因组，从而间接获得基因组某个区域的甲基化水平。这个方法的缺点是不能直接获得 C 位点的甲基化水平，不能精确定位发生甲基化 C 的位置，不能区分甲基化 C 所在的链的方向，难以精确获得低甲基化位点的甲基化水平，需要的 DNA 量比较大，同时受拷贝数多态性的影响。

使用亚硫酸盐处理的方法主要利用甲基化C在进行亚硫酸盐处理时不发生变化，而没有甲基化的C则转变成U的原理。该方法的实验流程是先对基因组进行随机打断，然后使用不含C的dNTP进行末端补齐，连接甲基化的接头，进行凝胶实验，以进行片段长度选择，切胶回收后进行亚硫酸盐处理，对处理后的DNA进行PCR扩增，然后建库测序。为了检测基因组上哪些位点发生了甲基化，可以使用亚硫酸盐测序特异的比对软件把测序读段比回经过处理后的参考基因组。Schmitz等（2013）使用全基因组甲基化方法对152 个拟南芥个体进行了测序，结合转录组和基因组重测序，定义了群体中甲基化位点的多态性，发现群体甲基化位点多态性的水平和基因组序列的分歧水平有直接关系，在花粉和种子中RNA介导的DNA甲基化比较活跃。

由于甲基化发生的区域在基因组上主要分布在 CG 位点上，因此，为了节约成本，很多研究采用识别 CCGG 位点且对甲基化 C 不敏感的 *Msp* Ⅰ酶对基因组序列进行酶切（RRBS）。对酶切后的片段采用和上述亚硫酸盐测序同样的步骤进行后续的测序。RRBS 方法和全基因组甲基化测序一样，可以精确定位发生甲基化的 C 位点，能给出比较精确的甲基化水平，也能检测不在 CG 位点的 C 的甲基化水平，需要的基因组 DNA 样品量比较少。但是，对于 CG 较低的区域覆盖度较少，因此缺少 CpG 岛的物种不太适合使用 RRBS。使用 RRBS 的方法，Baerwald 等（2016）研究了鲑鱼洄游的表型可塑性，通过对具有洄游特征和不具有洄游特征的两个鲑鱼种群的 F2 后代进行 RRBS 测序，找到了57 个差异甲基化区域，其中和基因关联的区域有一半都位于转录调控区域。

为了克服上述 RRBS 的缺点，Trucchi 等（2016）利用基因组重测序中 RAD 的方法开发了亚硫酸盐 RAD（bsRAD），所不同的是，在连接 P2 接头之后，进行亚硫酸盐处理，然后使用特殊的试剂盒进行 PCR 扩增。和 RAD 方法一样，bsRAD 方法不依赖于参考基因组，但是如果有参考基因组，也可以把 RAD 读段比回去。应用这一方法，Trucchi 等在 3 个系统中进行了验证。利用有参考基因组的海洋和淡水三刺鱼系统，平均每个个体的比对率为 79%，CpG 的平均甲基化水平为 68.5%，49 477 个甲基化位点在两个种群中都被鉴定出来；通过比较，找到 155 个甲基化位点在两个种群中的差异超过 95%。利用无参考基因组的二倍体植物 *Heliosperma pusillum* 和 *H. veselskyi*，基于 RAD 的组装方法组装了参考序列，因为甲基化测序过程中经过亚硫酸盐处理会产生两套基因组，所以组装的结果处理和 RAD 有所区别。最终比对率只有 21.5%，检测到的 CpG 甲基化率为74%。通过分析，两个生态物种共有的 RAD 簇有 156 个，其中 15 个在两个生态种间有甲基化水平的差异，有 6 个簇和功能基因有关联。可以发现，该方法对于没有参考序列的物种群体虽然可以应用，但是比对率很低，限制了能使用的有效数据。而且，如果扩大群体，会进一步减少群体内一致位点的数量。所以该方法大规模应用于群体表观遗传学还有很大的问题需要解决。

由于亚硫酸盐处理会对两条链进行测序，因此相比于基因组重测序，在相同覆盖深度的情况下，测序量要增加一倍。另外，亚硫酸盐测序后，由于错配率比较高，比对率比基因组重测序低。因此，为了获得更可信的结果，通常测序深度是重测序深度的两倍以上。

2.2.5　宏基因组测序

宏基因组是一个环境中所有微生物的遗传物质的总和。对宏基因组进行测序，弥补了传统方法中绝大部分环境微生物不能培养的缺陷，有助于我们了解在外界环境变化时，微生物群落构成的变化，包括微生物物种多样性的变化、编码基因构成的变化、编码基因表达量的变化。宏基因组广泛应用于研究极端环境和全球气候变化下生物体的适应性进化。近年来，随着高通量测序的发展，宏基因组研究积累了大量数据，为我们理解微生物对外界环境变化的适应性机制提供了很好的基础。

宏基因组测序分为条形码 DNA 测序和全基因组测序。条形码 DNA 测序是利用环境样品物种中一段保守的 DNA 进行物种鉴定的方法。通过在保守区段设计通用引物，利用 PCR 扩增提取目标区域 DNA，然后使用高通量测序平台建库测序，从而达到对环境中物种进行鉴定和定量分析的目的。在微生物中，使用较多的是 16S rRNA。通过 16S rRNA 可以粗略预估出环境中微生物的种类，为后续的宏基因组测序提供基础信息，如测序的数据量。但是，16S rRNA 在遗传上的精确度并不能对微生物进行很可靠的分类单元划定，造成很多物种的分类地位难以确定，而基于所有直系同源基因的平均分歧度来进行细菌分类的方法更准确，所以受到越来越多的重视（Goris et al.，2007）。微生物全基因组测序的实验流程和基因组测序类似，包括提取样品基因组 DNA、随机打断、构建插入片段长度梯度文库、上机测序。后续的生物信息学分析步骤包括过滤原始下机数据、基因组从头组装、物种分类、基因注释、家族分析、物种进化树构建和功能分析。

宏基因组的组装也可以采用基于参考基因组的组装，但是我们知道，环境中的微生物间存在大量的遗传物质转移，这造成物种间序列混合。所以，基于参考基因组组装获得的序列往往有很多插入缺失，因此一般采用从头组装（Thomas et al.，2012）。相对于单个个体的基因组组装，宏基因组包含了数量众多的物种，并且每个物种的抽样并不均匀，加之微生物群体内发生水平基因转移，种群内存在多态性，还要考虑测序错误问题，所以使用传统的图论方法进行组装需要非常大的内存（Howe and Chain，2015）。另外，由于在原始样品中 DNA 含量较低，以及不同物种提取效率不同，某些物种测序覆盖深度过低而难以组装完整，或者无法组装。由于 454 测序读段比较长，因此在宏基因组测序中发挥了很大的作用（Shokralla et al.，2012）。

相同物种的基因组 DNA 往往有以下组成特征：GC 含量接近、特异的 *k*-mer 分布，以及与已知物种的蛋白质的相似性程度一致。根据这些特征，基因组 DNA 可以被划分到物种水平。之后，对于组装比较完整的基因组，连续长度大于 30kb，可以直接进行基因组注释，获得蛋白编码基因序列。但是，对于组装比较短的物种，可以先进行基因预测，然后进行功能注释，获得蛋白编码基因序列，根据基因序列和数据库中已知物种的基因序列，通过机器学习算法来确定待注释的序列属于哪个物种。目前，可以进行功能注释的基因，只占宏基因组中基因的 20%~50%，还有大量未知功能的基因有待注释和发掘（Gilbert et al.，2010）。

宏基因组的应用非常广泛。Nacke 等（2011）针对 16S rRNA 基因的 V2~V3 区域设计特异引物，对来自 9 个森林和 9 个草原的土壤样本进行了条形码测序，作者鉴定出在所有样本中都显著出现的细菌种类，并在草原土壤和森林土壤中发现了有显著差异的细菌种类，还发现山毛榉和云杉的土壤微生物群落构成有显著差异。Albertsen 等（2013）利用宏基因组测序，对生物反应器中泥浆中的微生物进行了测序，通过两种提取 DNA 的方法，开发了不依赖 DNA 序列组成的方法，成功把从头组装的序列进行了物种分类。

由于宏基因组需要进行全基因组测序，而环境中的微生物种类非常多，因此测序量极大。例如，人体内微生物编码的基因数量是人的 150 多倍，微生物组装的 contig 总长度达到 10.3Gb。如果进行全基因组测序，且微生物的丰度分布不均一，那么为了组装微生物的基因组，测序量将达到 T 级。因此，宏基因组在研究环境微生物中并不常用。而基于 16S rRNA 的条形码测序则有效地解决了这一难题，为我们研究环境微生物提供了便利。但是，随着测序成本的下降，基于全基因组的宏基因组测序是未来的发展趋势。

最近，单细胞测序逐渐兴起，主要内容是通过对单个细胞内的 DNA 或者 RNA 进行测序来检测微环境的差异。Mason 等（2012）为了研究海底漏油对微生物的影响，搜集深海中的微生物并进行了宏基因组、宏转录组及单细胞测序。宏基因组和宏转录组分析发现，相比于清洁海水，在漏油区域海水微生物中，负责趋化作用、移动、脂肪族烃降解的基因存在显著的富集；对两个螺菌目（Oceanospirillals）细菌的单细胞基因组测序发现，这两个细胞都编码降解正构烷烃和环烷烃的基因。

2.3　小　　结

高通量测序使我们从假设驱动的研究模式进入了数据驱动的研究模式。在数据驱动模式下，对任何一个研究对象，我们都可以进行基因组测序、群体重测序，以及各种环境和组织的转录组、群体甲基化组及宏基因组测序。这些数据的积累，驱使我们进行基于数据的分析，获得结果，然后进行解释，从而获得对生物和环境的新的认识。虽然数据的获得越来越容易，数据量也越来越大，但是在知识发现领域，假设驱动的研究模式仍然是主流，数据驱动的研究方法只是前者的补充（Kell and Oliver，2004）。

从测序技术发展的历史来看，速度更快、通量更高、准确度更高、体积更小、成本更低、更易于操作、集成化、测序模式更灵活是其发展趋势。更长的读长，如第三代测序平台 PacBio 和 MinION，将有利于我们组装出更完整的参考序列，无论是单个个体的基因组、宏基因组还是转录本，都将极大地促进基因注释、基因功能分析、可变剪切分析等所有基于参考序列的研究。成本的降低，如每 Gb 测序降到 1 元，将使得高通量测序的应用范围更广，更大规模的群体基因组、群体甲基化组、宏基因组测序得以开展，为在更广的范围和更深的层次研究环境变化对生物体的影响带来可能。体积更小、更易于操作和集成化也是重要的发展趋势，如 MinION 测序仪只有 U 盘大小，连接到笔记本电脑的 USB 接口就可以进行测序。这些进展将对生态基因组学的实验模式带来革命性的变革。因为这些进步，样品不需要拿到实验室就能进行测序，可以直接在取样点进行，这将大量减少中间环节所带来的噪声，使所获得的数据更接近真实水平。

从高通量实验技术的进步来看，为了节省测序成本，未来会有更多进行目标区域富集的方法可供选择（Jones and Good，2016）。目前，由于测序成本高，很多应用无法开展，尤其对于非模式生物来说。因此，在无法获得全基因组序列时，可以退而求其次，对基因组上的部分区域进行相关的研究。针对无基因组的非模式生物，或者基因组比较大的生物，如飞蝗，基因组为 6.5Gb，我们在进行重测序时可以采用 RAD 测序，基于转录组组装序列设计捕获芯片来进行外显子测序；进行群体甲基化测序时，可以采用

RRBS 或者 bsRAD 的方法。

参考文献

Albertsen M, Hugenholtz P, Skarshewski A, et al. 2013. Genome sequences of rare, uncultured bacteria obtained by differential coverage binning of multiple metagenomes. Nat Biotechnol, 31: 533-538.

Alvarez M, Schrey A W, Richards C L. 2015. Ten years of transcriptomics in wild populations: what have we learned about their ecology and evolution? Mol Ecol, 24: 710-725.

Baerwald M R, Meek M H, Stephens M R, et al. 2016. Migration-related phenotypic divergence is associated with epigenetic modifications in rainbow trout. Molecular Ecology, 25: 1785-1800.

Baird N A, Etter P D, Atwood T S, et al. 2008. Rapid SNP discovery and genetic mapping using sequenced RAD markers. PLoS One, 3: e3376.

Ballester L Y, Luthra R, Kanagal-Shamanna R, et al. 2016. Advances in clinical next-generation sequencing: target enrichment and sequencing technologies. Expert Rev Mol Diagn, 16: 357-372.

Bowers J, Mitchell J, Beer E, et al. 2009. Virtual terminator nucleotides for next-generation DNA sequencing. Nat Methods, 6: 593-595.

Buerkle C A, Gompert Z. 2012. Population genomics based on low coverage sequencing: how low should we go? Mol Ecol, 22: 3028-3035.

Chan J Z, Pallen M J, Oppenheim B, et al. 2012. Genome sequencing in clinical microbiology. Nat Biotechnol, 30: 1068-1071.

Chen S, Yang P, Jiang F, et al. 2010. *De novo* analysis of transcriptome dynamics in the migratory locust during the development of phase traits. PLoS One, 5: e15633.

Davey J W, Hohenlohe P A, Etter P D, et al. 2011. Genome-wide genetic marker discovery and genotyping using next-generation sequencing. Nat Rev Genet, 12: 499-510.

Eid J, Fehr A, Gray J, et al. 2009. Real-time DNA sequencing from single polymerase molecules. Science, 323: 133-138.

Ekblom R, Galindo J. 2011. Applications of next generation sequencing in molecular ecology of non-model organisms. Heredity (Edinb), 107: 1-15.

Ellegren H. 2014. Genome sequencing and population genomics in non-model organisms. Trends Ecol Evol, 29: 51-63.

Gayral P, Melo-Ferreira J, Glemin S, et al. 2013. Reference-free population genomics from next-generation transcriptome data and the vertebrate-invertebrate gap. PLoS Genet, 9: e1003457.

Gilbert J A, Field D, Swift P, et al. 2010. The taxonomic and functional diversity of microbes at a temperate coastal site: a ‘multi-omic’ study of seasonal and diel temporal variation. PLoS One, 5: e15545.

Glenn T C. 2011. Field guide to next-generation DNA sequencers. Mol Ecol Resour, 11: 759-769.

Goris J, Konstantinidis K T, Klappenbach J A, et al. 2007. DNA-DNA hybridization values and their relationship to whole-genome sequence similarities. Int J Syst Evol Microbiol, 57: 81-91.

Harris T D, Buzby P R, Babcock H, et al. 2008. Single-molecule DNA sequencing of a viral genome. Science, 320: 106-109.

Holt R A, Jones S J. 2008. The new paradigm of flow cell sequencing. Genome Res, 18: 839-846.

Howe A, Chain P S. 2015. Challenges and opportunities in understanding microbial communities with metagenome assembly (accompanied by IPython Notebook tutorial). Front Microbiol, 6: 678.

Huang Y F, Chen S C, Chiang Y S, et al. 2012. Palindromic sequence impedes sequencing-by-ligation mechanism. BMC Syst Biol, 6 (Suppl 2): S10.

Jones M R, Good J M. 2016. Targeted capture in evolutionary and ecological genomics. Mol Ecol, 25: 185-202.

Kell D B, Oliver S G. 2004. Here is the evidence, now what is the hypothesis? The complementary roles of inductive and hypothesis-driven science in the post-genomic era. Bioessays, 26: 99-105.

Laird P W. 2010. Principles and challenges of genomewide DNA methylation analysis. Nat Rev Genet, 11:

191-203.

LI R, Fan W, Tian G, et al. 2010. The sequence and *de novo* assembly of the giant panda genome. Nature, 463: 311-317.

Margulies M, Eghol M, Altman W E, et al. 2005. Genome sequencing in microfabricated high-density picolitre reactors. Nature, 437: 376-380.

Mason O U, Hazen T C, Borglin S, et al. 2012. Metagenome, metatranscriptome and single-cell sequencing reveal microbial response to deepwater horizon oil spill. ISME J, 6: 1715-1727.

Mckay J K, Stinchcombe J R. 2008. Ecological genomics of model eukaryotes. Evolution, 62: 2953-2957.

Nacke H, Thurmer A, Wollherr A, et al. 2011. Pyrosequencing-based assessment of bacterial community structure along different management types in German forest and grassland soils. PLoS One, 6: e17000.

Narum S R, Buerkle C A, Davey J W, et al. 2013. Genotyping-by-sequencing in ecological and conservation genomics. Mol Ecol, 22: 2841-2847.

Norris A L, Workman R E, Fan Y, et al. 2016. Nanopore sequencing detects structural variants in cancer. Cancer Biol Ther, 17: 246-253.

Pop M, Salzberg S L. 2008. Bioinformatics challenges of new sequencing technology. Trends Genet, 24: 142-149.

Schmitz R J, Schultz M D, Urich M A, et al. 2013. Patterns of population epigenomic diversity. Nature, 495: 193-198.

Seeb J E, Carvalho G, Hauser L, et al. 2011. Single-nucleotide polymorphism (SNP) discovery and applications of SNP genotyping in nonmodel organisms. Mol Ecol Resour, 11 (Suppl 1): 1-8.

Shokralla S, Spall J L, Gibson J F, et al. 2012. Next-generation sequencing technologies for environmental DNA research. Mol Ecol, 21: 1794-1805.

Thomas T, Gilbert J, Meyer F. 2012. Metagenomics—a guide from sampling to data analysis. Microb Inform Exp, 2: 3.

Torres T T, Metta M, Ottenwalder B, et al. 2008. Gene expression profiling by massively parallel sequencing. Genome Res, 18: 172-177.

Travers K J, Chin C S, Rank D R, et al. 2010. A flexible and efficient template format for circular consensus sequencing and SNP detection. Nucleic Acids Res, 38: e159.

Trucchi E, Mazzarella A B, Gilfillan G D, et al. 2016. BsRADseq: screening DNA methylation in natural populations of non-model species. Mol Ecol, 25: 1697-1713.

Verhoeven K J, Vonholdt B M, Sork V L. 2016. Epigenetics in ecology and evolution: what we know and what we need to know. Mol Ecol, 25: 1631-1638.

Wang X, Fang X, Yang P, et al. 2014. The locust genome provides insight into swarm formation and long-distance flight. Nat Commun, 5: 2957.

第 3 章　生态基因组学研究中的生物信息学方法

3.1　高通量测序数据的质控分析

随着高通量测序技术数据通量的增加和成本的降低，该技术已广泛应用于生命科学和医学研究中，并成为一种常规化的技术手段。在实际分析工作中，研究者采用高通量测序技术产生大量的数据信息，其首要任务就是对这些原始数据进行质控过滤，以得到高质量的测序数据。这是由于测序过程会受到许多因素的影响，导致产生的测序数据含有不同程度的错误，进而干扰下游的分析结果，如基因组拼接、转录组拼接、数据比对等。其中的错误类型主要包括：不同测序平台固有的错误模式、接头序列、PCR 步骤引入的错配、错误的插入片段及其他物种的污染等。因此，对测序数据进行质量评估并报告出错误的类型和比例尤为重要，FastQC（http://www.bioinformatics.babraham.ac.uk/projects/fastqc/）就是一款著名的可以进行数据质量评估的软件。这款软件可以通过对测序数据进行采样，进而实现对整个样本的数据质量进行评估，并报告出碱基质量分布、有无接头序列和重复序列比例等。随后，通过这些评估结果就可以利用不同的软件再针对性地进行过滤。目前数据质控过滤的策略主要可以分为两种类型：基于测序数据自身的质控过滤和基于参考基因组的质控过滤。

基于测序 read 的质控策略，其分析内容主要包括接头引物的去除、低质量碱基的去除。代表性软件包括：SolexaQA（Cox et al.，2010）、FASTX-Toolkit（http://hannonlab.cshl.edu/fastx_toolkit）、Trimmomatic（Bolger et al.，2014）、HTSeq（Anders et al.，2015）、PRINSEQ（Schmieder and Edwards，2011b）、Sickle（https://github.com/najoshi/sickle）等。这些软件各有特色，如 PRINSEQ 既可以本地安装运行，又可以提供网络版在线分析，用户可直接上传数据进行数据质控；FASTX-Toolkit 集成了多种用途的工具，并且已经被整合到 Galaxy 分析平台，但是这些软件又各有局限性。例如，PRINSEQ 本来是针对 454 测序数据来设计的，当处理大批量的 Illumina 测序数据时，运行速度和内存消耗往往不够理想。FASTX-Toolkit 处理双末端测序数据时，得到的过滤后数据将不再是一一对应关系，从而需要运行额外的程序进行重新配对并剔除单端的数据。此外，大多数的质控程序不能多核运行，这意味着用户需要消耗大量的时间实现数据质控工作。

基于参考基因组的策略，其分析内容包括污染序列的评估和去除、插入片段大小评估和去除 PCR 步骤引入的重复序列等。研究人员首先利用比对软件如 BWA（Li and Durbin，2009）、Bowtie（Langmead et al.，2009）等将测序数据回贴到参考基因组上，然后对产生的比对文件进行解析，包括正确回贴到基因组上的数据比例、重复片段的数目和比例、插入片段大小估计等。

当缺少参考基因组时，大部分软件只能进行测序错误等分析，很难进行插入片段的评估。虽然 SGA（String Graph Assembler）软件（Simpson and Durbin，2012）中的 preQC（https://github.com/jts/sga）模块不依赖于参考基因组，仅基于测序数据就可以预测目标基因组的属性，并可估计出插入片段长度及实现重复序列的识别，但是它的评估过程是基于 *k*-mer 空间中的部分数据，会严重低估重复序列数量，也无法对大片段文库的大小进行准确评估。同样，虽然 PRINSEQ、CD-HIT（Fu et al.，2012）等软件可以预测重复序列，但是它们都是基于序列聚类结果得到的，因此可能会错误地删除非重复序列。除此之外，当缺少参考基因组时，污染数据的检测将变得非常困难。例如，DeconSeq（Schmieder and Edwards，2011a）等软件通过与已知数据库进行比对来检测污染序列，但是当研究者面对新物种且此物种没有相近物种基因组序列记录于数据库时，这些软件就难以进行有效分析。因此，如何在缺少参考基因组的情况下进行测序数据的全面可靠评估，仍然是此领域生物信息工作者的研究重点。

3.2　遗传变异的识别

遗传变异是所有生物表型变化的基础。根据发生突变的碱基数目，它可分为单核苷酸多态性（single nucleotide polymorphism，SNP）和结构变异（structural variation，SV）。单核苷酸多态性是指在基因组水平上单个核苷酸的变异；结构变异通常是指 1kb 以上的 DNA 片段的改变，而广义的结构变异则包括所有非单碱基的基因突变，如 DNA 序列的插入（insertion）、缺失（deletion）、倒置（inversion）、重复（duplication）、易位（translocation）及拷贝数变异（copy number variation，CNV）。SNP 和串联重复序列曾被认为是生物体遗传变异的最主要形式，但 2004 年以来，研究人员相继观察到人体基因组中存在大量的拷贝数变异现象，它们的长度从数千碱基到数百万碱基不等（Iafrate et al.，2004；Sebat et al.，2004）。Redon 等（2006）进一步在 270 名健康人体的基因组中识别出 1447 个 CNV 区域，覆盖了约 12%的人类基因组，并且发现这些变异大多与致病或易感基因有关。这些结果表明，基因组结构变异与 SNP 一样广泛存在于生物体中，影响着基因的表达和表型的变异，甚至引发疾病或增加复杂性状疾病的发病风险。

结构变异可以通过多条途径影响表型的改变，如插入、缺失和复制等可以导致基因剂量的改变，从而影响表型；基因位置的改变（如易位）作用于基因表达调控元件；基因重排可以诱发基因结构的改变（如基因断裂、基因融合）。2010 年底，千人基因组计划发表了迄今最为详尽的人类基因多态性图谱（Durbin et al.，2010），这其中包含 1500 万 SNP、100 万小尺度的插入缺失（insertion and deletion，indel）和超过 2 万的结构变异，并且大部分的变异都是首次发现。2011 年初，该研究计划进一步报道了其中的非平衡结构变异（unbalanced SV），共发现 22 025 个 deletion 和 6000 多个其他类型的结构变异（Mills et al.，2011）。然而，绝大多数结构变异的特征和意义还不为人所知，它们与表型之间的关系还需要深入研究。与此同时，对海量基因组数据中结构变异的挖掘算法也远未成熟，随着高通量测序技术的进步及越来越多的个人基因组数据的出现，深度挖掘和分析其中的基因组结构变异，将对我们深入理解复杂性状疾病的分子机制、鉴定易感基因、认识遗传变异和疾病表型的关系都具有重要意义。

在高通量研究方法出现之前，研究人员主要是基于荧光原位杂交技术从染色体上寻找可能的结构变化，但该技术费时费力，不适合进行大规模的全基因组扫描。此后逐渐发展起来的比较基因组杂交技术，使得研究人员可以更快、更准确地检测基因组的扩增和缺失。其基本原理是在一张装配有数以万计特异 DNA 序列的芯片上，用标记不同荧光素的测试样品和对照样品同时进行杂交，从而快速直观地检测两样品之间基因拷贝数的差异。2005 年以来，高通量测序技术的出现大幅降低了测序成本和时间，使得通过大规模人类基因组测序来发现其中的结构变异成为可能。相对于基因芯片，高通量测序技术在基因组结构变异的检测中有着更多优势：①它可以克服芯片杂交固有的耗时长和交叉杂交等缺点；②高通量测序不需要更多的先验知识和复杂的实验设计；③高通量测序技术分辨率更高，而且可以发现复杂形式的结构变异。当前检测基因组结构变异的方法主要基于高通量测序技术，而根据对高通量数据利用方式的不同，识别方法主要分为四类：①配对末端作图（paired-end mapping，PEM）；②基于测序覆盖度（depth of coverage，DOC）；③短序列断点作图（split-read mapping，SRM）；④基于变异区域拼接（variant region assembly，VRA）（Medvedev et al.，2009；Alkan et al.，2011）。

基于 PEM 的方法对测序数据中所有非正常比对的短序列对（abnormally mapped read pairs）进行排序聚类，并对比对后的特征进行分析来确定该处可能存在何种结构变异。因此，此类方法的检测效果取决于所找到的非正常比对的短序列对能否有效地反映不同类型的结构变异。受测序技术限制，我们往往无法获得测序文库中真实插入片段的长度。目前只能通过统计学方法推测每一对配对短序列的插入片段长度是否落在经验长度分布的极端区域（如均值或中位数的 95%置信区间之外），进而推断此处是否存在结构变异。这就导致基于 PEM 的方法无法识别长片段的插入变异或者小片段的插入与缺失变异。

基于DOC的方法通过研究不同结构变异对其变异点附近测序覆盖度的影响，推测可能存在的结构变异及其类型。该方法的识别效果在很大程度上取决于测序数据的均一性及深度。通过对参考序列的精细划分，并对各个窗口中测序覆盖度进行统计，DOC方法可以较为准确地预测拷贝数变异，尤其是基因大片段重复等。受本身策略及划分窗口的限制，DOC方法更倾向于识别大尺度的缺失或重复等变异，而无法识别未引起拷贝数变化的变异，如插入、易位和倒置等。

基于 SRM 策略的方法则关注那些一端能够唯一匹配而另一端没有匹配上的短序列对，借助前者的匹配信息将后者在参考基因组上进行分割匹配，以此来搜索可能存在的结构变异及其断点（breakpoint）。此类方法的最大优势在于可精确获得结构变异发生的位置，而且可以识别极小尺度（1~20bp）的删除变异，这都是前两类方法无法实现的。然而，由于在候选匹配序列选取中设置过于苛刻的条件（要求一端完全且唯一匹配）（Ye et al.，2009），该方法在检测结构变异时可利用的信息远少于前两类方法，从而极大地削弱了它在识别结构变异中的潜力。鉴于此问题，我们此前提出了基于断点的新识别策略（Zhao and Zhao，2015），它可以利用所有非完全匹配的序列位置信息，通过聚类、筛选和定位，获得变异发生的左右断点，并借助于贝叶斯决策模型对断点进行降噪和匹配，从而实现插入、缺失变异的精确识别和定位。

与前三类方法不同，基于 VRA 策略的方法通过对发生不正常比对区域的所有短序列进行从头拼接，以“还原”该区域的基因组序列，并将拼接后的序列与参考序列进行比较，进而识别可能发生的结构变异。这种策略可以有效识别小尺度且不位于重复区域的插入变异，并可以获得发生变异的精确位置。然而，受限于当前序列比对和拼接方法的准确性，以及受到基因组重复区域的影响，此类方法对规模较大及位于重复区域的结构变异识别能力较差。

上述方法是从不同角度获取 SV 的特征信号进行识别的，这就必然导致它们的检测效果直接受制于三类特征信号的强弱。鉴于它们各有优缺点，最近研究人员倾向于采用更加有效的组合策略，即利用多种特征信息进行结构变异识别（Medvedev et al.，2009）。在采用组合策略的方法中，大都是采用依次处理（post-hoc）的方式，即在识别过程中先后用到不同的特征信号。例如，inGAP-sv（Qi and Zhao，2011）先利用 DOC 信息获取候选结构变异，再借助 PEM 信息进行精确识别；PRISM（Jiang et al.，2012）先借助 PEM 信息识别结构变异，再根据候选匹配序列（split-read）信息确认变异断点。由于可利用信息的增加，这些方法可在一定程度上降低假阳性率，但由于它们通常先采用一种基本特征来搜索可能的结构变异，再借助于另一种特征在前者基础上对搜索结果进行精确判断，这就导致这种 post-hoc 策略的组合方式往往不能提高对结构变异识别的灵敏度。GASVPro（Sindi et al.，2012）可以同时利用 DOC 及 PEM 信息建立统一的概率模型，进而实现结构变异的检测。然而，现有的多信号整合模型（multi-signal integrated model）过于关注通过整合若干较弱信号来提高对结构变异识别的灵敏度，而忽视了多信号整合中所带来的另一个问题，即多信号的冲突问题。我们此前的研究发现，对于发生在串联重复区域的缺失变异，PEM 和断点信号往往存在一定的冲突，通过采用统计学模型对 PEM 校正后，可以在一定程度上解决信号冲突的问题。

3.3　非模式生物基因组的拼接

基因组拼接的目的是基于测序得到的 DNA 片段重构完整的目标基因组序列，是任何非模式生物基因组项目不可或缺的基础步骤。传统的拼接算法主要基于 Sanger 测序数据设计。这一测序技术的特点是：通量低、读段长（约 1kb），测序精度高，但当我们获取基因组测序数据由传统测序转向短读长（100~250bp）、数据量大的二代高通量测序时，传统的拼接算法往往不能胜任重构目标基因组的任务。为此，人们针对新一代测序的特点相继开发了不同的拼接算法和软件。

基于二代高通量测序的基因组拼接的实现可以分为三个阶段：第一，数据的预处理。该步骤会去除测序数据中的接头序列、低质量碱基和矫正测序错误。第二，生成 contig。该步骤将第一步处理后的 read 拼接成 contig。第三，生成 scaffold。利用 paired-end 或 mate-pair read 间的距离信息将不同的 contig 连接起来形成更长的片段。目前，拼接软件所依据的算法主要可以分为两类：基于 OLC（Overlap-Layout-Consensus）的算法和基于图论的方法。基于 OLC 的算法可以分为三个步骤：①两两比对找到 read 之间的重叠信息；②通过重叠信息构建重叠图（overlapping graph）并排列 read，确定 read 间的相对位置；③遍历重叠图寻找最优路径，得到最终的基因组序列。虽然这种方法从原理上非常容易实现，但是数据量增大时则面临内存消耗高、时间效率低的困境。基于 *de Bruijn* 图的拼接算法则很好地避免了这些问题，这种算法可分为 4 个步骤：第一，构建 *de Bruijn* 图。将 read 切割成一系列字符串（*k*mer），并根据（*k*–1）mer 的关联信息来构建 *de Bruijn* 图；第二，简化 *de Bruijn* 图。按照一定的规则去除图上的岔路（tip）和气泡（bubble）结构；第三，构建 contig。在图上寻找最优的欧拉路径，将该路径所生成的碱基序列称为 contig；第四，构建 scaffold。将测序产生的 read 回帖到拼接好的 contig 上，并利用 read 间的配对信息（mate-pair 或 paired-end），以及特定的算法确定 contig 的方向和相对位置，并将这些 contig 进行连接和填充相连 contig 之间的缺口（gap），构建出更长的序列（scaffold）。基于此方法的拼接软件包括：ABySS（Simpson et al.，2009）、Velvet（Zerbino and Birney，2008）、SOAPdenovo（Li et al.，2010）、ALLPATHS（Butler et al.，2008）、Bambus 2（Koren et al.，2011）。基于 *de Bruijn* 图的拼接算法巧妙地将具有重叠关系的 read 映射到一起，显著地降低了计算的复杂度、内存消耗和运行时间。因此，这一算法被广泛地应用于二代高通量测序的基因组的从头拼接中。

然而，基于 *de Bruijn* 图的拼接算法中，scaffolding 步骤仍存在大量问题：①组装过程高度依赖上一步生成 contig 的质量，contig 错误过多或者过短都会严重影响 read 映射到 contig 步骤的准确度和成功率；②read 配对信息的不确定性和偏倚使得在组装时必须进行修正；③组装过程高度依赖映射软件所采用的算法，因此，这些映射软件的局限性会导致无法得到更长、更准确的结果；④测序文库中存在的噪声会对判断 contig 间的相对位置和距离造成严重干扰。因此，有必要设计更加稳健、容错性高的 scaffolding 算法，产生更加准确、连续的 scaffold。基于此目的，人们开发出了单独进行 scaffolding 的软件，如 SOPRA（Dayarian et al.，2010）、SSPACE（Boetzer et al.，2011）等。这些软件所应用的关键算法可分为如下几种：①根据配对信息获取 contig 间的连接信息，先构建初始连接图，使用特定策略（如贪心策略）对图进行拓扑，提取路径中单一的部分作为 scaffold；②收集全部映射到 contig 末端的 read 及成对 read 中没有映射到 contig 上的 read，基于 *de Bruijn* 图进行拼接，用得到的序列将 contig 进行连接或者对 contig 进行延长，这一过程会反复迭代，直到收敛；③基于 3′端延伸的策略，对映射到 contig 末端的 read 进行一致性整理，随后对 contig 逐步延伸，反复迭代，直到不能延伸为止。以这些策略得到的 scaffold 往往存在长度不确定的间隙，大多数软件会评估这些间隙的大小并补上可以代表任一碱基的 N。如果需要更加完整和准确的基因组序列，还需要对这些 scaffold 进行补缺口（gap）。这一过程也有比较成熟的软件，但是对于比较大而复杂的 gap，还需要使用实验手段进行补全。

一般来讲，拼接算法的设计都在算法复杂度与结果的精确度之间进行了权衡和取舍。例如，有些软件片面地强调了拼接长度，但是准确性并不理想。除此之外，目前的拼接软件又有各自的适用范围，因此，拼接结果的评估对基因组拼接项目及设计拼接算法都是非常有必要的。基于这些原因，研究者做了大量的工作来对基因组拼接结果进行系统评估。例如，GAGE（Salzberg et al.，2012）和 Assemblathon（Bradnam et al.，2013）采用了多种稳健统计指标对基因组拼接软件进行了评估。其中 ABySS、SGA 在拼接的准确性方面做得很好，但是在拼接长度方面稍微逊色，SOAPdenovo、Bambus 2 和 Velvet 各方面表现都比较均衡，MSR-CA 在拼接长度上更胜一筹。另外，ALLPATH-LG 的拼接结果在各个方面表现都是比较好的，这主要归因于它需要较大的基因组测序深度（至少 50X）和短片段及长片段文库。

3.4　非模式生物中基因识别的方法

大量基因组计划的完成提供了丰富的生物序列资源，如何利用如此庞大的基因组序列便成了研究者所面临的首要问题。此时研究者的工作重心开始从获取物种的遗传信息转移到分子水平开展大尺度的功能研究。这种转变的一个重要标志就是功能基因组学的产生。其主要任务就是对基因组进行功能注释。因为基因是控制生物遗传性状的主要因素，对其正确、有效的鉴定和深入研究对分子遗传学的研究至关重要。早期基因预测主要通过活细胞或生物实验来实现，简单来讲就是通过对若干不同基因的同源重组速率进行统计分析以便获取其在染色体上的顺序。如果同时进行大量类似分析，就可以确定各个基因在染色体上的大致位置。相较原核基因组，真核基因组的基因预测更为困难。这是因为原核生物基因组小、基因密度较高、重复序列少、没有插入基因，并且一个基因是由连续编码的可读框（ORF）构成，中间没有间断；而真核生物基因组较大、基因密度低、富含重复序列和转座元件，更重要的是基因被插入的非编码序列（intron）切分成小段（exon）。目前，基因预测方法主要分为三类：基于同源相似性（homology-based）的预测方法；基于统计学模型的从头预测（*ab initio* prediction）方法；结合上述两种方法的一致性算法（consensus algorithm）。

（1）基于同源相似性的预测方法

这种方法以相关物种外显子的结构及序列的保守性为基础进行分析。该方法首先由 Gish 和 States（1993）提出，其核心思想是利用已知的 mRNA 或者蛋白质序列为线索在 DNA 序列中搜寻高相似度的片段。随后，Snyder 和 Stormo（1995）首次将同源相似性分析整合到基因预测算法中，但是该方法会对序列所有外显子装配进行检测，因而导致其计算复杂度非常高。因此，Gelfand 等（1996）使用了剪接和联配的方法来解决这一问题，通过这种方法可以识别出较短的外显子，并且可以准确地装配 10 个以上的外显子。基因序列表达标签（expressed sequence tag，EST）数据库与局部比对软件的发展和广泛应用，使得准确地判断剪接位点成为可能。EST_GENOME（Mott，1997）就是利用此算法进行基因预测的工具，此软件结合强大的生物学过程模型，实现了基因剪接位点的成功预测，但是它对计算性能的要求较高。因此随后的类似软件，如 sim4（Florea et al.，1998）和 Spidey（Wheelan et al.，2001），在运行速度上都进行了大量优化，使计算速度有了很大提升。此后，华盛顿大学的研究者于 2001 年开发了用于真核生物基因结构预测的 TwinScan 软件（Korf et al.，2001），该软件通过基因组序列的比较来预测基因，并被广泛用于哺乳动物、拟南芥、线虫和酵母菌的分析中。Birney 等（2004）开发出 GeneWise 软件，该软件主要用于蛋白质和 DNA 序列之间的比对，并在比对过程中利用了剪接位点信息来鉴定内含子-外显子结构。Wei 和 Brent（2006）将 TwinScan 与 EST 比对结果结合，构建了 TwinScan_EST 系统，这一系统在基因结构预测上的灵敏性和特异性都要优于 TwinScan。

（2）基于统计学模型的从头预测方法

此类方法的目的是从非编码序列中分辨出外显子序列，并将识别出的外显子以正确的次序排列。对外显子的识别主要是通过一定特征对给定的序列进行预测，如基因信号，包括起始终止密码子、内含子剪接信号、转录因子结合位点等；基因内容，即对编码区的序列进行统计学上的描述，并构建概率模型用以区别编码区和非编码区。目前已有多种统计模型可用于基因预测，如隐马尔可夫模型（hidden Markov model，HMM）（Lukashin and Borodovsky，1998）、动态规划（dynamic programming）（Howe et al.，2002）、神经网络（neural network，NN）（Uberbacher and Mural，1991）、线性判别分析（linear discriminant analysis，LDA）（Zhang，1997）、傅里叶分析（Fourier analysis）（Kotlar and Lavner，2003）、多元熵距离法（Zhu et al.，2007）等，以及依靠这些统计模型构建的基因预测工具。Glimmer（Delcher et al.，2007）利用了马尔可夫模型来对编码区域和非编码区域进行识别，此工具对一些细菌、古细菌及一些病毒的预测非常准确。GenScan（Burge and Karlin，1997）基于广义马尔可夫模型进行基因预测，其模型包含的特征有：剪接信号、外显子长度分布、启动子和 poly（A）。在此之后发展起来的基因预测软件有 Fgenesh（Salamov and Solovyev，2000）、BGF（Li et al.，2005）等。GlimmerM（Pertea and Salzberg，2002）是 TIGR 开发的适用于基因密度在 20%左右的真核生物基因预测软件，这个软件应用动态规划算法模型，但是该软件存在一个缺陷，即不能够判断移码。现在，此软件已用于拟南芥、水稻等物种的基因预测中。MED 2.0 是北京大学 Zhu 等（2007）基于多元熵距离法开发的微生物基因预测软件，多元熵距离法是将蛋白质编码的 ORF 综合统计模型与翻译起始位点（TIS，包含与翻译起点有联系的几种相关特征）结合形成的一种基因预测方法。MED 2.0 在古细菌基因组中预测散在的翻译起始位点更为准确。

（3）基于二者结合的一致性算法

针对不同基因预测工具的灵敏度和特异性，可以将多个预测结果综合起来进行分析。该方法将大多数程序一致的预测结果保留下来，其余结果被删除。这种方法可以提高特异性，但会遗漏一些有用的新预测，这是因为新预测可能不被大多数程序认可而被忽略。目前应用比较广泛的软件是 GeneComber（Shah et al.，2003）、MAKER2（Holt and Yandell，2011）、AUGUSTUS（Stanke et al.，2006）。

由于原核基因组基因预测相对于真核基因组比较简单，因此近几年几款基因预测软件主要是针对宏基因组测序数据进行设计的，如 MetaGene（Noguchi et al.，2006）、Orphelia（Hoff et al.，2009）、MGC（El Allali and Rose，2013）等。Yang 和 Yooseph（2013）发表了针对宏基因组数据的短肽组装软件 SPA，它不依赖于核苷酸序列的组装，直接基于宏基因组本身测序数据，通过其他基因注释软件，如 MetaGeneAnnotator（Noguchi et al.，2008）、FragGeneScan（Rho et al.，2010）获得短肽后，直接组装得到完整的基因蛋白序列。然而，当面对一些真核基因组和非模式生物基因组，它们缺少参考基因组或者缺少高质量的参考基因组，同时本身基因组结构相对于原核基因组比较复杂，首先对测序短序列 read 进行基因注释或者将这些核苷酸测序 read 从头组装再进行基因预测，结果往往可靠性较低。

3.5　系统发育树构建

系统发育树的重建是生态基因组研究中的一项重要技术手段，其构建过程大致分为 3 个步骤：序列的获取、多重比对和建树。

序列的获取是构建系统发育树的首要步骤。除自有数据外，研究人员可以从公共数据库中下载目标序列。这些数据库包括 GenBank、EMBL、DDBJ、TIGR、DOE 或各个基因组测序项目。获取目标序列可以通过两种策略实现，第一种是关键字搜索；第二种是通过同源性的方法[如通过 BLAST 软件同源搜索（Altschul et al.，1997）]。

多重比对是构建系统发育树的基础。目前的多重序列比对大都利用了渐近比对（progressive alignment）的策略（Feng and Doolittle，1987），即先对相似性最高的序列进行比对，随后每次加入一条相似性较低的序列。其具体步骤起始于先构建一个相对粗糙的“指导树”，随后这个树将决定每条序列加入比对的顺序。目前已有多种软件可以实现多重序列比对，常用的有 Clustal W（Higgins and Sharp，1988）和 Clustal X（Higgins and Sharp，1988）。

构建系统发育树主要基于两种策略（Bena et al.，1998）：基于距离矩阵的方法（distance-matrix method）和离散数据的方法（discrete data method）。基于距离矩阵的方法也被称为聚类法，是一种比较简单的直接构建系统发育树的方法。首先通过对每对操作分类单元（OTU）进行比较，根据进化距离模型推导出进化距离，构建进化距离矩阵，最后再基于此进化距离矩阵构建系统发育树。基于此策略的方法很多，如 UPGMA（Khan et al.，2008）、邻接法（Khan et al.，2008）及 Fitch-Margoliash（FM）法（Lespinats et al.，2011）。最常用的距离矩阵方法是邻接法。邻接法采用的方法是聚类分析，它先建立一个星状树，然后基于两个分类单元的距离把两个单元聚在一起，直到完成整个树的建立。被聚合在一起的两个分类单元是被依次选择出来的，以保证建立出来的树的估计值最小。聚合在一起的两个分类单元被它们的祖先所取代，这样连接到树根的分类单元就减少了一个。然后再用连在一起的两个分类单元取代原来两个单独的单元建立一个新的距离矩阵。距离法（尤其是邻接法）一个很大的优点是它们的计算效率高。聚类分析算法非常快，因此它常用来分析具有高相似度的大量序列数据。然而，距离法对序列差异非常大的数据表现较差，因为大的距离包含比较大的抽样误差，而大部分距离法（如邻接法）对于大的距离估计的变化没有很好的解释。此外距离法对比对序列中的缺失也是非常敏感的。

离散数据法也被称为树搜索法（tree searching method）。该方法基于的原理是进化的拓扑形状是由序列上每个碱基或氨基酸的状态决定的。因此在计算中，该种策略会检查多重比对上的每一列信息，随后寻找匹配所有信息最好的树。基于此策略的方法有：最大简约法（maximum parsimony，MP）（Goeffon et al.，2008）、最大似然法（maximum likelihood，ML）（Matsuda，1996）及贝叶斯法（Bayesian inference of phylogeny）（Yang and Rannala，1997）等。

最大简约法通过指定系统树内部节点的状态特征使系统树的变化值最小化。特征长度是那个位点所要求的最小的改变值，而树的得分是所有位点特征长度的总和。最大简约树就是那个得分最小的系统树。最大简约法的优点是它非常简便，易于描述和理解，并经得起严格的数学分析；而其主要缺点在于缺少清晰的假设，这使得进化树重建过程中几乎不能使用任何序列进化过程的先验知识。此外，最大简约法不能对一个位点的多重替换问题进行更正，这使它面临着长支吸引（long branch attraction）的问题。当一个正确的系统树有一个被内部短支隔开的两个长支时，最大简约法倾向于推断一个错误的树，导致两个长支被聚在一起。

最大似然法是20世纪20年代R.A.Fisher发明的一种为了估计模型中位置参数的统计方法。似然函数被定义为某一数据符合相关参数的可能性，可被看作观察到的和固定的数据参数函数。参数的最大似然估计是使可能性达到最大的参数值。通常，最大似然估计可以通过迭代优化算法得到结果。最大似然估计对于大样本有着理想的渐进性质：它们不偏倚，连续（接近真正的结果）且十分有效（无偏估计中方差最小）。由于不断增加的运算能力、软件应用，以及不断增加的序列进化的有效模型的发展，最大似然法现在被广泛应用。最大似然法的一个优点是它所有的模型假设都是明确的，因此它们可以被评估和改善。最大似然法及贝叶斯法中一系列复杂的进化模型是它们相对于最大简约法的一个主要优势。现在使用保守的蛋白质序列进行系统发育推断，基本上只依赖于最大简约法和贝叶斯法。对于这样的推断，使用不同位点不同氨基酸替换率的模型是十分重要的。最大似然法的主要缺点是耗费大量的计算时间，尤其是在似然原则下进行树的寻找十分耗时。

贝叶斯法和最大简约法的区别在于，贝叶斯模型的参数在统计分布内是可以随机变化的，而在最大似然法中它们是未知的常数。在进行数据分析前，参数被指定一个先验分布，它可以通过和数据结合产生一个后验分布。目前已有一系列的方法可用于获得近似的后验概率，其中最常用的方法是马尔可夫链蒙特卡罗法。其基本思想是建立马尔可夫链，以代替模型参数作为状态空间，其静态分布就是参数的后验概率分布，随后通过模拟和抽样技术计算出分支格局的后验概率。

3.6 微生物生态基因组研究的常用工具

目前，微生物生态基因组数据分析主要依靠比对的方法得到微生物的分类和功能信息，以及基于全基因组测序的宏基因组数据分析。基于比对策略的生物信息分析软件包括：mothur（Schloss et al.，2009）、QIIME（Kuczynski et al.，2011）和PICRUSt（Langille et al.，2013）。

mothur软件是由密歇根大学的Patrick Schloss及其同事编写完成的，主要分析基于

16S rRNA 的宏基因组测序数据，可支持分析罗氏 454 测序平台和 Illumina 测序平台的数据。其分析内容包括数据预处理、OTU 聚类、嵌合体去除、序列分类地位确定及群落 α 多样性和 β 多样性计算等。

QIIME 软件是由 Knight 及其同事编写完成的，与 mothur 软件类似，主要分析基于 16S rRNA 的宏基因组测序数据，支持分析罗氏 454 测序平台、Illumina 测序平台和 Sanger 测序平台的数据。其分析内容包括数据的前期处理、OTU 聚类、嵌合体去除、序列分类地位确定，以及群落 α 多样性、β 多样性的计算等。它的优势在于可以对分析结果进行图形化展示，并且数据分析流程简单明了；缺点是只能用于 Linux 操作系统且安装过程较为复杂。QIIME 提供三种 OTU 聚类方法，分别为：从头（*de novo*）、closed-reference 和 open-reference。通过 *de novo* OTU 聚类将所有序列按照相似性进行分类。在此过程中，所有序列都会被包含进来，它的缺点是没有参考序列可以让它们进行并行运算，所以速度比较慢。聚类完成后，此方法会选择代表序列进行物种注释、序列比对和构建系统发育树等。然而，在实际的宏基因组数据分析过程中，除非待分析数据缺乏参考数据库，一般情况下不会采用 *de novo* OTU 聚类。尤其是以下情况，*de novo* OTU 聚类不适用：①不同高变区的序列相互比较；②数据量非常大。closed-reference OTU 聚类过程中，所有序列会与参考数据库进行比对，没有和参考数据库比对上的序列将会被删除。如果参考数据库有序列注释信息，也会直接分配到其对应的 OTU 上。如果利用 16S rRNA 的不同区域进行测序，并且这些区域没有重合，这种则必须使用 closed-reference OTU 进行聚类分析。如果使用没有参考序列的标记基因（marker gene）进行分析，则不能使用该策略。这种策略的优点是可以并行运算，即便是数据量很大，也可以计算得很快；缺点就是不能发现新的物种，因为不能和参考序列匹配上的序列会被直接删除。当 OTU 聚类完成后，此程序也会选择代表序列进行物种注释、序列比对和系统发育树构建等。在 open-reference OTU 聚类过程中，所有序列和参考数据库会共同进行聚类，没有和参考数据库聚在一起的序列将会保留下来，然后单独聚类，这是最优的 OTU 聚类策略。然而，如果利用 16S rRNA 的不同区域测序，并且这些区域没有重合，此时就无法使用 open-reference OTU 聚类。此外，没有参考序列时，也不能使用这种聚类策略。该策略可进行并行运算，具有较快的运算速度。

PICRUSt 软件是由 Huttenhower 及其同事所开发的，其主要功能是通过系统发育信息来推测微生物的功能信息。其原理主要是通过机器学习的方法将已有的微生物系统发育信息与参考基因组的功能信息结合起来。由于人体微生物的研究比较多且信息丰富，因此此软件在人体微生物研究方面应用比较成熟。用户只需要导入 QIIME 分析的 OTU 结果，就可以得到微生物的功能信息，并可用于后续的数据分析。

基于全基因组测序的宏基因组数据分析，主要采用多软件结合的方式处理数据。首先利用拼接软件对高质量的测序 read 进行序列拼接，得到大片段序列，然后用基因注释软件对拼接结果进行基因预测和注释，随后利用 BLAST 等软件和数据库进行比对，得到基因的物种和功能注释信息。BLAST 的结果可以直接导入 MEGAN（Huson et al., 2007）软件中进行统计分析和图形化展示。MEGAN 是一款强大的可以对宏基因组数据进行分析与图形化展示的软件，目前已经更新了 5 个版本，其中最新版本除可以展示物种发育地位和功能信息外，又额外增加了很多新功能，包括更快的分析速度，支持EggNOG（Jensen et al.，2008）、SEED（http://www.theseed.org/）和KEGG（Kanehisa，2002）分析，以及支持主坐标分析（PcoA）和多样品比较分析等。

微生物生态基因组研究通常采用16S rRNA测序以获得物种谱信息，或采用全基因组随机测序以得到功能基因谱信息，抑或两种策略同时采用。但是由于测序技术和实验方法本身的限制（短序列和小片段文库），这些研究都割裂了物种谱和功能基因谱之间的联系。这是因为16S rRNA序列在宏基因组拼接时被视为重复序列，或被拼接到一起，或被舍弃，无法建立其与侧翼的蛋白编码基因的连接，导致16S rRNA物种谱信息与功能基因谱信息的割裂。这给环境微生物物种多样性（尤其是种下多态性）和功能多样性的研究带来严重的障碍。

最近，研究人员在现有宏基因组学技术的基础上，提出一种全新的宏基因组研究策略，即16S rRNA-侧翼序列环化测序及计算技术（ribosomal RNA gene flanking region sequencing，RiboFR-Seq）（Zhang et al.，2016）。通过该技术，可以同时获得16S rRNA V4/6高变区及16S rRNA上游的蛋白编码基因序列。基于此数据，能够建立16S rRNA与宏基因组拼接序列的物理关联，校正或补充彼此注释的结果，实现准确无偏的宏基因组数据解析，进而快速、准确和全面地解析环境样品中微生物的组成和功能。研究人员利用该技术，进一步对人体共生微生物和海洋生物表面附生微生物群落开展了研究。从实际数据分析结果来看，RiboFR-Seq方法可以实现对宏基因组中16S rRNA拷贝数的测定，从而修正了由16S rRNA拷贝数差异导致的菌群丰度估计偏差，所得到的菌群组成更能反映环境中的真实情况。此外，利用“桥连序列”信息，对16S rRNA扩增子和全基因组测序拼接结果进行重新注释，可辅助宏基因组数据的拼接和组装。该技术首次建立了宏基因组中物种谱和功能基因谱的有效关联，为宏基因组学研究尤其是未知环境条件下微生物组的研究提供了全新的思路和方法。

参考文献

Alkan C, Coe B P, Eichler E E. 2011. Genome structural variation discovery and genotyping. Nature Reviews Genetics, 12: 363-376.

Altschul S F, Madden T L, Schaffer A A, et al. 1997. Gapped BLAST and PSI-BLAST: a new generation of protein database search programs. Nucleic Acids Research, 25: 3389-3402.

Anders S, Pyl P T, Huber W. 2015. HTSeq—a Python framework to work with high-throughput sequencing data. Bioinformatics, 31: 166-169.

Bena G, Lejeune B, Prosperi J M, et al. 1998. Molecular phylogenetic approach for studying life-history evolution: the ambiguous example of the genus *Medicago* L. Proc Biol Sci, 265: 1141-1151.

Birney E, Clamp M, Durbin R. 2004. GeneWise and Genomewise. Genome Research, 14: 988-995.

Boetzer M, Henkel C V, Jansen H J, et al. 2011. Scaffolding pre-assembled contigs using SSPACE. Bioinformatics, 27: 578-579.

Bolger A M, Lohse M, Usadel B. 2014. Trimmomatic: a flexible trimmer for Illumina sequence data. Bioinformatics, 30: 2114-2120.

Bradnam K R, Fass J N, Alexandrov A, et al. 2013. Assemblathon 2: evaluating *de novo* methods of genome assembly in three vertebrate species. GigaScience, 2: 10.

Burge C, Karlin S. 1997. Prediction of complete gene structures in human genomic DNA. Journal of

Molecular Biology, 268: 78-94.
Butler J, MacCallum I, Kleber M, et al. 2008. ALLPATHS: *de novo* assembly of whole-genome shotgun microreads. Genome Research, 18: 810-820.
Cox M P, Peterson D A, Biggs P J. 2010. SolexaQA: at-a-glance quality assessment of Illumina second-generation sequencing data. BMC Bioinformatics, 11: 485.
Dayarian A, Michael T P, Sengupta A M. 2010. SOPRA: scaffolding algorithm for paired reads via statistical optimization. BMC Bioinformatics, 11: 345.
Delcher A L, Bratke K A, Powers E C, et al. 2007. Identifying bacterial genes and endosymbiont DNA with Glimmer. Bioinformatics, 23: 673-679.
Durbin R M, Abecasis G R, Altshuler D L, et al. 2010. A map of human genome variation from population-scale sequencing. Nature, 467: 1061-1073.
El Allali A, Rose J R. 2013. MGC: a metagenomic gene caller. BMC Bioinformatics, 14 (Suppl 9): S6.
Feng D F, Doolittle R F. 1987. Progressive sequence alignment as a prerequisite to correct phylogenetic trees. J Mol Evol, 25: 351-360.
Florea L, Hartzell G, Zhang Z, et al. 1998. A computer program for aligning a cDNA sequence with a genomic DNA sequence. Genome Research, 8: 967-974.
Fu L, Niu B, Zhu Z, et al. 2012. CD-HIT: accelerated for clustering the next-generation sequencing data. Bioinformatics, 28: 3150-3152.
Gelfand M S, Mironov A A, Pevzner P A. 1996. Gene recognition via spliced sequence alignment. Proceedings of the National Academy of Sciences of the United States of America, 93: 9061-9066.
Gish W, States D J. 1993. Identification of protein coding regions by database similarity search. Nature Genetics, 3: 266-272.
Goeffon A, Richer J M, Hao J K. 2008. Progressive tree neighborhood applied to the maximum parsimony problem. IEEE/ACM Transactions on Computational Biology and Bioinformatics, 5: 136-145.
Higgins D G, Sharp P M. 1988. CLUSTAL: a package for performing multiple sequence alignment on a microcomputer. Gene, 73: 237-244.
Ho S Y. 2012. Phylogenetic analysis of ancient DNA using BEAST. Methods Mol Biol, 840: 229-241.
Hoff K J, Lingner T, Meinicke P, et al. 2009. Orphelia: predicting genes in metagenomic sequencing reads. Nucleic Acids Research, 37: 101-105.
Holt C, Yandell M. 2011. MAKER2: an annotation pipeline and genome-database management tool for second-generation genome projects. BMC Bioinformatics, 12: 491.
Howe K L, Chothia T, Durbin R. 2002. GAZE: a generic framework for the integration of gene-prediction data by dynamic programming. Genome Research, 12: 1418-1427.
Huelsenbeck J P, Ronquist F. 2001. MRBAYES: Bayesian inference of phylogenetic trees. Bioinformatics, 17: 754-755.
Huson D H, Auch A F, Qi J, et al. 2007. MEGAN analysis of metagenomic data. Genome Research, 17: 377-386.
Iafrate A J, Feuk L, Rivera M N, et al. 2004. Detection of large-scale variation in the human genome. Nat Genet, 36: 949-951.
Jensen L J, Julien P, Kuhn M, et al. 2008. eggNOG: automated construction and annotation of orthologous groups of genes. Nucleic Acids Research, 36: D250-D254.
Jiang Y, Wang Y, Brudno M. 2012. PRISM: pair-read informed split-read mapping for base-pair level detection of insertion, deletion and structural variants. Bioinformatics, 28: 2576-2583.
Kanehisa M, Sato Y, Kawashima M, et al. 2016. KEGG as a reference resource for gene and protein annotation. Nucleic Acids Research, 44: D457-D462.
Khan H A, Arif I A, Bahkali A H, et al. 2008. Bayesian, maximum parsimony and UPGMA models for inferring the phylogenies of antelopes using mitochondrial markers. Evol Bioinform Online, 4: 263-270.
Koren S, Treangen T J, Pop M. 2011. Bambus 2: scaffolding metagenomes. Bioinformatics, 27: 2964-2971.
Korf I, Flicek P, Duan D, et al. 2001. Integrating genomic homology into gene structure prediction. Bioinformatics, 17 (Suppl 1): S140-S148.

Kotlar D, Lavner Y. 2003. Gene prediction by spectral rotation measure: a new method for identifying protein-coding regions. Genome Research, 13: 1930-1937.

Kuczynski J, Stombaugh J, Walters W A, et al. 2011. Using QIIME to analyze 16S rRNA gene sequences from microbial communities. Curr Protoc Bioinformatics, Chapter 10: Unit 10.7.

Langille M G, Zaneveld J, Caporaso J G, et al. 2013. Predictive functional profiling of microbial communities using 16S rRNA marker gene sequences. Nat Biotechnol, 31: 814-821.

Langmead B, Trapnell C, Pop M, et al. 2009. Ultrafast and memory-efficient alignment of short DNA sequences to the human genome. Genome Biology, 10: R25.

Lespinats S, Grando D, Marechal E, et al. 2011. How Fitch-Margoliash Algorithm can benefit from multi dimensional scaling. Evol Bioinform Online, 7: 61-85.

Li H, Durbin R. 2009. Fast and accurate short read alignment with Burrows-Wheeler transform. Bioinformatics, 25: 1754-1760.

Li H, Liu J S, Xu Z, et al. 2005. Test data sets and evaluation of gene prediction programs on the rice genome. J Comput Sci Technol, 20: 446-453.

Li R, Zhu H, Ruan J, et al. 2010. *De novo* assembly of human genomes with massively parallel short read sequencing. Genome Research, 20: 265-272.

Lukashin A V, Borodovsky M. 1998. GeneMark.hmm: new solutions for gene finding. Nucleic Acids Research, 26: 1107-1115.

Matsuda H. 1996. Protein phylogenetic inference using maximum likelihood with a genetic algorithm. Pacific Symposium Biocomputing: 512-523.

Medvedev P, Stanciu M, Brudno M. 2009. Computational methods for discovering structural variation with next-generation sequencing. Nature Methods, 6: S13-S20.

Mills R E, Walter K, Stewart C, et al. 2011. Mapping copy number variation by population-scale genome sequencing. Nature, 470: 59-65.

Mott R. 1997. EST_GENOME: a program to align spliced DNA sequences to unspliced genomic DNA. Comput Appl Biosci, 13: 477-478.

Noguchi H, Park J, Takagi T. 2006. MetaGene: prokaryotic gene finding from environmental genome shotgun sequences. Nucleic Acids Research, 34: 5623-5630.

Noguchi H, Taniguchi T, Itoh T. 2008. MetaGeneAnnotator: detecting species-specific patterns of ribosomal binding site for precise gene prediction in anonymous prokaryotic and phage genomes. DNA Research: an International Journal for Rapid Publication of Reports on Genes and Genomes, 15: 387-396.

Pertea M, Salzberg S L. 2002. Using GlimmerM to find genes in eukaryotic genomes. Curr Protoc Bioinformatics, Chapter 4: Unit 4,4.

Qi J, Zhao F. 2011. inGAP-sv: a novel scheme to identify and visualize structural variation from paired end mapping data. Nucleic Acids Research, 39: W567-W575.

Redon R, Ishikawa S, Fitch K R, et al. 2006. Global variation in copy number in the human genome. Nature, 444: 444-454.

Rho M, Tang H, Ye Y. 2010. FragGeneScan: predicting genes in short and error-prone reads. Nucleic Acids Research, 38: e191.

Salamov A A, Solovyev V V. 2000. *Ab initio* gene finding in *Drosophila* genomic DNA. Genome Research, 10: 516-522.

Salzberg S L, Phillippy A M, Zimin A, et al. 2012. GAGE: a critical evaluation of genome assemblies and assembly algorithms. Genome Research, 22: 557-567.

Schloss P D, Westcott S L, Ryabin T, et al. 2009. Introducing mothur: open-source, platform-independent, community-supported software for describing and comparing microbial communities. Appl Environ Microbiol, 75: 7537-7541.

Schmieder R, Edwards R. 2011a. Fast identification and removal of sequence contamination from genomic and metagenomic datasets. PLoS One, 6: e17288.

Schmieder R, Edwards R. 2011b. Quality control and preprocessing of metagenomic datasets. Bioinformatics, 27: 863-864.

Sebat J, Lakshmi B, Troge J, et al. 2004. Large-scale copy number polymorphism in the human genome. Science, 305: 525-528.

Shah S P, McVicker G P, Mackworth A K, et al. 2003. GeneComber: combining outputs of gene prediction programs for improved results. Bioinformatics, 19: 1296-1297.

Simpson J T, Durbin R. 2012. Efficient *de novo* assembly of large genomes using compressed data structures. Genome Research, 22: 549-556.

Simpson J T, Wong K, Jackman S D, et al. 2009. ABySS: a parallel assembler for short read sequence data. Genome Research, 19: 1117-1123.

Sindi S S, Onal S, Peng L C, et al. 2012. An integrative probabilistic model for identification of structural variation in sequencing data. Genome Biol, 13: R22.

Snyder E E, Stormo G D. 1995. Identification of protein coding regions in genomic DNA. Journal of Molecular Biology, 248: 1-18.

Stanke M, Keller O, Gunduz I, et al. 2006. AUGUSTUS: *ab initio* prediction of alternative transcripts. Nucleic Acids Research, 34: W435-439.

Uberbacher E C, Mural R J. 1991. Locating protein-coding regions in human DNA sequences by a multiple sensor-neural network approach. Proc Natl Acad Sci USA, 88: 11261-11265.

Wei C C, Brent M R. 2006. Using ESTs to improve the accuracy of *de novo* gene prediction. BMC Bioinformatics, 7: 509-513.

Wheelan S J, Church D M, Ostell J M. 2001. Spidey: a tool for mRNA-to-genomic alignments. Genome Research, 11: 1952-1957.

Yang Y, Yooseph S. 2013. SPA: a short peptide assembler for metagenomic data. Nucleic Acids Research, 41: e91.

Yang Z, Rannala B. 1997. Bayesian phylogenetic inference using DNA sequences: a Markov Chain Monte carlo method. Mol Biol Evol, 14: 717-724.

Ye K, Schulz M H, Long Q, et al. 2009. Pindel: a pattern growth approach to detect break points of large deletions and medium sized insertions from paired-end short reads. Bioinformatics, 25: 2865-2871.

Zerbino D R, Birney E. 2008. Velvet: algorithms for *de novo* short read assembly using *de Bruijn* graphs. Genome Research, 18: 821-829.

Zhang M Q. 1997. Identification of protein coding regions in the human genome by quadratic discriminant analysis. Proc Natl Acad Sci USA, 94: 565-568.

Zhang Y, Ji P, Wang J, et al. 2016. RiboFR-Seq: a novel approach to linking 16S rRNA amplicon profiles to metagenomes. Nucleic Acids Research, 44: e99.

Zhao H, Zhao F. 2015. BreakSeek: a breakpoint-based algorithm for full spectral range INDEL detection. Nucleic Acids Research, 43: 6701-6713.

Zhu H, Hu G Q, Yang Y F, et al. 2007. MED: a new non-supervised gene prediction algorithm for bacterial and archaeal genomes. BMC Bioinformatics, 8: 97.

第 4 章　细胞器基因组及其在生态学和进化学中的应用

除起主导作用的核基因组外，真核生物细胞内还有另一种类型的遗传系统—— 半自主性的核外基因组，即细胞器基因组，存在于线粒体（mitochondrion）和叶绿体（chloroplast）中。相对于核基因组，细胞器基因组具有结构简单、单倍性、拷贝数高等优势，特别是在第二代和第三代高通量测序技术的推动下，近年来已完成序列测定的细胞器基因组数量呈现快速增长趋势（图 4.1），细胞器基因组已经成为生态基因组学研究的重要工具，

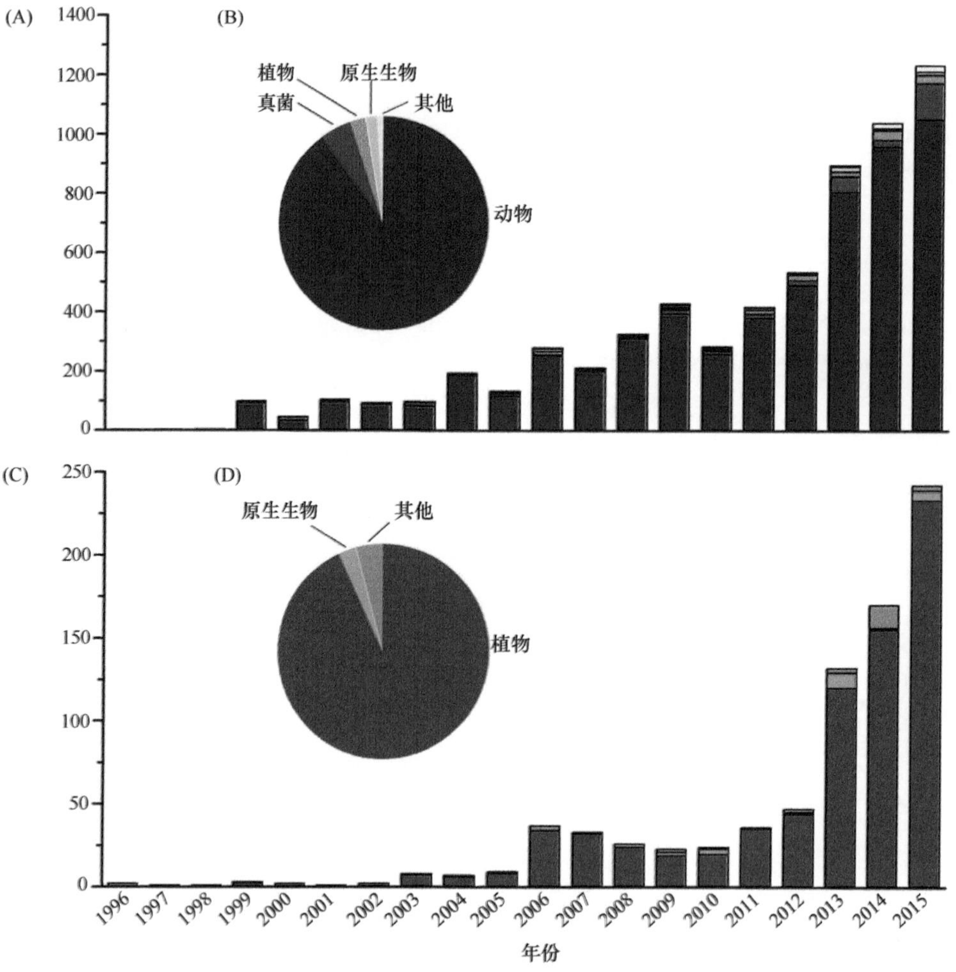

图 4.1　GenBank 数据库收录的细胞器基因组全长序列

GenBank 每年收录的线粒体（A）和叶绿体（C）基因组数量。截至 2016 年 6 月 12 日，已测定 6959 条线粒体（B）和 959 条叶绿体（D）基因组序列在不同生物类群中的分布。数据来自 NCBI 细胞器基因组资源库（http://www.ncbi.nlm.nih.gov/genome/browse/?report=5）

并发挥了举足轻重的作用。本章主要介绍细胞器基因组的结构特点、测序分析及其在生态学和进化学中的应用。

4.1　细胞器基因组的结构及特点

4.1.1　线粒体基因组

线粒体是一种广泛存在于各类真核细胞中的细胞器，处于新陈代谢和生物能量转换的中心地位，在生命活动中发挥着重要作用。线粒体通过氧化磷酸化（oxidative phosphorylation）产生能量和热量，两者的相对水平取决于线粒体偶联状态：线粒体紧密偶联，则产生能量较多；而解偶联时，则产热较多。线粒体拥有自身的遗传物质和遗传体系，一个线粒体中含有一至多个线粒体基因组拷贝（Cavelier et al.，2000），它们不与组蛋白和其他蛋白质结合。然而线粒体容量有限，其遗传和组建活动均受到核基因组和线粒体基因组的双重控制，因而是一种半自主性细胞器。尽管不同生物类群的线粒体基因组是单系同源关系（Gray et al.，1999），但在漫长的进化过程中，它们的结构特征（如长度、组成基因、基因排列顺序等）在动物、植物、真菌和原生生物之间发生了显著分化，而且随着更多线粒体基因组序列的比较分析，人们发现其呈现出更高的结构多样性。

NCBI 收录的线粒体基因组中，动物线粒体基因组数量最多，高达 6255 条，占所有线粒体基因组总数的 89.9%（图 4.1）。随着中国国家基因库（China National GeneBank）发起的万种线粒体基因组项目（构建动物各类群的一万种线粒体基因组的数据库，旨在覆盖动物所有的科）的进行，动物线粒体基因组数量还将迅猛增加。典型的动物线粒体基因组一般为环状双链 DNA 分子，长度为 15~20kb，通常编码 37 个基因（Boore，1999），包括 2 个核糖体 RNA（*rrnL* 和 *rrnS*）、22 个 tRNA 及 13 个疏水性蛋白质多肽，同时包含一段非编码的 D 环区（D-Loop 区）。D-Loop 区具有控制线粒体基因组复制和转录的序列元件，因此也称为控制区，在昆虫中这个区域含有很高的 AT 含量，所以多称为 AT 富含区。线粒体基因组编码的 13 个蛋白多肽是与线粒体内膜相结合的酶复合体的亚单位：细胞色素 c 氧化酶的亚基（COXⅠ、COXⅡ、COXⅢ）、细胞色素 b（Cytb）、ATP 合成酶的两个亚基（ATP6 和 ATP8）及 NADH 脱氢酶的 7 个亚基（ND1~ND6 和 ND4L）。动物线粒体基因组的核苷酸突变速率高，其中功能基因的突变速率比核基因高 10 倍（Brown et al.，1979）。动物线粒体基因组基因排列顺序相对保守，但在一些类群中基因重排非常频繁，如昆虫中的膜翅目存在大量基因重排，主要涉及 tRNA，还包括蛋白编码基因和 rRNA（Dowton et al.，2009；Cameron，2014b）。动物线粒体基因组结构致密，基因内部无内含子，基因间隔区往往只有很少的几个碱基，甚至会出现基因重叠，线粒体基因组的这种长度短小、基因排列紧密的特点是适应细胞器快速复制的长期选择的结果（Selosse et al.，2001）。线粒体基因组中蛋白编码基因的终止密码子分为两类，一类为完整的终止密码子 TAA 和 TAG，另一类为不完整的终止密码子 T 和 TA，一般认为通过转录后加工时 Poly(A)化补充完整（Ojala et al.，1981）。

与典型的动物线粒体基因组相比，植物线粒体基因组具有结构复杂、大小不等、重复序列多、重组频繁、突变速率慢等特点，而且含有大量的内含子和 RNA 编辑位点。迄今为止，NCBI 共收录了 165 种植物的线粒体基因组序列。这些植物线粒体基因组结构差异较大，重复序列介导的分子内/分子间重组能使单个个体的线粒体基因组结构呈现异质性，即植物线粒体除含有一个主环外，还可能通过重复序列重组形成可逆的亚环结构或异于主环的重组构型。此外，植物中还存在其他构型的线粒体基因组，如粳稻为线性（Notsu et al.，2002）。已测定的 165 种植物线粒体基因组长度变化悬殊，绿藻线粒体基因组通常为几十 kb，陆地植物中最大的为黄瓜（*Cucumis sativus*）线粒体基因组，它含有 3 个独立复制的自主环状染色体，大小分别为 1556kb、84kb 和 45kb，它们能通过其间的重复序列重组形成 1685kb 的主染色体环（Alverson et al.，2011）。此外，在未录入 NCBI 细胞器基因组数据库的序列中，圆锥麦瓶草（*Silene conica*）拥有目前已测定的最长线粒体基因组，测序数据可拼接为 128 个 44~163kb 的环状染色体，共 11.3Mb，甚至超过了一些核基因组的大小（Sloan et al.，2012）。植物体内遗传系统之间存在丰富的遗传物质交流，线粒体基因组中具有来自叶绿体基因组和核基因组的序列，这种水平基因转移是植物线粒体基因组序列组成的一个重要来源。植物线粒体基因组中含有大量重复序列，其长度具有高度多样性，从几 bp 到上百 kb 不等，是造成线粒体基因组大小差异的主要原因。重复序列介导频繁的重组，导致基因序列的重复或缺失，从而改变了基因排列顺序。植物线粒体基因组功能基因序列突变速率慢，因此变异较小，功能基因的种类和数量也比较保守。植物线粒体基因组中还广泛存在内含子（Bonen，2008）和多为 C-U 的 RNA 编辑现象（Chateigner-Boutin and Small，2010）。

与动物和植物相比，真菌线粒体基因组的相关研究较少。1997 年，加拿大学者正式提出真菌线粒体基因组计划（Paquin et al.，1997），其主要内容是测定真菌主要类群代表性物种的线粒体基因组全序列，解析这些线粒体基因组的结构特征，分析真菌的系统进化关系，并探讨线粒体的基因表达等。目前，343 个真菌物种的线粒体基因组已完成测序，它们大多数为闭合环状双链结构，也有少数为线性分子，其长度介于动物和植物之间，在不同物种间差别很大。真菌线粒体基因组含有多个基因，其中通常包括与电子传递和氧化磷酸化相关的 14 个蛋白编码基因，比动物多编码 ATP 合成酶的一个亚基 ATP9（Aguileta et al.，2014），但也存在一些特殊情况，如酿酒酵母（*Saccharomyces cerevisiae*）只编码 8 个多肽，不编码 NADH 脱氢酶的任何亚基。尽管真菌与动物的亲缘关系比与植物的更近，但是真菌的线粒体基因组却具有大量的基因间隔区、内含子和重复序列，而且能发生重组，这些特征反而与植物更相近。真菌线粒体基因组中普遍存在内含子，多数为 I 型内含子，而植物多为 II 型内含子（Lang et al.，2007）。真菌线粒体基因内含子的数量、长度和分布是高度变化的，这些内含子是造成真菌线粒体基因组长度差异的主要原因。双孢蘑菇（*Agaricus bisporus*）的 *cox1* 基因全长为 29 902bp，是目前所有生物中已知的最长的线粒体基因，共含有 18 个 I 型内含子和 1 个 II 型内含子，这些内含子序列占整个基因序列长度的 94.7%，其中 I 型内含子序列是目前已知最长的（Ferandon et al.，2010）。真菌线粒体基因组中大多数 I 型内含子可读框可编码核酸内切酶，使内含子能够在线粒体基因间移动，这些内含子作为真菌线粒体基因组中“自私”

的遗传因子，可以随意地插入或丢失，从而增加了线粒体基因组的重组机会，导致真菌线粒体基因排列顺序高度变异。

原生生物是真核生物中不能明确归为动物、植物和真菌的生物复合体，大部分是单细胞生物，是真核生物中最原始的类群，具有较高的遗传多样性（van der Giezen et al.，2005）。在主要生物类群中，原生生物的线粒体基因组研究最少，目前只有 107 个原生生物的线粒体基因组序列被测定。这些线粒体基因组为环状或线性，长度变异大（6~100kb）；编码基因数量差异极大，如间日疟原虫（*Plasmodium vivax*）仅编码 3 个蛋白多肽，而 *Jakoba libera* 含有 115 个基因，其中包括目前已测定线粒体基因组中数量最多的 66 个蛋白编码基因；包含内含子，但数量显著少于植物和真菌（Gray et al.，1998）。

4.1.2　叶绿体基因组

叶绿体是与光合作用密切相关的细胞器，普遍存在于植物和部分原生生物中。叶绿体一般为单亲遗传，在被子植物中多为母系遗传，而在裸子植物中一般为父系遗传，双亲遗传的现象在被子植物中约占 14%（Corriveau and Coleman，1988）。叶绿体基因组一般为环状双链 DNA 分子，在细胞中以多拷贝的形式存在。1986 年，烟草（*Nicotiana tabacum*）（Shinozaki et al.，1986）和地钱（*Marchantia polymorpha*）（Ohyama et al.，1986）的叶绿体全基因组测序完成，这是最早报道的叶绿体全基因组序列。目前，NCBI 共收录了 891 个植物物种和 27 个原生生物的叶绿体基因组序列，这些叶绿体基因组长度差异大，为 21~521kb（Brouard et al.，2010；Lam et al.，2015），主要是由反向重复区的长度变异引起的。大多数陆地植物和一些绿藻的叶绿体基因组具有四分体结构，即由两个反向重复区域将整个环状的叶绿体基因组分为一个长单拷贝区域和一个短单拷贝区域（Jansen et al.，2005）。叶绿体基因组的结构和基因种类一般较为保守，功能基因主要分为三类：与光合作用相关的基因，与基因表达本身相关的基因，以及与生物合成相关的基因。叶绿体基因存在向核基因组和线粒体基因组转移的现象，导致叶绿体基因的“丢失”。叶绿体基因中含有内含子，编码区和非编码区的分子进化速度差异显著，可用于不同分类层次的系统进化学研究中。

4.2　细胞器基因组测序及分析

同核基因组测序方法的发展历程一样，细胞器基因组的序列测定同样使用了传统 Sanger 测序方法和高通量测序方法等不同策略。线粒体和叶绿体基因组由于长度与结构方面的差异，在测序过程中使用的策略不尽相同，以下将主要介绍动物、植物细胞器基因组的测定和分析，其他生物类群的细胞器基因组测序方法与此类似，故不再赘述。

4.2.1　动物线粒体基因组

克隆文库法先通过氯化铯密度梯度离心从总 DNA 中分离出线粒体 DNA（mtDNA），或用蔗糖缓冲液对组织裂解产物进行差速离心得到较高纯度的 mtDNA，对其进行超声波破碎或限制性酶切得到长度适中的 mtDNA 片段，克隆到质粒载体，最后对克隆文库进行 Sanger 法测序（Clary and Wolstenholme，1985；Crozier and Crozier，1993）。

对总 DNA 或提取的 mtDNA 进行常规 PCR，得到末端相互重叠的 PCR 产物，直接测序或克隆到质粒载体后测序。Sanger 法测序时，一个反应一般能测得有效长度为 600bp 以上的序列，根据该序列设计引物再次测序，通过这种引物步移法（primer walking）最终得到 PCR 产物的全序列。动物线粒体基因组全长序列的测定需要 40~50 条引物，为了减少测序错误，一般需要双向测序，进一步增加了所需引物的数量。很多动物核基因组存在来源于线粒体基因组的假基因（nuclear mitochondrial-like sequence，NUMT），其进化模式与同源的 mtDNA 完全不同，如果以研究对象的总 DNA 为模板进行 PCR 短片段的扩增，那么 NUMT 会与靶 mtDNA 共同扩增出来，甚至优先扩增出来，这必然会给 mtDNA 的应用带来负面影响，可能得出错误结论（Bensasson et al.，2001；Song et al.，2008）。为了降低或消除 NUMT 的干扰，通常需要提取 mtDNA 或增加 PCR 产物长度，即进行长 PCR。

长 PCR 首先基于通用引物扩增出保守的短片段，根据这些短片段设计出物种特异的长 PCR 引物，将 mtDNA 扩增为相互重叠的几个长片段。长 PCR 产物长度一般在 5kb 以上，可同时涵盖多个基因。长 PCR 产物序列可以通过以下不同方式测定（沙淼等，2013）：①限制性酶切后克隆测序；②直接进行引物步移法测序；③以长 PCR 产物为模板，进行常规 PCR 后，引物步移法测序。

动物 mtDNA 高通量测序主要基于第二代测序技术，第三代测序技术也已经开始应用（McCooke et al.，2015；Junqueira et al.，2016）。动物 mtDNA 高通量测序可分为直接测序和间接测序，直接测序是指对富集到的 mtDNA 测序，mtDNA 富集方法主要包括氯化铯超速离心、微阵列杂交和长 PCR（Ye et al.，2014）。间接测序是指从其他类型（总 DNA、转录组和外显子组等）的高通量测序数据中，抽提出 mtDNA 序列。从样本总 DNA 的高通量测序数据中筛选并组装 mtDNA，主要基于以下两种方法：①将诱饵序列（bait，使用 Sanger 法测序获得样品的一段短序列，一般为 200~1000bp）作为组装的起始，通过序列重叠进行 mtDNA 组装；②将已有的近缘物种 mtDNA 参考序列与测得的基因组数据比对，从中筛选出线粒体来源的 read 序列，进行从头组装。此外，转录组和外显子组数据中都含有大量的线粒体基因序列信息（Samuels et al.，2013），可从拼接好的重叠群（contig）中筛选出线粒体基因序列信息，或将 read 序列比对到 mtDNA 参考序列，从而获得 mtDNA 大多数基因的序列，根据这些序列设计引物进行 PCR 和测序来填补拼接后的缺口，从而得到 mtDNA 全序列（Picardi and Pesole，2012；Cameron，2014a）。为了进一步提高测序通量，可在构建 mtDNA 测序文库时对不同来源的 mtDNA 添加标签序列，在测序仪的单个测序通道内同时测定混合样本的 mtDNA 序列，测序生成的 read 可根据标签序列分离开，然后独立组装每个样本的 mtDNA。为了降低建库成本，有学者不再引入标签序列，而是在测序完成后使用生物信息技术分别组装各个样本的 mtDNA 序列，如 Tang 等（2014）成功将 49 种动物混合样本的 mtDNA 分离组装。

获得动物线粒体基因组序列后，需要对其进行注释，主要通过与近缘物种的基因比对来定位各个基因。手工注释过程很烦琐，因此一些自动注释的在线软件被开发出来，如 tRNAscan-SE（Lowe and Eddy，1997）是注释 tRNA 基因时应用最广泛的软件，DOGMA（Wyman et al.，2004）和 MITOS（Bernt et al.，2013）可用于整个线粒体基因组的注释。但这些软件的注释结果往往不完全准确，需要手工校正，所以当前的自动注释软件仍需改进和完善。

4.2.2　植物细胞器基因组

植物细胞器基因组的传统测序方法主要包括以下几种：①将分离纯化的叶绿体或线粒体基因组随机打断或用限制性内切酶酶切后，构建文库，采用鸟枪法测序，但该方法不适用于叶绿体基因组分离纯化困难的高纤维植物；②全基因组构建细菌人工染色体（bacterial artificial chromosome，BAC）文库，利用叶绿体 DNA（ctDNA）或 mtDNA 探针从中挑选出相应细胞器 DNA 片段克隆，采用鸟枪法测序，然而该方法成本高且不适用于未建立过 BAC 文库的物种；③利用保守区段设计引物，进行常规 PCR 或长 PCR 后克隆测序，其缺点是工作量大、耗时长。

高通量、低成本的第二代测序技术在植物细胞器基因组测序中的应用越来越广泛。Moore 等（2006）首次利用 454 测序平台，完成了南天竺（*Nandina domestica*）和一球悬铃木（*Platanus occidentalis*）的叶绿体基因组测序，其叶绿体基因组序列覆盖度均高于 99.75%，测序深度分别为 24.6X 和 17.3X，测序错误率仅为 0.043%和 0.031%。而第三代测序技术具有更高通量、更长读长、更快速度等优点，也已经应用于植物叶绿体基因组测序，Ferrarini 等（2013）第一次利用 PacBio RS 平台从头组装了蔷薇科植物 *Potentilla micrantha* 的叶绿体基因组，处理后的 read 平均读长为 1902bp，测序深度为 320X，最终组装为 1 个 contig，100%覆盖了整个叶绿体基因组，测序效果优于第二代测序技术（Illumina HiSeq 2000）。第二代和第三代测序技术的综合利用，可融合两者的优点，Park 等（2014）应用该方法同时测定了夹竹桃科植物（*Rhazya stricta*）的叶绿体和线粒体基因组序列。此外，从转录组高通量测序数据中，可以提取出细胞器基因组序列（Smith，2013），如从第二代转录组高通量数据中获得了 4 个绿藻物种近乎全长的线粒体基因组序列（Tian and Smith，2016）。

以往的植物细胞器基因注释使用 BLAST 等方法，操作烦琐且耗时，在一定程度上限制了细胞器基因组的分析。DOGMA 和 MITOFY（Alverson et al.，2010）等一系列功能强大的自动注释软件的出现，使这一状况有了极大改善，但仍需手工校正。

4.3　线粒体和叶绿体基因组的应用

4.3.1　分类学

分类学（taxonomy）旨在对生物的各类群进行鉴定、描述、命名和等级划分（Padial et al.，2010），物种分类是对该物种进行科学研究的基础和前提。自林奈创立双命名法以来，以形态和解剖特征作为主要依据，250 年中共有 170 多万种生物被命名及分类，但相对于地球上现存的 1000 万到 1 亿种生物来说，它们只占很小一部分，这种耗时费力的技术给现存物种的分类鉴定工作带来严峻挑战。目前，传统形态分类工作存在很大局限性，如有的物种仅依靠形态学特征无法进行鉴别，同时存在许多错误分法，这些因素影响了分类学的发展。DNA 测序技术的兴起和发展，使利用分子手段鉴定物种成为可能。

DNA 条形码（barcoding）的概念由 Hebert 等（2003a）最早提出，是近年来的研究热点，目前广泛用于物种快速鉴定。DNA 条形码技术的核心是选择合适的 DNA 片段，种间有明显的遗传变异和分化，同时种内变异足够小，以便区分物种，而且它必须相对容易得到，插入或缺失尽量少，使序列容易比对。在动物中，DNA 条形码是线粒体基因组中 *cox1* 基因的一段 648bp 的序列，其种内遗传变异一般小于 3%，种间变异一般为 10%~25%（Hebert et al.，2003b）。而在植物中，线粒体基因组进化速率慢，遗传分化小，因此 *cox1* 并不适用，条形码研究主要集中在叶绿体基因组上，国际生命条形码联盟建议使用 *rbcL* 和 *matK* 这两个基因片段的联合序列作为核心条形码，并针对不同类群的具体结果，增加相应的候选基因（Hollingsworth et al.，2009）。对于绝大多数真菌，*cox1* 基因中存在长度和数量不等的内含子，导致 PCR 引物通用性差和扩增困难，因此不适合作为真菌 DNA 条形码的标准基因（Vialle et al.，2009），而核基因组 rDNA 的转录间隔区（internal transcribed spacer，ITS）序列被广泛用作真菌的 DNA 条形码。国际生命条形码计划（the International Barcode of Life，iBOL，http://ibol.org/）是全球 DNA 条形码工作的推动者，获得的数据在生命条形码数据库系统（Barcode of Life Data System，BOLD 系统）免费共享。截至 2016 年 6 月初，BOLD 系统共有 497.0 万条条形码序列信息，涵盖了 16.8 万种动物、6.4 万种植物、2.0 万种真菌和其他生物物种（http://boldsystems.org/）。DNA 条形码的应用，解决了许多类群的物种鉴定问题，但 DNA 条形码有时会存在种间分化不足和种内分化过高的现象，该方法能否用于近缘物种验证一直备受争议。

植物 DNA 条形码本身的不足，促使以叶绿体全基因组作为条形码候选序列的“超级条形码”（ultra-barcode 或 super-barcode）的提出，即通过新一代测序的办法获得叶绿体基因组全序列，用于近缘种及种下水平的鉴定，它是对核心条形码标准数据库的重要补充（Kane and Cronk，2008；Li et al.，2015）。相对于传统的 DNA 条形码，超级条形码含有更多的序列变异，因而具有更高的鉴定效率和准确性（Kane et al.，2012）。同样，动物线粒体基因组因为具有比 *cox1* 基因更高的遗传变异，在分类鉴定中的优势更加明显，应用也日益增多，如基于形态学特征，飞蝗曾被建议划分为十几个有争议的亚种，然而基于线粒体基因组序列的分析表明，世界范围内仅存在两个亚种，即分布于欧亚大陆温带地区的亚洲飞蝗和分布于非洲、大洋洲、欧亚大陆南部地区的非洲飞蝗，所有其他的亚种和地理宗都是这两个亚种的地理种群（Ma et al.，2012；马川和康乐，2013）。此外，不同物种间细胞器基因组的基因组成和排列顺序也不尽相同，为物种鉴定工作提供了更简便可行的方法，进一步增强了细胞器基因组在物种鉴定方面的判别能力（Li et al.，2015）。

4.3.2 分子系统发生学

分子系统发生学（molecular phylogenetics）是主要利用分子数据（主要是 DNA 和

蛋白质序列）重建生物类群之间系统发生关系的学科，其分析结果往往以系统发育树（phylogenetic tree）的形式形象地表现出来。

在分子系统发生学发展的初期，由于测序技术的制约，只有很少量的分子数据可以利用，其中动物线粒体和植物叶绿体的基因序列备受青睐。但是较短序列提供的信息位点有限，容易造成随机误差，导致系统发育树的分支支持率低，甚至基于不同基因的系统发育树拓扑结构会有分歧，因此，多个基因的联合数据及基因组数据的应用将有助于系统发生关系重建。随着高通量测序技术的日益完善，越来越多的基因组特别是细胞器基因组序列得到测定，分子系统发生学研究进入了一个崭新的时代——系统发生基因组学（phylogenomics）时代，其主要内容之一就是利用大规模的基因组学方法研究生物之间的系统发生关系（Delsuc et al.，2005）。

在植物系统发生基因组学研究中，对于较高分类阶元，多利用来自叶绿体基因组编码基因的信息；而对于较低分类阶元，如属下水平等，叶绿体基因组具有的良好共线性使基于叶绿体基因组全序列的比对成为可能，而非编码区的参与分析为解决低阶元分类群之间的系统关系提供了庞大的数据基础。在动物系统发生基因组学研究中，线粒体基因组的应用范围更广，一般适用于种下到目间水平（Simon and Hadrys，2013；Cameron，2014b）。

除序列信息外，基因组组成成分和基因排列顺序等基因组特征也可用于系统发生基因组学研究中（Boore，1999；Delsuc et al.，2005），亲缘关系越近的物种享有越多的基因组特征，这种非序列分析方法能提高同源基因鉴定的准确性，不易受趋同或回复突变等影响。然而，上述基因组特征在很多生物类群中相对保守，其单独应用受到一定程度的限制，但可与序列信息分析结合起来进行综合分析，从而充分挖掘利用细胞器基因组中的有用信息。

此外，基于细胞器基因组数据的分子系统发生关系分析，还可为线粒体和叶绿体起源的内共生学说（endosymbiotic theory）提供遗传学证据（Gray and Archibald，2012）。线粒体和叶绿体通过独立的内共生事件产生，其中线粒体出现较早。线粒体是由 α-变形菌（alpha-proteobacterium）侵入所有现存真核生物的共同祖先并长期共生后演化形成的，在进化过程中最初的 α-变形菌与宿主建立起稳定的内共生关系，同时将大部分遗传物质转移到核基因组，大多数现存真核生物的线粒体基因组仍保留着少数来自原始 α-变形菌的基因。叶绿体有着类似的起源，不同的是它来源于能进行光合作用的原始的蓝细菌（cyanobacterium），而且在进化过程中发生了多次内共生（Smith and Keeling，2015）。

4.3.3　种群水平相关研究

线粒体和叶绿体基因组的核苷酸高突变率使其在很短时间内就能积累一定量的突变，因而对同一物种的种群遗传结构（population genetic structure，即基因型或基因的时空分布模式）有很强的解析能力，所以对生物保护具有重要意义。遗传多样性是保护生物学研究的核心内容之一，只有在充分了解种内遗传多样性高低和时空分布等信息的基础上，才能制定科学有效的措施，来挽救和保护珍稀濒危物种。在基因组水平上探讨种群的遗传结构及影响因素（突变、随机漂变、基因流、自然选择等），能更全面地剖析种群的演化历史和内在机制，因此细胞器基因组逐渐成为种群遗传学（population genetics）及系统发生生物地理学（phylogeography）研究中的重要分子标记。

基于线粒体基因组序列变异研究在人类进化领域取得了举世瞩目的成就，Cann 等（1987）分析了全世界 147 个样本的线粒体 DNA 限制性酶切图谱，从 mtDNA 的角度支持现代人的非洲起源学说，随后基于 mtDNA 高变区序列的分析再次提供了可靠证据（Vigilant et al.，1991），Ingman 等（2000）通过 53 个现代人的近乎全长 mtDNA 的序列分析进一步证实了这一点。此后，更多现存及古代线粒体基因组序列被测定，截至 2016 年 6 月初人类线粒体基因组数据库（MITOMAP，http://www.mitomap.org/MITOMAP）共收录了 30 589 条 mtDNA 序列，根据这些 mtDNA 变异界定的单倍群（haplogroup）的地理分布情况可以推测过去群体的迁移模式及历史动态，并可估算群体的扩张和迁移时间，从而极大地丰富了人类进化历史的研究，使得现代人的迁移路线图更加精细，迁徙时间也越来越精确。

4.3.4 适应进化研究

适应进化（adaptive evolution）是指生物通过自身结构和功能的改变来更好地适应其所在环境的进化过程，其主要驱动力是自然选择（natural selection）。自然选择对新生变异的作用方式一般包括净化选择（purifying selection，也称负选择）和正选择（positive selection）。前者用于淘汰携带有害变异的个体，趋于维持物种稳定；后者则负责促进有利变异的扩散甚至固定，与物种的适应进化相关。正选择基因往往蕴含适应进化，使生物在结构和功能上产生革新，因此，相对于净化选择和中性选择（neutral selection），正选择事件更受关注。

在分子进化中，非同义替代率与同义替代率的比值（ω=dN/dS）被广泛应用于基因进化速率的检测中。当 ω<1 时，可认为基因受到净化选择，大多数的非同义突变都被清除；当 ω=1 时，则可认为基因经历中性进化，不受选择压力；当 ω>1 时，认为基因受到正选择。在漫长的进化历史中，正选择往往只发生在特定时间和特定位点，其作用容易被其他位点的随机替换所掩盖，一般很难得到 ω>1 的结果，因此可以采用更加灵敏的分支-位点模型（branch-site model）进行检测，它能够清除背景的干扰，发现正选择的存在，并可进一步通过贝叶斯法推断计算相应位点的后验概率，确定正选择的作用位点（Yang and Nielsen，2002）。

由于线粒体基因组在能量代谢上的重要性，线粒体基因一直被认为是中性进化或者经受强烈的净化选择以淘汰有害变异，然而不同物种对能量代谢的需求不同，其线粒体基因经受的净化选择压力也有差异。鸟类线粒体基因 ω 值与飞行能力呈负相关，即飞行能力强的鸟类的 ω 值较低（Shen et al.，2009），这说明由于能量需求高，飞行能力强的鸟类线粒体基因中的有害突变很容易影响个体的能量供应，进而影响其存活，因此，自然选择对其表现为较高的净化选择压力；飞行能力退化的鸟类线粒体基因中的有害突变虽然也能影响其产能效率，但由于其能量需求低，有害突变对其个体生存的影响相对较小，因此，自然选择对此类有害突变的净化选择压力也相应较弱。通过对 401 个鱼类线粒体全基因组序列分析发现，长距离洄游和对不同盐度水的渗透调节，导致河海两栖洄游性鱼类需要更多的能量供应，其线粒体基因会受到更强的净化选择压力，因此与能量代谢密切相关的线粒体编码多肽的氨基酸序列变异较少（Sun et al.，2011）。这一系列的研究揭示，由于线粒体提供动物运动所需的绝大部分能量，线粒体与动物运动能力进化密切相关。

除提供生命活动所需的绝大部分能量外，动物线粒体还提供维持体温的热能。处于不同温度环境的生物，对维持体温的热能需求不同，因此其线粒体经受的选择压力也不同。鱼类虽然是变温动物，但仍然具有一定的体温调节能力，较冷地区鱼类的线粒体编码多肽受到的选择压力显著强于热带和亚热带地区的鱼类（Sun et al.，2011）。

此外，线粒体基因也经受了正选择作用，其在高海拔适应中的研究最为广泛。高海拔地区由于具有特殊的地理环境，主要表现为缺氧、低压、高寒、强紫外辐射等极端环境，这种极端环境对生物提出了更加严峻的能量需求，造成了严重的生理挑战。在适应高海拔环境的过程中，线粒体中编码细胞色素 c 氧化酶、细胞色素 b、ATP 合成酶及 NADH 脱氢酶的基因都被证实存在正选择位点（Yu et al.，2011；Li et al.，2013；Ma et al.，2015），但不同物种间受到正选择的基因并不完全相同，说明生物适应高海拔环境的机制具有多样性。

4.4　小　　结

与核基因组相比，细胞器基因组具有独特的优势，从而引起科学家极大的兴趣。在高通量测序技术日益蓬勃发展的时代背景下，细胞器基因组序列的测定更加快速、高效，新测序的细胞器基因组数量与日俱增，已广泛应用于分类学、系统发生学、种群遗传学、系统发生生物地理学、适应进化等领域。然而，细胞器基因组本身及其应用方面也存在一些缺陷和问题。

研究类群取样不均衡，某些关键类群物种的细胞器基因组数目过少，甚至缺乏相关物种的细胞器基因组信息，会导致对细胞器基因组的认识不全面，在构建系统发育树时会出现长支吸引等问题。因此，增加代表性物种的种类和规模，继续积累原始数据，仍是目前细胞器基因组相关研究的重要任务之一（Smith，2016）。线粒体、叶绿体及核基因组之间会发生遗传物质交流，这种同源序列对细胞器基因组序列拼接的准确性存在潜在影响，甚至导致错误结论，因此需要甄别并剔除假基因序列。细胞器基因组的准确注释至关重要，但是手工注释烦琐、效率低下，基于近缘物种基因序列比对的自动注释软件的开发利用能加速注释过程，但容易造成基因的起始和终止位置注释错误，软件注释并结合手工校正是目前最主要的方法，改进自动注释软件的准确性也是今后努力的方向。细胞器基因组多为单亲遗传，它揭示的只是被考察的群体中单性别的进化历史等信息，而不能代表整个种群，因此需要同时考虑核基因组来弥补这一缺陷，将两者结合起来进行综合分析。综上所述，细胞器基因组表现出一些不足之处，在一定程度上限制了其应用，但是随着对这些问题的深入认识和生物信息学的快速发展，相信细胞器基因组研究必将迎来新的发展和突破，从而在生态学及进化学中发挥更大的作用。

参 考 文 献

马川, 康乐. 2013. 飞蝗的种群遗传学与亚种地位. 应用昆虫学报, 50: 1-8.

沙淼, 林立亮, 李雪娟, 等. 2013. 线粒体基因组测序策略和方法. 应用昆虫学报, 50: 293-297.

Aguileta G, de Vienne D M, Ross O N, et al. 2014. High variability of mitochondrial gene order among fungi. Genome Biol Evol, 6: 451-465.

Alverson A J, Rice D W, Dickinson S, et al. 2011. Origins and recombination of the bacterial-sized multichromosomal mitochondrial genome of cucumber. Plant Cell, 23: 2499-2513.

Alverson A J, Wei X, Rice D W, et al. 2010. Insights into the evolution of mitochondrial genome size from complete sequences of *Citrullus lanatus* and *Cucurbita pepo* (Cucurbitaceae). Mol Biol Evol, 27: 1436-1448.

Bensasson D, Zhang D, Hartl D L, et al. 2001. Mitochondrial pseudogenes: evolution's misplaced witnesses. Trends Ecol Evol, 16: 314-321.

Bernt M, Donath A, Juhling F, et al. 2013. MITOS: improved *de novo* metazoan mitochondrial genome annotation. Mol Phylogenet Evol, 69: 313-319.

Bonen L. 2008. *Cis*- and *trans*-splicing of group II introns in plant mitochondria. Mitochondrion, 8: 26-34.

Boore J L. 1999. Animal mitochondrial genomes. Nucleic Acids Res, 27: 1767-1780.

Brouard J S, Otis C, Lemieux C, et al. 2010. The exceptionally large chloroplast genome of the green alga *Floydiella terrestris* illuminates the evolutionary history of the Chlorophyceae. Genome Biol Evol, 2: 240-256.

Brown W M, George M Jr, Wilson A C. 1979. Rapid evolution of animal mitochondrial DNA. Proc Natl Acad Sci USA, 76: 1967-1971.

Cameron S L. 2014a. How to sequence and annotate insect mitochondrial genomes for systematic and comparative genomics research. Syst Entomol, 39: 400-411.

Cameron S L. 2014b. Insect mitochondrial genomics: implications for evolution and phylogeny. Annu Rev Entomol, 59: 95-117.

Cann R L, Stoneking M, Wilson A C. 1987. Mitochondrial DNA and human evolution. Nature, 325: 31-36.

Cavelier L, Johannisson A, Gyllensten U. 2000. Analysis of mtDNA copy number and composition of single mitochondrial particles using flow cytometry and PCR. Exp Cell Res, 259: 79-85.

Chateigner-Boutin A L, Small I. 2010. Plant RNA editing. RNA Biol, 7: 213-219.

Clary D O, Wolstenholme D R. 1985. The mitochondrial DNA molecule of *Drosophila yakuba*: nucleotide sequence, gene organization, and genetic code. J Mol Evol, 22: 252-271.

Corriveau J L, Coleman A W. 1988. Rapid screening method to detect potential biparental inheritance of plastid DNA and results for over 200 angiosperm species. Am J Bot, 75: 1443-1458.

Crozier R H, Crozier Y C. 1993. The mitochondrial genome of the honeybee *Apis mellifera*: complete sequence and genome organization. Genetics, 133: 97-117.

Delsuc F, Brinkmann H, Philippe H. 2005. Phylogenomics and the reconstruction of the tree of life. Nat Rev Genet, 6: 361-375.

Dowton M, Cameron S L, Dowavic J I, et al. 2009. Characterization of 67 mitochondrial tRNA gene rearrangements in the Hymenoptera suggests that mitochondrial tRNA gene position is selectively neutral. Mol Biol Evol, 26: 1607-1617.

Ferandon C, Moukha S, Callac P, et al. 2010. The *Agaricus bisporus cox1* gene: the longest mitochondrial gene and the largest reservoir of mitochondrial group I introns. PLoS One, 5: e14048.

Ferrarini M, Moretto M, Ward J A, et al. 2013. An evaluation of the PacBio RS platform for sequencing and *de novo* assembly of a chloroplast genome. BMC Genomics, 14: 670.

Gray M W, Archibald J M. 2012. Origins of mitochondria and plastids. *In*: Bock R, Knoop V. Genomics of Chloroplasts and Mitochondria. Dordrecht: Springer: 1-30.

Gray M W, Burger G, Lang B F. 1999. Mitochondrial evolution. Science, 283: 1476-1481.

Gray M W, Lang B F, Cedergren R, et al. 1998. Genome structure and gene content in protist mitochondrial DNAs. Nucleic Acids Res, 26: 865-878.

Hebert P D N, Cywinska A, Ball S L, et al. 2003a. Biological identifications through DNA barcodes. Proc R Soc B-Biol Sci, 270: 313-321.

Hebert P D N, Ratnasingham S, deWaard J R. 2003b. Barcoding animal life: cytochrome *c* oxidase subunit 1 divergences among closely related species. Proc R Soc B-Biol Sci, 270: S96-S99.

Hollingsworth P M, Forrest L L, Spouge J L, et al. 2009. A DNA barcode for land plants. Proc Natl Acad Sci USA, 106: 12794-12797.

Ingman M, Kaessmann H, Paabo S, et al. 2000. Mitochondrial genome variation and the origin of modern humans. Nature, 408: 708-713.

Jansen R K, Raubeson L A, Boore J L, et al. 2005. Methods for obtaining and analyzing whole chloroplast genome sequences. Methods Enzymol, 395: 348-384.

Junqueira A C M, Azeredo-Espin A M L, Paulo D F, et al. 2016. Large-scale mitogenomics enables insights into Schizophora (Diptera) radiation and population diversity. Scientific Reports, 6.

Kane N, Sveinsson S, Dempewolf H, et al. 2012. Ultra-barcoding in cacao (*Theobroma* spp.; Malvaceae) using whole chloroplast genomes and nuclear ribosomal DNA. Am J Bot, 99: 320-329.

Kane N C, Cronk Q. 2008. Botany without borders: barcoding in focus. Mol Ecol, 17: 5175-5176.

Lam V K Y, Gomez M S, Graham S W. 2015. The highly reduced plastome of mycoheterotrophic *Sciaphila* (Triuridaceae) is colinear with its green relatives and is under strong purifying selection. Genome Biol Evol, 7: 2220-2236.

Lang B F, Laforest M J, Burger G. 2007. Mitochondrial introns: a critical view. Trends Genet, 23: 119-125.

Li X W, Yang Y, Henry R J, et al. 2015. Plant DNA barcoding: from gene to genome. Biol Rev, 90: 157-166.

Li Y, Ren Z, Shedlock A M, et al. 2013. High altitude adaptation of the schizothoracine fishes (Cyprinidae) revealed by the mitochondrial genome analyses. Gene, 517: 169-178.

Lowe T M, Eddy S R. 1997. tRNAscan-SE: a program for improved detection of transfer RNA genes in genomic sequence. Nucleic Acids Res, 25: 955-964.

Ma C, Yang P, Jiang F, et al. 2012. Mitochondrial genomes reveal the global phylogeography and dispersal routes of the migratory locust. Mol Ecol, 21: 4344-4358.

Ma X, Kang J, Chen W, et al. 2015. Biogeographic history and high-elevation adaptations inferred from the mitochondrial genome of Glyptosternoid fishes (Sisoridae, Siluriformes) from the southeastern Tibetan Plateau. BMC Evol Biol, 15: 233.

McCooke J K, Guerrero F D, Barrero R A, et al. 2015. The mitochondrial genome of a Texas outbreak strain of the cattle tick, *Rhipicephalus* (*Boophilus*) *microplus*, derived from whole genome sequencing Pacific Biosciences and Illumina reads. Gene, 571: 135-141.

Moore M J, Dhingra A, Soltis P S, et al. 2006. Rapid and accurate pyrosequencing of angiosperm plastid genomes. BMC Plant Biol, 6: 17.

Notsu Y, Masood S, Nishikawa T, et al. 2002. The complete sequence of the rice (*Oryza sativa* L.) mitochondrial genome: frequent DNA sequence acquisition and loss during the evolution of flowering plants. Mol Genet Genomics, 268: 434-445.

Ohyama K, Fukuzawa H, Kohchi T, et al. 1986. Chloroplast gene organization deduced from complete sequence of liverwort *Marchantia polymorpha* chloroplast DNA. Nature, 322: 572-574.

Ojala D, Montoya J, Attardi G. 1981. tRNA punctuation model of RNA processing in human mitochondria. Nature, 290: 470-474.

Padial J M, Miralles A, De la Riva I, et al. 2010. The integrative future of taxonomy. Front Zool, 7: 16.

Paquin B, Laforest M J, Forget L, et al. 1997. The fungal mitochondrial genome project: evolution of fungal mitochondrial genomes and their gene expression. Curr Genet, 31: 380-395.

Park S, Ruhlman T A, Sabir J S, et al. 2014. Complete sequences of organelle genomes from the medicinal plant *Rhazya stricta* (Apocynaceae) and contrasting patterns of mitochondrial genome evolution across asterids. BMC Genomics, 15: 405.

Picardi E, Pesole G. 2012. Mitochondrial genomes gleaned from human whole-exome sequencing. Nat Methods, 9: 523-524.

Samuels D C, Han L, Li J, et al. 2013. Finding the lost treasures in exome sequencing data. Trends Genet, 29: 593-599.

Selosse M A, Albert B R, Godelle B. 2001. Reducing the genome size of organelles favours gene transfer to the nucleus. Trends Ecol Evol, 16: 135-141.

Shen Y Y, Shi P, Sun Y B, et al. 2009. Relaxation of selective constraints on avian mitochondrial DNA following the degeneration of flight ability. Genome Res, 19: 1760-1765.

Shinozaki K, Ohme M, Tanaka M, et al. 1986. The complete nucleotide sequence of the tobacco chloroplast genome: its gene organization and expression. Embo J, 5: 2043-2049.

Simon S, Hadrys H. 2013. A comparative analysis of complete mitochondrial genomes among Hexapoda. Mol Phylogenet Evol, 69: 393-403.

Sloan D B, Alverson A J, Chuckalovcak J P, et al. 2012. Rapid evolution of enormous, multichromosomal genomes in flowering plant mitochondria with exceptionally high mutation rates. PLoS Biol, 10(1): e1001241.

Smith D R, Keeling P J. 2015. Mitochondrial and plastid genome architecture: reoccurring themes, but significant differences at the extremes. Proc Natl Acad Sci USA, 112: 10177-10184.

Smith D R. 2013. RNA-Seq data: a goldmine for organelle research. Brief Funct Genomics, 12: 454-456.

Smith D R. 2016. The past, present and future of mitochondrial genomics: have we sequenced enough mtDNAs? Brief Funct Genomics, 15: 47-54.

Song H, Buhay J E, Whiting M F, et al. 2008. Many species in one: DNA barcoding overestimates the number of species when nuclear mitochondrial pseudogenes are coamplified. Proc Natl Acad Sci USA, 105: 13486-13491.

Sun Y B, Shen Y Y, Irwin D M, et al. 2011. Evaluating the roles of energetic functional constraints on teleost mitochondrial-encoded protein evolution. Mol Biol Evol, 28: 39-44.

Tang M, Tan M H, Meng G L, et al. 2014. Multiplex sequencing of pooled mitochondrial genomes—a crucial step toward biodiversity analysis using mito-metagenomics. Nucleic Acids Res, 42: e166.

Tian Y, Smith D R. 2016. Recovering complete mitochondrial genome sequences from RNA-Seq: a case study of *Polytomella* non-photosynthetic green algae. Mol Phylogenet Evol, 98: 57-62.

van der Giezen M, Tovar J, Clark C G. 2005. Mitochondrion-derived organelles in protists and fungi. Int Rev Cytol, 244: 175-225.

Vialle A, Feau N, Allaire M, et al. 2009. Evaluation of mitochondrial genes as DNA barcode for Basidiomycota. Mol Ecol Resour, 9: 99-113.

Vigilant L, Stoneking M, Harpending H, et al. 1991. African populations and the evolution of human mitochondrial DNA. Science, 253: 1503-1507.

Wyman S K, Jansen R K, Boore J L. 2004. Automatic annotation of organellar genomes with DOGMA. Bioinformatics, 20: 3252-3255.

Yang Z H, Nielsen R. 2002. Codon-substitution models for detecting molecular adaptation at individual sites along specific lineages. Mol Biol Evol, 19: 908-917.

Ye F, Samuels D C, Clark T, et al. 2014. High-throughput sequencing in mitochondrial DNA research. Mitochondrion, 17: 157-163.

Yu L, Wang X P, Ting N, et al. 2011. Mitogenomic analysis of Chinese snub-nosed monkeys: evidence of positive selection in NADH dehydrogenase genes in high-altitude adaptation. Mitochondrion, 11: 497-503.

第 5 章　微生物生态功能基因检测方法

微生物是生态系统的重要组成部分，也是碳、氮、磷、硫等重要的生命元素在自然界中循环流动的主要驱动力之一。因此微生物在表征生态系统的组成结构、功能定位及动态变化特征过程中具有至关重要的作用。微生物的生态功能包括有机物降解和二氧化碳固定、固氮作用、铵同化作用、硝化作用和反硝化作用、解磷和聚磷功能、硫的氧化和硫酸盐的还原作用、铁的氧化还原和螯合作用、解钾功能、污染修复功能等（沈萍和陈向东，2006；林先贵，2010）。而真正发挥这些功能的生物化学基础是微生物体内的相关酶。编码这些酶的一系列基因被称为生态功能基因，其中酶核心组件的编码基因可以作为相关功能的微生物标记分子。这些微生物功能标记分子是衡量微生物群落中功能类群多样性与生态系统功能之间关系的重要纽带，也成为微生物群落多样性研究和微生物生态研究中的有力工具。

本章将重点介绍现代分子生物学技术在环境样本中检测微生物生态功能基因的方法，特别是参与碳、氮循环的重要功能基因及其在生态环境研究中的应用。

5.1　功能基因的分子检测方法

21 世纪以来，分子生物学技术的迅速发展促使微生物群落的检测方法从传统的培养法向非培养的组学技术迅速转变。针对微生物群落的分子检测技术主要包括 DNA 指纹图谱技术、PCR 扩增技术（polymerase chain reaction amplification technique）、分子杂交（molecular hybridization）技术和测序技术（sequencing technique）。在这些技术中，目前应用最普遍的方法主要包括指纹图谱技术中的变性梯度凝胶电泳技术、PCR 扩增技术中的定量 PCR 技术、分子杂交技术中的基因芯片技术和近年来被广泛使用的高通量测序技术。

5.1.1　变性梯度凝胶电泳技术

变性梯度凝胶电泳（denaturing gradient gel electrophoresis，DGGE）技术是根据 DNA 在不同浓度的变性剂中电泳迁移率不同的特点，将片段相同而碱基组成不同的 DNA 片段分开的电泳技术。DGGE 技术突破了传统培养方法的限制，被较早应用于微生物功能基因的检测。有研究（李虎等，2015；Lydmark et al.，2007）基于氨氧化细菌（AOB）*amoA* 基因的 PCR-DGGE 技术分别分析了瓯江感潮河段表层沉积物和 Rya 废水处理系统中 AOB 的群落结构组成。Chen 等（2016）利用氨氧化古菌（AOA）*amoA* 基因的 PCR-DGGE 技术分析比较了两种森林土壤中 AOA 的群落组成和 β 多样性的差异。孙寓姣等（2014）运用 PCR-DGGE 技术得到反硝化细菌 *nirS* 基因的 α 多样性，从而比较了沣河断面水体不同时期不同河段氮循环微生物群落结构的均匀性。Pan 等（2016）采用

PCR-DGGE 方法比较 6 种不同管理方式下的草坪中古菌和细菌 *amoA*、*nirS*、*nirK* 和 *nosZ* 基因的条带组成及亮度，发现其群落结构之间存在明显差异。

不过，PCR-DGGE 存在共迁移现象，且容易受到 DNA 提取方法和 PCR 引物的影响，因此在使用过程中具有一定的局限性，正逐渐被更为成熟和准确的分子生物学方法所取代。

5.1.2 定量 PCR 技术

定量 PCR（quantitative polymerase chain reaction，qPCR）技术，是根据指数扩增期的产物量对未知模板进行定量分析的方法，包括荧光染料监测和水解探针监测两种。荧光染料类如 SYBR Green Ⅰ利用与双链 DNA 小沟结合发光的理化特征指示扩增产物的增加，由于简单易行且成本低，相对于探针类应用更为普遍；探针类则是利用与靶序列特异杂交的探针来指示扩增产物的增加，特异性更高。由于灵敏度、精确性、特异性显著高于其他基于 PCR 的定量方法，qPCR 技术被广泛应用于土壤（Cui et al.，2016；Hu et al.，2016a；Zhong et al.，2016；Pan et al.，2016）、湿地（Fan et al.，2016；Hu et al.，2016b）、沙漠（Koberl et al.，2016）、海洋（Campbell et al.，2015）、废水（Kapoor et al.，2015；Shu et al.，2016）、污泥（Zhang et al.，2016）、河岸沉积物（Zhou et al.，2016）等环境里微生物功能基因丰度（abundance）的定量分析中。通过 qPCR 方法，Cui 等（2016）对不同施肥条件的土壤中 AOB 与 AOA 的 *amoA* 基因及反硝化细菌的 *nirS*、*nirK*、*nosZ* 基因的丰度变化进行了比较和分析；Hu 等（2016b）发现，在人工湿地中 *amoA* 和 *nirS* 基因对脱氮的贡献远大于其他氮转化功能基因（*nxrA*、*nirK* 和 *nosZ*）。Kapoor 等（2015）采用 qPCR 方法定量 *amoA*、*hao*、*nirK* 和 *norB* 基因的丰度，研究了低剂量铜对废水硝化作用活性的影响。Campbell 等（2015）采用探针法 qPCR 定量了海洋样品中固氮菌 *nifH* 基因的拷贝数。

定量 PCR 技术目前应用较为广泛，但该方法可能存在定量不准确、在微生物丰度低时敏感度降低等缺陷。随着分子生物学技术的发展，通常与其他分子生物学技术结合使用来弥补这一不足。

5.1.3 基因芯片技术

基因芯片，又称 DNA 微阵列（DNA microarray），应用于生态功能基因检测的主要是功能基因芯片（functional gene array，FGA）。FGA 是通过与已知探针序列杂交得到的杂交信号来反映功能基因在环境中的存在、丰富度（richness）和丰度的方法。目前在国际上最常用的 FGA 是 GeoChip 高通量基因芯片，该芯片包含近 18 万个 DNA 探针和覆盖超过 700 种功能基因类别，涉及微生物介导的大多数生物地球化学循环、化合物降解过程和其他生态过程，包括碳、氮、硫、磷循环，以及有机污染物降解、金属化合物分解、抗生素抗性、逆境适应等生态过程，还包括可以用于细菌分类和鉴定的分子标记 *gyrB* 基因（DNA 解旋酶 β 亚基）（Van Nostrand et al.，2016）。在报道微生物功能基因芯片应用于各种环境里的文章中，FGA 的应用占 90%以上。基因芯片技术通量高，对功能基因的检测灵敏度高、特异性强（Zhou，2003），且具有高度并行性、多样性、微型化和自动化特点（滕晓坤和肖华胜，2008），被广泛应用于土壤（Liang et al.，2011；Ding et al.，2012）、海洋（Bayer et al.，2014）、废水（Zhang et al.，2013）、沉积物（Xu et al.，2010）及极端环境如深海热泉（Wang et al.，2009）、酸性矿排水（acid mine drainage）（Xie et al.，2011）、生物反应器（Liu et al.，2010；Sun et al.，2014；Yu et al.，2014；Zhao et al.，2014）等一系列环境样品的生态功能基因的分析研究中。

但是，由于基因芯片技术是封闭系统的技术（Zhou et al.，2015），相对于高通量测序等开放系统的技术而言有一定的闭塞性，易受已知基因序列数量的限制，只能在已知基因序列中设计检测用的探针，因此对新基因或新物种同源功能基因的鉴别具有一定的局限性（邓晔等，2016）。

5.1.4　高通量测序技术

相对于基因芯片技术来说，高通量测序（high-throughput sequencing）技术是一个开放系统，其通量大、准确性高、速度快、能够检测发现未知的新基因（Zhou et al.，2015）。目前常用的测序平台是 Roche 公司的 454 GS FLX+和 454 GS Junior 测序，Illumina 公司的 MiSeq 和 HiSeq 测序及 Applied Biosystems 公司的 SOLiD 测序。高通量测序技术分为扩增子测序和宏基因组鸟枪测序（邓晔等，2016）。扩增子测序是针对目标基因进行扩增测序，如对 16S rRNA 等系统遗传标记基因及 *amoA* 等功能基因进行的扩增子测序。鸟枪测序不针对特定目标基因，随机地对环境样品基因组展开测序。Pester 等（2012）通过对多个地区的 16 种土壤样品 AOA 的 *amoA* 基因进行扩增测序，在已知公开序列的基础上构建了 AOA 的 *amoA* 基因参照数据库，发现在物种水平上至少有 113~120 个分类单元（OTU）属于 AOA，证明陆地生态系统中 AOA 在种的水平上的多样性已经达到较高水平。

相对于基因芯片技术，高通量测序可能检测不到低丰度物种，且得到的大量数据分析方法相对复杂，物种注释难度较高。

分子检测技术在帮助研究者有效识别生态过程中的关键微生物类群、揭示不同环境中生态功能微生物与环境的互作机制方面起到了重要作用，为我们更深入地解析不同生态系统中生态过程对全球气候变化的响应与反馈奠定了理论基础。

5.2　碳循环功能基因的分子检测

在自然界所有元素的生物地化循环中，最旺盛的是碳元素的生物地化循环（简称碳循环）。环境中参与碳循环的微生物生物量大、种类繁多、代谢功能多样、相互作用关系复杂，对生态系统功能和稳定性的维持具有不可替代的作用。微生物参与并介导碳循环多个重要代谢过程（图 5.1），主要包括碳固定（CO_2 转化为有机物的过程）、甲烷代谢（产甲烷和甲烷氧化过程）和碳降解（有机质分解过程）三个基本过程。微生物群落一个重要的生态功能是通过调控碳循环过程参与并响应全球气候变化（Bardgett et al.，2008；Zhou et al.，2012）。参与碳循环的微生物群落结构复杂，物种组成多样性非常丰富，因此研究微生物群落中参与碳循环功能的特定微生物类群比较困难。对编码特定关键酶的功能基因进行高通量测序是一个较好的解决办法。将功能基因和 16S rRNA 基因结合进行定量化和比较分析，也可以深化对微生物群落结构与特定功能之间相关性的了解。在这里，我们仅重点介绍碳固定过程、甲烷循环过程和碳降解过程中几类重要的功能基因，以及近几年来它们在生态环境调查中的应用。

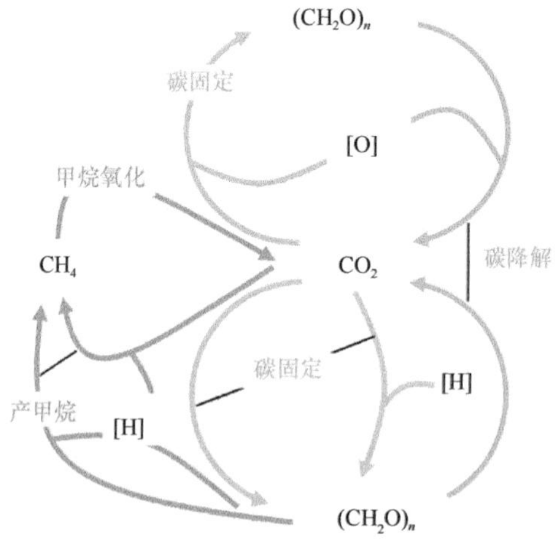

图 5.1　微生物驱动的碳循环过程（刘洋荧等，2017）

5.2.1　微生物的碳固定功能基因

环境中的微生物群落对 CO_2 的固定是碳元素循环中一个非常重要的环节。目前已经发现的 6 条 CO_2 的固定途径均在微生物中存在：光合微生物通常通过卡尔文循环进行碳的固定；化能自养型的微生物则通过还原三羧酸循环、厌氧乙酰辅酶 A 通路、3-羟基丙酸双循环、3-羟基丙酸/4-羟基丁酸循环、二羧酸/4-羟基丁酸循环这 5 条途径来固定碳。微生物固定碳的途径、所涉及的关键酶类及功能基因如表 5.1（Hugler and Sievert，2011）所示。

表 5.1　微生物固定碳的途径、关键酶及功能基因

固碳途径	关键酶	功能基因
卡尔文循环（Calvin cycle）	核酮糖二磷酸羧化酶（RubisCO）	*cbbL*（*rbcL*） *cbbM*
还原三羧酸循环（reductive tricarboxylic acid cycle）	丙酮酸：铁氧化还原蛋白酶 2-氧化戊二酸：铁氧化还原蛋白酶 ATP-柠檬酸裂解酶	*porA/nifJ* *oorA* *aclB*
厌氧乙酰辅酶 A 通路（Wood-Ljungdahl pathway）	一氧化碳脱氢酶 乙酰辅酶 A 合成酶	*acsA*（*cooS*） *acsB*
3-羟基丙酸双循环（3-hydroxypropionate bicycle）	丙二酰辅酶 A 还原酶 丙酰辅酶 A 合成酶 苹果酰辅酶 A/β-甲基苹果酰辅酶 A/柠苹酰辅酶 A 裂解酶	*Pcc/Acc*
3-羟基丙酸/4-羟基丁酸循环 （3-hydroxypropionate/4-hydroxybutylate cycle）	乙酰辅酶 A/丙酰辅酶 A 羧化酶 4-羟基丁酰辅酶 A 脱氢酶 丙二酰辅酶 A 还原酶	*accA* *hcd*
二羧酸/4-羟基丁酸循环 （dicarboxylate/4-hydroxybutyrate cycle）	磷酸烯醇丙酮酸羧化酶 丙酮酸合成酶 4-羟基丁酰辅酶 A 脱氢酶	名称未统一

在自然界中，卡尔文循环（Calvin cycle）是最普遍存在的 CO_2 固定途径，不仅存在于植物中，还存在于自养微生物中，对调节大气中 CO_2 浓度起到至关重要的作用。卡尔文循环中的关键酶是核酮糖二磷酸羧化酶，即 RubisCO，催化卡尔文循环中的第一步 CO_2 固定反应（Berg，2011）。微生物中的 RubisCO 主要有两种存在形式，Ⅰ型 RubisCO 和Ⅱ型 RubisCO，分别对应的功能基因为 *cbbL*（*rbcL*）和 *cbbM*。它们都有较高的保守性且长度适合，因而可以代替 16S rRNA 作为另一种基因标记物检测环境中的固碳微生物群落及开展进化分析（Kovaleva et al.，2011）。Tahon 等（2016）通过克隆文库（clone library）研究了南极洲土壤中的 *cbbL* 等一系列功能基因，发现了此地区非蓝藻 *cbbL* 基因 IC 型（non-cyanobacterial *cbbL* type IC）多样性较高。非蓝藻型的自养微生物是主要的初级生产者，该研究结果表明厌氧光合作用对南极贫营养的高海拔陆地环境有重要的生态作用。Guo 等（2015）利用 qPCR、限制性片段多态性分析（RFLP）及克隆文库等技术对青藏高原高山草甸土壤中的 *cbbL* 基因进行检测和分析，研究了高山草甸土壤中的无机自养微生物群落及它们沿海拔梯度变化的驱动因子，发现 *cbbL* 丰度和相关酶的活性都处于较高的水平，并且均随海拔梯度的增加而增加。此外，RubisCO 的活性与土壤含水量、温度、氨氮含量有关；而土壤无机自养微生物群落结构的梯度变化则主要由土壤温度、土壤含水量、营养及植被类型等因素驱动。Liu 等（2015）对 *cbbL*、*cbbM* 等功能基因构建基因克隆文库，原位调查了地下石油矿藏中的固碳和产甲烷微生物功能类群，发现在石油矿藏中固定 CO_2 及可以将 CO_2 转化为甲烷的微生物群落具有极高的多样性。在 CO_2 输入条件下，微生物功能类群及其多样性发生改变，证明了地下石油矿藏微生物群落确实有固定 CO_2 及将 CO_2 转化为甲烷的能力。

5.2.2　甲烷代谢功能基因

（1）甲烷生成

产甲烷（methanogenesis）过程主要发生在厌氧产甲烷古菌中。产甲烷包括一系列复杂的反应过程，可分为四个阶段：水解阶段、酸化阶段、产乙酸阶段和甲烷形成阶段。产甲烷菌可将 CO_2 和 H_2、乙酸，以及一些甲基型物质如甲酸、甲醇、甲胺等物质转化成甲烷。甲基辅酶 M 还原酶（methyl coenzyme M reductase，MCR）是产甲烷过程中的关键酶。*mcrA* 编码 MCR 的 α 亚基，可作为功能标记基因检测特定环境中产甲烷菌的多样性（Luton et al.，2002）。目前针对 *mcrA* 的群落多样性研究已经在多种环境中开展，泥炭地、垃圾填埋场、水稻田及牛的瘤胃等环境中都已经通过功能基因 *mcrA* 检测出多样性较高的产甲烷古菌。Galand 等（2005）通过对三个不同泥炭地生态系统中产甲烷功能基因 *mcrA* 的多样性研究，探究了产甲烷古菌群落的多样性，结果表明中营养型泥炭地（mesotrophic peatland）利用 CO_2 和 H_2 产生甲烷的比例最低，贫营养泥炭地（oligotrophic peatland）中氢营养型产甲烷菌最丰富，雨养型泥炭地（ombrotrophic peatland）次之。Luton 等（2002）构建了英国埃塞克斯和萨默塞特垃圾填埋场 *mcrA* 功能基因的克隆文库，结果表明产甲烷菌群多样性远远高于之前的估计。Seo 等（2014）使用分子生物学手段基于 *mcrA*、*pmoA* 和一些反硝化功能基因鉴定了稻田土壤中产甲烷菌、甲烷氧化菌及反硝化菌的群落构成，结果表明除产甲烷菌外，甲烷氧化菌和反硝化菌对氧气浓度和土壤理化性质比较敏感，在土壤表层附近氧气浓度高的地方丰度最高。

（2）甲烷氧化

甲烷氧化（methane oxidation）过程由甲烷氧化菌完成，目前已知的甲烷氧化菌主要来自变形菌门（Proteobacteria）和疣微菌门（Verrucomicrobia）。在甲烷氧化菌中，甲烷单加氧酶（methane monooxygenase）是甲烷氧化过程中一类最关键的酶，主要分为两种类型：颗粒甲烷单加氧酶（particulate methane monooxygenase，pMMO）和可溶性甲烷单加氧酶（soluble methane monooxygenase，sMMO）。*pmoA* 基因编码 pMMO 的 β 亚基，而 *mmoX* 是标记 sMMO 的功能基因。

目前对于甲烷氧化菌群的功能基因研究已经十分广泛，主要集中在一些甲烷浓度比较高的环境中，如水稻田、泥炭地、湿地、垃圾填埋场、石油丰富的地区等。Zheng 等（2008）通过实时 PCR、DGGE 技术对 16S rRNA 和 *pmoA* 进行了研究，分别分析了单独使用尿素处理，使用尿素和氯化钾处理，同时使用尿素、过磷酸钙和氯化钾处理，同时使用尿素、过磷酸钙、氯化钾和作物残余物处理，以及未做处理的对照等几类土壤中甲烷氧化菌的丰度和群落多样性。结果发现，长期施肥的方式可以同时影响Ⅰ型和Ⅱ型甲烷氧化菌的丰度、群落组成：尿素处理的土壤会抑制甲烷氧化菌的丰度，而尿素和氯化钾处理及同时使用尿素、过磷酸钙、氯化钾、作物残余物处理则增加甲烷氧化菌的丰度。因此氮肥、钾肥和作物残余物这几种肥料对控制水稻田土壤甲烷氧化菌丰度和群落成分起着相当重要的作用。Gupta 等（2012）通过基于 16S rRNA、*pmoA*、*mmoX* 的 DGGE 和稳定同位素方法研究了北美洲两个泥炭地甲烷氧化菌的群落多样性及甲烷氧化速率差异情况，结果发现北美洲两个理化性质差异较大的泥炭地之间甲烷氧化菌群落系统发育多样性有差异，但甲烷氧化速率没有明显的差异。Yun 等（2015）对三江湿地中分别种植三种不同植物的沼泽土壤的甲烷氧化菌丰度和多样性进行了研究，通过克隆文库、焦磷酸测序技术及 qPCR 等技术分析了土壤样品中 16S rRNA 和 *pmoA* 基因的丰度，结果表明毛苔草湿地土壤中的 *pmoA* 基因丰度最高，其次是乌拉苔草湿地土壤，最少的是小叶章湿地土壤。

5.2.3 碳降解功能基因

微生物作为生态系统食物网中的分解者，能够分泌多种酶降解动植物残体及其他存在的有机物，如一些天然多聚物淀粉、半纤维素、纤维素、木质素等。这些天然多聚物汇集了自然界中大量的碳元素，除淀粉之外的几类都属于难降解的有机物。微生物将这些物质中储存的碳进行转化与迁移，进而加速碳元素的生物地化循环。微生物分解作用对于碳循环有重要的促进作用，对于难降解有机质的生物降解不仅有重要的生态学意义，还具有广泛的实际应用价值。

（1）淀粉

淀粉（starch）是一种高分子的葡萄糖聚合物，包括直链淀粉和支链淀粉两种形态。

但降解淀粉的淀粉水解酶包含了众多的生物酶，如 α 淀粉酶、β 淀粉酶、葡糖淀粉酶、α 葡糖苷酶、异支链淀粉酶、支链淀粉酶、环糊精糖基转移酶等，这些酶广泛地存在于各类微生物中。因此，降解淀粉的微生物功能类群很难用单一的基因来进行充分的研究，有关淀粉降解的群落微生物功能基因的研究报道集中在基因芯片技术上。Yang 等(2014) 通过 GeoChip 4.0 技术研究了青藏高原高山草甸随海拔梯度微生物群落基因多样性的变化情况，发现碳循环中与淀粉降解相关的异支链淀粉酶和外切葡聚糖酶功能基因在高海拔地区丰度更高。同样，Paula 等（2014）也利用 GeoChip 4.0 研究了土地使用方式变化对亚马孙雨林土壤中微生物功能基因多样性的影响，发现与淀粉降解相关的两类基因——支链淀粉酶基因和异支链淀粉酶基因表现出与牧场开发时间有相关性。而这些基因都与不稳定的含碳化合物降解相关，表明牧场与森林相比不稳定的含碳化合物更加丰富。Eisenlord 等（2013）利用 GeoChip 4.0 技术研究了森林生态系统中微生物群落是如何介导氮沉降减缓碳循环过程和增强碳的储存的。结果发现实验中氮沉降作用显著降低了淀粉等含碳化合物解聚基因的多样性和丰度。

（2）纤维素

纤维素（cellulose）是植物细胞壁的重要组成成分，也是自然界中含量最高的天然有机多聚物。纤维素的生物降解不仅对自然界中碳的生物地球化学循环有重要意义，还可用于工业微生物乙醇发酵和沼气发酵。纤维素结构复杂，需要多种酶协同作用降解，这些酶主要包括内切葡聚糖酶、外切纤维素酶和 β 葡糖苷酶等（van den Brink and de Vries，2011）。Pereyra 等（2010）设计了简并引物来扩增纤维素降解菌的糖基水解基因（*cel5* 和 *cel48*）、发酵细菌的 *hydA* 基因、硫酸盐还原菌的 *dsrA* 基因及产甲烷菌的 *mcrA* 基因，研究了两个硫酸盐还原反应器的纤维素降解菌的多样性，一个反应器通过木质纤维素提供碳源，另一个通过乙醇提供碳源。结果发现木质纤维素生物反应器的纤维素降解菌、发酵菌及产甲烷菌的丰度更高，而乙醇生物反应器富含硫酸盐还原菌。Izquierdo 等（2010）通过 16S rRNA 基因和糖基水解酶家族 48（glycosyl hydrolase family 48）基因对高温堆肥中的纤维素降解微生物多样性和功能多样进行了研究，通过分析鉴定表明 *Clostridium straminisolvens* 和 *Clostridium clariflavum* 是高温堆肥液富集培养中的主要微生物。

（3）木质素

木质素（lignin）是植物的重要组成成分，也是最难降解的天然多聚物之一。木质素不易水解，易通过氧化方式降解，它的降解主要涉及三种酶：木质素过氧化物酶（LiP）、锰过氧化物酶（MnP）和漆酶（LA）（Jeffries，1994）。木质素的降解依赖于细菌群落、真菌群落的共同作用，并且真菌起着主要的作用。有关木质素降解功能基因的研究已有报道，如 Stuardo 等（2004）为了检测木腐菌丰富的土壤中的木质素降解菌，利用克隆文库手段研究木质素过氧化物酶基因 *lip* 和锰过氧化物酶基因 *mnp*，结果表明这种分子技术适合用来检测已知的木质素降解基因的存在及表达差异，但是并不适合检测新的 *lip* 和 *mnp* 基因。Su 等（2015）利用 454 焦磷酸测序技术和 GeoChip 4.0 技术研究了 22 年使用不同化肥处理的水稻田土壤中微生物群落组成和功能结构的变化，结果发现木质素降解功能基因丰度不随化学施肥而变化，而木质素这种相对难以降解的含碳化合物可能对维持土壤碳稳定性有重要作用。Zhang 等（2014）通过高通量测序技术和 GeoChip 技术研究了自然成熟林与自然次生林的土壤微生物多样性和代谢潜力，结果发现与木质素及其他一些含碳化合物降解相关的基因信号强度在次生林中显著高于自然成熟林，表明在两种森林生态系统中土壤微生物代谢能力存在显著差异。

5.3 氮循环功能基因的分子检测

氮循环是氮在自然界的循环转化过程，是生物圈的基本元素循环之一。氮循环包括固氮作用（nitrogen fixation）、硝化作用（nitrification）、反硝化作用（denitrification）、厌氧氨氧化作用（anammox）、硝态氮同化还原作用（assimilatory nitrate reduction）、硝态氮异化还原成铵作用（dissimilatory nitrate reduction to ammonium，DNRA）、氨化作用（ammonification）、同化作用（assimilation）等（图 5.2）。科学界对氮循环微生物的研究已有上百年，而在近十几年又出现了许多令人瞩目的研究成果，特别是氨氧化古菌（AOA）和完全硝化菌（comammox）的发现，颠覆了人们百年来对硝化作用的一些固

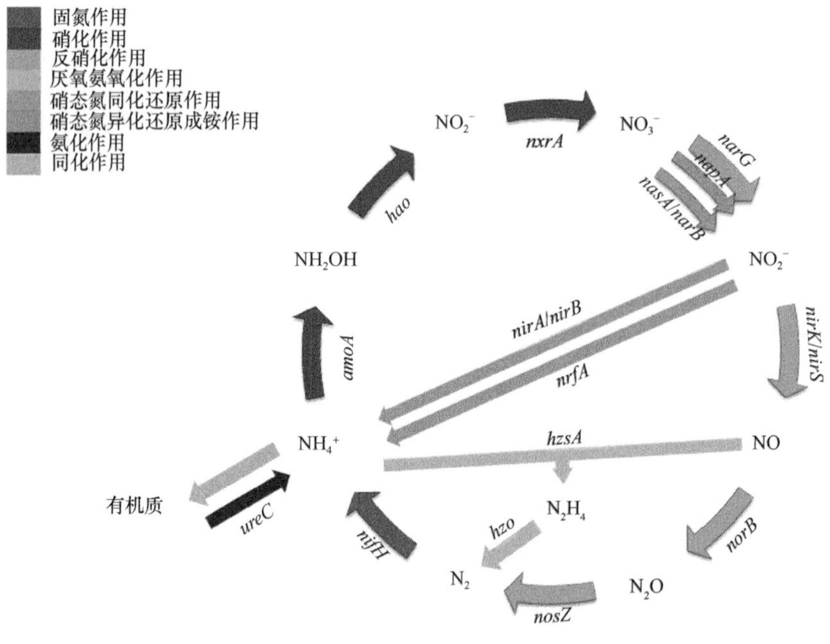

图 5.2　氮循环过程中的关键功能基因（王朱珺等，2018）

箭头是不同的氮素形态的转化过程，箭头上的基因是催化该转化过程的相关酶的标记基因。固氮作用：固氮酶基因 *nifH*；硝化作用：氨单加氧酶基因 *amoA*，羟胺氧化还原酶基因 *hao*，亚硝酸盐氧化还原酶基因 *nxrA*；反硝化作用：硝酸盐还原酶基因 *narG*，亚硝酸盐还原酶基因 *nirS* 和 *nirK*，一氧化氮还原酶基因 *norB*，氧化亚氮还原酶基因 *nosZ*；厌氧氨氧化作用：N_2H_4 合成酶基因 *hzsA*，N_2H_4 氧化还原酶基因 *hzo*；硝态氮同化还原作用：硝酸盐同化还原酶基因 *nasA*、*narB*，亚硝酸盐同化还原酶基因 *nirA*、*nirB*；硝态氮异化还原成铵作用（DNRA）：硝酸盐异化还原酶基因 *napA*，亚硝酸盐异化还原酶基因 *nrfA*；氨化作用：尿素酶基因 *ureC*

有观念（Klotz and Stein，2008；贺纪正和张丽梅，2009）。Konneke 等（2005）从西雅图水族馆海水中分离培养到第一株 AOA，颠覆了学术界认为只有氨氧化细菌（AOB）进行氨氧化作用的传统认识（贺纪正和张丽梅，2009）。Daims 等（2015）和 Kessel 等（2015）在 *Nature* 的同一期中分别报道了完全硝化菌的发现，他们对全球广泛分布的硝化螺旋菌属（*Nitrospira*）的细菌进行宏基因组测序，发现这种化学自养菌能够编码完成硝化作用（将 NH_4^+转化为 NO_2^-再转化为 NO_3^-的两大步骤）必需的所有酶，比典型的氨氧化微生物具有更低的生长率却有更高的生长量，颠覆了一直以来认为硝化作用的两大步骤不能被同一个微生物催化完成的固有观念，完全硝化菌将成为氮循环微生物群落中的重要成员。在回顾氮循环的发展历程时，我们发现在氮循环研究发展的各个重要节点，功能基因分子检测技术都起到了关键性作用（Ravishankara et al.，2009；Rockstrom et al.，2009；Maria et al.，2011；Zhou et al.，2011）。

高效的微生物检测技术对于了解微生物群落中的氮循环功能有着十分重要的意义（Zhou et al.，2015）。为了完善微生态系统的功能和微生物多样性之间的联系机制，还需要了解复杂的微生物群落的相互作用和活动（Fitter et al.，2005；Levin，2006；Vetterli et al.，2016）。为了研究微生物代谢过程中多个关键功能酶和编码酶的重要基因，许多分子检测技术诞生，这些分子检测技术也逐渐成为我们了解环境中氮循环过程的重要手段。在这里，我们重点介绍固氮作用、硝化和反硝化作用中涉及的微生物功能基因，以及近几年来它们在生态环境调查中的应用。

5.3.1 固氮作用功能基因

固氮作用（nitrogen fixation）是 N_2 被还原成 NH_4^+和其他含氮化合物的过程，其中发挥重要作用的就是微生物固氮酶。固氮酶是由 *nifD* 和 *nifK* 基因编码的异源四聚体及 *nifH* 基因编码的二氮酶还原酶亚基两个组分构成的复合酶（Gaby and Buckley，2014）。而其中 *nifH* 基因被作为生物标记分子使用（Raymond et al.，2004），其原因主要有两点：第一，目前已知的所有固氮生物都包含 *nifH* 基因；第二，基于 *nifH* 基因的系统发育关系和 16S rRNA 的系统发育关系非常接近（Soni et al.，2016）。*nifH* 基因的同系物（homolog）可分成 5 个主要的系统发育群系（phylogenetic cluster）（Chien and Zinder，1994），而根据同源性收集的 *nifH* 基因数据库（http://www.css.cornell.edu/faculty/buckley/nifh.htm）可用于系统发育和进化的相关分析、探针/引物的设计与评估，以及固氮酶基因多样性的检测（Gaby and Buckley，2014；Soni et al.，2016）。

目前，*nifH* 基因已经被广泛应用于调查自然环境中潜在的固氮生物及其地理分布。Jasrotia 和 Ogram（2008）基于 *nifH* 基因的克隆文库研究了一个存在营养梯度的佛罗里达大沼泽地中固氮菌的多样性。其结果表明，在这一地区营养丰富的地带主要富集的是具有甲烷氧化能力的蓝细菌（Cyanobacteria），而贫营养地区的固氮菌则分布比较广泛。Turk 等（2011）使用逆转录 PCR 检测北大西洋西部热带水体中的 *nifH* 基因，结果显示依然是蓝细菌占据检测到的固氮菌的大部分。随着高通量测序技术的运用，我们对固氮菌的组成和分布特点又有了新的认识。Farnelid 等（2013）使用 454 焦磷酸测序 *nifH*

基因检测波罗的海中固氮菌的多样性变化。其结果表明，在波罗的海海水表层和下层均含有大量的固氮菌，包括很多的变形菌（Proteobacteria）和一大类厌氧细菌（anaerobic bacteria）。这一结果揭示出固氮菌在海洋中的分布可能不仅仅是耗氧层，厌氧层的固氮菌可能对全球海洋中的氮固定也起到一定的作用。Tu 等（2016）使用 MiSeq 高通量测序的方法对北美洲大陆 6 个原始森林中的 *nifH* 基因进行了调查，从 300 多万条序列中得到了 12 265 个 *nifH* 基因的 OTU，表明固氮菌在自然界中的丰度远高于我们之前的认识水平。其结果还表明，土壤中的固氮菌有着与植物和动物相似的地理分布格局，如纬度地带性和种面积关系。这一结果极大地扩展了我们对土壤固氮菌的认识。

5.3.2 硝化作用功能基因

硝化作用（nitrification）是将 NH_4^+氧化为 NO_2^-并进一步氧化为 NO_3^-的过程（图 5.2），氨氧化作用是硝化作用第一个步骤的第一步，将 NH_4^+氧化为 NH_2OH，氨单加氧酶（Amo）是其中重要的酶（Avrahami and Conrad，2005），Amo 操纵子由 *amoA*、*amoB* 和 *amoC* 这 3 个结构基因构成（Alzerreca et al.，1999；陈春兰等，2011），由于 *amoA* 基因编码 Amo 的活性亚基，且具有一定的序列保守性，因此其被选为 Amo 的功能标记基因（陈春兰等，2011）。NH_2OH 氧化为 NO_2^-是硝化作用第一个步骤的第二步，羟胺氧化还原酶（Hao）在其中发挥重要作用，*hao* 基因是其标记基因（陈春兰等，2011）。NO_2^-氧化为 NO_3^-是硝化作用的第二个步骤，亚硝酸盐氧化还原酶（Nxr）是这一步中重要的酶，Nxr 是由一个 α 亚基和一个 β 亚基组成的异源二聚体，其中催化亚基 α 亚基由 *nxrA* 基因编码，*nxrA* 基因是 Nxr 的标记基因（Wertz et al.，2008）。一直以来研究认为硝化作用主要由硝化细菌（nitrifying bacteria）完成，而对于硝化细菌的认识，研究者均认为其包含两个完全不同的代谢类群：亚硝化菌和硝化菌，它们独立承担硝化过程的一步反应。然而近期的研究表明，有一类细菌可以同时完成这两步工作，被称为完全硝化菌（Daims et al.，2015；van Kessel et al.，2015）。它含有编码催化“完全硝化”所需的全部酶，并存在于若干个多样化的环境中，很可能开创硝化作用研究的一个新的前沿领域。

针对 *amoA* 开展的分子检测涉及各类生境。Jiang 等（2014）利用基于 *amoA* 的 qPCR 和 454 高通量测序检测了中国东部农业土壤中 AOA、AOB 的纬度分布特征。其结果表明地理、气候条件及土壤碳氮等营养元素的含量对 AOB 和 AOA 纬度分布的贡献要远大于土壤 pH。而在自然湖泊的底泥中，*amoA* 序列的 qPCR 和克隆文库分析表明 AOA 和 AOB 的多样性会随着深度的增加而下降（Lu et al.，2015）。有趣的是，在底泥深层只检测到 AOA 的 *amoA* 基因，而在底泥表层 AOB 的 *amoA* 表达比 AOA 的 *amoA* 高 2.5~39.9 倍。这一结果显示在底泥表层的氨氧化过程主要由 AOB 来完成，底泥深层的氨氧化过程主要由 AOA 来完成（Lu et al.，2015）。在废水处理厂的活性污泥反应池中，AOB 也是备受关注的一个类群，它们的丰度和活性直接反映了反应池氨氮的去除效率。Zhang 等（2015）运用基于 *amoA* 基因和 16S rRNA 基因的 GeoChip、454 焦磷酸测序和 qPCR 分子检测技术，分析了螺旋霉素或者氧四环素废水处理系统中 AOA 和 AOB 的群落变化，结果表明在含有螺旋霉素的废水处理系统中 AOA 丰度显著高于 AOB，而氧四环素系统中 AOA 丰度低于 AOB，无抗生素的对照系统中没有检测到 AOA；螺旋霉素系统中 AOA 的 78.5%~99.6%属于奇古菌门（Thaumarchaeota）；GeoChip 结果显示 AOA 的 *amoA* 基因信号强度与螺旋霉素的浓度相关（$P<0.05$），AOA 在高浓度的螺旋霉素压力下比 AOB 更占据优势。

对 *hao* 基因的研究，目前主要集中于分离纯菌株，并从中扩增 *hao* 基因，以及对功能蛋白及基因结构的研究（Hiroya and Fukui，2002；Hommes et al.，2002；Moran et al.，2004；Poret-Peterson et al.，2008；陈春兰等，2011），对其在环境样本中基因多样性的研究则鲜有报道。陈春兰等（2011）以一块水稻长期定位试验田为平台，构建 *hao* 基因和 *amoA* 基因克隆文库研究长期单施氮肥对亚硝化菌多样性及其群落结构的影响。结果表明，施氮肥使氨氧化微生物和亚硝化菌多样性降低，群落结构趋于单一。

在硝化作用第二个步骤中发挥重要作用的 *nxrA* 基因，作为硝化菌的标记基因，通过对其分布、多样性和丰度的检测，可以发现不同环境因子对环境样本中的硝化菌生态位分布和群落结构的不同影响。在土壤环境中，土壤的不同分层会引起氨氧化菌和硝化菌生态位的分化。Ke 等（2013）使用 T-RFLP 和 qPCR 法检测 *amoA* 基因、*nxrA* 基因和 16S rRNA 基因的丰度及构成，以研究水稻田土壤中氨氧化菌和硝化菌生态位分化的原因。结果表明，在水稻田中硝化细菌和氨氧化菌的生态位分化主要由水稻田土壤的不同分层引起，而不是氮量改变或季节变化。在反应器中，水合保留时间（hydraulic retention time）的变化可以显著影响硝化菌的群落结构。González-Martínez 等（2014）使用 PCR-TGGE 法研究硝化菌群落中 *nxrA* 基因的多样性和丰度，结果表明，水合保留时间的变化可以显著影响硝化菌群落结构和部分亚硝酸型硝化系统的性能。

5.3.3 反硝化作用功能基因

反硝化作用（denitrification）是氮固定作用的相反反应，也被称为脱氮作用。它在自然界中具有重要的意义，既可以消除因硝酸积累对生物体产生的毒害作用，又是陆地和海洋生态系统中被固定的氮元素重新回到大气中的主要途径之一。反硝化作用包括四个还原步骤：第一步为 NO_3^-还原化为 NO_2^-，第二步为 NO_2^-还原化为 NO，第三步为 NO 还原为 N_2O，最后一步为 N_2O 还原为 N_2（图 5.2）；硝酸盐还原酶（Nar）、亚硝酸盐还原酶（Nir）、氧化氮还原酶（Nor）和氧化亚氮还原酶（Nos）分别参与以上四个步骤（Shoun et al.，2012）。这些酶的功能标记基因分别是 *narG* 基因、*nirK* 和 *nirS* 基因、*norB* 基因、*nosZ* 基因。Nar 由两个在胞质中的亚基（NarGH）和一个膜结合亚基（NarI）组成，*narG* 基因编码 Nar 的活性亚基（NarG 亚基）（Zumft，1997；Reyna et al.，2010）。*nirS* 基因编码含有细胞色素 cd1（cytochrome cd 1）的亚硝酸还原酶 cdNir，*nirK* 基因编码依赖铜离子的亚硝酸还原酶 CuNir（Glockner et al.，1993；Yang et al.，2013）。*norB* 基因分为 *cnorB* 和 *qnorB* 两种类型，典型的反硝化菌和一些硝化菌都拥有 *cnorB* 基因且能够从 NO 的还原中获得能量，而拥有 *qnorB* 基因的微生物则利用 *qnorB* 基因表达的酶将 NO 脱氧还原（Hendriks et al.，2000；Kearns et al.，2015）。Nos 存在两个在系统发育上不同的

NosZ 分枝，一个分枝含有典型的 Z 型 NosZ 蛋白，另一分枝含有非典型的 NosZ 蛋白（Orellana et al.，2014）。编码典型的 Z 型 NosZ 蛋白的 *nosZ* 基因存在于能够完成反硝化作用的细菌中；非典型的 *nosZ* 基因存在于能够完成更多样化的氮代谢途径的细菌中，包括那些缺乏 *nirS* 和 *nirK* 基因的细菌（Sanford et al.，2012；Jones et al.，2013；Orellana et al.，2014）。过去认为在氮循环中起作用的微生物只有原核生物，然而近几年发现真菌和酵母菌等真核生物也进行不一样的反硝化活动（Shoun et al.，2012）。此外，尽管 AOA 和 AOB 一般被认为只进行硝化作用，但 NirK 对 AOA 和 AOB 的氮代谢也很重要，AOA 和 AOB 在反硝化作用中也发挥一定的作用（Long et al.，2015）。土壤反硝化作用的微生物分子生态学研究主要关注反硝化菌对土壤环境因子（可利用碳氮、pH 和土壤水分）的响应，以及反硝化菌与土壤反硝化能力、N_2O 释放之间的关系（侯海军等，2013）。

目前以 *narG* 基因作为标记基因检测环境样本中反硝化菌的研究相对而言并不太多。Deiglmayr 等（2006）基于 *narG* 基因的 RFLP-PCR 技术研究了草地土壤的硝酸盐还原菌在不同硝态氮水平下的变化。其结果表明，硝酸盐还原菌的群落结构在不同浓度的硝态氮处理下保持了很好的稳定性，是因为 Nar 酶对草地土壤中硝态氮浓度变化有很高的适应性。同样，在污水处理系统中，使用 *narG* 和 *napA* 基因荧光原位杂交（FISH）结合 16S 测序的方法，Zielinska 等（2016）也发现了大量的硝酸盐还原菌群落具有相对稳定的核心物种组成，使得污水处理系统能够很好地保持去除硝态氮的效率。

运用基于 *nirS* 基因和 *nirK* 基因的分子检测技术，可以检测分析环境样本中 Nir 的分布、丰度和多样性，进而了解反硝化菌的微生物生态学特征。尽管 AOA 一般被认为是硝化菌而非反硝化菌，但在对海洋环境和其他环境的奇古菌研究中，发现 AOA 对反硝化作用也有一定的贡献。Lund 等（2012）构建 *nirK* 基因克隆文库，研究蒙特利湾中奇古菌 *nirK* 基因的表达、丰富度、丰度和多样性，在蒙特利湾中 AOA 的 *nirK* 基因表达比 *amoA* 基因多 10~100 倍。Wei 等（2015）构建真菌 *nirK* 基因和 18S rRNA 克隆文库，研究表面施肥的农田土壤中真菌的反硝化作用，发现该土壤中的真菌属于曲霉目（Eurotiales）、肉座菌目（Hypocreales）和粪壳菌目（Sordariales），这些真菌对土壤中 N_2O 的排放有影响。Zheng 等（2015）使用 *nirS* 基因克隆文库和 qPCR 法，研究长江潮间带沉积物中 *nirS* 基因和反硝化菌的多样性、丰度及分布，结果表明，在所有的环境因子中，*nirS* 基因和反硝化菌的多样性、丰度和分布只与水体盐浓度有关。

目前以 *norB* 基因为标记基因的研究还很少，微藻养殖中反硝化菌的存在曾被研究过，Fagerstone 等（2011）通过 *norB* 基因的 PCR 检测确认反硝化菌的存在，结果表明采用抗生素处理反硝化菌可以大大减少微藻养殖中 N_2O 的排放量。Kearns 等（2015）构建了 *norB* 基因和 *nosZ* 基因的克隆文库，同时使用 qPCR 法分析美国 Great Sippewissett 盐沼中长期施肥对这两个功能基因丰度和多样性的影响。结果表明，持有 *norB* 基因和持有 *nosZ* 基因的微生物均属于 α-变形菌纲和 β-变形菌纲，说明这两纲的微生物在盐沼的氮循环过程中有非常重要的作用；当氮肥浓度非常高时，*nosZ* 基因丰度显著降低，*norB* 基因丰度没有显著变化。

通过对 *nosZ* 基因的检测可以估算环境中 N_2O 的还原状况。结合宏基因组测序和针对 *nosZ* 基因的 Illumina 高通量测序，Orellana 等（2014）研究美国中西部玉米种植带典型的砂质和泥质土壤中 *nosZ* 基因的丰度与多样性。其结果充分地表明，之前研究中没有检测到的非典型 *nosZ* 基因大量存在于各类土壤环境中，因此 *nosZ* 代表的反硝化菌的作用可能在之前研究中被大大地低估。Iribar 等（2015）基于 *nosZ* 基因的 DGGE 方法研究了冲积湿地中反硝化微生物的群落结构，结果表明群落的反硝化能力与可溶性有机碳及溶解氧的浓度有关联。

5.4　小　结

近年来，随着高通量测序技术发展而兴起的宏基因组技术逐渐成为环境科学和地学中研究微生物群落多样性的主流分子手段，而其中针对核糖体 RNA 基因的高通量分子检测技术使环境微生物研究的深度和广度都得到了极大的提高（Hamady and Knight，2009）。但是由于微生物分类的复杂性和大部分微生物物种在环境中功能的不确定性，核糖体 RNA（如 16S rRNA）基因测序往往无法反映微生物群落的功能多样性；而针对总体宏基因组或转录组的鸟枪法测序又因为数据分析和挖掘的巨大困难而遇到了应用的相对瓶颈（Blow，2008）。越来越多的研究者逐渐把目光投向了针对功能基因的高通量检测方法，特别是二代测序方法。

相对于其他针对宏基因组的分子检测手段，针对功能基因的高通量测序方法有着几个明显的优势。第一，针对对象明确。这一方法监测的是微生物群落中承载特定功能的微生物类群，它们的多样性变化往往也是研究项目中微生物群落功能改变的核心。第二，通量高、覆盖面大。相对于其他针对特定功能基因的分子检测技术来说，测序技术的通量更高，因而能检测到的物种数量更大。第三，相对成本低。单一功能基因测序技术被用于测序、分析的时间和经费成本远低于宏基因组鸟枪测序。第四，可以从物种多样性、系统发育多样性和功能多样性等多层次考察微生物群落的多样性变化，与 16S rRNA 测序相结合可以为揭示微生物群落对环境变化的响应和反馈提供更多的证据。

然而，这一方法也有许多的应用难题需要解决。首先，从实验技术的角度来看，不是每一个功能基因都有相对保守的扩增引物符合高通量测序技术的要求，而且如何控制扩增的效率和产量也需要大量的研究证据。其次，从后续数据分析的角度来看，如何从有限的功能基因信息来链接其对应的物种信息也相对困难。而这一系列方法开发的关键步骤是建立完善的序列（核酸和蛋白质）数据库，并对已有的序列进行充分的同源性和系统进化学分析，只有这样才能快速地解读高通量功能基因测序的结果（魏子艳等，2015）。研究者也发现，由于目前的分子生物学检测技术各有优势和缺陷，通常需要采用两种或两种以上技术联用来提高生态功能基因检测的有效性和准确性。

此外，大数据时代带来的另一方面的需求就是数据分析平台的建立。随着微生物组学技术的普及，在未来数十年之内数据分析的基础平台建设将为生物地化循环微生物功能基因的研究提供保障，而分析技术本身的研究和发展也非常重要，基础性分析和存储平台的建设可为生物地化循环功能类群研究提供坚实的基础。以功能基因为起点，以日益发展的数据分析平台为支撑，分子检测技术的革新能够使人们更深入全面地了解参与生物地化循环的微生物功能类群的多样性，最终为环境科学、生态学和地球科学的发展带来新的契机。

参考文献

陈春兰, 吴敏娜, 魏文学. 2011. 长期施用氮肥对土壤细菌硝化基因多样性及组成的影响. 环境科学, 32(5): 1489-1496.

邓晔, 冯凯, 魏子艳, 等. 2016. 宏基因组学在环境工程领域的应用及研究进展. 环境工程学报, 10(7): 3373-3382.

贺纪正, 张丽梅. 2009. 氨氧化微生物生态学与氮循环研究进展. 生态学报, 29(1): 406-415.

侯海军, 秦红灵, 陈春兰, 等. 2013. 土壤氮循环微生物过程的分子生态学研究进展. 湖南省土壤肥料学会2013年年会暨"土壤科学与湖南实践"学术研讨会.

黄晓燕, 罗剑飞, 赵丹丹, 等. 2015. 奇古菌亚硝酸盐还原酶基因相似基因的多样性. 微生物学报, 55(3): 351-357.

李虎, 黄福义, 苏建强, 等. 2015. 浙江省瓯江氨氧化古菌和氨氧化细菌分布及多样性特. 环境科学, 36(12): 4659-4666.

林先贵. 2010. 土壤微生物研究原理与方法. 北京: 高等教育出版社.

刘洋荧, 王尚, 厉舒祯, 等. 2017. 基于功能基因的微生物碳循环分子生态学研究进展. 微生物学通报, 44(7): 1676-1689.

沈萍, 陈向东. 2006. 微生物学. 北京: 高等教育出版社.

孙寓姣, 赵轩, 王蕾, 等. 2014. 沣河水系脱氮微生物群落结构研究. 生态环境学报, 23(9): 1451-1456.

滕晓坤, 肖华胜. 2008. 基因芯片与高通量DNA测序技术前景分析. 中国科学C辑: 生命科学, 38(10): 891-899.

王朱珺, 王尚, 刘洋荧, 等. 2018. 宏基因组技术在氮循环功能微生物分子检测研究中的应用. 生物技术通报, 34(1): 1-14.

魏子艳, 金德才, 邓晔. 2015. 环境微生物宏基因组学研究中的生物信息学方法. 微生物学通报, 42(5): 890-901.

Alzerreca J J, Norton J M, Klotz M G. 1999. The amo operon in marine, ammonia-oxidizing gamma-proteobacteria. Fems Microbiology Letters, 180(1): 21-29.

Avrahami S, Conrad R. 2005. Cold-temperate climate: a factor for selection of ammonia oxidizers in upland soil? Can J Microbiol, 51(8): 709-714.

Bardgett R D, Freeman C, Ostle N J. 2008. Microbial contributions to climate change through carbon cycle feedbacks. Isme Journal, 2(8): 805-814.

Bayer K, Moitinho-Silva L, Brummer F, et al. 2014. GeoChip-based insights into the microbial functional gene repertoire of marine sponges (high microbial abundance, low microbial abundance) and seawater. Fems Microbiology Ecology, 90(3): 832-843.

Berg I A. 2011. Ecological aspects of the distribution of different autotrophic CO_2 fixation pathways. Applied and Environmental Microbiology, 77(6): 1925-1936.

Blow N. 2008. Metagenomics: exploring unseen communities. Nature, 453(7195): 687-690.

Campbell D A, Benavides M, Moisander P H, et al. 2015. Mesopelagic N_2 fixation related to organic matter composition in the Solomon and Bismarck Seas (Southwest Pacific). PLoS One, 10(12): e0143775.

Cathrine S J, Raghukumar C. 2009. Anaerobic denitrification in fungi from the coastal marine sediments off Goa, India. Mycol Res, 113(Pt 1): 100-109.

Chen J, Rui Y C, Zhou X, et al. 2016. Determinants of the biodiversity patterns of ammonia-oxidizing archaea community in two contrasting forest stands. Journal of Soils and Sediments, 16(3): 878-888.

Chien Y T, Zinder S H. 1994. Cloning, DNA sequencing, and characterization of a *nifD*-homologous gene from the archaeon *Methanosarcina barkeri*. Journal of Bacteriology, 176(21): 6590-6598.

Daims H, Lebedeva E V, Pjevac P, et al. 2015. Complete nitrification by *Nitrospira* bacteria. Nature, 528(7583): 504-509.

Deiglmayr K, Philippot L, Kandeler E. 2006. Functional stability of the nitrate-reducing community in grassland soils towards high nitrate supply. Soil Biology and Biochemistry, 38(9): 2980-2984.

Ding G C, Heuer H, He Z L, et al. 2012. More functional genes and convergent overall functional patterns detected by geochip in phenanthrene-spiked soils. Fems Microbiology Ecology, 82(1): 148-156.

Eisenlord S D, Freedman Z, Zak D R, et al. 2013. Microbial mechanisms mediating increased soil C storage under elevated atmospheric N deposition. Applied and Environmental Microbiology, 79(8): 2847.

Fagerstone K D, Quinn J C, Bradley T H, et al. 2011. Quantitative measurement of direct nitrous oxide emissions from microalgae cultivation. Environ Sci Technol, 45(21): 9449-9456.

Fan L F, Chen H J, Hsieh H L, et al. 2016. Comparing abundance, composition and environmental influences on prokaryotic ammonia oxidizers in two subtropical constructed wetlands. Ecological Engineering, 90: 336-346.

Farnelid H, Bentzon-Tilia M, Andersson A F, et al. 2013. Active nitrogen-fixing heterotrophic bacteria at and below the chemocline of the central Baltic Sea. Isme Journal, 7(7): 1413-1423.

Gaby J C, Buckley D H. 2014. A comprehensive aligned *nifH* gene database: a multipurpose tool for studies of nitrogen-fixing bacteria. Database (Oxford), 2014: bau001.

Galand P E, Fritze H, Conrad R, et al. 2005. Pathways for methanogenesis and diversity of methanogenic archaea in three boreal peatland ecosystems. Applied and Environmental Microbiology, 71(4): 2195-2198.

Glockner A B, Jüngst A, Zumft W G. 1993. Copper-containing nitrite reductase from *Pseudomonas aureofaciens* is functional in a mutationally cytochrome cd 1 -free background (NirS−) of *Pseudomonas stutzeri*. Archives of Microbiology, 160(1): 18-26.

González-Martínez A, Pesciaroli C, Martínez-Toledo M V, et al. 2014. Study of nitrifying microbial communities in a partial-nitritation bioreactor. Ecological Engineering, 64: 443-450.

Guo G X, Kong W D, Liu J B, et al. 2015. Diversity and distribution of autotrophic microbial community along environmental gradients in grassland soils on the Tibetan Plateau. Applied Microbiology and Biotechnology, 99(20): 8765-8776.

Gupta V, Smemo K A, Yavitt J B, et al. 2012. Active methanotrophs in two contrasting North American peatland ecosystems revealed using DNA-SIP. Microbial Ecology, 63(2): 438-445.

Hamady M, Knight R. 2009. Microbial community profiling for human microbiome projects: tools, techniques, and challenges. Genome Research, 19(7): 1141-1152.

Hendriks J, Oubrie A, Castresana J, et al. 2000. Nitric oxide reductases in bacteria. Biochimica et Biophysica Acta, 1459(2-3): 266-273.

Hiroya S, Fukui M. 2002. Comparison of 16S rRNA, ammonia monooxygenase subunit A and hydroxylamine oxidoreductase gene, in chemolithotrophic ammonia-oxidizing bacteria. Journal of General & Applied Microbiology, 48(3): 173-176.

Hommes N G, Sayavedra-Soto L A, Arp D J. 2002. The roles of the three gene copies encoding hydroxylamine oxidoreductase in *Nitrosomonas europaea*. Arch Microbiol, 178(6): 471-476.

Hu H W, Macdonald C A, Trivedi P, et al. 2016a. Effects of climate warming and elevated CO_2 on autotrophic nitrification and nitrifiers in dryland ecosystems. Soil Biology and Biochemistry, 92: 1-15.

Hu Y, He F, Ma L, et al. 2016b. Microbial nitrogen removal pathways in integrated vertical-flow constructed wetland systems. Bioresource Technology, 207: 339-345.

Hugler M, Sievert S M. 2011. Beyond the Calvin cycle: autotrophic carbon fixation in the ocean. Annual Review of Marine Science, 3: 261-289.

Iribar A, Hallin S, Pérez J M S, et al. 2015. Potential denitrification rates are spatially linked to colonization patterns of *nosZ* genotypes in an alluvial wetland. Ecological Engineering, 80: 191-197.

Izquierdo J A, Sizova M V, Lynd L R. 2010. Diversity of bacteria and glycosyl hydrolase family 48 genes in cellulolytic consortia enriched from thermophilic biocompost. Applied and Environmental Microbiology, 76(11): 3545-3553.

Jasrotia P, Ogram A. 2008. Diversity of *nifH* genotypes in floating periphyton mats along a nutrient gradient in the Florida Everglades. Curr Microbiol, 56(6): 563-568.

Jeffries T W. 1994. Biodegradation of lignin and hemicelluloses. *In*: Ratledge C. Biochemistry of Microbial Degradation. Netherlands: Springer: 233-277.

Jiang H, Huang L, Deng Y, et al. 2014. Latitudinal distribution of ammonia-oxidizing bacteria and archaea in the agricultural soils of eastern China. Appl Environ Microbiol, 80(18): 5593-5602.

Jones C M, Graf D R, Bru D, et al. 2013. The unaccounted yet abundant nitrous oxide-reducing microbial community: a potential nitrous oxide sink. ISME J, 7(2): 417-426.

Kapoor V, Li X, Chandran K, et al. 2015. Use of functional gene expression and respirometry to study wastewater nitrification activity after exposure to low doses of copper. Environmental Science and Pollution Research, 23(7): 6443-6450.

Ke X, Angel R, Lu Y, et al. 2013. Niche differentiation of ammonia oxidizers and nitrite oxidizers in rice paddy soil. Environ Microbiol, 15(8): 2275-2292.

Kearns P J, Angell J H, Feinman S G, et al. 2015. Long-term nutrient addition differentially alters community composition and diversity of genes that control nitrous oxide flux from salt marsh sediments. Estuarine, Coastal and Shelf Science, 154: 39-47.

Klotz M G, Stein L Y. 2008. Nitrifier genomics and evolution of the nitrogen cycle. Fems Microbiol Lett, 278(2): 146-156.

Koberl M, Erlacher A, Ramadan E M, et al. 2016. Comparisons of diazotrophic communities in native and agricultural desert ecosystems reveal plants as important drivers in diversity. Fems Microbiology Ecology, 92(2): fiv166.

Konneke M, Bernhard A E, de la Torre J R, et al. 2005. Isolation of an autotrophic ammonia-oxidizing marine archaeon. Nature, 437(7058): 543-546.

Kovaleva O L, Tourova T P, Muyzer G, et al. 2011. Diversity of RuBisCO and ATP citrate lyase genes in soda lake sediments. Fems Microbiology Ecology, 75(1): 37-47.

Leininger S, Urich T, Schloter M, et al. 2006. Archaea predominate among ammonia-oxidizing prokaryotes in soils. Nature, 442(7104): 806-809.

Levin S A. 2006. Fundamental questions in biology. PLoS Biol, 4(9): e300.

Liang Y T, Van Nostrand J D, Deng Y, et al. 2011. Functional gene diversity of soil microbial communities from five oil-contaminated fields in China. Isme Journal, 5(3): 403-413.

Limpiyakorn T, Furhacker M, Haberl R, et al. 2013. *amoA*-encoding archaea in wastewater treatment plants: a review. Appl Microbiol Biotechnol, 97(4): 1425-1439.

Liu J F, Sun X B, Yang G C, et al. 2015. Analysis of microbial communities in the oil reservoir subjected to CO_2-flooding by using functional genes as molecular biomarkers for microbial CO_2 sequestration. Frontiers in Microbiology, 6: 236.

Liu W Z, Wang A J, Cheng S A, et al. 2010. GeoChip-based functional gene analysis of anodophilic communities in microbial electrolysis cells under different operational modes. Environmental Science & Technology, 44(19): 7729-7735.

Long A, Song B, Fridey K, et al. 2015. Detection and diversity of copper containing nitrite reductase genes (*nirK*) in prokaryotic and fungal communities of agricultural soils. Fems Microbiol Ecol, 91(2): 1-9.

Lu S, Liu X, Ma Z, et al. 2015. Vertical segregation and phylogenetic characterization of ammonia-oxidizing bacteria and archaea in the sediment of a freshwater aquaculture pond. Front Microbiol, 6: 1539.

Lund M B, Smith J M, Francis C A. 2012. Diversity, abundance and expression of nitrite reductase (*nirK*)-like genes in marine thaumarchaea. The ISME Journal, 6(10): 1966-1977.

Luton P E, Wayne J M, Sharp R J, et al. 2002. The *mcrA* gene as an alternative to 16S rRNA in the phylogenetic analysis of methanogen populations in landfill. Microbiology-Sgm, 148: 3521-3530.

Lydmark P, Almstrand R, Samuelsson K, et al. 2007. Effects of environmental conditions on the nitrifying population dynamics in a pilot wastewater treatment plant. Environmental Microbiology, 9(9):

2220-2233.

Ma W K, Farrell R E, Siciliano S D. 2008. Soil formate regulates the fungal nitrous oxide emission pathway. Appl Environ Microbiol, 74(21): 6690-6696.

Maria T, Stieglmeier M, Spang A, et al. 2011. *Nitrososphaera viennensis*, an ammonia oxidizing archaeon from soil. Proceedings of the National Academy of Sciences of the United States of America, 108(20): 8420-8425.

Moran M A, Buchan A, González J M, et al. 2004. Genome sequence of *Silicibacter pomeroyi* reveals adaptations to the marine environment. Nature, 432(7019): 910-913.

Orellana L H, Rodriguezr L M, Higgins S, et al. 2014. Detecting nitrous oxide reductase (*nosZ*) genes in soil metagenomes: method development and implications for the nitrogen cycle. mBio, 5(3): e01193-14.

Pan H, Li Y, Guan X M, et al. 2016. Management practices have a major impact on nitrifier and denitrifier communities in a semiarid grassland ecosystem. Journal of Soils and Sediments, 16(3): 896-908.

Paula F S, Rodrigues J L M, Zhou J Z, et al. 2014. Land use change alters functional gene diversity, composition and abundance in Amazon forest soil microbial communities. Molecular Ecology, 23(12): 2988-2999.

Pereyra L P, Hiibel S R, Riquelme M V P, et al. 2010. Detection and quantification of functional genes of cellulose-degrading, fermentative, and sulfate-reducing bacteria and methanogenic archaea. Applied and Environmental Microbiology, 76(7): 2192-2202.

Pester M, Rattei T, Flechl S, et al. 2012. *amoA*-based consensus phylogeny of ammonia-oxidizing archaea and deep sequencing of *amoA* genes from soils of four different geographic regions. Environmental Microbiology, 14(2): 525-539.

Poret-Peterson A T, Graham J E, Gulledge J, et al. 2008. Transcription of nitrification genes by the methane-oxidizing bacterium, *Methylococcus capsulatus* strain Bath. ISME J, 2(12): 1213-1220.

Purkhold U, et al. 2001. Phylogeny of all recognized species of ammonia oxidizers based on comparative 16S rRNA and *amoA* sequence analysis: implications for molecular diversity surveys. Applied & Environmental Microbiology, 66(12): 5368-5382.

Ravishankara A R, Daniel J S, Portmann R W. 2009. Nitrous oxide (N_2O): the dominant ozone-depleting substance emitted in the 21st century. Science, 326(5949): 123-125.

Raymond J, Siefert J L, Staples C R, et al. 2004. The natural history of nitrogen fixation. Mol Biol Evol, 21(3): 541-554.

Reyna L, Wunderlin D A, Genti-Raimondi S. 2010. Identification and quantification of a novel nitrate-reducing community in sediments of Suquia River basin along a nitrate gradient. Environ Pollut, 158(5): 1608-1614.

Rockstrom J, Steffen W, Noone K, et al. 2009. A safe operating space for humanity. Nature, 461(7263): 472-475.

Sanford R A, Wagner D D, Wu Q, et al. 2012. Unexpected nondenitrifier nitrous oxide reductase gene diversity and abundance in soils. Proc Natl Acad Sci USA, 109(48): 19709-19714.

Seo J, Jang I, Gebauer G, et al. 2014. Abundance of methanogens, methanotrophic bacteria, and denitrifiers in rice paddy soils. Wetlands, 34(2): 213-223.

Shoun H, Fushinobu S, Jiang L, et al. 2012. Fungal denitrification and nitric oxide reductase cytochrome P450nor. Philos Trans R Soc Lond B Biol Sci, 367(1593): 1186-1194.

Shu D T, He Y L, Yue H, et al. 2016. Metagenomic and quantitative insights into microbial communities and functional genes of nitrogen and iron cycling in twelve wastewater treatment systems. Chemical Engineering Journal, 290: 21-30.

Soni R, Suyal D C, Sai S, et al. 2016. Exploration of *nifH* gene through soil metagenomes of the western Indian Himalayas. 3 Biotech, 6(1): 25.

Stuardo M, Vasquez M, Vicuna R, et al. 2004. Molecular approach for analysis of model fungal genes encoding ligninolytic peroxidases in wood-decaying soil systems. Letters in Applied Microbiology, 38(1): 43-49.

Su J Q, Ding L J, Xue K, et al. 2015. Long-term balanced fertilization increases the soil microbial functional diversity in a phosphorus-limited paddy soil. Molecular Ecology, 24(1): 136-150.

Sun Y M, Shen Y X, Liang P, et al. 2014. Linkages between microbial functional potential and wastewater constituents in large-scale membrane bioreactors for municipal wastewater treatment. Water Research, 56: 162-171.

Tahon G, Tytgat B, Stragier P, et al. 2016. Analysis of *cbbL*, *nifH*, and *pufLM* in soils from the Sor Rondane Mountains, Antarctica, reveals a large diversity of autotrophic and phototrophic bacteria. Microbial Ecology, 71(1): 131-149.

Treusch A H, Leininger S, Kletzin A, et al. 2005. Novel genes for nitrite reductase and Amo-related proteins indicate a role of uncultivated mesophilic crenarchaeota in nitrogen cycling. Environ Microbiol, 7(12): 1985-1995.

Tu Q, Deng Y, Yan Q, et al. 2016. Biogeographic patterns of soil diazotrophic communities across six forests in the North America. Mol Ecol, 25(12): 2937-2948.

Turk K A, Rees A P, Zehr J P, et al. 2011. Nitrogen fixation and nitrogenase (*nifH*) expression in tropical waters of the eastern North Atlantic. ISME J, 5(7): 1201-1212.

van den Brink J, de Vries R P. 2011. Fungal enzyme sets for plant polysaccharide degradation. Applied Microbiology and Biotechnology, 91(6): 1477-1492.

van Kessel M A, Speth D R, Albertsen M, et al. 2015. Complete nitrification by a single microorganism. Nature, 528(7583): 555-559.

Van Nostrand J D, Yin H, Wu L, et al. 2016. Hybridization of environmental microbial community nucleic acids by GeoChip. Methods in Molecular Biology (Clifton, N.J.), 1399: 183-196.

Venter J C, Remington K, Heidelberg J F, et al. 2004. Environmental genome shotgun sequencing of the Sargasso Sea. Science, 304: 66-74.

Vetterli A, Hietanen S, Leskinen E. 2016. Spatial and temporal dynamics of ammonia oxidizers in the sediments of the Gulf of Finland, Baltic Sea. Mar Environ Res, 113: 153-163.

Wang F P, Zhou H Y, Meng J, et al. 2009. GeoChip-based analysis of metabolic diversity of microbial communities at the Juan de Fuca Ridge hydrothermal vent. Proceedings of the National Academy of Sciences of the United States of America, 106(12): 4840-4845.

Wei W, Isobe K, Shiratori Y, et al. 2015. Development of PCR primers targeting fungal *nirK* to study fungal denitrification in the environment. Soil Biology and Biochemistry, 81: 282-286.

Wertz S, Poly F, Le Roux X, et al. 2008. Development and application of a PCR-denaturing gradient gel electrophoresis tool to study the diversity of nitrobacter-like *nxrA* sequences in soil. Fems Microbiol Ecol, 63(2): 261-271.

Xie J P, He Z L, Liu X X, et al. 2011. GeoChip-based analysis of the functional gene diversity and metabolic potential of microbial communities in acid mine drainage. Applied and Environmental Microbiology, 77(3): 991-999.

Xu M Y, Wu W M, Wu L Y, et al. 2010. Responses of microbial community functional structures to pilot-scale uranium in situ bioremediation. Isme Journal, 4(8): 1060-1070.

Yang J K, Cheng Z B, Li J, et al. 2013. Community composition of *nirS*-type denitrifier in a shallow eutrophic lake. Microb Ecol, 66(4): 796-805.

Yang Y F, Gao Y, Wang S P, et al. 2014. The microbial gene diversity along an elevation gradient of the Tibetan grassland. Isme Journal, 8(2): 430-440.

Yu H, Chen C, Ma J C, et al. 2014. GeoChip-based analysis of the microbial community functional structures in simultaneous desulfurization and denitrification process. Journal of Environmental Sciences, 26(7): 1375-1382.

Yun J L, Zhang H X, Deng Y C, et al. 2015. Aerobic methanotroph diversity in Sanjiang Wetland, Northeast China. Microbial Ecology, 69(3): 567-576.

Zhang J Y, Sui Q W, Li K, et al. 2016. Influence of natural zeolite and nitrification inhibitor on organics degradation and nitrogen transformation during sludge composting. Environmental Science and Pollution Research, 23(2): 1324-1334.

Zhang Y G, Cong J, Lu H, et al. 2014. An integrated study to analyze soil microbial community structure and metabolic potential in two forest types. PLoS One, 9(4): e93773.

Zhang Y, Tian Z, Liu M, et al. 2015. High concentrations of the antibiotic spiramycin in wastewater lead to high abundance of ammonia-oxidizing archaea in nitrifying populations. Environ Sci Technol, 49(15): 9124-9132.

Zhang Y, Xie J P, Liu M M, et al. 2013. Microbial community functional structure in response to antibiotics in pharmaceutical wastewater treatment systems. Water Research, 47(16): 6298-6308.

Zhao J, Zuo J N, Wang X L, et al. 2014. GeoChip-based analysis of microbial community of a combined nitritation-anammox reactor treating anaerobic digestion supernatant. Water Research, 67: 345-354.

Zheng Y, Hou L, Liu M, et al. 2015. Diversity, abundance, and distribution of *nirS*-harboring denitrifiers in intertidal sediments of the Yangtze Estuary. Microb Ecol, 70(1): 30-40.

Zheng Y, Zhang L M, Zheng Y M, et al. 2008. Abundance and community composition of methanotrophs in a Chinese paddy soil under long-term fertilization practices. Journal of Soils and Sediments, 8(6): 406-414.

Zhong W, Bian B, Gao N, et al. 2016. Nitrogen fertilization induced changes in ammonia oxidation are attributable mostly to bacteria rather than archaea in greenhouse-based high N input vegetable soil. Soil Biology and Biochemistry, 93: 150-159.

Zhou J H. 2003. Microarrays for bacterial detection and microbial community analysis. Current Opinion in Microbiology, 6(3): 288-294.

Zhou J Z, Xue K, Xie J P, et al. 2012. Microbial mediation of carbon-cycle feedbacks to climate warming. Nature Climate Change, 2(2): 106-110.

Zhou J, He Z, Yang Y, et al. 2015. High-throughput metagenomic technologies for complex microbial community analysis: open and closed formats. mBio, 6(1): e02288-14.

Zhou J, Xue K, Xie J, et al. 2011. Microbial mediation of carbon-cycle feedbacks to climate warming. Nature Climate Change, 2(2): 106-110.

Zhou X H, Li Y M, Zhang J P, et al. 2016. Diversity, abundance and community structure of ammonia-oxidizing archaea and bacteria in riparian sediment of Zhenjiang ancient canal. Ecological Engineering, 90: 447-458.

Zielinska M, Rusanowska P, Jarzabek J, et al. 2016. Community dynamics of denitrifying bacteria in full-scale wastewater treatment plants. Environ Technol, 37(18): 1-10.

Zumft W G. 1997. Cell biology and molecular basis of denitrification. Microbiology and Molecular Biology Reviews, 61(4): 533-616.

第二部分　生态基因组学的热点科学问题

第 6 章　环境胁迫适应的生态基因组学

处于不同生境的生物要面临各种生物因素和非生物因素的环境压力或者环境胁迫（environmental stress）。这些胁迫包括温度、干旱、低（缺）氧、辐射、污染等，还有天敌、细菌侵染、拥挤、社会压力因素等。全球变化特别是全球变暖（global warming）也是当前生物面临的愈发严峻的挑战。生物进化出了应答和适应不同环境胁迫的复杂的分子（遗传）机制。在本章中，我们分析了在基因组时代如何运用不同方法和理论来解析生物对环境胁迫的适应机制，重点综述了温度胁迫和低氧胁迫适应及全球变化响应的生态基因组学。新的发现认为，环境胁迫还可以通过表观遗传机制影响生物当代及其下一代，因此我们还对这种表观基因组学（epigenomics）的进展进行了讨论。

6.1　生物对环境胁迫的响应与适应：总论

生物依据其所生活的不同环境，一生中可能受到不同性质的环境胁迫，而且这些胁迫会发生时间和空间上的改变。生活栖境不同，如在陆地、海洋、沙漠、沼泽、极地、太空、城市区、工业区、肠道、癌症发生组织、病菌侵染区，生物受到的胁迫性质不同，尽管也有交叉。非生物和生物因素的环境威胁都普遍存在，除过去普遍关注的温度、辐射、干旱、污染、低氧等非生物因素外，生物因素的威胁也引起普遍重视，包括种群密度、天敌、细菌侵染、社会压力因素等。

在自然界，生物受到的环境胁迫可能是综合和多方面的。例如，作为生活在河口和潮间带地区的固着海洋动物，牡蛎必须应对严酷和不断变化的环境压力。温度和盐度等非生物因素有很大的变化，有毒金属和干燥胁迫也给牡蛎的生存带来了巨大的挑战。滤食牡蛎面临大量的微生物病原体侵袭，牡蛎能够形成质密钙化的贝壳，通过这样一种物理屏障来应对捕食和干燥的环境。这种创新的进化方式使得软体动物能够生存下来。

随着人类活动和生产方式的改变，以及对大自然的影响越来越深刻，会不断有新的环境胁迫威胁生物的存在，如生物入侵、栖境斑块化、全球变化和全球变暖、大气污染、重金属污染等。又如随着人类释放的二氧化碳（CO_2）增加，海水吸收 CO_2 后会导致海水酸化，海水酸化对海洋生物的适应性是一个新的严重的威胁。这些变化为科学家的研究提供新的科学问题。

生物如何适应环境胁迫和环境改变是目前科学家努力解决的问题。基因组学技术的快速发展，为人们全面深入理解其背后的分子机制提供新的契机。但是，对于不同的生物种类和群体，基于不同的生活环境，揭示其环境适应的基因组学机制需要采用相应适宜的方法。基因组测序是全面理解生物生态适应的基础手段（Shinzato et al.，2011）。例如，为理解太平洋牡蛎（*Crassostrea gigas*）的生态适应机制，对其基因组进行的测序、组装和分析（Zhang et al.，2012）提供了传统分子手段无法提供的丰富信息。与 7 种其他物种的基因组序列比较，牡蛎拥有 8654 个特有基因。这些牡蛎的特有基因在蛋白质结合、凋亡、细胞因子及炎症响应功能方面高度富集，意味着这些基因可能是寄主在受到生物胁迫和非生物胁迫时的防卫基因。在牡蛎中，筛选发现多个基因家族和防御信号通路相关，包括蛋白质折叠、氧化及抗氧化、凋亡和免疫响应。基因组分析发现基因家族的扩张，如细胞色素 P450 和多铜离子氧化酶基因家族。这些基因在生物内生和异形生物化学物质发生生物转化的过程中非常重要。超氧化物歧化酶在应对氧化胁迫过程中起着重要的作用。牡蛎基因组有 48 个编码抑制性细胞凋亡蛋白（IAP）的基因，然而人类中只有 8 个，海胆中只有 7 个。这表明牡蛎体内存在一个强大的抑制凋亡的系统。编码热激蛋白 Hsp70 和抑制凋亡的基因发生了明显扩张，这可能是牡蛎适应潮间带极端环境的主要分子基础（Zhang et al.，2012）。因此，该基因组学研究表明，这些牡蛎的特有基因对牡蛎的适应和进化及其他软体动物可能非常重要。

全基因组水平的基因表达研究是目前分析基因组胁迫应答的主要环节和重要手段。在环境胁迫刺激下，生物的基因表达上调或者下调。很多时候，这种表达改变可能是适应性的，并且可能遗传。表达研究可以是利用转录组的、芯片的或者定量方法。例如，同样是针对太平洋牡蛎的研究，为了检测全基因组的胁迫应答，检测了 61 个牡蛎转录组样本，这 61 个样本均用 9 种胁迫因子进行处理，包括温度、盐度、空气暴露和重金属等（Zhang et al.，2012）。检测发现共有 5844 个基因在至少一种胁迫因子处理下差异表达，这些基因在响应不同的胁迫因子处理时有明显的重叠。空气暴露处理的胁迫响应能够产生最大数量的差异基因，共有 4420 个，表明空气暴露是最主要的胁迫因子。牡蛎有大量的基因家族参与到这种胁迫应答中。在应对胁迫时这些差异表达的基因很多是种内同源的（paralogous），意味着复制产生的抗性相关基因发生了扩张和选择性保留，这对牡蛎的适应性来说显得非常重要。大量关键防御基因的增强表达及应对胁迫时的复杂转录响应能够体现出牡蛎在极端固着生活环境下复杂的基因组适应性（Zhang et al.，2012）。

生物可以通过多种途径来适应环境胁迫。一些是通过行为改变、生理和生化的驯化（acclimatization）等来适应，但这种适应是不能遗传的，也可以通过遗传变异来适应。生物体内有广泛存在的隐藏遗传变异（cryptic genetic variation，或 standing genetic variation），为自然选择提供原始的遗传材料，为物种的快速适应奠定基础。通过生态基因组学的方法，可以高效地筛选与环境胁迫适应相关的位点和基因。

6.2 温度胁迫适应的生态基因组学

一个基本的研究温度适应的基因组学方法，就是指测定具有不同温度适应能力的种群或者物种的基因组。通过分析与温度调节相关基因和基因家族的进化改变，揭示长期温度适应的基因组学基础，如通过测定一种南极无翅蠓（Antarctic midge）（*Belgica antarctica*）的基因组发现，该双翅目昆虫基因组非常小型，仅 99Mb 大小，仅包含少量的古老而不活跃的转座因子（transposable element）（Kelley et al.，2014）。但同时发现大量的基因与发育、代谢调节和外界刺激响应等相关，这或许反映了这种极地昆虫对当地恶劣环境的适应（Kelley et al.，2014）。

一种常用方法，用于在全基因组水平上去发现与温度响应相关的基因，就是胁迫温度诱导后的转录组测序或者基因芯片分析，如对飞蝗（*Locusta migratoria*）卵进行 0℃、5℃和 10℃低温诱导，然后基于飞蝗芯片杂交，得到大量低温诱导下表达的基因。特别高表达的基因有热激蛋白、多巴（DOPA）脱羧酶和多巴氢化酶等（Wang et al.，2012）。转录组测序表现出比芯片技术更广泛的应用，因为不依赖基因组测序和特定的基因注释，如 Polato 等（2013）开展的转录组响应变异研究。

生态基因组学的方法还可以用于地理种群的比较，以揭示地理或者纬度适应的遗传基础，如建筑珊瑚礁的珊瑚虫（coral）（*Acropora millepora*）温度变化比较敏感，不同纬度的珊瑚虫耐热性不同。这种耐热性升高与氧化、胞外转运及线粒体等功能的表达相关。重要的是，这些功能都是无热诱导条件下的表达，反映的是可遗传变异，与纬度适应密切相关（Dixon et al.，2015）。因此，生态基因组学的方法帮助我们发现受自然选择的位点。

6.3　低氧胁迫适应的生态基因组学

在许多人类疾病的病理过程中，甚至在形态进化过程中，低氧和缺氧对细胞功能的影响非常关键。在过去的几十年中，缺氧响应机制已经得到广泛研究。例如，已往研究已经证实，低氧诱导因子（hypoxia-inducible factor，HIF）是缺氧响应过程中的中心调节因子。然而，目前对于好氧生物的缺氧适应机制仍知之甚少。

为促进对低氧响应及其适应机制的理解，一种研究方式是比较低氧（缺氧）和常氧环境中动物功能性反应和分子水平的响应。这样的比较或许能够揭示在自然选择下产生的重要的特异性变化，从而使得生物在缺氧环境下（如高海拔）维持功能。

青藏高原是进化的极端环境之一（平均海拔超过 4000m），这种环境显然会导致缺氧。高原野生动物在高海拔地区有着悠久的生活史，对高原极端环境产生适应进化。相比之下，人类从 2500 年前开始在高原地区聚居的历史是相当短的（Zhao et al.，2009）。但青藏高原居民对高海拔环境的适应具有可遗传性。西藏地区哺乳动物、人类和鸟类都可以通过提高氧运输能力来提高自身的生理性能，同时对于氧运输的关键载体——血红蛋白的遗传适应机制的研究也取得了重要进展。

高原动物和人类基因组的从头测序、重测序促进人们对全基因组低氧适应机制的理解。牦牛（野生牦牛）（Qiu et al.，2012）、藏羚羊（Ge et al.，2013）、雪豹（Cho et al.，2013）及野猪（Li et al.，2013）的全基因组测序就提供了许多动物低氧适应机制的信息。藏族人（Beall et al.，2010；Xu et al.，2011）、安第斯人（Bigham et al.，2009，2010）及埃塞俄比亚人（Alkorta-Aranburu et al.，2012；Scheinfeldt et al.，2012）三个典型高原族群的全基因组基因型分析和重测序已经完成。例如，对 50 个藏民的外显子组进行测序，已确定特异种群的等位基因的变化频率，极有可能是这些等位基因使其表现出高海拔适应性。Per-Arnt-Sim（PAS）结构域蛋白 1（EPAS1）展示最明显的自然选择标志，它是参与缺氧响应的转录因子。EPAS1 的单核苷酸多态性（SNP）分析表明，藏族与汉族之间的频率相差 78%，这说明在任何人的基因数据中都能最快地观察到该基因的变化频率。这个 SNP 与红细胞丰富度相关，它使 EPAS1 在低氧适应中发挥作用（Yi et al.，2010）。因此，人类基因组调查发现了一个在遗传适应高海拔环境过程中的功能重要的位点。其他全基因组扫描表明，人类对于高原适应的正选择发生于低氧诱导因子（HIF）途径（Bigham et al.，2009；Scheinfeldt et al.，2012），这一途径调节与血液生理相关的基因。

更多的相关研究表明，动物对高原低氧的适应有保守机制。为了了解犬对高海拔环境适应的遗传学基础，对 60 只犬进行了全基因组测序。这些狗包括生活在青藏高原海拔 800~5100m 的 5 个品种及一个欧洲品种（Gou et al.，2014）。对来自不同海拔品种的犬进行对比发现，它们在与缺氧相关的基因位点上有很明显的分化，这些基因包括 EPAS1 及 β 血红蛋白簇。值得注意的是，在 EPAS1 上得到 4 个高海拔品种犬新的特异的非同义突变，其中一个发生在 PAS 结构域的一个相当保守的位点上。对高海拔地区品种的 EPAS1 基因型和血液相关的表型的检测发现，纯合突变与血流阻力下降有关，这可能有助于提高血液流速，维持机体健康。有趣的是，在检测青藏高原居民时，EPAS1 也被作为一个可选择的靶蛋白，尽管并没有发现有氨基酸的变化（Gou et al.，2014）。该代谢途径也可能参与牦牛（Qiu et al.，2012）与藏羚羊（Ge et al.，2013）的适应过程。因此，人类及其他哺乳动物在适应高海拔缺氧环境中存在平行进化，EPAS1 在这一适应过程中起到重要的作用。

线粒体对细胞低氧响应非常重要，因为线粒体在能量产生、活性氧类（ROS）稳态和细胞死亡过程中起关键作用。低氧暴露后，负责 ATP 生成的氧化磷酸化（OXPHOS）下调，呼吸链复合物的活性下降。线粒体呼吸链在产生 ROS、稳定 HIF 表达中至关重要。但西藏飞蝗相较平原飞蝗在线粒体中的低氧响应明显不同。低氧处理后，平原飞蝗以 NADH 为底物的 OXPHOS 受到显著抑制和解耦合（decouple），但西藏飞蝗只部分受抑制。显然，OXPHOS 下调有利于减少氧消耗，帮助飞蝗适应低氧应急。进一步研究发现，丙酮酸脱氢酶复合物（PDHc）和顺乌头酸酶（aconitase）在低氧时活性受抑制，导致 NADH 供应减少，最终导致 NADH 关联的 OXPHOS 下调。但比较而言，西藏飞蝗 NADH 供应下降有限，所以在遭受低氧胁迫时，西藏飞蝗的 OXPHOS 下调远没有平原飞蝗的强烈（Zhang et al.，2013）。

针对线粒体呼吸链氧化磷酸化的研究发现，OXPHOS 的活性受呼吸链中关键酶和酶复合物活性的影响。比较西藏种群、平原种群低氧和常氧条件下细胞色素 c 氧化酶复合物(COX) Ⅰ、Ⅰ+Ⅲ、Ⅲ，PDHc、aconitase 和 α 酮戊二酸脱氢酶（α-KGDH）的活性差异，发现只有 COX 的活性无论在低氧还是常氧下西藏种群显著要高，而且这种差异不受低氧胁迫的影响。COX 是呼吸链末端复合物，是 OXPHOS 过程中氧进入和利用并进行电子传递的唯一途径。飞蝗的 COX 包括 13 个多肽亚基。其中 COXⅠ、Ⅱ、Ⅲ是线粒体编码的亚基，三者形成包括 4 个氧化还原中心（redox）（Cu_B、heme a、heme a_3 和 Cu_A）的催化核心，该中心催化从细胞色素 c 到氧分子的电子传递。其他 10 个亚基是核编码蛋白，在全酶（holoenzyme）的组装稳定和 COX 活性调节方面具有重要功能。进一步干扰实验结果说明，COX 活性变化是促进西藏飞蝗低氧适应能力增强的因子，而且这种活性改变可以稳定遗传（Zhang et al.，2013）。

因此，线粒体呼吸链和 OXPHOS 相关的酶，特别是 COX 对西藏飞蝗种群的低氧适应非常重要。同样，对果蝇实验室低氧选择系与对照系比较发现，大量细胞呼吸相关酶的编码基因，包括大部分（72%）呼吸链构成酶的编码基因在低氧选择系中发生显著基因表达改变（Zhou et al.，2008）。线粒体代谢在长期低氧适应中的作用同样也得到另一个基于果蝇实验室选择系研究的证实（Ali et al.，2012）。对需要飞越喜马拉雅高峰进行长距离迁飞的斑头雁近缘种比较研究发现，COX 亚基 COXIII的编码基因发生氨基酸突变，导致线粒体酶活力和氧运输能力增强（Scott et al.，2011）。该结果揭示了线粒体代谢相关酶基因进化的遗传基础。

6.4　全球变化/全球变暖的生态基因组学

全球变化，如温度升高、大气 CO_2 含量上升、海水酸化，是生物需要面对的新的环境威胁。理解有机体应对全球变化的响应方式是一项重要的科学挑战。尤其当有机体对全球变化产生快速适应性响应时，这一过程背后的分子通路基础甚少被人们了解。

全球环境变化正在改变全部生物的选择作用体系。主要的选择性因素是季节性的气候变量，其均值和方差均发生了改变。科学家正研究模式生物在气候变化下表现的特征的遗传基础。这为非模式生物可能的候选基因筛选打下基础。

很多研究证明，进化变异的研究是相互关联的，但具有相关变量的选择实验很少。后一类实验对于预测更加具有价值，因为这一类实验关注了模拟未来条件下的遗传性变化。选择实验研究的主要障碍是实验中的选择机制大多每次检测一个变量，但是全球变化下，变量之间存在协同相互作用。

分子生态学家可用的工具还包括更多全球变化下与适应性特征相关的遗传基础信息。这一信息反过来可以显著提高对全球变化预测的准确性，因为可以直接评估主要相关基因的存在和多态性。更进一步，有关特征相关性的遗传构成将为理解表型进化的限制因素提供必要的指导。

不同压力因子之间的协同作用会影响有机体功能。这种协同作用可能与多种压力因子特有的表现之间的矛盾具有因果关系。因为与变化的环境相关的适应总是视遗传变异的空间分布而定的，在预测进化率时必须考虑到高分辨率的基因流（gene flow）和杂交估计值。

近年来，科学技术的发展为全球气候变化的生态基因组学研究提供了更好的手段。这些有效的手段包括基因组扫描（genome scanning）、转录组分析（transcriptome profiling）、数量性状基因座（quantitative trait locus，QTL）等。下面将描述这些方法在该领域的应用。

首先是基因组扫描。现在可以在明显低成本的情况下用有效的标记技术建立遗传标记（Luikart et al.，2003；Morin et al.，2004；Bensch and Akesson，2005；Bouck and Vision，2007）。基因组扫描对样品进行中等或大量的遗传标记扫描，或者在物种水平扫描全部基因组。在自下而上的方法中，因为遗传关联（genetic hitchhiking），不同环境或不同表型之间发生的趋异选择（divergent selection）与基因标记的多态性联系到一起（Smith and Haigh，1974）。在杂交群体的研究中，相较中性无义模型预测的结果，标记位点表现出更巨大的种群遗传差异，同时这些标记位点被推测处于正向或趋异选择（Vitalis et al.，2001；Beaumont，2005）。近几年，基因组扫描被应用到关于全球变化的多态性研究。山毛榉（*Fagus sylvatica*）种群沿海拔梯度发生基因分化，这一现象被作为气候变化的替代模型。在获得的 254 种扩增片段长度多态性（amplified fragment length polymorphism，AFLP）样品中，其中一种表现出与不同海拔相关的高度遗传差异，这暗示了气候驱动下趋异进化的发生（Jump et al.，2006）。

其次是转录组分析。自然状态中基因调控的多样性是产生表型多样性的主要决定因素之一（Doebley and Lukens，1998；Ferea et al.，1999；Van Laere et al.，2003）。通过 mRNA 丰度量化基因表达量的方法为经验性研究提供了新的思路。科学家现在可以通过微阵列技术（microarray technology）寻找在特定条件下基因组中上调或下调的元件（Gibson，2002；Ranz and Machado，2006）。微阵列技术为大量被描绘出的 mRNA 量化了表达量水平，如对于不同种群或同一种群内非生物条件处理（如压力/非压力条件）对照的研究。

转录组分析在近几年被质疑是否能够有效发现具有多样表达但功能重要的基因（Feder and Walser，2005），尽管如此，接下来讨论的方法获得的推论仍具有一些限制。Quinn 等（2006）利用转录组分析寻找与海洋球石藻（*Emiliania huxleyi*）钙化相关的基因和代谢网络，并且已知这种藻类对于研究全球碳循环具有重要作用。研究比较了钙化和非钙化条件下的藻类表达模式，一些对形成生物化钙质结构具有作用的基因被鉴定出来，这些基因中包括一个全新的碳酸酐酶（carbonic anhydrase）gamma 家族，这一家族参与到钙化前无机碳的富集和传递中。

有许多研究也测量了转录水平对一系列环境变化的响应，这些环境变化包括 CO_2 含量上升、极端温度、干燥和盐分环境等（Atienza et al.，2004；Rizhsky et al.，2004；Swindell，2006）。然而，这种评估不能确定基因表达调控是否适应和可遗传。通过比较适应性趋异分化的终产物，基因转录进化过程（如不同生态型的遗传表达差异）的研究依旧很少（Derome and Bernatchez，2006；Li et al.，2006）。一项重要的与全球变化相关的研究是对广泛分布于北美东海岸的鳉鱼（*Fundulus heteroclitus*）进行的温度适应性调查（Whitehead et al.，2006），*F. heteroclitus* 的采样来自沿纬度分布、年平均温度为 12 ℃的 5 个不同地点，此后样本在同一庭院环境中被圈养。种群间和种群内转录调控的元件被分隔开，对 329 种基因的转录变化分别进行分析。虽然具有显著表达差异的大部分是中性的，但是大量转录本中部分表现出了选择，13 种基因被发现表现出趋异选择，同时 24 种基因表现出纯化选择（purifying selection）。针对这种现象，最保守的解释是这些差异包括了转录调控对不同温度生态位的适应（Whitehead et al.，2006）。

最后是数量性状基因座方法。数量性状位点方法（QTL approach）利用的是分散表型谱系之间的交叉信息。QTL 描述了在分离群体基因组上符合孟德尔遗传的位点，同时这些位点解释了群体中表型变异具有统计显著性的占比现象（Erickson et al.，2004；Slate，

2005）。在遗传学的模式生物中，QTL 分析完成了表型差异背后的相关基因鉴定工作，如与开花时间相关的基因位点（Michael et al.，2003；El-Assal et al.，2004）和与温度耐受相关的基因（Norry et al.，2004；Morgan and Mackay，2006）。QTL 分析的一个重要优点是为不受人工操纵、仅基于谱系信息的远交种提供了新的统计工具，以实现对远交种性状图谱的分析（Slate et al.，2002）。在标记位点附近，对基因多态性的鉴定需要额外的信息来源，如巨大的插入基因库，以此保证 QTL 方法在遗传模式生物中应用的实用性。此外，考虑到该方法获取大量遗传标记的成本相对低，QTL 分析和随后基因鉴定获得的资源也将在非模式物种中被应用（Hofmann et al.，2005）。

尽管前面提到不同的生态基因组学方法，但相互补充的生态基因组研究方法对于鉴定性状背后的遗传基础是必要的（Vasemagi et al.，2005）。特别值得注意的是，自上而下的方法（如 QTL 图谱）和自下而上的方法（如基因组扫描和转录组分析）的结合使用是比较成功的。有的研究着重强调了可能的 QTL/基因组扫描结合方法（Rogers and Bernatchez，2005）。在一项比较不同栖息地类型的大西洋鲑鱼（*Salmo salar*）种群研究中，基因组扫描发现了一个在种群间存在趋异选择的微卫星标记位点 Ssa14（Vasemagi et al.，2005），这与热耐受相关的 QTL 结果一致（Somorjai et al.，2003）。对于一种栖息于盐沼的杂种太阳花，三个与盐耐受相关的 QTL 结果被独立地由微卫星基因组扫描（microsatellite genome scan）证明。这三个标记位点显著降低的变异被推测是受到强自然选择的结果。这种选择导致单等位基因的变异与盐耐受相关（Edelist et al.，2006）。

6.5　环境胁迫的表观遗传：表观基因组学

表观遗传是不涉及 DNA 序列变化、围绕 DNA 调节基因组活性的可稳定遗传的分子因素或过程（Skinner，2011，2014）。这些分子过程包括 DNA 甲基化、组蛋白修饰、染色质结构和非编码 RNA（ncRNA）。在表观遗传信息的跨代传递（transgenerational inheritance）过程中，最具代表性的表观因素是 DNA 甲基化，如基因印记（Kaneda，2011），介导父本或母本中等位基因特殊 DNA 甲基化模式的传递。大量研究表明，环境诱导的表观跨代遗传涉及了生殖细胞中 DNA 甲基化的改变（Guerrero-Bosagna et al.，2010）。近期有研究显示 ncRNA（Gapp et al.，2014）和组蛋白修饰（Kelly，2014）也在表观遗传信息跨代遗传中发挥作用。虽然 DNA 甲基化在胎儿生殖系统发育和早期胚胎发育中发挥着关键作用（Seisenberger et al.，2013），但所有的这些表观遗传过程都有可能调节发育过程并发挥独特的功能（Skinner，2011）。

表观因子实际上对于诸如干燥、升温和污染物等全球变化压力具有敏感性（Feil and Fraga，2012）。例如，在暴露于交通工具排放的碳颗粒后，人血细胞的全基因组甲基化水平受到调节（Baccarelli et al.，2009）。进一步地，在羊草（*Leymus chinensis*）中热压力引起基因组范围甲基化模式的调节（Yu et al.，2013）。野外证据同样暗示了在野外种群中环境条件可以影响表观基因组（Richards et al.，2012）。例如，在北美洲东部许多栖息地，成为入侵物种的日本紫菀（*Fallopia japonica*）表现出多种的表观遗传差异，这种差异现象远远超出了观察到的遗传性差异。同时，其中一些表观遗传模式可能是对当地野生环境条件的响应（Richards et al.，2012）。

表观遗传变异能够促进无性繁殖植物的演替，通过表型可塑性或是通过对代间稳定可逆的表观等位基因的选择而使植物能够暂时适应环境。虽然具有一定的实验证据，但自然种群中，生态学相关特征的可遗传变异是否至少部分为表观遗传决定还不确定。在一种广泛传播的无性系蒲公英（*Taraxacum officinale*）中，DNA 甲基化变异导致了花期的可遗传变异。从不同地区收集而来的同一无性系个体的花期具有可遗传差异，而这种差异与甲基化敏感的 AFLP 标记谱可遗传变异是相关联的。利用 DNA 甲基化酶抑制剂 zebularine 进行体内去甲基化处理后，无性系个体的花期差异被显著降低。这种去甲基化后花期的同步进一步证明 DNA 甲基化差异调节无性系花期的分歧。虽然花期时间的功能性基因座位上甲基化多态性的内在机制还有待阐明，但在自然植物种群中，表观遗传变异能够导致生态相关性状的可遗传表型变异。这个结果也说明表观遗传机制能够促进基因同质无性系的适应分化（Wilschut et al.，2016）。

环境因子，如环境压力等，在从植物到人类的大量生物体中被证明能够促进疾病和表型变异的跨代表观遗传（Skinner，2014；Yao et al.，2014）。最早的研究发现，环境中的有毒物质如杀真菌剂和杀虫剂，能够促进生殖疾病的跨代表观遗传（Anway et al.，2005）。随后，大量不同种类的有毒物质[塑料、碳氢化合物、二氧芑、杀菌剂、二氯二苯三氯乙烷（DDT）]被证明能够促进从肥胖到癌症等疾病的跨代表观遗传（Manikkam et al.，2012）。不正常的营养条件也被证明能够促进疾病的跨代表观遗传，如热量限制或高脂肪饮食（Dunn and Bale，2011）。在某些植物和昆虫物种中，干旱和温度也都被证明是重要的环境因子（Norouzitallab et al.，2014）。总之，大量的环境因子被证明能够促进多种不同物种（包括人类）中疾病和表型变异的跨代表观遗传（Pembrey et al.，2014）。这种环境诱导模式的非基因遗传将对疾病病因学和生物学的一些领域如进化生物学产生重大影响（Skinner，2011；Skinner et al.，2014）。在环境诱导的跨代表观遗传中，表观遗传过程的具体功能有待进一步研究。

很多物种具有表型可塑性的跨代遗传，即双亲经历的环境信息能传递到下一代，导致后代表型发生变异，以适应与亲代类似的环境。对动物而言，父亲的经历怎样通过表观遗传影响子代的可塑性，其方式和程度最近逐渐被揭示，如研究飞蝗（*L. migratoria*）种群密度对型变相关特征的跨代效应。严格的实验设计控制了遗传背景的影响，结果发现，典型群居型飞蝗被隔离饲养后，后代卵重降低，蝗蝻形态特征也发生改变，而散居型飞蝗群养后产生相反的效果。这种种群密度效应既可以通过母性效应传递，又可以通过父性效应传递，尽管父性效应没有母性效应明显。热激蛋白基因，如 *Hsp90*、*Hsp70*、*Hsp20.6* 是主要的分子伴侣基因，其表达能被种群密度所诱导改变。热激蛋白在群居时显著上调，而在散居时显著下调。这种热激蛋白表达的变异还能传递到后代。有趣的是，热激蛋白跨代遗传的格局和型变相关特征遗传的格局是一致的。该结果说明，父性和母性的密度效应可以通过表观机制进行有效的跨代传递，从而对后代产生长远影响（Chen et al.，2015）。

表观遗传修饰能够通过亲代生殖细胞跨代传递环境信息。其中 DNA 甲基化的研究最为深入。过去的研究集中于基因同质小鼠或大鼠应对外部改变时表观遗传信息的母系传递。然而其他基因不同质的野生哺乳动物和父系的表观遗传效应却被忽视。在大部分野生哺乳动物中，雄性是分散的，需要应对不同的栖息地和温度变化。因为温度是主要的环境因子，所以研究了温度的上升能否使基因不同质的野生雄性天竺鼠（*Cavia aperea*）产生表观遗传变化及其变化是否能够传递给后代（Weyrich et al.，2016）。将 5 个成年雄性天竺鼠（F0）暴露于升高的外界温度中 2 个月（如精子发生时期），检测了 F0 父代和 F1 子代的肝（主要的温度调节器官）、F1 子代的睾丸，以探究表观遗传修饰的父系传递。亚硫酸氢盐测序结果表明，高温处理前后 F0 代肝、F1 子代雄性的肝及睾丸在基因注释区具有共同的差异甲基化区域，提示了其生态相关性。因此可以推测，父代暴露于一定高温环境中能够产生即时、可遗传的表观遗传效应，该效应甚至能够传递到 F2 代。在全球变暖的环境下，这种表观遗传修饰机制对物种的生存具有更加重要的意义（Weyrich et al.，2016）。

当前研究主要集中于母系表观遗传效应和环境经历的传递，包括在关键发育时期、怀孕期间及产后母代照料期间的环境因素。尤其是怀孕期间，子宫内环境为胎儿和母亲提供了直接的联系（Ma et al.，2015）。由于母代与子代囊胚期的表观遗传重编程过程紧密联系，父系效应——父本在潜在的表观遗传适应性中的角色长期被忽视。只有最近的少数研究考虑了父系跨代表观遗传效应，主要是在苯乙酮气味条件性恐惧的基因同质小鼠（Dias and Ressler，2014）和暴露于药物（Vassoler et al.，2013）或长期营养变化（Wei et al.，2014）的小鼠或大鼠品系中进行的。

越来越多的证据表明，父亲的不良饮食能够导致后代的代谢紊乱，其机制在最近逐步被揭示。在高脂饮食（HFD）的父本小鼠模型中，发现了一类来源于精子 tRNA 5′端序列、高度富集于 30~34nt 的新型小 RNA——tsRNA 存在表达谱和 RNA 修饰的改变。将 HFD 雄性小鼠的精子 tsRNA 注射到正常受精卵中，F1 代的早期胚胎及胰岛代谢通路的基因表达发生改变，并且会产生代谢紊乱，而这些变化与 DNA CpG 富集区域的甲基化程度并不相关。因此，精子 tsRNA 可能是作为一种父系表观调控因子，介导饮食诱导的代谢紊乱的跨代表观遗传（Chen et al.，2016）。

总之，到目前为止，生态表观遗传机制特别是基因组学层面的研究仍然很少。在表观分子水平上理解适应过程虽然困难，但是仍十分必要（Kilvitis et al.，2014）。基因和表观遗传的变异则代表着适应多样性（Johannes et al.，2009）。基因变异代表着长期的进化适应，而表观遗传变异则具有三重意义：对外界变化的短期反应（即时的、短期的）、不能传递的长期反应（即时的、长期的）和能够传递给下一代的长期反应（可遗传）。

6.6　热激蛋白家族与环境胁迫响应

热激蛋白（heat shock protein，Hsp）属于一大类，是在应激和非应激的细胞中，对蛋白质的成功折叠、组装、胞内定位和运输、分泌、调节和降解都起重要作用的分子伴侣中的一部分。正因如此，热激蛋白影响着细胞功能的方方面面，包括信号转导、细胞凋亡和细胞信号释放。

热激蛋白基因拷贝数的改变是影响热激蛋白表达和适应环境胁迫的重要方式。方法上，全基因组序列和种系基因组学分析能揭示很多与热激蛋白基因有关的变化。热激蛋白基因拷贝数增加的典型例子是牡蛎（Zhang et al.，2012）。牡蛎的基因组中包含了 88 个热激蛋白 70（*Hsp70*）基因，然而人类中大约有 17 个，海胆中有 39 个。细胞受到热胁迫及其他胁迫时，这些 *Hsp70* 基因具有重要的保护作用。系统进化分析发现 71 个牡蛎 *Hsp70* 基因的聚类，表明这些基因的扩张对牡蛎来说是特有的。比较基因组学显示，穴居鱼金线鲃的 *Hsp90α* 出现基因扩增，然而相同属的居于水表面的鱼（*Sinocyclocheilus grahami*）和半穴居鱼（*S. rhinocerous*）全基因组仅有一个 *Hsp90α* 基因（Yang et al.，2016）。在原始的果蝇物种中，*Hsp70* 基因簇是一种反向基因对。在耐热性较强的黑果蝇（*Drosophila melanogaster*）种群中，这些基因簇以最大程度进化成有 7 个拷贝的 *Hsp70*，热适应性较低的果蝇 *Drosophila lummei* 有 5 个拷贝（Evgen'ev et al.，2004）。热激蛋白基因可能是牡蛎抵抗高压潮间带附着生长期所受压力的关键。*Hsp90α* 控制洞穴鱼晶状体凋亡而不控制居于水面鱼的晶状体凋亡（Hooven et al.，2004）。

通常，基因拷贝数的增加能够提高总的蛋白质水平，同时能抵抗环境的干扰。牡蛎中，热胁迫能诱导 5 种主要 *Hsp70* 基因产生大约 2000 倍的高表达（能够诱导所有 *Hsp70* 基因的表达量平均高 13.9 倍），大约占总转录本的 4.2%。基因组的扩张和大量 *Hsp70* 基因的上调表达，能够帮助我们解释在低纬度的夏季为什么牡蛎能够忍受 49°的暴晒。在其他胁迫条件下，特定 *Hsp* 基因的表达也明显上调。转录组分析表明，大多数应激源，包括温度、盐分、气压和重金属，均能诱导产生热激蛋白。高温应激能使 5 种诱导型 *Hsp70* 基因表达量升高 2000 倍，或者使全部种类 *Hsp70* 基因的平均表达量升高 13.9 倍，表达量占总转录量的 4.2%（Zhang et al.，2012）。Hsp 蛋白还能够与半胱天冬酶效应子结合抑制细胞凋亡（Zhang et al.，2012）。这意味着牡蛎在应对胁迫时 *Hsp* 基因表达的上调可能是极其重要的。

全基因组关联分析发现，热激蛋白表达与环境胁迫有密切联系。转录组学和蛋白质组学范围内差异表达基因的全基因扫描有益于揭示与环境应激有关的主要基因。例如，珊瑚种群对一些环境变化敏感，如升高的海面温度和二氧化碳浓度升高介导的海水酸化。鹿角珊瑚转录组分析证实，急剧高温能上调不同热激蛋白的表达，这些热激蛋白在来源于不同亲代的珊瑚幼体中是不同的。在长期高温环境中，*Hsp70* 表达水平持续上调（Polato et al.，2013）。另一项针对鹿角珊瑚全转录组的研究发现，珊瑚幼体在应对急剧和持续的 CO_2 浓度上升时的基因不同。在这两种处理组中，热激蛋白和热休克因子相应基因都过表达（Moya et al.，2015）。这些结果表明，珊瑚能够通过调节热激蛋白的表达量来迅速对升高的二氧化碳浓度做出反应。

热激蛋白表达调节在不断的进化中，研究发现其进化机制有多种形式。虽然长久以来，调控序列元件和调控因子中发生的突变被认为能编码基因表达过程中的变异，但是由物种差异引起的自然种群中热激蛋白表达的进化差异正在被揭示。例如，基因组改变的一种作用对象是转座元件（transposable element），它们是基因组中可移动、重复的 DNA 序列。48 个果蝇自然种群的 18 个热激基因扫描显示，在这些种群中有 42 个种群的热激基因近端启动子区有超过 200 种不同的转座因子。这些转座因子的大小、位置、插入位点和等位基因的频率不同（Walser et al.，2006）。在果蝇 *Hsp70* 上，超过 96%的转座因子是 P 因子（Walser et al.，2006）。热激蛋白近端启动子的独特物理特性可能使它们对插入转座因子引起的基因突变格外敏感，尤其是果蝇 P 因子。如上所述，热激蛋白基因启动子区插入转座因子能改变热激蛋白基因的表达，同时导致在抗逆性、繁殖力和发育方面发生改变（Chen，2007a，2007b；Chen and Wagner，2012）。这种表型改变能够通过自然选择作用于潜在的转座因子。

热激蛋白表达变异还可能遗传给下一代，并影响子代的表型变异。生物从环境中获得的表观性状是否能够遗传给下一代还存在争议。然而最近关于非孟德尔式的跨代表观遗传，即由非 DNA 决定的性状遗传的报道为该理论提供了可能。研究发现，暴露于非致死热激条件下，孤雌生殖的亲代卤虫（*Artemia*）群体（所有的均为雌性且均来源于同一雌性个体）中 Hsp70 含量上升，耐受致死温度升高、对病原体 *Vibrio campbellii* 抵抗力增强（Norouzitallab et al.，2014）。有趣的是，这些获得性性状能够传递到之后三代，而这三代并未暴露于亲代压力。这种获得性性状的隔代遗传与热激处理组的基因组DNA整体的甲基化水平改变及组蛋白 H3、H4 的乙酰化是相关联的。该结果表明，表观遗传机制如整体 DNA 的甲基化水平，组蛋白 H3、H4 的乙酰化水平等具有特定的动力学，对获得性适应性性状的跨代遗传具有关键性作用（Norouzitallab et al.，2014）。

6.7 展　　望

环境胁迫的生态基因组学研究对于人们理解环境变化对生物的影响至关重要，也为揭示这种影响的分子机制提供了强有力的手段。随着人类活动对环境的影响越来越深刻，以及全球气候变化的趋势越发明显，拓展和深入该领域的研究迫在眉睫。其中，温度适应机制的研究依然重要，但更多地将与全球变暖的效应联系起来。在低氧适应研究方面，尽管目前对基于气管系统呼吸的无脊椎动物有一些研究，但还不知道其高原低氧适应的遗传机制。例如，西藏蝗虫已经在青藏高原繁衍生息了 3 万多年，已经进化出了显著的应对缺氧环境的能力，但其低氧适应的基因组机制有待深入研究。此外，一个新的相关的研究领域是，环境胁迫的压力是否影响生物体内的肠道微生物，并通过肠道微生物的反应产生胁迫抗性。间接的证据是，肠道微生物可以影响生物的抗性、免疫、神经活动和行为等诸多方面（Hsiao et al.，2013）。在营养不良的儿童体内，肠道微生物的生长也受到抑制，但肠道微生物如何反馈环境胁迫的刺激有待研究。最后，环境胁迫的表观遗传机制也是未来的研究热点和挑战。

致谢

感谢杜宝贞、曹敏敏、李李潇、于俏俏、桂婉莹、徐亚楠等提供材料和格式校阅。本研究获得自然科学基金项目（No.31172148、31472048 和 91331106）的资助。

参 考 文 献

Ali S S, Hsiao M, Zhao H W, et al. 2012. Hypoxia-adaptation involves mitochondrial metabolic depression and decreased ROS leakage. PLoS One, 7: e36801.

Alkorta-Aranburu G, Beall C M, Witonsky D B, et al. 2012. The genetic architecture of adaptations to high altitude in Ethiopia. PLoS Genet, 8: e1003110.

Anway M D, Cupp A S, Uzumcu M, et al. 2005. Epigenetic transgenerational actions of endocrine disruptors and male fertility. Science, 308: 1466-1469.

Atienza S, Faccioli P, Perrotta G, et al. 2004. Large scale analysis of transcripts abundance in barley subjected to several single and combined abiotic stress conditions. Plant Science, 167: 1359-1365.

Baccarelli A, Wright R O, Bollati V, et al. 2009. Rapid DNA methylation changes after exposure to traffic particles. Am J Respir Crit Care Med, 179: 572-578.

Beall C M, Cavalleri G L, Deng L, et al. 2010. Natural selection on EPAS1 (HIF2a) associated with low hemoglobin concentration in Tibetan highlanders. Proc Natl Acad Sci USA, 107: 11459-11464.

Beaumont M A. 2005. Adaptation and speciation: what can FST tell us? Trends Ecol Evol, 20: 435-440.

Bensch S, Akesson M. 2005. Ten years of AFLP in ecology and evolution: why so few animals? Mol Ecol, 14: 2899-2914.

Bigham A W, Mao X, Mei R, et al. 2009. Identifying positive selection candidate loci for high-altitude adaptation in Andean populations. Hum Genomics, 4: 79-90.

Bigham A, Bauchet M, Pinto D, et al. 2010. Identifying signatures of natural selection in Tibetan and Andean populations using dense genome scan data. PLoS Genet, 6: e1001116.

Blanton L V, Charbonneau M R, Salih T, et al. 2016. Gut bacteria that prevent growth impairments transmitted by microbiota from malnourished children. Science, 351(6275): aad3311.

Bouck A M Y, Vision T. 2007. The molecular ecologist's guide to expressed sequence tags. Mol Ecol, 16: 907-924.

Chen B, Li S, Ren Q, et al. 2015. Paternal epigenetic effects of population density on locust phase-related characteristics associated with heat-shock protein expression. Mol Ecol, 24: 851-862.

Chen B, Shilova V Y, Zatsepina O G, et al. 2007. Location of P element insertions in the proximal promoter region of *Hsp70A* is consequential for gene expression and correlated with fecundity in *Drosophila melanogaster*. Cell Stress Chaperones, 13: 11-17.

Chen B, Wagner A. 2012. *Hsp90* is important for fecundity, longevity, and buffering of cryptic deleterious variation in wild fly populations. BMC Evol Biol, 12: 25.

Chen B, Walser J C, Rodgers T, et al. 2007. Abundant, diverse, and consequential P element segregate in promoters of small heat-shock genes in *Drosophila* populations. J Evol Biol, 20: 2056-2066.

Chen Q, Yan M, Cao Z, et al. 2016. Sperm tsRNAs contribute to intergenerational inheritance of an acquired metabolic disorder. Science, 351: 397-400.

Cho Y S, Hu L, Hou H, et al. 2013. The tiger genome and comparative analysis with lion and snow leopard genomes. Nat Commun, 4: 2433.

Derome N, Bernatchez L. 2006. The transcriptomics of ecological convergence between 2 limnetic coregonide fishes (Salmonidae). Mol Biol Evol, 23: 2370-2378.

Dias B G, Ressler K J. 2014. Parental olfactory experience influences behavior and neural structure in subsequent generations. Nat Neurosci, 17: 89-96.

Dixon G B, Davies S W, Aglyamova G A, et al. 2015. Genomic determinants of coral heat tolerance across latitudes. Science, 348: 1460-1462.

Doebley J, Lukens L. 1998. Transcriptional regulators and the evolution of plant form. Plant Cell, 10: 1075-1082.

Dunn G A, Bale T L. 2011. Maternal high-fat diet effects on third-generation female body size via the paternal lineage. Endocrinology, 152: 2228-2236.

Edelist C, Lexer C, Dillmann C, et al. 2006. Microsatellite signature of ecological selection for salt tolerance in a wild sunflower hybrid species, *Helianthus Paradoxus*. Mol Ecol, 15: 4623-4634.

El-Assal S E D, Alonso-Blanco C, Peeters A J M, et al. 2004. A QTL for flowering-time in *Arabidosis* reveals a novel allele of CRY2. Nat Genet, 29: 435-440.

Erickson D L, Fenster C B, Stenoien H K, et al. 2004. Quantitative trait locus analyses and the study of evolutionary process. Mol Ecol, 13: 2505-2522.

Evgen'ev M B, Zatsepina O G, Garbuz D, et al. 2004. Evolution and arrangement of the *hsp70* gene cluster in two closely related species of the virilis group of *Drosophila*. Chromosoma, 113: 223-232.

Feder M E, Walser J C. 2005. The biological limitations of transcriptomics in elucidating stress and stress responses. J Evol Biol, 18: 901-910.

Feil R, Fraga M F. 2012. Epigenetics and the environment: emerging patterns and implications. Nat Rev Genet, 13: 97-109.

Ferea T L, Botstein D, Brown P O, et al. 1999. Systematic changes in gene expression patterns following adaptive evolution in yeast. Proc Nat Acad Sci USA, 96: 9721-9726.

Gapp K, Jawaid A, Sarkies P, et al. 2014. Implication of sperm RNAs in transgenerational inheritance of the effects of early trauma in mice. Nat Neurosci, 17: 667-669.

Ge R L, Cai Q L, Shen Y Y, et al. 2013. Draft genome sequence of the Tibetan antelope. Nat Commun, 4: 1858.

Gibson G. 2002. Microarrays in ecology and evolution: a preview. Mol Ecol, 11: 17-24.

Gou X, Wang Z, Li N, et al. 2014. Whole genome sequencing of six dog breeds from continuous altitudes reveals adaption to high-altitude hypoxia. Genome Res, 24: 1308-1315.

Guerrero-Bosagna C, Settles M, Lucker B, et al. 2010. Epigenetic transgenerational actions of vinclozolin on promoter regions of the sperm epigenome. PLoS One, 5: e13100.

Hofmann G E, Burnaford J L, Fielman K T. 2005. Genomics-fueled approaches to current challenges in marine ecology. Trends Ecol Evol, 20: 305-311.

Hooven T A, Yamamoto Y, Jeffery W R. 2004. Blind cavefish and heat shock protein chaperones: a novel role for *hsp90alpha* in lens apoptosis. Int J Dev Biol, 48: 731-738.

Hsiao E Y, McBride S W, Hsien S, et al. 2013. Microbiota modulate behavioral and physiological abnormalities associated with neurodevelopmental disorders. Cell, 155: 1451-1463.

Johannes F, Porcher E, Teixeira F K, et al. 2009. Assessing the impact of transgenerational epigenetic variation on complex traits. PLoS Genet, 5: e1000530.

Jump A S, Hunt J M, Martinez-Izquierdo J A, et al. 2006. Natural selection and climate change: temperature-linked spatial and temporal trends in gene frequency in *Fagus sylvatica*. Mol Ecol, 15: 3469-3480.

Kaneda M. 2011. Genomic imprinting in mammals—Epigenetic parental memories. Differentiation, 82: 51-56.

Kelley J L, Peyton J T, Fiston-Lavier A S, et al. 2014. Compact genome of the Antarctic midge is likely an adaptation to an extreme environment. Nat Commun, 5: 4611.

Kelly W G. 2014. Transgenerational epigenetics in the germline cycle of *Caenorhabditis elegans*. Epigenetics Chromatin, 7: 1.

Kilvitis H J, Alvarez M, Foust C M, et al. 2014. Ecological epigenetics. *In*: Christian R Landry, Nadia Aubin-Horth. Ecological Genomics. Dordrecht: Springer: 191-210.

Li M, Tian S, Jin L, et al. 2013. Genomic analyses identify distinct patterns of selection in domesticated pigs and Tibetan wild boars. Nat Genet, 45: 1431-1438.

Li P, Sioson A, Mane S P, et al. 2006. Response diversity of *Arabidopsis thaliana* ecotypes in elevated [CO_2] in the field. Plant Mol Biol, 62: 593-609.

Luikart G, England P R, Jordan S, et al. 2003. The power and promise of population genomics: from genotyping to genome typing. Nat Rev Genet, 4: 981-994.

Ma R C, Tutino G E, Lillycrop K A, et al. 2015. Maternal diabetes, gestational diabetes and the role of epigenetics in their long term effects on offspring. Progress Biophysic Mol Biol, 118: 55-68.

Manikkam M, Guerrero-Bosagna C, Tracey R, et al. 2012. Transgenerational actions of environmental compounds on reproductive disease and identification of epigenetic biomarkers of ancestral exposures. PLoS One, 7: e31901.

Michael T P, Salome P A, Yu H J, et al. 2003. Enhanced fitness conferred by naturally occurring variation in the circadian Clock. Science, 302: 1049-1053.

Morgan T J, Mackay T F C. 2006. Quantitative trait loci for thermotolerance phenotypes in *Drosophila melanogaster*. Heredity, 96: 232-242.

Morin P A, Luikart G, Wayne R K, et al. 2004. SNPs in ecology, evolution and conservation. Trends Ecol Evol, 19: 208-216.

Moya A, Huisman L, Foret S, et al. 2015. Rapid acclimation of juvenile corals to CO_2-mediated acidification by upregulation of heat shock protein and *Bcl-2* genes. Mol Ecol, 24: 438-452.

Norouzitallab P, Baruah K, Vandegehuchte M, et al. 2014. Environmental heat stress induces epigenetic transgenerational inheritance of robustness in parthenogenetic *Artemia* model. The FASEB J, 28: 3552-3563.

Norry F M, Dahlgaard J, Loeschcke V. 2004. Quantitative trait loci affecting knockdown resistance to high temperature in *Drosophila melanogaster*. Mol Ecol, 13: 3585-3594.

Pembrey M, Saffery R, Bygren L O, et al. 2014. Human transgenerational responses to early-life experience: potential impact on development, health and biomedical research. J Med Genet, 51: 563-572.

Polato N R, Altman N S, Baums I B. 2013. Variation in the transcriptional response of threatened coral larvae to elevated temperatures. Mol Ecol, 22: 1366-1382.

Qiu Q, Zhang G J, Ma T, et al. 2012. The yak genome and adaptation to life at high altitude. Nat Genet, 44: 946.

Quinn P, Bowers R M, Zhang X, et al. 2006. cDNA microarrays as a tool for identification of biomineralization proteins in the coccolithophorid *Emiliania huxleyi* (Haptophyta). Appl Environ Microbiol, 72(8): 5512-5526.

Ranz J M, Machado C A. 2006. Uncovering evolutionary patterns of gene expression using microarray. Trends Ecol Evol, 21(1): 29-37.

Richards C L, Schrey A W, Pigliucci M. 2012. Invasion of diverse habitats by few Japanese knotweed genotypes is correlated with epigenetic differentiation. Ecol Lett, 15(9): 1016-1025.

Rizhsky L, Liang H, Shuman J, et al. 2004. When defense pathways collide: the response of *Arabidopsis* to a combination of drought and heat stress. Plant Physiol, 134: 1683-1696.

Rogers S M, Bernatchez L. 2005. Integrating QTL mapping and genome scans towards the characterization of candidate loci under parallel selection in the lake whitefish (*Coregonus clupeaformis*). Mol Ecol, 14: 351-361.

Scheinfeldt L B, Soi S, Thompson S, et al. 2012. Genetic adaptation to high altitude in the Ethiopian highlands. Genome Biol, 13: R1.

Scott G R, Schulte P M, Egginton S, et al. 2011. Molecular evolution of cytochrome C oxidase underlies high-altitude adaptation in the bar-headed goose. Mol Biol Evol, 28: 351-363.

Seisenberger S, Peat J R, Hore T A, et al. 2013. Reprogramming DNA methylation in the mammalian life cycle: building and breaking epigenetic barriers. Phil Trans R Soc B, 368: 20110330.

Shinzato C, Shoguchi E, Kawashima T, et al. 2011. Using the *Acropora digitifera* genome to understand coral responses to environmental change. Nature, 476: 320-323.

Skinner M K, Gurerrero-Bosagna C, Haque M M, et al. 2014. Epigenetics and the evolution of Darwin's finches. Genome Biol Evol, 6: 1972-1989.

Skinner M K. 2011. Environmental epigenetic transgenerational inheritance and somatic epigenetic mitotic stability. Epigenetics, 6: 838-842.

Skinner M K. 2014. Environmental stress and epigenetic transgenerational inheritance. BMC Med, 12: 1-5.

Slate J, Visscher P M, MacGregor S, et al. 2002. A genome scan for QTL in a wild population of red dear (*Cervus elaphus*). Genetics, 162: 1863-1873.

Slate J. 2005. Quantitative trait locus mapping in natural populations: progress, caveats and future directions. Mol Ecol, 14: 363-379.

Smith J M, Haigh J. 1974. The hitchhiking effect of a favourable gene. Genet Res Cambr, 23(1): 23-35.

Somorjai I M L, Danzmann R G, Ferguson M M. 2003. Distribution of temperature tolerance quantitative trait loci in Arctic charr (*Salvelinus alpinus*) and inferred homologies in rainbow trout (*Oncorhynchus mykiss*). Genetics, 165: 1443-1456.

Swindell W R. 2006. The association among gene expression responses to nine abiotic stress treatments in *Arabidopsis thaliana*. Genetics, 174: 1811-1824.

Van Laere A S, Nguyen M, Braunschweig M, et al. 2003. A regulatory mutation in IGF2 causes a major QTL effect on muscle growth in the pig. Nature, 425: 832-836.

Vasemagi A, Nilsson J A, Primmer C R. 2005. Expressed sequence tag-linked microsatellites as a source of gene-associated polymorphism for detecting signatures of divergent selection in Atlantic salmon (*Salmo salar* L.). Mol Biol Evol, 22: 1067-1076.

Vasemagi A, Primmer C R. 2005. Challenges for identifying functionally important genetic variation: the promise of combining complementary research strategies. Mol Ecol, 14: 3623-3642.

Vassoler F M, White S L, Schmidt H D, et al. 2013. Epigenetic inheritance of a cocaine-resistance phenotype. Nat Neurosci, 16: 42-47.

Vitalis R, Dawson K, Boursot P. 2001. Interpretation of variation across marker loci as evidence of selection. Genetics, 158: 1811-1823.

Walser J C, Chen B, Feder M E. 2006. Heat-shock promoters: targets for evolution by P transposable elements in *Drosophila*. PLoS Genet, 2: e165.

Wang H, Ma Z, Cui F, et al. 2012. Parental phase status affects the cold hardiness of progeny eggs in locusts. Func Ecol, 26: 379-389.

Wei Y, Yang C R, Wei Y P, et al. 2014. Paternally induced transgenerational inheritance of susceptibility to diabetes in mammals. Proc Nat Acad Sci USA, 111: 1873-1878.

Weyrich A, Lenz D, Jeschek M, et al. 2016. Paternal intergenerational epigenetic response to heat exposure in male wild guinea pigs. Mol Ecol, 25: 1729-1740.

Whitehead A, Crawford D L. 2006. Neutral and adaptive variation in gene expression. Proc Nat Acad Sci USA, 103: 5425-5430.

Wilschut R A, Oplaat C, Snoek L B, et al. 2016. Natural epigenetic variation contributes to heritable flowering divergence in a widespread asexual dandelion lineage. Mol Ecol, 25: 1759-1768.

Xu S, Li S, Yang Y, et al. 2011. A genome-wide search for signals of high-altitude adaptation in Tibetans. Mol Biol Evol, 28: 1003-1011.

Yang J, Chen X, Bai J, et al. 2016. The *Sinocyclocheilus* cavefish genome provides insights into cave adaptation. BMC Biol, 14: 1.

Yao Y, Robinson A M, Zucchi F C, et al. 2014. Ancestral exposure to stress epigenetically programs preterm birth risk and adverse maternal and newborn outcomes. BMC Medicine, 12: 121.

Yi X, Liang Y, Huerta-Sanchez E, et al. 2010. Sequencing of 50 human exomes reveals adaptation to high altitude. Science, 329: 75-78.

Yu Y, Yang Y, Wang H, et al. 2013. Cytosine methylation alteration in natural populations of *Leymus chinensis* induced by multiple abiotic stresses. PLoS One, 8: e55772.

Zhang G, Fang X, Guo X, et al. 2012. The oyster genome reveals stress adaptation and complexity of shell formation. Nature, 490: 49-54.

Zhang Z Y, Chen B, Zhao D J, et al. 2013. Functional modulation of mitochondrial cytochrome c oxidase underlies adaptation to high-altitude hypoxia in a Tibetan migratory locust. Proc R Soc B: Biol Sci, 280: 20122758.

Zhao M, Kong Q P, Wang H W, et al. 2009. Mitochondrial genome evidence reveals successful Late Paleolithic settlement on the Tibetan Plateau. Proc Natl Acad Sci USA, 106: 21230-21235.

Zhou D, Xue J, Lai J C, et al. 2008. Mechanisms underlying hypoxia tolerance in *Drosophila melanogaster*: hairy as a metabolic switch. PLoS Genet, 4: e1000221.

第7章　组学与昆虫神经行为学——以飞蝗型变的神经行为学机制研究为例

7.1　神经行为学

7.1.1　神经行为学的范畴

神经行为学（neuroethology）主要研究动物自然行为的神经生物学基础。主要目标是认识感觉器官和中枢神经系统如何处理行为相关的刺激信息，并且这些信息在神经系统整合后，在自然条件下如何将特定行为模式输出。神经行为学相关的概念和技术最初来自其他的生物学领域，包括动物行为学、神经生理学、神经解剖学、神经内分泌学及生物控制论等。神经行为学主要从生物机制研究和进化的角度认识不同物种神经控制的种属特异性和多样性（Hoyle，1984；Günther，2010）。

7.1.2　神经行为学的诞生和发展历史

神经行为学是在20世纪70年代逐步出现并融合多学科研究内容和理论的独立研究学科，学科形成的时间远远晚于神经生物学和动物行为学。这个学科发展滞后于神经科学和行为科学的重要原因是在神经行为学领域缺少合适的研究方法及动物模式系统。神经科学领域的专家在早期时候利用麻醉的动物或者分离的神经组织中某一个部分或者单个细胞开展实验研究。用于研究的实验动物选择的标准主要是基于技术层面进行考虑，如动物或者组织个体样本的选择。一个典型的例子是，19世纪50年代开展电生理研究主要是选取体积大且容易获取的章鱼巨大神经元。另一个例子是动物行为学家在动物个体层面研究动物在自然栖息地的行为，并且所研究的行为不能受实验者干扰。

因而，将神经生物学和动物行为学这两个研究领域进行学科交叉后，产生出来的新学科的研究将面临非常大的困难且充满了挑战性。而神经生物学领域里程碑式技术的发展使新学科的诞生成为可能。首先在20世纪20年代局部脑刺激技术（focal brain stimulation technique）为研究特定脑区与行为之间的联系开启了窗口。利用这种技术在清醒且自由活动的动物脑中植入电极，能够激活这些区域的神经元，从而观察这些神经元对特定行为的调节。昆虫神经行为学研究的开拓者Franz Huber首次将这项技术应用到昆虫上，通过刺激前脑结构，他成功地诱发和抑制了很多复杂的行为，如叫声、求偶、攻击性的歌声及相关的运动模式等。在20世纪50年代，基于银染的神经连接示踪技术能够指示示踪剂的前向和后向运输，使神经行为学家研究神经系统中控制特定行为模式的神经通路成为可能。在20世纪60年代，化学神经解剖学（chemical neuroanatomy）诞生，采用荧光标记和间接免疫组织化学技术能够识别单胺类神经元，这些技术可以用来描述参与感觉处理的行为相关的神经元特征及控制行为的输出。另外，细胞内记录和荧光化学信号分子示踪技术结合起来使用（combining intracellular recording and tracer injection technique），基于神经解剖学和生理学的数据来认识神经行为学的机制。分子生物学和遗传学对神经行为学领域也产生重要的影响。一个很明显的例子是果蝇 clock 基因的克隆和发现，这些基因的突变导致了节律行为出现严重的缺陷（Konopka and Benzer，1971）。随着遗传学技术的发展，自 2005 年开始，光遗传学技术（optogenetics，又称光控遗传修饰技术）在神经科学研究中的应用得到迅猛发展。光遗传学技术是把光学和遗传学的技术结合起来，用以激活或者失活特定活组织及细胞的技术，主要是利用病毒载体，把微生物视蛋白基因引入离体或者在体动物的脑中，然后进行光照射，通过基因所表达的视蛋白来激活或者失活特定的神经元细胞。光遗传学技术的发展使得实时观察记录活体动物应对外界刺激的神经反应变成现实（Deisseroth，2015）。

7.1.3　神经行为学的主要研究内容

基于神经生物学本身融合动物行为学和神经生理活动的特点，其研究的内容主要包括如下几个方面：①行为相关刺激的神经基础；②在神经系统内，特定刺激相关神经组织的定位；③特定的行为模式产生的神经生物学基础；④特定的神经环路调节刺激-反应的神经基础，这些调节都是和动物内分泌状态及当时所处的生理环境紧密相连的；⑤基因对行为的影响；⑥脑中激素的功能与行为；⑦昆虫的意识。

7.1.4　神经行为学研究的动物模式系统

神经行为学研究的关键是选择合适的模式系统。理想的研究行为系统的模式动物应该是简单稳定的，并且是易于获得的。相应的行为不但在自然条件下能够表现出来，同时也应该在标准实验室条件下，通过不断刺激能够很快表现出来。用于行为学研究的动物在实验室条件下易于种群维持和饲养，调节这些行为的相关神经网络是相对简单的。从神经系统上来说，调节所研究行为的神经环路应是由数量较少的神经元组成，并且代表了不同类型神经细胞中很少的几类。

7.1.5　神经行为学的未来发展

神经行为学是基于动物行为学、神经生理学、神经解剖学及生物控制论等方面的一门整合多种学科内容的交叉性学科。它的未来发展也依赖于整合、吸收其他研究领域和学科的理论及技术。从目前的发展趋势来看，对神经行为学领域产生重要影响的学科是分子生物学和遗传学技术的发展。19 世纪 70 年代，果蝇 *clock* 基因被克隆后，这些基因的突变导致节律行为出现严重缺陷（Konopka and Benzer，1971）。但是近年来，随着测序技术的发展，通过对用于神经行为学研究所用的模式动物的全基因组测序，获得了丰富的基因组信息，为生物学家研究基因、脑和行为之间的关系提供了机会，并且为从进化的角度分析神经系统与行为之间的关系提供了契机。

7.2 昆虫神经行为学

昆虫神经行为学（insect neuroethology）主要研究昆虫的神经系统应对外界环境变化的反应及产生反应的机制。昆虫神经行为学研究主要集中在分子、细胞和神经环路水平，不但为神经行为学数据的计算提供基础，而且集中研究特定的行为策略和潜在的神经生物学基础之间的调节关系。在神经行为学研究中，行为学水平主要集中研究群体生活过程中的具体行为，如不同形式的运动及如何感知同伴等。这需要生物个体自身做出反应，同时如何识别同种或者异种个体发出的信号也非常值得关注。从整合生物学的层次上来说，在不同的行为中，神经系统决定行为是如何引发和产生的，如外周和中枢神经系统的反馈机制如何控制行为，以及神经调节因子如何控制行为状态。

昆虫的神经行为学研究主要使用果蝇、蜜蜂、蝗虫、蟋蟀及烟青虫等模型系统。蝗虫是蝗总科中用于研究昆虫神经生物学和行为学的最适系统。蝗虫个体体积大，易于在实验室饲养，已经成为神经生物学研究的动物模型。随着功能基因组学及神经生物学的发展，基于组学的飞蝗行为型变机制研究的系列报道已出现。

7.3 飞蝗行为型变与行为决策

7.3.1 飞蝗行为型变

通过决策行为适应不同的生活环境是神经系统的重要功能。决策行为的种类很多，行为选择（behavioral choice）是行为层次上的简单的决策行为，主要关注于调节不同的感官信号和行为的原因（Kristan，2008）。决策行为研究的开展除以人类和灵长类作为研究模型外，包括昆虫在内的无脊椎动物也是主要的研究对象（Britton et al.，2012；Richardson and Vasco，1987；Kristan，2008；Stevenson and Rillich，2012）。这些研究主要关注于环境变化及个体识别不同环境时神经系统如何做出相应的反应。相似的是，无脊椎动物在处理外界刺激时，也要不断地做出行为反应的选择，有利于自己适应环境。

飞蝗存在两种表型：群居型和散居型，这两种生活型表现出不同的行为特征。群居型飞蝗行为活跃，运动能力强，同种个体聚集并互相吸引。而散居型飞蝗行为相对迟缓，跳跃能力强，同种个体之间趋于排斥。种群密度高时，飞蝗以群居生活状态适应高密度的种群生活环境，而低密度时，飞蝗以散居型适应低密度的种群生活环境。型变的过程则是飞蝗主动地适应环境的过程。飞蝗在高密度的生活环境下，选择以群居的生活状态存在，群居和散居的生活环境能够调节群居型和散居型的行为表型（Pener and Simpson，2009；Wang and Kang，2014）。散居型飞蝗在适应群居型生活时，要做出自己的选择，在聚集的过程中，通过改变行为模式，朝着有利于自己适应环境的方向发展。

7.3.2　飞蝗型变过程中嗅觉行为的变化是飞蝗决策行为的具体体现

飞蝗型变过程中，表现出密度依赖性的嗅觉行为选择。同样的嗅觉气味信息能够在群居型飞蝗和散居型飞蝗中诱发吸引、排斥的行为反应。散居型飞蝗与同种群居型飞蝗聚集 4 小时，能够表现出吸引的行为反应，而群居型飞蝗经过 1 小时的散居化后，表现出排斥的行为反应。做出吸引、排斥的行为选择依赖于种群密度的变化和波动。因而，同样的嗅觉信息引发的吸引和排斥的决策行为，对于飞蝗来说是依赖于种群密度（Guo et al.，2011；Ma et al.，2015）。在对相应的同种飞蝗气味做出选择喜好时，要求做出多种决策行为反应，具体的过程包括外周感官和神经系统对化学信息的接受、处理，中枢神经系统通过接受外周神经和感官的信号，进而调节是接近还是避免对同种做出吸引或排斥的反应。飞蝗因表现出吸引和排斥的行为选择，使其成为研究嗅觉决策行为的神经生物学和神经遗传学机制的良好模型。

群居型和散居型飞蝗型变过程中，行为状态出现系统性的变化。变化的过程中出现多个行为指标的变化，如运动能力的变化和嗅觉行为的变化。群居型飞蝗在散居化过程中，运动能力降低，接近散居型飞蝗，并且其嗅觉行为变化对群居型飞蝗散发的气味表现出从吸引转变为排斥的反应。而在散居型飞蝗群居化的过程中，运动能力增强，其运动能力接近群居型飞蝗，并且其嗅觉行为变化从排斥反应转变为吸引反应（Guo et al.，2011；Ma et al.，2011，2015）。

嗅觉行为既然在型变过程中发生变化，那么嗅觉行为与型变过程是什么关系呢？在散居型飞蝗群居化的过程中，我们观察到散居型飞蝗群居化 4 小时后，其行为模式已经接近群居型，群居型飞蝗散居化 1 小时后，其嗅觉行为模式表现出群居型。而在群居化的过程中，散居型飞蝗至少需要群居化 32 小时，才能表现出群居型行为。在散居化的过程中，群居型飞蝗散居化 1 小时，才能表现出散居型行为。因此在飞蝗聚集过程中，嗅觉行为的变化迅速，变化速度提前于型变表型的变化速度。这说明飞蝗嗅觉行为变化可能对飞蝗聚集行为非常重要（Guo et al.，2011；Ma et al.，2015）。

7.4　基于组学的飞蝗行为型变的神经行为学机制研究

omics 是组学的英文称谓，它的词根‘-ome’英译是一些种类个体的系统集合。在分子生物学领域，组学（omics）主要包括基因组学（genomics）、蛋白质组学（proteomics）、代谢组学（metabonomics）、转录组学（transcriptomics）、脂类组学（lipidomics）、免疫组学（immunomics）、糖组学（glycomics）和 RNA 组学（RNomics）等。组学研究的发展推动了飞蝗行为型变的机制研究，为深入认识飞蝗型变的机制提供了重要的突破口。

7.4.1　基因表达序列标签

基因表达序列标签（expressed sequence tag，EST）技术在高通量分析基因表达研究中曾经发挥重要的作用。研究起初，飞蝗型变分子机制的研究是空白的，对飞蝗相关的基因信息了解很少。随着基因组学技术的发展，采用基因表达序列标签技术分析群居型和散居型飞蝗头、中肠及腿组织的表达相关基因。基于群居型和散居型飞蝗的头、胸及腿的 EST 数据，通过分析飞蝗全身及群居型、散居型飞蝗样品测序的数据，共分析出 76 012 个 EST，通过拼接出 12 161 条 unigene，共分析出 532 条基因，并且发现肽酶、受体、氧结合活性及与发育、细胞生长和外界刺激相关的基因表达。在这些基因当中，JHPH 家族相关的基因在群居型头部及散居型腿部高表达（Kang et al.，2004）。这项研究为半变态昆虫提供了大量的分子标记及基因组的信息，对飞蝗型变的遗传和分子机制有了新的认识。通过与果蝇、蜜蜂、家蚕、按蚊等基因组已测序昆虫的序列进行比对、注释和信号途径的分析富集，有学者建立了第一个半变态昆虫的基因信息数据库 LocustDB（Ma et al.，2006）。基因表达序列标签相关序列的分析丰富了飞蝗行为型变研究的行为遗传学信息，为下一步深入开展神经行为学研究奠定了基础。

7.4.2 基因芯片

基因芯片能够高通量检测基因的表达趋势，在分析数量、速度及时间等方面取得极大进步。基于构建的飞蝗转录组数据库，我们设计 70mer 的寡聚核苷酸探针，合成制备寡聚核苷酸基因芯片，优化摸索出飞蝗基因芯片杂交流程及芯片数据分析方法，建立第一个半变态昆虫基因芯片平台（Ma et al.，2011；Guo et al.，2011）。基于飞蝗的基因表达序列标签数据库，我们构建了具有 19 200 个点的基因芯片。

基于寡聚核苷酸基因芯片平台，比较群居型和散居型 1~5 龄蝗蝻头部基因表达谱，通过基因功能富集分析发现，多巴胺信号途径相关的基因 *pale*、*henna*、*tan* 及 *ebony* 等出现明显差异，并且其表达趋势和群居化时的行为转变表现出明显相关性。*pale* 干扰后发现群居型黑色素沉积明显变弱，*ebony* 基因干扰后发现群居型黑色素沉着明显增加，证明多巴胺代谢参与群居型飞蝗体色的形成。同时，将 *pale* 及 *henna* 等基因干扰后，发现群居型飞蝗表现出明显的散居型行为。多巴胺及受体的激动剂能够加快散居型飞蝗的群居化进程。此研究通过药理学及 RNA 干扰（RNAi）的方法首次证明多巴胺调控散居型飞蝗行为朝群居型方向转变，并且控制群居型的行为和体色（Ma et al.，2011）。

基于多巴胺信号通路与飞蝗行为型变的研究基础，在克隆飞蝗多巴胺受体 1（Dop1）和受体 2（Dop2）之后，通过脑部 RNA 干扰和药理学注射发现 Dop1 调节散居型飞蝗的群居化，并且能够调节群居化过程中的吸引行为。通过脑部 RNA 干扰和药理学注射发现 Dop2 调节群居型飞蝗的散居化，并且调节散居化过程中的排斥行为。此研究首次证明多巴胺通过两个受体分别调节群居化和散居化过程，进一步加深了对多巴胺调节飞蝗型变的功能的认识（Guo et al.，2015）。

在飞蝗群居化和散居化过程中，伴随飞蝗嗅觉行为变化的基因表达谱分析发现，有 1444 个差异基因在群居化和散居化过程中出现表达差异，其中 *LmigCSP* 和 *LmigTO1* 分别在群居型和散居型飞蝗中表现出高的表达水平，这两个基因在飞蝗触角中的表达水平较高，并且 *LmigCSP* 调节飞蝗群居化过程中的吸引行为，而 *LmigTO1* 调节飞蝗散居化过程中的排斥行为。研究表明，*LmigCSP* 和 *LmigTO1* 参与传递飞蝗释放的嗅觉气味信息，进而调节飞蝗的型变，由此说明嗅觉信息的调节在飞蝗型变起始阶段起很重要的作用（Guo et al.，2011）。

7.4.3　基于二代测序技术的转录组

高通量测序（high-throughput sequencing）技术被称为下一代测序技术（next-generation sequencing technology），这种测序技术具有一次能并行测定几十万到几百万条 DNA 分子序列、一般读长较短等特点。

采用高通量测序技术分析群居型和散居型飞蝗蝗蝻发育过程中的基因表达谱，共得到 21.5Gb 数据，并且拼接出 72 997 个转录本，长度 N50 是 2275bp，共有 11 490 个飞蝗蛋白编码基因。采用比较基因组学的方法与其他 8 种昆虫序列进行比较，寻找基因组上半变态和全变态昆虫基因组上的差异，首次发现了半变态和全变态昆虫基因序列上的同源性，其中有 18 个与发育有关的基因，通过 RNA-seq 的方法比较了群居型和散居型飞蝗发育过程中的差异基因表达谱，并且发现了 242 个转录本，这些转录本被称为型相关的标记基因。基因表达谱分析发现，群居型飞蝗与环境相关的基因类型活跃表达，具体包括调节神经递质活性的基因和途径、合成酶、转运子及 G 蛋白偶联受体（GPCR）信号途径。这些信号途径可能参与飞蝗型变过程中行为表型的调控（Chen et al.，2010）。

同时，飞蝗型变过程中转录组和甲基化组的结果发现谷氨酸受体相关基因可能参与飞蝗行为可塑性的调节。通过对飞蝗基因组及触角转录组的分析共发现了两类嗅觉受体家族：嗅觉受体（odorant receptor，OR）及离子型受体（ionotropic receptor，IR），通过全长拼接和转录组分析共发现了 142 个嗅觉受体，同时也发现了 32 个离子型受体（Wang et al.，2015）。

通过高通量测序技术分析鉴定飞蝗中的小 RNA 序列，利用 miRBase 数据库比对注释发现飞蝗中有 50 个保守的 miRNA，以及 185 个飞蝗特异的 miRNA 家族，并且也发现大量可能来自于转座子的小 RNA 和大量的 piRNA。通过群居型和散居型飞蝗的小 RNA 表达谱的比较分析，发现了群居型飞蝗中高表达的 miRNA（Wei et al.，2009），并且发现群居型和散居型飞蝗脑部 miR-133 表达量、henna 和 pale 蛋白质表达均存在差异。miR-133 的表达与 henna、pale 蛋白质表达负相关，并且 henna 编码区和 pale 的 3′非翻译区（3′-UTR）存在 miR-133 结合位点，miR-133 通过直接作用于 henna、pale，在转录后水平调控这两个基因的表达。同时发现 miR-133 表达水平与多巴胺含量负相关，并会促进飞蝗群居型向散居型转变。多巴胺受体激动剂显著恢复 agomir-133 所造成的群居型行为缺失，而沉默 henna、pale 可以恢复 antagomir-133 所造成的行为转变。研究表明 henna、pale 是 miR-133 参与飞蝗群居型与散居型相互转变调控的关键靶点（Yang et al.，2014）。

7.4.4 蛋白质组

蛋白质组学技术能够对蛋白质表达水平进行定量测定，鉴定特定的生理条件下蛋白质表达的变化，以解释基因表达的调控机制。在飞蝗行为型变的研究中，通过蛋白质组学的方法分析比较群居型和散居型飞蝗差异表达的蛋白质谱。通过蛋白质组分析鉴定出1387 个蛋白质。将这些蛋白质进行功能分类后，发现参与翻译后修饰、蛋白质转换及分子伴侣相关功能的蛋白质，其类别主要包括热激蛋白、泛素依赖性蛋白、蛋白体相关蛋白、谷胱甘肽酶及 COP9 信号体复合物亚基。对群居型和散居型飞蝗头部的蛋白质组学进行比较，发现了 90 种蛋白质在群居型和散居型之间出现表达量的差异。其中 *COP9 signalosome complex subunit 7A*（*CSN7A*）在群居化过程中，表达稳定。在散居化过程中，基因表达量逐步下调，对其功能研究发现，*CSN7A* 调节群居型到散居型方向的转变（Tong et al.，2015）。

7.4.5 代谢组

代谢组学是继基因组学和蛋白质组学之后发展起来的一门学科，是系统生物学的重要分支，主要是分析研究生物或者细胞在特定生理条件下所有代谢物的集合。代谢组依赖于化合物组群指标，以高通量检测和数据处理为手段，以信息建模和系统整合为目标。我们采用高通量的液相质谱和气谱分析相结合，发现散居型和群居型飞蝗的血淋巴表现出特定的代谢图谱，其中发现 319 个代谢产物在群居型和散居型之间出现表达差异，这些代谢产物主要包括参与脂肪代谢的相关化合物。进一步分析群居化和散居化过程中飞蝗血淋巴中代谢产物的变化，发现肉碱及其乙酰化的代谢产物作为关键调节分子参与脂肪酸 β 氧化途径，且在其型变过程中表达量的变化与型变的时间过程有显著的相关性。利用 RNAi 技术发现，将肉碱系统的关键酶 carnitine acetyltransferase 和 palmitoyltransferase 干扰后，导致了群居型行为向散居型方向的转变，并且出现了相应的代谢谱变化。而在散居型飞蝗体内注射肉碱，则能够诱导其行为表现出群居型行为。这些结果表明肉碱可能通过参与飞蝗脂肪代谢影响飞蝗神经系统，从而调节飞蝗的型变过程（Wu et al.，2012）。

7.4.6 基因组

飞蝗的基因组有 6.5Gb，是目前测序最大的昆虫基因组。基于飞蝗的基因组、转录组和甲基化组发现微管动力调节的突触可塑性在飞蝗型变中起重要作用，并且发现与能量代谢及解毒相关的基因出现大量扩增，这与飞蝗适应长距离的飞行相关，也发现了大量与杀虫剂解毒相关的靶基因，包括配体门控离子通道、G 蛋白偶联受体及致命基因。这些基因是开展害虫防治的潜在靶标。通过拼接鉴定的基因将为研究飞蝗型变的神经行为机制奠定基础。飞蝗基因组测序不但为深入认识飞蝗的生物学特征及持续性的治理提供理论和应用研究基础，而且使飞蝗成为神经行为学研究的模式系统（Wang et al.，2014）。

7.5　基于组学数据发现的单胺类神经递质对飞蝗行为型变的调节

群居型和散居型飞蝗对于同种气味表现出不同的吸引和排斥行为反应。无论是转录组分析还是代谢组学分析都表明，酪氨酸代谢在群居型飞蝗血淋巴中的浓度高于散居型飞蝗，酪氨酸代谢途径在群居型中相对活跃（Wu et al.，2012）。转录组分析表明酪氨酸代谢相关的基因在群居型飞蝗体内活跃表达，这表明可能和群居型飞蝗在嗅觉上表现出的吸引行为有关系。酪氨酸是昆虫多巴胺、酪氨和章鱼胺等神经递质的前体。多巴胺和章鱼胺调节群居型飞蝗的嗅觉吸引反应，而酪氨则调节散居型飞蝗的嗅觉排斥反应（Ma et al.，2011，2015；Guo et al.，2015）。

7.5.1　多巴胺

采用基因芯片数据分析比较群居型和散居型飞蝗蝗蝻各龄期之间的差异基因表达谱。通过信号途径分析发现多巴胺代谢相关的基因在群居型飞蝗脑中表达活跃。通过基因芯片检测的差异基因表达谱，分析出多巴胺信号通路参与调节飞蝗型变。在群居型飞蝗中，通过 RNA 干扰阻断多巴胺信号通路，引起群居型飞蝗的行为向散居型方向转变。而在散居型飞蝗中注射激动剂，使散居型飞蝗向群居型方向转变。因此多巴胺代谢途径调节散居型飞蝗向群居型方向转变（Ma et al.，2011）。

（1）多巴胺在蝗虫脑中的分布

多巴胺的分布主要是从沙漠蝗的研究中报道的。目前对于飞蝗脑中多巴胺的分布并不清楚。在沙漠蝗脑中，约有 6200 个中间神经元被多巴胺染色。多巴胺在触角叶没有分布，在中央体中密集染色的神经元纤维主要连接前脑桥和中央体。蘑菇体的萼叶没有被染色，而柄能够被染色，并且能够鉴定到 4 个神经元。多巴胺也可以在投射到心侧体的中间神经内分泌神经元中被观测到。通过免疫细胞化学的方法检测多巴胺在沙漠蝗脑中的分布，其发生在蘑菇体萼叶下面、蘑菇体脚的周围及视叶中，以及后脑的外侧区域（Homberg，2002；Vieillemaringe et al.，1984）。

（2）多巴胺受体 1 在蝗虫脑中的分布

昆虫主要有 4 种亚型的多巴胺受体：Dop1、无脊椎动物类型的多巴胺受体（invertebrate-like DAR or Dop2）、Dop3 和 DopEcR（Mustard et al.，2005；Evans et al.，2005；Watanabe et al.，2013）。参照飞蝗基因组和转录组的相关信息（Ma et al.，2011；Wang et al.，2014），成功克隆出两种多巴胺受体，并且通过系统进化分析发现这两种直系同源的多巴胺受体分别属于两个昆虫多巴胺受体家族，即 Dop1、无脊椎动物类型的多巴胺受体（invertebrate-like DAR or Dop2）（Guo et al.，2015）。多巴胺受体在沙漠蝗中主要分布在蘑菇体周围，在触角叶和视叶也有不同程度的分布（Degen et al.，2000a）。

（3）多巴胺受体 1 调节飞蝗行为型变的可能机制

Dop1、Dop2 和 DopEcR 被激活后引起胞内环腺苷酸（cAMP）含量上升，而 Dop3 被激活后引起胞内 cAMP 含量下降（Mustard et al.，2005；Evans et al.，2005；Ishimoto et al.，2013；Verlinden et al.，2015）。在飞蝗脑中，多巴胺受体 1 在飞蝗群居化 4 小时后表达量升高，并且调节飞蝗的群居化过程。多巴胺受体 2 在散居化的过程中表达量升高，调节飞蝗的散居化过程。多巴胺受体通过 Gs 亚基调节腺苷酸环化酶调节细胞中酶的活性，通过 Gq 亚基调节细胞中中 Ca^{2+}的浓度变化。多巴胺受体 1 可能通过 cAMP 和 Ca^{2+}调节飞蝗的行为型变。

7.5.2 章鱼胺

（1）章鱼胺在蝗虫脑中的分布

章鱼胺在脑中的分布与其功能紧密相关。它在神经系统中的定位可以通过利用章鱼胺的抗体和免疫组织化学的方法检测其在飞蝗脑中的分布。飞蝗和沙漠蝗的研究结果表明章鱼胺主要分布在蘑菇体、前脑桥、中央体、侧前脑及后脑的侧边界（Roeder，1990；Roeder and Gewecke，1990；Degen et al.，2000b；Konings et al.，1988；Stern，1999）。对沙漠蝗脑中的检测发现 4 对具有章鱼胺能的细胞位于触角叶区域，触角叶是昆虫气味感知的重要器官。这个区域的细胞簇只有在沙漠蝗经过胁迫处理之后才表现出章鱼胺能的免疫活性。特别有趣的是这些细胞的细胞簇都位于前脑的侧方和中间的神经纤维中，且在中脑的触角叶后方和中央体周围表现出来。同时，蘑菇体也表现出章鱼胺的免疫原性（Kononenko et al.，2009；Matheson，1997）。飞蝗章鱼胺主要位于前脑和中央体中（Ma et al.，2015）。这些分布暗示章鱼胺和飞蝗的嗅觉行为是紧密相关的。

（2）章鱼胺受体在蝗虫神经系统中的分布

章鱼胺和酪胺在飞蝗、沙漠蝗脑中的分布表明，其在调节行为过程中能够共同发挥调节作用，导致产生的疑惑如下，酪胺是章鱼胺的前体，并不作为独立的神经递质调节嗅觉行为的变化。章鱼胺和酪胺受体在飞蝗、沙漠蝗脑中的表达有助于进一步研究这两种化合物的功能。章鱼胺受体 α（octopamine receptor α，OCTα-R）和肾上腺素受体 α 类似，章鱼胺受体 β（octopamine receptor β，OCTβ-R）和肾上腺素受体 β 类似（Farooqui，2012）。针对章鱼胺受体的功能，已经从不同方面进行研究，并且采用了不同的电生理、体外表达及分子生物学技术。然而，这些受体亚型的表达模式及这些受体亚型如何调控不同类型的行为现在了解得很少。受体在脑中的功能可以通过在脑中相应区域受体密度的改变来实现。在沙漠蝗和飞蝗中已经克隆表达了两种类型的受体。在沙漠蝗中，qPCR 的分析表明 SgOctαR 在脑中的表达水平要高于外周组织，在蘑菇体中的表达丰度要高于脑中其他部位（Roeder and Nathanson，1993；Verlinden et al.，2010）。在飞蝗中，OARα1 在触角叶、蘑菇体及侧前脑中表达。OARα1 的转录本在脑中高表达，并且蘑菇体是受体分布最密集的区域，脑中受体的分布对于嗅觉行为表型来说也是非常重要的（Ma et al.，2015）。

（3）章鱼胺受体对飞蝗行为型变过程中嗅觉行为的调节

章鱼胺能增加气味受体神经元的活性，进而提高对嗅觉信息素的反应。在信息素敏感的神经元中（Greenwood and Chapman，1984；Ott and Rogers，2010；Sombati and Hoyle，1984），嗅觉信息传递的信号通路是 G 蛋白/磷脂酶 C（PLC）依赖的信号通路及信息素敏感的神经元。章鱼胺调节嗅觉信息也是通过环状单核苷酸的信号通路调节的（Pophof，2000，2002）。章鱼胺能够增强嗅觉神经环路对外界刺激的反应幅度。触角中的章鱼胺有助于检测连续的嗅觉信息素的刺激。章鱼胺有助于调节章鱼胺能的奖赏系统（reward system）在嗅觉学习和记忆中的作用（Unoki et al.，2015）。章鱼胺也可能调节飞蝗型变过程中的嗅觉学习和记忆行为。因而，群居型和散居型飞蝗在外周、中枢神经系统中的信息编码能力可能是不同的。

除在神经化学水平调节外，神经系统中的 octopamine-OARα1 信号途径调节在神经遗传学水平上的嗅觉决策行为。为了进一步理解飞蝗嗅觉选择的分子机制，从飞蝗的基因组和转录组中分析鉴定飞蝗单胺类神经递质受体的相关序列，并且筛选出与飞蝗型变过程中嗅觉喜好相关的特定受体（Ma et al.，2015）。在飞蝗脑组织中，octopamine-OARα1 信号途径已经被鉴定出来。章鱼胺与 OARα1 之间的相互作用能够增加细胞内钙离子的浓度和活性，同时也在不同程度上增加细胞内 cAMP 的浓度（Zeng et al.，1996）。因此，飞蝗中的 OARα1 可能通过 Ca^{2+}和 cAMP 的第二信使途径调节飞蝗的行为（Xu et al.，2017）。在群居型飞蝗中，章鱼胺和 OARα1 信号途径用于处理外周神经系统中神经、细胞的信号，通过结合气味中具有吸引能力的信号分子，调节外周神经系统中的信号结合。

7.5.3　酪胺

（1）酪胺在蝗虫神经系统中的分布

酪胺对于哺乳动物来说是微量胺，但对于昆虫来说，主要是与多种神经生物学、神经精神疾病及神经行为学等有关系。酪胺通常被看作章鱼胺的前体，在飞蝗、果蝇、蜜蜂及家蚕线虫的研究中，以及相应的 GPCR 受体的报道中证明酪胺自身就是神经递质。酪胺的组织特异性的分布特征表明其具有调节特定的生理和行为特征的功能。酪胺能神经元的特定表达模式被认为在蝗虫中是特定存在的（Downer et al.，1993；da Silva and Lange，2008）。在沙漠蝗中，酪胺的免疫原性出现在 6 个双侧神经元及 4 对酪胺能的免疫原性单细胞中。许多酪胺能的神经纤维缠绕在触角叶中，但是酪胺并不分布在蘑菇体中（Kononenko et al.，2009）。酪胺在蝗虫脑中的广泛分布表明酪胺具有调节蝗虫的行为、生化和生理等方面的功能。

（2）酪氨受体在蝗虫神经系统中的分布

飞蝗中的酪胺受体（tyramine receptor，TAR）和哺乳动物的 α_2 肾上腺素受体类似，这些受体在脑中和背神经结中有广泛的分布（Vanden et al.，1995；Hiripi et al.，1994）。

原位杂交实验表明 TAR 在触角叶和脑的侧角中表达（Ma et al.，2015），这可能和 TAR 调节飞蝗的嗅觉行为有关。

（3）酪胺信号途径对飞蝗嗅觉决策行为的调节

在飞蝗中，酪氨及相应的受体位于脑中的侧角和触角叶中。散居型飞蝗脑中酪氨的浓度高于群居型飞蝗脑中的浓度，并且调节 tyramine–TAR 信号途径相关的基因和嗅觉排斥行为相关。药理阻断和 RNA 干扰实验发现，酪氨诱导散居型飞蝗表现出对群居型气味的排斥反应。同时，通过固定注射的章鱼胺浓度及逐渐增加的酪氨浓度，群居型飞蝗逐渐增加对群居型气味的排斥反应（Ma et al.，2015）。

另外，TAR 也在飞蝗脑中被鉴定到，但是对于酪氨受体调节飞蝗型变过程中嗅觉反应的机制不清楚。已有的研究表明 TAR 调节果蝇对气味化合物的排斥行为（Kutsukake et al.，2000）。在飞蝗中，TAR 抑制腺苷酸环化酶的活性，并且通过偶联 G 蛋白，诱导 cAMP 细胞水平的降低（Vanden et al.，1995；Verlinden et al.，2010；Poels et al.，2001）。在飞蝗中，TAR 干扰诱导散居型飞蝗表现出从排斥到吸引的嗅觉喜好。TAR 干扰之后，诱导散居型飞蝗从排斥反应转变为吸引反应，从而诱导散居型飞蝗嗅觉喜好的改变（Ma et al.，2015）。TAR 的激活或许会减少 cAMP 的含量，导致嗅觉行为的改变，从而诱发吸引和排斥行为应对群居型气味的反应。

7.6 展　　望

基于组学的飞蝗行为型变的神经行为学研究是昆虫神经行为学研究领域的一个典型代表。作为综合多个领域的一门学科，组学技术的发展为神经行为学研究提供了新的研究工具，加深了研究的层次。各种组学技术的广泛应用，以及与其他神经解剖学、神经生理学及动物行为学等的结合，无疑会促进神经行为学领域的发展。而定向突变的基因组编辑技术 CRISPR/Cas9 技术有助于完善神经行为学的研究体系，推动神经行为学机制的研究，有助于回答动物个体在外界刺激的条件下所表现出特定行为模式的神经生物学基础。

参考文献

Britton N F, Franks N R, Pratt S C, et al. 2002. Deciding on a new home: how do honeybees agree? Proceedings of the Royal Society of London Series B-biological Sciences, 269: 1383-1388.

Chen S, Yang P C, Jiang F, et al. 2010. *De novo* analysis of transcriptome dynamics in the migratory locust during the development of phase traits. PLoS One, 5: e15633.

da Silva R, Lange A B. 2008. Tyramine as a possible neurotransmitter/neuromodulator at the sperm theca of the African migratory locust, *Locusta migratoria*. Journal of Insect Physiology, 54: 1306-1313.

Degen J, Gewecke M, Roeder T. 2000a. The pharmacology of a dopamine receptor in the locust nervous tissue. European Journal of Pharmacology, 396: 59-65.

Degen J, Gewecke M, Roeder T, et al. 2000b. Octopamine receptors in the honey bee and locust nervous system: pharmacological similarities between homologous receptors of distantly related species. British Journal of Pharmacology, 130: 587-594.

Deisseroth K. 2015. Optogenetics: 10 years of microbial opsins in neuroscience. Nature Neuroscience, 18: 1213-1225.

Downer R G, Hiripi L, Juhos S. 1993. Characterization of the tyraminergic system in the central nervous system of the locust, *Locusta migratoria migratoides*. Neurochemical Research, 18: 1245-1248.

Evans P D, Srivastava D P, Kennedy K. 2005. Rapid, non-genomic responses to ecdysteroids and catecholamines mediated by a novel *Drosophila* G-protein-coupled receptor. Journal of Neuroscience, 25: 6145-6155.

Farooqui T. 2012. Review of octopamine in insect nervous systems. Open Access Insect Physiol, 4: 1-17.

Greenwood M, Chapman R F. 1984. Differences in numbers of sensilla on the antennae of solitarious and gregarious *Locusta migratoria* L. (Orthoptera: Acrididae). International Journal of Insect Morphology and Embryology, 13: 295-301.

Günther K H Zupanc. 2010. Behavioral Neurobiology: An Integrative Approach. 2nd ed. New York: Oxford University Press.

Guo W, Wang X H, Yang P C, et al. 2011. CSP and takeout genes modulate the switch between attraction and repulsion during behavioral phase change in the migratory locust. PLoS Genetics, 7: e1001291.

Guo X J, Ma Z Y, Kang L. 2015. Two dopamine receptors play different roles in phase change of the migratory locust. Frontiers in Behavioral Neuroscience, 9: 80.

Hiripi L, Juhos S, Downer R G H. 1994. Characterization of tyramine and octopamine receptors in the locust (*Locusta migratoria migratorioides*) brain. Brain Research, 633: 119-126.

Hiripi L, Rozsa K S. 1984 Octopamine-and dopamine-sensitive adenylate cyclase in the brain of *Locusta migratoria* during its development. Cellular and Molecular Neurobiology, 4: 199-206.

Homberg U. 2002. Neurotransmitters and neuropeptides in the brain of the locust. Microscopy Research and Technique, 56: 189-209.

Hoyle G. 1984. The scope of neuroethology. The Behavioral and Brain Sciences, 7: 367-412.

Ishimoto H, Wang Z, Rao Y, et al. 2013. A novel role for ecdysone in *Drosophila* conditioned behavior: linking GPCR-mediated non-canonical steroid action to cAMP signaling in the adult brain. PLoS Genetics, 9: e1003843.

Kang L, Chen X Y, Zhou Y, et al. 2004. The analysis of large-scale gene expression correlated to the phase changes of the migratory locust. Proceedings of the National Academy of Sciences of the United States of America, 101: 17611-17615.

Konings P N M, Vullings H G B, Geffard M, et al. 1988. Immunohistochemical demonstration of octopamine-immunoreactive cells in the nervous system of *Locusta migratoria* and *Schistocerca gregaria*. Cell and Tissue Research, 251(2): 371-379.

Kononenko N L, Wolfenberg H, Pflüger H J. 2009. Tyramine as an independent transmitter and a precursor of octopamine in the locust central nervous system: an immunocytochemical study. Journal of Comparative Neurology, 512: 433-452.

Konopka R J, Benzer S. 1971. Clock mutants of *Drosophila melanogaster*. Proceedings of the National Academy of Sciences of the Unites Stated of America, 68: 2112-2116.

Kristan W B. 2008. Neuronal decision-making circuits. Current Biology, 18: 928-932.

Kutsukake M, Komatsu A, Yamamoto D, et al. 2000. A tyramine receptor gene mutation causes a defective olfactory behavior in *Drosophila melanogaster*. Gene, 245: 31-42.

Ma Z Y, Guo W, Guo X J, et al. 2011. Modulation of behavioral phase changes of the migratory locust by the catecholamine metabolic pathway. Proceedings of the National Academy of Sciences of the United States of America, 108: 3882-3887.

Ma Z Y, Guo X J, Kang L. 2015. Octopamine and tyramine respectively regulate attractive and repulsive behavior in locust phase changes. Scientific Reports, 5: 8036.

Ma Z Y, Yu J, Kang L. 2006. Locust DB: a relational database for the transcriptome and biology of the migratory locust (*Locusta migratoria*). BMC Genomics, 7: e11.

Matheson T. 1997. Octopamine modulates the responses and presynaptic inhibition of proprioceptive sensory neurones in the locust *Schistocerca gregaria*. Journal of Experimental Biology, 200: 1317-1325.

Mustard J A, Beggs K T, Mercer A R. 2005. Molecular biology of the invertebrate dopamine receptors. Archives of Insect Biochemistry and Physiology, 59: 103-117.

Ott S R, Rogers S M. 2010. Gregarious desert locusts have substantially larger brains with altered proportions compared with the solitarious phase. Proc Biol Sci, 277: 3087-3096.

Pener M P, Simpson S J. 2009. Locust phase polyphenism: an update. Advances in Insect Physiology, 36: 1-286.

Poels J, Suner M M, Needham M, et al. 2001. Functional expression of a locust tyramine receptor in murine erythroleukaemia cells. Journal of Insect Molecular Biology, 10(6): 541-548.

Pophof B. 2000. Octopamine modulates the sensitivity of silk moth pheromone receptor neurons. Journal of Comparative Physiology A, 186: 307-313.

Pophof B. 2002. Octopamine enhances moth olfactory responses to pheromones but not those to general odorants. Journal of Comparative Physiology A, 188: 659-662.

Richardson R H, Vasco D A. 1987. Habitat and mate selection in Hawaiian *Drosophila*. Behavior Genetics, 17: 571-596.

Roeder T, Gewecke M. 1990. Octopamine receptors in locust nervous tissue. Biochemical Pharmacology, 39: 1793-1797.

Roeder T, Nathanson J A. 1993. Characterization of insect neuronal octopamine receptors (OA3 receptors). Neurochemical Research, 18: 921-925.

Roeder T. 1990. High-affinity antagonists of the locust neuronal octopamine receptor. European Journal of Pharmacology, 191: 221-224.

Sombati S, Hoyle G. 1984. Central nervous sensitization and dishabituation of reflex action in an insect by the neuromodulator octopamine. Journal of Neurobiology, 15: 455-480.

Stern M. 1999. Octopamine in the locust brain: cellular distribution and functional significance in an arousal mechanism. Microscopy Research and Technique, 45(3): 135-141.

Stevenson P A, Rillich J. 2012. The decision to fight or flee—insights into underlying mechanism in crickets. Frontiers in Neuroscience, 6: 118.

Tong X W, Chen B, Huang L H, et al. 2015. Proteomic analysis reveals that COP9 signalosome complex subunit 7A (CSN7A) is essential for the phase transition of migratory locust. Scientific Reports, 5: 12542.

Unoki S, Matsumoto Y, Mizunami M. 2005. Participation of octopaminergic reward system and dopaminergic punishment system in insect olfactory learning revealed by pharmacological study. European Journal of Neuroscience, 22(6): 1409-1416.

Vanden B J, Vulsteke V, Huybrechts R, et al. 1995. Characterization of a cloned locust tyramine receptor cDNA by functional expression in permanently transformed *Drosophila* S2 cells. Journal of Neurochemistry, 64: 2387-2395.

Verlinden H, Vleugels R, Marchal E, et al. 2010. The cloning, phylogenetic relationship and distribution pattern of two new putative GPCR-type octopamine receptors. Journal of Insect Physiology, 56: 868-875.

Verlinden H, Vleugels R, Marchal E, et al. 2010. The role of octopamine in locusts and other arthropods. Journal of Insect Physiology, 56: 854-867.

Verlinden H, Vleugels R, Verdonck R, et al. 2015. Pharmacological and signalling properties of a D2-like dopamine receptor (Dop3) in *Tribolium castaneum*. Insect Biochemistry and Molecular Biology, 56: 9-20.

Vieillemaringe J, Duris P, Geffard M, et al. 1984. Immunohistochemical localization of dopamine in the brain of the insect *Locusta migratoria migratorioides* in comparison with the catecholamine distribution determined by the histofluorescence technique. Cell and Tissue Research, 237: 391-394.

Wang X H, Fang X D, Yang P C, et al. 2014. The locust genome provides insight into swarm formation and long-distance flight. Nature Communications, 5: 2957.

Wang X H, Kang L. 2014. Molecular mechanisms of phase change in locusts. Annual Review of Entomology, 59: 225-244.

Wang Z F, Yang P C, Chen D, et al. 2015. Identification and functional analysis of olfactory receptor family reveal unusual characteristics of the olfactory system in the migratory locust. Cellular and Molecular Life Sciences, 72: 4429-4443.

Watanabe T, Sadamoto H, Aonuma H. 2013. Molecular basis of the dopaminergic system in the cricket *Gryllus bimaculatus*. Invertebrate Neuroscience, 13: 107-123.

Wei Y Y, Chen S, Yang P C, et al. 2009. Characterization and comparative profiling of the small RNA transcriptomes in two phases of locust. Genome Biology, 10: R6.

Wu R, Wu Z, Wang X H, et al. 2012. Metabolomic analysis reveals that carnitines are key regulatory metabolites in phase transition of the locusts. Proceedings of the National Academy of Sciences of the United States of America, 109: 3259-3263.

Xu L L, Li L L, Yang P C, et al. 2017. Calmodulin as a downstream gene of octopamine-OAR α1 signalling mediates olfactory attraction in gregarious locusts. Insect Molecular Biology, 26(1): 1-12.

Yang M L, Wei Y Y, Jiang F, et al. 2014. MicroRNA-133 inhibits behavioral aggregation by controlling dopamine synthesis in locusts. PLoS Genetics, 10: e1004206.

Zeng H, Loughton B G, Jennings K R. 1996. Tissue specific transduction systems for octopamine in the locust (*Locusta migratoria*). Journal of Insect Physiology, 42: 765-769.

Zilkha N, Sofer Y, Beny Y, et al. 2016. From classic ethology to modern neuroethology: overcoming the three biases in social behavior research. Current Opinion in Neurobiology, 8: 96-108.

第 8 章　昆虫生殖调控及适应的生态基因组学

昆虫种类繁多，繁殖周期短，繁殖量大，其高效的生殖调控是完成后代繁衍、保证后代成活的关键环节。昆虫生殖包括性别决定、生殖器官分化、精子发生、卵子发生、性行为、交配、排卵和产卵等事件，是内分泌、营养状况与基因之间相互影响、正负反馈的生理学过程，也是适应环境变化的过程。

早期，从形态学、生理学、生物化学、基因调控等方面对昆虫的生殖过程和生殖机制进行了大量的研究（Davey，1965；Engelmann，1970；Wyatt，1991；Simonet et al.，2004）。近年来，二代测序技术的发展，推动了基因组学的大发展。随着测序成本的下降，昆虫学也迎来了基因组研究和数据挖掘的时代，越来越多的未知功能基因和非编码 RNA 被鉴定。然而，由于基因表达和表型表现之间的联系具有复杂性及条件决定性，即一个基因可能控制多种表型或一种表型可能受多个基因控制，并且多数情况是在外部诱激（如密度、温度、激素等）的条件下才具有表型特征（Glinka and Wyatt，1996；Futahashi and Fujiwara，2008；Guo et al.，2011），因此对于基因功能的研究进展较为缓慢。综合运用基因组学、生物信息学和分子生物学等手段，利用已有的数据，对重要生理过程（如生殖过程）中表现出较大变化的基因进行初步关联分析，并进行合理假设，是阐明基因功能及其分子调控机制的有益探索。

本章节主要以果蝇（*Drosophila melanogaster*）、飞蝗（*Locusta migratoria*）、赤拟谷盗（*Tribolium castaneum*）、家蚕（*Bombyx mori*）、埃及伊蚊（*Aedes aegypti*）及德国小蠊（*Blattella germanica*）等与农业、纺织业、公共卫生密切相关的昆虫为对象，总结近年来基因组学的发展对生殖调控研究的推动作用，阐述如何合理、高效、灵活地利用基因组学技术，使其在生殖调控研究中发挥更加积极的作用。

8.1　基因组及生殖相关基因

8.1.1　昆虫基因组

2011 年 3 月 18 日，称为“昆虫学曼哈顿计划”（the Manhattan Project of Entomology）的 5000 种昆虫和其他节肢动物基因组计划在 *Science* 杂志上提出（Robinson et al.，2011）。截至 2018 年 8 月，NCBI 公共数据库中已储存有 312 种昆虫的基因组序列。其中 138 种昆虫的基因组与其转录组及非编码 RNA 数据被整合在一起，建立了可供智能查询的昆虫数据库（http://www.insect-genome.com/），为功能的深入研究提供了重要的信息（Yin et al.，2016）。昆虫不同类群间、种间和同种的不同种群间都会表现出基因组大小的不同，这是由基因组各种重复序列在扩增、缺失和分化过程中所致的数量差异造成的。飞蝗基因组是目前解析的最大昆虫基因组，也是解析的最大动物基因组，其基因组大小达到

6.5Gb，是人类基因组的 2 倍多（Wang et al.，2014）。而南极蠓（*Belgica antarctica*）是目前测序的最小昆虫基因组，仅有 99Mb，其大小是飞蝗基因组的 1.5%（Kelley et al.，2014）。第一个昆虫基因组——黑腹果蝇（*Drosophila melanogaster*）的基因组于 2000 年通过鸟枪法测序完成（Adams et al.，2000），接着，冈比亚按蚊（*Anopheles gambiae*）、家蚕（*Bombyx mori*）、意大利蜜蜂（*Apis mellifera*）、埃及伊蚊（*Aedes aegypti*）和赤拟谷盗（*Tribolium castaneum*）的全基因组序列也相继完成（Holt et al.，2002；Xia et al.，2004；Honeybee Genome Sequencing Consortium，2006；Nene et al.，2007；*Tribolium* Genome Sequencing Consortium，2008）。大量昆虫基因组信息的获取和整合，为研究昆虫的变态、发育和生殖提供了极具价值的参考信息。

8.1.2　生殖相关基因

利用基因组学的方法，对重要的发育阶段（如成虫不同发育阶段）、生殖组织（如卵巢、精巢及其附属腺体）或与生殖密切相关的组织（如脂肪体）进行转录组测序（RNA-seq）分析，可以鉴定大量与生殖相关的候选基因。再通过细胞生物学、分子生物学方法对候选基因的功能进行研究，从而找到与生殖过程相关的调控基因和调控通路，探明生殖过程的分子调控机制。

在飞蝗中，针对群居型和散居型两型个体，从卵到成虫不同发育阶段进行转录组测序，除找到卵黄原蛋白（vitellogenin，Vg）、脂肪酶（lipase）和储存蛋白（hexamerin）等成虫阶段的标志性基因外，还获取了与精子发生、卵子发生、膜泡转运和激素感受等功能相关的几十条基因序列，在此基础上进一步证实了膜泡转运基因 *Syntaxin 1A* 在 Vg 转运过程中发挥重要功能，直接影响两型卵的发育（Chen et al.，2010，2015）。此外，通过对保幼激素（juvenile hormone，JH）诱导后的脂肪体进行数字基因表达谱分析，获得了 455 个被 JH 调高和 314 个受 JH 抑制的基因。然后利用生物信息学和分子生物学手段分析，阐明了 JH 受体 MET（methoprene-tolerant）调控 *Mcm*、*Cdc6* 等基因，进而促进脂肪体细胞多倍化和 Vg 生成的机制（Guo et al.，2014）。另一研究通过对埃及伊蚊羽化后不同发育阶段及干扰 *Met* 基因后的脂肪体组织进行大规模基因芯片表达谱分析，根据基因表达模式，将发育过程中的基因分成了早期、中期和晚期基因，并发现受 MET 调控的基因具有共同的 CACGYGRWG DNA 元件（Zou et al.，2013）。在赤拟谷盗中，根据其基因组中鉴定的基因序列，对雄虫 21 个核受体进行了 RNA 干扰（RNAi），发现其中 11 个核受体干扰后会影响生殖能力（Xu et al.，2012）；对雌虫 112 个 GPCR 受体基因进行 RNAi，发现其中 42 个会影响生殖力，并鉴定出类视紫质受体（Rhodopsin-like receptor）和类多巴胺 D2 型受体（Dopamine D2-like receptor），这两种受体会影响 Vg 吸收（Bai and Palli，2016）。

上面只介绍了一些利用基因组学方法研究生殖调控相关基因的例子，从中可以看出基因组学的发展使得大规模基因筛选成为可能，加快了基因功能研究的步伐，大大推动了生命科学的进步。

8.2 生殖内分泌调控通路

保幼激素（juvenile hormone，JH）和蜕皮激素（20-hydroxyecdysone，20E）是控制昆虫发育、变态及生殖的两种最为重要的昆虫激素。从昆虫幼虫至蛹期，JH 阻止由 20E 引起的变态，从而使幼虫蜕皮后仍然维持幼虫形态。在幼虫最后一次蜕皮前，JH 滴度降低或缺失，导致全变态昆虫化蛹和不全变态昆虫羽化为成虫（Riddiford，1994）。羽化后，成虫的咽侧体合成新的 JH，JH 单独或与 20E 一起调节昆虫的性成熟和生殖过程（Wyatt and Davey，1996）。

JH 和 20E 通过各自的受体发挥作用，调节基因的转录表达。20E 受体 EcR/USP①复合体的发现（Yao et al.，1992）及 20E 诱导的基因及其功能的鉴定，使人们对 20E 的作用机制已经比较明了（Riddiford et al.，2003；Dubrovsky，2005；Spindler et al.，2009）。20E 与受体结合后，可以通过诱导 E74、E75、BR-C 等转录因子的表达，启动 Vg 合成及促进卵成熟（Kokoza et al.，2001；Martín et al.，2001）。*Met* 基因最初在果蝇中发现（Wilson and Fabian，1986），但直到近期才最终确认了 MET/GCE 蛋白（*Gce* 是 *Met* 的旁系同源基因，果蝇有 *Met* 和 *Gce* 两个基因）是 JH 的核受体（Charles et al.，2011；Jindra et al.，2015）。MET 属于 bHLH-PAS 转录因子家族，该家族成员具有蛋白质间互作的保守结构域，通过形成同源或异源二聚体与 DNA 调控区结合（Kewley et al.，2004）。MET 与 JH 结合后，会诱发 MET 与另一个 bHLH-PAS 蛋白 Taiman（也称 SRC 或 FISC②）结合，启动转录活性（Li et al.，2011；Zhang et al.，2011；Kayukawa et al.，2012）。

目前，关于 JH 分子调控机制的研究主要集中在昆虫变态阶段。在赤拟谷盗中，通过 RNAi 降低 *Met* 及 *SRC* 基因的表达会导致幼虫提前化蛹，这一过程是通过 JH 早期反应基因 *Krüppel homolog 1*（*Kr-h1*）介导的，这表明 JH-MET/SRC 启动的信号通路具有阻止变态的作用（Konopova and Jindra，2007；Minakuchi et al.，2009；Zhang et al.，2011）。进一步对家蚕的研究发现，JH-MET/SRC 复合物是通过与 *Kr-h1* 基因上游区含有 E-box（CACGTG）的 DNA 元件结合，直接诱导 *Kr-h1* 转录，阻止变态的发生（Kayukawa et al.，2012）。在埃及伊蚊中，MET/FISC 与中肠特异表达基因 *Early trypsin* 及另一个基因 *ribosomal protein S28* 的启动子区含 E-box like（CACGCG）的 DNA 元件结合，启动基因转录（Li et al.，2011；Zou et al.，2013）。因此，启动子区的 E-box/E-box like 区域应该是 JH-MET/SRC 结合的核心调控区。

对于 *Met* 基因在成虫生殖中的作用，报道并不多。在赤拟谷盗中，JH 及其类似物会诱导脂肪体中 *Vg* 基因的表达，而对 *Met* 基因进行 RNAi 会导致 *Vg* 合成的大量减少（Parthasarathy et al.，2010b）。埃及伊蚊中，吸血前干扰 *Met* 基因表达，导致吸血后产卵数量显著减少（Li et al.，2011）。在始红蝽（*Pyrrhocoris apterus*）中，*Met* 基因进行 RNAi 会阻止 *Vg* 的合成及卵巢发育（Smykal et al.，2014）。然而这些研究只阐明 JH 和 MET 都参与了生殖调控，它们之间的相互关系和调控机制还不清楚。下面我们以飞蝗和埃及

① EcR，蜕皮激素受体；USP，超气门蛋白

② SRC、FISC，类固醇激素受体共激活物

伊蚊为例，具体阐述 JH 通过 MET 调控生殖的分子机制。

8.2.1　JH 调控飞蝗卵子发生的分子机制

卵子发生是昆虫生殖过程中最重要的事件，包括 *Vg* 合成、卵巢发育和卵母细胞成熟。依赖于 JH 的卵子发生已在直翅目（Orthoptera）、半翅目（Hemiptera）、鞘翅目（Coleoptera）、膜翅目（Hymenoptera）和鳞翅目（Lepidoptera）中被报道（Wyatt and Davey，1996；Belles，2004）。JH 对卵子发生的调控在不同昆虫中差异较大：在飞蝗和蟑螂（*Blattella germanica*）中，JH 单独调控了 *Vg* 合成、卵巢发育和卵母细胞成熟，没有 20E 的参与（Wyatt and Davey，1996；Treiblmayr et al.，2006）；在赤拟谷盗中，JH 调控了脂肪体中 *Vg* 合成，20E 调控了卵母细胞成熟和卵巢发育（Parthasarathy et al.，2010a；Parthasarathy et al.，2010b）；在果蝇中，JH 和 20E 在卵黄蛋白产生和卵巢发育中都是必需的，JH 主要调控了卵子对 *Vg* 的吸收（Soller et al.，1999；Berger and Dubrovsky，2005）；在埃及伊蚊中，JH 为卵子发生的起始准备了必要的调控因子并调控了卵的发育，20E 调控了吸血后 *Vg* 的表达（Raikhel et al.，2002）。

不同于果蝇、埃及伊蚊和赤拟谷盗等全变态昆虫（由 JH 和 20E 共同调控卵子发生），飞蝗第一个促性腺周期内卵子发生由 JH 单独调控。而利用早熟素（ethoxyprecocene）可以破坏咽侧体，完全剥夺飞蝗内源性的 JH；施加 JH 类似物 methoprene 可以模拟 JH 的功能（飞蝗中是 JHIII起作用，但 JHIII易被降解）。此外，由于飞蝗是无滋式（panoistic type）卵小管，它的营养基本都来源于脂肪体，通过血淋巴运输至卵巢，JH 对脂肪体的作用直接反映到卵的发育上。以上优势使得飞蝗成为独立研究 JH，探明 JH 调控昆虫生殖分子机制的重要模式昆虫。

对刚羽化的成虫用早熟素剥夺 JH 后再用 JH 类似物 methoprene 进行诱导，然后对脂肪体组织进行数字基因表达谱测序，并与飞蝗 EST 和转录组数据库进行比对（Kang et al.，2004；Ma et al.，2006；Chen et al.，2010），获得了 455 个上调表达的基因。KEGG（一个生物信息数据库）通路分析表明，DNA 复制和细胞周期两个信号通路显著富集。DNA 复制通路中的 16 个基因和细胞周期通路中的 13 个基因都在 JH 诱导后上调（Guo et al.，2014）。这一结果暗示，JH 信号通路可能通过影响细胞周期基因的表达，调控了脂肪体细胞的多倍化。

细胞多倍化现象广泛存在，尤其在昆虫和植物中更加普遍。昆虫中，脂肪体、中肠、唾液腺、卵泡细胞及滋养细胞会在某一特定阶段产生多倍化细胞（Buntrock et al.，2012；Nordman and Orr-Weaver，2012；Jacobson et al.，2013）。JH 能够促进昆虫细胞多倍化，如飞蝗和马德拉蜚蠊（*Leucophaea maderae*）的卵泡细胞，飞蝗、蜜蜂和埃及伊蚊的脂肪体细胞（Irvine and Brasch，1981；Nair et al.，1981；Dittmann et al.，1989；Bitondi et al.，1992）。多倍化细胞具有很高的代谢活性，保证了特定生理功能的执行（Edgar and Orr-Weaver，2001）。多倍化细胞的产生，在于 G/S 期的循环往复，其中涉及一些关键基因对两个方面的调控，即 DNA 复制和细胞分裂。在 G 期，起始 DNA 复制的前复制复合体（pre-replicative complex，pre-RC）形成，但没有活性。由 G 期向 S 期过渡时，Cyclin

D-Cdk4/6 复合物磷酸化 Rb 蛋白释放了 E2f1 的活性，E2f1 激活了 Cyclin E/Cdk2，使 S 期起始（Sclafani and Holzen，2007）。进入 S 期后，pre-RC 中的微小染色体维持蛋白（minichromosome maintenance protein，MCM）2-7 六聚体复合物被 S-CDK 和 DDK 激活后可以解开 DNA 双螺旋，起始 DNA 复制和促进 DNA 链延伸（Nordman and Orr-Weaver，2012）。而 Cyclin E/Cdk2 在 S 期起到了抑制 pre-RC 产生和抑制细胞分裂的作用（Edgar and Orr-Weaver，2001）。但是，在可以发生多倍化的细胞中，进入 S 期也激活了 $CRL4^{CDT2}$ 泛素连接酶的表达，该酶反过来对 E2f1 产生瞬时降解，短暂降低了 Cyclin E/Cdk2 的活性，开启了短暂的窗口，使得 pre-RC 再次形成，如此往复就形成了多倍化细胞（Zielke et al.，2011）。

根据 KEGG 通路富集结果，在 DNA 复制通路中起核心作用的 6 个 *Mcm* 基因（*Mcm2*~*Mcm7*）受到 JH 诱导表达。将 JH 受体 *Met* 基因进行 RNAi 敲低后，发现 *Mcm3*、*Mcm4* 和 *Mcm7* 表达水平也显著下降，推断这三个基因可能参与 JH-MET 调控通路中。对这三个基因的启动子区域进行序列分析，在 *Mcm4* 和 *Mcm7* 启动子区分别鉴定到了 MET 结合的 E-box like 和 E-box DNA 元件。萤光素酶报告实验和电泳迁移率实验共同证明 JH-MET/SRC 可以结合 *Mcm4*、*Mcm7* 上游的 E-box 或 E-box like 序列，直接调控 *Mcm4* 和 *Mcm7* 基因的转录。通过 RNAi 敲低 *Mcm4* 或 *Mcm7* 基因，脂肪体细胞的 DNA 复制和细胞多倍化严重受阻，*Vg* 表达下降 99%以上，卵巢发育和卵母细胞成熟受到抑制，表型与 JH 剥夺或者 *Met* RNAi 后的表型相似。这些研究结果表明，*Mcm4* 和 *Mcm7* 在 JH 调控的飞蝗生殖发育中发挥重要作用，JH 通过其受体复合体 MET/SRC 直接调控 *Mcm4* 和 *Mcm7* 的表达，影响细胞的 DNA 复制和多倍化，进而调节卵黄生成、卵巢发育和卵母细胞成熟（Guo et al.，2014）。

MCM2-7 蛋白复合体加载到 DNA 复制起点形成复制前体，这依赖于 CDC6，而 *Cdc6*① 基因在 JH 诱导的差异基因表达谱中也显著上调。QRT-PCR 结果显示，*Cdc6* 的表达不但受 JH 诱导上调，也在 *Met* RNAi 后显著下调。对 *Cdc6* 基因上游的 DNA 序列进行克隆和分析，在启动子区域-1063 到-1058 处发现一个 E-box like 元件。利用飞蝗脂肪体和果蝇 S2 细胞进行电泳迁移实验都证明 MET 可以结合 *Cdc6* 启动子区域含 E-box like 元件的 20bp DNA 序列。萤光素酶报告实验表明，JH-MET/SRC 直接调控 *Cdc6* 的转录。*Cdc6* RNAi 和流式细胞实验显示，*Cdc6* 表达水平下降，不但显著降低脂肪体细胞和卵泡细胞的倍性，而且导致这些组织的细胞分裂；同时，*Vg* 表达、卵巢发育和卵母细胞成熟都受到显著的抑制；上述表型缺陷在 JH 处理后也不能恢复到正常水平。这些研究结果表明，*Cdc6* 参与 JH 调节的飞蝗细胞多倍化和生殖发育，在 JH 诱导下，*Cdc6* 与 *Mcm4*、*Mcm7* 协同提高 DNA 复制和细胞的倍性，增加包括 *Vg* 在内的基因的拷贝数，促进 Vg 蛋白同时大量合成，满足卵成熟需求（Wu et al.，2016）。

前面提到，*Kr-h1* 基因受 JH-MET/SRC 直接调控，是阻止变态最为重要的基因。那么，*Kr-h1* 基因是否也参与了生殖调控呢？在飞蝗成虫 JH 诱导的数字基因表达谱中，*Kr-h1* 的表达水平显著升高（Guo et al.，2014）。对 *Met* 基因进行 RNAi，导致 *Kr-h1* 的

① *Cdc6* 即 cell division cycle 6

表达水平显著下降。萤光素酶报告实验表明，JH-MET/SRC 直接调控 *Kr-h1* 的转录。*Kr-h1* RNAi 能够导致脂肪体中 *Vg* 的表达水平大幅度降低，卵母细胞内的脂滴积累显著减少，卵母细胞成熟受到抑制，卵巢发育停滞。这些表型与 JH 剥夺或者 *Met* RNAi 后的表型相似，说明 *Kr-h1* 在 JH 调节的飞蝗生殖中发挥着重要作用（Song et al.，2014）。在褐飞虱（*Nilaparvata lugens*）中，*Met* 和 *Kr-h1* 也都在生殖过程中起到促进卵小管发育和卵成熟的作用，*Met* 和 *Kr-h1* 单独或组合进行 RNAi，会显著减少产卵量（Lin et al.，2015）。所以在飞蝗和褐飞虱中 JH-MET/SRC→*Kr-h1* 信号通路确实促进了成虫的生殖。然而，在赤拟谷盗中，通过 RNAi 的方法敲低 *Kr-h1* 的表达，仅造成 *Vg* 的转录下降了 30%，而直接干扰 *Met* 则能使 *Vg* 转录水平显著下调 80%（Parthasarathy et al.，2010b）。在始红蝽中，*Kr-h1* 也受 JH 调控显著上调，但干扰 *Kr-h1* 对 *Vg* 的转录及卵母细胞的成熟没有显著影响，而干扰 *Met* 或 *Taiman* 却可以使脂肪体中 *Vg* 表达和卵巢发育受到显著抑制（Smykal et al.，2014）。因此，对于 *Kr-h1* 在不同昆虫生殖中的作用及作用机制是否有规律可循，仍需进一步研究。

8.2.2　埃及伊蚊生殖调控通路

对于人类来说，最熟知的蚊子当属埃及伊蚊和冈比亚按蚊（*Anopheles gambiae*）：埃及伊蚊是登革热和寨卡病毒的媒介，冈比亚按蚊是最危险的疟原虫——恶性疟原虫（*Plasmodium falciparum*）的中间宿主。吸血是蚊子完成生殖过程的必然途径，与此同时也将病原传播给易感动物。有研究表明，通过施加 JH 类似物可以有效杀灭蚊子（Henrick，2007）。因此，研究蚊子的生殖内分泌调控过程，无论理论上还是实践中都具有重要意义。

蚊子生殖过程受 JH 和 20E 共同调控，卵黄发生前期 JH 调控脂肪体发育，使其具有产生 *Vg* 的能力，吸血后进入卵黄发生期，20E 调控 *Vg* 生成。由于 20E 调控 *Vg* 生成的机制早已明确（Dhadialla and Raikhel，1994；Raikhel et al.，2002），因此我们重点阐述近年来 JH 调控埃及伊蚊生殖过程的分子机制。

随着 JH 受体 MET 研究的增多，所揭示出的 MET 对生理功能的调控机制也愈加复杂。Zhu 等（2010）首次利用基因芯片检测了施加外源 JH 后，埃及伊蚊胸部组织转录表达谱的变化情况，发现在施加 JH 3h 和 12h 后，分别有 16 和 72 个基因上调表达，其中包括 *Early trypsin*、*Kr-h1* 和 *Hairy*。*Met* 基因干扰后，这三个基因的表达量显著降低。MET 要发挥作用，必须有另一个具有 bHLH-PAS 结构域的蛋白 FISC 存在。当干扰 *Met* 或者 FISC 时，*Early trypsin* 基因在中肠中的表达也都降低。利用酵母双杂交、瞬时转染检测、染色质免疫沉淀和电泳迁移率实验等方法，确认了 JH-MET/FISC 复合物与 *Early trypsin* 基因的上游启动子区含有 E-box like 的 CCACACGCGAAG DNA 元件结合，启动了基因的转录（Li et al.，2011）。在 JH 存在的情况下，MET 除能够与 FISC 结合形成异源二聚体启动基因转录外，还能与调节节律的 CYCLE（CYC）蛋白形成异源二聚体。CYC 也是具有 bHLH-PAS 结构域的蛋白质，在果蝇中能与 CLOCK 蛋白形成异源二聚体调节节律（Hardin，2006）。在 12D∶12L 光周期下，*Kr-h1* 和 *Hairy* 在 JH 诱导下表现出周期性转录。JH-MET/CYC 形成的转录因子复合体可以结合到 *Kr-h1* 基因上游启动子区，启动基因转录（Shin et al.，2012）。当使用最新在植物中发现的 JH 拮抗剂时，MET/FISC 和 MET/CYC 二聚体都被破坏，无法正常行使功能（Lee et al.，2015）。然而，当磷脂酶 C（phospholipase C，PLC）信号通路被阻断时，即使有 JH 存在，也不能激活基因转录表达，说明 JH 对基因转录表达的调控还受其他因素的控制。研究发现，在 JH 进入细胞膜时，会激活 PLC 信号通路，引起细胞内 1,4,5-三磷酸肌醇（IP3）、二酰甘油（DAG）和钙离子快速增加，导致钙/钙调蛋白依赖性蛋白激酶Ⅱ（Calcium/calmodulin-dependent protein kinaseⅡ，CaMKⅡ）发生自体磷酸化，进而促进了 MET 和 FISC 蛋白的磷酸化。而这两个蛋白质的磷酸化是 JH-MET/FISC 复合物紧密结合启动子区 DNA 元件所必不可少的条件。未磷酸化的蛋白质不能够有效地结合启动子区 DNA 元件，因而无法高效地启动基因转录表达（Liu et al.，2015）。

Zou 等（2013）利用基因芯片，调查了埃及伊蚊羽化后不同发育阶段基因的表达谱，聚类分析后发现有三类表达模式：有 1843 个基因在羽化后 6 h 高表达，属于早期基因；457 个基因在羽化后 24h 高表达，属于中期基因；815 个基因在羽化后 66h 高表达，属于晚期基因。作为 JH 的受体，MET 的功能至关重要。将 *Met* 基因进行 RNAi 后，有 27% 的羽化后早期基因和 40%的中期基因上调，而 36%的晚期基因下调。经 *Met* 和 *Hairy* 基因干扰后的转录组表达谱显示，有许多基因上调表达，那么这意味着这些基因可能是被 JH 抑制的。定量 PCR 分析表明，其中一些基因的表达确实被 JH 抑制，而对 *Met* 和 *Hairy* 进行 RNAi 抵消了 JH 对这些基因的抑制。分析发现，这些基因上游启动子区都具有与 Hairy 蛋白结合的 DNA 元件。Hairy 属于 bHLH 蛋白，具有一个 Orange 结构域和一个 C 端 Groucho 相互作用模体。对 *Groucho* 基因进行 RNAi 后，其表型与 *Hairy* 基因干扰后的表型相似。最终，通过细胞转染检测，证实了 *Hairy* 和 *Groucho* 在 JH 作用通路中起到抑制基因表达的作用（Saha et al.，2016）。

8.3 生殖调控的表观作用机制

在动植物甚至病毒的基因组中除大量编码蛋白质的序列外，还存在很多不编码蛋白质的序列，统称为非编码序列（non-coding sequence）。这些非编码序列中有许多可以转录加工为功能性非编码 RNA 序列，其中包括了小干扰 RNA（small interfering RNA，siRNA）、小 RNA（microRNA，miRNA）、piRNA（Piwi-interacting RNA）和长链非编码 RNA（long-noncoding RNA，lncRNA）。大量的研究表明，这些序列并非无用，虽然它们不编码任何蛋白质，但它们组成了 RNA 调控网络，在转录和转录后水平调控基因表达（Cech and Steitz，2014）。

在这些非编码序列中，尤以 miRNA 功能最为多样，研究最为广泛和深入。miRNA 是一类长度约为 22nt 的小 RNA，其最初转录出来的转录本称为 pri-miRNA，经 Dicer 酶进行切割产生约长 22 碱基对的 miRNA，之后与 Argonauts 蛋白和靶标 mRNA 共同形成 RNA 诱导沉默复合物（RNA-induced silencing complex，RISC），通过结合靶标 mRNA 调控基因表达和蛋白质翻译（Shukla et al.，2011）。

随着越来越多物种基因组被成功解析，研究人员发现 miRNA 在不同物种中广泛存在，并能够在转录后及表观遗传水平调控基因的表达，影响细胞分化、增殖、凋亡等过程，调控生长、发育等多种生命活动。目前，研究人员在数据库 miRBase 登录的 miRNA 成熟序列共 30 424 条，在 206 个物种中都鉴定到了大量的 miRNA（Kozomara and Griffiths-Jones，2014）。然而，调控昆虫生殖的 miRNA 的报道并不多，虽然鉴定出很多 miRNA 可能参与了生殖过程，但目前仅有 5 种 miRNA（果蝇 bantam 和 miR-184；埃及伊蚊 miR-275 和 miR-8；飞蝗 miR-276）在昆虫生殖中的功能得到了实验验证。我们下面以模式昆虫果蝇和某些非模式昆虫为例，初步认识 miRNA 调控生殖的机制。

8.3.1　miRNA 调控果蝇生殖干细胞分化的机制

果蝇是重要的模式昆虫，关于果蝇生殖相关 miRNA 的研究都集中在生殖干细胞方面。在果蝇 *Dicer1* 缺失突变体中，卵母细胞发育受阻，许多蛋白质的翻译都受到抑制，表明 miRNA 在卵母细胞成熟过程中发挥重要的调控作用（Nakahara et al.，2005）。在果蝇 *Ago1* 缺陷型和缺失突变体中，其卵室中只有 8 个滋养细胞而没有卵母细胞；而 *Ago1* 的过表达则引起生殖干细胞（GSC）的过度增殖，从而造成卵巢中 GSC 的缺失，这些结果表明，*Ago1* 及依赖于 *Ago1* 发挥作用的 miRNA 是果蝇卵母细胞形成及雌性生殖干细胞正常分化所必需的（Yang et al.，2007；Azzam et al.，2012）。进一步发现，生殖干细胞中的 miRNA bantam 能够和 *dFmr1* 相互作用，不仅能抑制原生殖细胞的分化，还有助于维持 GSC 的特性（Yang et al.，2009）。另一个 miR-184 可以调节卵子发生和早期胚胎发育，miR-184 的缺失会导致产卵能力丧失。miR-184 可以通过调节 DPP 受体 *Saxophone*，调控生殖干细胞的分化；通过调节 *Gurken transport factor K10*，调控卵壳背腹轴形成；通过调节转录抑制因子 *Tramtrack69*，调控胚盘体轴建成（Iovino et al.，2009）。

8.3.2　非模式昆虫中 miRNA 调控生殖的机制

近年来，在非模式昆虫中的大量研究也进一步证实miRNA在昆虫生殖发育过程中的重要作用。利用RNA-seq的方法测定JH处理后飞蝗脂肪体中的miRNA，鉴定了 83 个上调和 60 个下调表达的miRNA，定量PCR验证了部分miRNA的表达受JH调控（Song et al.，2013）。利用RNAi敲低*Ago1* 的表达，发现*Vg*基因转录水平显著降低，同时卵泡上皮细胞发育、卵母细胞成熟和卵巢生长均受到严重的抑制。这一结果表明*Ago1* 及依赖于*Ago1* 而发挥功能的miRNA对JH介导的飞蝗卵子发生是不可缺少的（Song et al.，2013）。此外，通过对飞蝗群居型和散居型卵巢进行高通量测序，发现miR-276 在群散间差异显著，并验证了miR-276 在卵中表达水平的高低直接影响胚胎发育的速率，进而影响卵孵化的整齐度（He et al.，2016）。对德国小蠊末龄若虫和成虫卵巢miRNA进行测序，发现若虫含有更多的保守miRNA，而成虫具有更多的德国小蠊特异的miRNA（Cristino et al.，2011）。干扰德国小蠊的*Dicer1* 基因，阻断miRNA的生物合成途径，导致卵泡上皮细胞发育及卵母细胞成熟受到抑制（Tanaka and Piulachs，2012）。利用高通量测序技术结合生物信息学分析方法在豌豆蚜（*Acyrthosiphon pisum*）中鉴定出 149 个miRNA，其中包括 55 个保守的miRNA和 94 个豌豆蚜特异的miRNA。对这些miRNA在不同生殖型豌豆蚜个体中的表达进行分析，发现其中 17 个候选miRNA具有生殖型依赖的表达模式，7 个miRNA在性雌（oviparae）和性母（sexuparae）中差异表达，9 个miRNA在性雌和孤雌（virginoparae）中差异表达（Legeai et al.，2010）。miR-34 在豌豆蚜的不同生殖型中差异表达，考虑到miR-34 在果蝇中的表达同时受到JH和 20E的调控（Sempere et al.，2002，2003）及JH调控蚜虫生殖模式的转换（Corbitt and Hardie，1985），推测miR-34 可能在蚜虫生殖型转换中发挥作用。

对家蚕不同发育阶段进行 miRNA 测序，鉴定了 101 个保守的 miRNA 和 14 个家蚕特异的 miRNA。其中 bmo-miR-2998、bmo-miR-2999 和 bmo-miR-2763 在成虫阶段表达量最高。对家蚕特异的 bmo-miR-2763 的靶基因进行预测发现，其候选靶标基因之一为 *GATAβ*，能够调控卵壳生成，暗示这个家蚕特异的 miRNA 可能在家蚕卵发育过程中发挥作用；另一个候选靶标基因为核受体 *GRF* [*germ cell nuclear factor* (*GCNF*)*-related factor*]，而 *GCNF* 在雌虫和雄虫生殖过程中都具有重要作用（Jagadeeswaran et al.，2010）。埃及伊蚊 miR-275 的表达受 20E 调控，干扰 miR-275 后对血液消化产生障碍，影响营养的吸收和利用，最终造成卵发育被抑制。进一步研究发现 miR-275 和营养信号有关，只有在埃及伊蚊体外培养的脂肪体中同时添加 20E 和氨基酸才能够诱导 miR-275 高表达（Bryant et al.，2010）。抑制 miR-8 的表达使 Wingless 信号通路失调，导致载脂蛋白及 Vg 蛋白无法从脂肪体中正常分泌，因此埃及伊蚊卵细胞无法正常发育（Lucas et al.，2015）。

目前，昆虫生殖阶段 miRNA 的功能研究依然以果蝇为模式，但随着基因组学的发展，在非模式昆虫如飞蝗、德国小蠊和埃及伊蚊中，miRNA 调控生殖的机制也获得了一些进展。然而，关于 miRNA 如何与 JH 和 20E 互作调控生殖过程的研究还不深入。昆虫的生殖除涉及生殖细胞的分化、营养和能量的运输、吸收、储存外（Wheeler，1996），还与节律、行为及跨代表观遗传有着密切的联系（Bilen et al.，2013；Chen et al.，2015），这些也都是将来昆虫 miRNA 研究的重点。

8.4　生殖调控与环境适应

许多昆虫可以根据环境（如温度、营养、密度）的变化适时地对生殖过程做出调整，平衡后代数量与质量的关系。这方面有两个假说，即适应性亲代假说（adaptive parental hypothesis）和亲代胁迫假说（parental stress hypothesis）。适应性亲代假说指亲代经历胁迫条件（如幼年竞争或营养不良）时应当增加对每个后代个体的投入以达到提高后代适合度的目的（Badyaev and Uller，2009）。与此相反，亲代胁迫假说认为当亲本在胁迫环境条件下生长时个体变小，其结果是产下的卵尺寸减小（McLain and Mallard，1991）。在绿豆象（*Callosobruchus chinensis*）中，在竞争性环境中饲养的雌性个体比单独饲养的个体产卵小，这支持了亲代胁迫假说，然而，当校正雌性体重时，在竞争性环境中雌性个体比单独饲养个体产下更大尺寸的卵，这又支持了适应性亲代假说（Yanagi et al.，2013）。在许多昆虫中，母代所处的环境条件能可靠地指示其后代将遇到的环境条件，在这种情况下，母性效应可能是跨代表型可塑性的一种机制（Yanagi et al.，2013）。例如，在飞蝗中，低种群密度下的散居型比高种群密度下的群居型所产的卵具有更强的抗寒性，并且可以传递给后代（Wang et al.，2012）；根据母体所经历的种群密度，所产卵大小和数量之间会有一个平衡（Chen et al.，2015）；而无论是卵还是后代形态特征，甚至基因表达，后代都会表现出群居型或散居型亲本的遗传特征（Chen et al.，2015）；甚至母体的经历，也会以 miRNA 作为信使，传递给后代，影响后代的发育速率，调整后代发育的整齐度（He et al.，2016）。

8.4.1　飞蝗卵体积大小和产卵数量的调控

卵体积大小的调控被广泛研究，是因为它直接影响后代的适合度（Einum and Fleming，1999）。在竞争性环境中，体积大的卵受到自然选择的青睐，因为大体积卵孵化产生的幼虫具有更大的适合度。而在环境条件优越时，体积小而数量多的卵可以孵化出更多后代，迅速扩大种群规模。因此，母代被迫在后代数量和质量之间做出权衡（Elgar，1990；Sinervo and Licht，1991）。

卵体积大小的可塑性依赖于母代生理状态及其所处的生活环境（Fox et al.，1999）。在四纹豆象（*Callosobruchus maculatus*）中，母代年龄和交配频率可以影响卵体积大小（Fox，1993）。在飞蝗中，高种群密度下群居型产的卵体积大但数量少，而低种群密度下散居型产的卵体积小但数量多（Chen et al.，2015）。在热带蝴蝶中，温度影响卵体积大小的可塑性，这种可塑性是为了适应可预测的季节变化。遗传差异仅能解释 3%~11% 的差异，而母性效应产生更大作用（Steigenga et al.，2005）。在寄生物种中，寄主也能介导卵体积大小的可塑性。例如，*Staler limbatus* 生长在蓝花假紫荆（*Cercidium floridum*）上较生长在刺槐（*Acacia greggii*）上产的卵体积大但数量少。当在两种寄主之间转换时，*S. limbatus* 能调整所产卵的体积，即在蓝花假紫荆上始终产大体积卵，而在刺槐上始终产小体积卵（Fox et al.，1997）。

卵体积大小是一个重要的生活史特征，是因为它既能影响母代的适合度，又能影响后代的适合度。卵体积大小决定后代适合度是因为它决定了后代起始资源量和存活率（Fox and Czesak，2000）。卵体积大小和产卵数量之间存在权衡（trade-off）是生活史理论的核心问题，但目前其分子调控机制还不清楚。下面以飞蝗的研究为例，对卵体积大小和产卵数量之间权衡的分子机制进行初步的阐述（Chen et al.，2015）。

前面提到，飞蝗会根据种群密度调节卵体积大小与产卵数量的平衡。通过对群居型和散居型成虫进行转录组测序并进行定量 PCR 验证，发现参与膜泡运输的基因 *Syntaxin 1A*（*Syx1A*）在群居型飞蝗脂肪体中表达量显著高于散居型飞蝗。散居化导致其表达量下调，群居化使表达量上升。在群居型飞蝗中对 *Syx1A* 进行 RNAi 后，卵母细胞发育减缓、卵体积和质量减少、窝卵数上升、卵块质量不变。散居型群居化过程中对 *Syx1A* 进行 RNAi，卵母细胞发育速度变快、卵体积和质量增加及窝卵数减少的趋势均被阻止。

因为 Vg 蛋白是影响卵发育最关键的营养蛋白，通过分析 Vg 的表达水平发现，群居型飞蝗脂肪体中 Vg 的表达量显著高于散居型飞蝗。散居化导致其表达量下调，群居化使其表达量上升。*Syx1A* 的干扰会导致 *Vg* 基因表达量下降。在群居型飞蝗中对 *Vg* 基因进行

RNAi 后，末端卵母细胞发育减缓、卵体积和质量减少、窝卵数下降。因此，*Syx1A* 通过调控 *Vg* 表达和分泌，实现对群、散两型卵母细胞发育速率和卵体积大小转变的调控。

8.4.2 飞蝗卵发育一致性的调控

生物一致性（biological synchrony）现象在生物界广泛存在，多年来一直受到生态学家、生理学家、应用数学家甚至工程学家的广泛关注。生物一致性涵盖行为、生理、发育等方面。例如，人类在听演出时的鼓掌行为、鸟类迁徙行为、鱼类洄游、昆虫聚集（Sumpter，2006）都属于自然界常见的生物一致性现象。在生物一致性现象中，发育一致性对于群体生物种群的维系极为重要。例如，对于灵长类黑猩猩来说，生殖周期的同步性能够增加后代的出生率：当雌性猩猩的排卵周期不一致时，尽管它们与雄性猩猩的交配频率很高，但是后代的出生率很低（Matsumoto-Oda and Ihara，2011）。对于群体生活的哺乳动物如矛吻蝠（*Phyllostomus hastatus*）来说，整齐地繁殖后代有利于它们互相照顾彼此的后代，保持社会联系，从而提高了整个群体的适应能力（Porter and Wilkinson，2001）。在鸟类中，生殖周期一致性可作为一种增加雄性生殖投资的策略，因为这样可以降低雄性抛弃雌性而与其他雌性进行交配的概率（Knowlton，1979）。海龟也经常在繁殖季节整齐地筑巢、产卵，这样它们的卵能够躲避天敌（Hughes and Richard，1974），并且繁殖一致性对于幼龟整齐出巢并集体向大海迁移也是必需的（Spencer et al.，2001）。山松甲虫（*Dendroctonus ponderosae*）的卵因为不具有滞育性，所以成虫通常要保持整齐的羽化，这样有利于它们在合适的季节同时在树上打孔，帮助它们顺利繁殖后代并安全越冬（Jenkins et al.，2001）。

生物体保持发育一致性实际上是一种生物节律现象，因此研究发育一致性对于理解生物体从细胞水平、分子水平的生物钟及与之相关的各种生物学现象都有着重要的意义。鸟类孵化的整齐度由父母启动孵化的时间决定，但是孵化的一致性还受到很多其他因素调控，如幼鸟孵化前相互间的声音信号交流（Brua，2002）及卵的组成成分、卵的体积大小、卵的代谢速率（Nicolai et al.，2004；Eichholz and Towery，2010）等都会影响孵化的整齐度。在蓝蟹孵化的过程中，卵自身释放的化学激素会影响孵化的整齐度（Tankersley et al.，2002）。在半社会化昆虫蝽象 *Parastrachia japonensis* 中，孵化过程中母代的振动及生物共生菌的垂直传递会影响卵孵化的整齐度（Hosokawa et al.，2012；Mukai et al.，2014）。对于某些蝉类，真菌病害从上一代到下一代的传递可能会影响种群周期性的暴发（Lloyd and Dybas，1966）。

飞蝗根据种群密度变化，会产生表型多样性，即群居型和散居型。与散居型飞蝗相比，群居型飞蝗具有更整齐的聚集迁飞行为及相对一致的性成熟速率。通过数据统计发现，群居型飞蝗卵发育速率比散居型飞蝗更为整齐，并通过高通量测序和生物信息学分析等方法，获得了群居、散居差异表达的 miRNA（Wei et al.，2009），而后发现 miR-276 在群居型卵巢和卵中都呈现出显著高于散居型的表达模式。将群居型卵巢中 miR-276 进行抑制后，导致后代卵的异时性孵化；而在散居型卵巢中将 miR-276 过表达后可导致卵的同步孵化。体外萤光素酶实验和体内 RNA 免疫共沉淀实验证明，miR-276 与 *brahma* （*brm*）mRNA 的 CDS 区直接结合。出乎意料的是，在果蝇 S2 细胞和飞蝗卵细胞内，miR-276 能激活 *brm* 的翻译。更进一步的实验证明，*brm* 干扰不仅能导致群居型卵发育的不一致，还能将散居型中由 miR-276 过表达导致的卵孵化一致性表型进行回复（rescue）。从机制上来说，miR-276 是通过识别 miR-276 与 *brm* 结合位点附近的二级结构即茎环结构实现了对 *brm* 的上调表达。很可能 miR-276 能够招募解旋酶来打开 *brm* RNA 茎环结构而增加 *brm* RNA 从细胞核到细胞质的转运，并且可能提高 *brm* RNA 翻译的延伸效率，从而导致 BRM 蛋白上调（He et al.，2016）。因此，飞蝗母本根据自身所处的环境条件，适时调整所产卵中 miR-276 的表达量，完成跨代信号传递。

8.5　生殖调控的应用

许多昆虫会带来严重的经济损失和人类疾病。目前广泛使用的化学杀虫剂具有高的毒性，带来一系列环境问题和健康风险。而昆虫对杀虫剂越来越强的抗性和交叉抗性也使得对新的无公害农药和防治技术的需求日益增加。得益于基因组技术和分子及生物学技术的进步，一方面，一些新的技术方法已经应用到害虫防治方面；另一方面，一些成熟的技术与新的技术结合能使其更加高效，共同推动害虫防治向前迈进。

8.5.1　基于 RNAi 技术的害虫防治

目前，在新型的害虫防治技术方面，RNAi 技术无疑有很大的发展潜力。RNAi 不仅是功能基因组学研究的利器，还为害虫防治提供了新的思路。

在发育、变态和生殖过程中起重要作用的基因是害虫控制的靶标基因，这些基因包括使幼虫或成虫死亡、发育停滞的基因和使雌性成虫卵巢发育受到干扰而无法正常繁殖的基因（Burand and Hunter，2013；Zhang et al.，2013）。例如，对 JH 和 20E 受体的干扰，可以使幼虫或成虫发育紊乱或不育（Luo et al.，2012；Guo et al.，2014；Yu et al.，2014）；对发育过程中的代谢基因，如 *V-ATPase* 的干扰会导致高的死亡率（Baum et al.，2007；Luo et al.，2012）。然而，有些基因序列保守性强，作用范围太广，容易引起其自身其他基因或其他非靶标昆虫基因的干扰（Huvenne and Smagghe，2010）。而基因组测序技术的发展使大规模从不同昆虫中筛选靶标基因成为可能，将来随着基因组学的发展和昆虫基因组信息量的增加，针对害虫发生地生态系统中害虫和其他昆虫的种类，通过比较基因组学的研究，筛选针对害虫特异的基因或非编码 RNA（如 lncRNA 和 miRNA），设计有效的“基因农药”，最终实现害虫的无害化和特异性防治。

8.5.2　昆虫遗传修饰不育技术

以昆虫遗传修饰（genetic modification，GM）技术与昆虫不育技术（sterile insect technique，SIT）相结合发展起来的昆虫遗传修饰不育技术为害虫防治提供了新的思路（Bushland et al.，1955；Handler and James，2000）。其理念是：利用遗传修饰将显性致死基因或病原体抗性基因等害虫控制效应基因引入媒介种群中，然后将媒介种群释放至目标种群，从而有效降低目标种群的数量或进行种群替代，达到害虫控制的目的。这种方式就是将雄性生殖系统作为“基因武器”，攻击雌性，使雌性不育、死亡或引起性的改变，这样的方式提供了巨大的控制潜力（Bax and Thresher，2009）。

携带显性致死基因昆虫释放技术（release of insects carrying a dominant lethal，RIDL）是昆虫遗传修饰不育技术的代表（Thomas et al.，2000）。基于 tet-off 系统调控效应基因的表达是目前 RIDL 技术实现害虫特异性致死的最主要方式。当大肠杆菌转座子 Tn10 的四环素抑制子（tetracycline repressor，tetR）与四环素结合时，tetR 不能阻抑四环素抗性操纵子（tetracycline-resistance operon，tetO），因此下游转录不受抑制。将 tetR 的部分序列与单纯疱疹病毒 VP16 的转录活性区段组合为四环素转录激活因子（tetracycline transcriptional activator，tTA），tTA 与性别/组织/发育阶段特异性启动子构建为 tet-off 驱动载体，tetO 与 CMV 启动子构成四环素响应元件（tetracycline response element，TRE），TRE 与效应基因组合成效应载体，进而组建为完整的 tet-off 表达系统（Gossen and Bujard，1992）。在缺乏四环素时，tTA 与 tetO 结合引发效应基因表达。但在饲养条件存在四环素时，tTA 与四环素结合而不与 tetO 结合，无法激活下游效应基因的表达。

8.5.3 基于 CRISPR/Cas9 的基因驱动技术

基因驱动（gene drive）是一项利用特异核酸内切酶进行基因组编辑（genome editing），改变等位基因遗传偏向性，使特定基因在种群中优势扩散的技术。基因驱动的概念最早是在 2003 年由伦敦帝国理工学院 Austin Burt 提出，其理论基础是：在有性生殖的物种中，大多数基因有两个拷贝（可能是相同的等位基因，也可能是不同的等位基因），每个拷贝的遗传概率是 50%；然而，有一些等位基因进化出了相应的分子机制，使它们的遗传概率大于正常的 50%。因此，这些基因很容易在群体中扩散，它们可能导致个体的适合度下降（Burt，2003；Esvelt et al.，2014）。

CRISPR RNA 是 2013 年才发现的原核生物中的调控 RNA，用以抵御噬菌体及病毒入侵。目前发现的 CRISPR/Cas 系统有Ⅰ、Ⅱ和Ⅲ三种不同类型，其中Ⅱ型的组成较为简单，以 Cas9 蛋白和向导 RNA（guide RNA，gRNA）为核心组成，也是目前研究最深入的类型。在Ⅱ型 CRISPR/Cas 系统中，CRISPR RNA（crRNA）与转录激活 crRNA（*trans*-activating crRNA，tracrRNA）退火形成的复合物在加工成熟后，以互补配对的方式特异性识别基因组序列，引导 Cas9 核酸内切酶剪切目的片段，生成 DNA 双链断裂（double-strand break，DSB）。CRISPR/Cas9 的剪切位点位于 crRNA 互补序列下游邻近的 PAM（Protospacer Adjacent Motif）区 5′-GG-N18-NGG-3′ 特征区域中的 NGG 位点，而这种特征的序列在基因组中大量出现，因此理论上可以实现对基因组中任何基因的编辑。CRISPR/Cas 系统的高效基因组编辑功能已被应用于多种生物，包括人、小鼠、大鼠、斑马鱼、蚊子、线虫等动物及植物和细菌（Jiang and Marraffini，2015）。

基因驱动成功的关键在于两方面：一是可以高效特异切割目标 DNA 的核酸内切酶系统；二是在目标 DNA 被切割后，可被细胞自身 DNA 修复机制所利用的模板序列，而这一模板序列要包含核酸内切酶系统，确保在基因组被修复后具有驱动功能。通过基因工程手段对 crRNA 和 tracrRNA 进行改造，将其连接在一起得到 sgRNA（single guide RNA）。融合后的 RNA 具有与野生型 RNA 类似的活力。通过将表达 sgRNA 的元件和表达 *Cas9* 基因的元件（如果是基因敲入，还应包括拟敲入基因的元件）组装到一个载体中，得到可以同时表达二（三）者的质粒，再将其转染细胞，就能够对目的基因进行操作。操作成功后，再将实验室大量饲养的基因组编辑过的种群在野外释放，通过有性生殖，经过若干代以后，基因组编辑过的种群最终将取代野生种群（Oye et al.，2014；Unckless et al.，2015）。

基因驱动技术可将内源基因快速从生物种群中敲除或将外源基因快速引入生物种群，实现根除登革热、寨卡病毒病、疟疾等蚊媒疾病，恢复害虫对杀虫剂的敏感性，消除杂草对除草剂的抗性，消灭或控制外来入侵种等。然而，基因驱动也存在一些问题，如在基因敲入过程中的突变会得到非目标表型特征及可能通过基因流对非目标物种造成破坏等。因此，在释放基因驱动改造的种群前，必须要在实验室条件下及高度可控的野外环境中进行生态安全评估（Oye et al.，2014；Akbari et al.，2015）。

以上这些技术都可以针对目标害虫实现物种特异性防治，避免伤害天敌和有益昆虫，从而实现从“广谱防治”到“精准防治”的害虫控制模式转变，这也是未来害虫防治的大方向。

参 考 文 献

Adams M D, Celniker S E, Holt R A, et al. 2000. The genome sequence of *Drosophila melanogaster*. Science, 287: 2185-2195.

Akbari O S, Bellen H J, Bier E, et al. 2015. BIOSAFETY. Safeguarding gene drive experiments in the laboratory. Science, 349: 927-929.

Azzam G, Smibert P, Lai E C, et al. 2012. *Drosophila* Argonaute 1 and its miRNA biogenesis partners are required for oocyte formation and germline cell division. Dev Biol, 365: 384-394.

Badyaev A V, Uller T. 2009. Parental effects in ecology and evolution: mechanisms, processes and implications. Philos Trans R Soc Lond B Biol Sci, 364: 1169-1177.

Bai H, Palli S R. 2016. Identification of G protein-coupled receptors required for vitellogenin uptake into the oocytes of the red flour beetle, *Tribolium castaneum*. Sci Rep, 6: 27648.

Baum J A, Bogaert T, Clinton W, et al. 2007. Control of coleopteran insect pests through RNA interference. Nat Biotechnol, 25: 1322-1326.

Bax N J, Thresher R E. 2009. Ecological, behavioral, and genetic factors influencing the recombinant control of invasive pests. Ecol Appl, 19: 873-888.

Belles X. 2004. Vitellogenesis directed by juvenile hormone. *In*: Raikhel A S. Reproductive Biology of Invertebrate: Progress in Vitellogenesis. United States: Taylor Francis Inc.: 157-197.

Berger E M, Dubrovsky E B. 2005. Juvenile hormone molecular actions and interactions during development of *Drosophila melanogaster*. Vitam Horm, 73: 175-215.

Bilen J, Atallah J, Azanchi R, et al. 2013. Regulation of onset of female mating and sex pheromone production by juvenile hormone in *Drosophila melanogaster*. Proc Natl Acad Sci USA, 110: 18321-18326.

Bitondi M M G, Simoes Z L P, Dealmeida R B R. 1992. Juvenile hormone action on polyploidization of *Apis mellifera* fat body. Rev Bras Genet, 15: 521-534.

Brua R. 2002. Parent-embryo interactions. *In*: Deeming D C. Avian Incubation Behaviour, Environment, and Evolution. Vol. 7. Oxford: Oxford University Press: 88-99.

Bryant B, Macdonald W, Raikhel A S. 2010. microRNA miR-275 is indispensable for blood digestion and egg development in the mosquito *Aedes aegypti*. Proc Natl Acad Sci USA, 107: 22391-22398.

Buntrock L, Marec F, Krueger S, et al. 2012. Organ growth without cell division: somatic polyploidy in a moth, *Ephestia kuehniella*. Genome, 55: 755-763.

Burand J P, Hunter W B. 2013. RNAi: future in insect management. J Invertebr Pathol, 112 (Suppl1): S68-S74.

Burt A. 2003. Site-specific selfish genes as tools for the control and genetic engineering of natural populations. P Roy Soc B-Biol Sci, 270: 921-928.

Bushland R C, Lindquist A W, Knipling E F. 1955. Eradication of screw-worms through release of sterilized males. Science, 122: 287-288.

Cech T R, Steitz J A. 2014. The noncoding RNA revolution-trashing old rules to forge new ones. Cell, 157: 77-94.

Charles J P, Iwema T, Epa V C, et al. 2011. Ligand-binding properties of a juvenile hormone receptor, Methoprene-tolerant. Proc Natl Acad Sci USA, 108: 21128-21133.

Chen Q, He J, Ma C, et al. 2015. Syntaxin 1A modulates the sexual maturity rate and progeny egg size related to phase changes in locusts. Insect Biochem Mol Biol, 56: 1-8.

Chen S, Yang P, Jiang F, et al. 2010. *De Novo* analysis of transcriptome dynamics in the migratory locust during the development of phase traits. PLoS One, 5: e15633.

Corbitt T S, Hardie J. 1985. Juvenile hormone effects on polymorphism in the pea aphid, *Acyrthosiphon pisum*. Entomol Exp Appl, 38: 131-135.

Cristino A S, Tanaka E D, Rubio M, et al. 2011. Deep sequencing of organ-and stage-specific microRNAs in the evolutionarily basal insect *Blattella germanica* (L.) (Dictyoptera, Blattellidae). PLoS One, 6: e19350.

Davey K G. 1965. Reproduction in the Insects. Edinburgh: Oliver & Boyd.

Dhadialla T, Raikhel A. 1994. Endocrinology of mosquito vitellogenesis . *In*: Davey K G, Peter R E, Tobe S S. Perspectives in Comparative Endocrinology. Toronto: National Research Council of Canada: 275-281.

Dittmann F, Kogan P H, Hagedorn H H. 1989. Ploidy levels and DNA synthesis in fat body cells of the adult mosquito, *Aedes aegypti*: the role of juvenile hormone. Arch Insect Biochem Physiol, 12: 133-143.

Dubrovsky E B. 2005. Hormonal cross talk in insect development. Trends Endocrinol Metab, 16: 6-11.

Edgar B A, Orr-Weaver T L. 2001. Endoreplication cell cycles: more for less. Cell, 105: 297-306.

Eichholz M W, Towery B N. 2010. Potential influence of egg location on synchrony of hatching of precocial birds. The Condor, 112: 696-700.

Einum S, Fleming I A. 1999. Maternal effects of egg size in brown trout (*Salmo trutta*): norms of reaction to environmental quality. Proc Natl Acad Sci USA, 266: 2095-2100.

Elgar M A. 1990. Evolutionary compromise between a few large and many small eggs: comparative evidence in teleost fish. Oikos, 59: 283-287.

Engelmann F. 1970. The Physiology of Insect Reproduction. Oxford: Pergamon Press Inc.

Esvelt K M, Smidler A L, Catteruccia F, et al. 2014. Concerning RNA-guided gene drives for the alteration of wild populations. eLife, 3: e03401.

Fox C W, Czesak M E, Mousseau T A, et al. 1999. The evolutionary genetics of an adaptive maternal effect: egg size plasticity in a seed beetle. Evolution, 53: 552-560.

Fox C W, Czesak M E. 2000. Evolutionary ecology of progeny size in arthropods. Annu Rev Entomol, 45: 341-369.

Fox C W, Thakar M S, Mousseau T A. 1997. Egg size plasticity in a seed beetle: an adaptive maternal effect. Am Nat, 149: 149-163.

Fox C W. 1993. The influence of maternal age and mating frequency on egg size and offspring performance in *Callosobruchus maculatus* (Coleoptera: Bruchidae). Oecologia, 96: 139-146.

Futahashi R, Fujiwara H. 2008. Juvenile hormone regulates butterfly larval pattern switches. Science, 319: 1061.

Glinka A V, Wyatt G R. 1996. Juvenile hormone activation of gene transcription in locust fat body. Insect

Biochem Mol Biol, 26: 13-18.
Gossen M, Bujard H. 1992. Tight control of gene expression in mammalian cells by tetracycline-responsive promoters. Proc Natl Acad Sci USA, 89: 5547-5551.
Guo W, Wang X, Ma Z, et al. 2011. CSP and takeout genes modulate the switch between attraction and repulsion during behavioral phase change in the migratory locust. PLoS Genet, 7: e1001291.
Guo W, Wu Z, Song J, et al. 2014. Juvenile hormone-receptor complex acts on *mcm4* and *mcm7* to promote polyploidy and vitellogenesis in the migratory locust. PLoS Genet, 10: e1004702.
Handler A M, James A A. 2000. Insect Transgenesis: Methods and Applications. New York: CRC Press.
Hardin P E. 2006. Essential and expendable features of the circadian timekeeping mechanism. Curr Opin Neurobiol, 16: 686-692.
He J, Chen Q, Wei Y, et al. 2016. MicroRNA-276 promotes egg-hatching synchrony by up-regulating brm in locusts. Proc Natl Acad Sci USA, 113: 584-589.
Henrick C A. 2007. Methoprene. J Am Mosq Contr Assoc, 23: 225-239.
Holt R A, Subramanian G M, Halpern A, et al. 2002. The genome sequence of the malaria mosquito *Anopheles gambiae*. Science, 298: 129-149.
Honeybee Genome Sequencing Consortium. 2006. Insights into social insects from the genome of the honeybee *Apis mellifera*. Nature, 443: 931-949.
Hosokawa T, Hironaka M, Mukai H, et al. 2012. Mothers never miss the moment: a fine-tuned mechanism for vertical symbiont transmission in a subsocial insect. Anim Behav, 83: 293-300.
Hughes D, Richard J. 1974. The nesting of the Pacific ridley turtle *Lepidochelys olivacea* on Playa Nancite, Costa Rica. Marine Biol, 24: 97-107.
Huvenne H, Smagghe G. 2010. Mechanisms of dsRNA uptake in insects and potential of RNAi for pest control: a review. J Insect Physiol, 56: 227-235.
Iovino N, Pane A, Gaul U. 2009. miR-184 has multiple roles in *Drosophila* female germline development. Dev Cell, 17: 123-133.
Irvine D J, Brasch K. 1981. The influence of juvenile hormone on polyploidy and vitellogenesis in the fat body of *Locusta migratoria*. Gen Comp Endocrinol, 45: 91-99.
Jacobson A L, Johnston J S, Rotenberg D, et al. 2013. Genome size and ploidy of Thysanoptera. Insect Mol Biol, 22: 12-17.
Jagadeeswaran G, Zheng Y, Sumathipala N, et al. 2010. Deep sequencing of small RNA libraries reveals dynamic regulation of conserved and novel microRNAs and microRNA-stars during silkworm development. BMC Genomics, 11: 1.
Jenkins J L, Powell J A, Logan J A, et al. 2001. Low seasonal temperatures promote life cycle synchronization. Bull Math Biol, 63: 573-595.
Jiang W, Marraffini L A. 2015. CRISPR-Cas: new tools for genetic manipulations from bacterial immunity systems. Annu Rev Microbiol, 69: 209-228.
Jindra M, Uhlirova M, Charles J P, et al. 2015. Genetic evidence for function of the bHLH-PAS protein Gce/Met as a juvenile hormone receptor. PLoS Genet, 11: e1005394.
Kang L, Chen X Y, Zhou Y, et al. 2004. The analysis of large-scale gene expression correlated to the phase changes of the migratory locust. Proc Natl Acad Sci USA, 101: 17611-17615.
Kayukawa T, Minakuchi C, Namiki T, et al. 2012. Transcriptional regulation of juvenile hormone-mediated induction of Krüppel homolog 1, a repressor of insect metamorphosis. Proc Natl Acad Sci USA, 109: 11729-11734.
Kelley J L, Peyton J T, Fiston-Lavier A S, et al. 2014. Compact genome of the Antarctic midge is likely an adaptation to an extreme environment. Nat Commun, 5: 4611.
Kewley R J, Whitelaw M L, Chapman-Smith A. 2004. The mammalian basic helix-loop-helix/PAS family of transcriptional regulators. Int J Biochem Cell B, 36: 189-204.
Knowlton N. 1979. Reproductive synchrony, parental investment, and the evolutionary dynamics of sexual selection. Anim Behav, 27: 1022-1033.
Kokoza V A, Martin D, Mienaltowski M J, et al. 2001. Transcriptional regulation of the mosquito

vitellogenin gene via a blood meal-triggered cascade. Gene, 274: 47-65.
Konopova B, Jindra M. 2007. Juvenile hormone resistance gene Methoprene-tolerant controls entry into metamorphosis in the beetle *Tribolium castaneum*. Proc Natl Acad Sci USA, 104: 10488-10493.
Kozomara A, Griffiths-Jones S. 2014. miRBase: annotating high confidence microRNAs using deep sequencing data. Nucleic Acids Res, 42: D68-D73.
Lee S H, Oh H W, Fang Y, et al. 2015. Identification of plant compounds that disrupt the insect juvenile hormone receptor complex. Proc Natl Acad Sci USA, 112: 1733-1738.
Legeai F, Rizk G, Walsh T, et al. 2010. Bioinformatic prediction, deep sequencing of microRNAs and expression analysis during phenotypic plasticity in the pea aphid, *Acyrthosiphon pisum*. BMC Genomics, 11: 1.
Li M, Mead E A, Zhu J. 2011. Heterodimer of two bHLH-PAS proteins mediates juvenile hormone-induced gene expression. Proc Natl Acad Sci USA, 108: 638-643.
Lin X, Yao Y, Wang B. 2015. Methoprene-tolerant (*Met*) and Krüpple-homologue 1 (*Kr-h1*) are required for ovariole development and egg maturation in the brown plant hopper. Sci Rep, 5: 18064.
Liu P, Peng H J, Zhu J. 2015. Juvenile hormone-activated phospholipase C pathway enhances transcriptional activation by the methoprene-tolerant protein. Proc Natl Acad Sci USA, 112: E1871-1879.
Lloyd M, Dybas H S. 1966. The periodical cicada problem. II. Evolution. Evolution, 20: 466-505.
Lucas K J, Roy S, Ha J, et al. 2015. MicroRNA-8 targets the Wingless signaling pathway in the female mosquito fat body to regulate reproductive processes. Proc Natl Acad Sci USA, 112: 1440-1445.
Luo Y, Wang X, Yu D, et al. 2012. The SID-1 double-stranded RNA transporter is not required for systemic RNAi in the migratory locust. RNA Biol, 9: 663-671.
Ma Z, Yu J, Kang L. 2006. LocustDB: a relational database for the transcriptome and biology of the migratory locust (*Locusta migratoria*). BMC Genomics, 7: 11.
Martín D, Wang S F, Raikhel A S. 2001. The vitellogenin gene of the mosquito *Aedes aegypti* is a direct target of ecdysteroid receptor. Molecular and Cellular Endocrinology, 173: 75-86.
Matsumoto-Oda A, Ihara Y. 2011. Estrous asynchrony causes low birth rates in wild female chimpanzees. Am J Primatol, 73: 180-188.
McLain D K, Mallard S D. 1991. Sources and adaptive consequences of egg size variation in *Nezara viridula* (Hemiptera: Pentatomidae). Psyche, 98: 135-164.
Minakuchi C, Namiki T, Shinoda T. 2009. *Kruppel homolog 1*, an early juvenile hormone-response gene downstream of Methoprene-tolerant, mediates its anti-metamorphic action in the red flour beetle *Tribolium castaneum*. Dev Biol, 325: 341-350.
Mukai H, Hironaka M, Tojo S, et al. 2014. Maternal vibration: an important cue for embryo hatching in a subsocial shield bug. PLoS One, 9: e87932.
Nair K K, Chen T T, Wyatt G R. 1981. Juvenile hormone-stimulated polyploidy in adult locust fat body. Dev Biol, 81: 356-360.
Nakahara K, Kim K, Sciulli C, et al. 2005. Targets of microRNA regulation in the *Drosophila* oocyte proteome. Proc Natl Acad Sci USA, 102: 12023-12028.
Nene V, Wortman J R, Lawson D, et al. 2007. Genome sequence of *Aedes aegypti*, a major arbovirus vector. Science, 316(5832): 1718-1723.
Nicolai C S, Sedinger J, Wege M. 2004. Regulation of development time and hatch synchronization in black brant (*Branta bernicla nigricans*). Funct Ecol, 18: 475-482.
Nordman J, Orr-Weaver T L. 2012. Regulation of DNA replication during development. Development, 139: 455-464.
Oye K A, Esvelt K, Appleton E, et al. 2014. Regulating gene drives. Science, 345: 626-628.
Parthasarathy R, Sheng Z, Sun Z, et al. 2010a. Ecdysteroid regulation of ovarian growth and oocyte maturation in the red flour beetle, *Tribolium castaneum*. Insect Biochem Mol Biol, 40: 429-439.
Parthasarathy R, Sun Z, Bai H, et al. 2010b. Juvenile hormone regulation of vitellogenin synthesis in the red flour beetle, *Tribolium castaneum*. Insect Biochem Mol Biol, 40: 405-414.
Porter T, Wilkinson G. 2001. Birth synchrony in greater spear - nosed bats (*Phyllostomus hastatus*). J Zool,

253: 383-390.

Raikhel A S, Kokoza V A, Zhu J S, et al. 2002. Molecular biology of mosquito vitellogenesis: from basic studies to genetic engineering of antipathogen immunity. Insect Biochem Mol Biol, 32: 1275-1286.

Riddiford L M. 1994. Cellular and molecular actions of juvenile hormone I. General considerations and premetamorphic actions. Adv Insect Physiol, 24: 213-274.

Riddiford L, Hiruma K, Zhou X, et al. 2003. Insights into the molecular basis of the hormonal control of molting and metamorphosis from *Manduca sexta* and *Drosophila melanogaster*. Insect Mol Biol, 33: 1327-1338.

Robinson G E, Hackett K J, Purcell-Miramontes M, et al. 2011. Creating a buzz about insect genomes. Science, 331: 1386-1386.

Saha T T, Shin S W, Dou W, et al. 2016. Hairy and Groucho mediate the action of juvenile hormone receptor Methoprene-tolerant in gene repression. Proc Natl Acad Sci USA, 113: E735-743.

Sclafani R A, Holzen T M. 2007. Cell cycle regulation of DNA replication. Annu Rev Genet, 41: 237-280.

Sempere L F, Dubrovsky E B, Dubrovskaya V A, et al. 2002. The expression of the let-7 small regulatory RNA is controlled by ecdysone during metamorphosis in *Drosophila melanogaster*. Dev Biol, 244: 170-179.

Sempere L F, Sokol N S, Dubrovsky E B, et al. 2003. Temporal regulation of microRNA expression in *Drosophila melanogaster* mediated by hormonal signals and broad-complex gene activity. Dev Biol, 259: 9-18.

Shin S W, Zou Z, Saha T T, et al. 2012. bHLH-PAS heterodimer of methoprene-tolerant and cycle mediates circadian expression of juvenile hormone-induced mosquito genes. Proc Natl Acad Sci USA, 109: 16576-16581.

Shukla G C, Singh J, Barik S. 2011. MicroRNAs: processing, maturation, target recognition and regulatory functions. Mol Cell Pharmacol, 3: 83-92.

Simonet G, Poels J, Claeys I, et al. 2004. Neuroendocrinological and molecular aspects of insect reproduction. J Neuroendocrinol, 16: 649-659.

Sinervo B, Licht P. 1991. Proximate constraints on the evolution of egg size, number, and total clutch mass in lizards. Science, 252: 1300.

Smykal V, Bajgar A, Provaznik J, et al. 2014. Juvenile hormone signaling during reproduction and development of the linden bug, *Pyrrhocoris apterus*. Insect Biochem Mol Biol, 45: 69-76.

Soller M, Bownes M, Kubli E. 1999. Control of oocyte maturation in sexually mature *Drosophila* females. Dev Biol, 208: 337-351.

Song J S, Wu Z X, Wang Z M, et al. 2014. Kruppel-homolog 1 mediates juvenile hormone action to promote vitellogenesis and oocyte maturation in the migratory locust. Insect Mol Biol, 52: 94-101.

Song J, Guo W, Jiang F, et al. 2013. Argonaute 1 is indispensable for juvenile hormone mediated oogenesis in the migratory locust, *Locusta migratoria*. Insect Biochem Mol Biol, 43: 879-887.

Spencer R J, Thompson M B, Banks P B. 2001. Hatch or wait? A dilemma in reptilian incubation. Oikos, 93: 401-406.

Spindler K D, Hönl C, Tremmel C, et al. 2009. Ecdysteroid hormone action. Cell Mol Life Sci, 66: 3837-3850.

Steigenga M, Zwaan B, Brakefield P, et al. 2005. The evolutionary genetics of egg size plasticity in a butterfly. J Evol Biol, 18: 281-289.

Sumpter D J. 2006. The principles of collective animal behaviour. Philos Trans R Soc Lond B Biol Sci, 361: 5-22.

Tanaka E D, Piulachs M D. 2012. Dicer-1 is a key enzyme in the regulation of oogenesis in panoistic ovaries. Biol Cell, 104: 452-461.

Tankersley R, Bullock T, Forward R, et al. 2002. Larval release behaviors in the blue crab *Callinectes sapidus*: role of chemical cues. J Exp Mar Biol Ecol, 273: 1-14.

Thomas D D, Donnelly C A, Wood R J, et al. 2000. Insect population control using a dominant, repressible, lethal genetic system. Science, 287: 2474-2476.

Treiblmayr K, Pascual N, Piulachs M D, et al. 2006. Juvenile hormone titer versus juvenile hormone synthesis in female nymphs and adults of the German cockroach, *Blattella germanica*. J Insect Sci, 6: 1-7.

Tribolium Genome Sequencing Consortium. 2008. The genome of the model beetle and pest *Tribolium castaneum*. Nature, 452: 949-955.

Unckless R L, Messer P W, Connallon T, et al. 2015. Modeling the manipulation of natural populations by the mutagenic chain reaction. Genetics, 201: 425-431.

Wang H, Ma Z, Cui F, et al. 2012. Parental phase status affects the cold hardiness of progeny eggs in locusts. Funct Ecol, 26: 379-389.

Wang X, Fang X, Yang P, et al. 2014. The locust genome provides insight into swarm formation and long-distance flight. Nat Commun, 5: 2957.

Wei Y, Chen S, Yang P, et al. 2009. Characterization and comparative profiling of the small RNA transcriptomes in two phases of locust. Genome Biol, 10: 1.

Wheeler D. 1996. The role of nourishment in oogenesis. Annu Rev Entomol, 41: 407-431.

Wilson T G, Fabian J. 1986. A *Drosophila melanogaster* mutant resistant to a chemical analog of juvenile hormone. Dev Biol, 118: 190-201.

Wu Z, Guo W, Xie Y, et al. 2016. Juvenile hormone activates the transcription of cell-division-cycle 6 (cdc6) for polyploidy-dependent insect vitellogenesis and oogenesis. J Biol Chem, 291: 5418-5427.

Wyatt G R, Davey K G. 1996. Cellular and molecular actions of juvenile hormone. II. Roles of juvenile hormone in adult insects. Adv Insect Physiol, 26: 1-155.

Wyatt G. 1991. Gene regulation in insect reproduction. Invertebr Reprod Dev, 20: 1-35.

Xia Q, Zhou Z, Lu C, et al. 2004. A draft sequence for the genome of the domesticated silkworm (*Bombyx mori*). Science, 306: 1937-1940.

Xu J, Raman C, Zhu F, et al. 2012. Identification of nuclear receptors involved in regulation of male reproduction in the red flour beetle, *Tribolium castaneum*. J Insect Physiol, 58(5): 710-717.

Yanagi S I, Saeki Y, Tuda M. 2013. Adaptive egg size plasticity for larval competition and its limits in the seed beetle *Callosobruchus chinensis*. Entomol Exp Appl, 148: 182-187.

Yang L, Chen D, Duan R, et al. 2007. Argonaute 1 regulates the fate of germline stem cells in *Drosophila*. Development, 134: 4265-4272.

Yang Y, Xu S, Xia L, et al. 2009. The bantam microRNA is associated with *Drosophila* fragile X mental retardation protein and regulates the fate of germline stem cells. PLoS Genet, 5: e1000444.

Yao T P, Segraves W A, Oro A E, et al. 1992. *Drosophila* ultraspiracle modulates ecdysone receptor function via heterodimer formation. Cell, 71: 63-72.

Yin C, Shen G, Guo D, et al. 2016. InsectBase: a resource for insect genomes and transcriptomes. Nucleic Acids Res, 44: D801-807.

Yu R, Xu X, Liang Y, et al. 2014. The insect ecdysone receptor is a good potential target for RNAi-based pest control. Int J Biol Sci, 10: 1171-1180.

Zhang H, Li H C, Miao X X. 2013. Feasibility, limitation and possible solutions of RNAi-based technology for insect pest control. Insect Sci, 20: 15-30.

Zhang Z, Xu J, Sheng Z, et al. 2011. Steroid receptor co-activator is required for juvenile hormone signal transduction through a bHLH-PAS transcription factor, Methoprene tolerant. J Biol Chem, 286: 8437-8447.

Zhu J, Busche J M, Zhang, X. 2010. Identification of juvenile hormone target genes in the adult female mosquitoes. Insect Mol Biol, 40: 23-29.

Zielke N, Kim K J, Tran V, et al. 2011. Control of *Drosophila* endocycles by E2F and $CRL4^{CDT2}$. Nature, 480: 123-127.

Zou Z, Saha T T, Roy S, et al. 2013. Juvenile hormone and its receptor, methoprene-tolerant, control the dynamics of mosquito gene expression. Proc Natl Acad Sci USA, 110: E2173-2181.

第 9 章　昆虫多型现象的基因组学研究

9.1　昆虫多型现象

9.1.1　多型性定义

多型性（polyphenism）是指同一基因型能够发育成两种或两种以上的不同表型的现象。多型现象可以作为表型可塑性现象的一种特例。在以往的文献中，多型性往往与多态性（polymorphism）混用，造成很大语义上的困惑。恩斯特·迈尔在 1963 年出版的《动物物种与进化》一书中，特地对这两个概念进行了辨析。他指出：为了更精确和更合理地使用 polymorphism 一词，现在倾向于把它限定为遗传多态性。而对于非遗传的表型变异，可以用多型性一词来指代。多型性既可以定义社会昆虫的阶层、生活史阶段或者季节形态等不连续的性状，又可以定义淡水生物的形态周期变化和季节变异等连续性状（Mayr，1963）。除恩斯特·迈尔教授对多型性给出定义外，有些专家对多型性做出了各种更加严格的限制，如是连续性状还是离散性状、是否伴随发育过程、可逆还是不可逆、是否具有适应性意义等（Canfield et al.，2009）。但总体来说，恩斯特·迈尔教授给出的定义被广泛接受，也最符合当前学科发展。因此，本文采纳了恩斯特·迈尔教授有关多型性的定义。

拥有丰富的多型性是昆虫适应性强的主要原因之一（Simpson et al.，2011）。昆虫是地球上物种最为丰富的动物类群，对环境的适应能力非常强，遍布地球的各个角落。无论是在完全变态类群，还是在不完全变态类群，多型现象都广泛出现。多型性使得昆虫个体在发育过程中，获取最适合当前环境的表型，或者能够转换为另一种表型来应对环境变化。因此，能够极大地增强昆虫对极端环境的适应能力，从而有利于个体生存和种群的繁衍。多型性使得昆虫在进化过程中取得巨大成功。例如，社会昆虫生物量占了整体生物量的 80%，这不仅使得研究昆虫多型现象具有重要的理论意义，同时也具有重要的经济意义。近年来，随着基因组学和基因操作技术的兴起，有关昆虫多型现象及其调控机制的研究进展迅速。本章综述了当前这一领域的研究进展。

9.1.2　昆虫多型性类型

昆虫多型现象存在多种类型，在不同昆虫种类中既有相类似之处，在同一类昆虫中也有不同之处。归纳起来，被广泛研究的类型包括：社会级型分化、翅多型现象、生殖多型现象、密度依赖的型变现象等。

（1）社会级型分化

蜜蜂、蚂蚁、白蚁等社会昆虫能够协同抚育年幼个体，存在繁殖分工，并有世代重叠。一个社群组织内，等级分化和个体分工明显。蚂蚁和白蚁类似，都可分为蚁后、雄蚁、工蚁和兵蚁。蜜蜂社会级型通常有 3 种：1 只蜂王、少量雄蜂和多数工蜂。蜂王或者蚁后主要负责产卵和繁育后代。工蜂或者工蚁担负觅食、建巢、育雏和清洁等大多数工作。雄蜂或者雄蚁负责交配和生殖。兵蚁在一定程度上也帮助工蚁工作，但在大多数情况下专司保卫。显然，多型性是社会性昆虫劳动分工的关键特征，主要表现在级型发育的调节过程中。

（2）翅多型现象

昆虫的翅膀对于昆虫纲成功进化具有非常重要的作用，使得昆虫在觅食、求偶、避敌和扩大分布效率方面得到了飞跃性的提高。一些昆虫中，既存在具飞行能力的长翅型或有翅型，也存在不具飞行能力的短翅型或无翅型，即翅多型现象。翅多型现象在鞘翅目、双翅目、半翅目、鳞翅目、缨翅目等多种昆虫中被发现。例如，蚜虫有能飞行的有翅型和不能飞行的无翅型，稻飞虱、蟋蟀类及水黾类等有具飞行能力的长翅型和不具飞行能力的短翅型。翅多型往往是昆虫对栖息环境的时间和空间变动的适应，影响翅型分化的环境因素包括幼虫期的光周期、温度、密度和食物等。此外，学术界通常认为翅多型是受多基因控制的，并受到保幼激素、胰岛素等内分泌激素的调控。翅多型现象被认为具有明显的适应性意义。因为翅的获得虽然为昆虫在觅食、求偶、迁徙等方面带来很大益处，但是以付出巨大的能耗为代价。飞行肌的发育、维持和卵巢成熟间存在一种资源配置的平衡关系，短翅个体的产卵前期短，可以尽快繁殖，对于种群数量的维持是有利的。

（3）生殖多型现象

有些昆虫可以根据环境变化，在有性生殖和无性生殖之间转换，被称为生殖多型。典型物种为蚜虫。蚜虫是利用有性生殖雌性减数分裂的卵子发生或者无性蚜虫雌性的有丝分裂进行繁殖的，这往往受到环境因子的直接影响。这些变化随后在生殖、感觉和神经系统形态发育过程中被固定。两种生殖模式的发育环境也是不同的：有性雌性蚜虫产的卵是体外发育，而无性蚜是在雌性体内发育的（Duncan et al.，2013）。例如，豌豆蚜（*Acyrthosiphon pisum*）生活史是从春天的无翅干母开始的，新一代的卵子和胚胎发生实际上在干母的幼虫中已经开始。在长光照和高温情况下，豌豆蚜仍然是无性卵胎生，新的雌性可能是有翅的，也可能是无翅的。聚群和寄主植物的质量可以诱导它们在出生之前的形态改变。在连续无性生殖多代后，秋天短光照使蚜虫血淋巴中保幼激素的含量降低，从而导致孤雌生殖雌性蚜虫的发育。这些蚜虫仅仅产生一代，包括有翅和无翅的性蚜。雄性蚜虫的形态是受基因型控制的。在交配后，有性雌蚜产出受精卵来越冬。这可能启动胚胎发育的滞育现象来抵御低温胁迫。这些卵一般是产在草丛中，翌年春天作为无性雌蚜孵化。

（4）密度型变现象

“型”的概念是 Uvarov（1921）提出的。蝗虫是其主要代表性物种。“型”与种群密度之间有着确切的关系：低密度下飞蝗发育成“散居型”，而在高密度下发育为“群居型”。“型”之间在体色、形态、行为、生殖、生理等方面都有着许多的差异。从体色上来说，散居型呈绿色、黄色、棕色、红色及黑色，群居型则较恒定，为黄底黑斑。从形态上来说，散居型前胸背板长而凸起，群居型短而平坦；群居型头部较宽，复眼在头部两侧最大化分开，散居型头部较窄。另外两型在翅长、后腿节长等方面也不一致。目前，区分两型较常用的形态指标为翅长/后腿节长（E/F）和后腿节长/头宽（F/C）。其中，F/C 更加可靠实用。相对于散居型飞蝗来说，群居型飞蝗在 F/C 上较低，而在 E/F 上较高（Pener，1991）。从行为上来说，自然状态下群居型有典型的群居行为，蝗蝻群集行进，成虫则群集飞行；而散居型较安静，尽量避免互相接触。其他方面，散居型繁殖力强于群居型，且具有更长的寿命；群居型成虫体内脂肪含量明显高于散居型（Pener and Yerushalmi，1998）；散居型的卵抗寒性强于群居型；群居型蝗蝻的免疫能力强于散居型（Wang and Kang，2014）。“型”之间的差异是多方面的，涉及生命的各个层面，“型”之间的相互转变也是非常复杂的，不仅涉及行为和神经调控、发育和内分泌调控，还涉及表观遗传和母体效应。历经上百年的研究，虽然诱发“型变”的机制迄今仍未被完全揭示，但多因子参与的理论最为普遍接受，如大家最为关心的散居型飞蝗是如何转变成群居型这一问题，就有外部环境诱发假说、腿部摩擦假说、信息素诱发假说等（Pener and Simpson，2009；Simpson et al.，2011）。总之，飞蝗的型变是一个复杂、多因素参与的过程。

9.2　多型性昆虫的基因组测序和比较研究

在果蝇基因组测序完成后，至今已有 130 多种昆虫全基因组测序完成，其中包括多类具多型现象的昆虫（Yin et al.，2016），大大地促进了多型现象的分子调控机制研究。

9.2.1　社会性昆虫基因组

多种膜翅目昆虫基因组已经完成测序。例如，通过对意大利蜜蜂（*Apis mellifera*）基因组测序，发现一些解毒酶、表皮蛋白等相关家族的收缩可能是与蜜蜂对杀虫剂的敏感性有关（Consortium，2006）。对欧洲熊蜂（*Bombus terrestris*）和北美熊蜂（*Bombus impatiens*）的基因组分析，表明熊蜂中解毒、免疫相关基因和蜜蜂中的一样，也发生了家族收缩。除嗅觉受体基因外，发育和行为相关的基因也是比较保守的（Sadd et al.，2015）。为了进一步探讨昆虫社会性进化机制，Kapheim 等（2015）比较了 10 种代表不同社会化程度的蜜蜂科昆虫基因组，发现随着社会性复杂程度的增加，许多重要基因经历了中性进化，且不同蜜蜂的社会性似乎是独立演化而来的，不过仍然具备相似的基因组进化特性，如基因调控复杂化、转座现象减少等。

Bonasio 等（2010）对两种蚂蚁——佛罗里达弓背蚁（*Camponotus floridanus*）和印度跳蚁（*Harpegnathos saltator*）进行了比较基因组学分析，发现 miRNA 和甲基化等表观遗传机制的变化导致发育成分工等级不同的个体。对切叶蚁（*Acromyrmex echinatior*）

的基因组测序发现，一组肽酶基因发生扩张，而精氨酸合成与解毒代谢基因丢失可能与切叶蚁和真菌的特殊共生关系有关。研究还发现神经肽基因在几种蚂蚁基因组中比较保守，这些神经肽很可能与蚂蚁社会等级的决定有关（Nygaard et al.，2011）。Simola 等（2013）比较了 8 种社会性昆虫（7 种蚂蚁和西方蜜蜂）和 22 种独居性昆虫的基因组，发现基因表达调控的改变可能是真社会性起源的关键因素，而种系特异性基因的组成差异则与社会性的种系特异性更加相关。通过比较 7 个蚂蚁基因组及部分蜜蜂和果蝇的基因组，Roux 等（2014）发现蚂蚁、蜜蜂的免疫相关基因与果蝇类似，在进化中受到正向选择；嗅觉和神经发生基因在其社会性进化之前就开始受正向选择而富集，因此，社会性的产生和进化并非是这些基因家族扩张的起因。

通过对湿木白蚁（*Zootermopsis nevadensis*）进行基因组测序，发现与生殖相关的基因家族显著扩张，且在蚁后中高表达。化学受体家族成员数量的差异可能与湿木白蚁隐蔽的生活环境有关，与决定个体发育方向有关的基因家族在数量和表达水平上与膜翅目社会性昆虫类似。白蚁基因组的破译为理解白蚁独特的生殖生物学和社会性昆虫的分子进化提供了重要信息（Terrapon et al.，2014）。Korb 等（2015）比较了湿木白蚁（*Z. nevadensis*）和大白蚁（*Macrotermes natalensis*）两种白蚁的基因组。湿木白蚁较原始，社会等级简单，所有工蚁均具备全能性，能发育成各种等级的个体，而大白蚁（*M. natalensis*）在进化上更高级，具有更为复杂的社会结构，其工蚁形态高度分化，且不能转变成具有繁殖能力的蚁后。对通信、免疫防御、交配及共生相关基因家族的分析表明，尽管两种白蚁社会性分化程度存在差异明显，但是在多数家族中二者的基因组成没有太大差异，只是在基因结构和转座子上有所不同，进而预测转座子、表观调控及雄性生殖等方面的差异可能与社会习性的分化更加相关。

9.2.2 蚜虫基因组

豌豆蚜（*Acyrthosiphon pisum*）基因组是首个被破译的半变态昆虫基因组（International Aphid Genomics，2010）。豌豆蚜基因组发生广泛的基因复制（2000 多个基因家族），尤其是涉及染色质调控、microRNA 合成和糖转运过程中的基因。收缩的基因家族包括 IMD（immunodeficiency）通路、蛋白质合成、尿酸储存和循环通路。蚜虫可能通过放弃对异体微生物的免疫防御能力，使蚜虫成功地与各种微生物形成共生。同时，豌豆蚜中涉及新陈代谢的基因，如氨基酸生物合成的基因，与其共生菌 *Buchnera* 相辅相成，构成完整的代谢体系。基于基因组，鉴定出多类与蚜虫表型可塑性和性别分化相关的基因类别，如胚胎发生、几丁质代谢、转录因子、保幼激素途径、有丝分裂和减数分裂过程、节律基因、神经肽和神经递质受体等。该研究首次从基因组水平上揭示了昆虫表型可塑性及昆虫与其共生菌互利共生、协同进化的分子基础。

9.2.3 飞虱基因组

三种重要飞虱种类的基因组测序已完成，包括褐飞虱（*Nilaparvata lugens*）（Xue et al.，2014）、白背飞虱（*Sogatella furcifera*）（Wang et al.，2017）和灰飞虱（*Laodelphax *striatellus*)（Zhu et al., 2017）。通过解析飞虱基因组，以及体内互作共生菌基因组，揭示了飞虱食性、飞虱-共生微生物互作、翅型分化等方面的分子调控机制。通过比较基因组分析，褐飞虱化学感应受体基因家族的基因数目呈现收缩现象，部分解毒酶基因家族及消化相关基因也存在基因丢失现象，由此推测这些基因家族的分布格局可能与褐飞虱取食的专一性和其他取食特点相关。前期研究表明，褐飞虱的一种共生真菌 yeast-like endosymbiont（YLS）和细菌 *Candidatus* Arsenophonus nilaparvatae 可能在其与寄主植物的相互作用中发挥着重要作用，研究团队进一步对真菌 YLS 和共生细菌的基因组进行了组装与注释，通过褐飞虱-共生真菌 YLS-共生细菌三者之间基因组互补分析，发现褐飞虱缺少的 10 种必需氨基酸合成途经在 YLS 中均能找到对应的氨基酸合成基因；YLS 还可协助褐飞虱宿主本身形成完整的氮素循环和胆固醇合成途径；YLS 和褐飞虱在维生素生物合成途径上都有缺陷，但共生细菌带有完整的维生素 B 合成途径，显示出共生细菌为褐飞虱的生存提供所需维生素的可能。

9.2.4　飞蝗基因组

利用新一代测序技术平台和优化过的数据分析策略，对飞蝗基因组进行了测序，获得了比人类还要大一倍的基因组草图(6.5Gb)，预测出大约 17 300 个蛋白编码基因(Wang et al., 2014)，发现飞蝗基因组中存在大量重复序列，尤其是 DNA 转座子和长散在重复序列（LINE）转座子。这些转座元件的过多积累，是飞蝗基因组变大的主要原因。同时，通过和其他已测序动物基因组比较，揭示出多种基因组的特征，如内含子大小、剪切识别序列等，并不受限于物种进化关系，而是与基因组的大小密切相关(Jiang et al., 2012)。通过 RNA 测序，比较飞行和静止状态下的表达谱差异，发现了 472 个差异表达基因。其中很多是参与能量代谢过程的基因。总体统计发现，差异表达基因具有更高的基因拷贝数目，尤其是脂滴蛋白、脂肪酸结合蛋白和抗氧化基因，在飞蝗中发生了显著倍增现象。这些基因的扩张，表明飞蝗已经进化出一套高效的能量利用系统，来保证长距离迁飞的能量供应。在飞蝗基因组中发现一类糖苷键转移酶（UDP glycosyltransferase, UGT）基因家族，其成员数目是所有已测序昆虫中最多的，这类酶能够降解禾本科植物中大量存在的次生代谢物，帮助飞蝗适应禾本科植物。另外，基于蝗虫全基因组数据和触角转录组数据，鉴定出 142 条嗅觉受体（olfactory receptor, OR）基因和 32 条亲离子受体（ionotropic receptor, IR）基因。组织特异性表达研究表明，绝大多数嗅觉受体基因在飞蝗嗅觉器官中特异性表达，有趣的是一部分嗅觉受体基因呈现广谱表达的模式，包括在飞蝗触角、下唇须、翅膀、腿均能检测到表达。通过蝗虫各组织转录组数据分析表明，一部分嗅觉受体基因在蝗虫的内部组织，如脑、神经节、脂肪体、精巢和卵巢等，呈现高表达模式，尤其在蝗虫的精巢组织嗅觉受体基因的表达尤为丰富。另外，蝗虫嗅觉受体基因的个数（142）远少于其嗅小球数目（约 1000），明显不符合其他昆虫种类普遍遵守的“一个嗅觉受体对应一个嗅小球”这一普遍规律，为解释这种蝗虫独特的现象，我们提出了“嗅小球集簇化”假说（Wang et al., 2015）。通过生物信息学预测，从飞蝗基因组中得到 62 个神经肽前体基因，理论编码 140 多个多肽。定量分析揭示了不同神经肽前体的发育时期及组织特异性表达模式。其中，*AST-C*、*GPA2*、*GPB5* 和 *OK-B* 在蝗蝻期高表达，而 *ACP* 和 *OK-A* 在成虫期表达量更高。大部分神经肽前体基因在飞蝗的神经系统中高表达，其中 15 个神经肽前体基因在群散两型飞蝗神经系统中存在差异表达。飞蝗脑部 *ACP*、*ILP*、*NPF1a* 和 *NPF2* 的转录水平在群居化和散居化过程中发生显著变化（Hou et al.，2015）。

9.3 昆虫多型现象的分子调控机制

昆虫多型属于典型的表型可塑性现象。从机制上讲，多型主要是基因转录、表达、翻译或者蛋白质修饰等，在不同环境诱导下发生改变导致的。传统的分子遗传学手段研究起来困难重重，随着大规模测序技术及基因操作技术的兴起，最近有关多型现象发生机制的研究才逐渐取得突破。

9.3.1 社会性昆虫级型分化

与生殖和劳动分工有关的表型可塑性是真社会性的主要特征（Gadagkar，1997）。不同谱系的社会性昆虫独立地进化到真社会性，由此引起有关级型的发育机制在这些种群中是否保守的问题。对于一些具简单社会性的类群，如黄蜂（*Polistes dominula*），生殖型和非生殖型之间转录组的差异很少，仅仅有1%左右的差异表达基因（Standage et al.，2016）。这些差异基因基本上都是在蜂王中低表达，因而认为蜂王是工蜂的简化版，尤其是行为上比工蜂更为简单（Berens et al.，2015a）。总体上说明这类社会性昆虫生殖分化和行为、生理的变化关联性并不高（Patalano et al.，2015）。对于熊蜂来说，工蜂和蜂王之间差异表达基因数目达到 5316 个（Harrison et al.，2015）。对于社会性更为复杂的蜜蜂和蚂蚁来说，蜂王和工蜂之间的差异表达谱更为广泛，而蜂王中上调表达的更多（Chen et al.，2012；Feldmeyer et al.，2014）。通过对社会性昆虫的主要谱系表达分析比较，揭示了与不同级型发育相关的保守通路。这一途径包括胰岛素/胰岛素样的生长信号（IIS）、雷帕霉素靶点（target of rapamycin，TOR），主要的昆虫激素如保幼激素（juvenile hormone，JH）和蜕皮激素，以及存储蛋白如卵黄原蛋白（vitellogenin，Vg）和血蓝蛋白（hemocyanin）及代谢途径间的相互作用（Berens et al.，2015a）。其中，胰岛素信号是研究较为详细的，胰岛素通路能够响应昆虫营养状态。TOR 和表皮生长因子受体（epidermal growth factor receptor，Egfr）通路参与 IIS 通路或者与 IIS 通路形成作用网络：TOR 通路感受氨基酸，Egfr 信号在生长和发育中起作用。研究表明，IIS、TOR 及 Egfr 系统在蜜蜂的级型决定中起作用（Kamakura，2011），同时也控制蚂蚁中工蚁的个体大小（Alvarado et al.，2015）。蜂王和工蜂幼虫在发育早期的差异表达基因是引发级型决定的主要因子。Insulin-like peptide 1（ILP1）、insulin/IGF receptor protein（InR2）、tuberous sclerosis 1（TSC1）和 *TOR* 在孵化后 40 小时的蜂王幼虫中高表达（Wheeler et al.，2006）。在发育早期，幼虫偏向一种级型发育，直到晚期才发育为特定的级型，因此早期级型特异性的发育是可逆的（Cameron et al.，2013）。这两个不同发育阶段的发现与早先的分子生物学的研究结果一致。

尽管控制级型多型性的通路相似，但是不同谱系的调控仍存在重要的差异。例如，营养和温度等外部刺激对级型决定会产生不同的影响。在蜜蜂（Wheeler et al.，2006）、胡蜂（Berens et al.，2015b）、白蚁（Scharf et al.，2005）的大多数群体中，营养的效应在级型决定中占主要地位。研究发现，在温带气候的某些蚂蚁中温度会影响级型的决定（Schwander and Keller，2008）。另外，遗传背景也会产生影响。在不同群体的蚂蚁和蜜蜂中，个体间基因型的差异会影响级型的决定。例如，尽管严格的基因决定级型的现象出现在一些杂合的收获蚁 *Pogonomyrmex barbatus* 和 *Pogonomyrmex rugosus* 种群中，但是在这两个物种的其他群体及蚂蚁的其他属中，级型决定由基因和环境因子共同影响。在 *Pogonomyrmex badius* 中，遗传因素影响级型分化和个体大小，但是发育为有生殖能力个体的幼虫的营养比发育为工蜂的幼虫的营养更好，而且与体型较小的个体比较则更为明显。结果表明，这些由遗传和环境因素共同影响级型决定的物种与那些级型决定主要由营养控制的物种（如蜜蜂）在级型决定的过程中有着相似的调控通路。

因此，当前基因组的研究结合社会性、行为、生理的研究，这将会帮助我们理解营养、环境、IIS 和 TOR 通路、Vg 及 JH 相互作用是如何调控社会性昆虫中多型现象的发生机制。

9.3.2　翅多型调控机制

尽管翅型分化发生在多种昆虫物种中，但是其分子调控机制的研究还很少，最近由于基因组学的进展，才有了一些突破。

在蚜虫中，无翅蚜活动能力弱，触角上的感觉毛较少，发育更快（Braendle et al.，2006）。在无翅蚜和有翅蚜之间，转录组的差异已经在几种蚜虫中被检测。这些研究证明基因表达模式在无翅蚜和有翅蚜之间具有明显差异（Yang et al.，2014b），而且表明在扩散和生殖生活史上存在权衡关系。例如，与飞行和能量代谢相关的基因在有翅蚜中有更高的表达量。然而，有关翅型分化决定的分子机制还不清楚。实际上，翅型是在胚胎期就已决定。只有还未出生的胚胎才能对翅诱导信号做出响应。豌豆蚜中，母蚜接收到翅诱导信号如种群密度，并把它传递给子代的胚胎，且仅仅是处于关键发育期的胚胎才能感受到这种母性的信号（Ishikawa and Miura，2013）。一旦出生，幼虫的发育模式已经被设定好，环境的改变不能再影响翅型的变化。显然，要理解翅型的决定机制，应该在胚胎中开展研究。目前，仅仅有一项研究报道了雌性成蚜及胚胎在高密度和低密度下的基因表达谱。有学者鉴定了三个基因，*uba1*、*mcrnaca* 和 *wingless*，在高密度下表达量上调，这些基因可能具有重要的调控作用（Ishikawa et al.，2012）。

在蝴蝶（*Bicyclus anynana*）中，发育过程中的温度实验会影响腹侧翅的颜色模式，旱季和雨季颜色变化的存在是为了适应季节特异性的背景色。给早期的蛹注射蜕皮激素可以模拟温度对腹侧翅（会暴露给捕食者）颜色模式的影响作用，但不会影响背侧翅（不会暴露给捕食者）（Mateus et al.，2014）。这一结果表明蜕皮激素在空间上的作用是区域化的，说明翅的不同部位对与 IIS 通路相互作用的信息素的敏感性是不同的。另一个有

趣的例子是飞虱 *N. lugens* 长翅、短翅的多态性，两个胰岛素受体互相抑制，从而控制个体从长翅到短翅转换的途径（Xu et al.，2015）。这一过程中，胰岛素受体不会影响其他组织的生长，表明 IIS 途径是以一种组织特异性的方式来调控翅型多态性的。

9.3.3 蚜虫生殖多型调控机制

有关蚜虫的生殖多型调控机制，早期的工作多集中在生理和内分泌方面。近些年由于蚜虫基因组信息和技术的发展，有关其分子调控机制的认识也逐渐得到深化。最初利用差异显示逆转录 PCR（DD-RT-PCR）和 cDNA 芯片技术，来鉴定长、短光周期下饲养的蚜虫基因差异表达谱（Le Trionnaire et al.，2007），发现与视觉、神经系统和内分泌系统（尤其是胰岛素信号通路）等相关的基因出现显著差异，这和早期研究认为神经内分泌系统在信号转导中的关键作用是一致的。由于胰岛素信号在多种昆虫中已经被证实和光周期效应密切相关，因此在光周期导致的蚜虫生殖多型调控中，胰岛素可能也起到非常关键的作用（Huybrechts et al.，2010）。在短光照的情况下，许多表皮蛋白基因及几类表皮代谢相关的基因，如 *black* 和 *ebony* 基因，被下调。这些基因表达下调可能意味着短光照下蚜虫表皮结构变得比较柔软（Gallot et al.，2010）。另外，短光照下两个与多巴胺合成相关的基因（多巴脱羧酶和酪胺羟化酶）在蚜虫头部下调表达，也暗示了多巴胺在生殖多型中的调控作用。

已有假说认为昆虫对光周期的感知受到特殊的光周期节律的调控。豌豆蚜基因组中的节律基因已经被鉴定。在 4 小时为间隔时，长、短光照下头部的基因表达被测定（Cortés et al.，2010）。这些基因的表达模式呈现出明显的节律特征，并且其振幅明显受到光周期的影响。同时，与褪黑素途径相关的一个基因如芳烷基胺乙酰基转移酶，也被发现在豌豆蚜中受到光周期的影响（Barberà et al.，2013）。保幼激素也被发现参与了光周期的调控和信号转导。用保幼激素或者其类似物处理能够使产生有性后代的胎生蚜发生逆转，而产生无性蚜（Gallot et al.，2012）。在短光照下饲养、能够产生有性蚜后代的蚜虫，其保幼激素Ⅲ的滴度要低于在长光照下饲养、能够产生无性蚜后代的蚜虫（Ishikawa et al.，2012）。

一旦光周期信号被接收和转导，胚胎将会发育成不同的表型：长光照下的无性生殖型和短光照下的有性生殖型。比较有性生殖和无性生殖的胚胎发生过程中的转录组，揭示出特有的遗传程序参与到多型的转变中（Gallot et al.，2012）。一些参与卵子发生的基因发生了差异表达，如与卵子轴形成和特化有关的 *orb* 和 *nudel* 基因。另一些与转录后调控相关的基因，如 *pop2*、*cyclin J* 和 *Suv4-20H1* 基因等，也表现出差异表达。原位杂交实验表明，这些基因大都在生殖细胞内表达。这些结果表明胚胎发生转换最初仅发生在某些细胞中。一项补充性的研究检测了生殖模式对几类与母性和轴发育相关的基因表达的影响，如 *orthodenticle*（*otd*）、*hunchback*（*hb*）和 *nanos*（*nos*）（Duncan et al.，2013），结果表明，这些基因不仅表达量在两种生殖模式间有明显差异，而且表达位置也不同，这表明豌豆蚜两种生殖模式早期发育调控网络已经发生了显著变化。Jaubert-Possamai 等（2010）揭示豌豆蚜中编码 microRNA 产生的几个关键基因，如 *dicer*、*argonaute* 和

pasha，都发生了基因组上的复制和扩张，一些基因存在正向选择现象，这些复制的基因拷贝在不同生殖型之间具有显著差异。通过 microRNA 芯片，研究发现 microRNA-34（miR-34）表达在两种生殖型之间有显著差异。miR-34 在果蝇中受到蜕皮激素和保幼激素的调控（Legeai et al.，2010）。

蚜虫生殖多型是受到环境、生化和遗传因子等多种因素调控的复杂现象，过程包括光周期感知、信号转导和形态发生等。要从整体上揭示这些过程，还需要更深入的工作。

9.3.4　蝗虫型变的调控机制

揭示两型转变的调控机制一直被认为是蝗虫学研究的核心领域。解析飞蝗型变现象机制，既对生物表型可塑性研究具有重要理论意义，又对控制蝗虫成灾具有重要实践意义。几十年来，科学家在蝗虫型变方面的研究长期处在行为和生理学水平上。近年来，从运用大规模组学解析两型差别的分子基础，到鉴定型变关键基因、分子和信号途径，使飞蝗型变这一重要的生物学现象在分子和组学水平上得到深入的解析。

（1）飞蝗两型转变启动的分子机制

行为转变是飞蝗型变过程中最先发生的特征。利用自主设计的一套精确量化飞蝗行为的记录和分析系统，发现飞蝗具有散居化过程快而群居化过程慢的不均衡行为转变特征，为蝗虫多型现象的多次进化假说提供了很好的支持证据（Guo et al.，2011）。

通过自主研发出能同时检测 9552 个基因的飞蝗基因芯片，用高通量检测型变相关基因成为可能。利用飞蝗寡核苷酸 DNA 芯片，筛选到 4 龄蝗蝻 1444 多个基因在散居化和群居化转化过程中差异表达，其中嗅觉相关基因如 *chemosensory protein*（*CSP*）和 *takeout* 被推定为关键调节基因，这些基因在蝗虫触角中表达量最高，并且和型变时间过程密切相关。基因干扰技术（RNAi）实验表明这两类基因参与了飞蝗散居型和群居型吸引、排斥行为转变的调控。从而揭示了飞蝗 *CSP* 和 *takeout* 这两类基因决定是否接收转化来自其他个体释放的化学信号，产生应答行为来改变群居型或散居型，该项工作第一次阐明了调控飞蝗群聚行为启动的外周神经分子机制（Guo et al.，2011）。

利用飞蝗寡核苷酸 DNA 芯片研究了飞蝗两型不同发育阶段的转录特点。生物信息学分析证明多巴胺代谢途径在飞蝗群居型中稳定地高表达，其中 *pale*、*henna*、*ebony*、*vat1* 等基因调节多巴胺合成和释放，显示这些基因在蝗虫的不同生长时期呈现出明显的变化，这和蝗虫的型变行为有密切的相关。通过 RNAi 和药物干扰，显示这些基因的差异表达可以调控飞蝗行为和体色改变（Ma et al.，2011）。两种多巴胺受体在这一过程中发挥了相反的作用（Guo et al.，2015）。同时，研究发现另一种神经递质 5-羟色胺的含量在群居型飞蝗散居化过程中持续升高，但 5-羟色胺受体（*5-HT1*、*5-HT2* 和 *5-HT7*）的表达水平没有变化。药理学实验证明 5-羟色胺在调控飞蝗散居化过程中非常重要（Guo et al.，2013）。Ma 等（2015）还揭示了章鱼胺和酪胺这两种神经递质，以“跷跷板模型原理”在中枢神经系统中调控飞蝗群散两型吸引和排斥行为的转变。最近的研究揭示了两个同源的神经肽 F（neuropeptide F）即 NPF1a 及 NPF2，通过抑制一氧化氮信号（NO signaling）通路调控飞蝗型变过程中的运动可塑性。NPF1a 及 NPF2 以时间、剂量依赖的方式负向调节飞蝗的运动活性。其下游的信号分子一氧化氮合成酶（nitric oxide synthetase，NOS）在飞蝗脑部集中表达于负责整合感觉与运动的前脑桥区。NOS 的表达水平及 NO 的含量均与飞蝗的行为型变过程紧密相关。进一步研究发现，NPF1a、NPF2 分别通过各自的受体抑制 NOS 的磷酸化水平及转录水平，从而抑制飞蝗脑部的 NO 含量，最终实现对飞蝗型变中运动可塑性的双重调控（Hou et al.，2017）。这些研究第一次阐明了调控飞蝗群聚行为启动的中枢神经分子机制。

通过生物信息学分析，发现飞蝗基因组中存在非常丰富的 microRNA，功能分析表明 microRNA-133（miR-133）调控了多巴胺通路上的两个关键基因——*Henna* 和 *Pale*，导致脑内多巴胺合成发生变化，从而引起飞蝗发生型变。群居型飞蝗过表达 miR-133 能够抑制 *Henna* 和 *Pale* 的表达，并减少多巴胺的合成，导致群居型飞蝗的行为向散居型显著趋近，增加多巴胺含量后能显著恢复 miR-133 激动剂诱导的散居型行为。而散居型飞蝗抑制 miR-133 的表达能够增强 *Henna* 和 *Pale* 的表达，增加多巴胺的合成并引起飞蝗的行为向群居型显著趋近，RNA 干扰 *Henna* 或 *Pale* 后能显著恢复 miR-133 抑制剂引起的群居型行为（Yang et al.，2014a）。研究结果揭示了 miRNA 介导的表型可塑性分子机制及对飞蝗型变的调控机制，为精准控制飞蝗不向聚群迁飞的群居型转变提供了技术支撑。

（2）飞蝗两型转变维持的分子机制

飞蝗两型转变主要是为了适应不同的生存环境。能量代谢和免疫能力具有明显差异，但相关机制一直不清楚。

应用高压液相色谱/质谱（HPLC/MS）和气相色谱/质谱（GC/MS）联用的代谢组分析手段，对两型飞蝗血淋巴中数百种内源性小分子代谢物及其分子碎片进行了系统的定性和定量研究。通过分析群散两型之间和型变过程中差异代谢物的种类、数量，鉴定出 319 个飞蝗型特征的标记分子，并结合多变量统计方法，对这些代谢物进行分型、聚类、诊断性化合物的判定和网络构建等进一步的解读，发现多种脂类分子在飞蝗两型间差异非常明显，表明脂类代谢在型变维持过程中的重要作用。随后，利用 RNA 干扰和药物注射的方法，证明了一类参与脂类氧化的乙酰肉碱在调控行为发生和转变中的关键作用。通过将飞蝗表型与代谢组相联系，结合高通量的代谢物分析技术和多变量分析方法，鉴定出一系列型变相关的内源性代谢物，并进行了分子功能验证，极大地加深了对维持飞蝗两型转变机制的认识（Wu et al.，2012）。

群居型和散居型飞蝗在感染真菌（绿僵菌）后，生存时间存在显著差异，群居型飞蝗具有更高的抗真菌感染能力。转录组测序分析表明真菌感染前后散居型飞蝗受调控的基因数目比群居型多一倍。多种分子实验证明可溶性模式识别蛋白（Gram-negative bacteria-binding protein，GNBP）在飞蝗两型真菌免疫能力差异研究中起到关键作用。该研究揭示了飞蝗两型个体免疫系统资源的分配特点，发现生态因子通过调节免疫系统的上游分子表达来改变宿主抗病力的机制，为将来真菌类生物杀虫剂的研发提供思路

（Wang et al.，2013）。

9.4　昆虫多型现象的表观调控机制

在不同外部环境条件下，同一种基因型的社会性昆虫可以产生不同的表型（Moczek，2010）。表观遗传学指在不改变 DNA 序列的条件下，由于 DNA 碱基修饰、组蛋白修饰和染色体重塑而影响基因表达。这种修饰是由外部环境因子引起的，可以改变细胞中基因的转录和功能（Bird，2007）。除此之外，表观遗传学是一种可以用来解释基因和环境相互影响的合理机制（Liu et al.，2008）。研究最广泛的表观遗传学机制包括胞嘧啶的甲基化（5-methylcytosine，5mC）、组蛋白翻译后修饰、染色体重塑和非编码 RNA（Negre et al.，2011；Dunham et al.，2012）。这些机制在转录调控、基因组印记和 DNA 转座子沉默等方面有着关键的作用（Wolffe and Matzke，1999；Waterland and Jirtle，2003；Jirtle and Skinner，2007）。

9.4.1　社会性昆虫级型分化的表观遗传调控机制

研究发现，DNA 胞嘧啶的甲基化是调控动物社会性行为的关键（Miller，2010）。胞嘧啶的甲基化和脱甲基化在记忆形成和行为可塑性方面具有非常重要的调控作用。昆虫中，三种 DNA 甲基转移酶（DNA methyltransferase，包括 DNMT1a、DNMT1b 和 DNMT3）最早于蜜蜂（*A. mellifera*）中被发现（Wang et al.，2006）。DNA 甲基化功能取得突破性进展是将 *DNMT3* 基因沉默后，工蜂幼虫表现出了类似蜂王的表型（Kucharski et al.，2008）。一般来说，取食蜂王浆的多少是决定蜂王和工蜂差异的关键环境因子（Kamakura，2011；Wang and Li-Byarlay，2015），当然，取食植物化学成分也可能改变决定种内地位的基因的表达（Mao et al.，2015）。之后又进行了许多关于 DNA 甲基化或其他表观遗传学标记对于决定蜂王和工蜂种内地位的研究（Lyko et al.，2010；Spannhoff et al.，2011；Foret et al.，2012；Herb et al.，2012）。然而，关于 DNA 胞嘧啶甲基化模式在蜂王和工蜂中是否存在差异这个问题，一直存在争议。在蜂王和工蜂成虫的脑中已经鉴定出 561 个差异甲基化基因（Lyko et al.，2010），在蜂王和工蜂幼虫中发现了 2399 个差异甲基化基因（Foret et al.，2012）。但是 Herb 等（2012）在蜜蜂中的研究并没有鉴定出此类差异基因。在完全社会性膜翅目昆虫中，工蚁之间也有差异，如在某些蚂蚁中，不同龄期和表型存在差异（Hölldobler and Wilson，1990），DNA 甲基化调控木蚁体型大小的表型可塑性（Alvarado et al.，2015）。进一步的研究表明，胞嘧啶甲基化可通过调控可变剪切进而影响基因的表达（Lyko et al.，2010；Cingolani et al.，2013；Li-Byarlay et al.，2013）。体外分子和细胞实验证实了一个近似合理的机制，即胞嘧啶甲基化可以抑制与外显子靶标结合的 DNA 结合蛋白（CCCTC-结合因子），导致转录过程中外显子跳跃的发生（Shukla et al.，2011）。另外一个机制是，DNA 甲基化可能通过异染色质蛋白 1 系统和组蛋白 H2K9me3 来调控可变剪切（Yearim et al.，2015）。

组蛋白翻译后修饰作为一种主要的表观调控因子，特定区域组蛋白修饰状态的改变与该区域基因表达模式存在直接关系，而基因表达及后续蛋白质翻译形成的功能能够导致相同的个体发育成不同的表型，因此组蛋白修饰在昆虫的表型可塑性中发挥重要作用。抑制组蛋白去乙酰化会影响蚂蚁（*C. floridanus*）和蜜蜂（*A. mellifera*）的发育可塑性（Spannhoff et al.，2011；Simola et al.，2016）。研究人员通过组蛋白修饰的全基因组范围分析，揭示了组蛋白 H3K27 位点的乙酰化水平影响蚂蚁不同等级间基因的差异表达（Elofsson and Sonnhammer，1999）。在蜜蜂中，与幼虫相比，蜂王卵巢中组蛋白 H3K27 位点和 H3K36 位点的甲基化修饰程度更高，这暗示着组蛋白甲基化在蜂王发育过程中的重要作用（Elofsson and Sonnhammer，1999）。

各种类型的非编码 RNA，如 microRNA、增强 RNA 和长链非编码 RNA，参与细胞分化、神经可塑性、胚胎发生和疾病等多种生命过程的调控（Bonasio，2012）。通常非编码 RNA 可以分为长（>200bp）和短（<200bp）两类。在蜜蜂和蚂蚁中，已经鉴定出保守和物种特异的短非编码 RNA，其中许多表现出级型特异性的表达模式（Greenberg et al.，2012；Simola et al.，2013）。长链非编码 RNA 和 mRNA 的特征类似，具有多外显子结构、腺苷酸尾巴、能被 RNA 聚合酶Ⅱ转录等特征。另外，许多长链非编码 RNA 表现出组织特异性的表达模式。现在有证据表明长链非编码 RNA 能够参与蜜蜂工蜂卵巢大小的调控，暗示了它们在级型和生殖分化中的作用（Humann et al.，2013）。

9.4.2　飞蝗跨代遗传效应及其表观遗传调控机制

通过检测飞蝗散居型和群居型卵的表型特征，发现飞蝗型的特征具有母性遗传效应。基因表达谱分析揭示，热激蛋白家族、多巴脱羧酶、酪胺羟化酶、脂类代谢相关途径等的多类基因可能参与了群散间卵耐寒性差异的调控（Wang et al.，2012）。基于严格的实验设计，发现典型群居型飞蝗隔离饲养后，后代卵重降低，蝗蝻形态特征也发生改变，而散居型飞蝗群养后产生相反的效果。研究表明，热激蛋白表达的变异还能传递到后代。这些结果明确展示了种群密度诱导的型变多态性和热激蛋白表达的父性遗传，从而为我们将来研究环境变化的父性表观遗传提供了非常好的研究模型（Chen et al.，2015）。

通过发展一种基于 *k*-mer 串频率的 Fisher 判别式来预测 piRNA 的算法，精度达 90%以上，超过了哈佛大学 B. Doron 的 61%的精度。利用该方法，成功鉴定出飞蝗 8 万多条 piRNA，预测飞蝗可能存在约 13 万条 piRNA（Zhang et al.，2011）。Luo 等（2013）发现飞蝗具有特殊的 RNA 干扰机制，为进一步阐述飞蝗型变的表观调控机制奠定了基础。

通过高通量测序等方法发现，一种 microRNA-276（miR-276）在群居型卵巢和卵中都呈现出高表达趋势，操纵 miR-276 的表达，发现其参与卵孵化速率整齐度的调控。进一步研究发现，miR-276 能够上调靶基因 *brahma*（*brm*），导致群居型卵发育的一致性，并揭示出 miR-276 是通过识别 *brm* 的 RNA 中一个茎环结构来实现了 *brm* 的上调表达。这项研究揭示了飞蝗卵的一致性发育的表观调控机制，为生物发育的稳态及种群稳定性的研究提供了线索（He et al.，2016）。此外，Guo 等（2016）还发现组蛋白去乙酰化酶及甲基转移酶在散居型飞蝗脑中的表达水平显著高于群居型，表明组蛋白翻译后修饰能够参与飞蝗两型转变的调控。

9.5 展　　望

最近基因组学和表观遗传学研究大大地促进了对昆虫多型现象的遗传、分子和表观遗传机制的认识，同时也为理解环境和基因组互作产生表型的机制提供了很好的参照。当然，当前的研究及对表型可塑性机制的认识还很初步，揭示出的机制还仅仅是冰山一角。参与多型分化和调控的基因是非常广泛的，这提示可能涉及整个染色体的转录调控，同时还有跨代的遗传。未来的研究应该充分利用多型个体之间的差异性、可变性及环境诱导性，使之成为研究基因调控表观遗传学、行为表观遗传学、生理表观遗传学、基因组进化和神经生物学的理想模型，为从染色体水平上理解基因型和表型的关系及其机制开辟一条广阔的途径。

参考文献

Alvarado S, Rajakumar R, Abouheif E, et al. 2015. Epigenetic variation in the *Egfr* gene generates quantitative variation in a complex trait in ants. Nature Communications, 6: 6513.

Barberà M, Mengual B, Collantes-Alegre J, et al. 2013. Identification, characterization and analysis of expression of genes encoding arylalkylamine N-acetyltransferases in the pea aphid *Acyrthosiphon pisum*. Insect Molecular Biology, 22(6): 623-634.

Berens A J, Hunt J H, Toth A L. 2015a. Comparative transcriptomics of convergent evolution: different genes but conserved pathways underlie caste phenotypes across lineages of eusocial insects. Molecular Biology and Evolution, 32(3): 690-703.

Berens A J, Hunt J H, Toth A L. 2015b. Nourishment level affects caste-related gene expression in Polistes wasps. BMC Genomics, 16: 235.

Bird A. 2007. Perceptions of epigenetics. Nature, 447(7143): 396-398.

Bonasio R. 2012. Emerging topics in epigenetics: ants, brains, and noncoding RNAs. Annals of New York Academy of Sciences, 1260: 14-23.

Bonasio R, Zhang G, Ye C, et al. 2010. Genomic comparison of the ants *Camponotus floridanus* and *Harpegnathos saltator*. Science, 329(5995): 1068-1071.

Braendle C, Davis G K, Brisson J A, et al. 2006. Wing dimorphism in aphids. Heredity, 97(3): 192-199.

Cameron R C, Duncan E J, Dearden P K. 2013. Biased gene expression in early honeybee larval development. BMC Genomics, 14: 903.

Canfield M, Greene E, Whitman D, et al. 2009. Phenotypic plasticity and the semantics of polyphenism: a historical review and current perspectives. Phenotypic Plasticity of Insects: Mechanisms and Consequences: 65-80.

Chen B, Li S, Ren Q, et al. 2015. Paternal epigenetic effects of population density on locust phase-related characteristics associated with heat-shock protein expression. Molecular Ecology, 24(4): 851-862.

Chen X, Hu Y, Zheng H, et al. 2012. Transcriptome comparison between honey bee queen- and worker-destined larvae. Insect Biochemistry and Molecular Biology, 42(9): 665-673.

Cingolani P, Cao X, Khetani R S, et al. 2013. Intronic non-CG DNA hydroxymethylation and alternative mRNA splicing in honey bees. BMC Genomics, 14: 666.

Consortium H G S. 2006. Insights into social insects from the genome of the honeybee *Apis mellifera*. Nature, 443(7114): 931.

Cortés T, Ortiz-Rivas B, Martínez-Torres D. 2010. Identification and characterization of circadian clock genes in the pea aphid *Acyrthosiphon pisum*. Insect Molecular Biology, 19(s2): 123-139.

Duncan E J, Leask M P, Dearden P K. 2013. The pea aphid (*Acyrthosiphon pisum*) genome encodes two divergent early developmental programs. Developmental Biology, 377(1): 262-274.

Dunham I, Kundaje A, Aldred S F, et al. 2012. An integrated encyclopedia of DNA elements in the human genome. Nature, 489(7414): 57-74.

Elofsson A, Sonnhammer E L. 1999. A comparison of sequence and structure protein domain families as a basis for structural genomics. Bioinformatics, 15(6): 480-500.

Feldmeyer B, Elsner D, Foitzik S. 2014. Gene expression patterns associated with caste and reproductive statud in ants: worker-specific genes are more derived than queen-specific ones. Molecular Ecology, 23(1): 151-161.

Foret S, Kucharski R, Pellegrini M, et al. 2012. DNA methylation dynamics, metabolic fluxes, gene splicing, and alternative phenotypes in honey bees. Proceedings of the National Academy of Sciences of the United States of America, 109(13): 4968-4973.

Gadagkar R. 1997. The evolution of caste polymorphism in social insects: genetic release followed by diversifying evolution. Journal of Genetics, 76(3): 167-179.

Gallot A, Rispe C, Leterme N, et al. 2010. Cuticular proteins and seasonal photoperiodism in aphids. Insect Biochemistry and Molecular Biology, 40(3): 235-240.

Gallot A, Shigenobu S, Hashiyama T, et al. 2012. Sexual and asexual oogenesis require the expression of unique and shared sets of genes in the insect *Acyrthosiphon pisum*. BMC Genomics, 13(1): 1.

Greenberg J, Xia J, Zhou X, et al. 2012. Behavioral plasticity in honey bees is associated with differences in brain microRNA transcriptome. Genes, Brain and Behavior, 11(6): 660-670.

Guo S, Jiang F, Yang P, et al. 2016. Characteristics and expression patterns of histone-modifying enzyme systems in the migratory locust. Insect Biochemistry and Molecular Biology, 76: 18-28.

Guo W, Wang X, Ma Z, et al. 2011. *CSP* and *takeout* genes modulate the switch between attraction and repulsion during behavioral phase change in the migratory locust. PLoS Genetics, 7(2): e1001291.

Guo X, Ma Z, Kang L. 2013. Serotonin enhances solitariness in phase transition of the migratory locust. Frontiers in Behavioral Neuroscience, 7: 129.

Guo X, Ma Z, Kang L. 2015. Two dopamine receptors play different roles in phase change of the migratory locust. Frontiers in Behavioral Neuroscience, 9: 80.

Hölldobler B, Wilson E O. 1990. The Ants. Cambridge: Harvard University Press.

Harrison M C, Hammond R L, Mallon E B. 2015. Reproductive workers show queenlike gene expression in an intermediately eusocial insect, the buff-tailed bumble bee *Bombus terrestris*. Molecular Ecology, 24(12): 3043-3063.

He J, Chen Q, Wei Y, et al. 2016. MicroRNA-276 promotes egg-hatching synchrony by up-regulating *brm* in locusts. Proceedings of the National Academy of Sciences of the United States of America, 113(3): 584-589.

Herb B R, Wolschin F, Hansen K D, et al. 2012. Reversible switching between epigenetic states in honeybee behavioral subcastes. Nature Neuroscience, 15(10): 1371-1373.

Hou L, Jiang F, Yang P, et al. 2015. Molecular characterization and expression profiles of neuropeptide precursors in the migratory locust. Insect Biochemistry and Molecular Biology, 63: 63-71.

Hou L, Yang P, Jiang F, et al. 2017. The neuropeptide F/nitric oxide pathway is essential for shaping locomotor plasticity underlying locust phase transition. eLife, 6: e22526.

Humann F C, Tiberio G J, Hartfelder K. 2013. Sequence and expression characteristics of long noncoding RNAs in honey bee caste development–potential novel regulators for transgressive ovary size. PLoS One, 8(10): e78915.

Huybrechts J, Bonhomme J, Minoli S, et al. 2010. Neuropeptide and neurohormone precursors in the pea aphid, *Acyrthosiphon pisum*. Insect Molecular Biology, 19(s2): 87-95.

International Aphid Genomics C. 2010. Genome sequence of the pea aphid *Acyrthosiphon pisum*. PLoS Biology, 8(2): e1000313.

Ishikawa A, Ishikawa Y, Okada Y, et al. 2012. Screening of upregulated genes induced by high density in the vetch aphid *Megoura crassicauda*. Journal of Experimental Zoology Part A: Ecological Genetics and Physiology, 317(3): 194-203.

Ishikawa A, Miura T. 2013. Transduction of high-density signals across generations in aphid wing polyphenism. Physiological Entomology, 38(2): 150-156.

Jaubert-Possamai S, Rispe C, Tanguy S, et al. 2010. Expansion of the miRNA pathway in the hemipteran insect *Acyrthosiphon pisum*. Molecular Biology and Evolution, 27(5): 979-987.

Jiang F, Yang M, Guo W, et al. 2012. Large-scale transcriptome analysis of retroelements in the migratory locust, *Locusta migratoria*. PLoS One, 7(7): e40532.

Jirtle R L, Skinner M K. 2007. Environmental epigenomics and disease susceptibility. Nature Reviews Genetics, 8(4): 253-262.

Kamakura M. 2011. Royalactin induces queen differentiation in honeybees. Nature, 473(7348): 478-483.

Kapheim K M, Pan H, Li C, et al. 2015. Genomic signatures of evolutionary transitions from solitary to group living. Science, 348(6239): 1139-1143.

Korb J, Poulsen M, Hu H, et al. 2015. A genomic comparison of two termites with different social complexity. Frontiers in Genetics, 6: 9.

Kucharski R, Maleszka J, Foret S, et al. 2008. Nutritional control of reproductive status in honeybees via DNA methylation. Science, 319(5871): 1827-1830.

Le Trionnaire G, Jaubert S, Sabater-Munoz B, et al. 2007. Seasonal photoperiodism regulates the expression of cuticular and signalling protein genes in the pea aphid. Insect Biochemistry and Molecular Biology, 37(10): 1094-1102.

Legeai F, Rizk G, Walsh T, et al. 2010. Bioinformatic prediction, deep sequencing of microRNAs and expression analysis during phenotypic plasticity in the pea aphid, *Acyrthosiphon pisum*. BMC Genomics, 11(1): 1.

Li-Byarlay H, Li Y, Stroud H, et al. 2013. RNA interference knockdown of DNA methyl-transferase 3 affects gene alternative splicing in the honey bee. Proceedings of the National Academy of Sciences of the United States of America, 110(31): 12750-12755.

Liu L, Li Y, Tollefsbol T O. 2008. Gene-environment interactions and epigenetic basis of human diseases. Current Issues in Molecular Biology, 10(1-2): 25-36.

Luo Y, Wang X, Yu D, et al. 2013. Differential responses of migratory locusts to systemic RNA interference via double-stranded RNA injection and feeding. Insect Molecular Biology, 22: 574-583.

Lyko F, Foret S, Kucharski R, et al. 2010. The honey bee epigenomes: differential methylation of brain DNA in queens and workers. PLoS Biology, 8(11): e1000506.

Ma Z, Guo W, Guo X, et al. 2011. Modulation of behavioral phase changes of the migratory locust by the catecholamine metabolic pathway. Proceedings of the National Academy of Sciences of the United States of America, 108(10): 3882.

Ma Z, Guo X, Lei H, et al. 2015. Octopamine and tyramine respectively regulate attractive and repulsive behavior in locust phase changes. Scientific Reports, 5: 8036.

Mao W, Schuler M A, Berenbaum M R. 2015. A dietary phytochemical alters caste-associated gene expression in honey bees. Science Advances, 1(7): e1500795.

Mateus A R, Marques-Pita M, Oostra V, et al. 2014. Adaptive developmental plasticity: compartmentalized responses to environmental cues and to corresponding internal signals provide phenotypic flexibility. BMC Biology, 12: 97.

Mayr E. 1963. Animal Species and Evolution. Cambridge: Belknap Press of Harvard University Press.

Miller G. 2010. Epigenetics: the seductive allure of behavioral epigenetics. Science, 329(5987): 24-27.

Moczek A P. 2010. Phenotypic plasticity and diversity in insects. Philosophical Transactions of the Royal Society B-Biological Sciences, 365(1540): 593-603.

Negre N, Brown C D, Ma L, et al. 2011. A cis-regulatory map of the Drosophila genome. Nature, 471(7339): 527-531.

Nygaard S, Zhang G, Schiott M, et al. 2011. The genome of the leaf-cutting ant *Acromyrmex echinatior* suggests key adaptations to advanced social life and fungus farming. Genome Research, 21(8): 1339-1348.

Patalano S, Vlasova A, Wyatt C, et al. 2015. Molecular signatures of plastic phenotypes in two eusocial insect species with simple societies. Proceedings of National Academy of Sciences, 112(45): 13970-13975.

Pener M. 1991. Locust phase polymorphism and its endocrine relations. Advances in Insect Physiology, 23: 1-79.

Pener M, Yerushalmi Y. 1998. The physiology of locust phase polymorphism: an update. Journal of Insect Physiology, 44(5): 365-377.

Pener M P, Simpson S J. 2009. Locust phase polyphenism: an update. Advances in Insect Physiology, 36: 1-272.

Roux J, Privman E, Moretti S, et al. 2014. Patterns of positive selection in seven ant genomes. Molecular Biology and Evolution, 31(7): 1661-1685.

Sadd B, Barribeau S, Bloch G, et al. 2015. The genomes of two key bumblebee species with primitive eusocial organisation. Genome Biology, 16(1): 76.

Scharf M E, Wu-Scharf D, Zhou X, et al. 2005. Gene expression profiles among immature and adult reproductive castes of the termite *Reticulitermes flavipes*. Insect Molecular Biology, 14(1): 31-44.

Schwander T, Keller L. 2008. Genetic compatibility affects queen and worker caste determination. Science, 322(5901): 552.

Shukla S, Kavak E, Gregory M, et al. 2011. CTCF-promoted RNA polymerase II pausing links DNA methylation to splicing. Nature, 479(7371): 74-99.

Simola D F, Graham R J, Brady C M, et al. 2016. Epigenetic (re)programming of caste-specific behavior in the ant *Camponotus floridanus*. Science, 351(6268): aac6633.

Simola D F, Wissler L, Donahue G, et al. 2013. Social insect genomes exhibit dramatic evolution in gene composition and regulation while preserving regulatory features linked to sociality. Genome Research, 23(8): 1235-1247.

Simpson S J, Sword G A, Lo N. 2011. Polyphenism in insects. Current Biology, 21(18): R738-R749.

Spannhoff A, Kim Y K, Raynal N J, et al. 2011. Histone deacetylase inhibitor activity in royal jelly might facilitate caste switching in bees. Embo Reports, 12(3): 238-243.

Standage D S, Berens A J, Glastad K M, et al. 2016. Genome, transcriptome and methylome sequencing of a primitively eusocial wasp reveal a greatly reduced DNA methylation system in a social insect. Molecular Ecology, 25(8): 1769-1784.

Terrapon N, Li C, Robertson H M, et al. 2014. Molecular traces of alternative social organization in a termite genome. Nature Communications, 5: 3636.

Uvarov B P. 1921. A revision of the genus *Locusta*, L. (=*Pachytylus*, Fieb.), with a new theory as to periodicity and migrations of locusts. Bulletin Entomological Research, 12(2): 135-163.

Wang H, Ma Z, Cui F, et al. 2012. Parental phase status affects the cold hardiness of progeny eggs in locusts. Functional Ecology, 26: 379-389.

Wang L, Tang N, Gao X, et al. 2017. Genome sequence of a rice pest, the white-backed planthopper (*Sogatella furcifera*). GigaScience, 6(1): 1-9.

Wang X, Fang X, Yang P, et al. 2014. The locust genome provides insight into swarm formation and long-distance flight. Nature Communications, 5: 2957.

Wang X, Kang L. 2014. Molecular mechanisms of phase change in locusts. Annual Review of Entomology, 59: 225-244.

Wang Y, Jorda M, Jones P L, et al. 2006. Functional CpG methylation system in a social insect. Science, 314(5799): 645-647.

Wang Y, Li-Byarlay H. 2015. Physiological and molecular mechanisms of nutrition in honey bees. Advances in Insect Physiology, 49: 25-58.

Wang Y, Yang P, Cui F, et al. 2013. Altered immunity in crowded locust reduced fungal (*Metarhizium anisopliae*) pathogenesis. PLoS Pathogens, 9(1): e1003102.

Wang Z, Yang P, Chen D, et al. 2015. Identification and functional analysis of olfactory receptor family reveal unusual characteristics of the olfactory system in the migratory locust. Cellular and Molecular Life Sciences: 1-15.

Waterland R A, Jirtle R L. 2003. Transposable elements: targets for early nutritional effects on epigenetic gene regulation. Molecular and Cellular Biology, 23(15): 5293-5300.

Wheeler D E, Buck N, Evans J D. 2006. Expression of insulin pathway genes during the period of caste determination in the honey bee, *Apis mellifera*. Insect Molecular Biology, 15(5): 597-602.

Wolffe A P, Matzke M A. 1999. Epigenetics: regulation through repression. Science, 286(5439): 481-486.

Wu R, Wu Z, Wang X, et al. 2012. Metabolomic analysis reveals that carnitines are key regulatory metabolites in phase transition of the locusts. Proceedings of the National Academy of Sciences of the United States of America, 109(9): 3259-3263.

Xu H J, Xue J, Lu B, et al. 2015. Two insulin receptors determine alternative wing morphs in planthoppers. Nature, 519(7544): 464-467.

Xue J, Zhou X, Zhang C X, et al. 2014. Genomes of the rice pest brown planthopper and its endosymbionts reveal complex complementary contributions for host adaptation. Genome Biology, 15(12): 1-20.

Yang M, Wei Y, Jiang F, et al. 2014a. MicroRNA-133 inhibits behavioral aggregation by controlling dopamine synthesis in locusts. PLoS Genetics, 10(2): e1004206.

Yang X, Liu X, Xu X, et al. 2014b. Gene expression profiling in winged and wingless cotton aphids, *Aphis gossypii* (Hemiptera: Aphididae). International Journal of Biological Sciences, 10(3): 257.

Yearim A, Gelfman S, Shayevitch R, et al. 2015. HP1 is involved in regulating the global impact of DNA methylation on alternative splicing. Cell Reports, 10(7): 1122-1134.

Yin C, Shen G, Guo D, et al. 2016. InsectBase: a resource for insect genomes and transcriptomes. Nucleic Acids Research, 44(D1): D801-D807.

Zhang Y, Wang X, Kang L. 2011. A *k*-mer scheme to predict piRNAs and characterize locust piRNAs. Bioinformatics, 27(6): 771-776.

Zhu J, Jiang F, Wang X, et al. 2017. Genome sequence of the small brown planthopper, *Laodelphax striatellus*. GigaScience, 6(12): 1-12.

第 10 章　生态免疫学

10.1　物种免疫系统多样性

由于物种的基因组受生存环境的影响，因此存在免疫基因缺失或扩张。不同的物种展现出独特的免疫防御系统，如细菌中 CRISPR 系统、无脊椎动物的天然免疫系统、脊椎动物的适应性免疫系统。免疫系统的多样性为宿主在不同环境条件下提供了适宜生存的抵抗感染方式。

10.1.1　单细胞的免疫防御系统

单细胞生物如细菌和藻类进化出了 CRISPR 适应性免疫系统（Horvath and Barrangou，2010），该系统通过三个主要阶段来抵抗入侵病毒：获得特异病毒 DNA 片段、CRISPR RNA（crRNA）生物合成、靶向干扰病毒 DNA 和 RNA 合成。外源核苷酸是通过 Cas 蛋白来识别，入侵的短片段 DNA（30~50 个碱基对）被称为原型间隔序列（protospacer），作为间隔序列插入宿主 CRISPR 位点中，由重复序列隔开。CRISPR RNA 在转录后生成 pre-crRNA，加工后产生 crRNA，crRNA 含有病毒 DNA 相对应的序列。成熟 crRNA 能指导 Cas 蛋白靶向互补病毒 DNA 或 RNA，目标序列由特异 Cas 核酸酶降解，从而抑制病毒的繁殖。

10.1.2　天然免疫系统

天然免疫系统在无脊椎动物中存在，主要包括细胞免疫和体液免疫。细胞免疫的激活通过 Toll、IMD 和 JAK-STAT 通路实现（Hoffmann，2003；Myllymaki and Ramet，2014）。其中 Toll 通路识别真菌和革兰氏阳性菌，IMD 通路应对革兰氏阴性菌。当真菌或革兰氏阳性菌入侵时，模式识别分子 GNBP3 识别真菌表面的 β-1,3-葡聚糖，然后激活酶切割 Spätzle 分子，Spätzle 分子结合到 Toll 受体引起胞内信号通路激活，高表达抗菌肽分子抵抗入侵真菌。同时真菌表达的一些酶类能够直接降解昆虫的 PSH 蛋白，活化后的 PSH 蛋白能够激活相关酶类切割 Spätzle 分子，从而激活 Toll 通路。当革兰氏阳性菌入侵，模式识别蛋白 PGRP-SA 等识别细菌表面肽聚糖（Lys-type），活化 GRASS 蛋白，然后切割 Spätzle 分子，来激活 Toll 通路。在革兰氏阴性菌入侵时，肽聚糖（DAP-type）和脂多糖（LPS）被 PGRP-LC 受体识别，激活胞内 IMD 通路。有些革兰氏阳性菌也能激活 IMD 通路。JAK-STAT 通路主要被病毒和寄生虫激活，高表达效应分子如 TEP 和 Turandots 等抵抗感染（Yang et al.，2015）。

同时无脊椎动物还存在体液免疫（Dudzic et al.，2015），即微生物入侵时的模式分子被识别后，模式识别分子能够激活体液中的酚氧化酶类，该酶类产生的活性醌和活性氧能够直接杀死微生物。

在无脊椎动物适应环境的过程中，免疫系统也发生变化，如蚜虫中 IMD 通路丢失（Richards et al.，2010），而水螅中不存在 Toll 分子，通过富含亮氨酸重复序列的蛋白识别分子（leucine-rich repeat，LRR）来识别细菌，从而激活抗菌肽的表达（Franzenburg et al.，2012）。同时在蚊子和果蝇中发现 Dscam 分子的免疫球蛋白 G（IgG）结构域能够在不同微生物入侵时产生不同的序列（Dimopoulos et al.，2006），表明无脊椎动物为适应环境产生了多样的免疫系统。

10.1.3 适应性免疫系统

适应性免疫是免疫系统能够对入侵过的微生物产生记忆效应，当该类微生物再次感染宿主时，宿主能够快速产生大量效应分子抵抗微生物感染，并且记忆效应能持续。而淋巴细胞的选择性克隆是适应性免疫产生记忆效应的原因。Gowans 等（1962）发现去除淋巴细胞后小鼠所有免疫记忆现象消失，而恢复淋巴细胞后则产生。因此从 20 世纪 60 年代开始，研究者着重于细胞免疫研究，来观察适应性免疫的记忆效应。当宿主幼年免疫系统未成熟时，拥有识别自身抗原的淋巴细胞最终不能扩增，而其他淋巴细胞存活，这样对自身抗原产生耐受。当免疫系统成熟后，病原菌入侵机体，识别病原菌的前淋巴细胞扩增，产生特异抗体抵抗入侵，并且扩增后的淋巴细胞能长时间存活。这样克隆选择包含四个重要的原理，第一是每个细胞的受体特异性地识别一个特定抗原，第二是细胞受体和抗原的结合亲和力足够使细胞活化，第三是分化后的细胞受体和前体细胞受体一样对特定抗原有同样的特异性，第四是特异识别自身抗原的前体细胞在免疫系统未成熟时就被筛选去除。

10.2 生态因子对免疫系统的影响

生态学是研究物种的分布和丰度，以及它们和环境的相互作用。其中环境因素包括病原生物和寄生生物。免疫学是研究生物体疾病和正常状态下免疫的生理功能。从生态学研究中发现了免疫研究的重要性，如发现寄生生物能够影响性选择（Hamilton and Zuk，1982），引起学者对宿主和寄生生物的生态、进化关系的研究兴趣。

在免疫学中也发现了个体免疫反应差异的重要性，但研究过程中常需要去除自然生活史中导致的差异。过去几十年，随分子生物学的进步，对免疫学和生态学进行了综合性的研究，如观察种群中免疫基因数量性状位点来研究免疫系统的自然选择、免疫基因的多态性；通过物种基因组比较和追溯免疫系统进化路径，等等。

生态因素包括生物因素和非生物因素，这些因素均能影响生物体的免疫系统（图 10.1）。能对免疫系统产生影响的生态因素主要分为四大类：①病原和寄生生物：②种内生活选择压力；③种群免疫系统的遗传压力；④其他生物和非生物因素。

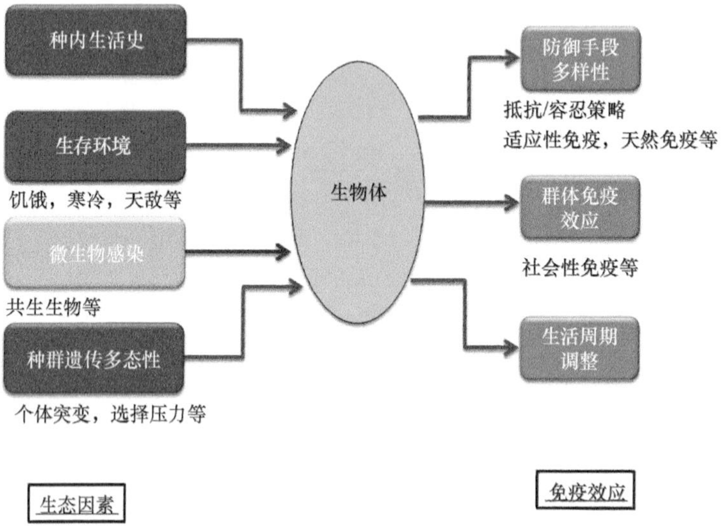

图 10.1　生态因素对宿主免疫防御的改变

10.2.1　病原和寄生生物对宿主免疫防御的改变

寄生生物在自然环境下包括细菌、真菌、病毒、原生动物等。一般来说，免疫系统保护宿主免于寄生生物导致的感染和损坏。因此导致下面几种相互作用，首先是宿主和寄生生物的共进化。寄生生物长时间与特定宿主生活，适应了宿主的免疫防御，这是因为寄生生物生活周期短，数量大，且多为单倍染色体（Hamilton et al.，1990），比宿主的免疫系统进化快。寄生生物快速和持续的适应性对宿主的免疫系统造成很大的选择压力。其次是宿主免疫系统要应对不同的寄生生物或同一寄生生物的不同亚类。因此宿主免疫系统识别、信号转导、效应分子等需要多样性和灵活性，如鱼类（Kalbe et al.，2002；Scharsack et al.，2007）中大量的寄生生物，影响了天然免疫和适应性免疫，如主要组织相容性复合体（MHC）分子多样性的变化（Wegner et al.，2003）。如果寄生生物间存在竞争性关系，这样多种类的寄生对宿主产生非常严重的危害（Antia et al.，1994；de Roode et al.，2005）。如果寄生生物间不存在竞争关系，而且能被宿主利用，那么对宿主的危害就较小。因此后一种寄生生物和宿主关系比前一种关系减小了对宿主免疫系统的压力。免疫系统主要通过识别和消灭寄生生物来免于感染和伤害。寄生生物通过改变表面分子来逃避免疫，因此宿主免疫系统的选择压力主要在识别分子和效应分子上。如果寄生生物通过操控免疫系统信号通路来逃避免疫（Schmid-Hempel，2008），宿主免疫系统选择压力就不仅仅在识别和消除机制上有，信号通路本身也受到选择压力，如增加冗余的信号通路或缺失相关的信号通路。

10.2.2　种内影响对宿主免疫防御的改变

由于免疫对宿主来说是资源耗费，当资源有限时，对免疫系统有平衡作用（trade-off）。免疫的资源耗费主要存在三个方面：遗传资源耗费（基因编码和扩张）、应用耗费

（如免疫反应激活等）和免疫反应病理性耗费（如正常组织在免疫防御中的损伤等）。因此免疫在物种生活周期中的平衡重要性已经得到广泛研究（Sheldon and Verhulst，1996），最重要的平衡应该在免疫、保持生存和繁殖率之间，这些和物种的适应性密切相关。在果蝇和蚊子中发现种间高免疫竞争降低繁殖率（高的遗传资源耗费）（McKean et al.，2008; Yan et al.，1997）。当然过度的免疫反应也降低了繁殖率（应用资源的耗费）（Ahmed and Hurd，2006；Bonneaud et al.，2003）。另外在黄粉虫中发现免疫反应会影响组织的完整性（免疫的病理性耗费）（Sadd and Siva-Jothy，2006）。宿主的免疫耗费效应一般只有在环境压力存在的情况下才表现出来（Lazzaro and Little，2009），因此更进一步显示出环境对免疫系统的重要影响力。例如，抵抗寄生生物强烈的果蝇只有在食物限制的情况下显示出低的幼虫间竞争能力（Kraaijeveld and Godfray，1997）。另外性别间的差异，根据 Bateman 理论，某种性别（如雌性）对后代的投资大于另一种性别（如雄性）。因此雌性对免疫系统的加强投资能够增加生活时间和有效的繁殖时间。相反，雄性对免疫系统的投资就更多地被其他生理活动（如种内生存竞争）所分散。而且性别间选择时，雌性会选择更健康的雄性，即免疫能力强的个体（Folstad and Karter，1992; Hamilton and Zuk，1982）。同样在后代中免疫基因的多样性程度也是优化的（Woelfing et al.，2009）。

10.2.3 种群遗传因素对宿主免疫防御的改变

种群遗传特性如种群大小、迁徙、突变频率、性状表达所需基因和种群的结构影响宿主-寄生生物的相互作用。通过种群遗传模型来评价免疫防御反应各方面的进化，发现整个生活史中的平衡着重于抵抗策略，而不在于耐受和免疫记忆。选择约束条件和种群遗传特点决定了进化的变化（Woolhouse et al.，2002）：①直接选择，如果寄生生物或攻击模式是固定的，抵抗基因能在种群中快速扩展并固定下来。②负频率依赖的动态选择是宿主和寄生生物共进化，常见于寄生生物对宿主常用抵抗基因的适应。这样在种群内传播时导致该抵抗基因的宿主在群体内有规律地反复升高和降低（Decaestecker et al.，2007；Dybdahl and Lively，1996；Gandon et al.，2008）。③宿主-寄生生物的共进化会导致重复的选择性清除（selective sweep）（Bangham et al.，2007; Buckling and Rainey，2002）。④共进化或大量不同的寄生生物导致宿主某些基因多样性的增加，如模式识别受体，这样有利于宿主区分不同的寄生生物。⑤遗传漂移也会对免疫系统进化产生影响，特别是小种群和缺少选择时。这些遗传变化可以整合在一起，但在进化的时间尺度上不同。

10.2.4 生物和非生物影响

生物和非生物因素是宿主-寄生生物相互作用的主要驱动力之一。例如，食物的丰富程度能够改变线虫对寄生生物的抵抗能力（Schulenburg and Muller，2004），同样，丰富的食物增加蚊子对寄生生物的抵抗能力（Ferguson and Read，2002；Lambrechts et al.，2006）。蚜虫中共生的微生物能够显著增加对寄生蜂和真菌的抵抗能力（Oliver et al.，2003），哺乳动物中肠道菌群的正常与否影响了天然和适应性免疫系统（O'Hara and Shanahan，2006），目前肠道基因组对人类健康有至关重要的影响。非生物因素如温度影响线虫、果蝇等抵抗寄生生物的能力（Lazzaro et al.，2008）。有些研究认为，环境因子只对不同基因型的宿主起作用，才能起到选择压力的作用（Lazzaro and Little，2009），但是对双胞胎的免疫能力差异研究发现，相同基因型但不同生活史同样产生不同的免疫反应（Brodin et al.，2015）。

10.3 宿主免疫防御策略的生态适应性

10.3.1 免疫防御策略

免疫系统通过识别和清除病原体来保护生物体免于感染，但宿主也可通过降低病原体造成的负面影响来增强在感染中的适应性。这种能耐受病原体存在的免疫反应是一种重要的防御策略，这种策略在动物和人类感染过程中被长期忽视。因此免疫反应的抵抗策略是宿主减少入侵微生物的数量，而耐受策略则是在一定数量的入侵微生物时减小对宿主健康造成的损伤（Lazzaro and Rolff，2011）。耐受的防御策略最先是由生态学家在植物抵抗病原体的免疫反应中发现的（Painter，1958），然而直到最近，才在动物中发现并重视其在抵抗感染中的作用。总的来说，生物体抵抗病原体存在三种主要的方式，即逃避、抵抗和耐受（Ayres and Schneider，2012）。逃避策略能够降低接触病原体的概率，抵抗是感染发生后降低病原体的载量，而耐受则是降低病原体造成的不适，并不降低病原体的载量。另外，防御策略的耐受也包括免疫学耐受的概念，因为免疫耐受是通过特殊机制降低自身和病原体造成的免疫损伤。

逃避策略是在感染之前宿主感受到病原体并改变行为来远离病原体。感受病原体一般通过味觉和嗅觉，但也有一些物种通过视觉来感受病原体。环境中高密度的病原体通常由特有的代谢物挥发。例如，尸胺、腐胺和粪臭素通常在动物体溃烂组织中细菌的氨基酸代谢特有。甲硫醇通常是细菌降解蛋氨酸形成，并使动物体有特殊体味。当这些化合物浓度提高时，使动物产生厌恶的感觉，提醒存在病原体感染的风险（Kavaliers et al.，2004）。同样味觉也能感受到病原体的存在，如苦味受体能感知酰化高丝氨酸内酯这种细菌特有的代谢物质（Riviere et al.，2009）。线虫常是用来研究嗅觉感受病原体并产生逃避行为的模式动物，并取得了很大进展。逃避行为能为宿主提供更好的适应性。

抵抗策略是免疫系统的主要功能，通过识别、中和、杀伤和排出病原体来抵抗感染。虽然抵抗策略能够成功地消除病原体，但是对生物体适应来说存在副作用。在杀灭病原体的过程中常常对自身机体产生附带损伤。虽然有时对组织没有明显损伤，但是对其正常功能产生影响，如感染发烧。这种免疫病理是免疫过程中无法避免发生的，通常这种免疫病理的严重程度和免疫反应的强度与持续时间密切相关。免疫病理和免疫防御的平衡决定了免疫反应的机制与进化适应，因此，最佳的免疫反应取决于清除病原体和免疫病理强度间的平衡。

免疫耐受主要是降低感染造成宿主的不适，包括病原体和免疫病理造成的组织损伤，而不是着重于消除病原体的载量。虽然耐受策略最先在植物中发现，直到最近观察到小鼠感染疟原虫后症状的严重程度和虫的载量不相关，才证实动物中也存在耐受的免疫策略（Raberg et al.，2007b），而且动物中的耐受策略还受到遗传的影响。另外，宿主的耐受或抵抗策略对微生物种类有特异性，且不同微生物种类能操控宿主对其他微生物感染的抵抗策略。例如，疟原虫感染的小鼠对沙门氏菌的抵抗能力降低（Cunnington et al.，2012）。由于对耐受策略机制的研究较少和动物模型的缺少，因此各种感染和不同物种中的耐受现象仍然需要进一步研究。

10.3.2　免疫防御策略改变的相关机制

如果两个宿主都感染同一种寄生生物，进化选择趋向于免疫应答专一和强的宿主能够应对感染并生存，因此免疫记忆效应在这过程中能够起决定性的作用（Boots et al.，2009），免疫记忆不仅仅保护宿主的整个生活史，还能够对子代起保护作用（Hasselquist and Nilsson，2009）。在无脊椎动物中也发现了免疫记忆的现象，但是相关分子机制仍然在进一步的探索中，如 Dscam 分子的多态性等（Brites et al.，2011；Dong et al.，2006；Watson et al.，2005）。

宿主对寄生生物的趋避行为在许多动物中被发现，特别是在一些社会性的动物中（Cremer and Sixt，2009）。群体性的动物能够提供有效的防御方式，降低种群内个体感染寄生生物的概率，这样减少了对免疫防御的资源投入（Schulenburg and Ewbank，2007）。同样，内在的机制仍然在探索中。趋避行为是线虫抵抗寄生生物的主要防御手段，包括机械防御，即通过化学感受的神经元偶联的 G 蛋白信号通路；通过基于 5-羟色胺（serotonin）的神经元学习行为来避开寄生生物；通过生存压力激活胰岛素（insulin）信号通路减少取食行为来降低感染寄生生物的概率。而且这种趋避行为存在特异性，线虫对粘质沙雷氏菌不同提取物的行为反应不一样，这种特异性可能是由 1000 多种 G 蛋白偶联的化学受体所调控（Schulenburg and Ewbank，2007）。

免疫反应的多态性可能由遗传决定，也可能是个体生活周期中不同表型所导致。表型导致的多态性能更专一地抵抗特定寄生生物，有利于个体适应自然选择。这种抵抗策略在高等脊椎动物中通过染色体重组产生多样性的抗体和 T/B 细胞受体来应对特定的感染，从而表现出专一的免疫记忆效应。但是这种系统对个体并不完全有利，多样性的受体分子会增加错误识别自身分子导致自身免疫的风险。其实自身免疫系统会对多样性分子进行专一性选择，去除自身反应受体，但是其内在机制及相应意义目前仍然不明确（Woelfing et al.，2009）。

研究发现，寄生生物通过干扰宿主免疫信号通路的方式来逃避免疫防御。这样对宿主来说即使能完全识别入侵生物，但是识别信号无法传递到效应分子的表达。因此宿主需要冗余的信号通路来防止免疫信号被劫持。并且这些信号通路是独立的，这样寄生生物不大可能完全劫持这些信号。但是冗余会导致免疫系统资源过度消耗。因此信号通路间的相互作用非常重要，能降低寄生生物劫持信号的能力，并且补偿劫持后减弱的信号。目前信号通路冗余性及免疫信号通路间的相互作用在寄生生物劫持信号通路的研究中仍很少。

为消灭寄生生物，宿主产生的活性氧等在机体内会产生炎症，对自身也产生损伤，因此在自然选择过程中，这些物质的产生被严格调控，相应表达的淬灭分子用来清除这些具有细胞毒性的化合物，如脊椎动物中的IL-10和TGF-β会拮抗炎症，或产生抗氧化的酶如超氧化物歧化酶（superoxide dismutase）或过氧化氢酶（catalase）（Sorci and Faivre，2009）。另外，天然免疫中呼吸爆发引起的自身免疫损伤被MHC介导的适应性免疫所调控（Kurtz et al.，2006）。因此这些免疫机制在宿主抵抗寄生生物的同时，保护机体避免自身免疫的伤害。

交配在宿主防御策略改变中也起重要作用，按照Bateman理论，雌雄个体在进化上的趋势不一样，因此在免疫系统中的投入也不一样，但是相关机制缺乏（Rolff，2002；Roth et al.，2011）。配偶选择能够优化子代的免疫系统，特别是雄性具有资源耗费型的鲜艳外表或完整的MHC基因位点。在脊椎动物中，鲜艳外表和免疫能力的联系可能是由睾丸激素调节的（Nunn et al.，2009）。在无脊椎动物中，酚氧化酶通路既参与抗感染的黑化过程，又与表观性状有关。因此雌性选择色彩丰富的配偶与免疫能力有内在联系。因为交配和孵育后代是资源耗费过程，与免疫防御有平衡关系，目前认为脊椎动物的睾丸激素和昆虫的保幼激素调控着平衡过程。

免疫系统处在不断的进化适应过程中，特别是生物体在生活史过程中面临的不同环境和自身要求时。这主要是因为：①寄生生物的数量、种类与食物资源决定最有效的免疫反应，②自身的发育阶段和营养状态要求免疫反应有最小的副作用，如自身免疫损伤和生活周期中的资源竞争。因此免疫和生殖的平衡常常关系到宿主生活史中的免疫变化，但目前对生活史过程中免疫防御变化的分子机制仍然知之甚少。在天然免疫系统中，insulin信号通路可能是一个重要的调控节点，在线虫中，食物和外界因素如聚集、氧化压力、热等能够激活该通路。该通路正常激活与高繁殖率相关，但是当该信号通路下调时，压力抵抗基因被激活，如免疫系统中抗菌肽等高表达，增强宿主对病原菌的抵抗（Chavez et al.，2007；Garsin et al.，2003；Hasshoff et al.，2007）。

10.4 群体性免疫

生物体并不是孤独生存的，而是通过群体获得更好的资源而生存，如果群体是长时间稳定的，种群内的相互适应性对免疫系统存在选择作用。例如，群体性动物通过行为和生理来抵抗病原生物，如蚂蚁通过清洗体表真菌孢子防止种群被感染，群居型飞蝗通过提高免疫能力来抵抗致死性绿僵菌感染。由于人类也是群体性生物，因此研究群体性免疫有助于发展新的技术、方法来控制疾病传播和优化个体的免疫系统。

从生活史的过程来看，如果免疫系统为抵抗微生物感染而耗费了更多的能量，则宿主的其他生理活动耗能受到限制。因此为保证宿主正常的生理活动，免疫系统能够调整耗能，适应不同的生理状态。大多数微生物传染是随种群密度上升而上升的，因此高密度种群的宿主将面临更好的感染风险。宿主通过感知种群密度升高而提升免疫能力来抵抗高的感染风险，这种免疫现象称为密度依赖的预先免疫（density dependent prophylaxis，DDP），DDP在一些密度改变导致型变化的生物体中普遍存在。DDP最初是研究宿主生活史中病原生物的作用而得以提出的，随着流行病理论的完善，逐渐成为生态免疫理论中快速发展的领域

（Sheldon and Verhulst，1996）。DDP 理论主要依赖三个假设，首先是病原生物的传染与宿主密度呈正相关，其次是宿主能随种群密度改变它们的防御方式，最后是免疫防御是耗能的。

病原生物随种群密度升高而传播率上升，是近一个世纪以来流行病学中的重要基本假设。这样的推论是直接的，因为种群密度升高，个体遇到感染个体或感染后死亡尸体的概率上升，因此高密度群体中个体的感染风险上升。类似于化学反应的质量作用定理，即把种群中的敏感个体和感染个体当作能起反应的两种分子，随着浓度升高，两种分子的相遇率提高。因此一定时间（t）和空间内新感染的宿主可以用公式表达：$\mathrm{d}S/\mathrm{d}t=-\beta S(t)I(t)$，$S$ 表示易感染个体密度，I 表示已感染宿主密度，β 表示感染因子，即每次易感染个体和感染个体接触后被感染的概率。然而有些病原生物的传播与种群密度并不相关，如性传播的病原体，因此公式可修改为 $\beta SI/N$，其中 N 表示所有易感染个体和感染个体的总数。β 可以通过下列公式推导得出。

$$\beta=\frac{-1}{I_0 t}\ln\left[1-\left(\frac{I_t}{S_0}\right)\right]$$

式中，I_0 表示起始群体中感染个体的密度；t 表示与感染个体的接触时间；I_t 表示在时间 t 时感染个体的密度；S_0 表示起始群体中易感染个体的密度。由于质量作用方程的假设条件较为严格，因此随感染过程中因素的变化，如 β 随感染个体密度变化等，使得感染个体的上升与种群密度的关系并不呈线性（Woods and Elkinton，1987）。因此群居生物感染过程需要用新的理论模型来解释，如 SIR（Susceptible-Infected-Recovered）模型中研究发现，随着种群密度上升，个体间的聚集作用有利于种群抵抗疾病的传播，因为部分健康个体聚集在感染个体周围，隔离了易感个体接触感染个体，并使感染个体自然消亡。这样增加了易感个体和感染个体间的欧氏距离，使群体的免疫能力得到加强，而不会随种群密度升高而使疾病流行（Watve and Jog，1997）。

DDP 理论的第二个假设就是宿主对群体密度上升会产生多型性的生理、行为等改变。相对于其他物种，昆虫很容易对群体密度的改变产生多型性改变。例如，蝗虫（东亚飞蝗）在低密度种群下体色为绿色或灰色，而当种群密度升高时，体色变为黄色和黑色。这种种群密度依赖的型改变包括体色、形态、生理、行为、发育和免疫等（Wang and Kang，2014）。在昆虫中对低密度种群适应的个体称为散居型，而对高密度种群适应的为群居型。虽然散居型和群居型为个体应对种群密度改变的极端状态，但为研究其他生物体应对种群密度改变提供了理想的动物模型（Wang et al.，2014）。

研究发现，免疫防御反应是耗能的。例如，通过筛选抵抗小茧蜂卵的果蝇品系，发现从最初 5%的血细胞包裹反应到 5 代后 60%的反应，显示出增强的免疫抵抗能力，但是筛选后的幼虫在食物竞争方面弱于未筛选的幼虫（Hodges et al.，2013；Kraaijeveld and Godfray，1997）。免疫防御反应的耗能一般只有在环境压力存在下体现出来，对宿主的其他生理活动产生平衡效应。

10.5 密度依赖的预先免疫分子机制

虽然从昆虫到哺乳动物都发现了群居有利于提高宿主的免疫能力，但 DDP 作为一种免疫学现象，长时间以来仍不清楚其分子机制。研究发现，群居型蝗虫在细胞数量、溶解细菌能力和黑化能力上都强于散居型飞蝗。同时发现群居型飞蝗用热行为的方式抵抗感染，即在感染后群居型飞蝗更倾向于温度高的区域（Wilson et al.，2002）。高的温度有利于飞蝗体液中酶类反应，如黑化反应中需要的，并且高的体温能抑制病原生物生长，因为微生物生长需要合适的温度。但群居生物对生存资源的竞争，又需要对免疫系统的投资进行平衡，因此存在对提高免疫力和资源竞争的矛盾。

随着大规模基因组学的发展和合适动物模型的应用（Kang et al.，2004），有学者对群散飞蝗的差异性天然免疫防御反应进行研究（Wang et al.，2013），发现群居型飞蝗比散居型飞蝗增加体液中模式识别分子，当面对致死性感染时能提高对入侵微生物的响应速度。转录组研究还发现，群居型飞蝗通过高表达 *cactus* 基因，抑制病原菌入侵时抗菌肽的表达，另外高表达还原酶类对产生自身伤害的活性氧（ROS）反应进行控制。进一步研究发现，高表达的模式识别分子 GNBP3 能直接结合到病原生物表面，募集效应分子对其产生包裹作用，隔离了病原生物和飞蝗体液的直接接触，抑制了病原菌不断产生的模式识别分子对飞蝗免疫系统的持续诱导作用。因此研究结果显示，群居型飞蝗的体液免疫能力得到加强，但是对资源消耗较多的免疫信号通路进行抑制，减少免疫反应造成的附带损伤，而非直接消灭病原菌。通过生存测试发现，群居型飞蝗能更好地抵抗致病原菌感染，因此这种对病原菌的耐受策略能更好地节约资源，有利于生存（Wang et al.，2013）。

虽然群居型飞蝗能够利用耐受策略节约资源，但是按照质量作用模型，群居型飞蝗的个体感染概率仍然比散居型飞蝗高，通过渗透理论（percolation theory）和群体免疫（herd immunity）理论研究发现，当群体中低免疫能力和高免疫能力个体不是均匀分布时，高免疫能力个体聚集在感染个体周围，即增加欧氏距离，降低免疫力个体的接触概率，使整个群体被感染的风险减少（Ferrari et al.，2006；Keeling et al.，2003；Meyers，2007；Reynolds et al.，2009；Wang et al.，2013）。因此群居型飞蝗聚集行为不仅有利于群体的繁殖，抵抗天敌和获取资源，还有利于降低疾病的传播。密度依赖的预先免疫通过操控免疫系统中关键免疫分子的表达，改变宿主的抵抗策略，利用高密度群体的聚集行为来达到降低感染概率、提高免疫能力的效应。

参 考 文 献

Ahmed A M, Hurd H. 2006. Immune stimulation and malaria infection impose reproductive costs in *Anopheles gambiae* via follicular apoptosis. Microbes Infect, 8: 308-315.

Antia R, Levin B R, May R M. 1994. Within-Host population-dynamics and the evolution and maintenance of microparasite virulence. Am Nat, 144: 457-472.

Ayres J S, Schneider D S. 2012. Tolerance of infections. Annual Review of Immunology, 30 (30): 271-294.

Bangham J, Obbard D J, Kim K W, et al. 2007. The age and evolution of an antiviral resistance mutation in *Drosophila melanogaster*. P Roy Soc B-Biol Sci, 274: 2027-2034.

Bonneaud C, Mazuc J, Gonzalez G, et al. 2003. Assessing the cost of mounting an immune response. Am Nat, 161: 367-379.

Boots M, Best A, Miller M R, et al. 2009. The role of ecological feedbacks in the evolution of host defence: what does theory tell us? Philos T R Soc B, 364: 27-36.

Brites D, Encinas-Viso F, Ebert D, et al. 2011. Population Genetics of duplicated alternatively spliced exons of the *Dscam* gene in *Daphnia* and *Drosophila*. PLoS One, 6 (12): e27947.

Brodin P, Jojic V, Gao T X, et al. 2015. Variation in the human immune system is largely driven by non-heritable influences. Cell, 160: 37-47.

Buckling A, Rainey P B. 2002. Antagonistic coevolution between a bacterium and a bacteriophage. P Roy Soc B-Biol Sci, 269: 931-936.

Chavez V, Mohri-Shiomi A, Maadani A, et al. 2007. Oxidative stress enzymes are required for DAF-16-mediated immunity due to generation of reactive oxygen species by *Caenorhabditis elegans*. Genetics, 176: 1567-1577.

Cremer S, Sixt M. 2009. Analogies in the evolution of individual and social immunity. Philos T R Soc B, 364: 129-142.

Cunnington A J, de Souza J B, Walther M, et al. 2012. Malaria impairs resistance to *Salmonella* through heme- and heme oxygenase-dependent dysfunctional granulocyte mobilization. Nat Med, 18: 120-127.

de Roode J C, Pansini R, Cheesman S J, et al. 2005. Virulence and competitive ability in genetically diverse malaria infections. Proc Natl Acad Sci USA, 102: 7624-7628.

Decaestecker E, Gaba S, Raeymaekers J A M, et al. 2007. Host-parasite 'Red Queen' dynamics archived in pond sediment. Nature, 450(7171): 870-873.

Dong Y M, Taylor H E, Dimopoulos G. 2006. AgDscam, a hypervariable immunoglobulin domain-containing receptor of the *Anopheles gambiae* innate immune system. Plos Biology, 4: 1137-1146.

Dudzic J P, Kondo S, Ueda R, et al. 2015. *Drosophila* innate immunity: regional and functional specialization of prophenoloxidases. BMC Biol, 13: 81.

Dybdahl M F, Lively C M. 1996. The geography of coevolution: comparative population structures for a snail and its trematode parasite. Evolution, 50: 2264-2275.

Ferguson H M, Read A F. 2002. Genetic and environmental determinants of malaria parasite virulence in mosquitoes. P Roy Soc B-Biol Sci, 269: 1217-1224.

Ferrari M J, Bansal S, Meyers L A, et al. 2006. Network frailty and the geometry of herd immunity. P Roy Soc B-Biol Sci, 273: 2743-2748.

Folstad I, Karter A J. 1992. Parasites, bright males, and the immunocompetence handicap. Am Nat, 139: 603-622.

Franzenburg S, Fraune S, Kunzel S, et al. 2012. MyD88-deficient Hydra reveal an ancient function of TLR signaling in sensing bacterial colonizers. Proc Natl Acad Sci USA, 109: 19374-19379.

Gandon S, Buckling A, Decaestecker E, et al. 2008. Host-parasite coevolution and patterns of adaptation across time and space. J Evolution Biol, 21: 1861-1866.

Garsin D A, Villanueva J M, Begun J, et al. 2003. Long-lived C-elegans daf-2 mutants are resistant to bacterial pathogens. Science, 300: 1921.

Gowans J L, Mc G D, Cowen D M. 1962. Initiation of immune responses by small lymphocytes. Nature, 196: 651-655.

Hamilton W D, Axelrod R, Tanese R. 1990. Sexual reproduction as an adaptation to resist parasites (a review). Proc Natl Acad Sci USA, 87: 3566-3573.

Hamilton W D, Zuk M. 1982. Heritable true fitness and bright birds—a role for parasites. Science, 218: 384-387.

Hasselquist D, Nilsson J A. 2009. Maternal transfer of antibodies in vertebrates: trans-generational effects on offspring immunity. Philos T R Soc B, 364: 51-60.

Hasshoff M, Bohnisch C, Tonn D, et al. 2007. The role of *Caenorhabditis elegans* insulin-like signaling in the behavioral avoidance of pathogenic *Bacillus thuringiensis*. Faseb J, 21: 1801-1812.

Hodges T K, Laskowski K L, Squadrito G L, et al. 2013. Defense traits of larval *Drosophila melanogaster* exhibit genetically based trade-offs against different species of parasitoids. Evolution, 67: 749-760.

Hoffmann J A. 2003. The immune response of *Drosophila*. Nature, 426: 33-38.

Horvath P, Barrangou R. 2010. CRISPR/Cas, the immune system of bacteria and archaea. Science, 327:

167-170.

Kalbe M, Wegner K M, Reusch T B H. 2002. Dispersion patterns of parasites in 0+ year three-spined sticklebacks: a cross population comparison. J Fish Biol, 60: 1529-1542.

Kang L, Chen X Y, Zhou Y, et al. 2004. The analysis of large-scale gene expression correlated to the phase changes of the migratory locust. P Natl Acad Sci USA, 101: 17611-17615.

Kavaliers M, Choleris E, Agmo A, et al. 2004. Olfactory-mediated parasite recognition and avoidance: linking genes to behavior. Horm Behav, 46: 272-283.

Keeling M J, Woolhouse M E J, May R M, et al. 2003. Modelling vaccination strategies against foot-and-mouth disease. Nature, 421: 136-142.

Kraaijeveld A R, Godfray H C J. 1997. Trade-off between parasitoid resistance and larval competitive ability in *Drosophila melanogaster*. Nature, 389: 278-280.

Kurtz J, Wegner K M, Kalbe M, et al. 2006. MHC genes and oxidative stress in sticklebacks: an immuno-ecological approach. P Roy Soc B-Biol Sci, 273: 1407-1414.

Lambrechts L, Chavatte J M, Snounou G, et al. 2006. Environmental influence on the genetic basis of mosquito resistance to malaria parasites. P Roy Soc B-Biol Sci, 273: 1501-1506.

Lazzaro B P, Flores H A, Lorigan J G, et al. 2008. Genotype-by-environment interactions and adaptation to local temperature affect immunity and fecundity in *Drosophila melanogaster*. PLoS Pathog, 4(3): e1000025.

Lazzaro B P, Little T J. 2009. Immunity in a variable world. Philos T R Soc B, 364: 15-26.

Lazzaro B P, Rolff J. 2011. Immunology. Danger, microbes, and homeostasis. Science, 332(6025): 43-44.

McKean K A, Yourth C P, Lazzaro B P, et al. 2008. The evolutionary costs of immunological maintenance and deployment. BMC Evolutionary Biology, 8(1): 76.

Meyers L A. 2007. Contact network epidemiology: Bond percolation applied to infectious disease prediction and control. B Am Math Soc, 44: 63-86.

Myllymaki H, Ramet M. 2014. JAK/STAT pathway in *Drosophila* immunity. Scand J Immunol, 79: 377-385.

Nunn C L, Lindenfors P, Pursall E R, et al. 2009. On sexual dimorphism in immune function. Philos T R Soc B, 364: 61-69.

O'Hara A M, Shanahan F. 2006. The gut flora as a forgotten organ. Embo Rep, 7: 688-693.

Oliver K M, Russell J A, Moran N A, et al. 2003. Facultative bacterial symbionts in aphids confer resistance to parasitic wasps. P Natl Acad Sci USA, 100: 1803-1807.

Painter R H. 1958. Resistance of Plants to Insects. Annu Rev Entomol, 3: 267-290.

Raberg L, Sim D, Read A F. 2007. Disentangling genetic variation for resistance and tolerance to infectious diseases in animals. Science, 318: 812-814.

Reynolds A M, Sword G A, Simpson S J, et al. 2009. Predator percolation, insect outbreaks, and phase polyphenism. Curr Biol, 19: 20-24.

Richards S, Gibbs R A, Gerardo N M, et al. 2010. Genome sequence of the pea aphid *Acyrthosiphon pisum*. Plos Biology, 8(2): e1000313.

Riviere S, Challet L, Fluegge D, et al. 2009. Formyl peptide receptor-like proteins are a novel family of vomeronasal chemosensors. Nature, 459: 574-577.

Rolff J. 2002. Bateman's principle and immunity. P Roy Soc B-Biol Sci, 269: 867-872.

Roth O, Scharsack J P, Keller I, et al. 2011. Bateman's principle and immunity in a sex-role reversed pipefish. J Evolution Biol, 24: 1410-1420.

Sadd B M, Siva-Jothy M T. 2006. Self-harm caused by an insect's innate immunity. Proc Biol Sci, 273: 2571-2574.

Scharsack J P, Kalbe M, Harrod C, et al. 2007. Habitat-specific adaptation of immune responses of stickleback (*Gasterosteus aculeatus*) lake and river ecotypes. P Roy Soc B-Biol Sci, 274: 1523-1532.

Schmid-Hempel P. 2008. Parasite immune evasion: a momentous molecular war. Trends Ecol Evol, 23: 318-326.

Schulenburg H, Ewbank J J. 2007. The genetics of pathogen avoidance in *Caenorhabditis elegans*. Mol Microbiol, 66: 563-570.

Schulenburg H, Muller S. 2004. Natural variation in the response of *Caenorhabditis elegans* towards *Bacillus thuringiensis*. Parasitology, 128: 433-443.

Sheldon B C, Verhulst S. 1996. Ecological immunology: costly parasite defences and trade-offs in evolutionary ecology. Trends in Ecology & Evolution, 11: 317-321.

Sorci G, Faivre B. 2009. Inflammation and oxidative stress in vertebrate host-parasite systems. Philos T R Soc B, 364: 71-83.

Wang X H, Kang L. 2014. Molecular mechanisms of phase change in locusts. Annual Review of Entomology, 59: 225-244.

Wang X, Fang X, Yang P, et al. 2014. The locust genome provides insight into swarm formation and long-distance flight. Nat Commun, 5: 2957.

Wang Y, Yang P, Cui F, et al. 2013. Altered immunity in crowded locust reduced fungal (*Metarhizium anisopliae*) pathogenesis. PLoS Pathog, 9: e1003102.

Watson F L, Puttmann-Holgado R, Thomas F, et al. 2005. Extensive diversity of Ig-superfamily proteins in the immune system of insects. Science, 309: 1874-1878.

Watve M G, Jog M M. 1997. Epidemic diseases and host clustering: an optimum cluster size ensures maximum survival. Journal of Theoretical Biology, 184: 167-171.

Wegner K M, Kalbe M, Kurtz J, et al. 2003. Parasite selection for immunogenetic optimality. Science, 301: 1343.

Wilson K, Thomas M B, Blanford S, et al. 2002. Coping with crowds: density-dependent disease resistance in desert locusts. Proc Natl Acad Sci USA, 99: 5471-5475.

Woelfing B, Traulsen A, Milinski M, et al. 2009. Does intra-individual major histocompatibility complex diversity keep a golden mean? Philos T R Soc B, 364: 117-128.

Woods S A, Elkinton J S. 1987. Bimodal patterns of mortality from nuclear polyhedrosis-virus in gypsy-moth (*Lymantria dispar*) populations. J Invertebr Pathol, 50(2): 151-157.

Woolhouse M E J, Webster J P, Domingo E, et al. 2002. Biological and biomedical implications of the co-evolution of pathogens and their hosts. Nat Genet, 32: 569-577.

Yan G, Christensen B M, Severson D W. 1997. Comparisons of genetic variability and genome structure among mosquito strains selected for refractoriness to a malaria parasite. J Hered, 88: 187-194.

Yang H R, Kronhamn J, Ekström J, et al. 2015 JAK/STAT signaling in *Drosophila* muscles controls the cellular immune response against parasitoid infection. EMBO Reports, 16(12): 1664-1672.

第 11 章　昆虫免疫组学

动物免疫系统可以被分为获得性免疫和天然免疫。获得性免疫的特点是适应性和记忆性，而天然免疫在所有的后生动物中都存在，能够作为防御的第一道防线而迅速对外来入侵病原做出反应。在脊椎动物中，天然免疫系统包括参与免疫的细胞（如树状细胞、巨噬细胞、颗粒细胞、柱状细胞等）和一些可溶性血液因子。在昆虫等无脊椎动物中，目前还没有很强的证据表明存在特异性免疫。昆虫天然免疫主要由体液免疫和细胞免疫等构成。其中体液免疫主要涉及各种在血淋巴中存在的免疫反应和免疫分子（包括识别受体、信号因子、抗菌肽、蛋白酶、血淋巴凝集因子）等；细胞免疫主要是血细胞参与的对病原体的包被、吞噬等作用。通过比较进化分析发现，许多昆虫免疫基因的结构功能和分子调控机制与脊椎动物中的天然免疫因子非常相似。在脊椎动物中，这些免疫因子的识别作用触发了获得性免疫应答，并使免疫应答系统获得了辨别“非己”外源生物物质的功能，并决定着获得性免疫应答的类型。随着组学技术的发展，改变了昆虫免疫学研究的面貌。首先，随着各个昆虫物种基因组测序的完成，免疫分子被大量发现，已经可以在基因组水平上对昆虫免疫分子进行较为完整的比较和进化分析；其次，转录组技术的成本不断降低又导致了其广泛的应用，已经可以把研究从单基因推到整条途径、整体水平，分析在外源生物因子刺激下免疫激活和抑制等特征；最后，蛋白质组、代谢组、表观组等新兴技术把免疫和其他生理系统的关系，以及免疫反应的修饰、产物、遗传等方面的研究推到更深入的水平。除果蝇等少数模式昆虫外，其他非模式昆虫的研究水平也得到了飞速提高。为了更全面地论述免疫组学的最新进展，本文将从以下几个方面展开：模式昆虫的免疫组学，卫生昆虫对病原的免疫组学，免疫互作及免疫进化。

11.1　模式昆虫的免疫组学

果蝇作为重要的模式生物，曾在经典的遗传学研究中发挥了不可替代的作用。随着技术的不断发展，特别是生物信息学技术的兴起，使生物学的研究进入全新的组学时期。在这种全新的研究背景下，对果蝇的研究依然走在生命学科的前沿。

在 2000 年，继酵母和线虫之后，果蝇的基因组序列正式发布。这标志着不仅仅是果蝇，整个昆虫学的研究正式进入组学时代。结果显示，果蝇的常染色体基因组大小约为 180Mb。通过注释，预测基因 13 601 个，其中有超过 10 000 个能够与当时数据库中已有的结果成功匹配。基因本体学（gene ontology，GO）分类结果表明，功能未知的基因超过 8800 个，在所有已知功能的基因中，与代谢相关的基因最多，为 2274 个，而与果蝇免疫相关的基因为 223 个（Adams et al.，2000）。这一结果为昆虫的免疫组学研究提供了很好的引导作用。

随着研究的不断深入，科学家发现具有相同基因组的生物在不同个体间及相同个体的不同组织和生长发育阶段所表现出来的生命现象是千差万别的。为了更好地研究这些生命现象，转录组和蛋白质组的概念被引入研究中，应用多层次的技术手段，将“组学”渐渐地带入了“后基因组时代”。

早期对转录组的研究使用的技术是基因表达的系列分析（serial analysis of gene expression，SAGE），该技术最早由约翰·霍普金斯大学的 Victor Velculescu 博士引入并用于转录组中差异表达基因的研究（Velculescu et al.，1995），其后又出现了 LongSAGE（Saha et al.，2002）、RL-SAGE（Gowda et al.，2004）和 SuperSAGE（Matsumura et al.，2005）等，从技术层面上对 SAGE 进行了一定的改进。在果蝇中使用 SAGE 进行转录组研究较为成功的案例是通过比较野生型和突变体果蝇胚胎发育中基因的表达情况，发现编码细胞连接和细胞骨架因子的基因能够作为 Jun 激酶（JNK）信号通路的效应分子，调节果蝇的胚胎发育（Jasper et al.，2001）。然而，随着对数据深度要求的加深，SAGE 已经无法满足对转录组研究的需求，因此亟须开发更好的方法进行转录组的研究。在这样的背景下，第二代测序（next-generation sequencing，NGS）技术应运而生，首先将此技术实现商用的是罗氏公司，他们推出的高通量的焦磷酸测序技术对转录组的研究具有革命性的意义（Margulies et al.，2005），新技术的出现也使得对果蝇免疫转录组的研究变得更便捷。最新的研究表明，果蝇在应对线虫和（或）线虫共生细菌的感染时，产生的免疫反应是不同的，细菌感染引起的差异性表达基因主要是翻译抑制因子和胁迫应答因子，而线虫感染则会造成脂代谢、DNA 和蛋白质合成及神经元功能相关基因表达量的显著变化（Castillo et al.，2015）。

作为生命现象的直接表现体，蛋白质在生物学研究中的重要性毋庸置疑，因此对蛋白质功能的挖掘是揭示生命奥秘的最直接途径，蛋白质组学的兴起使得对蛋白质功能的研究进入了高通量的组学时代。蛋白质组学的研究依赖于凝胶电泳技术对不同蛋白质的分离和蛋白质谱技术对靶标蛋白的鉴定。Wilkins 等（1996）使用 2-DE（双向电泳）技术和当时的数据库成功鉴定出 20 种大肠杆菌的蛋白质，这正式拉开了蛋白质组学研究的序幕。Vierstraete（2003）使用 2-DE 和基质辅助激光解吸飞行时间质谱仪（MALDI-TOF MS），在果蝇的血淋巴中成功鉴定出 40 种不同蛋白质，主要包括转运蛋白、蛋白酶、结构蛋白和蛋白酶抑制剂（Vierstraete et al.，2003）。随后，又有学者使用类似的技术，比较了细菌感染前后果蝇血淋巴中蛋白质表达量的变化，发现很多与果蝇免疫相关的蛋白质表达量都产生了显著的变化，如丝氨酸蛋白酶、热激蛋白、酚氧化酶和抗氧化系统组分等（Guedes et al.，2005）。

在漫长的生物进化过程中，昆虫发展出了一个针对入侵微生物和寄生虫的极其复杂且快速有效的生物防卫系统。果蝇的宿主防御相关基因与哺乳动物的天然免疫防御基因同源或者非常相似，因此可以作为许多人类疾病的模型加以研究。因此以果蝇为模式昆虫的免疫研究非常活跃，由组织区别主要分为细胞免疫和体液免疫，而在分子水平上，昆虫免疫应答过程大体上可分成三个步骤，即病原识别、信号转导与效应机制。每一步分别由识别、信号和效应分子参与。

11.1.1 细胞免疫和体液免疫

果蝇依靠细胞和体液反应进行宿主防御。细胞免疫包括吞噬（phagocytosis）、集结（nodulation）和包囊（encapsulation）；体液免疫的标志是免疫刺激合成与释放免疫分子进入血淋巴。

果蝇没有相当于哺乳动物淋巴系的组织，细胞免疫应答由血细胞完成。血细胞在监测和有效对抗病原体、寄生虫免疫中起着关键作用。当机体识别到外来病原时，血细胞会通过吞噬或包被的形式将其清除。果蝇中有三类特异性免疫功能的血细胞：浆血细胞（plasmatocyte）、叶状血细胞（lamellocyte）和晶细胞（crystal cell）。最丰富的血细胞是浆血细胞，主要功能是吞噬病原体和凋亡的细胞。叶状血细胞和晶细胞在果蝇中比较少，负责包被外来入侵的太大而无法吞噬的病原，并启动黑化反应（Sorrentino et al.，2004）。而在黑化反应中，昆虫通过蛋白级联系统生成黑色素，并沉积在外来物和伤口周围，促进伤口愈合并杀死病原体。果蝇幼虫时期具有三种血细胞（Lanot et al.，2001），而成虫只有浆血细胞，不存在叶状血细胞和晶细胞，并无造血能力。

浆血细胞体积较小，呈圆形，数量约占果蝇血细胞的95%。其功能接近哺乳动物的巨噬细胞或单核细胞。目前为止，已经发现的浆细胞受体基因，一个为参与胚胎时期进行凋亡细胞吞噬所需的 *croquemort* 基因，与编码 CD36 的转录本同源（Franc et al.，1999）；另一个为识别清道夫受体 CI 的配体基因（*dSR-CI*），与哺乳动物中 A 类清道夫受体识别的配体的同源性极高，通过体外研究证明，清道夫受体 dSRCI 在参与果蝇的血细胞识别革兰氏阳性菌和革兰氏阴性菌过程中起着重要作用（Ramet et al.，2001）。

果蝇幼虫体内的叶状血细胞是体积最大的血细胞，形状为扁平形。叶状血细胞的主要功能是包裹在生长发育过程中凋亡的组织及外源胁迫物，如寄生虫卵等。该类细胞在健康个体中数量很少，但当外源胁迫物过大、不能由浆血细胞吞噬时，成熟的叶状血细胞才被分化进而发挥作用。晶细胞比浆血细胞略大，数量不足 5%，是酚氧化酶原产生的主要场所（Foley and O'Farrell，2003）。

细胞免疫识别、包裹、分解外源生物胁迫物的过程大致是：浆血细胞识别血淋巴中的外源生物物质，如寄生虫卵，随即附着在外源物质表面，从而导致血细胞增殖、晶细胞分裂、叶状血细胞分化等一系列反应，形成由多层血细胞构成的包囊，并激活黑化反应，产生细胞毒性的醌或半醌类物质最终杀死并清除外源生物（Pelte et al.，2006）。在果蝇幼虫发育过程中，血细胞在淋巴结中产生。该淋巴结由延髓区、皮质区和后信息中心（PSC）构成（Krzemien et al.，2007）。正常情况下，叶状血细胞没有或很少。在外源生物胁迫物如寄生蜂 *Leptopilina boulardi* 感染的情况下，虫卵的侵入被浆血细胞所识别，并引发包囊反应（Honti et al.，2010）。细胞包被后，通过晶细胞诱导黑化反应合成黑色素和活性氧（Honti et al.，2014）。不同的蜂会引起蜂入侵和果蝇防御效率不同。此外，JAK-STAT（janus kinase-signal transducer and activator of transcription）通路在叶状血细胞诱导分化过程中起了重要作用。JAK-STAT 通路功能缺失会导致包被能力的缺失及免疫反应的降低（Sorrentino et al.，2004）。另外，JAK-STAT 通路的组成性激活也会导致叶状血细胞过早分化和积累，最终在自身组织上形成黑色素瘤（Wertheim et al.，2005）。JAK-STAT 通路中其他一些活跃的等位基因或者过量表达野生型 hop 能产生相似的表型（Ekas et al.，2010）。因此，保持血细胞增殖和分化之间的内稳态环境非常复杂，要求对 JAK-STAT 通路严格调控（Honti et al.，2014）。

体液免疫主要指脂肪组织、血细胞及其他细胞合成的分泌蛋白组成的防御体系。除免疫信号通路、黑化反应和活性氧（reactive oxygen species）外，最主要的效应分子就是抗菌肽（antimicrobial peptide，AMP）。抗菌肽分泌到血淋巴中杀死入侵的真菌或细菌，但是对自身细胞的毒性很低。果蝇能合成多达 7 种的抗菌肽。其中 Toll 通路调控抗真菌肽（Drosomycin）基因的表达；IMD 通路调控天蚕素（Cecropin）、果蝇肽（Drosocin）（Irving et al.，2004）、双翅菌肽（Diptericin）和天蚕抗菌肽（Attacin）基因的合成；碧蝽金属肽（Metchnikowin）和防御素（Defensin）基因表达受 Toll 和 IMD 通路共同调控（Hoffmann and Reichhart，2002）。

Drosomycin 是一个具有 44 个氨基酸残基的多肽，具有和昆虫防御素类似的结构，由一个 α 螺旋和反向平行的 β 片层组成。其具有很强的抗真菌活性，能抑制真菌孢子发芽，在低浓度下也能延迟菌丝生长，使菌丝呈现异常形态，但是对细菌没有活性，对红细胞也没有溶血活性。Cecropin 是缺乏半胱氨酸残基的阳离子多肽，由两亲性的 N 端螺旋和 C 端疏水性的螺旋结构组成。Cecropin 能够利用其两亲性的螺旋结构渗透通过革兰氏阴性菌的细胞膜。Attacin 和 Diptericin 属于富含甘氨酸的抗菌肽，能被革兰氏阴性菌激活。Attacin 通过干扰 *omp* 基因的转录抑制大肠杆菌（*Escherichia coli*）外部膜蛋白的合成。

除 Cecropin 和 Attacin 外，果蝇中编码抗菌肽的基因一般没有内含子。抗菌肽基因的启动子区域含有与一些哺乳动物急性反应基因的顺式作用元件非常相似的序列，特别是与哺乳动物的 NF-κB 反应元件基序类似，这说明抗菌肽的表达由 NF-κB 转录因子调控。除 NF-κB 信号通路外，另一类机制通过抑制一氧化氮合酶（nitric oxide synthase，NOS）的活性抑制 diptericin 的表达，增强果蝇对革兰氏阴性菌的易感性。这一研究显示，在果蝇抗革兰氏阴性的先天性免疫反应中 NOS 具有重要作用（Foley and O'Farrell，2003）。此外，钙调磷酸酶（calcineurin）参与了果蝇幼虫的免疫反应，并将信号传递给 NO，最终激活抗菌肽的基因表达（Dijkers and O'Farrell，2007）。

11.1.2 病原识别-模式识别受体

微生物表面存在与哺乳动物宿主不同的保守分子结构，称为病原体相关分子模式（pathogen associated molecular pattern，PAMP）。通常免疫信号通路中的跨膜蛋白受体不能参与这些分子的直接识别，因此必须有识别分子的介入。模式识别受体（pattern recognition receptor，PRR）包括肽聚糖识别蛋白（PGRP）和 β 葡聚糖结合蛋白（βGRP），在果蝇中负责识别作用的主要为这类分子。这些 PRR 可以通过吞噬、包囊等细胞反应直接清除微生物，或利用丝氨酸蛋白酶级联反应和细胞内免疫信号途径间接引发不同的防御反应，如控制抗菌肽等效应基因的表达。该模式识别系统提供了抵抗外来病原的第一道防线。果蝇中发现的PRR可分为6种类型：PGRP、GNBP、硫脂蛋白（thioester protein，TEP）、清道夫受体（scavenger receptor，SCR）、半乳凝素（galectin）和C型凝集素（C-type lectin，CTL）。其中PGRP和GNBP是果蝇的两类主要的模式识别受体。PGRP和GNBP具有多种功能，如具有识别功能，同时还具有直接杀灭和免疫调控的功能。

肽聚糖（peptidoglycan，PGN）存在于大多数细菌细胞壁中，由β-1,4-糖苷键连接的*N*-乙酰氨基葡糖聚合物和*N*-乙酰胞壁酸通过短肽交联，不同类型细菌中的结构不同。昆虫宿主肽聚糖识别蛋白能识别并结合PGN。PGRP均有与细菌Ⅱ型酰胺酶类似的约160个氨基酸组成的PGRP结构域。果蝇中发现13个该家族基因，至少编码17个蛋白质。根据转录本和结构域，PGRP可以被分为短（S）和长（L）两类：短PGRP（-SA、SB1、SB2、SC和SD）具有信号肽，为细胞外蛋白质，而长PGRP（-LA、LB、LC、LD、LE和LF）可能是细胞内、外和跨膜蛋白。

昆虫的PGRP在血细胞、脂肪体和中肠等免疫器官中均有表达，且很多都能被PGN或细菌诱导上调表达，说明PGRP在抗菌反应中起到很重要的作用。具有催化活性的PGRP通过切开长的PGN的桥链而水解PGN成短的、非免疫原性或免疫原性较低的片段，因此能负调控免疫反应或减少防御机制的激活效应（Zaidman-Remy et al.，2011）；PGRP-LB、PGRP-SC1A、PGRP-SC1B和PGRP-SC2具有酰胺酶的活性，在全身反应下调IMD的途径中起着一定作用。PGRP-LB是肠道中的主要调控因子。PGRP-SC1和PGRP-SC2能降解肽聚糖（Bischoff et al.，2006）。缺乏这些蛋白质的果蝇感染*E. coli*后会出现IMD途径的过度激活，导致发育缺陷和幼虫死亡。PGRP-SC和PGRP-LB主要在中肠中表达，主要功能可能是阻止食物中无害的肽聚糖触发免疫反应。耐受细菌的玉米象（*Sitophilus zeamais*）能庇护细胞的细菌共生物——表达和果蝇PGRP-LB同源的一种PGRP基因（Heddi et al.，2005）。该基因的表达可能抑制宿主对内源细菌的防御，因此允许一种长期的共生关系。分泌性的PGRP-SB1能作为一种降解肽聚糖的清除者，并且可以同时杀死一些细菌。这种直接的抗菌活性组成了PGRP的第三种功能，除抗原识别和免疫调控外，和一些脊椎动物PGRP的功能类似。

非接触式PGRP因缺少一个结合锌离子的半胱氨酸而不能水解PGN（Guan et al.，2004），具有激活水解酶活性或起到免疫信号转导的作用。PGRP-LA不结合PGN，对全身性感染无影响。PGRP-LA在上皮细胞屏障（如气管和食道）中正调控IMD途径（Gendrin et al.，2013）。PGRP-LC是一种跨膜受体，结合革兰氏阴性菌和某些革兰氏阳性菌消旋二氨基磺酸型PGN，如芽孢杆菌，它是全身及前部中肠感染时介导IMD途径激活的主要受体（Zaidman-Remy et al.，2006）。PGRP-LC被剪切成若干亚型，其中三种已有研究。其中PGRP-LCx识别聚合PGN；PGRP-LCa不直接结合PGN，PGRP-LCa和PGRP-LCx构成能识别PGN单体片段的受体，如气管细胞毒素（TCT）（Lim et al.，2006）。短形式被分泌到胞外，并在血淋巴中结合PGN（Takehana et al.，2002），通过呈递PGN到PGRP-LC协助IMD信号转导。PGRP-LD的功能尚不清楚。PGRP-LE短的亚基是PGRP-LC的共同受体，在细胞外识别二氨基庚二酸类型的肽聚糖；长的亚基在细胞内起作用，可能用于防御细胞内的细菌，主要是识别气管细胞毒素——一种细菌释放的小的肽聚糖片段（Lim et al.，2006）。PGRP-LE和PGRP-LC的一个结构域是激活IMD信号通路所必需的。在没有感染的情况下，PGRP-LE 在脂肪体异位表达，细胞中自主方式足以激活腺苷-磷酸（AMP）表达。PGRP-LF 结合 PGRP-LC 并阻止其二聚化，是 IMD 信号抑制因子(Persson et al.,2007)。果蝇激活 Toll 途径需要 PGRP、PGRP-SA 和 PGRP-SD（Bischoff et al.，2004）。

目前的研究结果表明，β-葡聚糖结合蛋白又被称为革兰氏阴性菌结合蛋白（Gram negative binding protein，GNBP），通常能结合革兰氏阴性菌、革兰氏阳性菌和真菌，其共同特点是含有保守的 β-1,3-葡聚糖结合结构域和 β-葡聚糖酶样结构域，但由于一些氨基酸在活性部位发生了替换，因此并不具有酶活性（Pili-Floury et al.，2004）。果蝇的 GNBP 基因家族有三个成员，DmGNBP1、DmGNBP2 和 DmGNBP3。其中 DmGNBP1 已在生化水平上被广泛研究，可作为一种模式识别受体特异识别来自革兰氏阴性菌细胞壁上的脂多糖和真菌的 β-1,3-葡聚糖，但对肽聚糖、β-1,4-葡聚糖和几丁质几乎没有亲和性（Kim et al.，2000）。DmGNBP1 突变体可以抵抗一定的革兰氏阴性菌和真菌所导致的感染，而对革兰氏阳性菌引发感染更敏感。DmGNBP1 与 PGRP-SA 形成 GNBP1-PGRP-SA 复合体，共同起模式识别受体的作用，特异识别革兰氏阳性菌，并触发下游蛋白酶水解途径，最终激活 Spätzle 激活 Toll 通路（Gobert et al.，2003）。DmGNBP1 以膜结合形式和细胞内可溶解形式存在。GNBP3 识别真菌 β-1,3-葡聚糖，并引发 Toll 通路的激活及抗菌肽的产生，DmGNBP3 突变体在真菌感染过程中易感性明显。除作为识别蛋白外，GNBP3 可能同时还是一种效应因子（凝集真菌细胞）。比起 GNBP 家族其他成员，DmGNBP3 在核苷酸序列水平上与鳞翅类 PGRP 具有更高的同源性。

11.1.3 信号级联反应

天然免疫识别由一系列保守的识别病原相关分子模式的受体介导。这些识别分子可诱导信号转导途径（Toll 和 IMD 途径），最终激活 NF-κB 转录因子。激活 IMD 通路会上调 Diptericin 转录，上皮细胞诱导另外一种抗菌肽 Drosomycin 的表达。IMD 突变，刺激诱导的抗菌肽数量会急剧降低，*E. coli* 感染后果蝇的存活率与 Toll 缺失或野生型的果蝇相比显著降低，但是真菌感染的抗性程度与野生型果蝇类似；相反，在 Toll 缺失的果蝇中，Drosomycin 的表达显著不足，对真菌的抗性降低，*E. coli* 感染后的存活率与野生型果蝇类似。

Toll 通路受革兰氏阳性菌和真菌感染诱导激活（图 11.1），病原体相关分子模式（PAMP）与肽聚糖受体蛋白或革兰氏阴性菌结合蛋白结合，这种结合触发丝氨酸蛋白酶级联反应剪切 Spätzle（一种 Toll 跨膜受体蛋白的配体）。一旦这种剪切形式的 Spätzle 形成，激活的 Toll 信号经由 Tube 和 Pelle 激酶信号传递，使得 Cactus（一种 IκB-like 蛋白）磷酸化和降解。Cactus 的解离使转录因子 Dorsal 或 Dif 转移到核内，引发多种抗菌肽快速及大量地表达(Lemaitre et al.,1995)。除 Dorsal 外，果蝇还有两个相关的 NF-κB/Rel 蛋白 Dif(Dorsal-related immune factor)和 Relish。突变体果蝇发现 Dif 作用于 Toll 下游，介导抗真菌的反应，Dorsal 能够在 Dif 丧失功能的突变体幼虫中代替 Dif，但在成虫中不能代替（Rutschmann et al.，2000）。

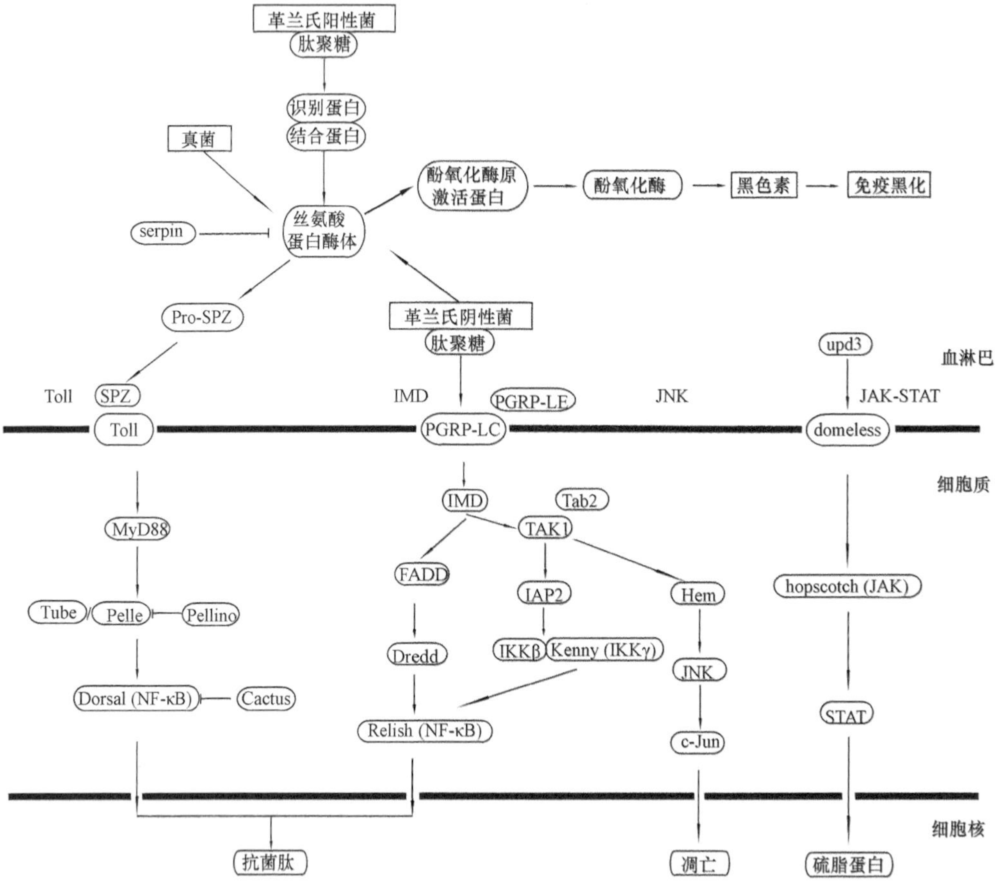

图 11.1　免疫相关信号通路

果蝇基因组共编码 9 个 Toll 类似受体（Toll-like receptor，TLR）。所有的果蝇 Toll 类似受体都有相似的分子结构，具有亮氨酸富集的重复序列和半胱氨酸富集的侧翼基序。Toll 在信号转导上起关键作用，如 Toll5 可以诱导 Drosomycin 和 Metchnikowin 表达（Luo et al.，2001）。Toll5 还与 Toll 及 Pelle 的细胞质内结构域相互作用，以与 Toll 协同作用的方式引发 Dorsal 依赖的转录激活（Luo et al.，2001）。Toll9 可激活 Drosomycin 的组成型表达（Ooi et al.，2002）。Toll7 直接识别病毒糖蛋白，类似于哺乳动物的 Toll 样受体（Moy et al.，2014）。Toll8 在呼吸道上皮表达，负调节 NF-κB 的信号（Tauszig et al.，2000）。Toll1 和 Toll2 在多种组织经历形态发生时表达，具有黏附分子的功能（Keith and Gay，1990）。

除 Toll 受体和 Toll 信号通路外，果蝇的免疫应答还通过调节另一种进化上保守的信号级联反应——IMD 通路激活 NF-κB。IMD 途径是由细胞表面结合的 PGRP-LC 和细胞质 PGRP-LE 识别二氨基庚二酸（DAP）型肽聚糖（由革兰氏阴性菌和芽孢杆菌属种类产生）而激活，导致 IMD——一种死亡（death）结构域衔接蛋白，结合到 dFadd 上。dFadd 与胱天蛋白酶（caspase）Dredd 相互作用，然后结合并剪切磷酸化的 Relish——一种由两部分组成的 NF-κB 类型的转录因子。Relsih 被果蝇的 IκB 激酶复合体磷酸化。

被剪切的 Relish N 端结构域转移到核内，调控各种免疫相关基因如抗菌肽的转录。除在脂肪体发起系统性反应外，IMD 途径还在上皮和黏膜表面诱导免疫应答。在气管中，感染触发 IMD 通路介导气管发育基因激活，重塑感染时损坏的上皮组织。肠道微生物群落或微生物是目前公认的作为宿主系统代谢活动的重要组成部分。果蝇肠道微生物的组成随着果蝇种群和物种的变化而不同，同时也受通过摄食导入肠道细菌的影响，达到肠道微生物与宿主之间的动态平衡，并为双过氧化物酶（DUOX）和 IMD 通路所控制。

虽然 Toll 和 IMD 途径是独立的，两个途径还存在协调作用，在表型方面同时敲除两个途径会比单独敲除 Toll 或者 IMD 途径产生更大的表型作用。Toll 通路主要是受赖氨酸型的 PGN 激活，Toll 通路介导蛋白 PGRP-SD 的晶体结构，说明其结合 DAP 型 PGN，不结合赖氨酸型 PGN（Leone et al.，2008）。Relsih、Dif 及 Dorsal 的水平是有交集的，并且与免疫基因的启动子相互作用。受 Toll 或 IMD 途径特异性上调的基因具有不同的 NF-κB 结合位点，这种 NF-κB 结合位点与脊椎动物那种复杂的结合位点相比，比较简单。Toll、IMD 介导的防御和酚氧化酶（PO）活性，参与蛋白质水解级联反应——这些都是受丝氨酸蛋白酶介导的，并且受丝氨酸蛋白酶抑制剂（serpin）的调控。

11.1.4 其他信号级联反应和

JAK-STAT 途径通过调节下游的抗菌肽等效应因子应对细菌和病毒感染。该途径通过结合分泌配体以旁分泌的方式被激活。JAK-STAT 途径在昆虫天然免疫信号通路中非常保守，在果蝇中研究得最为透彻。该途径包括一个信号转导及转录激活因子（STAT）、一个激酶（hopscotch）、一个受体（domeless），以及 3 个不配对但相关的配体（upd）。upd 结合诱导受体 domeless 的二聚化，引起 Hop 激酶的转磷酸，然后导致 STAT 磷酸化，并被运输到核内调控下游效应基因的表达。

STAT 一般是作为转录激活因子，但是也具有抑制活性。果蝇 STAT 能与其他转录因子（Dap-1）或者染色质修饰蛋白（Dsp1、HDAC）形成复合体，来竞争 Relish 结合位点，因此来调控 NF-κB 免疫反应。hopscotch 参与控制感染果蝇的病毒载量，是一些病毒调节基因必须的非充分前提。果蝇基因组编码 3 个 upd-like 配体。编码的 upd 分子基因在果蝇基因组中的 X 染色体上，除果蝇外没有明显的同源性，但与脊椎动物 Leptins 有一些相似性。但是 upd 氨基酸序列在不同的果蝇物种中有差异，并且在其他昆虫基因组中尚无发现。三个配体都是糖基化蛋白，由血细胞分泌，结合脂肪体细胞中的受体，从而激活 JAK-STAT 途径。其中细菌刺激果蝇成虫血细胞的 upd3，病毒感染诱导 upd2 和 upd3。

果蝇 C 病毒诱导的许多基因在其启动子区域都包含 STAT 结合位点，并且它们的活化依赖于 JAK-STAT 途径。JAK-STAT 途径的活化缺陷导致果蝇 C 病毒载量的增加和死亡率的较高（Dostert et al.，2005）。果蝇 JAK-STAT 信号还控制血细胞的增殖、分化及组织修复（Sorrentino et al.，2004）。JAK-STAT 信号通过诱导抗菌肽表达如 Drosomycin，有利于中肠的抗微生物防御。JAK-STAT 信号连同 JNK 和 DUOX 通路，在感染期间通过调节上皮更新机制维持肠道内环境稳定，特别是细菌感染时促进细胞增殖。正常情况下，JAK-STAT 活性对肠干细胞后代的正确分化非常重要（Buchon et al.，2009）。此外，欧文氏杆菌（*Erwinia carotovora*）感染时，无法进行适当的上皮重建的果蝇会扰乱肠道形态，并增加感染易感性，而敲除负调节因子 ET 增强 JAK-STAT 活性，会提高粘质沙雷氏菌（*Serratia marcescens*）感染后的存活率（Kallio et al.，2010）。

11.1.5 小分子 RNA 沉默途径

果蝇病毒防御包含两种机制：第一是依赖于诱导反应，依赖于 Toll、IMD 和 JAK-STAT 信号通路。病毒诱导的这些基因与细菌或真菌感染诱导的基因不同，具有病毒特异性。第二是 RNA 沉默干扰，使用 Dicer 酶识别病毒双链 RNA，Argonaute 蛋白限制病毒基因表达，连同一个称为 piRNA 途径的小 RNA 沉默通路。基于 RNAi 的机制可能提供对多种病毒的稳健防御机制。

目前有三种 RNA 沉默相关的途径：siRNA 途径，病毒感染或者细胞基因组来源的双链 RNA（dsRNA）产生的干扰小 RNA（siRNA）；microRNA（miRNA）途径，由细胞编码的转录本产生的 miRNA，最终在转录水平上调节基因表达；PIWI-相互作用 RNA（piRNA）途径，细胞基因组转录产生 piRNA，这个过程不需要在基因组元件的外遗传控制中起作用。这三种途径在抗病毒反应中最显著的途径是 siRNA 途径。

病毒来源的 siRNA 是通过识别和加工病毒感染过程中的 dsRNA 产生的。病毒 RNA 的二级结构 dsRNA 可以作为单链 RNA 病毒的复制中间体，或者作为碱基配对。Dicer 蛋白识别 dsRNA 导致 siRNA 产生。昆虫中病毒来源的 siRNA 在果蝇中研究比较透彻。果蝇有两个 dicer 蛋白，dicer-1 是产生 miRNA 所必需的，dicer-2 是产生 dsRNA 进而产生 siRNA 所必需的。病毒的复制期间，病毒 RNA 被加工成干扰小 RNA（siRNA），siRNA 然后用于导向抗病毒 RNAi。因此，RNAi 途径中丧失功能的突变会导致对病毒感染的敏感性。

11.2 卫生昆虫的免疫组学

昆虫天然免疫在控制和清除感染带来的病原时起着重要作用，这种反应和脊椎动物的免疫类似。昆虫的天然免疫稳定且可以清除昆虫的病原，但是虫媒的病原感染能够克服这一系统。在这种情况下，昆虫防御系统只是限制病原，不会清除感染，然后病原会进一步传递到脊椎动物宿主中。

二代测序等生物技术的快速发展，为蚊虫基因组学、转录组学、小 RNA 组学等领域的研究提供了雄厚的基础（Waterhouse et al.，2007）。多种蚊子的基因组已经得到解析，不同蚊子的基因组大小差异很大。转录组的研究为蚊子基因功能分析提供了有效手段，蚊子吸血、滞育、抗疟反应、抗病毒作用甚至是多种抗菌反应机制的研究都因此取得了重大突破（Zou et al.，2011）。小 RNA 组学研究揭示，miRNA 和 piRNA 对蚊子卵巢发育、吸血消化具有调节作用，在蚊子的抗病毒免疫中起着重要作用。总之，蚊子的组学研究为媒介生物学和传播疾病的防治提供了广阔的大数据分析平台。

蚊子对杀虫剂产生的抗性是含有多种表型、依赖于多种基因功能的，包含但是不仅仅限于代谢的解毒作用的一种复杂的作用机制。用转录组学的方法研究抗性品系和敏感品系的蚊子，可筛查出抗性相关基因及相关通路的变化，阐明蚊子对杀虫剂抗性的分子机制（Bonizzoni et al.，2015；Lv et al.，2015）。利用 RNA-seq 的方法研究 Bt（一种杀虫剂）抗性的埃及伊蚊，结果发现免疫基因具有转录差异性及序列多态性的特点（Despres et al.，2014）。马来丝虫感染早期，埃及伊蚊中的 Toll、IMD 及 JAK-STAT 途径会被激活。抗性品系的蚊子再杀灭疟原虫的过程中会表达抗菌肽，而在敏感品系的蚊子中这些基因的表达被抑制（Juneja et al.，2015）。利用 Microarray 和 iTRAQ①分析 *Rel2* 转基因蚊子的 mRNA 和蛋白质水平差异。结果发现 *Rel2* 控制了多种功能的多种基因的表达，并且鉴定到抗疟反应中多种新的基因（Pike et al.，2014）。冈比亚按蚊中的 miRNA 进化具有序列多样性和功能迁移的特点，从吸食正常及感染性血液的按蚊中能鉴定到多种差异表达的 miRNA，这些 miRNA 为进一步研究 miRNA 表达模式及生物学功能提供了基础（Biryukova et al.，2014）。

通过对白纹伊蚊 miRNA 的组学特征及 miRNA 在白纹伊蚊不同发育阶段的表达特征进行分析（吴锦雅，2011），发现白纹伊蚊 miRNA 表达在不同发育阶段具有时间特异性。登革病毒感染后 miRNA 表达差异显著，且这种差异与雌蚊的生长发育和吸血有关，同时也说明 miRNA 可能在抗病毒、抗感染中起着重要的调控作用，为登革病毒的感染调控机制研究奠定了基础。

蛋白质组学在模式昆虫中的应用，随着这些模式昆虫全基因序列先后完成而相继展开。蛋白质组学作为一种有效而直观地研究整体蛋白质的方法，在蚊子中应用也非常广泛，如用差异荧光双向电泳和质谱比较被疟疾感染的冈比亚按蚊和未被感染蚊子的头部蛋白质组，鉴定到与代谢、突触、分子伴侣、信号转导及细胞骨架相关的蛋白质表达量发生了改变。应用质谱鉴定的方法分析冈比亚按蚊表皮蛋白，得到一些与蜕皮、肌肉和硬化相关的蛋白质。应用蛋白质组学方法研究冈比亚按蚊的唾液腺，鉴定得到多种唾液蛋白和唾液腺蛋白，这对研究唾液腺中的疟原虫生存率非常重要。蚊子蛋白质组学研究将成为人们寻找和追踪疟疾及其他病原菌传播的重要手段之一。

蚊对病原的天然免疫反应包括由血细胞介导的吞噬作用和包囊反应。血淋巴内抗菌肽、黑化反应、活性氧和一氧化氮产生等，通过模式识别受体识别和结合病原体相关模式分子引发，进而激活体内相应的信号通路引发免疫反应，共同抵御病原体的侵染（王燕红等，2013）。以下将重点介绍黑化反应、细胞免疫和中肠免疫。

11.2.1　黑化反应和信号转导通路在抗寄生虫免疫反应中的作用

黑化反应是昆虫体内一项重要的体液免疫，在抵御病原体入侵、表皮硬化、促进伤口愈合及形成结节和包囊中有重要作用（Zou et al.，2005）。蚊体内的黑化反应与疟原虫、丝虫和细菌等病原体的消灭有关。

---

① iTRAQ. 同位素标记相对和绝对定量技术

黑化反应是一个复杂的酶原级联放大反应，与黑化包囊密切相关，在分子水平上表现为酚氧化酶原（PPO）的激活。酚氧化酶原是黑化反应的关键酶，一旦被酚氧化酶原激活酶酶切后会生成有活性的酚氧化酶，催化单酚氧化酶成为联苯酚，进一步氧化这些联苯酚为醌类。醌类是黑色素的前体，黑色素在伤口或者病原周围聚集（Zou and Jiang，2005）。黑色素沉淀于外源胁迫物（寄生虫、细菌、病毒等）的表面，完成黑化反应（Zou et al.，2008）。在此过程中同时产生一些氧自由基活性中间物，对入侵的病原体也会产生一定的细胞毒性作用。

调节黑化反应的蛋白质主要包括丝氨酸蛋白酶抑制剂（serine protease inhibitor，serpin）、clip 结构域的丝氨酸蛋白酶（clip domain serine proteases，CLIPs）、C 型凝集素（CTL）和溶菌酶等（Wang et al.，2006）。酚氧化酶以无活性的酚氧化酶原的形式存在，酚氧化酶原的激活是由 clip 结构域丝氨酸蛋白酶级联反应介导的。这类丝氨酸蛋白酶在结构上非常保守，并且参与免疫、发育等多种生理过程（Zou et al.，2010）。其氨基端含有 clip 结构域，羧基端带有一个完整的胰蛋白酶或者胰凝乳蛋白酶结构域。丝氨酸蛋白酶以酶原的形式存在于血淋巴中，在外源胁迫物被免疫系统识别后，会将特定的激活位点酶切激活下游蛋白酶，产生有活性的蛋白酶，对其下游蛋白酶或者酚氧化酶原进行相同方式的激活（Zou et al.，2007）。

酚氧化酶原级联反应受 serpin 的严格调控。库蚊中的 serpin 能够调节蚊吸血过程中脊椎动物宿主的止血作用。*A. gambiae* 至少有 3 种 serpin 参与蚊抵抗疟原虫的天然免疫反应，其中 AgSRPN6 限制疟原虫的数量和传播，在蚊体内参与控制黑化反应和补体功能（An et al.，2012）。CTL 在蚊抵抗疟原虫的黑化反应中主要起抑制作用，沉默 CTL4 和 CTLMA2 能够引起依赖 LRIM1 的动合子的黑化（Osta et al.，2004）。氨基酸代谢在蚊的黑化反应中有重要作用，破坏氨基酸代谢的关键通路，发现利于黑色素生成的酪氨酸的合成减少，从而严重影响了蚊在抵抗 *Plasmodium berghei* 的免疫反应中的黑化包囊作用，多巴脱羧酶的抑制剂卡比多巴对卵的黑化也产生相似的影响（Fuchs et al.，2014）。

A. aegypti 体内存在两种不同的黑化反应机制，组织黑化反应是以体内形成黑色肿块为标志，受组织黑化蛋白酶（CLIPB8）、免疫黑化蛋白酶 1 即 IMP1（CLIPB9）和 serpin2 调控（Zou et al.，2010）。而免疫黑化反应则通过激活血淋巴的酚氧化酶原，从而杀伤疟原虫，IMP1、IMP2 和 serpin1 介导血淋巴酚氧化酶原的剪切及对抗疟疾的免疫反应。这两种不同的黑化反应由特异性的针对不同蛋白酶的抑制剂所调控，并且这种调控同另一条免疫途径 Toll 有关联。

11.2.2 细胞免疫

当蚊感染病原体后，血淋巴细胞的数量增加，而这种数量增加主要是通过循环粒细胞的有丝分裂（King and Hillyer，2013）。其中，冈比亚按蚊 TEP1 启动了对细菌的吞噬作用。吞噬作用通过模式识别受体、跨膜受体和细胞内信号蛋白完成对细菌、寄生虫的识别、内化和清除。另外，富含亮氨酸的免疫分子 1（leucine rich immune molecule 1，LRIM1）也是吞噬作用所必需的因子（Moita et al.，2005）。Dscam 是一种属于免疫球蛋白超家族的细胞黏附分子，在蚊细胞系中可调节对大肠埃希菌和 *S. aureus* 的吞噬作用，冈比亚按蚊 AgDscam 的基因包含 101 个外显子，能产生 31 000 个不同的异构体。RNA 沉默敲除 AgDscam 能够增加血腔中细菌的繁殖，从而降低蚊虫的存活（Dong et al.，2006）。对于不同的异物，吞噬反应也有所不同。*A. gambiae* 的细胞系 5.1 对革兰氏阴性菌大肠杆菌（*E. coli*）的吞噬速度要快于对革兰氏阳性菌（*S. aureus*）的吞噬速度。*A. aegypti* 中大多数的大肠杆菌和疟原虫孢子体都被吞噬，而革兰氏阳性菌——藤黄微球菌（*M. luteus*）则多被黑化，黑化后的菌有的能再被粒细胞吞噬，但在 *A. gambiae* 中很少有细菌被黑化的情况发生。

包囊是昆虫对抗寄生虫的主要防御机制。包囊反应主要针对较大而难以吞噬的病原体，与吞噬作用（将病原体陷于单个细胞）不同，包囊作用是血淋巴在病原体表面聚集将其包围。包被作用常常伴随着对病原体的黑化反应，在包囊反应发生时，血淋巴细胞通过黏附蛋白活性的调节由非黏附状态转换为黏附状态。在骚扰阿蚊黑化包囊反应中，模式识别受体 β-1,3-葡聚糖结合蛋白（GRP）识别细菌和真菌表面的 β-1,3-葡聚糖，进而激活黑化反应，进一步导致包囊的发生。

11.2.3　中肠免疫

在昆虫所有的组织中，中肠上皮是与微生物接触最多的组织。中肠上皮是由一层柱状的上皮细胞组成，向着肠腔一侧的是带有尖状微绒毛的基底膜，包含复杂的可渗透的膜状结构，浸泡在血淋巴中。蚊虫的幼虫生长在富含微生物的水里，以各种细菌和真菌为食，成虫通过植物花蜜和吸血而暴露于各种微生物、寄生虫。中肠有多种微生物种群，其中一些对于成虫的生长是必需的，还有一些能帮助消化、营养及繁殖，还能保护昆虫不受病原的侵害。昆虫与这些微生物间存在多种相互作用的免疫机制，以及影响昆虫和脊椎动物之间的病原传播（Bartholomay et al.，2010）。由于在吸血过程中共生菌会大量增殖，中肠上皮细胞需要保护宿主不受病原微生物的侵害，同时不针对对抗正常微生物的免疫反应（Shin et al.，2011，Wang et al.，2015）。

疟原虫在按蚊吸血时被吸食进入中肠，疟原虫不仅会受到按蚊消化液的消化作用，还会与细菌发生复杂的相互作用。细菌不仅会与疟原虫在营养争夺上发生竞争，还可能会通过产生各种酶、毒素和物理屏障作用直接与疟原虫发生作用或产生不利影响；另外，细菌还能够激活与疟原虫具有交互作用的按蚊的免疫反应，或改变按蚊的代谢，从而影响对疟原虫发育至关重要的各种生物分子的合成。

蚊虫中肠中的肠杆菌数量与疟原虫的感染效率显著相关。用抗生素处理过的无菌的 *A. gambiae*，对疟原虫的感染更加敏感，并且免疫基因转录水平也更低。将细菌与烈性疟原虫（*Plasmodium falciparum*）配子共同感染蚊虫时会导致感染水平的降低。感染分析表明，细菌介导的抗疟反应是由抗菌的免疫反应介导的，总之微生物在调节蚊虫对抗疟疾感染的过程中起着基本作用。这种免疫基因的活性对于对抗疟原虫的感染非常关键。在很大程度上，蚊虫的抗菌和抗疟疾的免疫反应是重合的，说明蚊虫缺乏高度特异性的免疫反应来对抗疟原虫，只是用抗菌的机制来限制疟原虫的感染（Kokoza et al.,

2010）。有一种假说是，蚊虫中存在细菌激活的抗菌免疫反应，合成的抗菌肽和其他免疫因子可以抵御共感染的疟原虫。无论是实验室还是野外的蚊虫品系，将细菌和疟原虫共同感染蚊虫会降低蚊虫中肠中发育的卵囊数量。

当蚊虫中肠中含有各种微生物时，蚊虫对登革病毒的感染会显著下降。蚊虫中的微生物会激活免疫反应，产生相关的抗菌肽对抗登革病毒感染。相反，蚊虫对抗登革病毒感染本身也会影响蚊虫中肠中的微生物，即蚊虫的微生物影响登革病毒感染，登革病毒感染反过来也影响抗菌反应（Ramirez et al.，2012）。除病毒蚊虫相互作用外，胞内细菌沃尔巴克氏体（*Wolbachia* spp.）能影响伊蚊中登革病毒的感染（Moreira et al.，2009）和库蚊中日本脑炎病毒的感染。这些细菌可能通过激发基本的免疫反应来影响病毒的感染性。这些细菌能够在登革病毒感染前通过对登革病毒有害的细菌代谢起作用或者与中肠上皮细胞一起作为登革病毒入侵的屏障，可以将蚊虫中肠看作一个共生功能体，蚊虫、中肠微生物、登革病毒之间有复杂的相互作用，这些相互作用说明登革病毒感染能激发免疫反应，包括提高 cecropin、attacin 和 lysozyme C 等抗菌肽的表达水平（Souza-Neto et al.，2009）。

在大部分吸血昆虫中，包括 *A. gambiae*，吸血后中肠会分泌围食膜。围食膜是一种无细胞、由几丁质壳多糖构成的半透膜，其包围血液防止血细胞和肠道细菌直接接触中肠上皮细胞。

围食膜（peritrophic membrane，PM）是大多数昆虫消化道中的一种特有结构，它是由中肠上皮细胞分泌而形成的一种无色透明、具有一定韧性和弹性的半透膜，从中肠前端一直延伸到后肠，类似脊椎动物肠道中的黏膜。PM 处于中肠上皮细胞和肠道内容物之间，既具有保护中肠上皮细胞免受外来的机械性损伤、阻止病原菌入侵和毒素毒害等作用，又能允许消化酶自由进入肠腔促进营养物质的吸收，并具有固定消化酶、将肠道区室化、结合毒素和抗氧化的作用。PM 被认为是昆虫中肠抵御病原微生物入侵的第一道天然屏障，也是一个重要的防御系统。根据 PM 的形成方式，分为Ⅰ型和Ⅱ型。Ⅰ型多见于鳞翅目昆虫和一些直翅目昆虫，是由中肠上皮细胞分泌所产生的多层重叠管状结构。Ⅱ型常见于双翅目、革翅目、等翅目及部分鳞翅目昆虫，是由中肠前端贲门处一群特殊细胞分泌的黏液，通过贲门瓣的伸缩活动将其挤压成单层均匀的管状薄膜，并不断推向肠腔后方形成的。

活性氧（reactive oxygen species，ROS）的产生也是无脊椎动物昆虫杀灭病原物的重要免疫途径。活性氧是指包括过氧化氢（H_2O_2）、超氧阴离子自由基（$O_2 \cdot^-$）、羟基自由基（·OH）在内强氧化性的小分子物质，可由 O_2 还原生成，彼此之间可以相互转换，对组织有较强的毒性，可以有效地杀灭病原物和寄生虫，在昆虫防御病原物入侵和寄生虫寄生过程中发挥重要作用。活性氧是具有抗菌活性的效应因子，肠道上皮细胞受到病菌感染，会促使双氧化酶（DUOX）催化产生活性氧（Ha et al.，2009），而过氧化氢酶（catalase，CAT）能够催化 H_2O_2 生成无毒的水，协调生物体内的氧化平衡（Vallet-Gely et al.，2008）。通过体外试验，研究人员发现 DUOX 又可以将活性氧的 H_2O_2 催化生成氧化性更强、更具杀菌活性的 HClO（Lemaitre and Hoffmann，2007）。ROS 能杀灭蚊中肠的疟原虫动合子和血腔中的细菌，ROS 缺乏会降低蚊对病原体感染的抵抗力，增加蚊中肠上皮的损害，甚至导致蚊死亡（Oliveira et al.，2011）。线粒体 ROS 能调节蚊中肠上皮对疟原虫感染的敏感性（Goncalves et al.，2012）。

除双氧化酶（DUOX）外，NADPH 氧化酶（NADPH oxidase，NOX）也参与到活性氧的生成反应中。NOX 是一种含有血红素的跨膜蛋白，可跨膜运送电子，NADPH 作为电子供体通过 NOX 作用将电子转移给氧，生成超氧阴离子 O_2^-，产生的活性氧具有强氧化性，能够有效杀灭病原物（Segal，2008）。血红素过氧化物酶（HPX2）和 NADPH 氧化酶 5（NOX5）是增强 *A. gambiae* 一氧化氮毒性的抗疟反应和中肠上皮硝化作用的关键介导因子（Oliveira et al.，2012）。随着活性氧研究的深入，一些参与活性氧平衡的酶引起人们的关注，如特异性清除超氧阴离子的超氧化物歧化酶（superoxide dismutase，SOD）及可以有效清除 H_2O_2 的过氧化氢酶、过氧化物酶（peroxidase，POD），三者协同作用对抗生物体内的氧化压力，以避免强氧化压力对宿主本身生物组织造成的伤害。马铃薯甲虫（*Leptinotarsa decemlineata*）不同发育时期 ROS 的含量存在差异，对抗氧化酶 SOD 及 CAT 的活性进行检测发现，不同阶段其抗氧化能力也存在差异，这说明昆虫通过调节体内抗氧化物的活性来平衡体内的氧化环境，进而达到防御病原物与保护自身组织的目的（Krishnan et al.，2007）。通过活性氧合成酶与抗氧化酶的共同作用，昆虫可成功杀死入侵的病原物，而其自身又存在清除氧化压力的有效体系，以有效保护自身不受强氧化压力的伤害。

被入侵的细胞产生高水平的一氧化氮合酶（NOS）。疟原虫入侵后的细胞反应对疟原虫的存活起着重要作用（Han et al.，2000）。疟原虫入侵的细胞中硝化作用可能分为两步：先是 NOS 的诱导表达，然后是过氧化物酶活性的增强（Kumar et al.，2004）。疟原虫感染的中肠中诱导的过氧化物酶活性非常稳定，并且可以在体外催化蛋白质的硝化作用，与脊椎动物中髓过氧化物酶介导的硝化作用类似（Byun et al.，1999）。

免疫调节过氧化物酶（IMPer）为 *A. gambiae* 吸血后由中肠上皮细胞分泌的。IMPer 与 DUOX 一起催化蛋白质交联到黏蛋白层上，减少了免疫激发因子的产生，组织对抗细菌和疟原虫免疫反应的产生。过氧化物酶/DUOX 系统还保护肠道微生物（Kumar et al.，2010）。吸血诱导 IMPer 的 mRNA、蛋白质及酶活性的产生，在 *A. gambiae* 吸血后 12h 达到峰值。吸血后 30h 中肠的微生物扩增达到峰值。*A. gambiae* 中肠上皮细胞能够激活病原特异性的反应对抗细菌和疟原虫，来调整黏液层对血液中可溶性分子的通透性。IMPer/DUOX 系统形成的二酪氨酸网络允许细菌扩增且不激活上皮免疫，同时使蚊虫对疟原虫的感染更加敏感，因为寄生虫能在中肠存活且不被宿主检测到。

11.3　免疫互作及免疫进化

生物体之间存在广泛的互作。在长期的协同进化过程中，外源生物胁迫物与宿主之间形成了稳定的信息流，其中蕴藏着复杂而精准的调控系统。在信息的识别过程中，昆虫自身的免疫系统会发生响应，代谢也会有所改变。通过解析信息流，从而找到靶标因子、遗传规律，为病虫害的防治提供导向性可持续的调控参考。

近年来，随着各种高通量大规模组学方法的不断改进，可以从基因组、转录组、蛋白质组、代谢组、表观遗传组等多角度、多层次、大尺度融合，从全局出发来探讨免疫问题（林哲等，2013）。下面将以寄生蜂与寄主、病毒与蚊虫为例来探讨免疫互作的分子机制。

11.3.1 寄生蜂与寄主的免疫相互作用

寄生蜂在寄主体内生长的过程中，必须抑制寄主的免疫系统，同时迟滞寄主的生长发育，保证寄生蜂完成正常寄生过程。其毒液（venom）、多分 DNA 病毒（polydanvirus，PDV）、类病毒颗粒（virus like particle，VLP）、畸形细胞（teratocyte）都是重要的寄生因子。当寄生蜂卵进入寄主血腔，一方面，调控寄主血细胞的增殖和分化，抑制细胞包囊反应，从而破坏寄主的细胞免疫系统；另一方面，通过抑制酚氧化酶原激活干扰寄主的体液免疫，从而逃避黑化反应的攻击。寄生蜂在发育过程中也有相应的免疫防御机制。

寄主针对寄生虫和寄生蜂卵等比较大的外源异物的细胞免疫反应主要是包囊作用。随着黑化反应和活性氧自由基的生成，最终导致陷在囊鞘中的寄生蜂卵和病原体失活。包囊反应中囊鞘结构既受到血细胞接触延展和黏附性能改变的影响，又被信号分子、黏附分子及受体分子所调控。同细菌的作用方式类似，寄生蜂通过调控血细胞的延展和黏附能力，来抑制寄主的包囊反应。近年来，围绕小 G 蛋白超家族开展了一系列研究。研究结果表明，果蝇的 Rac2（Ras homologous GTPase）蛋白与细胞延展、集聚有关（Williams et al.，2005）；而 RhoGEF（Rho 型鸟嘌呤核苷酸交换因子，Rho guanine nucleotide exchange factor）同 Rac2 相互作用，参与果蝇抗寄生蜂的细胞免疫反应（Sampson et al.，2012）。寄生蜂（*L. boulardi*）毒液中的一种 P4 蛋白包含有 RhoGAP（Ras homologous GTPase activating protein）结构域，其能够引起细胞黏附性质的改变，肌动蛋白纤丝重组导致寄主血细胞形态发生改变，从而抑制寄主免疫（Labrosse et al.，2005）。钙网蛋白（calreticulin）是内质网的主要钙结合蛋白之一。菜粉蝶微红盘绒茧蜂（*Cotesia rubecula*）毒液中的钙网蛋白抑制寄主血细胞的延展和黏附作用，也抑制包囊反应（Zhang et al.，2006）。

寄生蜂也能通过调节与黑化反应相关基因的转录来抑制寄主血淋巴黑化反应激活。云杉色卷蛾（*Choristoneura fumiferana*）酚氧化酶原基因的转录水平被姬蜂（*Tranosema rostrale*）的多分 DNA 病毒（polydanvirus，PDV）抑制（Doucet et al.，2008）。寄主昆虫被寄生后，其黑化反应基因如酚氧化酶原、丝氨酸蛋白酶和酚氧化酶原激活酶的表达水平发生了显著的变化（Etebari et al.，2011）。除抑制转录水平外，进一步的实验证实寄生蜂也能对寄主的黑化反应实现生化调控。菜粉蝶微红盘绒茧蜂毒液存在两种抑制黑化反应的蛋白质（Asgari et al.，2003a）。其中，Vn50 为丝氨酸蛋白酶类似物，具有与酚氧化酶原激活酶相似的结构域组成，但是催化三联体中的丝氨酸被取代为甘氨酸，因此不具备催化活性（Asgari et al.，2003b）。其与酚氧化酶原激活酶结合能抑制酚氧化酶原激活（Zhang et al.，2004）。过量表达 Vn50 的果蝇表现出黑化反应的减弱，并且降低了对球孢白僵菌的防御力（Thomas et al.，2010）。尽管具体生化机制有待深入探讨，但现有证据从不同层面证明 Vn50 蛋白对于寄主黑化反应的负调控。寄生因子如毁侧沟茧蜂（*Microplitis demolitor*）的 PDV 能表达两种抑制黑化反应激活的蛋白质——Egf1.0 和 Egf1.5（Beck and Strand，2007）。这两种蛋白质都含有富半胱氨酸的元件，且都能通过对上游酚氧化酶原激活酶的抑制来实现对寄主黑化反应的阻断。此外，在 *P. hypochondriaca* 的毒液中还鉴定出 4 种富半胱氨酸毒液蛋白，序列上同已知蛋白酶抑制剂类似，具有抑制毒液酚氧化酶的活性（Parkinson et al.，2004）。一种丝氨酸蛋白酶抑制剂 LpSPNy 在匙胸瘿蜂（*L. boulardi*）中被发现，能特异性地阻断寄主幼虫的酚氧化酶原激活通路（Colinet et al.，2009）。

除黑化反应外，寄生蜂还能够对寄主的免疫信号途径实现调控。当菜粉蝶（*Pieris rapae*）在蝶蛹金小蜂（*Pteromalus puparum*）的寄生调控下，其体内的 C 型凝集素水平显著降低（Fang et al.，2011）。毁侧沟茧蜂（*M. demolitor*）PDV 的产物 Ank-H4 和 H5 蛋白包含 IκB 结构域，由 Ankyrin 重复序列组成但缺少磷酸化和泛素化位点（Thoetkiattikul et al.，2005）；Ank-H4、H5 能够直接与寄主 NF-κB 因子 Dif、Dorsal 和 Relish 的同二聚体相结合，显著降低抗菌肽的表达，从而抑制 Toll 和 IMD 途径的免疫激活功能（Bitra et al.，2011）。含 IκB 结构域的同源基因在其他寄生蜂的 PDV 中也有发现，并具备相似功能，说明 PDV 对于寄主免疫信号转导机制调控作用的机制有共性（Falabella et al.，2007）。小菜蛾绒茧蜂（*Cotesia plutellae*）PDV 的 *IκB* 基因的表达能够降低菜蛾（*Plutella xylostella*）对杆状病毒的抵抗力（Bae and Kim，2009）。

11.3.2　病毒与蚊虫媒介的相互作用

蚊虫能传播多种病毒（多属于黄病毒属），如黄热病毒（yellow fever virus，YFV）、登革病毒（dengue virus，DENV）、日本脑炎病毒（Japanese encephalitis virus，JEV）及西尼罗河病毒（West Nile virus，WNV）等。登革病毒能引起登革热及登革出血热，能够通过伊蚊传播，每年至少上亿人受其感染。登革病毒具有 11kb 的正义链 RNA 基因组，编码多个蛋白质，其中有 3 个结构蛋白组成病毒颗粒（C、prM 和 E），其他 7 个非结构蛋白在病毒的复制过程中起作用（Lindenbach et al.，2007）。两侧的非翻译区（UTR）对于病毒的复制是必需的（Alvarez et al.，2005）。

天然免疫在蚊虫从生理方面抑制病毒复制中起着重要作用。Toll、JAK-STAT 及 RNAi 等多种信号通路中的天然免疫相关基因在蚊虫吸食病毒感染的血液时能够上调表达（Sanchez-Vargas et al.，2009）。通过 RNAi 系统沉默 Cactus 和 Caspar 来激活 Toll 和 IMD 通路，能引起伊蚊登革病毒感染水平的降低，并且该调控功能主要是由 Toll 通路控制的（Xi et al.，2008）。通过沉默 MyD88 抑制 Toll 通路，会导致登革病毒感染水平的升高（Xi et al.，2008）。通过 RNAi 抑制 JAK-STAT 途径的受体 domeless（Dome）和 Janus kinase（Hop）抑制 JAK-STAT 途径时，蚊虫对登革病毒的敏感性会增加，沉默 JAK-STAT 的负调控因子 PIAS 时，蚊虫对病毒的抗性增加（Souza-Neto et al.，2009）。这证明 JAK-STAT 途径是伊蚊抗登革病毒反应的一部分，并且不依赖于 Toll 途径，以及 RNAi 介导的抗病毒反应（Souza-Neto et al.，2009）。

登革病毒（DENV）的免疫调节功能可以选择性地抑制其他侵入节肢动物媒介引发的病原免疫反应。这种免疫调节表现在肠中存在细菌时感染病毒会引起抑制病毒复制的免疫反应的激活（Ramirez et al.，2012）。蚊虫本身的微生物群通过刺激 Toll 免疫途径在调节登革病毒感染方面起着重要作用（Xi et al.，2008）。DENV 感染前用革兰氏阳性菌刺激对 DENV 的滴度没有影响，而用革兰氏阴性菌刺激会增加病毒滴度（Sim and Dimopoulos，2010）。DENV 感染的细胞应对第二次细菌刺激的能力较弱，并且在 DENV 感染前用免疫反应激发因子刺激并不能导致病毒感染降低，说明病毒是抑制免疫通路而不是未能激发这些通路（Sim and Dimopoulos，2010）。利用球孢白僵菌（*Beauveria bassiana*）能引起埃及伊蚊生命周期缩短，阻止登革病毒在伊蚊中肠内的复制。真菌感染诱导各种抗菌肽和登革病毒限制因子基因的表达。*B. bassiana* 介导的抗病毒活性可能通过间接激活蚊虫的 Toll 和 JAK-STAT 途径部分起作用（Dong et al.，2012）。在感染沃尔巴克氏体的 *A. aegypti* 体内，抗菌肽 Defensin 和 Cecropin 能够抑制登革病毒的增殖（Pan et al.，2012）。

DENV 感染会在转录水平上激活 *A. aegypti* 细胞系 AAG2 的 Toll 途径和其他细胞生理通路（Sim and Dimopoulos，2010）。蚊虫感染病毒同时还能抑制 IMD 通路相关免疫基因的表达（Sim and Dimopoulos，2010）。抗菌肽的转录水平在 DENV 感染的细胞中会受到抑制，抗菌肽对蚊虫及其他昆虫控制革兰氏阴性菌极为重要，会影响相关病原的扩增效率。大肠杆菌与 DENV 共孵育时比未感染的细胞长得更好，说明病毒感染的细胞中产生的抗菌肽数量更少。

11.4 免疫基因的比较和进化

昆虫种类繁多，是地球上最为繁盛的群体，同时与农业生产和人类健康关系密切。昆虫生存的环境又使其每时每刻与不同的外源胁迫物发生相互作用。为了揭示其复杂的互作和进化关系，昆虫免疫学的发展不得不依赖于新兴的组学技术，特别是基因组和转录组学。至今已经有 50 余种昆虫的基因组测序完成，涵盖了重要的模式昆虫、卫生昆虫和农业昆虫，特别是冈比亚按蚊、埃及伊蚊、赤拟谷盗（*Tribolium castaneum*）、意大利蜜蜂（*Apis mellifera*）测序的完成（Richards et al.，2008；Weinstock et al.，2006），为比较免疫组学提供了丰富的研究资源。从免疫基因的数目来看，蚊虫的免疫基因是最多的，在许多家族都出现了扩张（Waterhouse et al.，2007），这可能与蚊虫的两种特性有关：第一，蚊虫为非自殖性昆虫，吸食脊椎动物的血液来营养产卵，因此也会接触到不同动物的病原，如革兰氏阴性菌、真菌、线虫、原虫等。第二，蚊虫幼虫生活在微生物丰富的水源中，而成虫会接触到植物（花蜜）和动物。这一复杂生活史可能使蚊虫必须进化出非常强的免疫能力来应对不同病原体的侵染。意大利蜜蜂免疫基因的数目是最少的，大约只有平均水平的三分之一（表 11.1），但是免疫家族和免疫分子是完整的，显示了在完全变态昆虫中免疫途径的保守性（Zou et al.，2006）。意大利蜜蜂免疫基因数目的缺失可能是由社会集体防御体制、食物来源单一或者蜜蜂只被特定的共进化的病原所攻击造成的（Evans et al.，2006；Weinstock et al.，2006）。

表 11.1　主要昆虫免疫蛋白的功能、家族和数目比较

基因家族	*A. mellifera*	*A. aegypti*	*D. melanogaster*	*T. castaneum*	*H. armigera*
识别					
PGRP	4	8	13	8	9
βGRP	2	7	3	3	5
galectin	2	12	5	3	3
C-type lectin	10	39	35	15	25
fibrinogen-domain	2	37	13	6	2
TEP	4	8	6	4	4
scavenger receptor-B	10	13	13	16	10
信号					
CLIP serine protease/homolog	18（57）	67（374）	37（190）	48（160）	12（65）
serpin	7	23	28	30	22
Spätzle	6	9	2	7	7
Toll receptor	4	12	9	9	11
Cactus	3	1	1	1	1
Dorsal、Relish	4	3	5	4	2
效应					
prophenoloxidase	1	10	3	2	2
defensin	2	4	1	4	1
other immune peptides	4	4	19	7	6
lysozyme	3	7	14	4	5
活性氧功能					
glutathion oxidase	2	3	2	3	5
peroxiredoxin	5	5	8	6	7
superoxide dismutase	2	6	4	4	4
总计	95	278	221	184	143

非完全变态昆虫和完全变态昆虫在形态、内分泌、生活史方面有着较大的不同。脂肪体是完全变态昆虫最重要的代谢和免疫器官。而非完全变态昆虫的脂肪体一般不发达，这就使得昆虫的中肠和上皮免疫变得尤为重要。近几年，随着豌豆蚜（*Acyrthosiphon pisum*）、东亚飞蝗（*Locusta migratoria manilensis*）测序工作的相继完成，大大地丰富了我们对非完全变态昆虫基因组的认识。豌豆蚜的免疫与完全变态昆虫有较大的差异。部分免疫家族和通路缺失，如没有 PGRP 分子但是 βGRP 的分子有所扩张（达到 11 个），这是否是对 PGRP 缺失的功能补偿。再如，未在豌豆蚜中发现抗菌肽，这是否和其共生菌提供部分的代谢甚至免疫互补需要进一步的研究。这将为研究天然免疫的起源和进化提供重要证据。

果蝇的研究表明，相对于信号通路分子，识别分子和抗菌肽等效应分子具有更快的进化速率，这可能是这些分子和多样的病原直接接触的缘故。而昆虫、植物和脊椎动物相互比较，将会对解释天然免疫的起源有所帮助，如都具有病原识别分子、以胞内激酶为主的信号通路和抗菌肽。这证明了趋同进化占主导地位。这些免疫元件、分子的保守性可能会支持天然免疫存在古老的共同起源这一理论。

除 PGRP 和 βGRP 外，另一类重要识别分子——C 型凝集素是一类含有糖类（如甘露糖和半乳糖）识别结构域的蛋白质，广泛存在于动植物和昆虫中。它与其他类型凝集素的区别在于其含有大约 120 个氨基酸的钙依赖性的碳水化合物识别区域（carbohydrate recognition domain，CRD）（Iborra and Sancho，2015）。在棉铃虫中有 25 个 CTL 的基因，这数目远远多于 PGRP 和 βGRP 基因家族（Xiong et al.，2015）。

含硫脂蛋白（thioester-containing protein，TEP）广泛存在于昆虫、线虫和哺乳动物体内，属于 C3/α2 巨球蛋白超家族，该蛋白质存在一个保守的基序（链间 β-cysteinyl-γ-glutamyl 的硫脂键），参与自身或者非自身识别（Blandin and Levashina，2004）。α2 巨球蛋白利用硫脂键连接使目的蛋白酶失活，属于广谱蛋白酶抑制剂（Wong and Dessen，2014）。在免疫反应过程中，通过硫脂键结合到补体因子 C3、C4 和 C5 的自身表面或者非自身表面（Lackner et al.，2008）。TEP 的基因最早发现于果蝇体内，而在蚊虫中，TEP 基因家族出现明显扩张现象，如在冈比亚按蚊中含有 15 个，库蚊中含有 10 个，埃及伊蚊中有 8 个（Williams，2007）。最新的研究结果表明，在棉铃虫体内 TEP 家族的基因数量相对较少，仅仅有 4 个，与意大利蜜蜂和赤拟谷盗中数目一致。在同源关系上显示，谱系特异性扩张仅在蚊虫中非常明显（Xiong et al.，2015）。

清道夫受体（scavenger receptor）具有 8 个亚家族成员，属于多结构域蛋白，根据氨基酸序列的差异性分为六大亚类（Class A ~ Class H）（Peiser et al.，2002）。在功能上，ScR 通过识别特异性的配体，进而清除细菌及凋亡的细胞等（Areschoug and Gordon，2009）。在果蝇体内含有 4 个 Class C ScR，其中 3 个参与细胞吞噬和天然免疫的相关过程。在冈比亚按蚊体内含有 15 个，黑腹果蝇体内含有 12 个，棉铃虫体内含有 10 个，意大利蜜蜂体内含有 9 个 ScR-B（Xiong et al.，2015），在豌豆蚜中却没有发现这类清道夫受体分子。

在昆虫中丝氨酸蛋白酶（SP）和非催化性的丝氨酸蛋白酶同系物（SPH）是成员较多的一个基因家族，它们参与许多重要的生理过程，其中包括发育、消化、天然免疫反应及血淋巴结节等（Song and Markley，2003）。其中一部分主要以酶原的形式存在，并能够水解饮食蛋白；另外一部分蛋白酶可以特异性地剪切蛋白质底物的单一肽键。后者能够通过病原体识别蛋白质一起介导局部的非自身免疫反应。研究表明，当丝氨酸蛋白酶类似物的催化三连体氨基酸发生替换，形成缺乏蛋白质水解活性的接头蛋白时，会引起分子间相互作用的特异性增强（Cerenius and Soderhall，2004）。在 *D. melanogaster* 体内，多达 147 个丝氨酸蛋白酶及 57 个丝氨酸蛋白酶类似物，该家族是果蝇的第二大基因家族，值得注意的是，此家族中至少五分之一的成员包含一个或多个 clip 结构域。在蚊虫中含有 clip 结构域的丝氨酸蛋白酶也具有明显的扩张现象。

serpin 主要是丝氨酸蛋白酶的不可逆抑制剂。在哺乳动物中，其主要功能为调节补体活化系统、调控血液凝集过程及参与细胞凋亡途径等。在果蝇的基因组中，存在 27 个 *Serpin* 基因，其数量明显低于相应的丝氨酸蛋白酶基因（147 个）。因此单个的 *Serpin* 基因在体内可能与多个蛋白酶相互作用，或是几个 *Serpin* 基因可能共同调控一条蛋白质水解通路上的多个关键位点。在蚊虫中，抑制黑化反应的 *Serpin* 基因存在数目上的明显扩张，如烟草天蛾的 serpin3 在蚊虫中对应有 3 个序列相似的功能分子。

酚氧化酶原参与黑色素沉积、表皮固化、伤口愈合及防御反应等一系列生理过程（Johansson and Soderhall，1996）。大部分昆虫体内含有 1~3 个酚氧化酶原基因，如在果蝇体内含有 3 个酚氧化酶原基因（Adams et al.，2000），在鳞翅目昆虫中数目相对保守，如在烟草天蛾、棉铃虫中均鉴定到 2 个酚氧化酶原基因。值得关注的是，在埃及伊蚊中存在 9 个酚氧化酶原，并且在进化上形成了独立的一个分支，由此推断双翅目昆虫的 *PPO* 基因在进化上有特异的模式。

病原体入侵后，寄主会识别其表面分子，并招募血淋巴中的免疫因子，进而激活信号转导通路，最终诱导效应分子的合成（Partridge et al.，2010）。天然免疫在动物界中的进化非常保守，哺乳动物具有 Toll 样受体/白介素-1（TLR/IL-1）和肿瘤坏死因子（TNF-α）信号通路，在昆虫中具有与其相类似的 Toll 和 IMD 信号通路。研究表明，在哺乳动物、昆虫甚至植物中，Toll 受体和相关的核因子 NF-κB 信号通路为发现的最古老的宿主防御系统。Toll 通路除参与免疫途径外，同时在幼虫的造血及母体效应胚胎中发挥重要作用（Qiu et al.，1998），还协同其他通路调控血细胞的增殖和调节血细胞的密度（Sorrentino et al.，2004）。

Spätzle 基因为 Toll 通路的配体。一般完全变态昆虫含有 6 或 7 个 Spätzle 分子，进化分析显示这些基因呈对应的关系。但在蚊虫中 TLR 受体具有明显的分化，形成 12 个家族成员。虽然 Toll 信号通路的配体和受体在不同的昆虫间存在基因家族数目的扩张，但参与通路的细胞内分子，如 Tollip、Tube、MyD88、Pelle 和 Pellino 等，在昆虫中都是保守的。这些蛋白质在虫体内形成多聚蛋白复合物，通过信号传递诱导 Cactus 磷酸化，激活核转录因子进入细胞核内引起抗菌肽的合成。因此在昆虫中，抗真菌和抗细菌的免疫分子信号通路相对保守。

果蝇中由肽聚糖识别蛋白 LC（PGRP-LC）介导活化的 IMD 信号通路同时介导抗菌反应及调控正常发育途径。IMD 蛋白与哺乳动物的 TNF 受体同源，均含有死亡结构域（death domain）。IMD 蛋白的活化可诱导转录因子 Relish 的剪切激活，含有活性结构域的 Relish 转位到细胞核中，从而发挥相应的功能（Blumberg et al.，2013）。IMD 信号通路在昆虫中非常保守，其主要组分包括 IMD、Dredd、FADD、TAK1、Tab2、IKKβ、IKKγ 和 Relish 等因子（图 11.1）。但通过基因组测序发现蚜虫中这条重要的免疫通路是缺失的，研究人员猜测，这可能与蚜虫中存在大量共生菌有关。

11.5 展　望

近年来，昆虫免疫组学随着分子生物学和组学技术的发展而更加成熟。更多昆虫全基因组测序的完成及免疫应答的蛋白质组研究等取得了诸多进展，为更深入地了解昆虫免疫特别是天然免疫奠定了深厚的基础。昆虫是人类诸多病原体的媒介。对昆虫、病原体及宿主的免疫通路及相互作用的研究，有利于深入理解相关疾病的发生发展过程、宿主对病原体的防卫机制，从而为开发新的药物或疫苗奠定基础。

参 考 文 献

林哲, 李建成, 路子云, 等. 2013. 基于组学的寄生蜂与寄主免疫的相互作用. 应用昆虫学报, 50: 8.

王燕红, 王举梅, 江红, 等. 2013. 蚊虫对病原体的免疫机制研究. 中国媒介生物学及控制杂志, 24: 6.

吴锦雅. 2011. 白纹伊蚊 microRNA 组学鉴定及其表达谱分析. 南方医科大学博士学位论文.

Adams M D, Celniker S E, Holt R A, et al. 2000. The genome sequence of *Drosophila melanogaster*. Science, 287: 2185-2195.

Alvarez D E, De Lella Ezcurra A L, Fucito S, et al. 2005. Role of RNA structures present at the 3'UTR of dengue virus on translation, RNA synthesis, and viral replication. Virology, 339: 200-212.

An C, Hiromasa Y, Zhang X, et al. 2012. Biochemical characterization of *Anopheles gambiae* SRPN6, a malaria parasite invasion marker in mosquitoes. PLoS One, 7: e48689.

Areschoug T, Gordon S. 2009. Scavenger receptors: role in innate immunity and microbial pathogenesis. Cell Microbiol, 11: 1160-1169.

Asgari S, Zareie R, Zhang G, et al. 2003a. Isolation and characterization of a novel venom protein from an endoparasitoid, *Cotesia rubecula* (Hym: Braconidae). Arch Insect Biochem Physiol, 53: 92-100.

Asgari S, Zhang G, Zareie R, et al. 2003b. A serine proteinase homolog venom protein from an endoparasitoid wasp inhibits melanization of the host hemolymph. Insect Biochem Mol Biol, 33: 1017-1024.

Bae S, Kim Y. 2009. *IκB* genes encoded in *Cotesia plutellae* bracovirus suppress an antiviral response and enhance baculovirus pathogenicity against the diamondback moth, *Plutella xylostella*. J Invertebr Pathol, 102: 79-87.

Bartholomay L C, Waterhouse R M, Mayhew G F, et al. 2010. Pathogenomics of *Culex quinquefasciatus* and meta-analysis of infection responses to diverse pathogens. Science, 330: 88-90.

Beck M H, Strand M R. 2007. A novel polydnavirus protein inhibits the insect prophenoloxidase activation pathway. Proc Natl Acad Sci USA, 104: 19267-19272.

Biryukova I, Ye T, Levashina E. 2014. Transcriptome-wide analysis of microRNA expression in the malaria mosquito *Anopheles gambiae*. BMC Genomics, 15: 557.

Bischoff V, Vignal C, Boneca I G, et al. 2004. Function of the drosophila pattern-recognition receptor PGRP-SD in the detection of Gram-positive bacteria. Nat Immunol, 5: 1175-1180.

Bischoff V, Vignal C, Duvic B, et al. 2006. Downregulation of the *Drosophila* immune response by peptidoglycan-recognition proteins SC1 and SC2. PLoS Pathog, 2: e14.

Bitra K, Zhang S, Strand M R. 2011. Transcriptomic profiling of *Microplitis demolitor* bracovirus reveals host, tissue and stage-specific pattern, of activity. J Gen Virol, 92: 2060-2071.

Blandin S, Levashina E A. 2004. Thioester-containing proteins and insect immunity. Mol Immunol, 40: 903-908.

Blumberg B J, Trop S, Das S, et al. 2013. Bacteria- and IMD pathway-independent immune defenses against *Plasmodium falciparum* in *Anopheles gambiae*. PLoS One, 8: e72130.

Bonizzoni M, Ochomo E, Dunn W A, et al. 2015. RNA-seq analyses of changes in the *Anopheles gambiae* transcriptome associated with resistance to pyrethroids in Kenya: identification of candidate-resistance genes and candidate-resistance SNPs. Parasit Vectors, 8: 474.

Buchon N, Broderick N A, Chakrabarti S, et al. 2009. Invasive and indigenous microbiota impact intestinal stem cell activity through multiple pathways in *Drosophila*. Genes Dev, 23: 2333-2344.

Byun J, Henderson J P, Mueller D M, et al. 1999. 8-Nitro-2′-deoxyguanosine, a specific marker of oxidation by reactive nitrogen species, is generated by the myeloperoxidase-hydrogen peroxide-nitrite system of activated human phagocytes. Biochemistry, 38: 2590-2600.

Castillo J C, Creasy T, Kumari P, et al. 2015. *Drosophila* anti-nematode and antibacterial immune regulators revealed by RNA-Seq. BMC Genomics, 16: 519.

Cerenius L, Soderhall K. 2004. The prophenoloxidase-activating system in invertebrates. Immunol Rev, 198: 116-126.

Colinet D, Dubuffet A, Cazes D, et al. 2009. A serpin from the parasitoid wasp *Leptopilina boulardi* targets the *Drosophila phenoloxidase* cascade. Dev Comp Immunol, 33: 681-689.

Despres L, Stalinski R, Tetreau G, et al. 2014. Gene expression patterns and sequence polymorphisms associated with mosquito resistance to *Bacillus thuringiensis* israelensis toxins. BMC Genomics, 15: 926.

Dijkers P F, O'Farrell P H. 2007. *Drosophila* calcineurin promotes induction of innate immune responses. Curr Biol, 17: 2087-2093.

Dong Y, Jr J C M, Ramirez J L, et al. 2012. The entomopathogenic fungus *Beauveria bassiana* activate toll and JAK-STAT pathway-controlled effector genes and anti-dengue activity in *Aedes aegypti*. Insect Biochem Mol Biol, 42: 126-132.

Dong Y, Taylor H E, Dimopoulos G. 2006. AgDscam, a hypervariable immunoglobulin domain-containing receptor of the *Anopheles gambiae* innate immune system. PLoS Biol, 4: e229.

Dostert C, Jouanguy E, Irving P, et al. 2005. The Jak-STAT signaling pathway is required but not sufficient for the antiviral response of *Drosophila*. Nat Immunol, 6: 946-953.

Doucet D, Beliveau C, Dowling A, et al. 2008. Prophenoloxidases 1 and 2 from the spruce budworm, *Choristoneura fumiferana*: molecular cloning and assessment of transcriptional regulation by a polydnavirus. Arch Insect Biochem Physiol, 67: 188-201.

Ekas L A, Cardozo T J, Flaherty M S, et al. 2010. Characterization of a dominant-active STAT that promotes tumorigenesis in *Drosophila*. Dev Biol, 344: 621-636.

Etebari K, Palfreyman R W, Schlipalius D, et al. 2011. Deep sequencing-based transcriptome analysis of *Plutella xylostella* larvae parasitized by *Diadegma semiclausum*. BMC Genomics, 12: 446.

Evans J D, Aronstein K, Chen Y P, et al. 2006. Immune pathways and defence mechanisms in honey bees *Apis mellifera*. Insect Mol Biol, 15: 645-656.

Falabella P, Varricchio P, Provost B, et al. 2007. Characterization of the IkappaB-like gene family in polydnaviruses associated with wasps belonging to different Braconid subfamilies. J Gen Virol, 88: 92-104.

Fang Q, Wang F, Gatehouse J A, et al. 2011. Venom of parasitoid, *Pteromalus puparum*, suppresses host, *Pieris rapae*, immune promotion by decreasing host C-type lectin gene expression. PLoS One, 6: e26888.

Foley E, O'Farrell P H. 2003. Nitric oxide contributes to induction of innate immune responses to gram-negative bacteria in *Drosophila*. Genes Dev, 17: 115-125.

Franc N C, Heitzler P, Ezekowitz R A, et al. 1999. Requirement for croquemort in phagocytosis of apoptotic cells in *Drosophila*. Science, 284: 1991-1994.

Fuchs S, Behrends V, Bundy J G, et al. 2014. Phenylalanine metabolism regulates reproduction and parasite melanization in the malaria mosquito. PLoS One, 9: e84865.

Gendrin M, Zaidman-Remy A, Broderick N A, et al. 2013. Functional analysis of PGRP-LA in *Drosophila* immunity. PLoS One, 8: e69742.

Gobert V, Gottar M, Matskevich A A, et al. 2003. Dual activation of the *Drosophila* toll pathway by two pattern recognition receptors. Science, 302: 2126-2130.

Goncalves R L, Oliveira J H, Oliveira G A, et al. 2012. Mitochondrial reactive oxygen species modulate mosquito susceptibility to *Plasmodium* infection. PLoS One, 7: e41083.

Gowda M, Jantasuriyarat C, Dean R A, et al. 2004. Robust-LongSAGE (RL-SAGE): a substantially improved

LongSAGE method for gene discovery and transcriptome analysis. Plant Physiology, 134: 890-897.
Guan R, Malchiodi E L, Wang Q, et al. 2004. Crystal structure of the C-terminal peptidoglycan-binding domain of human peptidoglycan recognition protein Ialpha. J Biol Chem, 279: 31873-31882.
Guedes S D, Vitorino R, Domingues R, et al. 2005. Proteomics of immune-challenged *Drosophila melanogaster* larvae hemolymph. Biochem Biophys Res Commun, 328: 106-115.
Ha E M, Lee K A, Park S H, et al. 2009. Regulation of DUOX by the Galphaq-phospholipase C beta-Ca^{2+} pathway in *Drosophila* gut immunity. Dev Cell, 16: 386-397.
Han Y S, Thompson J, Kafatos F C, et al. 2000. Molecular interactions between *Anopheles stephensi* midgut cells and *Plasmodium berghei*: the time bomb theory of ookinete invasion of mosquitoes. Embo J, 19: 6030-6040.
Heddi A, Vallier A, Anselme C, et al. 2005. Molecular and cellular profiles of insect bacteriocytes: mutualism and harm at the initial evolutionary step of symbiogenesis. Cell Microbiol, 7: 293-305.
Hoffmann J A, Reichhart J M. 2002. *Drosophila* innate immunity: an evolutionary perspective. Nat Immunol, 3: 121-126.
Honti V, Csordas G, Kurucz E, et al. 2014. The cell-mediated immunity of *Drosophila melanogaster*: hemocyte lineages, immune compartments, microanatomy and regulation. Dev Comp Immunol, 42: 47-56.
Honti V, Csordas G, Markus R, et al. 2010. Cell lineage tracing reveals the plasticity of the hemocyte lineages and of the hematopoietic compartments in *Drosophila melanogaster*. Mol Immunol, 47: 1997-2004.
Iborra S, Sancho D. 2015. Signalling versatility following self and non-self sensing by myeloid C-type lectin receptors. Immunobiology, 220: 175-184.
Irving P, Troxler L, Hetru C. 2004. Is innate enough? The innate immune response in *Drosophila*. C R Biol, 327: 557-570.
Jasper H, Benes V, Schwager C, et al. 2001. The genomic response of the *Drosophila* embryo to JNK signaling. Dev Cell, 1: 579-586.
Johansson M W, Soderhall K. 1996. The prophenoloxidase activating system and associated proteins in invertebrates. Prog Mol Subcell Biol, 15: 46-66.
Juneja P, Ariani C V, Ho Y S, et al. 2015. Exome and transcriptome sequencing of *Aedes aegypti* identifies a locus that confers resistance to *Brugia malayi* and alters the immune response. PLoS Pathog, 11: e1004765.
Kallio J, Myllymaki H, Gronholm J, et al. 2010. Eye transformer is a negative regulator of *Drosophila* JAK/STAT signaling. Faseb J, 24(11): 4467-4479.
Keith F J, Gay N J. 1990. The *Drosophila* membrane receptor Toll can function to promote cellular adhesion. Embo J, 9: 4299-4306.
Kim Y S, Ryu J H, Han S J, et al. 2000. Gram-negative bacteria-binding protein, a pattern recognition receptor for lipopolysaccharide and beta-1, 3-glucan that mediates the signaling for the induction of innate immune genes in *Drosophila melanogaster* cells. J Biol Chem, 275: 32721-32727.
King J G, Hillyer J F. 2013. Spatial and temporal *in vivo* analysis of circulating and sessile immune cells in mosquitoes: hemocyte mitosis following infection. BMC Biol, 11: 55.
Kokoza V, Ahmed A, Woon Shin S, et al. 2010. Blocking of *Plasmodium* transmission by cooperative action of Cecropin A and Defensin A in transgenic *Aedes aegypti* mosquitoes. Proc Natl Acad Sci USA, 107: 8111-8116.
Krishnan N, Kodrik D, Turanli F, et al. 2007. Stage-specific distribution of oxidative radicals and antioxidant enzymes in the midgut of *Leptinotarsa decemlineata*. J Insect Physiol, 53: 67-74.
Krzemien J, Dubois L, Makki R, et al. 2007. Control of blood cell homeostasis in *Drosophila* larvae by the posterior signalling centre. Nature, 446: 325-328.
Kumar S, Gupta L, Han Y S, et al. 2004. Inducible peroxidases mediate nitration of anopheles midgut cells undergoing apoptosis in response to *Plasmodium* invasion. J Biol Chem, 279: 53475-53482.

Kumar S, Molina-Cruz A, Gupta L, et al. 2010. A peroxidase/dual oxidase system modulates midgut epithelial immunity in *Anopheles gambiae*. Science, 327: 1644-1648.

Labrosse C, Stasiak K, Lesobre J, et al. 2005. A RhoGAP protein as a main immune suppressive factor in the *Leptopilina boulardi* (Hymenoptera, Figitidae)-*Drosophila melanogaster* interaction. Insect Biochem Mol Biol, 35: 93-103.

Lackner P, Hametner C, Beer R, et al. 2008. Complement factors C1q, C3 and C5 in brain and serum of mice with cerebral malaria. Malar J, 7: 207.

Lanot R, Zachary D, Holder F, et al. 2001. Postembryonic hematopoiesis in *Drosophila*. Dev Biol, 230: 243-257.

Lemaitre B, Hoffmann J. 2007. The host defense of *Drosophila melanogaster*. Annual Review of Immunology, 25: 697-743.

Lemaitre B, Kromer-Metzger E, Michaut L, et al. 1995. A recessive mutation, immune deficiency (imd), defines two distinct control pathways in the *Drosophila* host defense. Proc Natl Acad Sci USA, 92: 9465-9469.

Leone P, Bischoff V, Kellenberger C, et al. 2008. Crystal structure of *Drosophila* PGRP-SD suggests binding to DAP-type but not lysine-type peptidoglycan. Mol Immunol, 45: 2521-2530.

Lim J H, Kim M S, Kim H E, et al. 2006. Structural basis for preferential recognition of diaminopimelic acid-type peptidoglycan by a subset of peptidoglycan recognition proteins. J Biol Chem, 281: 8286-8295.

Lindenbach B D, Thiel H J, Rice C M. 2007. Flaviviridae: the Viruses and Their Replication. Fields Virology. Philadelphia: Lippincott-Raven: 1101-1152.

Luo C, Shen B, Manley J L, et al. 2001. Tehao functions in the Toll pathway in *Drosophila melanogaster*: possible roles in development and innate immunity. Insect Mol Biol, 10: 457-464.

Lv Y, Wang W, Hong S, et al. 2015. Comparative transcriptome analyses of deltamethrin-susceptible and resistant *Culex pipiens* pallens by RNA-seq. Mol Genet Genomics, 291(1): 309-321.

Margulies M, Egholm M, Altman W E, et al. 2005. Genome sequencing in microfabricated high-density picolitre reactors. Nature, 437: 376-380.

Matsumura H, Ito A, Saitoh H, et al. 2005. SuperSAGE. Cell Microbiol, 7: 11-18.

Moita L F, Wang-Sattler R, Michel K, et al. 2005. *In vivo* identification of novel regulators and conserved pathways of phagocytosis in *A. gambiae*. Immunity, 23: 65-73.

Moreira L A, Iturbe-Ormaetxe I, Jeffery J A, et al. 2009. A *Wolbachia* symbiont in *Aedes aegypti* limits infection with dengue, *Chikungunya*, and *Plasmodium*. Cell, 139: 1268-1278.

Moy R H, Gold B, Molleston J M, et al. 2014. Antiviral autophagy restricts Rift Valley fever virus infection and is conserved from flies to mammals. Immunity, 40(1): 51-65.

Oliveira G de A, Lieberman J, Barillas-Mury C. 2012. Epithelial nitration by a peroxidase/NOX5 system mediates mosquito antiplasmodial immunity. Science, 335: 856-859.

Oliveira J H, Goncalves R L, Lara F A, et al. 2011. Blood meal-derived heme decreases ROS levels in the midgut of *Aedes aegypti* and allows proliferation of intestinal microbiota. PLoS Pathog, 7: e1001320.

Ooi J Y, Yagi Y, Hu X, et al. 2002. The *Drosophila* Toll-9 activates a constitutive antimicrobial defense. EMBO Rep, 3: 82-87.

Osta M A, Christophides G K, Kafatos F C. 2004. Effects of mosquito genes on *Plasmodium* development. Science, 303: 2030-2032.

Pan X, Zhou G, Wu J, et al. 2012. *Wolbachia* induces reactive oxygen species (ROS)-dependent activation of the Toll pathway to control dengue virus in the mosquito *Aedes aegypti*. Proc Natl Acad Sci USA, 109: E23-31.

Parkinson N M, Conyers C, Keen J, et al. 2004. Towards a comprehensive view of the primary structure of venom proteins from the parasitoid wasp *Pimpla hypochondriaca*. Insect Biochem Mol Biol, 34: 565-571.

Partridge F A, Gravato-Nobre M J, Hodgkin J. 2010. Signal transduction pathways that function in both development and innate immunity. Dev Dyn, 239: 1330-1336.

Peiser L, Mukhopadhyay S, Gordon S. 2002. Scavenger receptors in innate immunity. Curr Opin Immunol, 14: 123-128.

Pelte N, Robertson A S, Zou Z, et al. 2006. Immune challenge induces N-terminal cleavage of the *Drosophila* serpin Necrotic. Insect Biochem Mol Biol, 36: 37-46.

Persson C, Oldenvi S, Steiner H. 2007. Peptidoglycan recognition protein LF: a negative regulator of *Drosophila* immunity. Insect Biochem Mol Biol, 37: 1309-1316.

Pike A, Vadlamani A, Sandiford S L, et al. 2014. Characterization of the Rel2-regulated transcriptome and proteome of *Anopheles stephensi* identifies new anti-*Plasmodium* factors. Insect Biochem Mol Biol, 52: 82-93.

Pili-Floury S, Leulier F, Takahashi K, et al. 2004. *In vivo* RNA interference analysis reveals an unexpected role for GNBP1 in the defense against Gram-positive bacterial infection in *Drosophila* adults. J Biol Chem, 279: 12848-12853.

Qiu P, Pan P C, Govind S. 1998. A role for the *Drosophila* Toll/Cactus pathway in larval hematopoiesis. Development, 125: 1909-1920.

Ramet M, Pearson A, Manfruelli P, et al. 2001. *Drosophila* scavenger receptor CI is a pattern recognition receptor for bacteria. Immunity, 15: 1027-1038.

Ramirez J L, Souza-Neto J, Torres Cosme R, et al. 2012. Reciprocal tripartite interactions between the *Aedes aegypti* midgut microbiota, innate immune system and dengue virus influences vector competence. PLoS Negl Trop Dis, 6: e1561.

Richards S, Gibbs R A, Weinstock G M, et al. 2008. The genome of the model beetle and pest *Tribolium castaneum*. Nature, 452: 949-955.

Rutschmann S, Jung A C, Hetru C, et al. 2000. The Rel protein DIF mediates the antifungal but not the antibacterial host defense in *Drosophila*. Immunity, 12: 569-580.

Saha S, Sparks A B, Rago C, et al. 2002. Using the transcriptome to annotate the genome. Nature Biotechnology, 20: 508-512.

Sampson C J, Valanne S, Fauvarque M O, et al. 2012. The RhoGEF Zizimin-related acts in the *Drosophila* cellular immune response via the Rho GTPases Rac2 and Cdc42. Dev Comp Immunol, 38: 160-168.

Sanchez-Vargas I, Scott J C, Poole-Smith B K, et al. 2009. Dengue virus type 2 infections of *Aedes aegypti* are modulated by the mosquito's RNA interference pathway. PLoS Pathog, 5: e1000299.

Segal A W. 2008. The function of the NADPH oxidase of phagocytes and its relationship to other NOXs in plants, invertebrates, and mammals. Int J Biochem Cell Biol, 40: 604-618.

Shin S W, Zou Z, Raikhel A S. 2011. A new factor in the *Aedes aegypti* immune response: CLSP2 modulates melanization. EMBO Rep, 12: 938-943.

Sim S, Dimopoulos G. 2010. Dengue virus inhibits immune responses in *Aedes aegypti* cells. PLoS One, 5: e10678.

Song J, Markley J L. 2003. Protein inhibitors of serine proteinases: role of backbone structure and dynamics in controlling the hydrolysis constant. Biochemistry, 42: 5186-5194.

Sorrentino R P, Melk J P, Govind S. 2004. Genetic analysis of contributions of dorsal group and JAK-Stat92E pathway genes to larval hemocyte concentration and the egg encapsulation response in *Drosophila*. Genetics, 166: 1343-1356.

Souza-Neto J A, Sim S, Dimopoulos G. 2009. An evolutionary conserved function of the JAK-STAT pathway in anti-dengue defense. Proc Natl Acad Sci USA, 106: 17841-17846.

Takehana A, Katsuyama T, Yano T, et al. 2002. Overexpression of a pattern-recognition receptor, peptidoglycan-recognition protein-LE, activates imd/relish-mediated antibacterial defense and the prophenoloxidase cascade in *Drosophila* larvae. Proc Natl Acad Sci USA, 99: 13705-13710.

Tauszig S, Jouanguy E, Hoffmann J A, et al. 2000. Toll-related receptors and the control of antimicrobial peptide expression in *Drosophila*. Proc Natl Acad Sci USA, 97: 10520-10525.

Thoetkiattikul H, Beck M H, Strand M R. 2005. Inhibitor kappa B-like proteins from a polydnavirus inhibit

NF-kappaB activation and suppress the insect immune response. Proc Natl Acad Sci USA, 102: 11426-11431.

Thomas P, Yamada R, Johnson K N, et al. 2010. Ectopic expression of an endoparasitic wasp venom protein in *Drosophila melanogaster* affects immune function, larval development and oviposition. Insect Mol Biol, 19: 473-480.

Vallet-Gely I, Lemaitre B, Boccard F. 2008. Bacterial strategies to overcome insect defences. Nat Rev Microbiol, 6: 302-313.

Velculescu V E, Zhang L, Vogelstein B, et al. 1995. Serial analysis of gene expression. Science, 270: 484-487.

Vierstraete E, Cerstiaens A, Baggerman G, et al. 2003. Proteomics in *Drosophila melanogaster*: first 2D database of larval hemolymph proteins. Biochem Biophys Res Commun, 304: 831-838.

Wang Y H, Hu Y, Xing L S, et al. 2015. A critical role for CLSP2 in the modulation of antifungal immune response in mosquitoes. PLoS Pathog, 11: e1004931.

Wang Y, Zou Z, Jiang H. 2006. An expansion of the dual clip-domain serine proteinase family in *Manduca sexta*: gene organization, expression, and evolution of prophenoloxidase-activating proteinase-2, hemolymph proteinase 12, and other related proteinases. Genomics, 87: 399-409.

Waterhouse R M, Kriventseva E V, Meister S, et al. 2007. Evolutionary dynamics of immune-related genes and pathways in disease-vector mosquitoes. Science, 316: 1738-1743.

Weinstock G M, Robinson G E, Gibbs R A, et al. 2006. Insights into social insects from the genome of the honeybee *Apis mellifera*. Nature, 443: 931-949.

Wertheim B, Kraaijeveld A R, Schuster E, et al. 2005. Genome-wide gene expression in response to parasitoid attack in *Drosophila*. Genome Biol, 6: R94.

Wilkins M R, Pasquali C, Appel R D, et al. 1996. From proteins to proteomes: large scale protein identification by two-dimensional electrophoresis and amino acid analysis. Bio-Technology, 14: 61-65.

Williams M J, Ando I, Hultmark D. 2005. *Drosophila melanogaster* Rac2 is necessary for a proper cellular immune response. Genes Cells, 10: 813-823.

Williams M J. 2007. *Drosophila* hemopoiesis and cellular immunity. J Immunol, 178: 4711-4716.

Wong S G, Dessen A. 2014. Structure of a bacterial alpha2-macroglobulin reveals mimicry of eukaryotic innate immunity. Nat Commun, 5: 4917.

Xi Z, Ramirez J L, Dimopoulos G. 2008. The *Aedes aegypti* toll pathway controls dengue virus infection. PLoS Pathog, 4: e1000098.

Xiong G H, Xing L S, Lin Z, et al. 2015. High throughput profiling of the cotton bollworm *Helicoverpa armigera* immunotranscriptome during the fungal and bacterial infections. BMC Genomics, 16: 321.

Zaidman-Remy A, Herve M, Poidevin M, et al. 2006. The *Drosophila* amidase PGRP-LB modulates the immune response to bacterial infection. Immunity, 24: 463-473.

Zaidman-Remy A, Poidevin M, Herve M, et al. 2011. *Drosophila* immunity: analysis of PGRP-SB1 expression, enzymatic activity and function. PLoS One, 6: e17231.

Zhang G, Lu Z Q, Jiang H, et al. 2004. Negative regulation of prophenoloxidase (proPO) activation by a clip-domain serine proteinase homolog (SPH) from endoparasitoid venom. Insect Biochem Mol Biol, 34: 477-483.

Zhang G, Schmidt O, Asgari S. 2006. A calreticulin-like protein from endoparasitoid venom fluid is involved in host hemocyte inactivation. Dev Comp Immunol, 30: 756-764.

Zou Z, Evans J D, Lu Z, et al. 2007. Comparative genomic analysis of the *Tribolium* immune system. Genome Biol, 8: R177.

Zou Z, Jiang H. 2005. *Manduca sexta* serpin-6 regulates immune serine proteinases PAP-3 and HP8: cDNA cloning, protein expression, inhibition kinetics, and function elucidation. J Biol Chem, 280: 14341-14348.

Zou Z, Lopez D L, Kanost M R, et al. 2006. Comparative analysis of serine protease-related genes in the honey bee genome: possible involvement in embryonic development and innate immunity. Insect Mol

Biol, 15: 603-614.

Zou Z, Shin S W, Alvarez K S, et al. 2008. Mosquito RUNX4 in the immune regulation of *PPO* gene expression and its effect on avian malaria parasite infection. Proc Natl Acad Sci USA, 105: 18454-18459.

Zou Z, Shin S W, Alvarez K S, et al. 2010. Distinct melanization pathways in the mosquito *Aedes aegypti*. Immunity, 32: 41-53.

Zou Z, Souza-Neto J, Xi Z, et al. 2011. Transcriptome analysis of *Aedes aegypti* transgenic mosquitoes with altered immunity. PLoS Pathog, 7: e1002394.

Zou Z, Wang Y, Jiang H. 2005. *Manduca sexta* prophenoloxidase activating proteinase-1 (PAP-1) gene: organization, expression, and regulation by immune and hormonal signals. Insect Biochem Mol Biol, 35: 627-636.

第 12 章　不同生态环境中昆虫体色的多型性及其调控机制

12.1　环境对昆虫体色的影响

在自然界中，生物体表着色是一种普遍现象，从简单的低等生物到复杂的高等动植物，都有自己种群独特的体色和着色模式，即使同一个种群内部，不同的发育时期及外部环境，也会对个体体表的色彩及着色方式产生影响。这些生物特有的色彩和着色模式主要是由生物表皮结构及色素物质在相关组织的分布决定的。

12.1.1　昆虫体壁的结构

昆虫体壁（integument）是躯体最外层的组织结构，同时也是昆虫应对不断变化的外界环境的第一道防线，使虫体得到严密的保护和有力支撑（Qiao et al.，2014; Havemann et al.，2008）。体壁来源于胚胎外胚层组织的分化，主要包括上皮细胞（epithelial cell）及表皮结构（cuticle）（Moussian，2013）。表皮由上皮细胞分泌产生，由内至外可以分为：前表皮（procuticle）、上表皮（epicuticle）及外膜（envelope）。前表皮是表皮结构的最内层，主要由大量相互结合的几丁质及蛋白质构成；上表皮中则含有大量功能结构未知的蛋白质及脂类；外膜则是由中性脂、蜡酯及蛋白质构成的复合结构（Moussian，2013）。昆虫的体色主要由体壁呈现，由于表皮无法随着虫体生长改变，因此，在昆虫的整个发育阶段，必须经历数次表皮蜕落与再生的过程（Liang et al.，2015）。

12.1.2　昆虫体色的形成

不同种类的昆虫多具有其种群特有的色彩。色彩的产生源于眼球对光线的接收。太阳光由多种不同波长的光线组合而成，照射到生物体上的光线，一部分被动物体吸收，一部分通过反射作用作用于眼睛光感受器，在大脑的视觉中枢形成不同色觉，由此决定我们所能观察到的生物体色。我们所能观察到的昆虫体色由以下两方面决定：①结构色；②色素色。

结构色，顾名思义，即由昆虫体表特殊结构造成的色泽。昆虫体表具有多种纹路、面（片）、颗粒等结构，这些不平整的表皮引起光发生散射、干涉、衍射现象，作用于人眼形成特殊色彩。例如，鳞翅目昆虫成虫翅膀上多具有大量细小鳞片，多层反射光线经过干涉，形成鲜艳的虹彩色（Shawkey et al.，2009）；而鞘翅目昆虫由于鞘翅多层膜结构反光，可产生明亮的金属光泽（Seago et al.，2009）。

色素色，也称为化学性显色。动物体内含有多种有色化合物，被称为生物色素。动物组织内常见的色素有黑色素、类胡萝卜素、眼色素、类黄酮、醌类、嘌呤、蝶啶等。

大多数昆虫通过取食获得生物色素，在代谢中对其进行化学修饰变为动物色素。昆虫体表中的色素可选择性地吸收某些光线，而反射另一些光线，被反射的光线作用于光感受器，在视觉中枢形成色觉（孟惠平等，2006）。例如，多数情况下，醌类使昆虫呈现红色、紫色或黄色等色调（邵起生，1995）。

视觉所能观察到的昆虫体色由色素色与结构色混合形成，色素含量变化与体表颜色非常相关（刘树生，1986）。色素前体由上皮细胞合成并分泌，一部分在昆虫新表皮生成时期与表皮成分结合，如黑色素参与昆虫表皮鞣化进程，但大多数色素存在于上皮细胞中，往往形成色素颗粒，并随昆虫龄期变化及环境影响转变虫体的体色（朱福兴等，2007；Wittkopp et al.，2003）。

体表中色素的形成和分布受多种内外因子的影响，一般来说，同种昆虫在一定时期往往有相对固定的体色，但在不同条件下，许多昆虫会产生明显的体色变化现象，也称为体色多态性。昆虫体色多态性一般分为两种类型：①组成型，指在同一种环境条件下，由遗传基础不同的复位等位基因决定同一种群中具有不同的颜色形状表现，如蚜虫同一种群中存在色泽不同的基因型；②诱导型，指由诱导因子（多为环境因子，如温度、湿度、光照、食物等）激发而引起的体色变化，其机制主要是改变呈现昆虫体色的色素种类和数量，一般可以改变或逆转（Li et al.，2014）。

12.1.3 环境因素对昆虫体色的影响

现已有许多研究证明，环境因素对昆虫体色具有显著影响作用。调控昆虫体色的环境因素主要有温度、湿度、光照、密度、寄主植物等。影响体色的环境因素因昆虫的种类不同而存在差异。

（1）温度

温度在昆虫体色变化中起决定作用，且主要在幼虫期。陈永兵等（1999）研究了温度与光照对甜菜夜蛾幼虫体色变化的影响，发现当供光时间确定时，随着温度的升高，甜菜夜蛾（*Spodoptera exigua*）各龄期末幼虫中体色发生变化的数量逐渐减少，同时幼虫体色变化的虫体死亡率低于体色未发生改变的幼虫，说明体色变化可以适应环境的热胁迫。Marriott 和 Holloway（1998）通过在室内不同温度下饲养黑带食蚜蝇发现，温度是黑带食蚜蝇体色变异的关键性因素。黑带食蚜蝇对温度变化的敏感虫态是蛹期，在低温条件下产生深色型的个体，而较高温度下产生浅色型的个体。霍科科和郑哲民（2003）通过多年对黑带食蚜蝇标本进行观察分析，得出结论：在野生条件下，黑带食蚜蝇体色变异也是受环境温度控制的，冬春季节采集到的标本几乎均为深色型个体，夏秋两季则为浅色型个体。蚜茧蜂成虫体色取决于蛹中后期所经历的环境温度，温度高时体色呈现橙黄色，随着饲养温度下降，褐色与黑色部分逐渐增多，颜色加深，且体色与其他发育阶段所经历的温度及亲代的体色无关（刘树生，1986）。尽管温度是引起昆虫体色分化的重要因子，但其作用模式很多情况因昆虫而异，而且很可能与昆虫体内的生理代谢有关。赵惠燕等（1993）在研究棉蚜体色变化时发现，棉蚜的体色在一个世代内保持稳定，但其后代体色可随温度变化而变化，总体规律表现为：随着温度升高，棉蚜体色向黄色转变，而温度降低时，体色向绿色转变；与此同时，在不影响虫体生存的条件下，温度越高黄化速度越快，温度越低绿化速度越快。桃蚜在短时间低温刺激下体色可由绿色转变为红色（Takada，1981），豌豆蚜则在低温下体色向绿色转变（Valmalette et al.，2012）。杜桂林等（2007）在研究麦长管蚜体色变化的主导因素时，发现温度在其中起到重要作用。在实验温度范围内，麦长管蚜种群中红体色蚜虫所占比例随温度升高而增加，反向降温能否使体色向绿色转变尚待研究。

（2）湿度

湿度也是影响昆虫体色变化的重要环境因素。彭云鹏和文礼章（2013）在探究湿度对斜纹夜蛾幼虫体色的影响规律时发现，湿度对斜纹夜蛾体色的影响规律为：湿度越大，幼虫体色色码值越高。Khasa 等（2003）发现，热带地区相对湿度较低季节的果蝇（*Drosophila jambulina*）深色型数量居多，同时具有该表型的果蝇调节水平衡的能力及脱水耐受能力更强。飞蝗在食料新鲜、湿度较高时若虫出现绿色、浅灰色个体，而低湿度时若虫体色呈褐色、棕色（Pener，1991）。非洲车蝗（*Gastrimargus africanus*）也是这样，刚孵化的幼虫主要呈褐色，若移至高湿度的环境下培养，体色将从褐色转变为绿色（Rowell，1970；樊永胜和朱道弘，2009）。

（3）光照

对光敏感的昆虫可对光产生物理或化学方面的反应，光因素可分为时长和强度。陈永兵等（1999）在研究温度与光照对甜菜夜蛾幼虫体色变化的影响时发现，在温度一定的设置下，随每天供光时间的增加，甜菜夜蛾各龄期末产生体色变化的幼虫数量减少。Alkhedir 等（2010）研究了光照强度对麦长管蚜体色的影响，在对照饲养条件下[光强 15μE/（m^2·s）]所有麦长管蚜均为淡绿色，当光照强度变为 200uE/（m^2·s）时绝大部分虫体在 10 天内经历了浅绿—粉红—深棕色的转变，并一直保持深棕色体色，少部分虫体则转变为深绿色；当将体色已转变的麦长管蚜再次放回弱光照强度下，所有个体又转变为浅绿色。

（4）背景色

体色受背景环境色影响，不仅在昆虫中如此，也是动物界一个普遍的现象，其主要作用是使自身尽可能地与周围环境融为一体，保护其不受天敌伤害。Zettler 等（1998）将蚋属昆虫 *Simulium Vittatum* 幼虫分别放置于黑白两种颜色的环境中饲养，发现在黑色背景下生长的幼虫出现明显的黑化现象。栖息于沙漠中的沙漠蝗体色偏向砂石的色泽，在其他环境中其体色也是随着环境颜色的变化而发生改变，这种现象显然也是对环境的一种适应（樊永胜和朱道弘，2009）。

（5）寄主植物

很多研究者认为，昆虫体色与寄主植物有着密切关系。Demichelis 和 Bosco（1995）在研究寄主植物与叶蝉的关系时发现，叶蝉的体色与其寄主植物存在潜在关系。陶方玲和张敏玲（1997）在研究小菜蛾在十字花科蔬菜上的寄生率时发现，蔬菜的颜色影响 4 龄幼虫的体色，在叶片颜色较深的蔬菜上深色虫子较多，而叶片颜色较浅的蔬菜上浅色虫子比例较高。

多数典型的多食性害虫可在不同寄主植物间进行转移，在危害寄主植物的同时，也表现出寄主植物间的专化特性，即在不同寄主植物上长期适应，形成了种内寄主生物型，当然体色也是种下生物型的一种表现（刘绍友等，2000）。谢贤元（1992）在研究桃蚜生物型时发现，十字花科植物中有两种差别很大的桃蚜生物型，一种为烟草型，色泽鲜红或翠绿；另一种为甘蓝型，色泽为浅绿色或黄白色，高温时可转变为黄白色。甘蓝型绝不取食烟草，烟草型则最喜欢取食烟草，两型一般不互混，没有相互转换的现象。刘绍友等（2000）在研究桃蚜体色与寄主植物的关系时，通过室内接虫实验发现，桃蚜体色生物型的稳定性随寄主不同存在显著差异。然而，并非所有寄主植物都可对其相应昆虫体色造成影响。例如，同属蚜科的麦长管蚜，调控其体色的主要因素是温度，寄主植物的影响微乎其微。这大概是由于麦长管蚜的寄主范围相对于桃蚜来说较小，主要危害禾本科及莎草科植物，因此在体色变化过程中，寄主植物起到的作用可能很小，这方面研究还有待继续深入（杜桂林等，2007）。

对于迁徙能力强的昆虫，如飞蝗等，寄主植物不专一，寄主植物对它们来说只代表着食物。然而对于活动能力较弱的昆虫，如蚜科及鳞翅目幼虫等，寄主植物不仅代表着食物，还包含背景环境这一重要因素，甚至寄主植物不同部分的形状、颜色、触感可能也会对昆虫造成一定的影响。Mohamed 等（2008）以胡椒蛾（*Biston betularia cognataria*）幼虫为例进行了一系列相关研究：①在有亮光的环境下，饲喂柳树叶的胡椒蛾多偏向绿色，饲喂桦树叶的胡椒蛾多偏向棕色（植物叶片及枝条完整，两种植物叶片皆为绿色，不同的是柳树枝呈绿色，桦树枝为棕色）；②同样在有亮光的环境下，饲喂经过处理的苹果叶（切碎、除去枝条），分别放入柳树枝和桦树枝，两组胡椒蛾体色出现显著差异，桦树枝组均为深色，柳树枝组部分虫体偏绿色；③同样有亮光的环境，以不同颜色的塑料管替代树枝，棕色塑料管组中的幼虫体色趋向棕色，绿色塑料管组中的幼虫体色趋向绿色；④两组幼虫饲喂处理过的苹果叶，分别培养在明亮与幽暗的环境中，处在明亮环境的幼虫体色偏浅，处在幽暗环境的幼虫体色偏深；⑤两组幼虫在完全无光的黑暗环境中分别饲喂柳树叶和桦树叶（含枝条），同样体色变化范围较广，但饲喂柳树叶的幼虫体色偏浅，饲喂桦树叶的昆虫体色较深；⑥同样无光条件，分别饲喂处理过的柳树叶及桦树叶，两组幼虫均偏深色，但饲喂柳树叶的幼虫体色相对略浅。由此可以看出，寄主植物可以影响昆虫体色，环境背景、明暗程度和触感均对昆虫体色有影响（Noor et al.，2008）。

（6）密度

种群密度是影响飞蝗等昆虫体色的重要因素。飞蝗在高密度时（群居型）为黑色配以橘黄色底色，低密度时（散居型）常表现为无黑色斑块的绿色和灰色等（Pener，1991）。斜纹夜蛾（*Spodoptera litura*）幼虫体色与密度密切相关，将群居饲养的 2~3 龄幼虫进行散居化饲养，会导致幼虫末龄黑化程度显著降低（Rowell，1970）。黏虫等数种夜蛾幼虫具有与飞蝗类似的性质，即随着密度增加而体色变黑的变型现象，同时伴随有发育周期短、行动活跃、含水量降低等表型（罗礼智等，1995）。

（7）其他

除以上已被前人大量实验证实的环境影响因子外，不少研究者还发现一些可能与昆虫体色相关的有趣的外界因子。秦玉川等（2001）在研究声波对蚜虫及大白菜生长影响的实验中发现，用绿色音乐处理可使桃蚜的体色由绿色变为红色，且红色桃蚜的酯酶活性显著高于绿色桃蚜，同时提高大白菜产量。但这些改变究竟是绿色音乐的直接影响还是植物的间接影响尚需进一步研究。在长期的协同进化过程中，昆虫与体内的共生菌形成了密切的共生关系，共生菌在一定程度上可增强宿主昆虫的生存能力。Tsuchida 等（2010）在豌豆蚜体内发现一种新共生菌，感染该菌后蚜虫的体色能从红色转为绿色。其原因为这种共生菌可以提高豌豆蚜体内蓝-绿色多环芳香醌类的含量，但对黄-红色类胡萝卜素等色素含量影响微乎其微，由此导致蚜虫体色转变。地球磁场对生物体的机能和活动有直接影响作用，人为加大或减小磁场强度对某些生物的影响很明显。曹成全等（2010）发现，当用 0.45T 的稳定磁场处理飞蝗幼虫时，实验组体表色泽有了明显变化，约一半的实验组虫体体色变浅，主要为草绿色、乳黄色及浅白色，目前机制尚不明确。上述研究中观察到均为表型现象，其深层机制尚待研究。

12.1.4　昆虫体色多型的意义

昆虫体色及其在环境中发生相应变化的意义，简而言之就是保护作用，即从严苛的自然条件及天敌的捕食中保护自己，以及与种间或种内与其他个体进行信息交流。在低温条件下部分昆虫，如君主斑蝶（*Danaus plexippus*）的幼虫发生黑化，增加对能量的吸收，诱导生理代谢变化（Davis et al.，2005）。一些昆虫在进化过程中通过长期自然选择逐渐形成了与环境色彩相似的体色，称为保护色。具有保护色的动物不易被其他天敌发现，对于动物躲避敌害或捕食动物都是非常有利的（孟惠平等，2006），如生活在绿色草地中的绿色蚱蜢、与沙漠中色彩相近的沙漠蝗、藏于树丛深处伺机捕食的绿色螳螂等。一些昆虫具有警戒色，即昆虫与环境形成鲜明对比的体色，或体表存在鲜艳图案，可使天敌产生畏惧感，从而起到保护自我的作用，如许多食蚜蝇在体型及腹部色斑上模拟胡蜂、蜜蜂、熊蜂等膜翅目有螯针的种类（孟惠平等，2006）。另有一些昆虫具有拟态能力，即昆虫自身的形态、颜色、体表纹路等与自然界中其他生物有相似之处，以此逃避天敌的捕食，或利于在捕食过程中隐蔽。例如，栖息在树枝上形似枝条的尺蠖、生活在丛林中体表呈绿色或棕色的竹节虫等。

12.1.5　小结

体色的产生及变化在昆虫中是一种普遍的现象，是昆虫对环境因子变化的一种适应，它不但使昆虫个体能够更好地适应环境，而且增加了物种表型的多态性，在昆虫进化及其种族延续中起重要作用。有趣的是，在研究环境因子对昆虫体色影响的过程中，研究者发现了不少略矛盾的体色变化现象。以蚜虫这种体色多型的昆虫为例，在适宜温度范围内，蚜虫体色的主导色为绿色，桃蚜在短时间的低温刺激下可由绿色转为红色，豌豆蚜则在低温下几乎全转为绿色，麦长管蚜则在高温诱导下变为红色（Takada，1981；Valmalette et al.，2012），这与我们一直认知的深色体色有利于积温相违背。从背景色方面来说，捕食性瓢虫更倾向于捕食植株上的红色蚜虫（Losey et al.，1997）。然而红色麦长管蚜相比绿色个体具有更强大的繁殖力、活动力和环境适应力（Araya et al.，1996）。由此看出，环境因素对蚜虫的影响作用是多方面且相互制约的，以一方面的优势来弥补其他方面的缺陷，能够使同一种群不同的生物型提高抵御环境胁迫的能力稳定存在下去，并以其独特的适应方式延续种族的生存。

12.2 昆虫体色多型的内分泌调控机制

12.2.1 昆虫激素的类别

昆虫激素是昆虫体内腺体所分泌的物质，可通过体液传送至全身，对昆虫的生理机能、代谢、生长发育、滞育、变态和生殖等起调节作用。昆虫激素分为内激素及外激素，内激素由昆虫内分泌系统所分泌，腺体与体外不相通，分泌物经血淋巴运输至作用部位，调节昆虫的各项生理代谢功能，主要包括脑激素、保幼激素、蜕皮激素等。外激素又称昆虫信息素，由成虫雌性或雄性的某些特有腺体分泌，分泌物导向体外，引起其他生物产生一定的生理效应及行为反应，从而满足生活需求，包括性外激素、追迹外激素、集结外激素、告警外激素等。

12.2.2 参与体色调控的昆虫激素

（1）保幼激素

昆虫保幼激素（juvenile hormone，JH），又称返幼激素，是昆虫咽侧体分泌的萜烯类化合物，通过与胞浆受体结合进入细胞核作用，参与昆虫繁殖及形态构成的一系列调控，并可在昆虫的幼虫期抑制成虫特征的出现，使昆虫蜕皮后仍保持幼虫状态（Chang et al.，1980；Applebaum et al.，1997）。

咽侧体在飞蝗的群散转变过程中起作用，当将咽侧体移植入群居型飞蝗体内时，可以导致虫体色及血淋巴由黄色向绿色转变（Staal，1961），而当除去散居型飞蝗的咽侧体，将导致虫体绿色体色消退（Pener，1991）。以上影响都是由咽侧体分泌的保幼激素引起的，群居型飞蝗所含保幼激素的量低于散居型蝗虫，提高群居型蝗虫体内保幼激素的含量时，可诱导蝗虫体色向绿色转变。

在部分鳞翅目幼虫及直翅目成虫中，保幼激素参与不同环境条件下体色模式转变的调控。凤蝶（*Papilio xuthus*）幼虫从 1~4 龄期是模拟色（黑白相间条纹体色），5 龄期为隐蔽色（绿色）。当使用保幼激素类似物（JH analogue，JHA）涂抹 4 龄初期幼虫后，幼虫蜕皮发育至 5 龄时仍保持黑白相间的模拟色体色。保幼激素的含量测定结果显示，凤蝶 4 龄至 5 龄发育期间，保幼激素含量持续较低，由此认为凤蝶中高浓度的保幼激素促使模拟色产生，低浓度则促使隐蔽色生成（Futahashi and Fujiwara，2008）。Hasegawa 和 Tanaka（1994）用 JH 类似物（Methoprene/Pyriproxyfen）分别处理 4 龄早期的白化飞蝗及群居型飞蝗，并在 5 龄期检测体色变化，结果发现 JH 类似物可诱导飞蝗体色向绿色转变，而且体色的变化程度与保幼激素处理的时期相关。当用保幼激素抑制剂（precocene Ⅲ）注射 3 龄初期散居型绿色体色飞蝗时，若虫蜕皮后虫体的绿色消失并呈现黑色体色。沙漠蝗保幼激素可以调节其体色，但并不参与调节沙漠蝗的行为（Michael et al.，2003）。

保幼激素除调节昆虫表皮体色变化外，还调节了昆虫外骨骼的形成及色素的分布。保幼激素在不同的环境条件下可调节鳞翅目、直翅目昆虫黑色和绿色的形成（Nijhout，1999；Suzuki and Nijhout，2006）。

（2）黑化诱导激素

黑化诱导激素（corazonin）为多肽类神经激素，由节肢动物前脑侧体神经分泌细胞产生，经过血淋巴运输后储存于心侧体（corpora cardiaca，CC）中（Predel et al.，2007）。第一种黑化诱导激素[Arg^7]-corazonin 分离自美洲大蠊（*Periplaneta americana*）心侧体（Veenstra，1989）。研究表明，黑化诱导激素广泛分布在昆虫及甲壳纲中，且高度保守，目前检测到的昆虫黑化诱导激素均为[Arg^7]-corazonin 经不同程度修饰产生的亚型（Predel et al.，2007）。目前，已鉴定的黑化诱导激素共有 6 种：[Arg^7]-corazonin；[His^7]-corazonin；[Thr^4,His^7]-corazonin；[Tyr^3,Gln^7,Gln^{10}]-corazonin；[His^4,Gln^7]-corazonin 及[Gln^{10}]-corazonin（Predel et al.，2007）。

黑化诱导激素调节体色多型的研究主要集中在飞蝗和沙漠蝗中，当将正常飞蝗的心侧体移植至白化飞蝗体内，白化飞蝗将出现灰色、棕色甚至黑色体色，相反切除群居型飞蝗的心侧体，可观察到黑色体色减弱（Breuer et al.，2003）。在沙漠蝗（*Schistocerca gregaria*）中也有类似的现象（Tanaka and Yagi，1997）。如果将其他直翅目昆虫（如蟋蟀、蟑螂、纺织娘及飞蛾）的脑或心侧体植入，也可导致飞蝗及沙漠蝗的体色加深（Hua et al.，2000）。研究者在抽提蟋蟀 *Gryllus bimaculatus* 中能够诱导蝗虫体色加深的生物因子时，发现这种物质具有耐热性，但经蛋白酶消化后失去活性，由此推测诱导虫体变黑的因子是一种热稳定神经肽（Tanaka，1996）。[His^7]-corazonin 是由 11 个氨基酸（pGlu-Thr-Phe-Gln-Tyr-Ser-His-Gly-Trp-Thr-Asn-NH_2）组成的短肽，最初是在沙漠蝗中分离并鉴定的（Veenstra，1991）。研究发现[His^7]-corazonin 对体色的诱导效应与注射剂量及时间相关，若用[His^7]-corazonin 处理 3 龄初期的白化虫子，蜕皮至 4 龄期后其虫体体色均变为黑色；剂量减少时，蜕皮后虫体呈现褐色和黑褐色等不同体色。用[His^7]-corazonin 处理 3 龄末期虫子，当蜕皮至 4 龄期时虫体出现微红色但无黑色体色。当对散居型飞蝗注射[His^7]-corazonin 后，虫体体色转变成黑色，而对群居型飞蝗注射[His^7]-corazonin 后，虫体黑色更为加深（Tanaka，2000）。利用 RNA 干扰技术检测黑化诱导激素是否可以调控沙漠蝗体色，当群居型沙漠蝗 3 龄若虫黑化诱导激素基因 *CRZ* 沉默后在群居环境中饲养，蜕皮至 4 龄期的虫体黑色明显减弱；而当散居型若虫 *CRZ* 基因沉默后并转移至群居环境饲养时，与对照组相比体色加深现象明显受阻（Sugahara et al.，2015），说明黑化诱导激素在蝗虫体色调控中起重要作用。

[His^7]-corazonin 还可以使其他直翅目昆虫体色出现黑化，如 *Oxya yezoensis*、*Acrida cinerea*、*Atractomorpha lata*、*Nomadacris succincta*、*Oedipoda miniata*、*Gastrimargus marmoratus* 等体色均为绿色-褐色多型色，对其绿色虫体注射[His^7]-corazonin 都能诱导出现褐色、黑褐色等体色（Yerushalmi et al.，2001）。研究初步表明，飞蝗和沙漠蝗的体色多型性可以由 JH 和[His^7]-corazonin 共同调控，JH 和[His^7]-corazonin 的分泌量及分泌时间控制虫体呈现不同的体色（Tanaka，2000）。

（3）其他

蜕皮激素由昆虫前胸腺合成，研究报道当切除散居型沙漠蝗的前胸腺后，可导致虫体出现与群居型类似的体色（Ellis and Carlisle，1961）。

12.2.3 小结

以上实例显示了当前昆虫体色多型现象内分泌调控机制的研究进展，所发现的三种激素（蜕皮激素、保幼激素及黑化诱导激素）均可在一定程度上调节昆虫的虫体颜色。目前认为，多种激素相互作用共同调节着昆虫体色。

12.3 昆虫体色多型的遗传机制

昆虫体色具有高度可变性，不同物种、不同种群甚至同一个种群的不同个体之间都可能存在极大差异。与其他生物一样，昆虫在长期的生长发育和进化过程中保留了一些遗传特征，使物种特性得以延续，同时又通过遗传变异来适应新的环境，而体色是辨识度较高的主要特征之一。在单个个体不同的发育阶段，以及同一个发育阶段虫体的不同部分，体色都可能存在显著差异（Wittkopp and Beldade，2009）。

12.3.1 昆虫体色发育的分子机制

昆虫主要通过上皮细胞合成色素或色素前体，部分色素位于上皮细胞内，另外一些色素则通过表皮硬化过程成为外骨骼的一部分。昆虫体色受到调节基因及效应基因的共同调控作用。昆虫体内存在多种色素合成调控通路，色素合成通路及相关的效应基因共同调控昆虫体色的变异，但在虫体局部由调节基因参与并影响局部体色的色泽深浅度（Wittkopp et al.，2003），色素合成代谢途径中效应基因和上游调节基因共同调控昆虫体色的形成及体色多态性的产生。

昆虫体色的遗传发育机制研究集中在果蝇、蝴蝶、赤拟谷盗及家蚕等昆虫中。果蝇体色形成过程可分为两个阶段：①色素颗粒的合成；②色素颗粒在表皮中的排布。与色素颗粒合成相关的基因称为效应基因，与排布和定位相关的基因称为调控基因。调控基因通过各种直接或间接的方式激活效应基因，调节色素颗粒的分布，而效应基因则编码酶或辅助因子作用于色素的合成过程（Wittkopp and Beldade，2009）。

（1）调控基因

在果蝇中，色素排布基因受多效调节蛋白控制，其中包括性别决定基因（如 *doublesex*）、*HOX* 基因（如 *Abdominal-B*）、信号通路基因（如 *wingless* 和 *decapentaplegic*）及选择基因（如 *optomotor-blind*、*bric-a-brac* 及 *engrailed*）。这些基因不仅调节体色，还影响果蝇的其他表型特征。在其他昆虫种类中，体色发育还需要很多转录因子的参与，如双翅目昆虫中，*Ultrabithorax* 基因调控平衡棒的发育，同时也控制蝴蝶前翅与后翅的着色。总之，调控基因可参与调控昆虫体色的形成。

（2）效应基因

每一个色素合成通路由多种效应基因参与，不同通路产生不同类型色素。黑色素是昆虫色素中最常见的一种，在昆虫体内苯丙氨酸转化为酪氨酸，酪氨酸经过一系列转化过程可以生成多巴、多巴胺及 *N*-β 丙酰多巴胺（NBAD），这些化合物经过修饰、聚合后可形成呈现黑、棕、黄色的色素，黑色素为其中之一。在这条通路上，*yellow*、*tan*、*ebony* 这三个效应基因不同的时空表达决定着色素的分布及丰度。眼色素主要产生红、棕、黄色，这个色素合成通路中的 *cinnabar*、*vermilion* 及 *white* 基因为主要的效应基因，这类色素的底物为色氨酸，最后形成细胞质色素颗粒。在果蝇中，眼色素仅调节果蝇眼色，但在其他昆虫中还具有影响翅膀着色的作用。蝶啶类色素主要呈现红、黄、橙三色，其合成通路中包含有 *rosy*、*purple* 基因，在果蝇中仅在眼中表达，但在其他昆虫中还有其他作用。除此之外，昆虫色素还包括类胡萝卜素（橙-黄）、类黄酮（蓝色），这些色素主要来源于食物，且在生物体内后加工及修饰程度较低。另外，蚧科含有蒽醌类（紫色、蓝色、绿色）色素，蚜科含有蚜色素（黄色、橘色或红色）。

12.3.2　色素通路对昆虫体色的调控机制研究

（1）黑色素通路对昆虫体色的调控机制研究

为了适应环境，昆虫通过改变体表色素来应对多种环境选择，如躲避敌害和选择配偶等。昆虫表皮的颜色范围很广，且黑化现象非常普遍，在欧洲和北美洲具有黑化现象的昆虫有 200 多种，分属鳞翅目（Lepidoptera）、双翅目（Diptera）和鞘翅目（Coleoptera）。昆虫的黑化现象多数产生于野外自然种群，也有少数产生于室内种群。

黑色素通常表现为黑色、棕色、黄褐色或红棕色，其生成与分布受黑色素代谢通路的基因所调控。昆虫体表深色体色主要由黑色素作用形成，黑色素通常以颗粒形式存在于外表皮，在鳞翅目昆虫鳞片中广泛分布。

在昆虫中，儿茶酚是黑色素的主要前体，在表皮细胞中产生，并在表皮层通过氧化反应形成成熟的色素。目前认为色素前体可在表皮层通过酚氧化酶发生氧化。在烟草天蛾中，编码酚氧化酶的表皮基因被命名为“颗粒酚氧化酶”，并定位在幼虫体表的黑色体色部位（Hiruma and Riddiford，2009），根据已有文献报道，*laccase 2* 可编码酚氧化酶（Arakane et al.，2005；Yatsu and Asano，2009），因此作者推测烟草天蛾 *laccase 2* 可能编码了酚氧化酶。

目前已对黑色素合成通路上的关键酶有了清楚的研究，如酪氨酸羟化酶将酪氨酸转化成多巴（DOPA），在多巴脱羧酶的作用下将多巴转化成多巴胺（dopamine），随后再经过酚氧化酶和一些辅助因子的作用，在昆虫的表皮层形成黑色素（Koch，1994）。赤拟谷盗体色呈现褐色或棕色，其体色是由儿茶酚类经氧化作用形成醌类化合物，后经过聚合反应形成黑色素，分布于体表造成的（Arakane et al.，2009）。黑色素合成通路中的两个脱羧酶：天冬氨酸脱羧酶（aspartate decarboxylase，ADC）、多巴脱羧酶（DOPA decarboxylase，DDC）参与赤拟谷盗表皮硬化和色素沉积的过程。天冬氨酸脱羧酶催化L-天冬氨酸去碳酸基生成β-丙氨酸，β-丙氨酸可以与多巴胺共同形成 NBAD，在后续体壁硬化和体色形成过程中起关键作用。研究发现，如果向赤拟谷盗体内注射β-丙氨酸，会使黑色突变体恢复成原来的铁锈红色，相反如果干扰天冬氨酸脱羧酶基因，会导致虫体颜色向黑色转变。赤拟谷盗黑色突变体体内缺乏天冬氨酸脱羧酶，无法合成丙氨酸，阻断了多巴胺与丙氨酸形成 NBAD 的通路，导致体内积累过多的多巴胺，形成多巴胺黑色素，从而使突变体体色呈现黑色（Arakane et al.，2009）。对烟草天蛾（*Manduca sexta*）、黑腹果蝇（*Drosophila melanogaster*）、赤拟谷盗（*Tribolium castaneum*）、德国小蠊（*Blattella germanica*）黑化机制的研究表明，表皮内积累的多巴胺导致产生大量的黑色素，最终使虫体体色发生黑化。

Koch（1994）在研究燕尾蝶（*Precis coenia*）表皮体色时发现，燕尾蝶翼可分为野生型（黄色和黑色条纹相结合）和黑化突变型（野生型中的黄色条纹被黑化），*DDC* 在野生型与突变型体色转变的过程中起着重要的作用（Koch，1994）。燕尾蝶中 *DDC* 的空间表达模式与蝶翼黑色条纹相关，白色区域中基本检测不到 *DDC* 基因表达。昆虫的细胞激素——生长阻断肽（GBP）可以诱导 *DDC* 基因的表达，增强 *DDC* 在表皮细胞中的活性，并提高表皮细胞中多巴胺浓度（Noguchi et al.，2003），因此学者认为在昆虫表皮中 GBP 可以通过调节表皮中多巴胺的浓度来控制表皮黑色素的生成。在昆虫幼虫蜕皮的过程中，在体表黑色区域 20E 能够诱导 *DDC* 基因的表达，表明 20E 可以通过调控 *DDC* 基因的表达来影响昆虫体色的形成。虎凤蝶（*P. glaucus*）的体色黑化是由参与酪氨酸代谢的关键酶——*N*-β 丙酰多巴胺合成酶（NBAD 合成酶）活性受到抑制所引起的。多巴胺转化为 NBAD 的途径受阻，导致过多的多巴胺转向合成黑色素途径，使虎凤蝶翅的黄色区域几乎转变为黑色（Hiruma and Riddiford，2009）。

在果蝇中，*yellow* 基因在体色黑化过程中起着重要作用。黑腹果蝇 *yellow*、*ebony* 协同调控表皮的黑色和黄色体色（Gibert et al.，2007）。在家蚕中研究发现 *yellow* 基因可以促进家蚕黑色斑纹的形成，*ebony* 则抑制家蚕黑色体色的形成。*ebony* 基因缺失的突变体体色比正常的野生型更深，而 *yellow* 基因缺失的突变体体色变浅；利用原位杂交检测 *yellow* 基因在家蚕幼虫体内的定位和分布，结果发现 *yellow* 基因只在黑色条纹的区域有表达，而在颜色较浅的发白区域检测不到 *yellow* 基因的表达信号。这些结果表明 *yellow* 和 *ebony* 参与昆虫黑色体色的形成（Futahashi et al.，2008）。

黑色素合成途径如下：首先，昆虫表皮细胞中的酪氨酸（tyrosine）在酪氨酸羟化酶（tyrosine hydroxylase，TH）的作用下转化为多巴（DOPA），多巴既可以在 Laccase 2、

Yellow 等酶的作用下生成多巴黑色素（dopa-melanin）；又可以在多巴脱羧酶（DDC）的作用下转化成多巴胺，随后分别在 Laccase 2、*N*-乙酰基转移酶（*N*-acetyl transferase，NAT）、*N*-β 丙酰多巴胺合成酶（NBAD 合成酶）等的作用下生成黑色素前体物质或表皮硬化所需的前体物质（Arakane et al.，2005）。多巴胺的代谢可分为 3 条通路：①在 NBAD 合成酶的作用下，与 β-丙氨酸（β-alanine）结合生成 *N*-β-丙酰多巴胺（NBAD），随后在 Laccase 2 催化下形成醌类色素 NBAD-pigment，其可参与表皮硬化，当沉积在昆虫表皮时呈现黄色。②在 NAT 的作用下转化为 *N*-乙酰多巴胺（NADA），再经 Laccase 2 催化后形成醌类色素 NADA-pigment，在昆虫表皮最终呈现黑色。③在 Laccase 2 及 Yellow 等酶的作用下生成多巴胺黑色素（dopamine-pigment）。所生成的 DOPA、dopamine、NBAD 及 NADA 均称为色素前体，色素合成通路上关键基因的改变均影响昆虫表皮体色的形成。

昆虫黑色素是通过多巴、多巴胺分别氧化形成的多巴醌和多巴胺醌的聚合反应生成的。相关报道表明，柑橘凤蝶（*Papilio xuthus*）的鸟苷三磷酸环化酶（guanosine triphosphate cyclohydrolase，GTPCHI）可以作为一种辅因子参与幼虫期黑色条纹的形成，研究者发现柑橘凤蝶幼虫体色黑色的分布与 *GTPCHIa* 基因的定位相关，在体表黑色区域 *GTPCHIa* 基因的表达可以促进 TH 的表达，从而影响黑色体色的形成（Futahashi and Fujiwara，2006）。实验表明，*GTPCHI* 的活性与黑色素的生物合成相关。果蝇 *GTPCHI* 突变引起了表皮的不正常黑化和骨化。*GTPCHI* 突变与 TH 突变后的胚胎颜色均为无色。同时有研究表明，*GTPCHI* 突变体中多巴、多巴胺及乙酰多巴胺的含量均显著低于野生型（Sawada et al.，2002）。

（2）眼色素合成通路对昆虫体色的调控机制研究

眼色素（ommochrome）是在昆虫和其他节肢动物中广泛存在的一种色素物质，主要呈现红、紫、黑及黄色（Lopatina et al.，2007）。色氨酸（tryptophan）为眼色素代谢通路的起始物，3-羟基犬尿氨酸（3-hydroxykynurenine）是眼色素合成通路中的关键化合物。家蚕幼虫中存在一种体色微红的突变体，研究者发现突变体血淋巴呈现红色，而正常个体的血淋巴呈现黑色。进一步研究发现，突变体的体色转变与 3-hydroxykynurenine 有关。犬尿氨酸酶（KYNU）可分别将犬尿素（kynurenine）和 3-hydroxykynurenine 水解为邻氨基苯甲酸（anthranilic acid）和 3-羟基-2-氨基苯甲酸（3-hydroxyanthranilic acid），促进消除微生物和动物体内过多积累的色氨酸（Meng et al.，2009a）。

眼色素氧化还原状态的不同也会影响昆虫体色。在蜻蜓中，尚未性成熟的雌虫与雄虫体色为淡黄色，性成熟的雄虫体色由淡黄色转变为亮红色。蜻蜓雄虫体色的转变对吸引配偶及占有领地有重要作用。通过高效液相色谱（high performance liquid chromatography，HPLC）实验测定两种不同体色蜻蜓眼色素的含量，发现蜻蜓体色黄色和红色的互变主要由眼色素氧化还原状态决定，性成熟的雄虫体内眼色素呈还原状态，浅黄色蜻蜓体内眼色素则呈氧化状态。

（3）蝶啶类色素通路对昆虫体色的调控机制研究

蝶啶是一种由鸟苷三磷酸（guanosine triphosphate，GTP）代谢生成的白色、黄色或红色色素，最早由英国科学家在菜粉蝶翅膀中获得，主要存在于鳞翅目中。鸟苷三磷酸水解酶是蝶啶色素合成途径的限速酶，控制整个色素通路的合成。同时色素通路中还包括两个关键酶：6-丙酮酰四氢生物蝶啶合成酶（6-pyruvoyl-tetrahydropterin synthase，PTPS）及墨蝶啶还原酶（sepiapterin reductase，SPR）（Futahashi and Fujiwara，2006；Sawada et al.，2002）。相关研究表明，蝶啶大量分布于柑橘凤蝶幼虫的白色体表中。

（4）其他色素通路对昆虫体色的调控机制研究

还有一类昆虫色素是四吡咯，主要分为两类：环状卟啉及后胆色素。环状卟啉有时与铁离子一起组成亚铁血红素，亚铁血红素与蛋白质结合形成两种重要的生物分子：①对所有高等生物呼吸作用都十分重要的细胞色素；②脊椎动物中转运氧气的血红蛋白。所有昆虫都有细胞色素的存在，一些在低氧环境中生活的昆虫也能够合成血红蛋白。另外一种四吡咯是后胆色素类，一般为绿色，与蛋白质结合后形成蓝色的色素蛋白，这些色素蛋白可以与类胡萝卜素结合形成昆虫的绿色体色。

类胡萝卜素呈现黄色、橙色或红色。当胡萝卜素和叶黄素与特定蛋白结合时可呈现蓝色。当胡萝卜素与蓝色色素结合时则会形成一种绿色昆虫色素—— 虫绿素。类胡萝卜素还可经催化形成视黄酸，是眼中光色素的组成部分。动物不能直接合成类胡萝卜素，只能通过摄取含有类胡萝卜素的食物获得，摄入的类胡萝卜素可以与动物体内的色素结合蛋白结合，使动物体表呈现一定的颜色，如许多鸟类羽毛、鱼类鳞片等都是通过利用类胡萝卜素这种方式形成不同颜色的。有研究表明，类胡萝卜素可以同豌豆蚜的一种共生菌横向转移到豌豆蚜中，从而改变其体色，在豌豆蚜红色个体的基因组中可以检测到合成类胡萝卜素的关键基因（Moran and Jarvik，2010）。还有一些研究者发现，家蚕可以通过肠道吸收桑叶中的类胡萝卜素，通过血淋巴等转运到丝腺中，使丝腺呈现一定的颜色（Tsuchida and Sakudoh，2015）。无论是在植物还是在真菌、藻类中，类胡萝卜素都是通过异戊二烯化合物或萜类化合物合成途径合成，异戊烯焦磷酸（isopentenyl pyrophosphate，IPP）是该途径的前体物质（Armstrong，1994）。

黄酮类色素是植物被昆虫消化吸收后形成的奶油色或黄色色素，大多数存在于鳞翅目昆虫中。家蚕中绿茧的形成主要与黄酮类色素有关，从黄绿茧品系中分离得到了 3 种 C5 糖苷黄酮类化合物。黄酮类色素在生物体内可分为黄酮类、异黄酮类、花色素类及黄烷酮类等（Tamura et al.，2002）。与类胡萝卜素一样，昆虫体内不能合成黄酮类色素，只能从食物中获得。

有报道表明，昆虫许多组织可以合成色素前体，但越来越多的实验证明色素前体主要沉积于表皮细胞内，且合成过程所需的大部分酶主要在表达色素前体的细胞内具有活性，色素合成及相关通路关键酶在多数昆虫中具有高度的保守性。色素前体可以通过血淋巴转运至表皮中，也可以通过表皮细胞的分泌作用直接扩散到表皮中，但是其扩散距离非常有限，只在几个细胞之间进行扩散。总之，昆虫体色的形成与呈现是一个复杂的生物学过程，昆虫体色呈现是由多种色素决定的，体壁中色素的含量、种类及色素间的相互比例等许多内在及外在的因素共同影响体色的形成。

12.3.3　家蚕体色多型的遗传发育分析

家蚕是鳞翅目的模式类昆虫。随着家蚕全基因组数据库的建立、简单重复序列（simple sequence repeat，SSR）连锁图谱的构建、SNP 标记及 40 个野蚕和家蚕的高精度重测序，近年来，无论是家蚕幼虫还是成虫，表皮着色的分子机制研究均受收到了广泛的关注（Xia et al.，2004，2009）。

家蚕体色主要由多种色素代谢通路调控，包括眼色素代谢通路、蝶啶类代谢通路、黑色素代谢通路等。眼色素代谢通路中色素前体转运相关基因 *w-3* 发生突变时，家蚕中尿酸不能被转运至色素细胞，导致幼虫出现白眼、白卵和透明表皮的突变型（Tamura and Akai，1990）；常染色体隐性基因 *Bm-re* 编码促进因子超家族转运蛋白，在家蚕 *re* 突变体中，因转座子插入 *Bm-re* 的外显子，从而破坏了编码蛋白质的跨膜结构域，导致纯合突变体卵呈浅橙色，且突变体成虫复眼呈现深红色（Osanai-Futahashi et al.，2012）。

蝶啶类代谢通路中常染色体隐性基因 *lem* 突变，导致墨蝶呤还原酶（sepiapterin reductase，SPR）失去活性，增强了墨蝶呤与 2,4-二羟基蝶啶的积累，导致其突变体（*lemon*）体色在幼虫发育阶段，特别是蜕皮时呈黄色（Meng et al.，2009b）；犬尿氨酸酶基因 *BmKynu* 突变时引起酶活性丧失或降低，导致幼虫体内 3-羟基犬尿氨酸（3-hydroxykynurenine，3-HK）异常积累，致使突变体 *rb* 体色呈现红色（Inagami，1954）。

黑色素代谢通路中常染色体隐性遗传基因 *yellow* 促进黑化，突变后导致幼虫体表呈红棕色；*ebony* 基因抑制黑化，突变后导致家蚕幼虫表皮呈现深灰色（Futahashi et al.，2008）；酪氨酸羟化酶基因上游因转座子的插入，导致其调控序列发生改变，致使酪氨酸羟化酶表达量下调，阻碍酪氨酸生成多巴的反应，并形成隐性纯合突变体，其表皮与头部呈红褐色，且失去了对高温的耐受力，导致室温过高时无法成功孵化而死亡（Liu et al.，2010）。

12.3.4　蚜虫体色多型的遗传分析

蚜虫是一种几乎广布全球的多食性害虫，在长期的进化适应中，为了适应复杂多变的生活环境，产生了一系列多型多态现象，其中体色多态性是最引人注目的一项。蚜虫体色多态性不但存在种间差别，而且存在种内差别，种内差别又存在克隆间和克隆内两类，克隆内的分化往往由环境条件诱导所致，而克隆间的分化由基因型和环境共同决定（Jenkins et al.，1999）。

蚜虫体色所包含的色素主要为黑色素、眼色素及类胡萝卜素（Jenkins et al.，1999）。与其他昆虫不同的是，蚜虫体内含有编码类胡萝卜素合成酶的基因，也就是说这类昆虫可以自身合成类胡萝卜素，而不用从外界环境摄取（Moran and Jarvik，2010；Novakova and Moran，2012）。

豌豆蚜存在粉色与绿色两种生物型，体色由位于常染色体上的一对等位基因 Pp 决定，基因型 PP 及 Pp 为粉色，而基因型 pp 为绿色（Caillaud and Losey，2010）。桃蚜有黄白、黄绿、绿、红、褐等一系列体色，不同学者对桃蚜的体色划分持不同观点，但按色系主要分为红色型和绿色型（陈磊，2005）。选取红（red）、绿（green-yellow）两种不同体色桃蚜进行杂交及回交，结果发现两者受一对等位基因决定，红色对绿色为显性（Takada，1981）。陈磊等（2005）利用微卫星引物 PCR 方法分析烟草、油菜、甘蓝 3 种不同寄主植物中桃蚜红、绿两种体色生物型的 DNA 多态性时发现，来自不同寄主植物上的同一体色生物型个体之间的遗传亲缘关系近于不同体色生物型个体之间。杨效文等（1999）利用随机扩增多态性 DNA-PCR（RAPD-PCR）技术研究我国烟草上桃蚜的种群分化，发现不同体色的桃蚜呈现 DNA 多态性，同一种群中红、褐色桃蚜 DNA 多态性差异较小，但与黄绿色差异较大。由以上结果可以得出，桃蚜的红、绿色可能并非仅受一对等位基因控制，即不同的复等位基因决定了桃蚜具有不同的体色表型（陈磊等，2005）。

12.3.5 其他昆虫中体色多型现象的遗传研究

部分学者在研究昆虫体色多型现象时，主要是通过杂交实验研究体色基因的表现型。近年来随着现代分子生物学的发展，昆虫体色研究也取得了新的突破。

罗梅浩等（1999）在观察烟田两种近缘种昆虫——烟青虫和棉铃虫幼虫体色变化及遗传规律时发现，这两种幼虫的体色可归结为 7 种基本类型。通过相同体色及不同体色成虫之间相互交配发现，两种昆虫后代均以绿褐色型体色居多，烟青虫出现两种体色类型，棉铃虫中则观察到多种体色类型，说明这两种昆虫幼虫的体色可能是由多基因控制的数量性状，且棉铃虫幼虫体色变化情况比烟青虫复杂。

熊延坤等（2002）在对大蜡螟（*Galleria mellonella*）幼虫不同体色品系进行遗传学分析时，通过在相同饲养环境下进行纯化、杂交、自交、回交实验发现，大蜡螟幼虫体色遗传属于常染色体复等位基因遗传。深黄色基因（AA）对灰黑色基因（BB）、灰色基因（CC）为显性，深黄色基因（AA）对白黄色基因（DD）、灰黑色基因（BB）对白黄色基因（DD）和灰色基因（CC）、灰色基因（CC）对白黄色基因（DD）为不完全显性。其具体体色表型为：基因型 AA、AB、AC、BC 呈深黄色；基因型 BB 呈灰黑色；基因型 CC 呈灰色；基因型 AD、BD、CD 呈黄色；基因型 DD 呈黄白色（熊延坤等，2002）。

野外的云斑车蝗（*Gastrimargus marmoratus*）具有两种体色：绿色和褐色。姚世鸿等（2005）发现不同体色车蝗的染色体数均存在差异，绿色车蝗的染色体有 2 条，褐色车蝗则有 4 条；绿色车蝗的 X 染色体位居第 2，褐色型的位居第 1；绿色车蝗有 1 条小染色体，褐色则有 3 条小染色体。

12.3.6 小结

虽然昆虫体色多型现象在自然界普遍存在，然而不同的昆虫有其自身特有的体色变化特征，昆虫学家尚未真正弄清相关原因和机制。不仅在动物中，体色多型现象在植物、微生物中也时有报道，可见该现象在整个生物界都很普遍。昆虫体表着色是一个非常复杂的过程，它并不是由单个基因或多个基因分别决定的，而且生物的体表着色并不是一个单一、独立的过程，其中有许多调节因子参与其中。

大多数学者认为，昆虫体色分化中基因和外界环境起决定性作用，即基因与基因之间、基因与酶之间，以及酶与环境之间构成了一个巨大的网络通路，共同调节色素物质在表皮中的数量、比例及分布情况，形成丰富的体表颜色及复杂的着色模式。

参 考 文 献

曹成全, 张合伦, 陈海霖, 等. 2010. 磁场对东亚飞蝗体色的影响. 昆虫知识, 47: 340-342.

陈磊, 张春妮, 仵均祥. 2005. 不同植物上桃蚜两种体色生物型的 DNA 多态性研究. 西北农林学报, 14: 127-131.

陈永兵, 张纯胄, 胡丽秋. 1999. 温度与光照对甜菜夜蛾幼虫体色变化的影响. 温州农业科技, (4): 26-28.

杜桂林, 李克斌, 尹姣, 等. 2007. 影响麦长管蚜体色变化的主导因素. 昆虫知识, 44: 353-357.

樊永胜, 朱道弘. 2009. 昆虫体色多型及其调控机理. 中南林业科技大学学报, 29: 84-88.

霍科科, 郑哲民. 2003. 黑带食蚜蝇体色变异的研究. 昆虫知识, 40: 529-534.

刘绍友, 仵均祥, 安英鸽, 等. 2000. 桃蚜体色生物型与寄主关系的研究. 西北农业大学学报, 28: 11-14.

刘树生. 1986. 温度对蚜茧蜂成虫体色形成的影响. 科技通报, 2: 44-45.

罗礼智, 李光博, 曹雅忠, 等. 1995. 粘虫幼虫密度对成虫飞行与生殖的影响. 昆虫学报, 38: 38-45.

罗梅浩, 郭线茹, 张宏亮, 等. 1999. 烟田烟青虫和棉铃虫幼虫体色变化及遗传规律初步研究. 河南农业大学学报, 33: 263-266.

孟惠平, 杨延哲, 孟婷婷. 2006. 环境因素变化对动物变色的影响. Journal of Jilin Normal University, 8: 66-68.

彭云鹏, 文礼章. 2013. 湿度对斜纹夜蛾幼虫体色的影响规律初探. 华中昆虫研究, 9: 192-203.

秦玉川, 李周, 崔哲. 2001. 声波对蚜虫危害及大白菜生长影响的初步研究. 中国农业大学学报, 6: 85-89.

邵起生. 1995. 动物的体色. 生物学通报, 30: 11-13.

陶方玲, 张敏玲. 1997. 十字花科蔬菜-小菜蛾-寄生性天敌三营养级系统研究: 不同条件下小菜蛾幼虫被寄生率调查. 昆虫天敌, 19: 66-69.

谢贤元. 1992. 十字花科植物上桃蚜的两个生物型. 植物保护, 18: 31-32.

熊延坤, 张青文, 徐静, 等. 2002. 大蜡螟幼虫的体色遗传规律. 昆虫学报, 45: 717-723.

杨效文, 张孝羲, 陈晓峰, 等. 1999. 我国烟蚜种群分化的 RAPD 分析. 昆虫学报, 42: 372-380.

姚世鸿. 2005. 云斑车蝗绿色个体和褐色个体的核型和 C 带. 贵州科学, 23: 40-44.

赵惠燕, 张改生, 汪世泽, 等. 1993. 棉蚜体色变化的生态遗传学研究. 昆虫学报, 33: 282-289.

朱福兴, 李建洪, 王沫. 2007. 昆虫的黑化机理. 昆虫知识, 44: 302-306.

Alkhedir H, Karlovsky P, Vidal S. 2010. Effect of light intensity on colour morph formation and performance of the grain aphid *Sitobion avenae* F. (Homoptera: Aphididae). Journal of Insect Physiology, 56: 1999-2005.

Applebaum S W, Avisar E, Heifetz Y. 1997. Juvenile hormone and locust phase. Archives of Insect Biochemistry and Physiology, 35: 375-391.

Arakane Y, Lomakin J, Beeman R W, et al. 2009. Molecular and functional analyses of amino acid decarboxylases involved in cuticle tanning in *Tribolium castaneum*. J Biol Chem, 284: 16584-16594.

Arakane Y, Muthukrishnan S, Beeman RW, et al. 2005. *Laccase 2* is the phenoloxidase gene required for beetle cuticle tanning. Proc Natl Acad Sci USA, 102: 11337-11342.

Araya J E, Cambron S E, Ratcliffe R H. 1996. Development and reproduction of two color forms of English grain aphid (Homoptera: Aphididae). Environmental Entomology, 25: 366-369.

Armstrong G A. 1994. Eubacteria show their true colors: genetics of carotenoid pigment biosynthesis from microbes to plants. J Bacteriol, 176: 4795-4802.

Breuer M, Hoste B, De Loof A. 2003. The endocrine control of phase transition: some new aspects. Physiological Entomology, 28: 3-10.

Caillaud M C, Losey J E. 2010. Genetics of color polymorphism in the pea aphid, *Acyrthosiphon pisum*. Journal of Insect Science, 10: 95.

Chang E S, Coudron T A, Bruce M J, et al. 1980. Juvenile hormone-binding protein from the cytosol of *Drosophila* Kc cells. Proc Natl Acad Sci USA, 77: 4657-4661.

Davis A K, Farrey B D, Altizer S. 2005. Variation in thermally induced melanism in monarch butterflies (Lepidoptera: Nymphalidae) from three North American populations. Journal of Thermal Biology, 30: 410-421.

Demichelis S, Bosco D. 1995. Host-plant relationships and life history of some *Alebra* species in Italy (Auchenorrhyncha: Cicadellidae). European Journal of Entomology, 92: 683-690.

Ellis P E, Carlisle D B. 1961. The prothoracic gland and colour change in locusts. Nature, 190: 368-369.

Futahashi R, Fujiwara H. 2006. Expression of one isoform of GTP cyclohydrolase I coincides with the larval black markings of the swallowtail butterfly, *Papilio xuthus*. Insect Biochem Mol Biol, 36: 63-70.

Futahashi R, Fujiwara H. 2008. Juvenile hormone regulates butterfly larval pattern switches. Science, 319: 1061.

Futahashi R, Sato J, Meng Y, et al. 2008. *yellow* and *ebony* are the responsible genes for the larval color mutants of the silkworm *Bombyx mori*. Genetics, 180: 1995-2005.

Gibert J M, Peronnet F, Schlotterer C. 2007. Phenotypic plasticity in *Drosophila* pigmentation caused by temperature sensitivity of a chromatin regulator network. PLoS Genet, 3: e30.

Hasegawa E, Tanaka S. 1994. Genetic control of albinism and the role of juvenile hormone in pigmentation in *Locusta migratoria* (Orthoptera: Acrididae). Jap J Entomol, 62(7): 315-324.

Havemann J, Muller U, Berger J, et al. 2008. Cuticle differentiation in the embryo of the amphipod crustacean *Parhyale hawaiensis*. Cell Tissue Res, 332: 359-370.

Hiruma K, Riddiford L M. 2009. The molecular mechanisms of cuticular melanization: the ecdysone cascade leading to dopa decarboxylase expression in *Manduca sexta*. Insect Biochem Mol Biol, 39: 245-253.

Hoekstra H E. 2006. Genetics, development and evolution of adaptive pigmentation in vertebrates. Heredity (Edinb), 97: 222-234.

Hua Y J, Ishibashi J, Saito H, et al. 2000. Identification of [Arg(7)] corazonin in the silkworm, *Bombyx mori* and the cricket, *Gryllus bimaculatus*, as a factor inducing dark color in an albino strain of the locust, *Locusta migratoria*. Journal of Insect Physiology, 46: 853-859.

Inagami K. 1954. Mechanism of the formation of red melanin in the silkworm. Nature, 174: 1105.

Jenkins R L, Loxdale H D, Brookes C P, et al. 1999. The major carotenoid pigments of the grain aphid, *Sitobion avenae* (F.) (Hemiptera: Aphididae). Physiological Entomology, 24: 171-178.

Khasa E, Badhwar P, Bhan V. 2013. Seasonal changes in humidity level in the tropics impact body color polymorphism and water balance in *Drosophila jambulina*. Acta Entomologica Sinica, 56: 1367-1380.

Koch P B. 1994. Wings of the butterfly *Precis coenia* synthesize dopamine melanin by selective enzyme activity of dopadecarboxylase. Naturwissenschaften, 81: 36-38.

Liang J, Wang T, Xiang Z, et al. 2015. Tweedle cuticular protein BmCPT1 is involved in innate immunity by participating in recognition of *Escherichia coli*. Insect Biochem Mol Biol, 58: 76-88.

Liu C, Yamamoto K, Cheng T C, et al. 2010. Repression of tyrosine hydroxylase is responsible for the sex-linked chocolate mutation of the silkworm, *Bombyx mori*. Proc Natl Acad Sci USA, 107: 12980-12985.

Li J B, Fang L P, Meng L, et al. 2014. Body-color polymorphism and its ecological and evolutionary function in aphids. Chinese Journal of Ecology, 33: 1404-1412.

Lopatina N G, Zachepilo T G, Chesnokova E G, et al. 2007. Mutations in structural genes of tryptophan metabolic enzymes of the kynurenine pathway modulate some units of the L-glutamate receptor-actin cytoskeleton signaling cascade. Russian Journal of Genetics, 43: 1168-1172.

Losey J E, Ives A R, Harmon J, et al. 1997. A polymorphism maintained by opposite patterns of parasitism and predation. Nature, 388: 269-272.

Marriott C G, Holloway G J. 1998. Colour pattern plasticity in the hoverfly, Episyrphus balteatus: the critical immature stage and reaction norm on developmental temperature. Journal of Insect Physiology, 44: 113-119.

Meng Y, Katsuma S, Daimon T, et al. 2009b. The silkworm mutant *lemon* (*lemon lethal*) is a potential insect model for human sepiapterin reductase deficiency. Journal of Biological Chemistry, 284: 11698-11705.

Meng Y, Katsuma S, Mita K, et al. 2009a. Abnormal red body coloration of the silkworm, *Bombyx mori*, is caused by a mutation in a novel kynureninase. Genes Cells, 14: 129-140.

Michael B, Bruno H, Arnold D. 2003. The endocrine control of phase transition: some new species. Physiological Entomology, 28(1): 3-10.

Mohamed A F N, Robin S P, Bruce S G. 2008. A Reversible color polyphenism in american peppered moth (*Biston betularia cognataria*) caterpillars. PLoS One, 3(9): e3142.

Moran N A, Jarvik T. 2010. Lateral transfer of genes from fungi underlies carotenoid production in aphids. Science, 328: 624-627.

Moussian B. 2013. The Arthropod Cuticle. *In*: Alessandro M, Geoffrey B, Giuseppe F. Arthropod Biology and Evolution, Molecules, Development, Morphology. Heidelberg: Springer: 171-196.

Nijhout H F. 1999. Control mechanisms of polyphenic development in insects. BioScience: 181-191.

Noguchi H, Tsuzuki S, Tanaka K, et al. 2003. Isolation and characterization of a dopa decarboxylase cDNA and the induction of its expression by an insect cytokine, growth-blocking peptide in *Pseudaletia separata*. Insect Biochem Mol Biol, 33: 209-217.

Noor M A, Parnell R S, Grant B S. 2008. A reversible color polyphenism in American peppered moth (*Biston betularia cognataria*) caterpillars. PLoS One, 3: e3142.

Novakova E, Moran N A. 2012. Diversification of genes for carotenoid biosynthesis in aphids following an ancient transfer from a *Fungus*. Molecular Biology and Evolution, 29: 313-323.

Osanai-Futahashi M, Tatematsu K, Yamamoto K, et al. 2012. Identification of the *Bombyx* red egg gene reveals involvement of a novel transporter family gene in late steps of the insect ommochrome biosynthesis pathway. Journal of Biological Chemistry, 287: 17706-17714.

Pener M P. 1991. Locust phase polymorphism and its endocrine relations. Advances in Insect Physiology, 23: 1-79.

Predel R, Neupert S, Russell W K, et al. 2007. Corazonin in insects. Peptides, 28: 3-10.

Qiao L, Xiong G, Wang R X, et al. 2014. Mutation of a cuticular protein, BmorCPR2, alters larval body shape and adaptability in silkworm, *Bombyx mori*. Genetics, 196: 1103-1115.

Rowell C H F. 1970. Environmental control of coloration in an acridid, *Gastrimargus africanus* (Saussure). London: Ministry of Overseas Development, Anti-Locust Research Centre.

Sawada H, Nakagoshi M, Reinhardt R K, et al. 2002. Hormonal control of GTP cyclohydrolase I gene expression and enzyme activity during color pattern development in wings of *Precis coenia*. Insect Biochem Mol Biol, 32: 609-615.

Seago A E, Brady P, Vigneron J P, et al. 2009. Gold bugs and beyond: a review of iridescence and structural colour mechanisms in beetles (Coleoptera). Journal of the Royal Society Interface, 6 (Suppl 2): S165-184.

Shawkey M D, Morehouse N I, Vukusic P. 2009. A protean palette: colour materials and mixing in birds and butterflies. Journal of the Royal Society Interface, 6 (Suppl 2): S221-231.

Staal G. 1961. Studies on the physiology of phase induction in *Locusta migratoria migratorioides*. Publ Fonds Landb Export Bur, 40: 1-125.

Sugahara R, Saeki S, Jouraku A, et al. 2015. Knockdown of the corazonin gene reveals its critical role in the control of gregarious characteristics in the desert locust. Journal of Insect Physiology, 79: 80-87.

Suzuki Y, Nijhout H F. 2006. Evolution of a polyphenism by genetic accommodation. Science, 311: 650-652.

Takada H. 1981. Inheritance of body colors in *myzus-persicae* (Sulzer) (Homoptera, Aphididae). Applied Entomology and Zoology, 16: 242-246.

Tamura T, Akai H. 1990. Comparative Ultrastructure of larval hypodermal cell in normal and oily *Bombyx* mutants. Cytologia, 55: 519-530.

Tamura Y, Nakajima K, Nagayasu K, et al. 2002. Flavonoid 5-glucosides from the cocoon shell of the silkworm, *Bombyx mori*. Phytochemistry, 59: 275-278.

Tanaka S, Yagi S. 1997. Evidence for the involvement of a neuropeptide in the control of body color in the desert locust, *Schistocerca gregaria*. Japanese Journal of Entomology, 65: 447-457.

Tanaka S. 1996. A cricket (*Gryllus bimaculatus*) neuropeptide induces dark colour in the locust, *Locusta migratoria*. Journal of Insect Physiology, 42: 287-294.

Tanaka S. 2000. Hormonal control of body-color polymorphism in *Locusta migratoria*: interaction between. Journal of Insect Physiology, 46: 1535-1544.

Tsuchida K, Sakudoh T. 2015. Recent progress in molecular genetic studies on the carotenoid transport system using cocoon-color mutants of the silkworm. Arch Biochem Biophys, 572: 151-157.

Tsuchida T, Koga R, Horikawa M, et al. 2010. Symbiotic bacterium modifies aphid body color. Science, 330: 1102-1104.

Valmalette J C, Dombrovsky A, Brat P, et al. 2012. Light-induced electron transfer and ATP synthesis in a carotene synthesizing insect. Scientific Reports, 2: 579.

Veenstra J A. 1989. Isolation and structure of corazonin, a cardioactive peptide from the American cockroach. Febs Letters, 250: 231-234.

Veenstra J A. 1991. Presence of corazonin in three insect species, and isolation and identification of [His^7] corazonin from *Schistocerca americana*. Peptides, 12: 1285-1289.

Wittkopp P J, Beldade P. 2009. Development and evolution of insect pigmentation: genetic mechanisms and the potential consequences of pleiotropy. Seminars in Cell & Developmental Biology, 20: 65-71.

Wittkopp P J, Carroll S B, Kopp A. 2003. Evolution in black and white: genetic control of pigment patterns in *Drosophila*. Trends in Genetics, 19: 495-504.

Xia Q Y, Guo Y R, Zhang Z, et al. 2009. Complete resequencing of 40 genomes reveals domestication events and genes in silkworm (*Bombyx*). Science, 326: 433-436.

Xia Q Y, Zhou Z Y, Lu C, et al. 2004. A draft sequence for the genome of the domesticated silkworm (*Bombyx mori*). Science, 306: 1937-1940.

Yatsu J, Asano T. 2009. Cuticle laccase of the silkworm, *Bombyx mori*: purification, gene identification and presence of its inactive precursor in the cuticle. Insect Biochem Mol Biol, 39: 254-262.

Yerushalmi Y, Tauber E, Pener P M. 2001. Phase polymorphism in *Locusta migratoria*: the relative effects of geographical strains and albinism on morphometrics. Physiological Entomology, 26 (2): 95-105.

Zettler J A, Adler P H, McCreadie J W. 1998. Factors influencing larval color in the *Simulium vittatum* complex (Diptera: Simuliidae). Invertebrate Biology, 117: 245-252.

第 13 章　生态基因组学在动物物种形成研究中的应用

13.1　全基因组已被揭示的主要动物类群及基因组大小的演化

13.1.1　全基因组已被揭示的主要动物类群

依据测序物种数目、测序物种的特殊性及测序技术的发展，目前可将基因组测序分为两个阶段（图 13.1）。第一个阶段为 1998~2005 年，在该阶段，测序刚开始，测序技术比较原始，耗时长，花费高，因此所得测序物种数目较少，至 2005 年，共获得 16 个物种的全基因组序列，每年测序物种数目不超过 4 个，主要集中在重要的模式生物，如秀丽隐杆线虫（*Caenorhabditis elegans*）最早测序，是迄今基因组最小的物种，也是 20 世纪末期测序的唯一物种。之后，黑腹果蝇（*Drosophila melanogaster*）、智人（*Homo sapiens*）、异体住囊虫（*Oikopleura dioica*）、冈比亚按蚊（*Anopheles gambiae*）、玻璃海鞘（*Ciona intestinalis*）、小家鼠（*Mus musculus*）、红鳍东方鲀（*Takifugu rubripes*）、线虫（*Caenorhabditis briggsae*）、家蚕（*Bombyx mori*）、原鸡（*Gallus gallus*）、大白鼠（*Rattus norvegicus*）、家犬（*Canis lupus familiaris*）、黑猩猩（*Pan troglodytes*）等重要模式物种或具有重要经济价值或与人类密切相关的物种被测序。第二阶段是从 2006 年至今，随着新一代测序技术的迅速发展（Margulies et al.，2005；Hudson，2008；Mardis，2008），在时间和费用方面都明显降低，并且组装质量也大幅度提高，除模式生物外，科学家开始转向非模式生物，用全基因组去回答进化、医学及物种保护等方面的科学问题。仅在 2007 年，就发表全基因组物种 25 种；2016 年上半年，已发表 14 个物种的全基因组，

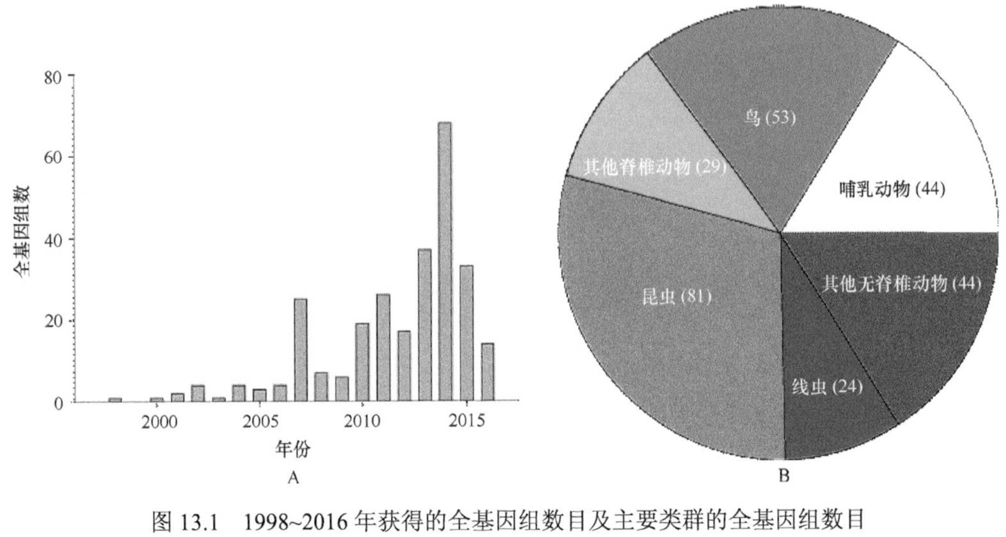

图 13.1　1998~2016 年获得的全基因组数目及主要类群的全基因组数目

A. 各年（1998~2016 年）获得的全基因组数；B. 主要类群及其获得的全基因组数

Ensembl 官方数据库显示，未来还会揭示更多物种的全基因组。目前，全基因组已被报道的物种有 275 种，其中脊椎动物 126 种（哺乳动物 44 种，鸟类 53 种，其他圆口类、鱼类、爬行和两栖动物计 29 种）、无脊椎动物 149 种（昆虫纲 81 种、线虫 24 种，其他共计 44 种），一些基因组序列已经在公共数据库公布。随着第三代测序技术的问世（McCarthy，2010），测序将会变得更快、更便宜且更准确，也将会有更多非模式动物的全基因组被测序，去回答一些人们普遍感兴趣的生态或生物学问题，从而进一步开启基因组测序的又一个新阶段。

13.1.2 基因组大小的演化

在对物种进行全基因组测序之前，必须对其基因组大小有所了解。事实上，对基因组大小及进化的研究，很早就已经开始。真核生物基因组的总大小各不相同，变化范围在 20 万倍内（Gregory，2003）。目前已经研究了约 5635 个动物物种的基因组大小（其中脊椎动物 3731 种、无脊椎动物 1904 种）。已知全基因组最大的动物物种为石花肺鱼（*Protopterus aethiopicus*），基因组大小为 132.83pg（1pg=978Mb）；其次为两种两栖动物——斯河泥螈（*Necturus lewisi*）和小泥螈（*Necturus punctatus*），为 120pg；再次为另外两种两栖动物和一种鱼，即斑泥螈（*Necturus maculosus*）、双趾两栖鲵（*Amphiuma means*）和南美肺鱼（*Lepidosiren paradoxa*）（Gregory，2005）；全基因组最小的动物物种为咖啡短体线虫（*Pratylenchus coffeae*），其基因组大小为 0.02pg（Gregory，2005）。

基因组大小的进化一直是个谜，物种间基因组大小的差异与机体的复杂性无关，称为“*C* 值矛盾”（the *C* value paradox）。“*C* 值矛盾”不是源于蛋白编码基因的数量差异，而主要源于基因组内非编码 DNA 的数量差异，包括假基因及无数重复序列（特别是转座元件，transposable element）的差别丰度，即基因组的大小与非编码基因的数量呈正相关。基因组包含大量非编码 DNA 序列，如人基因组中含 95%的非编码 DNA，其中约 45%为转座元件（Hartl，2000）。原鸡与哺乳动物基因组大小相差近 3 倍，源于鸡基因组内分散的重复序列、假基因及部分片段复制的大量减少（Hillier et al.，2004）。水螅属（*Hydra*）内，大乳头水螅（*H. magnipapillata*）基因组大小为 1.05Gb，普通水螅（*H. vulgaris*）基因组大小为 1.25Gb，褐水螅（*H. oligactis*）基因组大小为 1.45Gb，而绿水螅（*H. viridissima*）基因组大小为 0.38Gb，前三者基因组大小为后者的 3 倍多，研究揭示了该属内物种形成的时机与转座子活性定时（timing）的相关性，可能与属内物种基因组大小的三倍增加相关（Chapman et al.，2010）。在昆虫纲中，已知直翅目昆虫具有最大的基因组，已获得 39 个直翅目昆虫的基因组大小，其中高山蝗虫（*Podisma pedestris*）的基因组最大，约为 18.15Gb（Westerman et al.，1987）。已有研究考察了果蝇（165Mb）与蟋蟀（1.91Gb）、高山蝗虫（*Podisma pedestris*，18.15 Gb）基因组的插入缺失模式，发现后二者 DNA 丢失要比前者慢 40 倍，认为基因组大小的变异应归因于机体基因组内插入（insertion）和删除（deletion）突变模式的差异（Petrov et al.，2000）。最近，飞蝗（*Locusta migratoria*）的全基因组已经被成功解构（Wang et al.，2014），为迄今为止动物界中成功被注释的最大基因组，该研究显示，与果蝇基因组相比，其编码区的长度并无差异，主要差异在于飞蝗基因组具有更长的内含子区及基因间隔区；导致这些差异的原因主要是移动元件的大规模激活及这些元件的缓慢丢失（Wang et al.，2014）。目前也获得动物界注释最小的全基因组，即南极蠓（*Belgica antarctica*）的基因组，大小仅为 99Mb，相比其他较大的基因组，蛋白编码基因的数量差不多，但其基因组内几乎没有重复序列，内含子序列非常短，移动 DNA 元件数量也非常少，研究者认为，此简化的基因组是对南极极端环境的适应（Kelley et al.，2014）。

是什么在基因组大小的进化中起更关键的作用，迄今主要存在三种不同的假说。第一种假说，选择主义者的观点认为，基因组大小是对能量及代谢适应性的响应；增加基因组的大小，会改变细胞表型，包括细胞核大小增加，细胞体积增大，而细胞分裂速率降低（Gregory，2001），并会减缓细胞代谢（Gregory，2002），说明机体自身会依据潜在的好处优化基因组大小，只是因果关系仍不确定。对鸟类及其他哺乳动物基因组大小的研究显示，代谢速率与 *C*-值大小及红细胞大小呈显著负相关，且代谢速率与 *C*-值大小的负相关是通过细胞大小介导的（Gregory，2002）。对果蝇科 6 属 67 个物种全基因组大小的比较分析显示，基因组大小与果蝇属（*Drosophila*）发育的温度控制时间（temperature-controlled duration of development in *Drosophila*）呈正相关，且基因组大小可能与该属物种体型及精子长度呈正相关（Gregory and Johnston，2008）。

第二种假说认为，逆转录因子插入导致的轻微有害突变的固定概率由选择劣势及有效种群的大小决定，即有效种群越大，轻微有害的突变发生漂变并固定的概率越小。依据分子进化的中性理论，当种群变小时，去除重复元件（repeat element）的纯化选择（purifying selection）的效率会变低。已有研究发现，从原核生物到单细胞真核生物再到多细胞真核生物，有效种群大小的缩减伴随着基因组大小的扩大（Lynch and Conery，2003）。

第三种为自私 DNA 元件（selfish DNA element）假说，自私 DNA 元件在基因组内扩散，并增加基因组的大小，但从全局考虑对机体自身没有任何好处（Orgel and Crick，1980）。最近，基于弓翅雏蝗（*Chorthippus biguttulus*）基因组大小对性吸引的影响研究发现，基因组较小（自私 DNA 元件复制较少）的雄性会发出更具吸引力的鸣声，从而认为性选择会加固自然选择，停止自私 DNA 元件的扩增，尤其是在隔离的小种群中（Schielzeth et al.，2014）。该研究认为，雌性偏好选择机制导致弓翅雏蝗物种不具大基因组，不支持选择主义者的自身优化假说及基因组大小变异的中性突变假说。

13.2　动物物种形成的特点和机制

物种形成是产生地球生物多样性的基本过程，一直是进化生态学研究的焦点。在一般情况下，物种形成包括一个繁殖群体（或基因型集群）分裂成两个的过程。新形成的两个物种在形态、行为及生存环境等方面都可以找到很多不同之处，那么反映在全基因组上，会发生多大的差异，如这些遗传差异是促进了物种形成还是在物种形成后逐渐积累，已形成的物种间是否具有基因流，什么机制导致了物种间完全的生殖隔离，自然选择、基因流、遗传重组及不完全谱系分选在物种形成的过程中如何相互作用，物种对外界环境改变的响应及这种响应对谱系分离和物种形成的作用等。通过基因组测序及比较基因组学的研究，基于对模式生物的阐释和越来越多非模式生物的涉及，学者对这些物种形成的基本问题有了更深入的理解。本节首先阐述最近基因组学在理解人科及模式生物——果蝇属物种遗传分化及物种形成特点中的应用，另外也阐释了基因组学在理解其他非模式生物的物种形成机制中的重要作用。

13.2.1 人科物种的遗传分化和物种形成

目前，依据现代分子生物学的研究，现生的人科（Hominidae）包括 2 亚科 3 族 4 属 7 种，以及智人属（*Homo*）、黑猩猩属（*Pan*）、大猩猩属（*Gorilla*）和红毛猩猩属（*Pongo*），它们的共同祖先约生活于 1400 万年前。最近，已获得这 4 属 6 种的全基因组，并基于全基因组对它们的系统发育关系、物种分异和形成的过程进行了详细的研究，以揭示人类的演化过程。

现已经证实，黑猩猩属（*Pan* sp.）包括普通黑猩猩（*P. troglodytes*）和倭黑猩猩（*P. paniscus*），在进化关系上是智人属（*Homo*）现生最近的近亲。虽然人类具一些特有功能，如习惯性地二足行走、扩大的脑容量和复杂的语言，但有研究已揭示普通黑猩猩和人具有令人震惊的行为相似性（如使用工具和群体攻击性）。倭黑猩猩和普通黑猩猩在许多方面都特别相似，但这两个物种在行为方面具有重要区别。例如，雄性普通黑猩猩使用攻击性行为来争夺统治地位和获得交配权，且通过合作来保卫自己的家园，并攻击其他群体。相比之下，雄倭黑猩猩通常服从于雌倭黑猩猩的统治，并不进行激烈的竞争去获得统治地位，它们相互之间不形成联盟，群体之间也不存在致命的攻击性行为。且与普通黑猩猩相比，倭黑猩猩虽表现出强烈的性行为，但这种性行为多不具有受孕功能，往往涉及同性伴侣。因此，黑猩猩和倭黑猩猩均具有一些与人类相似但它们彼此之间并不具有的特性。但目前人类还无法重建黑猩猩、倭黑猩猩和人的共同祖先的社会结构与行为模式。祖先可能具有镶嵌特征，包括那些在倭黑猩猩、人类和黑猩猩中的特征。进行比较基因组学的研究有助于揭示这些特征分异的分子基础，以及塑造人类物种的进化力量（包括潜在的突变过程和选择压力）。

研究者最先比较了普通黑猩猩与人类基因组，产生了人类和普通黑猩猩从共同祖先分化以来积累的近完全的遗传差异的目录（Mikkelsen et al.，2005）。这些变异包括约 3500 万个的单核苷酸变异、500 万个插入和缺失事件及各种染色体重排。研究者使用该目录来探索导致人类和普通黑猩猩基因组差异的突变的维度及局部变化，以及作用于基因组的正选择和负选择强度。研究发现，人类和普通黑猩猩蛋白编码基因的进化模式高度相关，被中性和轻微有害等位基因的固定所支配。在人类和黑猩猩基因组的拷贝之间发生单碱基替换的平均率为 1.23%，其中 1.06%或更少对应于种间的固定差异。插入和缺失（indel）事件较单碱基替换少，但仍导致了物种间常染色质体列约 1.5%的差异。人类与黑猩猩在转座元件插入率方面差异显著：人类基因组中短散布元件（short interspersed element，SINE）具有比黑猩猩高出 3 倍的活性，而黑猩猩获得了两个新家族的逆转录病毒元件。人类和黑猩猩的同源蛋白极为相似，29%是相同的，典型同源蛋白只有两个氨基酸是不同的，每一个谱系各一个。人科谱系的氨基酸置换标准化率（normalized rate of amino-acid-altering substitution）相对于鼠科谱系是上升的，但接近人类共同多态性的氨基酸置换标准化率，这意味着在人类进化中正选择仅在一小部分的蛋白质序列的分化中起作用。外显子沉默位点的替代率低于附近内含子位点的替代率，与哺乳动物中静默位点的弱净化选择一致。人类多样性相对于人科分歧的模式分析，确定了最近人类进化史上强选择性扫除的几个潜在候选位点（Mikkelsen et al.，2005）。Prüfer 等（2012）注释了倭黑猩猩的全基因组，并与普通黑猩猩和人类的全基因组进行了比较分析，发现倭黑猩猩和普通黑猩猩共享 99.6%的 DNA，证实这 2 种非洲猿类在遗传上高度相似，但它们的祖先种群也许在刚果河形成后、约 100 万年前就在非洲分裂为两个种群。如今，研究仅发现倭黑猩猩分布在刚果，自从与黑猩猩谱系分异后，没有发现这两个种会互相交配，认为刚果河可能为这两个种互相融合的障碍。倭黑猩猩与人类共享了大约 98.7%的 DNA；与普通黑猩猩相比，人类与倭黑猩猩有约 1.6%的 DNA 更相似。同样与倭黑猩猩相比，人类与普通黑猩猩有约 1.7%的 DNA 更相似。这些差异表明，产生人类、普通黑猩猩和倭黑猩猩的共同祖先的种群，在遗传上相当大且多样，具约 27 000 个可繁殖的个体，导致在谱系进化上的祖先多态性的不完全分选（incomplete lineage sorting）。人类祖先在约 400 万年前与倭黑猩猩和普通黑猩猩的祖先分离，倭黑猩猩和黑猩猩的共同祖先保留了这种多样性，直到它们的祖先群体约在 100 万年前完全分裂成两个群体。演变为倭黑猩猩、黑猩猩和人类的大种群一直保留着祖传种群的多样化基因库中不同套的基因（Prüfer et al.，2012）。

人属与黑猩猩属（*Pan*）这个谱系分支的姐妹群为大猩猩属（*Gorilla*），最近也组装和分析了一只西部低地母性大猩猩（*G. gorilla gorilla*）的全基因组序列，并进行了全基因组的比较分析，以进一步揭示人类的起源和演化过程（Scally et al.，2012）。将遗传和化石证据相整合，这三个属的共同祖先种群约存在于 1000 万至 600 万年前。虽然人类和黑猩猩是最近的近亲，但大猩猩基因组中约 30%的基因组更接近于人类或黑猩猩，而不是人类和黑猩猩更接近，说明在它们祖先种群的分化过程中，祖先谱系的不完全分选广泛存在于基因组中，且选择在进化过程中也起着重要的作用。蛋白编码基因的比较揭示，约 500 个基因在大猩猩、人类和黑猩猩谱系中经历了加速进化，同时与听力相关的基因等经历了平行演化。另外研究发现，西部和东部大猩猩物种约 175 万年前发生分化，且东部物种最近具有遗传交换和种群瓶颈（Scally et al.，2012）。

红毛猩猩属包括苏门答腊猩猩（*P. abelii*）和婆罗洲猩猩（*P. pygmaeus*）两个物种，是人科在系统发生关系上与人类亲缘关系最远的类人猿；研究者完成了一只苏门答腊猩猩的基因组草图序列组装，获得了 5 只苏门答腊猩猩和 5 只婆罗洲猩猩基因组的短片段，并进行了深入分析，为人科进化提供了重要的信息（Locke et al.，2011）。结果显示，相比于其他灵长类动物，红毛猩猩（*Pongo* sp.）的基因组内具有更少的重排、更少的大片段复制，较低的基因家族逆转（gene family turnover）速率和出奇静止的 Alu 重复，显示红毛猩猩基因组的结构演化要比其他类人猿慢得多。在两个红毛猩猩物种基因组内发现一个新的灵长类多态性着丝粒，显示红毛猩猩基因组结构的渐进演化。包括糖脂代谢的几个通道的新的正选择信号的发现，揭示了红毛猩猩具有远低于其他人科亲戚能量代谢使用的可能机制。另外，两种红毛猩猩约在 40 万年前发生谱系分离，两种红毛猩猩的遗传多样性均很高，只是苏门答腊猩猩比婆罗洲猩猩具有更大的多样性和更多的物种特异性变异。尽管苏门答腊猩猩现代普查的种群规模较小，苏门答腊猩猩在物种形成后，其有效群体大小相对于祖先呈现指数增长，而婆罗洲猩猩同比下降（Locke et al.，2011）。

最近对 29 种哺乳动物的基因组进行测序和比较分析，报道了以前未被发现的外显子和蛋白质编码序列内功能重叠元件、新的核糖核酸结构家族、启动子保护配置元件，以及转录调控子的预测靶标，并且提供了近期演化的证据，包括灵长类和人类谱系内密码子特定的正选择，移动元件（transposal element）扩展适应和加速进化；确认了至少有 5.5%的人类基因组已经进行净化选择，受选择元件覆盖了约 4.2%的基因组，这些元件包括大约 4000 种新外显子，以及候选终止密码子和蛋白质编码外显子内在 1 万个调控蛋白质生成的高度保守的基因区域；发现了 220 个候选 RNA 二级结构新家族，以及近 100 万个与潜在启动子、增强子和绝缘子区域重叠的元件。该研究还揭示了一些经历正选择的特定氨基酸残基、28 万个从移动元件扩展的非编码元件，以及约 1000 个灵长类特异的加速进化元件（Lindblad-Toh et al.，2011）。

13.2.2 果蝇属物种间的遗传分化和物种形成

果蝇属（*Drosophila*），隶属于昆虫纲双翅目果蝇科，包含 1500 多种，其外观、行为和繁殖栖息地非常多样化，广泛栖息在沙漠、热带雨林、城市、沼泽和高山地带，其大多数物种取食且栖息于过熟或腐烂的水果中。果蝇属的物种小，易于进行实验操作，已广泛用作遗传学（包括群体遗传学）、细胞生物学、生物化学特别是发育生物学的模式生物。其中黑腹果蝇（*D. melanogaster*），是一种广泛用于遗传学和发育生物学研究的常见模式生物。因此，随着对果蝇属中黑腹果蝇全基因组的破译及随后 12 个果蝇物种的大规模全基因组测序，果蝇属成为比较基因组学的首位模式昆虫属。已有研究也对果蝇属中基因组大小、基因组组成、蛋白质表达及其调控和调控机制的演化，基因流、遗传重组和选择在物种分化中的作用，以及性染色体（主要是 X 染色体）的演化机制都进行了深入的研究。

比较基因组分析表明，很大程度上，果蝇属不同物种的基因组的组成是保守的，且果蝇物种基因组非编码区的碱基组成是非常相似的。果蝇基因组排列在 6 个同源的染色体臂内，染色体臂内的基因和蛋白质含量都很保守，但是由于染色体臂内发生了很多的染色体重排事件，基因的方向和排列的顺序有差异。果蝇物种基因组组成在蛋白编码基因的数量及同源蛋白编码模式方面基本也非常保守，而转座因子（TES）进化较快（Singh et al.，2009）。

果蝇物种基因组内，蛋白质基因的表达水平与蛋白质进化的速率呈高度正相关，基因表达的组织偏向程度同样是果蝇属内进化速率的重要决定因素。广泛表达的基因往往比特异性组织中表达的基因进化慢，但广泛表达的基因比有限范围内表达的基因经历了更多的净化选择，那些具组织偏向性表达模式的基因中正选择速率的增加，也有助于表达广度和进化速率之间的相关性（Larracuente et al.，2008）。在黑腹果蝇种团中，大约 1/3 直系同源的蛋白编码基因在一些子集位点上经历了正选择，并且功能相似的基因似乎不一定表现出类似的正选择模式（*Drosophila* 12 Genomes Consortium，2007），当然那些与免疫反应（Sackton et al.，2007）和生殖相关的基因除外（Haerty et al.，2007）。利用种间基因渐渗的杂交后代，研究拟果蝇和毛里求斯果蝇之间基因表达模式的遗传基础发现，顺式和反式调控分异的遗传结构、进化模式显著不同。顺式调控分异的效应在杂合子基因组内是累积的，在雄性和雌性之间明显不同，并可通过两个亲本之间的差异表达预测。相反，反式调控分异的效果与主导基因渐渗的等位基因相关，两性效果相似，在杂交后代基因组内产生了亲本基因表达范围之外的表达水平。虽然渐渗的反式调控的影响在雄性和雌性之间相似，但是它们调控的基因表达水平在拟果蝇和毛里求斯果蝇品系之间表现出性二态，表明纯物种基因型携带非连锁的改良的等位基因，可以增加表达的性别差异。且雄性和雌性的顺式调控所导致的核苷酸替代（*cis*-regulatory substitution）的独立作用可能有利于其在性二态表型中的进化作用，而反式调控分异（*trans*-regulatory divergence）的独立作用是调控不兼容性的一个重要来源（Meiklejohn et al.，2014）。

群体遗传学理论预测，在具有异配性别的物种中，在 X 染色体上 DNA 序列的进化比常染色体的序列更快。中性和非中性进化过程均可以产生这种模式。这些理论并没有预测像基因表达这样的复杂性状也经历了加速进化，但最近在果蝇和哺乳动物中报道了很多 X 染色体上更快的基因表达分异模式。比较基因组学方法有助于解决 X 染色体上纯化选择和正选择的有效性是否增加的问题。纯化选择似乎在 X 染色体上更有效，所有测序的物种中为 X 连锁基因的密码子偏好性增加；然而，只有在一些物种中，在非同义位点有较高的替代率及 X 染色体上具更多正选择的证据（Singh et al.，2008）。即使对 X-连锁和常染色体基因使用两两比较，正选择是否在 X 染色体上是真正更有效的，仍然需继续研究（Singh et al.，2008；Vicoso et al.，2008）。拟果蝇与毛里求斯果蝇（*D. mauritiana*）、塞舌尔果蝇（*D. sechellia*）之间存在多种形式的不完全生殖隔离，包括性、配子、生态及内在的合子后不完全隔离，三个种互相杂交后，均呈现 F1 代雄性不育和杂种 F1 代雌性可育。分析这些姐妹种的基因组表明，X 染色体对杂交雄性不育的贡献特别大。对毛里求斯果蝇 10 个个体的全基因组多态性和分异模式分析显示，相对于常染色体，X 染色体上核苷酸多样性降低但核苷酸差异变大，蛋白编码基因发生了大量、反复的适应性进化，且最近产生了大量的选择性扫除（selective sweep）和许多卫星 DNA；X 染色体上的这种遗传冲突和频繁的正选择造就了毛里求斯果蝇的分子演化历史，有助于我们理解物种形成过程中的 X 染色体效应（Garrigan et al.，2014）。虽然通常认为 X 染色体连锁基因的反式调节元件随机分布在整个基因组，但反式调控的差异有助于种内和种间 X 染色体上基因表达的更快分异，原因可能是 X 染色体上连锁的转录因子优先调节 X 染色体上连锁基因的表达。反式调节的变化对 X 染色体快速的表达分异在种内比种间更大，表明它更可能是源于中性过程而不是正选择。因此，以上结果说明，X 染色体上编码和非编码序列的加速进化，可导致 X 染色体比常染色体更快地表达分异（Coolon et al.，2015）。

比较基因组学研究也揭示了 Y 染色体的进化。果蝇属物种间 Y 染色体上基因组成的比较揭示，Y 染色体相比于果蝇基因组的其余部分，基因保守性处于相当低的水平：

在黑腹果蝇已知的 12 个 Y 连锁基因中，只有 3 个可以在果蝇属的其他物种中找到；Y 染色体上基因的产生和丢失非常频繁，主要是由于在果蝇属中新基因的获得：自果蝇亚属谱系与慧果蝇亚属（*Sophophora*）谱系分开以来，Y 染色体上的基因获得为基因丢失的 11 倍多（Koerich et al.，2008）。

对拟果蝇（*D. simulans*）谱系的三个物种，即世界广泛分布的拟果蝇（*D. simulans*），两个岛屿特有分布的毛里求斯果蝇（*D. mauritiana*）、塞舌尔果蝇（*D. sechellia*），以及黑腹果蝇的全基因组序列再次进行比对分析，以阐释三个物种形成的顺序和时间，并回答三个物种间是否存在基因流及基因流的大小和时机（Garrigan et al.，2012）。系统发育研究显示，这三个物种聚成多分支的拓扑结构，其共同祖先约出现在 24.2 万年前；虽然物种间具有大的地理、生态和内在的生殖隔离，但广布的拟果蝇和其他两个岛屿特有种之间在常染色体上 4.6%的区域和 X 染色体上 2.2%的区域存在基因流；种系特异性变化分析证实，塞舌尔果蝇基因组经历了大量显著的轻微有害的突变，但有利突变缺乏，而其基因组中相对低效的自然选择与其历史有效种群大小持续减小一致（Garrigan et al.，2012）。比较全基因组学研究还发现，毛里求斯果蝇（*D. mauritiana*）基因组高度变异，多态性很高，但这些多态性在基因组中不均匀分布；在高度变异的基因组中具有两个序列高度保守的基因区域（>500kb），这种“变异低谷”被认为是由近完全的选择性清除（selective sweep）所导致，并在“变异低谷”中识别出一种核孔蛋白（nucleoporin）基因，参与果蝇基因组的内部冲突，这很可能间接有助于物种的形成，该基因被称为“物种形成基因”（Nolte et al.，2012）。

13.2.3 基因流、遗传重组及不完全谱系分异与物种形成

随着谱系分异（lineage divergence），谱系间就会产生合子前及合子后的生殖隔离屏障。谱系分异很可能从特定的基因座开始，并导致生殖不相容性的演化（Ellegren et al.，2012）。杂交，曾被认为在动物类群中很罕见，但已经越来越被公认为是动物进化中一个重要和共同的力量，很多研究表明，杂交在一些动物类群中驱动了物种形成。不同谱系间的杂交可能会导致一些基因区域在基因组的镶嵌（a genomic mosaic of region），这些镶嵌的基因组区在物种间会产生不同速率的基因流，而基因交流可能在那些涉及物种形成的基因组区很弱。通过调查可以杂交的物种间的基因组演化模式，揭示其具有深度分异的基因组区域，这深化了我们对物种形成过程的知识。

白颈姬鹟（*Ficedula albicollis*）、斑姬鹟（*F. hypoleuca*）同时分布在厄兰岛和哥得兰岛的波罗的海群岛，在自然状况下可以杂交，但具有明显的合子前及合子后的隔离，是进化生态及进化生物学研究的理想对象。这两种姬鹟约在 200 万年前发生谱系分化，异域欧洲大陆的冰期避难所在物种形成中起关键作用，而在间冰期时再次接触，基因流和选择都起着重要的作用。已有研究测序和组装了 1.1Gb 的姬鹟全基因组，使用低密度连锁图谱将拼接的序列映射到染色体上（physically mapped the assembly to chromosome using a low-density linkage map），同时对每个种的 10 个样本进行了重测序。利用全基因组数据，发现两个物种间的基因流速率很低且不对称，相当于每三代不到 1 个个体从斑姬鹟（*F.*

hypoleuca）种群迁入白颈姬鹟（*F. albicollis*）种群，远远低于从白颈姬鹟（*F. albicollis*）种群迁入斑姬鹟（*F. hypoleuca*）种群的速率，且杂交个体的适合度显然要低于纯种个体。虽然存在基因流，但是基因组中的一些片段在物种间发生特别高的分异。这些高分化的岛屿位于常染色体的着丝粒和端粒上，也位于性染色体上，它们的位置与参与减数分裂及性细胞合成（着丝粒）的染色体区域密切吻合，可能有助于生殖隔离；在两个物种内多样性都明显低于其他区域，显示这些区域经受着强烈的自然选择。研究表明，物种分离的基础是不同的染色体结构，而不是个体基因的不同适应（Ellegren et al.，2012）。进一步的研究基于姬鹟属 4 姐妹物种 10 种群的 200 个基因组，试图回答分化岛屿的演变与物种形成过程的相关性（Burri et al.，2015）。研究表明，各种各样的基因区分化景观在物种内的种群间开始出现，分化岛屿在独立谱系的相同基因组区域不断周期性地演变。分化群岛作为参与了生殖隔离的基因组区域仍具有基因流，但基因流在这些物种遗传分化格局演变中不起主要作用。而遗传重组率变异和受选择区域的密度（density of targets for selection）是基因组广泛变异的主要原因。因此，低重组基因组区域的背景选择和选择性扫除在姬鹟属内物种间的异质分化格局中起主要作用（Burri et al.，2015）。

另外，已有研究对一个假定的杂交种——柔身剑尾鱼（*Xiphophorus clemenciae*）及其假定祖先进行全基因组测序及分析，发现柔身剑尾鱼并不是由其假定亲本物种杂交形成。虽然剑尾鱼属（*Xiphophorus*）物种间存在基因流，且物种间存在遗传物质的交换，但有助于杂交起源的基因组区域小，表示强交配前行为隔离会阻止剑尾鱼属（*Xiphophorus*）物种间的频繁杂交；物种间的基因流方向表示雌性偏好选择在该属物种杂交过程中起着重要作用（Schumer et al.，2013）。进一步对剑尾鱼属（*Xiphophorus*）野生的杂合种群进行高分辨率的全基因组扫描，发现物种间许多配对的基因组区（pairs of genomic region）有助于物种间的生殖隔离，这些分异发生较晚，这些遗传不相容性可能是自然选择或性选择作用于杂交个体的结果。这些基因组区域的分异模式也暗示着遗传不相容性在限制基因流方面起着重要作用（Schumer et al.，2014）。

为了解减少的基因流和连锁位点的选择对重组率降低的相对贡献，对三个具共线性全基因组的小鼠亚种[西伯利亚小鼠（*Mus musculus musculus*）、西欧小家鼠（*M. m. domesticus*）和栗色小家鼠（*M. m. castaneus*）]中 27 个常染色体位点的 DNA 序列变异模式进行研究（Geraldes et al.，2011），结果显示，一些位点在亚种内表现出相当大的共同变异，而其他位点表现出固定差异；分异时间估计表明，三个亚种均是大约 35 万年前在很短的时间内互相分离。总的来说，各亚种的有效群体大小与遗传分化程度相关：西伯利亚小鼠有效种群最小且单系的基因谱系（monophyletic gene genealogy）的比例最大，而栗色小家鼠有效种群最大且单系的基因谱系的比例最小。西欧小家鼠与西伯利亚小鼠的分异程度要比与栗色小家鼠的分异程度更大，与前两个亚种之间更强的生殖隔离一致。遗传差异在经历低重组率的位点显著大于那些经历高重组率的位点。这些结果表明，具有较少重组的基因组区域表现出更大的分化（Geraldes et al.，2011）。

最初描记的按蚊物种（*Anopheles gambiae* Giles，1902）实际上是几个形态上难以区分的近缘种（至少为 7 个物种）的复合种团，正确的物种分支及亲缘关系一直存在争议且尚待解决。这个热带非洲的复合种包含了导致人类疟疾的世界上最重要的媒介种、致病性较弱的媒介种和不叮人的物种。然而，以前基于形态、行为及其他少量遗传标记的系统发育分析结果存在冲突，且一直以来缺乏对物种间致病性差异机制的认识。研究者选择来自非洲、亚洲、欧洲和拉丁美洲的 16 种按蚊，这些按蚊物种均与冈比亚按蚊亲缘关系较近，但地理位置、生态条件和致病能力各不相同，它们分别隶属于 3 个亚属，最近的共同祖先约在 1 亿年前。研究者测序和组装了这 16 种按蚊的基因组和转录组，以揭示导致属内致病性的关键性状差异的遗传或基因组的可塑性（Neafsey et al.，2015）。并且基于这些物种的全基因组序列，对野外采集的几十个个体进行了重测序，来探讨复合种的系统发生历史（Fontaine et al.，2014）。比较分析表明，相对于果蝇属，按蚊物种间的基因组呈现出快速的基因获得和丢失，X 染色体上基因重排速率高，且内含子丢失更多。影响致病力的很多决定因素，如化学感受器基因，并不表现出高增长，但通过蛋白质序列的变化而异常多样化。这种按蚊的基因和基因组的演化机制可能有助于按蚊灵活地适应与利用新的生态环境，包括对人类这个主要宿主的适应（Neafsey et al.，2015）。系统发生研究结果显示，用常染色体序列和 X 染色体序列分别构建的系统发育树的拓扑结构明显不同（Fontaine et al.，2014）；用基因组中大多数常染色体构建的树，支持疟疾的三大传播媒介构成一个分支，即冈比亚按蚊（*An. gambiae*）、克氏按蚊（*An. coluzzii*）、阿拉伯按蚊（*An. arabiensis*），相比之下，用 X 染色体构建的树，强烈支持阿拉伯按蚊与在疟疾传播中不起作用的四环按蚊（*An. quadriannulatus*）聚在一起。虽然以全基因组序列构建的系统发育树与基于常染色体构建的系统发育树的拓扑结构一致，但基于 X 染色体构建的树的拓扑结构遵循历史的物种分支顺序，而且是发生在常染色体上广泛的基因渐渗把三个高致病性的物种聚在一起。基于对物种分支顺序的正确知识，研究者进一步揭示了冈比亚按蚊和克氏按蚊之间的基因渐渗过程，以及平衡选择、基因渐渗和常染色体颠换的局部适应性改变以耐干旱的复杂历史。因此，导致人类疟疾的主要按蚊物种的谱系是非常复杂的物种辐射之一，且这些携带疟原虫的物种彼此之间亲缘关系并不是最近。普遍发生在这些按蚊（包括非姐妹物种）之间的常染色体上的基因渐渗，表明致病能力不仅可以通过自发突变获得，还可以通过更快速的种间遗传交流过程获得（Fontaine et al.，2014）。进一步对冈比亚按蚊、克氏按蚊和阿拉伯按蚊等三种按蚊的 20 个野生个体进行全基因组测序，并与已经报道的冈比亚按蚊冈德里亚种团中的 12 个基因组比较，以理解生态物种形成与基因组分异及适应性渐渗之间的关系（Crawford et al.，2015）。研究发现，物种和亚群之间在常染色体区域也存在基因渐渗，而 X 染色体区域却在所有的物种间存在强烈分化，显示 X 染色体基因在推动按蚊的物种形成方面具有极大的作用；冈比亚按蚊和阿拉伯按蚊之间尽管有强大的遗传分化（约为常染色体分化的 5 倍）和 X 染色体的隔离，但是两个物种之间的杂交产生了明显的常染色体的基因渐渗；低重组的常染色体区域，特别是近着丝粒区域，是仅次于 X 染色体的基因渐渗的屏障。因此，具基因流的生态物种形成模式导致了分异和基因渐渗并存的嵌合型基因组（Crawford et al.，2015）。

另外也有研究阐释，在异域物种形成过程中，在高遗传分化区域，重组率降低，且连锁选择起着重要作用（Wang et al.，2016）。利用 24 个欧洲颤杨（*Populus tremula*）和 22 个美洲颤杨（*Populus tremuloides*）个体的全基因组重测序数据，发现这两个物种在

310 万年至 220 万年前分化，正好与白令陆桥切断和更新世气候剧烈振荡的发生相关。在经历物种分化之后，这两个物种种群经历了长期下降后的稳定的种群扩张，物种之间存在广泛的各种各样的基因组分化，且中性进化过程可以解释大多数观察到的遗传分化模式，与异域物种形成模式一致。然而，一些表现出极端分化的区域显示，自然选择在起作用，且总体的遗传分化与这两个物种的重组率呈负相关，表示连锁选择在物种间产生多种多样的差异基因组景观中发挥作用（Wang et al.，2016）。

现代鸟类的崛起是一个特别纠结的系统发生进化史，为 6000 万年前非鸟类恐龙灭绝后的一段超快速适应辐射，这种辐射的特征即使用整个全基因组序列也很难解决（Hackett et al.，2008；Jarvis et al.，2014）。新物种的进化为一个谱系分裂成几个谱系，因此，物种间的亲缘关系经常被描述为“生命之树”（tree of life），但是基于不完全谱系分选，鸟类的进化更为复杂，这棵“生命之树”实际上更像是一棵“生命之灌木”（bush of life）（Zhang et al.，2014）。最近对跳跃基因在鸟类系统发育中的应用研究，也进一步证实了不完全谱系分选在鸟类物种形成过程中的重要影响（Suh et al.，2015）。

13.2.4　气候变化和极端环境的适应与物种形成

全球气候波动对生物多样性的分布和丰富度均有明显的影响，在不利的冰期很多物种的分布区收缩和破碎化，并在间冰期再次扩张。了解地质历史上的气候变化和正在发生的气候变化的进化后果，需要了解在这样的气候变化周期内种群的时间动态。种群丰度的变化应该会在现存物种的种内遗传变异模式上留下明显的印记，从物种丰度的变化可以估计有效种群大小的变化历史。深刻了解种群统计学历史（demographic history），是了解和推断参与种群分化、物种形成进化过程的前提条件，并且分析近缘种内及近缘种间的变异模式，可以用来阐释它们分异的历史，对于理解进化过程（如物种形成）是至关重要的。

研究者结合两种功能强大的算法，即充分的近似的贝叶斯计算分析（full Approximate Bayesian Computation analysis，ABC）和成对顺序马尔可夫溯祖（pairwise sequentially Markovian coalescent，PSMC）模型，使用 20 个个体的全基因组重测序数据，重建了斑姬鹟和白颈姬鹟间分离的种群统计学历史，对分化过程进行了深度调查。ABC 强烈支持最近（平均 300 000 万年前，范围 700 000 万年前）的物种分化，且物种间分化后，有效种群大小下降，并具有从斑姬鹟向白颈姬鹟的单向基因流。PSMC 结果支持估算得到的分化时间和有效种群的变化过程，表明祖先物种生活在中更新世的一个冰期，之后分成两大种群，在经历了严重的瓶颈后，有效种群大小增加，扩大到现今的范围。在末次盛冰期以后，两个物种间可能已经建立二次接触。两个物种当前的有效种群大小（20 000~80 000）和普查规模（500 万~5000 万只鸟）之间的差异显示，在末次盛冰期瓶颈非常严重。该研究结果是对以前“鸟类物种形成是一个因内在合子后生殖隔离屏障导致的缓慢过程”假说的挑战，强调使用全基因组数据阐释种群历史动态的重要性（Nadachowska-Brzyska et al.，2013）。

研究者应用成对顺序马尔可夫溯祖（pairwise sequentially Markovian coalescent，

PSMC）模型分析了 38 个鸟类物种的全基因组序列，从而来定量揭示 1000 万前至 1 万年前鸟类物种有效种群大小的变化模式。结果显示，种群扩张和收缩循环是许多鸟类物种在第四纪期间的共同特征，可能与气候周期密切吻合。大多数物种中有效种群大小随着时间推移发生了显著波动。一些物种中观察到的有效种群大小的剧烈下降时间与末次冰期（LGP）的开始时间是一致的，物种间有效种群大小至少有三个数量级的变异，很多个体数量丰富的物种的有效种群超过了 100 万。在世界自然保护联盟（IUCN）受威胁物种红色名录中几个物种的有效种群最近大幅度减少，之前已经经历了长期的减少。有效种群大小的减少增加了灭绝风险，但也可能促进物种形成，而最近人为活动特别易对那些有效种群经历了长期下降的物种造成威胁（Nadachowska-Brzyska et al.，2015）。

了解生物体如何适应不断变化的环境，且该适应是否及如何导致谱系分化、物种形成，是现代进化生态学的一个基本主题。基于基因组学技术，特别是基因测序的进展，该领域目前进展迅速。新一代测序已经改变了我们识别适应性基因的能力，意味着我们可以开始解决一些已经困惑了几十年生态遗传学家的问题：有多少基因参与自适应性；什么类型的遗传变异负责适应；适应是否使用预先存在的遗传变异，还是需要产生新的突变来顺应环境变化。目前的研究主要集中在理解适应速率、涉及的性状数、有利等位基因的来源、这些等位基因起作用效应的范畴，以及这些突变体在群体内如何保持为主要的变异（Stapley et al.，2010）。通过将丰富的生物地理学历史、比较基因组学、田间试验和长期的生活史研究与尖端的基因组学工具整合，进化生物学家和遗传学家可以测试、挑战和发展新的理论，这极大地加深了我们对适应的理解。

牦牛（*Bos grunniens*），是西藏和高海拔的象征，生活在亚洲的喜马拉雅地区，一直以来都是藏族地区最重要且必不可少的驯化物种。牦牛能生活在高海拔地区，得益于它们许多独特的解剖和生理特点，如高代谢、感官敏锐、觅食能力强、心肺器官扩大，以及在低氧状况下肺血管很少收缩。研究者完成了一头母牦牛的基因组序列及重要组织的转录组测序，并与其生活在低海拔地区的近缘种——黄牛（*B. taurus*）进行比较基因组分析，以理解牦牛对高海拔环境的适应。牦牛基因组大小约为 2657Mb，基于转录组数据估计，牦牛基因组包含 22 282 个蛋白编码基因和 220 万个杂合 SNP 位点。虽然牦牛和黄牛约在 490 万年前就已经发生分化，但牦牛和黄牛的基因组仍然非常相似，这两种动物共享 45%的蛋白编码基因一致性和 99.5%的蛋白编码基因相似性。然而，在牦牛基因组内，与感官知觉和能量代谢相关的基因家族发生了扩张。此外，研究人员还发现，丰富的蛋白质结构域与胞外环境和低氧应激相关。特别是在牦牛基因组内，与低氧和营养代谢相关的同源基因都经历了正选择和快速进化。例如，研究发现有三个基因在调节机体对高海拔低氧或缺氧的响应中起着重要的作用，有五个基因与极端高原环境下如何从很少食物中对能量进行优化有关（Qiu et al.，2012）。

地山雀（*Parus humilis*）是青藏高原的特有种，隶属于山雀科，却因为与其他地面活动的鸟的形态相似性，一直被认为它们亲缘关系更近。研究者获得了地山雀的全基因组，并对其亲缘关系最近的两种山雀——大山雀（*Parus major*）和黄颊山雀（*P. spilonotus*），以及蒙古黑尾地鸦（*Podoces hendersoni*）进行重测序，以厘清具争议的分类地位，并揭示其在青藏高原的遗传适应特点。该研究结果表明，由其他两种山雀组成的支系与地山雀在 990 万年到 770 万年前发生分异。与其他鸟类基因组相比，地山雀参与能量代谢的基因增加，而参与免疫和嗅觉感知的基因减少，且与低氧适应和骨骼发育相关的基因受到了正选择且快速演化（Qu et al.，2013）。

已有研究应用比较基因组学分析，概述了两种企鹅（阿德利企鹅和帝企鹅）的进化史，并详述了其基因组对南极极端环境的适应机制（Li et al.，2014）。结果显示，6000 万至 5000 万年前，地球经历了一段时期的全球变暖，温度上升了 6℃，这导致海平面上升和生活在海洋底部的海洋生物大灭绝，进而可能为近海鸟开发游泳能力并在海洋中生活提供了机会，从而使早期的企鹅在 6000 万年前从它们最近的亲戚分裂时出现。这两种企鹅的种群数量对气候变化的响应不同：阿德利企鹅（*Pygoscelis adeliae*）约在 15 万年前生物气候变暖时出现，在 6 万年前气候变冷时种群数量下降了 40%；帝企鹅（*Aptenodytes forsteri*）种群在全球气候变冷过程中一直保持相对稳定。研究认为，帝企鹅能更好地适应寒冷，有利于其渡过倒数第二次冰期，如帝企鹅能在脚上孵卵，且腹部皮肤具褶能使它们的卵在极度低温时保持完好。尽管亲缘关系很近，但这两种企鹅进化出不同的基因来进行光转导和脂质代谢。它们的羽毛短而硬，均匀覆盖在身上以减少热损失，主要由 β-角蛋白[beta（β）-keratin]组成，两个企鹅物种中角质形成细胞的 β-角蛋白基因是鸟类中最高的。导致人类手掌和脚掌皮肤加厚的基因 *DSG1*，被认为在企鹅中受到正选择，可能与企鹅形成独特的皮肤密切相关。比较 48 种鸟类的基因组，发现企鹅只有三类锥视蛋白（cone opsin）基因，而其他大多数鸟具有四类；阿德利企鹅和帝企鹅也有不同套的视网膜上的视蛋白（opsin）基因及其编码的光敏感受体参与光转导过程，意味着它们已经发育了不同的视觉适应机制来适应南极剧烈的光线变化。它们不同的视觉适应机制可能与它们的繁殖季节相关。阿德利企鹅在白昼较长的春季和夏季繁殖，而帝企鹅在白昼短的冬季繁殖。厚的脂肪沉积对企鹅来说是至关重要的，以隔绝南极寒冷的气温（冬季可降至零下 60℃）。这两种企鹅也发展了不同的脂质形成和代谢策略。研究发现，阿德利企鹅有 8 个基因参与脂质代谢，而帝企鹅只有 3 个。另外，企鹅的翅膀（前肢）已经作为鳍把它们推进水下，在企鹅基因组内发现 17 种变化了的前肢相关基因，它们可能参与前肢的形成。其中，包括 *EVC2* 基因，在人类中这个基因的突变会导致埃利伟氏综合征（Ellis-van Creveld syndrome），该综合征为一种罕见的骨生长障碍，会导致异常短的前臂和小腿（Li et al.，2014）。

猛犸象大约 10 000 年前生活在亚洲北部、欧洲和北美寒冷的苔原冻土带。猛犸象具有粗长毛、一层厚厚的皮下脂肪、小耳朵、小尾巴和颈后的棕色脂肪沉积（其功能可能类似于骆驼的驼峰）。为全面地阐述猛犸象的特定基因及其功能，研究者对两头猛犸象和三头亚洲象（猛犸象现存的近亲物种）基因组进行了深度测序，然后对它们的基因组与非洲象的基因组进行了两两比较，非洲象为一个猛犸象和亚洲象的远亲。该研究确定了猛犸象大约 140 万个独特的遗传变异。这些引起变化的蛋白质产生约 1600 个基因，其中 26 个基因失去功能和 1 个被复制。猛犸象特定变化的基因与脂肪代谢（包括棕色脂肪调节）、胰岛素信号、皮肤和毛发的发育（包括浅色毛发基因）、温度感和昼夜生物钟生物学密切相关，所有这些在适应北极地区极端寒冷和极端昼长的季节性变化方面是非常重要的，并确定了与猛犸象身体结构（如头骨形状、小耳朵和短尾巴）相关的基因

（Lynch et al.，2015）。Palkopoulou 等（2015）也获得了两个长毛猛犸象的全基因组序列，其中一个为该物种灭绝之前的个体。猛犸象最后种群中一个猛犸象的全基因组显示出低的遗传变异，以及与近亲繁殖现象一致的基因组，可能是由于最后 5000 年在弗兰格尔岛生存的猛犸象数量少。比较分析表明，在 30 万到 25 万年前猛犸象种群经历了大幅度变小后，种群逐渐恢复。然而，另一次在全新世冰期发生的种群数量剧烈下降，导致了猛犸象物种的最终灭绝。

综上所述，基因组特点的分化程度及其演化过程、机制是完全理解物种形成要回答的基本问题。只是目前由于种种原因，仅限于对一些模式生物和大众非常感兴趣的一些非模式生物的研究。通过这些研究，也让我们深入理解了物种形成的一些内因机制，如加深了对生殖隔离和自然选择等传统机制及基因流、遗传重组及不完全分选等疑难问题的深入理解。同时，这些研究也让我们了解了物种形成及分化的一些外因机制，如气候变化等。期待未来第三代技术的完善发展及普及应用，让科学家能够对更多的非模式生物进行测序，更深入全面地理解物种形成的特点及机制。

参 考 文 献

Burri R, Nater A, Kawakami T, et al. 2015. Linked selection and recombination rate variation drive the evolution of the genomic landscape of differentiation across the speciation continuum of *Ficedula flycatchers*. Genome Research, 25: 1656-1665.

Chapman J A, Kirkness E F, Simakov O, et al. 2010. The dynamic genome of *Hydra*. Nature, 464 (7288): 592-596.

Coolon J D, Stevenson K R, McManus C J, et al. 2015. Molecular mechanisms and evolutionary processes contributing to accelerated divergence of gene expression on the *Drosophila* X Chromosome. Molecular Biology and Evolution, 32: 2605-2615.

Crawford J E, Riehle M M, Guelbeogo W M, et al. 2015. Reticulate speciation and barriers to introgression in the *Anopheles gambiae* species complex. Genome Biology and Evolution, 7(11): 3116-3131.

Drosophila 12 Genomes Consortium. 2007. Evolution of genes and genomes on the *Drosophila* phylogeny. Nature, 450 (7167): 203-218.

Ellegren H H, Smeds L, Burri R, et al. 2012. The genomic landscape of species divergence in *Ficedula flycatchers*. Nature, 491 (7426): 756-760.

Fontaine M C, Pease J B, Steele A, et al. 2014. Extensive introgression in a malaria vector species complex revealed by phylogenomics. Science, 347(6217): 1258524.

Garrigan D, Kingan S B, Geneva A J, et al. 2012. Genome sequencing reveals complex speciation in the *Drosophila simulans* clade. Genome Research, 22: 1499-1511.

Garrigan D, Kingan S B, Geneva A J, et al. 2014. Genome diversity and divergence in *Drosophila mauritiana*: multiple signatures of faster X evolution. Genome Biology and Evolution, 6: 2444-2458.

Geraldes A, Basset P, Smith K L, et al. 2011. Higher differentiation among subspecies of the house mouse (*Mus musculus*) in genomic regions with low recombination. Molecular Ecology, 20(22): 4722-4736.

Gregory T R, Johnston J S. 2008. Genome size diversity in the family Drosophilidae. Heredity (Edinb), 101(3): 228-238.

Gregory T R. 2001. Coincidence, coevolution, or causation? DNA content, cell size, and the *C*-value enigma. Biological Reviews, 76: 65-101.

Gregory T R. 2002. A bird's-eye view of the *C*-value enigma: genome size, cell size, and metabolic rate in the class Aves. Evolution, 56: 121-130.

Gregory T R. 2003. Is small indel bias a determinant of genome size? Trends in Genetics, 19: 485-488.

Gregory T R. 2005. Animal genome size database. http: //www.genomesize.com.

Hackett S J, Kimball R T, Reddy S, et al. 2008. A phylogenomic study of birds reveals their evolutionary history. Science, 320: 1763.

Haerty W, Jagadeeshan S, Kulathinal R J, et al. 2007. Evolution in the fast lane: rapidly evolving sex-related genes in *Drosophila*. Genetics, 177: 1321-1335.

Hartl D L. 2000. Molecular melodies in high and low C. Nature Reviews Genetics, 1: 145-159.

Hillier L W, Miller W, Birney E, et al. 2004. Sequence and comparative analysis of the chicken genome provide unique perspectives on vertebrate evolution. Nature, 432 (7018): 695-716.

Hudson M E. 2008. Sequencing breakthroughs for genomic ecology and evolutionary biology. Molecular Ecology Resources, 8: 3-17.

Jarvis E D, Mirarab S, Aberer A J, et al. 2014. Whole-genome analyses resolve early branches in the tree of life of modern birds. Science, 346 (6215): 1320-1331.

Kelley J L, Peyton J T, Fistonlavier A S, et al. 2014. Compact genome of the Antarctic midge is likely an adaptation to an extreme environment. Nature Communication, 5: 4611.

Koerich L B, Wang X, Clark A G, et al. 2008. Low conservation of gene content in the *Drosophila* Y chromosome. Nature, 456: 949-951.

Larracuente A M, Sackton T B, Greenberg A J, et al. 2008. Evolution of protein-coding genes in *Drosophila*. Trends in Genetics, 24: 114-123.

Li C, Zhang Y, Li J, et al. 2014. Two Antarctic penguin genomes reveal insights into their evolutionary history and molecular changes related to the Antarctic environment. GigaScience, 3: 27.

Lindblad-Toh K, Garber M, Zuk O, et al. 2011. A high-resolution map of human evolutionary constraint using 29 mammals. Nature, 478 (7370): 476-482.

Locke D P, Wesley W C, Warren W C, et al. 2011. Comparative and demographic analysis of orang-utan genomes. Nature, 469 (7331): 529-533.

Lynch M, Conery J S. 2003. The origins of genome complexity. Science, 302: 1401-1404.

Lynch V J, Bedoya-Reina O C, Ratan A, et al. 2015. Elephantid genomes reveal the molecular bases of woolly mammoth adaptations to the Arctic. Cell Reports, 12(2): 217-228.

Mardis E R. 2008. The impact of next-generation sequencing technology on genetics. Trends in Genetics, 24(3): 133.

Margulies M, Egholm M, Atman W E, et al. 2005. Genome sequencing in microfabricated high-density picolitre reactors. Nature, 437: 376-380.

McCarthy A. 2010. Third generation DNA sequencing: Pacific biosciences' single molecule realtime technology. Chemistry Biology, 17: 675-676.

Meiklejohn C D, Coolon J D, Hartl D L, et al. 2014. The roles of *cis*- and *trans*-regulation in the evolution of regulatory incompatibilities and sexually dimorphic gene expression. Genome Research, 24: 84-95.

Mikkelsen T S, Hillier L W, Eichler E E, et al. 2005. Initial sequence of the chimpanzee genome and comparison with the human genome. Nature, 437 (7055): 69-87.

Nachman M W, Payseur B A. 2012. Recombination rate variation and speciation: theoretical predictions and empirical results from rabbits and mice. Philosophical Transactions-Royal Society: Biological Sciences, 367(1587): 409-421.

Nadachowska-Brzyska K, Burri R, Olason P, et al. 2013. Demographic divergence history of pied flycatcher and collared flycatcher inferred from whole-genome re-sequencing data. PLoS Genetics, 9(11): e1003942.

Nadachowska-Brzyska K, Li C, Smeds L, et al. 2015. Temporal dynamics of Avian populations during Pleistocene revealed by whole-genome sequences. Current Biology, 25(10): 1375-1380.

Neafsey D E, Robert M, Waterhouse R M, et al. 2015. Highly evolvable malaria vectors: the genomes of 16 *Anopheles mosquitoes*. Science, 347 (6217): 1258522.

Nolte V, Pandey R V, Kofler R, et al. 2012. Genome-wide patterns of natural variation reveal strong selective sweeps and ongoing genomic conflict in *Drosophila mauritiana*. Genome Research, 23(1): 99-110.

Orgel L E, Crick F H C. 1980. Selfish DNA: the ultimate parasite. Nature, 284 (5757): 604-607.

Palkopoulou E, Mallick S, Skoglund P, et al. 2015. Complete genomes reveal signatures of demographic and genetic declines in the woolly mammoth. Current Biology, 25 (10): 1395-1400.

Petrov D A, Sangster T A, Johnston J S, et al. 2000. Evidence for DNA loss as a determinant of genome size. Science, 287 (5455): 1060-1062.

Prüfer K, Much K, Hellmann I, et al. 2012. The bonobo genome compared with the chimpanzee and human genomes. Nature, 486 (7404): 527-531.

Qiu Q, Zhang G, Ma T, et al. 2012. The yak genome and adaptation to life at high altitude. Nature Genetics, 44: 895-899.

Qu Y, Zhao H, Han N, et al. 2013. Ground tit genome reveals avian adaptation to living at high altitudes in the Tibetan plateau. Nature Communications, 4: 2071.

Sackton T B, Lazzaro B P, Schlenke T A, et al. 2007. Dynamic evolution of the innate immune system in *Drosophila*. Nature Genetics, 39: 1461-1468.

Scally A, Dutheil J Y, Hillier L W, et al. 2012. Insights into hominid evolution from the gorilla genome sequence. Nature, 483 (7388): 169-175.

Schielzeth H, Streitner C, Lampe U, et al. 2014. Genome size variation affects song attractiveness in grasshoppers: evidence for sexual selection against large genomes. Evolution, 68: 3629-3635.

Schumer M, Cui R, Boussau B, et al. 2013. An evaluation of the hybrid speciation hypothesis for *Xiphophorus clemenciae* based on whole genome sequences. Evolution, 67(4): 1155-1168.

Schumer M, Cui R, Powell D, et al. 2014. High-resolution mapping reveals hundreds of genetic incompatibilities in hybridizing fish species. eLife, 3: e02535.

Singh N D, Arndt P F, Clark A G, et al. 2009. Strong evidence for lineage and sequence specificity of substitution rates and patterns in *Drosophila*. Molecular Biology and Evolution, 26: 1591-1605.

Singh N D, Larracuente A M, Clark A G. 2008. Contrasting the efficacy of selection on the X and autosomes in *Drosophila*. Molecular Biology and Evolution, 25: 454-467.

Stapley J, Reger J, Feulner P G D, et al. 2010. Adaptation genomics: the next generation. Trend in Ecology and Evolution, 25(12): 705-712.

Suh A, Smeds L, Ellegren H. 2015. The dynamics of incomplete lineage sorting across the ancient adaptive radiation of Neoavian birds. PLoS Biology, 13(8): e1002224.

Vicoso B, Haddrill P R, Charlesworth B. 2008. A multispecies approach for comparing sequence evolution of X-linked and autosomal sites in *Drosophila*. Genetic Research, 90: 421-431.

Wang J, Street N R, Scofield D G, et al. 2016. Variation in linked selection and recombination drive genomic divergence during allopatric speciation of European and American Aspens. Molecular Biology and Evolution, 33(7): 1754-1767.

Wang X H, Fang X D, Yang P C, et al. 2014. Locust genome sequence provides insight into swarm formation and long-distance flight. Nature Communications, 10: 2957.

Westerman M, Barton N H, Hewitt G M. 1987. Differences in DNA content between two chromosomal races of the grasshopper *Podisma pedestris*. Heredity, 58: 221-228.

Zhang G, Li C, Li Q, et al. 2014. Comparative genomics reveals insights into avian genome evolution and adaptation. Science, 346: 1311.

第 14 章　植物适应性进化的研究

适应性进化是一个根本性的生物学问题，是达尔文重点关注的两个核心问题之一（物种形成和适应性进化）。在实践中，人类的育种实践在很大程度上是为了让植物适应环境，从而能够实现稳产和高产。因此，植物适应性进化的研究无论在理论上还是实践上都具有重大意义。特别是在当前全球气候剧烈变化的大背景下，无论是从粮食安全还是从物种多样性保护的角度来讲，植物适应性进化的研究都显得尤为重要和迫切。

随着 DNA 测序技术的迅猛发展，植物基因组学方面的研究已取得巨大的进步，这些海量数据的产生，极大地促进了植物适应性进化相关研究的发展。绿色植物的各个重要类群均已有物种完成了全基因组测序工作。植物基因组学的发展有几个鲜明的特点：首先，多物种。除模式植物外，这些模式植物的许多近缘物种也已完成了基因组测序，如拟南芥所在的十字花科中，已有几十个物种完成了基因组测序工作，特别是拟南芥近缘种 *Arabidopsis lyrata*（Hu et al.，2011）和 *Capsella rubella*（Slotte et al.，2013）全基因组测序的完成，极大地促进了物种间比较性研究的展开（Koenig and Weigel，2015）。水稻及其近缘种中也有许多物种已完成了全基因组测序工作。同时，多个专业性的网站及数据库对这些植物基因组的数据进行了汇总，如 Gramene（http://www.gramene.org/）及 Phytozome（http://phytozome.jgi.doe.gov/）。其次，多样品。在物种内不同群体或个体（或生态型）间，以模式植物拟南芥 1001 个基因组测序项目（http://1001genomes.org/）的启动为代表的植物群体基因组学的研究已深入展开（Clark et al.，2007；Cao et al.，2011；Gan et al.，2011；Schmitz et al.，2013；The 1001 Genomes Consortium，2016；Zou et al.，2017）。最后，多维度。除传统的全基因组 DNA 水平的测序及分析外，在组学水平还有不同维度的组学工作，如转录组、甲基化组、小 RNA 组、宏基因组等（Becker et al.，2011；Schmitz et al.，2013；Cui and Cao，2014；Seymour et al.，2014；Kawakatsu et al.，2016）。如此丰富的物种间及物种内的多层次的基因组学数据为研究植物适应性进化提供了关键数据。基于基因组学数据来研究适应性进化的机制，这已逐渐成为进化生物学的一个非常重要的研究领域，也是研究植物适应性进化的一种有效方法。

在复杂多样的植物类群中，拟南芥是目前植物中研究最为透彻的模式物种。因此，本章将以模式植物拟南芥及其近缘种为代表，从以下 4 个方面来系统地阐述植物适应性进化研究的现状及其进展：①基本科学问题，即植物适应性进化研究的对象和目的是什么。②研究方法，即植物适应性进化的研究方法主要有哪些。③主要进展，即植物适应性进化目前的进展如何，取得了哪些重要的研究成果。④存在的问题，即该领域的研究有什么严重的限制因素，如何面对并解决这些问题，同时下一步研究的核心问题有哪些。

14.1 植物的适应性

适应性是生物在变化多样的环境中生存所需的最基本的能力。动物在极端环境下可以逃走，而植物却不能，因此适应性对植物来说更为重要。研究植物的适应性不仅具有重大的理论意义，还能促进我们对其基本原理和机制的理解；在全球气候剧烈变化的大背景下，研究植物的适应性具有巨大的实践应用价值。作物在其生长季面临各种各样的逆境胁迫，适应性的研究能促进其稳产及高产作物品种的培育。

植物的适应性差异主要体现在以下几个方面：①生境的广与窄。有些植物只能在特定的生境中生存，而另一些植物则能在多种生境中生存。例如，有些植物能在热带生存，另一些植物在热带及温带都能生存；有些植物只能在陆生环境生存，另一些植物既能在陆地生存，又能在水生环境生存。很明显，能够在多种生境中生存的植物，具有更强的适应能力，而那些只能生存在特定环境中的植物，其适应能力则相对有限。②物种的特异性。对不同的物种来说，有些物种具有类似的生境及适应能力，而有些物种即使同一物种内不同的群体或个体，其适应能力差异也很显著。③对环境因子应答的差异。不同物种或同一物种不同个体或群体对同一个或多个环境因子变异应答的差异，是植物适应性进化的一个重要研究方向。通过这种研究，可以筛选出哪些物种或生态型对特定的生物或非生物胁迫因子具有更强的适应性，从而进一步阐明什么遗传变异使其具有更强的适应性。

14.1.1 植物生存的环境因素

植物的生存离不开具体的自然环境，包括各种生物及非生物因素，如温度（低温或高温）及其变化（如昼夜温差及年积温等）、湿度（低湿或高湿）、光照（光强、光质、光周期等）、土壤质地、盐胁迫、重金属胁迫、病虫害与其他物种的竞争等各种因素。

对气候因子的研究已有一系列比较成熟的方法，最具代表性的是利用全球环境数据库的数据（WorldClim-Global Climate Data，http://www.worldclim.org/），来搜集整理所研究的物种或物种内各个居群所处生境的基本环境数据，如各种气候参数等，从而理解什么样的生态环境对该物种的生存较为适宜。

基于这些基本的气候因子的具体数据，可以进一步追溯所研究类群的进化历史及其可能的适应机制，甚至可以基于现存生境及未来气候变化趋势来预测哪些物种或哪些居群需要进行重点优先保护，为动植物自然保护区的建设及稀有遗传资源的保护提供理论指导。

14.1.2 植物适应环境的策略

植物适应环境的策略可以简单地分为两种类型：①逃避型；②耐受型。逃避型就是植物能够快速地开花结实，从而避免在不利的生存环境下无法生存繁衍。短命植物是植物逃避型适应性的典型例子，如十字花科就有很多物种是短命植物。短命植物在有雨且气候适合的季节能够快速萌发、生长并结种，从而避免了在炎热干旱季节无法正常生存繁衍的问题。

耐受型是指植物在极端逆境条件下能够通过一定的自我调节而适应环境，从而正常地生存繁衍。较为典型的例子如沙漠植物仙人掌等，通过其特殊的形态特征在缺少降雨的沙漠中仍能生存繁衍，其叶片多退化成针状以减少蒸腾造成的水分流失，茎多肉质化以储藏水分，茎表面厚厚的蜡质以有效防止水分散失，最大程度地减少蒸发，并提高水分利用效率，使其在极端干旱环境下得以生存。此外，复苏植物在极端逆境下通过类似休眠的办法来生存，在遇到降雨等有利条件时复苏，恢复正常生长，代表性的物种如旋蒴苣苔和卷柏。

14.2　植物适应性进化的研究方法

研究植物适应性进化的方法多种多样，归纳起来代表性的主要有三种。第一，基于基因组学数据的比较来研究植物适应性进化。其具体包括对基因及基因家族或特定的基因组区域的比较性分析。一般认为，受选择的基因意味着选择在起作用，并且该位点很可能与植物适应其生境相关。这种全基因组筛选受选择位点的分析方法，既可以在近缘种间进行，也可以在物种内居群水平展开。两者间的差别在于时间尺度上不一样，种间尺度揭示了相对古老的进化事件，而居群尺度则反映了近期发生的进化事件。

第二，适应性性状自然变异的研究。该方法从与适应性密切相关的性状着手，研究哪些遗传变异决定着这种性状的变异，进而理解与适应性高度相关的性状变异是如何产生的，最终揭示植物适应性进化的机制。

第三，基因型数据与生态数据的关联分析。如果发现居群中某个基因的序列变异与其原生境某个生态因子的变异高度关联，可能预示着该基因可能与适应性进化密切相关（Weinig et al.，2014）。当然这种初步筛选所得到的结果需要大量的实验来验证所找到的遗传位点是否真正与生态因子的变异高度相关、与适应性直接相关。

14.3　植物适应性进化的研究进展

植物适应性进化的研究近年来取得了巨大的进步。这归功于两个主要因素：①技术的进步特别是高通量测序技术及表型分析的自动化技术的进步，极大地促进了相关领域的研究；②新的理论及方法的应用提升了整个领域的研究水平，特别是基于全基因组关联分析（genome-wide association study，GWAS）及推定基因是否受选择的分析方法的开发及应用。

在物种间，Ka/Ks（非同义替换与同义替换的比值）的分析方法是一种重要方法，这个值大于 1 被认为该基因受到正选择，而小于 1 则受到负选择，等于 1 则表明基因处于中性进化状态。此外，特定基因组成分的巨大变化往往与适应性进化密切相关，如基因家族及转座子等。在物种内，近年来，基于群体基因组学数据开发出了一系列筛选选择性位点的方法，对该领域有突破性的推动（表 14.1 罗列了部分代表性检测选择的方法）。最近又有新的计算方法产生，该方法能够检测群体之间的正选择是否有差异（He et al.，2015）。由于这方面已有一系列综述（Nielsen，2005；Wright and Gaut，2005；Vitti et al.，2013），这里不再赘述。

表 14.1　基于群体基因组检测选择的方法

方法	检测的类型	文献出处
Tajima's D	等位基因频率分布	（Tajima，1989）
Fay and Wu's test	等位基因频率分布（要求有外类群）	（Fay and Wu，2000）
Integrated haplotype score（iHS）	基于连锁不平衡的方法	（Voight et al.，2006）
Cross-population extended haplotype homozygosity（XP-EHH）	基于连锁不平衡的方法	（Sabeti et al.，2007）
Composite likelihood ratio（CLR）	基于相邻位点的综合分析方法	（Williamson et al.，2007）
Cross-population composite likelihood ratio（XP-CLR）	基于相邻位点的综合分析方法	（Chen et al.，2010）
Composite of multiple signals（CMS）	综合多种方法检测一位点的选择信号	（Grossman et al.，2010）

14.3.1　基于物种间及物种内的基因组序列分析

近年来，越来越多的研究在全基因组测序的基础上，通过物种间的比较来探讨植物的适应性进化。例如，通过基因家族成员数量的变化来探讨植物适应性进化的过程。基于绿色植物代表性物种的比较研究，发现绿色植物中基因重复及丢失的速率与动物及微生物基本相同，为 0.001359 基因每百万年每基因；2745 个基因家族为所有绿色植物共有，代表了绿色植物的核心基因库（Guo，2013）（图 14.1）。此外，通过近缘种间的比

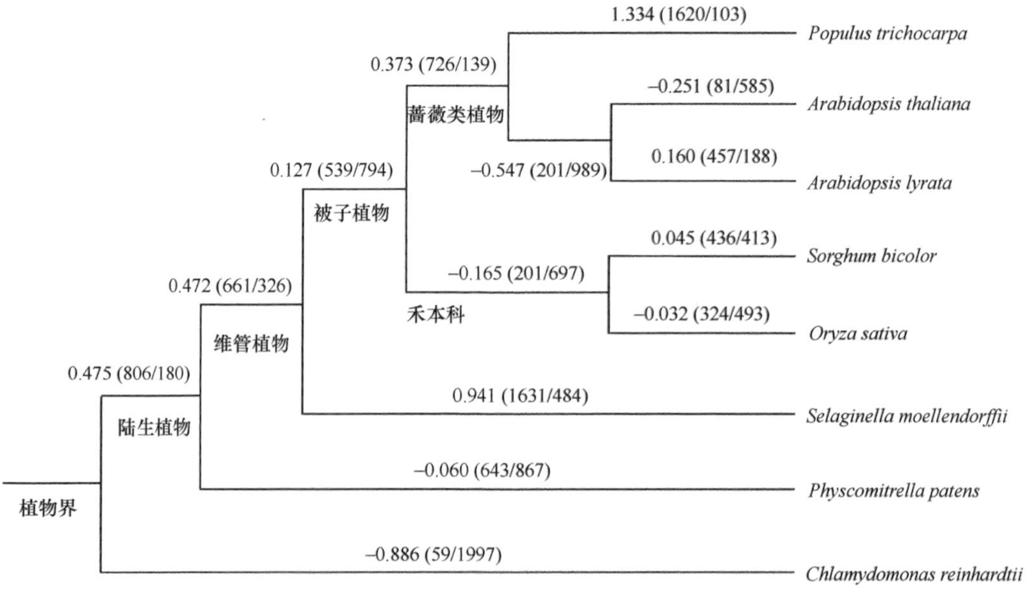

图 14.1　绿色植物中基因家族成员数量的动态变化

括号外的数值表示平均每个基因家族扩增（正值）或缩减（负值）的幅度；括号内的数值斜线左边是扩增的基因家族数目，右边是缩减的基因家族数目

较，可以阐明一个极度复杂的基因家族是如何进化的，从而揭示一些对植物适应性起关键作用的基因家族的进化历史及机制。例如，植物的 NB-LRR 抗病基因家族（Guo et al.，2011a），通过拟南芥与其近缘种 *Arabidopsis lyrata* 的比较发现，物种间该基因家族的成员数目基本一致，串联重复的抗病基因比单个存在的抗病基因的变异速度更快。

物种间基因组大小的变化是植物基因组变异的一个重要特征，在理论上有研究认为基因组大小的变化是有成本的，与植物适应环境密切相关（Knight et al.，2005），尽管这方面已有广泛的研究（Petrov et al.，2000；Gaut and Ross-Ibarra，2008；Ai et al.，2012），但仍然有许多未解之谜。通过比较拟南芥与其近缘种 *A. lyrata* 的 120Mb 和 230Mb 基因组，发现这两个物种如此大的基因组大小的变异主要是由大量长短不同的序列片段在基因间隔区的插入或丢失导致的，这与以往大多数研究认为转座子数量多少能绝大程度上解释基因组大小的看法迥异（Hu et al.，2011）。

物种间比较分析还可以用于阐明植物基因组中与植物适应性密切相关的重要遗传位点是如何进化的，如近期关于拟南芥近缘种间自交不亲和位点的变异研究（Guo et al.，2011b）。自交不亲和（self-incompatibility）现象在很多有花植物中都存在，它的遗传决定位点称为自交不亲和位点（S locus），自交不亲和位点通常受到平衡选择。植物通过排斥自己或与自己具有类似自交不亲和位点的花粉，从而保持异交。通过多物种的比较，阐明了自交不亲和位点受三种重要机制的影响，如正选择、基因转换及基因重复（Guo et al.，2011b）。近期基于拟南芥与二倍体荠菜的群体基因组比较研究发现，除自交不亲和位点外，植物中有许多位点受到平衡选择作用，而且平衡选择与适应性进化密切相关（Wu et al.，2017）。

物种内群体水平的选择性分析是另一种有效地研究植物适应性进化的分析方法（Weigel and Nordborg，2015）。近年来，随着第二代测序技术的发展，在全基因组水平上开展的群体遗传学研究极大地促进了相关研究的发展。近年来，拟南芥基因组学相关的研究取得了巨大进展，已完成 1000 多个样品的全基因组重测序工作（Clark et al.，2007；Cao et al.，2011；Horton et al.，2012；Long et al.，2013；The 1001 Genomes Consortium，2016；Zou et al.，2017）（http://1001genomes.org/）、mRNA 测序及甲基化测序（Becker et al.，2011；Gan et al.，2011；Schmitz et al.，2013；Seymour et al.，2014），以及基于基因型和表型的全基因组关联分析（GWAS）（Atwell et al.，2010；Todesco et al.，2010）。拟南芥作为模式植物，研究者在其群体水平也进行了一系列的群体遗传学分析，在基因组中发现了一系列受选择的位点（Clark et al.，2007；He et al.，2007；Cao et al.，2011；Horton et al.，2012；Long et al.，2013）。最近，在对长江流域拟南芥群体的研究中发现，*SVP* 基因的一个氨基酸变异受到正选择，在该群体中固定下来，从而导致早花，这与拟南芥能成功在这个新生境中生存密切相关（Zou et al.，2017）。

在拟南芥近缘种 *A. lyrata* 中，群体间对比性比较的研究揭示，该物种适应蛇纹岩土壤生境与一系列重金属响应的基因的变异密切相关（Turner et al.，2010）。

14.3.2　基于与适应性相关性状的研究

在植物的生活史中，许多性状变异与植物的适应性进化相关。研究这些性状的变异是理解植物适应性进化的一个重要途径。代表性的性状包括种子的休眠、开花时间、生物或非生物的胁迫等。这些性状中，研究最深入且对植物的繁衍非常关键的一个性状就是植物开花时间。开花是植物从营养生长阶段到生殖生长阶段的转变，是与植物产生种子并繁衍下一代密切相关的关键性状，也与作物的稳产高产密切相关。

目前对开花时间研究最清楚的模式植物是拟南芥。迄今为止，在拟南芥中已发现100多个基因与开花时间密切相关（Weigel，2012；Hepworth and Dean，2015）。其中，最著名的是 *FLC* 和 *FRI* 基因，在自然群体中开花时间70%以上的变异都是由 *FRI* 基因的突变导致的（Salomé et al.，2011；Guo et al.，2012；Weigel，2012）。

除模式植物拟南芥外，其近缘物种近年来也越来越受到广泛的关注，如 *Arabidopsis lyrata*（Leinonen et al.，2013）、*C. rubella*（Guo et al.，2012）、*Cardamine flexuosa*（Zhou et al.，2013），以及 *Arabis alpina*（Wang et al.，2009；Bergonzi et al.，2013；Castaings et al.，2014）。对近缘类群的研究不仅能够促进对开花时间变异本身的研究，还可以促进对植物适应性进化的理解和认识，尤其是可以揭示不同物种在开花时间变异机制及适应性进化方面的差别。

Capsella rubella 是一个新近经过极端瓶颈效应起源的物种，其遗传多样性非常低（Foxe et al.，2009；Guo et al.，2009），但其物种内表型多态性非常丰富（Hurka and Neuffer，1997；Guo et al.，2012）。那么，遗传多态性如此低的物种，其表型多态性是如何产生的：是由已有的有限变异产生的，还是由已有变异的重新组合产生的，或者是由新的突变产生的。最近通过图位克隆发现，*C. rubella* 开花时间变异主要是由 *FLC* 基因新的突变引起的（Guo et al.，2012；Yang et al.，2018）。普遍存在的变异是 *FLC* 基因5′端上游同一非编码区两种不同长度的序列缺失，它们独立起源，都能使表达量降低，从而使不同群体中的一些生态型早花（Yang et al.，2018）。这一结果说明进化在一定程度上具有可预测性，某些基因及其某些特定区域可能属于变异热点，更易发生突变，从而导致表型变异（图14.2）。

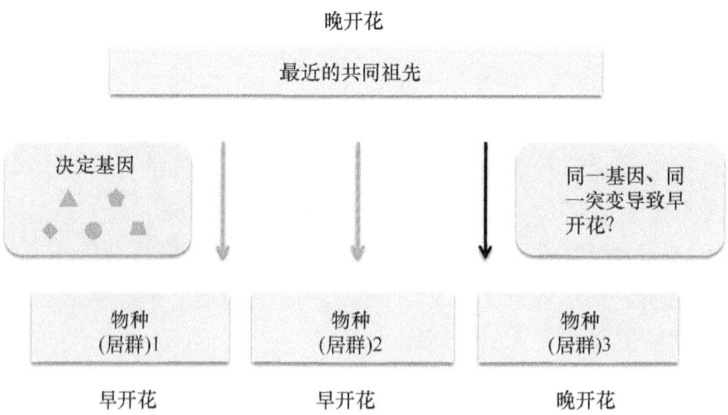

图14.2　进化是否有可预测性的模型示意图

除开花时间外，对其他一些与适应性进化密切相关的性状的研究也取得了一系列重要的进展，如抗病性及耐冷性。研究发现，*ACD6*（*ACCELERATED CELL DEATH 6*）基因在调控植物抗病性的强弱与是否能够正常生长间起着关键的平衡作用。该基因高表达则植物抗病性增强，但其正常生长受到抑制，反之亦然（Todesco et al.，2010）。这揭示了植物在其防御与生长间的平衡。耐冷性方面的研究发现，*CBF2* 基因在拟南芥耐冷性适应方面具有重要作用（Kang et al.，2013）。此外，对拟南芥 107 个性状的群体数据进行 GWAS，分析鉴定了一批与这些性状变异相关的候选基因，对植物适应性进化的研究也起到了极大的促进作用（Atwell et al.，2010）。

14.3.3　基于基因型与生态数据的关联分析

生态数据在进化生物学研究中的重要性越来越突出。植物的适应性进化在一定程度上是反映植物的内在遗传变异与各种复杂生态因子的相关性是匹配还是不匹配。近年来，基于生态数据的分析，在植物适应性进化方面取得了令人振奋的进展。一种重要的方法是不同基因型或遗传特性的物种或群体在生态上是否有显著的分化，如果有分化则说明其适应性有差异。下面通过具体的研究案例来阐明这方面研究的方法及规律。

最近一系列的研究，利用全球分布的拟南芥生态型，基于其基因型、生态因子及表型数据，发现了基因组中一些基因位点的变异与植物适应特定生态因子的变异显著相关（Fournier-Level et al.，2011；Hancock et al.，2011；Shen et al.，2014）。通过对相关候选基因的进一步深入分析，可以阐明哪些基因的遗传变异与适应特定生态因子的变异密切相关。

长期以来，多倍体的适应性进化是困扰植物进化生物学家的一个关键问题（Stebbins，1940）。多倍体常常被认为是个死胡同，起源以后很少能够存活下来（Arrigo and Barker，2012）。其主要理由是多倍体基因组相对于二倍体加倍，其基因组大，因而生存成本更高。荠菜（*Capsella bursa-pastoris*）是一个典型的四倍体物种，隶属于荠属，分布广泛，是全球最成功的物种之一。该物种广泛分布是探讨四倍体适应性问题的一个天然的理想系统。最近研究发现，荠菜起源后，从二倍体近缘种有频繁地渐渗，特别是通过生态位重建发现渐渗增强了四倍体的适应性（Han et al.，2015）。尽管渐渗是低概率事件，但这种低概率事件对植物的进化能起到非常重要的作用。

14.4　植物适应性进化研究中存在的问题

近年来，植物适应性进化方面的研究取得了丰硕的成果。特别是随着基因组测序技术的发展，众多物种产生了大量的群体测序数据。所有这些资源极大地促进了植物适应性进化相关研究的进步。但与此同时，一系列新的问题及挑战也随之产生。

第一，数据的快速增长与研究者计算能力的提高不相匹配。计算能力主要是指研究者对重测序数据的处理能力。研究者在大通量数据处理能力方面的滞后与数据快速增长之间的矛盾日益突出。

第二，理论模型不足。大量的进化模型都是基于有限的分子标记或小片段序列提出的。这些模型在高通量全基因组数据上的适用性是个普遍存在的问题。而且，高通量全基因组数据本身的复杂性及质量控制等使这个问题更为复杂。

第三，多维数据综合分析的方法不成熟。目前转录组、甲基化组、组蛋白组等各种数据间关联分析的模型及算法尚不够成熟。因此，无论是在基本理论的研究还是数据处理方面，都有待进一步深入研究及提高。

第四，对群体遗传学的重视亟须加强。进化是个从微观到宏观的演变过程，许多具体的进化事件首先发生在个体或群体水平，累积到一定程度才会在物种水平上体现出来。因此，在进化生物学特别是适应性进化研究中，一定要把群体遗传的思想和方法贯穿于整个研究过程中。

第五，对植物适应性进化的度量仍然是一个难题。其主要的原因是基于以上几种方法寻找到的适应性进化的推论，需进一步通过严谨的论证来核实。但这也是问题的难点所在，如何能够较为准确地推定某个变异与植物适应性进化有关，需要完成大量的工作，这不仅涉及进化生物学方面的工作，还包括分子遗传及生物化学方面的工作。此外，更大的难点在于，在自然条件下，如何对具有不同来源或不同变异类型的植物定量测定，并比较其繁殖力与选择力的高低及其变化。

进化生物学发展到今天，已经不再仅仅是一门非常纯理论的学科，其研究成果除具有重大的理论价值外，在粮食安全、人类健康及生物多样性保护等与国计民生息息相关的重要方面，同样具有非常重要的实践价值（Carroll et al.，2014）。

参 考 文 献

Ai B, Wang Z S, Ge S. 2012. Genome size is not correlated with effective population size in the *Oryza* species. Evolution, 66: 3302-3310.

Arrigo N, Barker M S. 2012. Rarely successful polyploids and their legacy in plant genomes. Curr Opin Plant Biol, 15: 140-146.

Atwell S, Huang Y S, Vilhjalmsson B J, et al. 2010. Genome-wide association study of 107 phenotypes in *Arabidopsis thaliana* inbred lines. Nature, 465: 627-631.

Becker C, Hagmann J, Muller J, et al. 2011. Spontaneous epigenetic variation in the *Arabidopsis thaliana* methylome. Nature, 480: 245-249.

Bergonzi S, Albani M C, Ver Loren van Themaat E, et al. 2013. Mechanisms of age-dependent response to winter temperature in perennial flowering of *Arabis alpina*. Science, 340: 1094-1097.

Cao J, Schneeberger K, Ossowski S, et al. 2011. Whole-genome sequencing of multiple *Arabidopsis thaliana* populations. Nature Genetics, 43(10): 956-963.

Carroll S P, Jorgensen P S, Kinnison M T, et al. 2014. Applying evolutionary biology to address global challenges. Science, 346: 1245993.

Castaings L, Bergonzi S, Albani M C, et al. 2014. Evolutionary conservation of cold-induced antisense RNAs of *FLOWERING LOCUS C* in *Arabidopsis thaliana* perennial relatives. Nature Communications, 5: 4457.

Chen H, Patterson N, Reich D. 2010. Population differentiation as a test for selective sweeps. Genome Res, 20: 393-402.

Clark R M, Schweikert G, Toomajian C, et al. 2007. Common sequence polymorphisms shaping genetic diversity in *Arabidopsis thaliana*. Science, 317: 338-342.

Cui X, Cao X. 2014. Epigenetic regulation and functional exaptation of transposable elements in higher plants. Curr Opin Plant Biol, 21: 83-88.

Fay J C, Wu C I. 2000. Hitchhiking under positive Darwinian selection. Genetics, 155: 1405-1413.

Fournier-Level A, Korte A, Cooper M D, et al. 2011. A map of local adaptation in *Arabidopsis thaliana*.

Science, 334: 86-89.

Foxe J P, Slotte T, Stahl E A, et al. 2009. Recent speciation associated with the evolution of selfing in *Capsella*. Proceedings of the National Academy of Sciences of the United States of America, 106: 5241-5245.

Gan X, Stegle O, Behr J, et al. 2011. Multiple reference genomes and transcriptomes for *Arabidopsis thaliana*. Nature, 477: 419-423.

Gaut B S, Ross-Ibarra J. 2008. Selection on major components of angiosperm genomes. Science, 320: 484-486.

Grossman S R, Shlyakhter I, Karlsson E K, et al. 2010. A composite of multiple signals distinguishes causal variants in regions of positive selection. Science, 327: 883-886.

Guo Y L. 2013. Gene family evolution in green plants with emphasis on the origination and evolution of *Arabidopsis thaliana* genes. Plant J, 73: 941-951.

Guo Y L, Bechsgaard J S, Slotte T, et al. 2009. Recent speciation of *Capsella rubella* from *Capsella grandiflora*, associated with loss of self-incompatibility and an extreme bottleneck. Proceedings of the National Academy of Sciences of the United States of America, 106: 5246-5251.

Guo Y L, Fitz J, Schneeberger K, et al. 2011a. Genome-wide comparison of nucleotide-binding site-leucine-rich repeat-encoding genes in *Arabidopsis*. Plant Physiology, 157: 757-769.

Guo Y L, Todesco M, Hagmann J, et al. 2012. Independent *FLC* mutations as causes of flowering-time variation in *Arabidopsis thaliana* and *Capsella rubella*. Genetics, 192: 729-739.

Guo Y L, Zhao X, Lanz C, et al. 2011b. Evolution of the S-locus region in *Arabidopsis* relatives. Plant Physiology, 157: 937-946.

Han T S, Wu Q, Hou X H, et al. 2015. Frequent introgressions from diploid species contribute to the adaptation of the tetraploid Shepherd's purse (*Capsella bursa-pastoris*). Molecular Plant, 8: 427-438.

Hancock A M, Brachi B, Faure N, et al. 2011. Adaptation to climate across the *Arabidopsis thaliana* genome. Science, 334: 83-86.

He F, Kang D, Ren Y, et al. 2007. Genetic diversity of the natural populations of *Arabidopsis thaliana* in China. Heredity, 99: 423-431.

He Y, Wang M, Huang X, et al. 2015. A probabilistic method for testing and estimating selection differences between populations. Genome Res, 25: 1903-1909.

Hepworth J, Dean C. 2015. *Flowering Locus C*'s lessons: conserved chromatin switches underpinning developmental timing and adaptation. Plant Physiology, 168: 1237-1245.

Horton M W, Hancock A M, Huang Y S, et al. 2012. Genome-wide patterns of genetic variation in worldwide *Arabidopsis thaliana* accessions from the RegMap panel. Nature Genetics, 44: 212-216.

Hu T T, Pattyn P, Bakker E G, et al. 2011. The *Arabidopsis lyrata* genome sequence and the basis of rapid genome size change. Nature Genetics, 43: 476-481.

Hurka H, Neuffer B. 1997. Evolutionary processes in the genus *Capsella* (Brassicaceae). Pl Syst Evol, 206: 295-316.

Kang J Q, Zhang H T, Sun T S, et al. 2013. Natural variation of C-repeat-binding factor (CBFs) genes is a major cause of divergence in freezing tolerance among a group of *Arabidopsis thaliana* populations along the Yangtze River in China. New Phytol, 199: 1069-1080.

Kawakatsu T, Huang S S, Jupe F, et al. 2016. Epigenomic diversity in a global collection of *Arabidopsis thaliana* accessions. Cell, 166: 492-505.

Knight C A, Molinari N A, Petrov D A. 2005. The large genome constraint hypothesis: evolution, ecology and phenotype. Ann Bot, 95: 177-190.

Koenig D, Weigel D. 2015. Beyond the thale: comparative genomics and genetics of *Arabidopsis* relatives. Nature Reviews Genetics, 16: 285-298.

Leinonen P H, Remington D L, Leppala J, et al. 2013. Genetic basis of local adaptation and flowering time variation in *Arabidopsis lyrata*. Molecular Ecology, 22: 709-723.

Long Q, Rabanal F A, Meng D, et al. 2013. Massive genomic variation and strong selection in *Arabidopsis thaliana* lines from Sweden. Nature Genetics, 45: 884-890.

Nielsen R. 2005. Molecular signatures of natural selection. Annu Rev Genet, 39: 197-218.

Petrov D A, Sangster T A, Johnston J S, et al. 2000. Evidence for DNA loss as a determinant of genome size. Science, 287: 1060-1062.

Sabeti P C, Varilly P, Fry B, et al. 2007. Genome-wide detection and characterization of positive selection in human populations. Nature, 449: 913-918.

Salomé P A, Bomblies K, Laitinen R A, et al. 2011. Genetic architecture of flowering-time variation in *Arabidopsis thaliana*. Genetics, 188: 421-433.

Schmitz R J, Schultz M D, Urich M A, et al. 2013. Patterns of population epigenomic diversity. Nature, 495: 193-198.

Seymour D K, Koenig D, Hagmann J, et al. 2014. Evolution of DNA methylation patterns in the Brassicaceae is driven by differences in genome organization. PLoS Genetics, 10: e1004785.

Shen X, De Jonge J, Forsberg S K, et al. 2014. Natural CMT2 variation is associated with genome-wide methylation changes and temperature seasonality. PLoS Genetics, 10: e1004842.

Slotte T, Hazzouri K M, Agren J A, et al. 2013. The *Capsella rubella* genome and the genomic consequences of rapid mating system evolution. Nature Genetics, 45: 831-835.

Stebbins G L. 1940. The significance of polyploidy in plant evolution. Am Nat, 74: 54-66.

Tajima F. 1989. Statistical method for testing the neutral mutation hypothesis by DNA polymorphism. Genetics, 123: 585-595.

The 1001 Genomes Consortium. 2016. 1, 135 genomes reveal the global pattern of polymorphism in *Arabidopsis thaliana*. Cell, 166: 481-491.

Todesco M, Balasubramanian S, Hu T T, et al. 2010. Natural allelic variation underlying a major fitness trade-off in *Arabidopsis thaliana*. Nature, 465: 632-636.

Turner T L, Bourne E C, Von Wettberg E J, et al. 2010. Population resequencing reveals local adaptation of *Arabidopsis lyrata* to serpentine soils. Nature Genetics, 42: 260-263.

Vitti J J, Grossman S R, Sabeti P C. 2013. Detecting natural selection in genomic data. Annu Rev Genet, 47: 97-120.

Voight B F, Kudaravalli S, Wen X, et al. 2006. A map of recent positive selection in the human genome. PLoS Biol, 4: e72.

Wang R, Farrona S, Vincent C, et al. 2009. *PEP1* regulates perennial flowering in *Arabis alpina*. Nature, 459: 423-427.

Weigel D. 2012. Natural variation in *Arabidopsis*: from molecular genetics to ecological genomics. Plant Physiology, 158: 2-22.

Weigel D, Nordborg M. 2015. Population genomics for understanding adaptation in wild plant species. Annu Rev Genet, 49: 315-338.

Weinig C, Ewers B E, Welch S M. 2014. Ecological genomics and process modeling of local adaptation to climate. Curr Opin Plant Biol, 18: 66-72.

Williamson S H, Hubisz M J, Clark A G, et al. 2007. Localizing recent adaptive evolution in the human genome. PLoS Genetics, 3: e90.

Wright S I, Gaut B S. 2005. Molecular population genetics and the search for adaptive evolution in plants. Molecular Biology and Evolution, 22: 506-519.

Wu Q, Han T S, Chen X, et al. 2017. Long-term balancing selection contributes to adaptation in *Arabidopsis* and its relatives. Genome Biol, 18: 217.

Yang L, Wang H N, Hou X H, et al. 2018. Parallel evolution of common allelic variants confers flowering diversity in *Capsella rubella*. Plant Cell, 30: 1322-1336.

Zhou C M, Zhang T Q, Wang X, et al. 2013. Molecular basis of age-dependent vernalization in *Cardamine flexuosa*. Science, 340: 1097-1100.

Zou Y P, Hou X H, Wu Q, et al. 2017. Adaptation of *Arabidopsis thaliana* to the Yangtze River basin. Genome Biol, 18: 239.

第 15 章　植物对环境中生物胁迫的组学防御反应

15.1　病原相关分子对防御基因的系统激活

在自然界中，植物长期处在各种病原微生物的进攻下，在漫长的互作过程中植物进化出了一套完善的免疫系统以应对各种病原菌的侵染。植物的病原微生物主要有真菌、细菌、病毒、类病毒、卵菌、线虫等，其侵染方式各不相同。植物中存在的主要免疫防御有两种：①病原体相关分子模式（pathogen associated molecular pattern，PAMP）激发的免疫性反应（PAMP triggered immunity，PTI）（Thomma et al.，2011），该系统由植物编码的模式识别受体（pattern recognition receptor，PRR）与病原微生物的 PAMP 相互作用激活；②效应分子激发的免疫性反应（effector triggered immunity，ETI），植物的 PTI 系统被激活后，一些病原微生物会产生特殊效应分子（effector），对该系统进行抑制，而植物则利用特殊的分子受体来识别病原菌的效应分子，并启动第二道防御反应，这一反应被称为 ETI。本节将重点介绍植物的第一种免疫反应 PTI。

15.1.1　什么是 PAMP?

病原微生物侵害植物的过程中，病原微生物会释放引起植物防御基因激活的特征性分子，这种模式被称为 PAMP。植物依靠与病原菌在长期的斗争进化过程中形成的分子识别基础，识别 PAMP 中病原微生物的保守的抗原决定簇，决定是否激活防御反应。植物识别的抗原决定簇分子在大部分病原微生物中都存在，并且具有高度的保守性，而在宿主中却不存在，从而保证了植物在防御系统层面上对“自我”和“非我”的识别。

15.1.2　PAMP 主要类型

PAMP 的主要类型有鞭毛蛋白、脂多糖、几丁质及麦角固醇等，都是病原菌中所具有的一些保守性的分子特征。例如，细菌的鞭毛蛋白是一种典型的 PAMP 分子，其 N 端和 C 端高度保守，能被宿主植物特异性识别并调控下游基因的活性。近年已经相继发现多种 PAMP 的识别机制，并鉴定出对应的 PAMP 分子。例如，受体 EFR 识别的细菌延伸因子 EF-Tu（Zipfel et al.，2006），受体 CEBiP/CERK1 识别的几丁质，以及受体 XA21 识别的 AX21 蛋白等。但是目前仍有大量的 PAMP 受体还不清楚，如细菌的细胞壁肽聚糖、卵菌的转谷氨酰胺酶残基、PNP-1 结构域冷激蛋白，还有真菌的木聚糖酶和一些核酸结构，如非甲基化 DNA、双链 RNA 等。

15.1.3　真菌和卵菌中的 PAMP

真菌细胞壁中的一种主要成分几丁质（chitin），是一种由多个乙酰氨基葡糖形成的多糖，能引起植物的抗性反应，是一种典型的 PAMP 分子。研究人员从水稻中分离出能够识别 chitin 的 CEBiP 跨膜糖蛋白，该蛋白结构含有两个 LysM 膜外结构域，与类受体蛋白（receptor like protein，RLP）有着高度的相似性，但是没有细胞内的激酶结构域。chitin 诱导水稻产生的抗性反应，与其他植物类似，包括活性氧的产生、致病相关（PR）基因的表达、植物抗毒素的合成及磷酸酯的积累等。拟南芥细胞表面有可以直接结合 chitin 的几丁质激发受体激酶 1（chitin elicitor receptor kinase 1, CERK1）。该蛋白质编码 3 个位于胞外的串联的 LysM 结构域，胞内含有 Ser/Thr 激酶活性区域。当植物细胞膜上的 CERK1 与几丁质结合时，胞外的 LysM 结构域发生二聚化，促使胞内结构域磷酸化，从而激活下游的防卫反应通路。另外，水稻中也存在 CERK1 的同源物，但与拟南芥不同的是，水稻中对几丁质的识别需要 CERK1 和几丁质激发结合蛋白（chitin-elicitor binding protein，CEBiP）两种蛋白质，它们通过形成异源二聚体的方式，在细胞表面共同识别几丁质，并做出相应的抗性反应，在 chitin 介导的信号转导中起着重要作用。

目前鉴定到的真菌 PAMP 特征分子大多数来源于细胞壁元件，如 β-葡聚糖、几丁质和麦角固醇等。大豆疫霉菌（*Phytophthora sojae*）细胞壁中的多肽 pep13 是卵菌中第一个被明确鉴定的 PAMP 分子，这是一个由 13 个氨基酸残基组成的保守的表面肽段，位于细胞壁上的谷氨酰胺转移酶中，诱导茄科植物的免疫反应。该膜结合域在病原侵染植物的过程中对细胞的黏附具有重要作用，引起植物的防御系统产生足够的反应。此外，还有许多卵菌来源的植物特异性诱导因子，如葡聚七糖和激发素等。

15.1.4 细菌来源的 PAMP

细菌延伸因子 Tu（EF-Tu）在蛋白质合成过程中起延伸作用，是一种高丰度蛋白质。研究发现，EF-Tu 是细胞中十分保守的一种蛋白质，同时也是能被植物识别的 PAMP 分子。EF-Tu 分子 N 端乙酰化的 18 个氨基酸 elf18，是其作为 PAMP 分子被植物识别的关键位点。用人工合成的 elf18 侵染拟南芥，也能引起拟南芥的免疫抗性反应。EF-Tu 定位于细菌内，但是在病原菌侵染植物的过程中，会被释放出来（Momcilovic and Ristic，2007）。研究表明，EF-Tu 在极低浓度条件下就能被植物识别，引起植物的抗性反应。有实验表明，当拟南芥的 EFR 发生缺失突变时，农杆菌更容易介导其转化，这表明植物的转化机制与植物的抗性反应有着密切的关系（Zipfel et al.，2006）。

鞭毛是细菌中广泛存在的结构，细菌依靠鞭毛来实现自身的运动，鞭毛蛋白（flagellin）是鞭毛的主要成分。从丁香假单胞菌中提取的鞭毛蛋白（flagellin），可以刺激马铃薯、烟草、拟南芥等植物发生免疫反应，以及激活抗性基因的表达。鞭毛蛋白也是目前研究最为清楚的 PAMP 之一，鞭毛蛋白的中间区域变化多样，C 端和 N 端高度保守，位于 N 端 22 个氨基酸的多肽（flg22）是一种可以被多种植物识别的胞外 PAMP（Danna et al.，2011）。番茄可以识别相同抗原表位，而水稻似乎对 flg22 不敏感，但是可以识别全长的鞭毛蛋白。此外，大多数植物可以通过植物细胞表面的 PRR 来识别植物病原菌的鞭毛蛋白。例如，PRR 蛋白 FLS2（leucine-rich receptor-like protein kinase family protein）分子可以直接识别微生物的鞭毛蛋白。

虽然 EFR 和 FLS2 同属于富含亮氨酸受体激酶中的 LRR-Ⅶ亚家族成员，且它们激发的抗性反应有很大相似性，但科学家通过研究发现这两个受体有着不同的进化历程。EF-Tu 和 elf18 只能激发拟南芥和其他一些十字花科植物的抗性反应，而 flagellin 能够引起很多高等植物的抗性反应。除拟南芥外，番茄、水稻中都存在 *FLS2* 的同源基因，因此推测，elf18 识别机制是在茄科植物和十字花科植物发生分离后形成的。此外，研究发现，很多植物识别 PAMP 特征分子的受体蛋白的功能并不单一。例如，植物受体激酶（BRI-associated kinase 1，BAK1）既能与 FLS2 形成复合体识别细菌鞭毛蛋白 flg22，启动植物的抗性反应，又能与植物激素油菜素甾醇负调控蛋白（BRI1）形成复合物，调节植物的生长发育（Xiang et al.，2011）。

15.1.5 其他类型的 PAMP 识别

植物在受到病原微生物侵染后，能够产生损伤相关的分子模式（damage associated molecular pattern，DAMP）或内源性激发子。DAMP 存在于植物细胞的质体外，能够激发植物的免疫反应。拟南芥编码一个 23 氨基酸的 DAMP 分子——AtPep1，该分子能引起拟南芥细胞的抗性反应。在病原菌侵入植物细胞的过程中，病原菌首先利用自身产生的细胞壁降解酶（cell wall degrading enzyme，CWDE），将植物细胞壁的主要成分分解为大小不一的寡聚半乳糖醛酸苷（Jiang et al.，2013）。这类分子作为 DAMP 分子，可以激发植物的免疫反应，并且其中的透明质酸可以引起动物细胞的炎症反应，提高损坏组织的修复能力。还有一些 PAMP 的识别机制较为复杂，其背景研究也尚不清楚，如存在于革兰氏阳性细菌和革兰氏阴性细菌细胞壁中的肽聚糖（PGN），它可以被拟南芥识别。

15.1.6 PAMP 识别后的免疫应答反应

在植物与病原微生物互作过程中，当 PRR 识别 PAMP 分子后，植物在短时间内就会启动快速的防御应答，这其中包括活性氧水平的提高，启动茉莉酸、水杨酸信号转导途径，促分裂原活化的蛋白激酶（mitogen-activated protein kinase，MAPK）信号转导途径和胼胝体积累等应答反应（Rushton et al.，2010）。

研究表明，植物免疫应答响应中最重要的组成部分是 MAPK 信号调节通路。目前研究最为明确的是 flg22 诱导拟南芥的信号转导途径。活化的 MAPK 可以激活下游的植物防御的关键转录因子 WRKY。例如，MPK4 可以调节 WRKY33 和 WRKY25 的表达，而 WRKY22 和 WRKY29 可被 MPK3/6 激活并起一个正向调节作用。在其他类型的 PTI 信号通路中，如 elf18 和 NLP 诱导的 PTI 中也发现了类似的 MAPK 信号转导现象。

15.2 R 基因的系统激活及抗性作用

15.2.1 植物抗性基因的基本原理

当植物免疫系统的第一道防线被病原微生物利用效应分子攻克后，植物将很容易被病原菌侵染，在自然选择的作用下，植物也进化出了能够识别这些效应分子的受体，开始启动另一道免疫防线，这种新的防御机制，即效应分子激发的免疫性反应（effector triggered immunity，ETI）。因为 ETI 是基于 R 蛋白对 Avr 蛋白直接或间接的识别产生的，ETI 也被称为基因对基因的抗病性（Cheng et al.，2012）。广义上讲，植物抗性基因（resistance gene，R 基因）是指在植物抗性反应过程中起到抵抗病原体侵染及扩散作用的相关基因。狭义上讲，R 基因则是指在寄主体内能够特异性识别病原并激发抗性反应的基因，它与病原体的无毒基因 Avr（avirulence gene）互补。无毒基因 Avr 是一类能够诱导 R 基因抗性反应的效应因子基因。作为抗性反应信号转导链的起始组分，胞外和胞内两种类型的受体蛋白与病原体无毒基因编码的产物即配体（直接或间接）互补结合，启动并转导信号，激发如过敏性反应（hypersensitive response，HR）和系统获得抗性（systemic acquired resistance，SAR）等抗性反应。

R 基因介导对细菌、病毒、真菌、卵菌、线虫甚至昆虫等多种病原体的抗性，不同类型的抗性基因可能有不同的作用机制，除少数 R 基因能识别两种由 Avr 基因编码的产物及其衍生物外，多数 R 基因只能识别一种。多数 R 基因的产物的结构有相似性，它们具有一些共同的结构域：核苷酸结合位点（nucleotide binding site，NBS）、富含亮氨酸重复序列（leucine-rich repeat，LRR）、跨膜结构域（transmembrane domain，TM）、蛋白激酶（protein kinase，PK）结构域、螺旋卷曲（coiled-coiled，CC）结构域，还有亮氨酸拉链（leucine zipper，LZ）区域和 Toll 白介素-1 区域（toll-interleukin-1 region，TIR）等（Hammond-Kosack and Jones，1997）。

15.2.2 植物抗性基因的系统激活与抗性作用

（1）基因对基因假说（gene for gene hypothesis）

20 世纪 40 年代，Flor（1942）根据亚麻对锈菌小种特异抗性的研究提出了基因对基因假说。植物对大多数病害的抗性取决于病原的无毒基因（Avr gene）和植物的抗性基因（R gene）；无毒基因对毒性基因呈显性。抗性基因对感病基因呈显性。如果寄主带有抗性基因，病原带有相对应的无毒基因，病原繁殖就会受到抑制，植物表现抗性并在病原侵染位点形成局部过敏性坏死反应；如果寄主的抗性基因及病原相对应的无毒基因缺其一，都将会有利于病原的迅速繁殖，这一假说构成了现在克隆病原体 Avr 基因和植物 R 基因的理论基础。

病原微生物通过Ⅲ型分泌系统（type Ⅲ secretion system，TTSS）向寄主细胞中释放效应因子，这些效应分子通常能减弱或抑制植物细胞的抗病反应，改变周围环境使之利于自身的生长，达到侵染植物使之发病的目的。不同的效应分子在病原菌侵染植物的过程中承担着不同的功能，有些可以帮助病原菌迅速扩散，有些可以造成寄主的营养缺陷，有些可以保持病原菌在侵染过程中结构的完整性，以此来加快病原入侵的进程。例如，假单胞菌能产生至少 3 种 TTSS 效应分子来抑制 FLS2 的识别并促进细菌的繁殖和侵染，AvrPto、AvrPtoB 和 AvrPphB 是目前已发现的 3 种效应分子。细菌可以利用致病分泌系统Ⅲ使无毒基因编码的蛋白 Avr Pto 进入植物细胞，与植物的 Pto 蛋白直接结合，引起植物超敏反应（hypersensitive response，HR）。HR 可以阻止植物体内病原微生物的侵染扩散，是植物最常见的抗性表现形式，通常表现为受侵染的细胞及周围区域细胞的快速死亡，进而导致病原微生物的生长受到抑制。利用转基因技术将 Avr 基因导入带有抗性基因 *Pro* 的番茄中，植物也会出现超敏反应，进一步说明了细菌效应因子的作用。

（2）激发子/受体模型（elicitor-receptor model）

该模型是从基因对基因假说发展而来的。病原体的 Avr 基因直接或间接地编码一种配体（激发子），它与 R 基因编码的产物（受体）相互作用，从而触发受侵染部位细胞内的信号传递过程，激活其他防卫基因的表达，从而产生过敏性反应。例如，拟南芥抗病基因 *Rps2* 编码的受体蛋白与病原体无毒基因 *AvrRps2* 编码的蛋白（激发子）可以相互识别，产生传递信号，引起活性氧中间体的大量聚集，并激活其他防卫基因的表达，导致过敏性反应，使植物获得抗性。利用基因突变技术，将拟南芥抗性基因 *Rps2* 突变，则该突变基因不能和无毒基因相互识别，植物因此而不产生抗性（Reuber and Ausubel，1996）。

（3）防卫假说（guard hypothesis）

防卫假说（Van Der Biezen and Jones，1998）认为：在病原体侵染植物后，病原体会将植物体内的保卫蛋白（guarder protein）作为靶蛋白并对其进行改变，这种改变是植物受到病原体侵害后的反应信号。不同类型的病原体蛋白可能识别不同的保卫蛋白，也可能识别同一个保卫蛋白。多抗基因编码的蛋白质可能识别不同类型的病原体，诱导并修饰同一个保卫蛋白（McDowell and Woffenden，2003）。在防卫假说中，植物抗病基因编码蛋白不仅能识别无毒基因蛋白，还能监视被病原体毒性/致病蛋白作为攻击目标的重要植物蛋白复合体。这种假说表明，抗性基因编码的蛋白质不是被动地等待来自病原体的信号，而是可以积极地监控病原体引起的细胞生理反应。

15.3　RNA 沉默对病原入侵的直接及间接防御

RNA 沉默是广泛存在于植物、动物和真菌等真核生物中一种高度保守、序列特异的基因表达调控机制，通过由双链 RNA 剪切产生的 20～30 个碱基长度的小分子 RNA 与靶标基因的序列特异结合，调控靶标基因表达而发挥作用。RNA 沉默在调节机体发育、维持基因组的稳定性及响应生物和非生物胁迫中发挥着重要作用，是真核生物抵御外来基因组（转座子、转基因和病毒）入侵的一种重要防御机制。

15.3.1　RNA 沉默的发现及其产生机制

RNA 沉默现象首先是在植物中发现的。1928 年在对烟草环斑病毒的研究中，人们发现对病毒初始敏感的烟草，在首次成功侵染一段时间后再次侵染，对病毒具有抗性。这是首次报道的 RNA 沉默现象，但是对这种现象发生的本质人们无法做出解释。20 世纪 80 年代，随着转基因技术的开发，人们发现在植物体内转入一段病原微生物的序列可以使植物体获得对病原的抗性，这种现象被称为病原获得的抗性（pathogen-derived resistance），也是 RNA 沉默现象的一种。随着转基因技术的成熟，人们发现在植物内转入一个基因的负链 RNA 可以降低该基因的表达。1990 年 Nopli 等将与成花色素合成有关的查耳酮合酶（chalcone synthase，CHS）基因的正链 RNA 导入矮牵牛花中，希望通过 *CHS* 基因的过表达加深花色，但在实验过程中发现 42%的矮牵牛花颜色不但没有加深，还失去了原有的紫色，表现为白紫相间的花色，这种现象被称为“共抑制”现象，也是由 RNA 沉默作用产生的。当时研究人员推测这种现象可能是由表观遗传修饰造成的，但很可惜没有进一步的突破。Fire 等（1998）将某一基因的正链 RNA、负链 RNA 和双链 RNA 分别注射入秀丽隐杆线虫（*C. elegans*）中，发现虽然三者都可以引起 RNA 沉默，但是双链 RNA 比单链 RNA 具有更强的干扰作用，从而论证了双链 RNA 是 RNA 沉默的诱发因子，他们将这一重大发现发表在 *Nature* 上，由于他们发现了“RNA 干扰机制——双链 RNA 沉默基因”，Fire 等共享了 2006 年的诺贝尔生理学或医学奖。Hamilton 和 Baulcombe（1999）在植物中首先发现了 21～24nt 小分子 RNA（sRNA）的存在，这部分 sRNA 既可以由外源转基因产生，又可以由病毒侵染产生，随后人们在动物体内也发现了这类 sRNA 的存在，并证明这是所有 RNA 沉默现象发生过程中都出现的一类分子，通过与靶标基因的序列特异性结合来调控基因表达，从此掀起了 RNA 沉默研究的热潮。

在植物中，参与 RNA 沉默的小分子 RNA 根据产生的途径可以分为两大类：微 RNA（microRNA，miRNA）和干扰小 RNA（small interfering RNA，siRNA）。miRNA 一般为 21～24nt，由非完全匹配的发卡结构剪切得到，而 siRNA 由完全匹配的长双链 RNA [double-stranded RNA（dsRNA）] 剪切得到。植物中 siRNA 种类较多，现已发现的 siRNA 主要由四类组成：反式作用小 RNA（*trans*-acting siRNA，ta-siRNA）、异染色质形成相关的小 RNA（heterochromatic siRNA，hc-siRNA）、天然反义小 RNA（natural antisense transcript-derived siRNA，nat-siRNA）、长干扰小 RNA（long siRNA，lsiRNA）。miRNA 和 siRNA 的产生如图 15.1 所示，Dicer-like 蛋白（DCL）、Hyponastic leaves 1（HYL1）、Hua enhancer 1（HEN1）及 Serrate（SE）等蛋白质都参与到小分子 RNA 的产生途径中（Rogers and Chen，2013；Katiyar-Agarwal and Jin，2010；Holoch and Moazed，2015）。其中一些 siRNA 的产生及复制需要 RDR（RNA-dependent RNA polymerase，依赖于 RNA 的 RNA 聚合酶）及 SGS3（suppressor of gene silencing 3）的参与（Sijen et al.，2007）。sRNA 产生后与 AGO（Argonaute）结合，去除其中的一条过客链（passenger strand），形成成熟的 RNA 诱导沉默复合体（RISC）。植物中含有多种 AGO 蛋白，并且每种 AGO 蛋白参与到不同的 RNA 沉默调控作用中（Zhang，2015）。AGO 蛋白根据 sRNA 的 5′端碱基和双链结构的差异，特异选择结合不同的 sRNA（Mi et al.，2008；Zhang et al.，2014）。成熟的 RISC 通过以 sRNA 序列为向导，结合到与 sRNA 序列互补的基因上，通过 DNA 甲基化等转录水平调控及 mRNA 剪切和蛋白质翻译抑制等转录后调控的手段调节基因的表达（Zhang et al.，2011；Ghildiyal and Zamore，2009）。

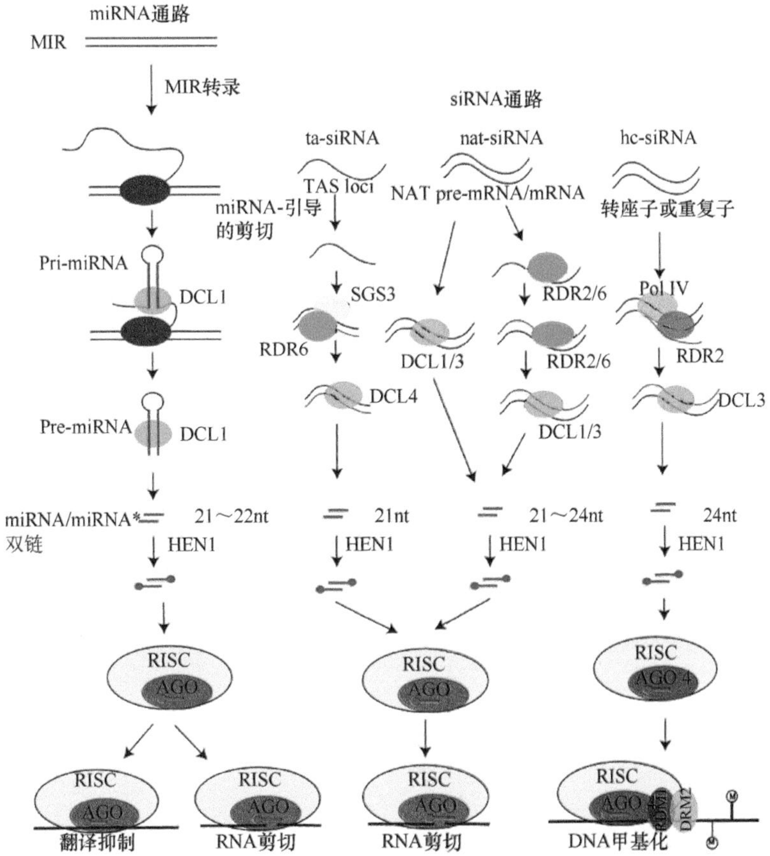

图 15.1　植物中 miRNA 和 siRNA 的产生途径及参与基因调控的过程

15.3.2　RNA 沉默对病原体基因组入侵的直接作用

在正常情况下，为了将更多的营养用于植物的生长及繁殖，植物的免疫功能处于抑制状态；只有当植物受到外界病原体入侵时，植物免疫系统才被激活。因此植物对免疫功能的调控至关重要。RNA 沉默为植物免疫调控的一种方式，即利用 sRNA 抑制与植物激素或植物抗病相关的基因的表达。当病原菌入侵植物时，植物的免疫系统识别病原菌上特有的病原体相关分子模式 PAMP 或微生物相关分子模式 MAMP（microbe-associated molecular pattern），触发 PTI，同时免疫系统也可识别病原菌释放的效应分子，从而引发 ETI（Tsuda and Katagiri，2010；Bigeard et al.，2015）。研究表明，RNA 沉默通过调节自身基因表达及抑制外源遗传基因表达两种方式参与到 PTI 及 ETI 的作用中。

在抵御病毒入侵的过程中，自身的 RNA 沉默机制对侵入病毒携带的病毒基因组 RNA 或者转录后的 RNA 直接降解，抑制病毒扩增，并且可以将沉默信号在体内传递引起系统性沉默，使整个植株都产生对此病毒的抗性（Ding，2010；Ding and Voinnet，2007）；对于未有病原基因组直接侵入的细菌或侵染初期的真菌和卵菌等病原菌的防御则主要通过调节自身基因表达的方式，激活机体自身的抗病通路增强机体抗性（Huang et al.，2016；Weiberg et al.，2014）。

双链 RNA 病毒进入植物体中引发 RNA 沉默通常要经过如下过程（图 15.2）：病毒核酸产生双链 RNA；双链 RNA 被植物 Dicer 酶剪切为 21～24nt 的小片段 RNA；小片段 RNA 和 AGO 蛋白结合形成 RISC；RISC 寻找与其相互匹配的病毒 RNA/DNA 链，且与之结合并对病毒 RNA/DNA 链进行剪切、甲基化等作用，从而沉默靶基因。这类由病毒入侵产生的 sRNA 被称为病毒源小分子 RNA（virus-derived small interfering RNA，vsiRNA）。由于 vsiRNA 来源于病毒的基因组，因此能特异地与病毒 RNA/DNA 结合，通过 RISC 对病毒基因组的表达进行调控（Ding，2010；Ding and Voinnet，2007）。

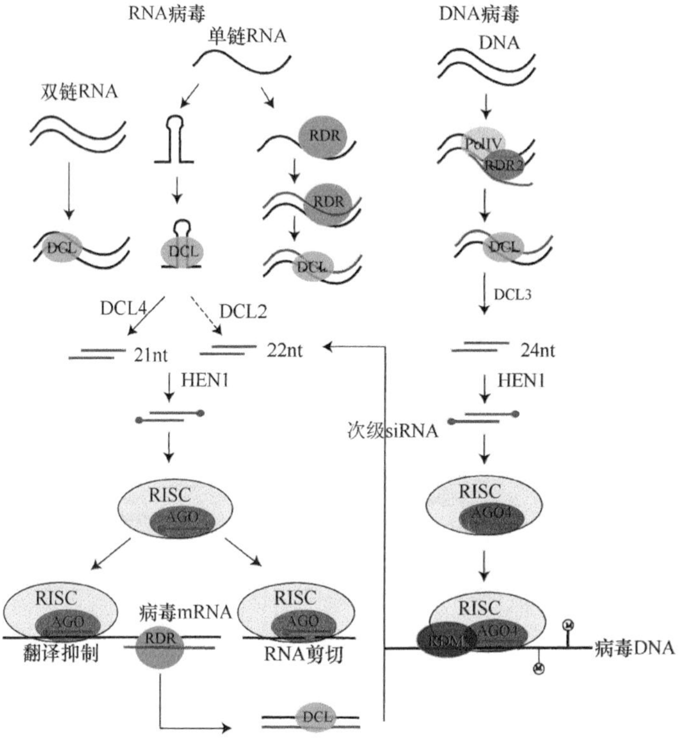

图 15.2　RNA 沉默参与病毒入侵的直接防御机制

当入侵植物的病毒为单链 RNA 时，必须先依靠病毒自身编码的 RDR 合成 dsRNA 或依靠病毒本身形成的发卡结构（Ho et al.，2006；Molnar et al.，2005）。dsRNA 或发卡会被 RNA 沉默的起始因子 Dicer 酶识别，并将其切割成小片段的 dsRNA。另外，DNA 病毒转录时产生的 RNA 也会配对形成双链，或者产生发卡结构产生双链 RNA，进而被 Dicer 酶剪切（Ding，2010；Ding and Voinnet，2007）。

DCL 蛋白属于 RNase-Ⅲ核糖核酸酶家族，通过识别 dsRNA 并将其剪切以引发后续的反应（Deleris et al.，2006）。拟南芥中含有四种 DCL 核酸酶：DCL1、DCL2、DCL3、DCL4。这四种蛋白质可以相互配合和协作进行抗病毒作用，如在沉默花椰菜花叶病毒（CaMV）时，多种 DCL 参与作用（Bouche et al.，2006；Du et al.，2007）。DCL2 和 DCL4 是主要的抗病毒 DCL 剪切蛋白，很多情况下 DCL4 蛋白在抗病毒过程中起主导作用，可将病毒的 RNA 剪切成 21nt siRNA （Deleris et al.，2006）。DCL3 主要在转录水平起修饰作用，可以使植物的转座子基因、重复序列和病毒 DNA 甲基化。当 DNA 病毒侵染植物后，DCL3 蛋白参与形成 siRNA，产生的 siRNA 与 AGO4 蛋白结合，通过 DNA 甲基化在转录水平上抑制病毒基因的表达（Raja et al.，2014；Xie et al.，2004）。

初级 siRNA 产生后，初级 siRNA 可以与病毒的单链 RNA（ssRNA）配对，在宿主 RDR 的作用下再合成病毒 dsRNA，经过剪切等，形成次级 siRNA（Xie et al.，2004）。从初级 siRNA 到次级 siRNA 的放大效应，使其在抵抗病毒入侵时有迅速而强大的作用。模式植物拟南芥主要编码 6 种 RDR，其中 RDR1 和 RDR6 是病毒防御的主要 RDR（Boccara et al.，2014；Cuperus et al.，2010；Garcia-Ruiz et al.，2010；Jauvion et al.，2010；Pandey and Baldwin，2007；Ying et al.，2010）。RDR6 不仅涉及转基因沉默和病毒防御，也主要参与生成次级 siRNA，并且还可以对长距离沉默信号进行放大。

siRNA 由 DCL 蛋白剪切产生后，进入结合到 RNA 沉默的效应分子——AGO 蛋白中。在拟南芥的 10 个 AGO 同源蛋白中，AGO1、AGO2、AGO7 在植物抗病毒中发挥着主要作用。AGO1 突变的植物对病毒侵染高度敏感（Morel et al.，2002）。黄瓜花叶病毒（Cucumber mosaic virus，CMV）通过编码的 2b 蛋白抑制 AGO1 的活性，从而达到侵染植物的目的。将 AGO1 的活性恢复后，植物中 vsiRNA 显著上升，抑制病毒扩增（Zhang et al.，2006）。AGO2 在调控植物抵御病毒侵染中也发挥着重要作用。芜菁皱缩病毒（Turnip crinkle virus，TCV）及 CMV 的侵染能诱导植物 AGO2 蛋白的表达，并且 AGO2 蛋白突变显著增加病毒的积累（Harvey et al.，2011）。在应对 CMV 的侵染中，AGO1 与 AGO2 的作用相互补充，与产生的初级及次级 siRNA 结合，降解 CMV 的 RNA（Wang et al.，2011）。AGO7 参与到与抗菌相关的 AtlsiRNA-1 及 TAS3 ta-siRNA 的生物合成及病毒 RNA 剪切的过程中（Fahlgren et al.，2006；Garcia et al.，2006；Katiyar-Agarwal et al.，2007）。AGO1 主要作用于具有致密结构的病毒 RNA，而 AGO7 作用于结构较松散的病毒 RNA（Qu et al.，2008）。此外，与 AGO2 在同一个串联重复（tandem repeat）的 AGO3 是否具有与 AGO2 类似的功能仍不得而知（Vaucheret，2008）。

植物对病毒的防御不仅体现在对病毒在侵染部位复制的抑制，而且包括阻止病毒转移对植物其他部位的影响。因此当植物的某一个部位被病毒入侵后，植株会将 RNA 沉默信号传递到其他部位，引发系统性沉默，赋予整个植株抗此病毒感染的能力（Palauqui et al.，1997）。有实验表明，沉默信号是通过胞间连丝传导的，并且在韧皮部传导的过程为信号依次通过主脉、次脉并扩散至植物的叶肉细胞，最终引发系统性沉默（Palauqui et al.，1997）。虽然沉默信号转导现象发现很早，但是关于转导的信号分子一直都没有完整的概论。最初发现，21～23nt siRNA 能进行短距离的信号转导，引发局部沉默，24～26nt siRNA 可以进行长距离转导，引发系统性沉默，目前研究表明，21nt 双链 siRNA 可以进行短距离信号转导，24nt 双链 siRNA 能进行长距离信号转导（Dunoyer et al.，2010；Melnyk et al.，2011；Molnar et al.，2011）。现在已经被大家认同的参与信号传递的关键因子有很多，包括上文提到过的 DCL4 蛋白、AGO4 蛋白等参与长距离沉默信号的接收。沉默信号转导是一个复杂的过程，以后的深入研究还将会鉴定到更多的信号分子，转导过程也将被更清楚地剖析。

15.3.3 RNA 沉默对病原体基因组入侵的间接作用

RNA 沉默对病原体基因组入侵的间接作用，主要通过 siRNA 调节植物激素等抗病信号通路来提高植物的抗病能力。miR393 是第一个被发现并参与植物抗性反应 PTI 中的小分子 RNA，它由细菌的鞭毛蛋白诱导产生，然后通过降解生长素受体 TIR1（transport inhibitor response 1）、AFB（auxin signaling F-box）2、*AFB3* 基因的 mRNA，抵御丁香假单胞菌的侵染（Navarro et al.，2006，2008）。随后研究还发现了其他参与 PTI 反应的 miRNA，如 miR167 和 miR160 等。细菌侵染后 miR167 和 miR160 的表达量上调，并抑制生长素信号途径中生长素响应因子（auxin response factor，ARF）的活性来增强植物的抗病能力（Fahlgren et al.，2007）。此外，研究发现 siRNA 也参与到植物抗病的过程中，第一个在植物中被发现参与 ETI 反应的内源 siRNA 是 nat-siRNA ATGB2，由丁香假单胞菌（含无毒基因 *AvrRpt2*）诱导，结合于 PPR（pentatricopeptide repeat）蛋白类似基因 *PPRL* 的重叠区，而 PPRL 蛋白负调控抗病途径，因此 nat-siRNA ATGB2 通过抑制 PPRL 增强植物的抗病性（Katiyar-Agarwal et al.，2006）。AtlsiRNA-1，是由 AvrRpt2 诱导产生的 siRNA，通过抑制植物抗病的负调控因子 AtRAP 来增强植物的抗病能力（Katiyar-Agarwal et al.，2007）。此外，miR393 的互补配对链 miR393b*也具有调控植物抗病性的能力。miR393b*与 AGO2 结合，抑制 *MEMB12* 基因的表达，提高具有抗病菌能力的 PR1 蛋白的胞外分泌，从而增强植物的抗病性（Zhang et al.，2011）。Zhang 等（2011）对细菌 *Pst* 侵染前后的植物 miRNA 进行了检测，发现 27 个表达变化的 miRNA 家族。这些家族的 miRNA 主要靶向植物的激素合成及信号通路中的基因，包括植物生长素、脱落酸及茉莉酸等。

小分子 RNA 不仅可以调控与植物抗性相关的基因表达，还能通过直接激活抗性蛋白 R 来抵御病原菌的入侵，如在健康烟草中，miR482 靶向 58 个不同的 CC-NBS-LRR 抗性基因，并将其降解抑制了植物的抗性反应。当遭遇细菌 *Pst* DC3000 侵染时，植物通过降低 miR482 的生成，提高抗性蛋白 R 的积累，从而增强抵御病原菌侵染的能力（Shivaprasad et al.，2012）。在拟南芥中，miR472 通过靶向 RPS5（一种抗病蛋白）CC-NBS-LRR 调控植物的抗性（Zhu et al.，2013）。另外，miR168 在水稻感染水稻矮缩病毒（RDV）或水稻条纹病毒（RSV）后会降低对 AGO1 蛋白的抑制，增加的 AGO1 蛋白参与到 RNA 沉默抗病毒的途径中，这是 miRNA 参与抗病毒作用的有力证据（Wu et al.，2015）。此外 miR162、miR168 等 miRNA 也会增强植物的抗菌抗病能力，在此就不再一一赘述。综上所述，许多小 RNA 参与植物抵抗病原菌，足以说明其在植物抗病中的重要性。

15.4 局部抗性与系统获得性抗性

在植物与病原微生物互作过程中诱发的病原体相关分子模式激发的免疫性反应（PTI）和效应分子激发的免疫性反应（ETI），通常会引发植物体内一系列的后期抗病反应。侵染初期，植物在病原微生物侵染部位产生快速抗病相关反应，如 HR 等导致局部的细胞程序性死亡（programmed cell death，PCD），进而阻断病原物的传播。同时，植物通过一系列抗性相关信号物质的传递和级联放大，引发植物整体抗性通路的激活，使植物再次遭遇相似病原微生物侵染时能够快速高效地表达病原相关蛋白（pathogenesis-related protein，PR protein），从而对病原微生物产生抗性，即植物的系统获得性抗性（systematic acquired resistance，SAR）。

15.4.1　局部抗性

局部抗性是植物在病原菌侵染部位产生的一系列防御机制，能够快速有效地做出反应，在侵染组织周围阻止病原微生物的扩散，帮助植物更好地抵御病原菌的入侵。植物的过敏性反应是局部抗性的主要反应机制，水杨酸（salicylic acid，SA）、病程相关非表达因子 1（NPR1）、活性氧、一氧化氮等均在该过程中发挥重要作用。

（1）过敏性反应

过敏性反应又称过敏性坏死反应（necrotic hypersensitive response），指植物对病原微生物侵染表现高度敏感的现象，是局部抗性的主要反应，该反应发生时，侵染点细胞及组织迅速坏死，病原微生物被限制在侵染部位，防止其进一步扩散。在细胞死亡前，也就是过敏性反应初期，植株通常已出现一系列的防卫反应，如活性氧（reactive oxygen species，ROS）爆发、膜离子流变化、信号分子积累等。这些防卫反应相互作用，共同导致了过敏性反应的发生。过敏性反应是植物最普遍的反应类型，对真菌、细菌、病毒和线虫等多种病原物普遍有效（Greenberg and Yao，2004）。

（2）水杨酸与病程相关非表达因子 1

水杨酸是植物内普遍存在的一类内源信号分子，在植物抗病过程中对过敏性反应和系统获得性抗性具有重要作用。一些病原微生物的侵染会促使侵染部位水杨酸浓度的升高，局部水杨酸浓度的升高，从而破坏 NPR1 的聚合物状态，使其变成单体 NPR1，单体 NPR1 可以进入细胞核诱导抗病基因的表达（Pajerowska-Mukhtar et al.，2013），同时高浓度水杨酸可以抑制抗坏血酸脱氢酶的活性，致使局部活性氧浓度升高，从而引发程序性细胞死亡。

（3）活性氧及一氧化氮

活性氧是化学性质活泼、氧化能力强的氧自由基总称，包括以自由基形式存在和以非自由基形式存在的具有高度活性的分子氧代谢中间产物。一直以来，ROS 通常被认为是植物正常代谢过程中的有毒副产物，随着对其研究的深入，发现其在植物与病原微生物互作的防卫反应中具有重要作用。生物和非生物胁迫会使 ROS 水平提高，植物细胞中活性氧快速大量释放的现象被称为活性氧爆发（oxidative burst），活性氧爆发是过敏性反应的特征反应之一（Laloi and Havaux，2015）。然而后续研究发现，活性氧的升高不是引起过敏性反应的唯一条件。

一氧化氮（NO）作为信号分子在动物体内发挥作用已被广泛熟知，研究发现，植物不但可以利用大气和土壤中的 NO，而且能够释放一定量的 NO。人们发现在过敏性反应初期，NO 自由基明显增多，说明 NO 参与了过敏性反应的激发过程。NO 可促进活性氧产生，但当活性氧中间体达到一定浓度后，NO 又会抑制产生活性氧的关键酶——NADPH 氧化酶的活性，因而 NO 和活性氧协同调节植物抗性反应。与 ROS 相似，NO 单独也不能引起细胞的过敏性死亡，只有当 NO 和 ROS 的产生达到一定程度的平衡时，才会激活 HR（Palavan-Unsal and Arisan，2009）。

HR 的激活需要多个信号通路协同反应，从而帮助植物迅速地阻断病原微生物在植物体内的传播，更好地帮助植物应对病原物胁迫。

15.4.2 系统获得性抗性

植物局部抗性主要在病原微生物侵染部位阻断病原微生物的侵染，阻止病原微生物向植物其他部位扩散，与此同时植物会激活另一种更为广泛的防御机制，通过一系列信号分子的转导作用，激发整个植株产生长期高效广谱的防御反应，该反应类似于动物体内的免疫反应，却比免疫反应抵御的外源物质范围更广泛，可以在同种或不同种病原微生物再次侵染时快速激活多种抗菌物质的表达，从而迅速抵御外源物的入侵，这就是植物的系统获得性抗性（SAR）。

（1）SAR 信号分子的产生与运输

SAR 的特点之一就是可以通过信号的长距离运输，诱导植物整体产生抗性。近年的研究表明，水杨酸甲酯（methyl salicylate，MeSA）与某些脂类分子（可能作为信号物质）参与了 SAR。

MeSA 是一种挥发性液体，它是由水杨酸（SA）通过水杨酸羧基转甲基酶催化合成的。在病原微生物入侵早期，SA 与 MeSA 均大量增加，但 MeSA 单独增加时并不引起植株的 SAR。后期的嫁接实验表明，病原菌侵染可以引起亮氨酸的一种衍生物哌啶酸（pipecolic acid，Pip）和一种胺（dihydroabetinal amine，DA）的积累，两者均可引起 SA 浓度的升高。产生的 SA 可以通过水杨酸羧基转甲基酶转化为 MeSA，MeSA 通过韧皮部运输到植物的其他组织后再被重新转化为 SA 来发挥作用（Forouhar et al.，2005）。

3-磷酸甘油（glycerol-3-phosphate，G3P）是一种脂类分子，可能也作为信号分子参与了 SAR。病原微生物入侵会引起细胞膜上 C18 脂肪酸的释放，其水解产物为壬二酸（azelaic acid，AzA），壬二酸可以诱导 G3P 的合成。G3P 通过脂质转运蛋白运输到植物体其他部位，并与受体结合引发 SAR（Yu et al.，2013）。

DIR1（defective in induced resistance 1）编码一种脂质转运蛋白，该基因突变后，病原菌侵染可以正常激发植株对病原菌的局部抗性，但不能激发 SAR 和 PR 的基因表达（Ziegler et al.，2011）。SFD1 参与了脂质代谢，它的代谢物参与了 SAR 的激发，其突变引起与 DIR1 突变体相似的反应（Dempsey and Klessig，2012）。上述两项研究表明，某些脂质分子可能作为移动信号分子参与了 SAR。

在 SAR 信号转运过程中，MeSA、脂质分子等多种信号分子协同参与 SAR 信号转运，以帮助植株更好地抵御病虫害。

（2）SAR 对信号分子的感应与应答

SAR 信号分子被转运至其他部位后，通常会引起其他部位 SA 浓度上升。其中 MeSA 通过与水杨酸结合蛋白 2 结合，直接转变成 SA；而 G3P 通常通过与角质层上受体结合，间接调控 SA 的从头合成（Yu et al.，2013；Xia et al.，2009）。高浓度的 SA 被受体所感知并在 NPR1、NPR3 与 NPR4 的参与下激活下游 TGA（TGACG sequence-specific binding protein）、WRKY（WRKY DNA-binding protein）和其他转录因子的表达，从而诱导 PR1、PR2 和 PR5 等抗性蛋白的大量表达，进而保护自身免受病原微生物的侵染（Pajerowska-Mukhtar et al.，2013；Kachroo and Robin，2013）。

此外，除水杨酸介导的抗性途径外，RNA 沉默、DNA 甲基化和组蛋白修饰等多种途径均参与了植物体的 SAR。SAR 不仅可以在亲代发挥作用，还可以通过上述途径将抗性传递给子代来保护其生存。

植物在生态环境中的进化是相对完美的，其防御机制也比较完善。无论是针对侵染部位的局部防御反应还是针对整体的系统获得性抗性，都是植物在自然界环境压力下进化出的完美保护伞。植物通过局部抗性消灭病原微生物或延缓病原微生物的入侵，同时又通过多种信号分子将抗性信号传递至整株植物，使自身的每个部位都处于警戒状态，以更好地应对各种病原微生物胁迫，帮助植物更好地生存下去。

15.5　抗性反应的跨代传递机制

15.5.1　表观遗传概述

表观遗传（epigenetics）是指 DNA 序列不发生改变的情况下，基因表达发生的可遗传的改变。不同于引起永久变化的基因序列改变，表观遗传修饰是可逆的 DNA 甲基化或染色质结构等的改变。相对于 DNA 序列的改变，表观遗传机制对基因表达的调控更为灵活。表观遗传的调控位点主要位于转座子和重复序列区域，通过调控 DNA 甲基化和组蛋白修饰，维持基因组稳定性、调节植物生长发育和抗性反应等。

甲基化是最早发现的表观遗传途径之一，是基因组 DNA 的一种主要表观遗传修饰形式。在植物中，DNA 甲基化的发生位点是富含胞嘧啶的 DNA 序列，包括对称的 CG 和 CHG 序列（H 代表 A/T/C）及不对称的 CHH 序列。甲基转移酶（methyltransferase）分为从头甲基转移酶和维持甲基转移酶，通过催化 *S*-腺苷甲硫氨酸（SAM）的甲基转移到胞嘧啶上，使得 DNA 发生甲基化。从头甲基化是 RNA 介导的 DNA 甲基化（RNA-directed DNA methylation，RdDM）过程，染色质甲基化酶 CMT1/3（chromomethylase1/3）与 siRNA 和 AGO4/6 蛋白形成的复合体结合，特异性地识别 DNA 序列，并介导甲基化修饰（Bies-Etheve et al.，2009；El-Shami et al.，2007）。CG 和 CHG 序列甲基化的维持依赖于 MET1（DNA methyltransferase 1）和 CMT3（chromomethylase 3）（Law and Jacobsen，2010），而不对称的 CHH 序列只能在每个细胞周期中从头进行甲基化。主动的甲基化去除依赖于 DNA 糖基酶（glycosylase）（Krokan et al.，1997）。通常，高甲基化与基因表达沉默相关，而活跃表达的基因启动子是低甲基化的。

组蛋白是染色质的基本结构蛋白。多种组蛋白翻译后修饰类型［如乙酰化、甲基化、磷酸化、泛素化和 ADP 核糖基化（Fuchs et al.，2006）及其组合］被称为“组蛋白密码”，不同的组蛋白修饰在染色质结构维持和调控基因转录活性中起关键作用（Jenuwein and Allis，2001）。组蛋白甲基化可分为两种类型，即赖氨酸甲基化和精氨酸甲基化，植物赖氨酸甲基化由组蛋白赖氨酸甲基化酶（histone lysine methyltransferase，HKMT）的 SET 结构域催化。组蛋白的 H3K9 和 H3K27 甲基化与基因沉默相关，而 H3K4 和 H3K36 甲基化与基因激活相关（Berger，2007；Zhang et al.，2007）。

15.5.2 病原胁迫与抗性反应

生物胁迫主要是指病毒、病原微生物侵染和植食性动物的取食。病原菌、真菌、病毒和线虫为植物的主要病原。植物受到病原胁迫后，产生一系列抵御策略，包括生理形态的适应、特定信号转导途径及先天和系统获得性免疫防御的激活等（Gutzat and Scheid，2012）。随着表观修饰领域的发展，越来越多的研究表明，病原胁迫能引起植物 DNA 甲基化和组蛋白修饰的改变，表观遗传修饰也参与植物的抗性免疫应答。丁香假单胞菌（*P. syrinsae*）侵染引起拟南芥大范围的低甲基化和染色质去凝集（Alvarez et al.，2010）。在烟草花叶病毒（TMV）侵染的烟草中，病原菌胁迫应答基因 *NtAlix1* 位点甲基化水平降低（Wada et al.，2004）。

植物中的转座元件（transposable element，TE）由重复序列组成，通常处于高甲基化状态。很多 R 基因成簇存在于 TE 和重复序列间，相关位置 DNA 高度甲基化，组蛋白 H3K9 甲基化形成抑制型染色质，与小 RNA 共同阻遏 R 基因的表达。胁迫引起基因组 DNA 甲基化模式改变，一方面低甲基化的 TE 转座活性激活，调控邻近区域 R 基因的活性，另一方面基因组去甲基化，染色质状态改变，重复序列区域体细胞同源重组率提高，间接地影响 R 基因的活性，调控植物的胁迫应答。*P. syrinsae* 侵染拟南芥诱导转座子低甲基化，促进邻近分布的抗性基因表达（Dowen et al.，2012）。霉菌（*P. parasitica*）侵染后的拟南芥中体细胞重组率提高，提高其对病原的抗性（Lucht et al.，2002）。体细胞同源重组率提高，促进 R 基因的多样性进化，增强植物的适应性。

组蛋白修饰也会影响植物的抗性胁迫反应。组蛋白的泛素连接酶影响拟南芥对真菌的抗性（Nakanishi et al.，2009）。*PR1* 基因是植物抗病过程中的关键作用因子，*SNI1* 基因通过调控 *PR1* 基因启动子区域 H3 的乙酰化水平和 H3K4me2 水平来抑制 *PR1* 基因的表达（Mosher et al.，2006）。在感染黑斑病（*A. brassicicola*）或乙烯处理的拟南芥中，组蛋白去乙酰化酶 HDA19 被特异激活，该基因的表达能够增加拟南芥对真菌的抗性（Zhou et al.，2005）。

15.5.3 抗性反应的跨代传递机制

病原胁迫引起表观遗传修饰的改变，影响 R 基因的表达和抗性反应。许多表观遗传修饰，包括病原胁迫引起的表观遗传修饰，能够逃脱生殖过程中的染色质重编程传递到下一代，而这部分逃脱重编程的表观遗传修饰可能构成了抗性反应跨代传递的基础。病原胁迫诱导的表观修饰的变化可以稳定地遗传到子代，增加子代的抗性。

被子植物减数分裂产生大、小孢子，其中小孢子（花粉粒）发育为雄配子体，大孢子发育为成熟的雌配子体。在配子发生和早期胚胎发育阶段，染色体经历重编程，去掉亲本 DNA 甲基化标记和组蛋白修饰位点，确保细胞获得全能性，在发育过程中逐步建立新的表观遗传标记。但是越来越多的研究证明，许多亲本的表观遗传修饰通过某些机制逃脱生殖过程中的重编程传递到下一代。

花粉粒包含营养核和两个雄配子。在雄配子成熟过程中，一系列与去甲基化相关的因子及元件发生变化，包括转座子激活、RdDM 中组分表达量下调、参与维持 CG 甲基化的 DDM1 被去除等，且这些变化仅存在于营养核中（Law and Jacobsen，2010）。大孢子含卵细胞、助细胞和中央细胞。中央细胞在受精前发生去甲基化。去甲基化有利于 TE 产生 siRNA 并参与甲基化的建立，同时亲代的表观遗传信息被去除。雌雄配子的甲基化修饰依赖于甲基转移酶而得以稳定复制。雌配子和中央细胞分别与雄配子进行受精作用，发育成二倍体的胚胎和三倍体的胚乳。胚乳作为营养组织，提供胚胎发育所需的养分。胚胎中表观修饰未发生改变，使得表观修饰得以跨代传递。

调控 R 基因活性的 DNA 甲基化和组蛋白修饰信息，在配子发生和胚胎发育早期稳定复制并维持亲本的状态。R 基因作为一类印记基因，在子代应对生物胁迫时，拥有来自亲代的“记忆性”抗性信息，使得子代更好地应对胁迫，并提高其适应性。表观遗传修饰是植物抗逆作用过程中的重要一环，而抗逆作用的跨代传递又是机体快速高效应对抗逆反应的关键。生物胁迫能够引起基因组 DNA 的甲基化修饰和组蛋白修饰的变化，这些表观修饰，一方面，调控 R 基因的活性，影响植物对病原胁迫的抗性；另一方面，抗性基因的表观修饰在配子发生和个体发育早期能够稳定地传递到子代，增加子代的适应性。

参 考 文 献

Alvarez M E, Nota F, Cambiagno D A. 2010. Epigenetic control of plant immunity. Mol Plant Pathol, 11(4): 563-576.

Berger S L. 2007. The complex language of chromatin regulation during transcription. Nature, 447(7143): 407-412.

Bies-Etheve N, Pontier D, Lahmy S, et al. 2009. RNA-directed DNA methylation requires an AGO4-interacting member of the SPT5 elongation factor family. Embo Rep, 10(6): 649-654.

Bigeard J, Colcombet J, Hirt H. 2015. Signaling mechanisms in pattern-triggered immunity (PTI). Molecular Plant, 8(4): 521-539.

Boccara M, Sarazin A, Thiebeauld O, et al. 2014. The *Arabidopsis* miR472-RDR6 silencing pathway modulates PAMP- and effector-triggered immunity through the post-transcriptional control of disease resistance genes. PLoS Pathogens, 10(1): e1003883.

Bouche N, Lauressergues D, Gasciolli V, et al. 2006. An antagonistic function for *Arabidopsis* DCL2 in development and a new function for DCL4 in generating viral siRNAs. EMBO J, 25(14): 3347-3356.

Cheng X, Tian C J, Li A N, et al. 2012. Advances on molecular mechanisms of plant-pathogen interactions. Hereditas (Beijing), 34(2): 134-144.

Cuperus J T, Carbonell A, Fahlgren N, et al. 2010. Unique functionality of 22-nt miRNAs in triggering RDR6-dependent siRNA biogenesis from target transcripts in *Arabidopsis*. Nature Structural & Molecular Biology, 17(8): 997-1003.

Danna C H, Millet Y A, Koller T, et al. 2011. The *Arabidopsis* flagellin receptor FLS2 mediates the perception of *Xanthomonas* Ax21 secreted peptides. Proceedings of the National Academy of Sciences of the United States of America, 108(22): 9286-9291.

Deleris A, Gallego-Bartolome J, Bao J, et al. 2006. Hierarchical action and inhibition of plant Dicer-like proteins in antiviral defense. Science, 313(5783): 68-71.

Dempsey D A, Klessig D F. 2012. SOS—too many signals for systemic acquired resistance? Trends in Plant Science, 17(9): 538-545.

Ding S W, Voinnet O. 2007. Antiviral immunity directed by small RNAs. Cell, 130(3): 413-426.

Ding S W. 2010. RNA-based antiviral immunity. Nat Rev Immunol, 10(9): 632-644.

Dowen R H, Pelizzola M, Schmitz R J, et al. 2012. Widespread dynamic DNA methylation in response to biotic stress. P Natl Acad Sci USA, 109(32): E2183-E2191.

Du Q S, Duan C G, Zhang Z H, et al. 2007. DCL4 targets Cucumber mosaic virus satellite RNA at novel secondary structures. Journal of Virology, 81(17): 9142-9151.

Dunoyer P, Schott G, Himber C, et al. 2010. Small RNA duplexes function as mobile silencing signals between plant cells. Science, 328(5980): 912-916.

El-Shami M, Pontier D, Lahmy S, et al. 2007. Reiterated WG/GW motifs form functionally and evolutionarily conserved ARGONAUTE-binding platforms in RNAi-related components. Gene Dev, 21(20): 2539-2544.

Fahlgren N, Howell M D, Kasschau K D, et al. 2007. High-throughput sequencing of *Arabidopsis* microRNAs: evidence for frequent birth and death of MIRNA genes. PLoS One, 2(2): e219.

Fahlgren N, Montgomery T A, Howell M D, et al. 2006. Regulation of AUXIN RESPONSE FACTOR3 by TAS3 ta-siRNA affects developmental timing and patterning in *Arabidopsis*. Curr Biol, 6(9): 939-944.

Fire A, Xu S, Montgomery M K, et al. 1998. Potent and specific genetic interference by double-stranded RNA in *Caenorhabditis elegans*. Nature, 391(6669): 806-811.

Flor H. 1942. Inheritance of pathogenicity in *Melampsora lini*. Phytopathology, 32(653): e69.

Forouhar F, Yang Y, Kumar D, et al. 2005. Structural and biochemical studies identify tobacco SABP2 as a methyl salicylate esterase and implicate it in plant innate immunity. Proceedings of the National Academy of Sciences of the United States of America, 102(5): 1773-1778.

Fuchs J, Demidov D, Houben A, et al. 2006. Chromosomal histone modification patterns - from conservation to diversity. Trends in Plant Science, 11(4): 199-208.

Garcia D, Collier S A, Byrne M E, et al. 2006. Specification of leaf polarity in *Arabidopsis* via the *trans*-acting siRNA pathway. Curr Biol, 16(9): 933-938.

Garcia-Ruiz H, Takeda A, Chapman E J, et al. 2010. *Arabidopsis* RNA-dependent RNA polymerases and Dicer-Like proteins in antiviral defense and small interfering RNA biogenesis during turnip mosaic virus infection. The Plant Cell, 22(2): 481-496.

Ghildiyal M, Zamore P D. 2009. Small silencing RNAs: an expanding universe. Nat Rev Genet, 10(2): 94-108.

Greenberg J T, Yao N. 2004. The role and regulation of programmed cell death in plant-pathogen interactions. Cellular Microbiology, 6(3): 201-211.

Gutzat R, Scheid O M. 2012. Epigenetic responses to stress: triple defense? Curr Opin Plant Biol, 15(5): 568-573.

Hamilton A J, Baulcombe D C. 1999. A species of small antisense RNA in posttranscriptional gene silencing in plants. Science, 286(5441): 950-952.

Hammond-Kosack K E, Jones J D. 1997. Plant disease resistance genes. Annual Review of Plant Biology, 48(1): 575-607.

Harvey J J, Lewsey M G, Patel K, et al. 2011. An antiviral defense role of AGO2 in plants. PLoS One, 6(1): e14639.

Ho T, Pallett D, Rusholme R, et al. 2006. A simplified method for cloning of short interfering RNAs from *Brassica juncea* infected with turnip mosaic potyvirus and turnip crinkle carmovirus. Journal of Virological Methods, 136(1): 217-223.

Holoch D, Moazed D. 2015. RNA-mediated epigenetic regulation of gene expression. Nature Reviews Genetics, 16 (2): 71-84.

Huang J, Yang M, Zhang X. 2016. The function of small RNAs in plant biotic stress response. Journal of Integrative Plant Biology, 58(4): 312-327.

Jauvion V, Rivard M, Bouteiller N, et al. 2012. RDR2 partially antagonizes the production of RDR6-dependent siRNA in sense transgene-mediated PTGS. PLoS One, 7(1): e29785.

Jenuwein T, Allis C D. 2001. Translating the histone code. Science, 293(5532): 1074-1080.

Jiang C, Huang R F, Song J L, et al. 2013. Genomewide analysis of the chitinase gene family in *Populus trichocarpa*. Journal of Genetics, 92(1): 121-125.

Kachroo A, Robin G P. 2013. Systemic signaling during plant defense. Current Opinion in Plant Biology, 16(4): 527-533.

Katiyar-Agarwal S, Gao S, Vivian-Smith A, et al. 2007. A novel class of bacteria-induced small RNAs in *Arabidopsis*. Genes Dev, 21(23): 3123-3134.

Katiyar-Agarwal S, Jin H. 2010. Role of small RNAs in host-microbe interactions. Annu Rev Phytopathol, 48: 225-246.

Katiyar-Agarwal S, Morgan R, Dahlbeck D, et al. 2006. A pathogen-inducible endogenous siRNA in plant immunity. Proc Natl Acad Sci USA, 103(47): 18002-18007.

Krokan H E, Standal R, Slupphaug G. 1997. DNA glycosylases in the base excision repair of DNA. Biochem J, 325: 1-16.

Laloi C, Havaux M. 2015. Key players of singlet oxygen-induced cell death in plants. Frontiers in Plant Science, 6: 39.

Law J A, Jacobsen S E. 2010. Establishing, maintaining and modifying DNA methylation patterns in plants and animals. Nature Reviews Genetics, 11(3): 204-220.

Lucht J M, Mauch-Mani B, Steiner H Y, et al. 2002. Pathogen stress increases somatic recombination frequency in *Arabidopsis*. Nature Genetics, 30(3): 311-314.

McDowell J M, Woffenden B J. 2003. Plant disease resistance genes: recent insights and potential applications. TRENDS in Biotechnology, 21(4): 178-183.

Melnyk C W, Molnar A, Baulcombe D C. 2011. Intercellular and systemic movement of RNA silencing signals. Embo Journal, 30(17): 3553-3563.

Mi S, Cai T, Hu Y, et al. 2008. Sorting of small RNAs into *Arabidopsis* argonaute complexes is directed by the 5′ terminal nucleotide. Cell, 133(1): 116-127.

Molnar A, Csorba T, Lakatos L, et al. 2005. Plant virus-derived small interfering RNAs originate predominantly from highly structured single-stranded viral RNAs. J Virol, 79(12): 7812-7818.

Molnar A, Melnyk C, Baulcombe D C. 2011. Silencing signals in plants: a long journey for small RNAs. Genome Biology, 12(1): 215.

Momcilovic I, Ristic Z. 2007. Expression of chloroplast protein synthesis elongation factor, EF-Tu, in two lines of maize with contrasting tolerance to heat stress during early stages of plant development. Journal of Plant Physiology, 164(1): 90-99.

Morel J B, Godon C, Mourrain P, et al. 2002. Fertile hypomorphic ARGONAUTE (ago1) mutants impaired in post-transcriptional gene silencing and virus resistance. The Plant Cell, 14(3): 629-639.

Mosher R A, Durrant W E, Wang D, et al. 2006. A comprehensive structure-function analysis of *Arabidopsis* SNI1 defines essential regions and transcriptional repressor activity. Plant Cell, 18(7): 1750-1765.

Nakanishi S, Lee J S, Gardner K E, et al. 2009. Histone H2BK123 monoubiquitination is the critical determinant for H3K4 and H3K79 trimethylation by COMPASS and Dot1. J Cell Biol, 186(3): 371-377.

Navarro L, Dunoyer P, Jay F, et al. 2006. A plant miRNA contributes to antibacterial resistance by repressing auxin signaling. Science, 312: 436-439.

Navarro L, Jay F, Nomura K, et al. 2008. Suppression of the microRNA pathway by bacterial effector proteins. Science, 321(5891): 964-967.

Pajerowska-Mukhtar K M, Emerine D K, Mukhtar M S. 2013. Tell me more: roles of NPRs in plant immunity. Trends in Plant Science, 18(7): 402-411.

Palauqui J C, Elmayan T, Pollien J M, et al. 1997. Systemic acquired silencing: transgene-specific post-transcriptional silencing is transmitted by grafting from silenced stocks to non-silenced scions. EMBO J, 16(15): 4738-4745.

Palavan-Unsal N, Arisan D. 2009. Nitric oxide signalling in plants. The Botanical Review, 75(2): 203-229.

Pandey S P, Baldwin I T. 2007. RNA-directed RNA polymerase 1 (RdR1) mediates the resistance of *Nicotiana attenuata* to herbivore attack in nature. Plant J, 50(1): 40-53.

Qu F, Ye X, Morris T J. 2008. *Arabidopsis* DRB4, AGO1, AGO7, and RDR6 participate in a DCL4-initiated antiviral RNA silencing pathway negatively regulated by DCL1. Proc Natl Acad Sci USA, 105(38): 14732-14737.

Raja P, Jackel J N, Li S, et al. 2014. *Arabidopsis* double-stranded RNA binding protein DRB3 participates in methylation-mediated defense against geminiviruses. J Virol, 88(5): 2611-2622.

Reuber T L, Ausubel F M. 1996. Isolation of *Arabidopsis* genes that differentiate between resistance responses mediated by the RPS2 and RPM1 disease resistance genes. The Plant Cell, 8(2): 241-249.

Rogers K, Chen X. 2013. Biogenesis, turnover, and mode of action of plant microRNAs. The Plant Cell, 25(7): 2383-2399.

Rushton P J, Somssich I E, Ringler P, et al. 2010. WRKY transcription factors. Trends in Plant Science, 15(5): 247-258.

Shivaprasad P V, Chen H M, Patel K, et al. 2012. A microRNA superfamily regulates nucleotide binding site-leucine-rich repeats and other mRNAs. The Plant Cell, 24(3): 859-874.

Sijen T, Steiner F A, Thijssen K L, et al. 2007. Secondary siRNAs result from unprimed RNA synthesis and form a distinct class. Science, 315(5809): 244-247.

Thomma B P, Nurnberger T, Joosten M H. 2011. Of PAMPs and effectors: the blurred PTI-ETI dichotomy. The Plant Cell, 23(1): 4-15.

Tsuda K, Katagiri F. 2010. Comparing signaling mechanisms engaged in pattern-triggered and effector-triggered immunity. Curr Opin Plant Biol, 13(4): 459-465.

Van Der Biezen E A, Jones J D. 1998. Plant disease-resistance proteins and the gene-for-gene concept. Trends in Biochemical Sciences, 23(12): 454-456.

Vaucheret H. 2008. Plant ARGONAUTES. Trends in Plant Science, 13(7): 350-358.

Wada Y, Miyamoto K, Kusano T, et al. 2004. Association between up-regulation of stress-responsive genes and hypomethylation of genomic DNA in tobacco plants. Mol Genet Genomics, 271(6): 658-666.

Wang X B, Jovel J, Udomporn P, et al. 2011. The 21-nucleotide, but not 22-nucleotide, viral secondary small interfering RNAs direct potent antiviral defense by two cooperative argonautes in *Arabidopsis thaliana*. The Plant Cell, 23(4): 1625-1638.

Weiberg A, Wang M, Bellinger M, et al. 2014. Small RNAs: a new paradigm in plant-microbe interactions. Annual Review of Phytopathology, 52: 495-516.

Wu J, Yang Z, Wang Y, et al. 2015. Viral-inducible Argonaute18 confers broad-spectrum virus resistance in rice by sequestering a host microRNA. eLife, 4: e05733.

Xia Y, Gao Q M, Yu K, et al. 2009. An intact cuticle in distal tissues is essential for the induction of systemic acquired resistance in plants. Cell Host & Microbe, 5(2): 151-165.

Xiang T, Zong N, Zhang J. 2011. BAK1 is not a target of the *Pseudomonas syringae* effector AvrPto. Molecular Plant-Microbe Interactions, 24(1): 100-107.

Xie Z, Johansen L K, Gustafson A M, et al. 2004. Genetic and functional diversification of small RNA pathways in plants. PLoS Biol, 2(5): E104.

Ying X B, Dong L, Zhu H, et al. 2010. RNA-dependent RNA polymerase 1 from *Nicotiana tabacum* suppresses RNA silencing and enhances viral infection in *Nicotiana benthamiana*. Plant Cell, 22(4): 1358-1372.

Yu K, Soares J M, Mandal M K, et al. 2013. A feedback regulatory loop between G3P and lipid transfer proteins DIR1 and AZI1 mediates azelaic-acid-induced systemic immunity. Cell Reports, 3(4): 1266-1278.

Zhang H, Xia R, Meyers B C, et al. 2015. Evolution, functions, and mysteries of plant ARGONAUTE proteins. Curr Opin Plant Biol, 27: 84-90.

Zhang W, Gao S, Zhou X, et al. 2011. Bacteria-responsive microRNAs regulate plant innate immunity by modulating plant hormone networks. Plant Molecular Biology, 75(1-2): 93-105.

Zhang X M, Zhao H W, Gao S, et al. 2011. *Arabidopsis* argonaute 2 regulates innate immunity via miRNA393*-mediated silencing of a golgi-localized SNARE gene, MEMB12. Mol Cell, 42(3): 356-366.

Zhang X R, Yuan Y R, Pei Y, et al. 2006. Cucumber mosaic virus-encoded 2b suppressor inhibits *Arabidopsis* Argonaute1 cleavage activity to counter plant defense. Genes & Development, 20(23): 3255-3268.

Zhang X Y, Clarenz O, Cokus S, et al. 2007. Whole-genome analysis of histone H3 lysine 27 trimethylation in *Arabidopsis*. PLoS Biol, 5(5): 1026-1035.

Zhang X, Niu D, Carbonell A, et al. 2014. ARGONAUTE PIWI domain and microRNA duplex structure regulate small RNA sorting in *Arabidopsis*. Nat Commun, 5: 5468.

Zhou C H, Zhang L, Duan J, et al. 2005. HISTONE DEACETYLASE19 is involved in jasmonic acid and ethylene signaling of pathogen response in *Arabidopsis*. Plant Cell, 17(4): 1196-1204.

Zhu Q H, Fan L J, Liu Y, et al. 2013. miR482 regulation of NBS-LRR defense genes during fungal pathogen infection in cotton. PLoS One, 8(12): e84390.

Ziegler R, Isoe J, Moore W, et al. 2011. The putative AKH receptor of the tobacco hornworm, *Manduca sexta*, and its expression. Journal of Insect Science, 11: 40.

Zipfel C, Kunze G, Chinchilla D, et al. 2006. Perception of the bacterial PAMP EF-Tu by the receptor EFR restricts *Agrobacterium*-mediated transformation. Cell, 125(4): 749-760.

第 16 章　生态适应过程中非编码 RNA 的表达调控机制

16.1　以长链非编码增强子 RNA 为核心的表达调控机制

生物体通过启动和维持特异的转录应答来应对外界环境刺激，阐明这种应答的分子机制对于理解生物体如何适应环境至关重要。调节转录应答的基因组分子调控元件分为启动子（promoter）和增强子（enhancer）。时空特异的基因表达在多细胞生物体的细胞分化过程中发挥了至关重要的作用。增强子是一段位于基因启动子和转录起始位点上下游数百到数兆个碱基范围内的 DNA 序列，具有增强转录的功能（Lettice et al.，2003）。增强子对基因的激活并不依赖于位置、距离和方向。研究已发现，绝大多数的长距离转录因子结合位点都位于增强子区域，并且增强子区域存在大量的转录因子的特异识别基序（motif）。在细胞分化和重编程过程中，绝大多数的染色质重塑只是改变单一的核小体，这种核小体占位（nucleosome occupancy）状态的改变在增强子区域中比较常见（West et al.，2014）。核小体不稳定性能够促进转录因子结合到启动子和调控元件区域。在已知的一些增强子区域内部，不稳定的核小体含有组蛋白变体 H3.3 和 H2A.Z，说明核小体动态变化对于它的基因调控功能具有重要作用。使用低盐技术进行细胞染色质分离，可以维持不稳定组蛋白变体与基因组 DNA 的结合。对结合位点的分析发现，大量的 H3.3 和 H2A.Z 存在于没有核小体包裹的基因组调控区域（Jin et al.，2009）。

转录因子的结合通常伴随着包括组蛋白乙酰转移酶 *p300* 和 RNA 聚合酶Ⅱ在内的协同因子的募集及增强子 RNA 的转录。随着基因转录激活的启动，增强子区域核小体中组蛋白末端的共价修饰会发生改变，如组蛋白甲基化和乙酰化。增强子可以分为四种状态：沉默型、启动型（primed）、准备型（poised）、激活型（Ernst and Kellis，2010）。沉默型增强子通常位于紧凑的染色质区域，因此丧失了与转录因子结合和改变组蛋白构象的能力。启动型增强子一般位于开放状态的染色质区域，这些区域对于 DNA 酶Ⅰ具有高敏性但缺少核小体组成。在准备型增强子中，与转录因子的结合和核小体重塑复合物的形成能够启动核小体置换过程，从而形成核小体缺乏区域。准备型增强子区域的典型特征包括：组蛋白甲基转移酶催化形成组蛋白 H3 第 4 位赖氨酸一甲基化（H3K4me1，K 为赖氨酸简写）和二甲基化（H3K4me2）两种转录活跃的标志，组氨酸赖氨酸甲基转移酶催化形成 H3K27me3 转录抑制型标志，组蛋白脱乙酰基酶维持组蛋白处于去乙酰化状态，RNA 聚合酶Ⅱ维持在低丰度结合状态（Chan and La Thangue，2001；De Santa et al.，2010；Kim et al.，2010）。在激活型增强子中，进一步的核小体置换过程导致 DNA 酶Ⅰ敏感区域变宽，组氨酸去甲基化酶去除 H3 第 27 位赖氨酸的甲基化修饰，组蛋白乙酰转移酶催化形成 H3K27ac 标志，形成转录中间复合物。此外，激活型增强子还存在双向转录的增强子 RNA，这种增强子 RNA 的表达与增强子转录调控能力存在关联。

顺式作用调节元件通过与谱系决定转录因子互作来发挥增强子作用。通过识别紧密的间隔识别基序，谱系决定转录因子首先以先导因子（如 FOXA1、E2A 转录因子）结合到紧密的染色质上，通过募集 ATP 依赖的核小体重塑复合物，进而增强染色质的可接近性（Zaret et al.，2008；Lin et al.，2010）。FOXA1 结合位点处的增强子含有 H2A.Z 核小体及 H3K4me2 标志类型的核小体。当受到外界分子刺激后，H2A.Z 核小体逐步消失，H3K4me2 核小体信号增强。这说明转录因子 FOXA1 的结合能够改变其结合位点附近的核小体类型。在 E2A 转录因子的研究中，转录因子的结合能够将 H3K4me1 的单峰分布转变成双峰分布模式，造成该增强子区域核小体类型的改变。增强子区域组蛋白 H3.3 和 H2A.Z 的替换，说明组蛋白变体能够对核小体可塑性产生重要影响。谱系决定转录因子的结合使得该核小体区域能够招募其他转录因子、协同因子、染色质修饰酶和染色质重塑酶等转录调控因子。染色质修饰酶能够改变组蛋白的修饰状态，形成 H3K4me1 标志，作为划分增强子的边界（Heinz et al.，2010）。*p300* 基因具有组蛋白乙酰转移酶活性，并且其功能结构域能够与其他转录因子和组蛋白修饰产生作用。研究表明，*p300* 基因的结合位点与增强子区域存在显著性关联，而且 *p300* 基因和 *CREB* 基因能够协同作用激活各种基因，因此这两个基因是增强子元件区域复合物的核心成分。激活型增强子具有 RNA 聚合酶Ⅱ结合位点，并且属于核小体缺乏的区域，由 H3K4me3 组蛋白标志环绕。不同细胞的染色质状态在大多数区域是稳定不变的，但是增强子区域的组蛋白修饰存在明显的细胞特异性，与基因表达模式呈正相关。增强子区域 H3K4me1 和 H3K4me2 的组蛋白修饰富集是激活基因表达的关键步骤。例如，SOX2 转录因子在 *IGLL1* 基因增强子区域的结合能够激活 *IGLL1* 基因的表达。首先，SOX2 转录因子结合到 *IGLL1* 的增强子区域，促使形成 H3K4me2 标志物；接着，谱系特异的 SOX4 转录因子被募集到 SOX2 转录因子的结合区域，形成激活型增强子，从而激活 *IGLL1* 基因的表达（Liber et al.，2010）。

以非编码 RNA 为核心的表达调控机制在激活基因表达过程中具有重要的调控作用。基因间区和反义链转录能够形成不同类型的非编码 RNA。这些非编码 RNA 是染色质结构调控的重要作用因子。此外，这些非编码 RNA 也能够通过改变染色质修饰类型和靶标基因的表达，起到降解 RNA 和抑制翻译的作用。

外界信号刺激使环磷腺苷效应元件结合蛋白（CREB 结合蛋白）结合在大量的增强子区域，这些增强子区域主要富集 H3K4me1 类型的组蛋白修饰。CREB 结合蛋白能够将 RNA 聚合酶Ⅱ募集到这些增强子区域，引发增强子 RNA 的转录。这些增强子 RNA 的转录，是依赖于启动子区域的，并且与邻近 mRNA 转录的丰度呈正相关（Kim et al.，2010）。这些增强子 RNA 可以作为新生（nascent）RNA 发挥顺式元件的作用，促进附近蛋白编码基因的转录激活。抑制这些新生 RNA 的转录，能够显著地减少附近蛋白编码基因的表达，说明增强子 RNA 的顺式调控作用对于激活靶标基因的转录是必需的。

多项研究结果支持增强子 RNA 能够激活靶标基因转录的观点。在一项关于β-球蛋白的早期研究中，β-球蛋白基因的基因座控制区（locus control region，LCR）存在大量超敏感位点，这些位点能够产生转录本（Ashe et al.，1997）。这些转录本与 LCR 的功能相关联。另一项研究通过对增强子 RNA 功能进行验证实验，发现增强子 RNA 能够参与

发育相关基因 *TAL1*、*SNAI1* 的表达激活（Lai et al.，2013）。还有一项对于 HOTTIP 的研究揭示出增强子 RNA 的远程调控机制：HOTTIP 是一种远程反义链转录的增强子 RNA，它能够通过 WDR5-MLL 这种 H3K4 甲基转移酶复合物作用，激活 HOXA 同源异形盒基因的表达（Wang et al.，2011）。从整个基因组层面观察，与不产生非编码 RNA 的增强子相比，产生增强子 RNA 的增强子区域具有以下三个特点：能够结合大量的转录辅激活因子；具有更高的染色质可接近性；存在大量的转录激活性组蛋白标志物如 H3K27ac（Kim et al.，2010；Melgar et al.，2011；Hah et al.，2013；Zhu et al.，2013）。染色质构象捕获实验说明，增强子 RNA 能够介导增强子区域和启动子区域形成环状结构。这种环状结构的形成说明增强子 RNA 能够募集协同因子，形成激活复合物，促使其与蛋白编码基因的启动子互作，从而激活基因表达。

增强子 RNA 转录过程和启动子指导的 RNA 转录过程既有相似之处，又有各自的特点。增强子和启动子的转录起始过程及其调控机制很相似，如都存在 TATA-box 的核心调控元件和转录起始位点。启动子和增强子能够独立地招募各自的转录因子，但是需要协同形成完整的转录单元。一些通用转录因子（包括 TATA-box 结合蛋白和丝氨酸-5 磷酸化状态的 RNA 聚合酶Ⅱ）既可以被招募到增强子区域，又可以被招募到启动子区域，并且在两种区域内发挥着相似的作用。例如，丝氨酸-5 磷酸化状态的 RNA 聚合酶Ⅱ，主要负责 5′端 RNA 帽子结构的形成，因此与启动子指导的 RNA 一样，增强子 RNA 也存在 5′端帽子结构。与启动子类似，增强子 RNA 也存在双向转录的特征。增强子转录的方向性可以通过 poly（A）切割位点的丰度与 U1 剪切基序的相对比例来判断，因为增强子区域存在高丰度的 poly（A）切割位点，而且与 U1 剪切基序比较，这些 poly（A）切割位点更倾向于靠近增强子的转录起始位点。

增强子 RNA 的转录需要与 mRNA 或长链非编码 RNA 类似的调节因子，如 BRD4。但与 mRNA 或长链非编码 RNA 不同的是，增强子 RNA 的转录延伸不需要丝氨酸-2 磷酸化状态的 RNA 聚合酶Ⅱ的参与。此外，mRNA 或长链非编码 RNA 在基因区域会富集 H3K36me3 组蛋白标志物，而增强子 RNA 不具有此种类型的组蛋白标志物（Koch et al.，2011）。这种缺少 H3K36me3 的现象可能是由于没有低丰度丝氨酸-2 磷酸化状态的 RNA 聚合酶Ⅱ结合，也可能是由于增强子 RNA 不存在转录本剪切。不同于 mRNA，增强子 RNA 一般位于细胞核内，并且其稳定性和表达丰度都较低。基于 poly（A）切割位点特征的终止机制能够调节增强子 RNA 的稳定性，而增强子 RNA 降解主要发生于外泌体（exosome）。此外，表达稳定性较强的增强子区域具有丰富的 H3K4me3 标志物。

转录复合物可以同时与启动子和增强子结合形成一种环状物理结构，称为回环结构（loop）。回环结构的形成能够实现增强子和启动子区域上转录相关蛋白的交换。在受到刺激引起的转录激活过程中，增强子 RNA 最先响应，在启动子激活前就已经开始转录，随后参与形成转录复合物（Arner et al.，2015），通过改变靶标启动子的染色质可接近性及 RNA 聚合酶Ⅱ的结合来实现对启动子的调控。抑制增强子 RNA 的转录能够削弱回环结构的稳定性，说明增强子 RNA 对于启动子-增强子回环结构的形成是必需的。某些增强子 RNA 能够与粘连蛋白（cohesin）复合物或者中介体（mediator）蛋白复合物相互作用，参与回环结构的形成过程并维持其稳定（Lai et al.，2013）。

16.2　以短链非编码 piRNA 为核心的表达调控机制

piRNA（Piwi-interacting RNA）是近年来广受关注的一类小 RNA 分子，其长度为 24～32 个核苷酸，与 AGO/PIWI 蛋白质家族的 PIWI 亚族结合，主要在生殖细胞中表达。生殖细胞中存在数以百万计的 piRNA 分子，其数目远远超过其他非编码 RNA 的总和。piRNA 分子能够对应到几乎所有类型的基因组序列，包括蛋白质编码区（protein-coding region）和基因间区（intergenic region），并在维持生殖系统 DNA 完整性、抑制转座子转录、抑制翻译、形成异染色质、表观遗传调控和生殖细胞发生等过程中发挥重要作用。

在动物细胞中，piRNA 具有沉默转座子和抑制基因转录的作用（Castel and Martienssen，2013）。通常认为，转座子是有害的，但转座子也是一种功能元件，它可以促进基因重组，从而促进基因组的进化。为了防止过度突变，生物体在多个层面调控转座子的激活与转录，其中 piRNA 发挥了重要的作用：在转录水平，piRNA 可以通过改变表观遗传标记（如 H3K4me3、DNA 甲基化）来抑制转座子的转录过程；在转录后水平，piRNA 参与转座子 RNA 的降解过程。越来越多的研究表明，piRNA 不但能沉默转座子，而且参与其他类型 RNA（mRNA 或 RNA 病毒）的转录后调控过程（Kotelnikov et al.，2009；Rouget et al.，2010；Morazzani et al.，2012；Lim et al.，2013；Gou et al.，2014；Kiuchi et al.，2014）。

在许多动物中都发现了 PIWI 蛋白和 piRNA，但是目前在植物中还没有发现。目前我们对于 PIWI 蛋白的认识主要是通过研究三种模式动物（小鼠、果蝇和线虫）来实现。piRNA 具有结构上的共性如 5′U 和 3′端的 2′-O-甲基化，但是在不同物种之间也有很大不同：首先不同生物的 piRNA 序列保守程度极低；其次不同生物的 piRNA 长度不同，在果蝇和脊椎动物中一般长度为 26～30nt，在线虫中则为 21nt。在小鼠和果蝇中，piRNA 有两种生成途径：初级途径和次级途径。这两种途径在动物中广泛存在且高度保守。目前，对于 piRNA 的初级发生和次级发生，有与之对应的模型。一般而言，piRNA 的初级发生途径起源于 piRNA 基因簇或基因座上，主要生成初级 piRNA。大部分生物 piRNA 的次级发生途径又被称为“乒乓模型”（ping-pong model），可以在切割靶标 RNA（主要是转座子 RNA）的同时扩增出大量的次级 piRNA。线虫的次级发生途径不是“乒乓模型”，而是一种与此类似的机制，称为“靶标 RNA 相互作用”。piRNA 的次级发生过程也是其行使转录后调控功能的过程。

与其他小 RNA 类似，piRNA 与基因沉默有关，特别是沉默转座子。piRNA 可以通过“乒乓模型”在转录后水平沉默转座子：反义链 piRNA 通过碱基互补识别转座子的转录产物，在 PIWI 蛋白的作用下对其进行切割，同时产生正义链 piRNA 分子。大部分 PIWI 蛋白家族成员具有一个保守的结构域，可以对靶基因进行切割。对果蝇和小鼠的研究表明，“乒乓模型”可以在细胞质中降解转座子转录本，这同时也是 piRNA 扩增的有效方式。近期研究发现，果蝇 Piwi 和小鼠 MIWI2 也存在于细胞核中，这暗示着除转录调控机制外，piRNA 可能还参与转录后调控（Brennecke et al.，2007；Aravin et al.，2008）。

转录调控机制主要包括组蛋白修饰和 DNA 甲基化。组蛋白修饰主要包括甲基化、乙酰化、磷酸化等多种组蛋白末端的修饰，是表观遗传学的主要研究热点之一。果蝇 Piwi 可以通过与 HP1a 和组蛋白修饰酶互作来影响 piRNA 结合位点附近的组蛋白修饰（如形成组蛋白 H3K9me 标志物）（Yin and Lin，2007）。HP1a 的结合区域和组蛋白 H3K9me 标志物是异染色质区域的典型特征。近期研究发现，在果蝇卵巢体细胞中，Piwi/piRNA 的复合物能够招募组蛋白修饰酶，在组蛋白 H3K9 位点上进行甲基化修饰，进而在转录水平沉默转座子（Sienski et al.，2012）。果蝇和线虫都存在 Piwi、HP1 和 H3K9me 的协同作用，表明这三者之间的作用机制在进化上是高度保守的。Piwi 在线虫中的同源蛋白 PRG-1 能够通过招募 HP1 蛋白和组蛋白甲基转移酶，形成组蛋白 H3K9me 标志物，进而在生殖细胞跨代过程中发挥调控基因转录作用（Ashe et al.，2012；Shirayama et al.，2012）。然而，对于 PRG-1 抑制转录的具体机制尚不清楚。

DNA 甲基化是另一种表观调控因子。小鼠 PIWI 蛋白（Mili 和 Miwi2）可以调控转座子区域及非转座子区域的 DNA 甲基化修饰状态。例如，小鼠雄性生殖细胞中的 DNA 甲基化差异能够产生等位特异的基因表达模式（Watanabe et al.，2011）。在 *Rasgrf1* 基因座位上从头（*de novo*）产生 DNA 甲基化的位点存在重复序列，而 piRNA 能够靶向调节这个重复序列，这是 DNA 发生甲基化所必需的。piRNA 介导的 DNA 甲基化不仅对特异基因表达产生影响，还对生物体的表型发育发挥重要作用。海兔神经细胞中存在大量核内 piRNA，这些 piRNA 对于 5-羟色胺刺激存在明显的响应。5-羟色胺是重要的神经递质，是记忆形成的重要分子（Rajasethupathy et al.，2012）。Piwi/piRNA 复合物能够介导 CREB2 的启动子区 CpG 岛甲基化，进而影响长期记忆的形成和突触可塑性的发生。但是 piRNA 与 DNA 甲基转移酶之间的具体作用机制还不清楚，亟须更深入的研究。

果蝇 Piwi 蛋白的转录水平基因沉默（transcriptional gene silencing，TGS）已经得到了详细的研究。研究发现，Piwi 蛋白必须依靠核定位功能才能使可转座元件沉默（Saito et al.，2010；Klenov et al.，2011）。另外，敲除 Piwi 蛋白后，转座子附近的组蛋白 H3K9me3 修饰水平会下降，并且有更多的 RNA 聚合酶Ⅱ结合到转座子上（Sienski et al.，2012；Le Thomas et al.，2013）。如果转座子受到 Piwi 蛋白的沉默作用，那么异染色质蛋白 HP1 会被招募到该转座子上（Le Thomas et al.，2013）。综上所述，我们归纳出 Piwi 蛋白的转录抑制模型：Piwi 最初由细胞质转移到细胞核，然后与核内转座子的初始转录本或 DNA 链相互作用，最终形成异染色质，并使转座子沉默（图 16.1A）。在这个模型中，锌指蛋白 GTSF-1/Asterix 发挥重要作用，它可能直接与 Piwi 蛋白作用并将组蛋白 H3K9 甲基化（Donertas et al.，2013；Handler et al.，2013；Muerdter et al.，2013）。除改变组蛋白修饰外，Piwi 还能够抑制 RNA 聚合酶Ⅱ的活性。在细胞核内，高迁移率蛋白 Maelstrom 也与 Piwi 蛋白有相似的功能，分别干扰 *Maelstrom* 和 *Piwi* 的表达，都会改变 H3K9me3 甲基化水平，而且下调 *Maelstrom* 基因对 H3K9 甲基化修饰的影响较弱。这一结果暗示，Maelstrom 在 Piwi 蛋白的下游发挥作用（Sienski et al.，2012）。目前 Maelstrom 参与转录沉默的具体机制仍然不清楚，推测其通过利用 HMG 框结构域来结合 DNA，或者利用 RNAse H 折叠结构域来结合 RNA 发挥作用（Zhang et al.，2008）。

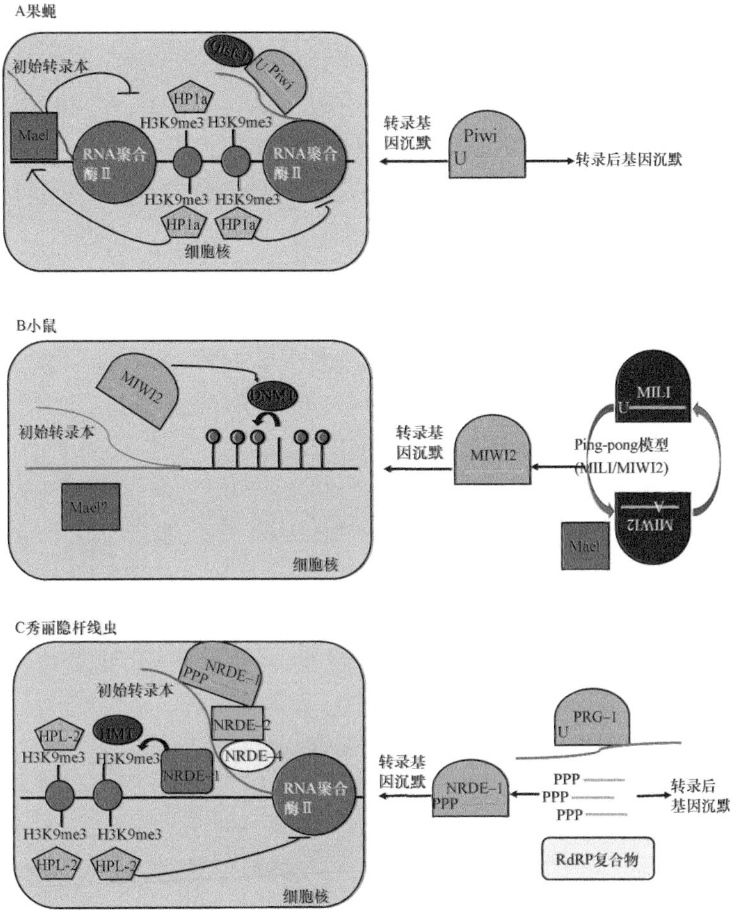

图 16.1 piRNA 介导的转录沉默机制

？表示目前研究得还不是特别清楚

在小鼠生殖细胞中（图 16.1B），MILI 和 MIWI2 通过促进 CpG 岛甲基化的方式来沉默逆转座子（Carmell et al.，2007；Kuramochi-Miyagawa et al.，2008）。该模型包括两个步骤：一是大量次级 piRNA 的产生；二是次级 piRNA 结合到 MIWI2 上，然后 MIWI2 入核调控 CpG 岛的甲基化。第一个步骤，初级 piRNA 和 MILI 结合形成复合物，该复合物一方面切割转座子 RNA，另一方面通过“乒乓模型”机制生产大量的次级 piRNA（De Fazio et al.，2011）。第二个步骤，细胞质中的 MIWI2 蛋白一旦与次级 piRNA 结合，就会迅速转移到细胞核中，改变 DNA 甲基化修饰状态，进而抑制转座子的表达。上文提及的在果蝇 Piwi 蛋白下游发挥作用的 Maelstrom 蛋白也同样存在于小鼠中，而且该蛋白质序列高度保守。在小鼠的生殖母细胞中，*Maelstrom* 基因突变会引起轻微的 DNA 甲基化的缺失（Aravin et al.，2008；Soper et al.，2008），但是 Maelstrom 在果蝇和小鼠中发挥作用的机制是否相似仍需进一步研究。

多项研究支持 MILI-MIWI2 介导的甲基化模型：在 *Mili* 基因突变的小鼠中，MIWI2 蛋白处于游离状态，表明 MILI 在 MIWI2 的上游发挥作用（Aravin et al.，2008）；MIWI2 的切割活性对于抑制转座子 LINE-1（L1）活性并不是必需的，MIWI2 切割结构域缺失的突变体小鼠可育，并能够有效地沉默转座子（De Fazio et al.，2011）；相比之下，MILI的切割活性对于转座子的沉默则是必需的，MILI 切割结构域突变会对转座子的甲基化产生影响（Di Giacomo et al.，2013）。

在小鼠的生殖细胞中，转录基因沉默（TGS）和转录后基因沉默（post transcriptional gene silencing，PTGS）是紧密相连的（Di Giacomo et al.，2013）。前面已介绍 MILI 和 MIWI2 的作用，小鼠中还存在第三种 PIWI 蛋白称为 MIWI。MIWI 也能够结合 piRNA 然后切割转座子 RNA 来抑制转座子 L1 的活性（Reuter et al.，2011）。与 MILI 和 MIWI2 不同，MIWI 的“乒乓”作用很弱，而且在 TGS 方面的功能较弱，主要行使 PTGS 功能。

与果蝇一样，线虫的 piRNA 通过组蛋白修饰和抑制 RNA 聚合酶Ⅱ的活性来行使 TGS 功能（Grishok et al.，2005；Guang et al.，2008；Burkhart et al.，2011）。线虫体细胞通过 RNAi 来沉默基因，线虫生殖细胞通过 piRNA 来沉默基因，这两者的机制极为相似。

线虫体细胞中的 siRNA 通过以下两个机制来行使功能。一个是转录后调控机制：初级 siRNA 与靶标 RNA 互补结合，通过依赖于 RNA 的 RNA 聚合酶（RNA dependent RNA polymerase，RdRP）产生次级 siRNA。次级 siRNA（也称 22G-RNA）与 Argonaute 蛋白结合并切割靶标 RNA 序列。另一个是转录调控机制：次级 siRNA 与一种称为 NRDE-3 的 Argonaute 蛋白结合，然后 NRDE-3 蛋白穿梭入核，并招募 NRDE-2 蛋白（Guang et al.，2008，2010）。但是这两种蛋白质都不能与染色质直接接触，必须再招募 NRDE-1 蛋白才能使靶标序列的组蛋白 H3K9me3 甲基化，从而沉默靶标基因（Burkhart et al.，2011）。关于转录调控的更详细的机制还不清楚，但是研究表明 RNAi 可以通过抑制 RNA 聚合酶Ⅱ的活性来抑制靶标基因的转录（Guang et al.，2010）。

线虫生殖细胞也存在上述两种调控机制。在转录后调控机制中，初级 piRNA 利用 RdRP 产生次级 piRNA，进而与 Argonaute 蛋白结合并行使沉默功能（Das et al.，2008；Bagijn et al.，2012；Lee et al.，2012）。次级 piRNA 的扩增模式与“乒乓模型”有相似之处。线虫 piRNA 的转录调控过程需要大量染色质因子（如 H3K9me3 结合蛋白 HP1、HPL-2 同源物和多种组蛋白甲基转移酶）的参与（Ashe et al.，2012；Shirayama et al.，2012），并且与体细胞中 siRNA 的转录调控过程很相似。生殖细胞中也存在一种类似 NRDE-3 的蛋白质，称为 HRDE-1。HRDE-1 结合次级 piRNA 后穿梭入核，使靶标序列的组蛋白 H3K9me3 甲基化，同时降低 RNA 聚合酶Ⅱ的活性（Buckley et al.，2012；Luteijn et al.，2012）。在这一过程中 NRDE-1、NRDE-2 和 NRDE-4 等因子也行使功能，说明这些因子并不是只在体细胞中发挥作用。

Piwi 蛋白和 piRNA 在动物配子形成、胚胎发育及细胞稳态方面起着重要的作用。Piwi 蛋白通过切割 RNA 或与 RNA 调控因子相结合两种方式对转座子活性进行调节。此外，转座子还可以和假基因来源的 piRNA 相互作用，通过与 Piwi 蛋白结合在转录后水平调控蛋白编码基因的转录表达活性。关于 piRNA 对 mRNA 进行转录后表达调控的研究包括配子形成、发育转变和性别决定等重要生物学现象。

piRNA 一般与 mRNA 内部的转座子序列（通常是 3′UTR）相互结合，在转录后水平调控 mRNA 表达（Faulkner et al.，2009）。在小鼠和人类中，超过四分之一的参考基因的 3′非翻译区都含有逆转座子元件或残存的逆转座子元件。在斑马鱼、非洲爪蟾和小鼠的卵母细胞中，Piwi 蛋白及其 piRNA 主要存在于细胞质中，能够抑制逆转座子的复制和移动（Houwing et al.，2007；Watanabe et al.，2008；Lau et al.，2009；Lim et al.，2013）。这些结果表明，脊椎动物卵母细胞中的 piRNA 能够在转录后水平抑制逆转座子的表达活性。在小鼠的卵母细胞中，转座子序列可以插入 mRNA 内部，这种插入会降低 mRNA 的稳定性，使 mRNA 降解（Watanabe et al.，2006）。*Mvh*、*Mili* 和 *Gasz* 基因在 piRNA 生物发生过程中起到重要作用，这些基因发生突变时，一些在 5′非翻译区含有转座子元件的基因的表达量会显著上升（Lim et al.，2013）。上述研究表明，piRNA 能够靶向结合在一些 mRNA 5′非翻译区的转座子上，进而调控基因的表达。除结合在 5′非翻译区的转座子上外，在果蝇早期胚胎中 piRNA 还可以结合到 mRNA 3′非翻译区的转座子上来调控基因表达（Rouget et al.，2010）。

在果蝇精巢中，Y 染色体上的假基因 *Su*（*Ste*）能够抑制 X 染色体中 *Stellate* 基因的表达（Kotelnikov et al.，2009）。当 *Su*（*Ste*）基因表达受到抑制时，*Stellate* 基因产物就会在精母细胞中积累形成晶体，导致果蝇不育。这主要是由 *Su*（*Ste*）基因来源的 piRNA 造成的，这些 piRNA 能结合在 *Stellate* 基因的 mRNA 上，并使其降解（Kotelnikov et al.，2009）。在果蝇精巢中，*Su*（*Ste*）基因来源的 piRNA 是 Aubergine 最主要的结合靶标，在所有与 Aubergine 结合的 piRNA 中，*Su*（*Ste*）基因来源的 piRNA 占 70%。在成年狨猴睾丸中也报道过假基因来源的 piRNA（Hirano et al.，2014）。

上文提到假基因来源的 piRNA 调控靶基因表达的过程，是一种反式调节过程，假基因来源的 mRNA 也被称为反式-反义转录物（*trans*-natural antisense transcript，*trans*-NAT）。某些基因的反义链可以转录出反义 mRNA，称为顺式-反义转录物（*cis*-natural antisense transcript，*cis*-NAT）。一些基因 *cis*-NAT 上的转座子序列可以产生 piRNA，piRNA 进而结合到正义 mRNA 上，调控该基因的表达。在果蝇中的研究显示，许多插入基因中的转座子序列可以作为 piRNA 簇生成大量 piRNA（Shpiz et al.，2014）。

在成年哺乳动物的睾丸细胞中存在大量的 piRNA，尤其在精母细胞减数分裂的粗线期阶段，piRNA 表达量很高。这些粗线期 piRNA 大部分由 piRNA 初级合成模式产生，很少依靠活跃的转座子产生（Beyret and Lin，2011；Bortvin，2013）。粗线期 piRNA 主要与 Miwi 蛋白结合，主要存在于晚期精母细胞阶段和圆形精细胞阶段（哺乳动物的精子发生过程包括以下阶段：早期精母细胞阶段、晚期精母细胞阶段、圆形精细胞阶段、精细胞伸长阶段及成熟精细胞阶段）。在 *Miwi* 基因敲除的小鼠中，精子发育会停滞在圆形精细胞阶段（Deng and Lin，2002）。上述研究表明，Miwi 和粗线期 piRNA 在晚期精母细胞阶段到圆形精细胞阶段间起着非常重要的作用。

最近的研究表明，粗线期 piRNA 和 Miwi 蛋白在精细胞伸长阶段也有重要功能（Gou et al.，2014）。在精细胞伸长阶段，Miwi 能够选择性地与 CAF1 去腺苷酸化酶结合，导致 mRNA 大量降解（Gou et al.，2014）。多项实验支持上述理论：在精细胞伸长阶段，超过 40%的 mRNA 在 *Miwi* 基因被敲除后表达量上调；其中的大部分 mRNA 在 *CAF1* 基因敲除后表达量也会上升；在精子发生过程中，这些 mRNA 发生去腺苷酸化，并且在精细胞伸长阶段含量突然下降。该过程的详细分子机制还不清楚，仍需进一步的研究。

16.3 生态适应过程中非编码 RNA 的表达调控机制

生态适应是指生物体通过改变自身形态、结构和生理生化特征以应对外界环境的动态变化。昆虫是生态系统的重要组成部分。目前已记录大约有 51 000 种昆虫，占世界已经鉴定物种种类的 5.5%。昆虫所面对的环境具有高度的差异性，包括生境、资源和信息的差异性。对这些截然不同环境的良好适应是昆虫生存和繁殖的必需条件。不同昆虫对环境的适应存在明显差异，因此不同昆虫类群在社会行为、寄主适应、取食抉择、学习认知等各方面表现出截然不同的特征。不少膜翅目昆虫存在典型的社会行为，一般具有聚群生活、成员间密切合作、世代重叠、等级分化等特征。这种社会性分工在昆虫抵御天敌、生殖优势、供食效率上展示出明显的优势。寄主植物利用次生代谢物防御昆虫，而昆虫为了获得足够的食物、栖息地和自身防御需求，对植物次生代谢物展示出良好的适应能力，这种适应性使得昆虫和植物之间建立了良好的协同关系。根据寄主植物范围可以将植食性昆虫进行分类，通常分为专食性（寄主植物范围窄）和广食性（寄主植物范围广）。从生态适应程度来看，广食性昆虫的取食行为与专食性昆虫相比更加便利，因此对环境适应性也较高。昆虫形成记忆效应对于适应特定环境至关重要。例如，蜜蜂的短时记忆和长时记忆分别在选择取食对象、选择采食区间往返路径等方面发挥重要作用。因此以昆虫为实验对象，研究动物社会等级分化、寄主植物适应、取食选择、记忆学习的机制具有参考价值，有利于在基因组学、分子生物学、细胞生物学和昆虫行为学水平上揭示生物体的生态适应机制。

生态基因组学旨在通过基因组学技术阐明物种应对外界自然环境刺激的分子遗传机制。近年来，随着高通量测序技术成本的下降及基因组组装和注释技术的提升，大量的昆虫基因组和转录组数据迅速涌现。其中以 i5K——5000 种昆虫基因组测序项目和 1KITE——1000 个昆虫转录组测序项目为代表的测序计划，对昆虫基因组信息资源的大量积累做出了重要的贡献（Evans et al.，2013；Misof et al.，2014）。而这些丰富的基因组信息资源的公布，为系统性阐明昆虫适应特殊环境的分子机制提供了必需的数据信息。

在生态适应过程中，昆虫特异基因表达和调控对于应对环境的转变发挥了至关重要的作用。因此深入研究不同环境适应过程中的关键调控机制，可以为理解生物的生态适应提供理论基础。随着基因组学技术的发展及高通量测序的普及化，很多昆虫物种中的长链和短链非编码 RNA 都已经被测定。而大量昆虫基因组数据的测定，使得从全基因组范围对长链和短链非编码 RNA 的分析得以实现。一般而言，通过特定片段大小的全转录组测序可以对长链和短链非编码 RNA 进行测定。由于非编码 RNA 存在组织特异性表达模式，对不同组织、不同细胞、不同时空的全转录组测序能够更为全面地鉴定非编码 RNA。全转录组测序完成后，需要按照不同非编码 RNA 的特点进行特异性的非编码 RNA 分析。例如，昆虫小 RNA 具有典型的茎环结构，前体 RNA 一般长度为 70～120 个碱基，成熟的小 RNA 一般长度为 24 个碱基左右。piRNA 可以通过初级加工和“乒乓模型”两种模式形成，具有形成 piRNA 簇和转座子同源的特征，成熟的 piRNA 一般长度为 27 或 28 个碱基左右。增强子 RNA 具有双向转录的特点，长度一般为数百个碱基，具有典型的组蛋白修饰特征，并且很少发生剪切现象。长链非编码 RNA 一般不具有可读框，因此可以通过同源序列比对和 *de novo* 可读框预测的方式来识别。对于这些非编码 RNA 的靶标预测，同样也需要依赖各自的特点。例如，小 RNA 存在 7mer 和 8mer 两种匹配模式，对靶标蛋白编码基因以不完全匹配的模式进行识别。piRNA 由于其与转座子同源的特征，可以通过直接切割或者 10 个碱基重叠的模式进行靶标基因的切割。增强子 RNA 一般对其附近的蛋白编码基因进行远程调节，对于位于超级增强子区域的增强子 RNA，则需要更多实验上的验证来选择靶标基因。非编码 RNA 的靶标生物信息预测存在较高的假阳性，因此基于分子生物学和基因组学技术的功能验证尤为重要。多项技术被用于非编码 RNA 的靶标功能验证，如 RNA pull down、RNA 免疫沉淀、萤光素酶试验、免疫组化和原位杂交双定位试验、基因敲除和过表达试验、免疫共沉淀技术，等等。除这些体外试验验证外，体内验证试验也是必须进行的。在昆虫体内多项技术可以用于非编码 RNA 的过表达、基因表达抑制及拯救（rescue）试验，如 miRNA agomir 和 miRNA mimics 能够起到 miRNA 类似物的过表达效应；miRNA antagomir 能够起到 miRNA 表达抑制的作用；piRNA 类似物两端模拟修饰（如 3′端的 2′氧甲基化修饰）可以实现 piRNA 过表达类似功能；CRISPR/Cas9 技术的发展使得昆虫体内的非编码 RNA 敲除和突变更为便捷。这些体内和体外技术的发展及昆虫基因组数据的日益增多，使系统性和全面性地阐明非编码 RNA 介导的表达调控在昆虫生态适应过程中的分子机制得以实现，也使生态基因组学的研究更加深入。

在蜜蜂记忆形成过程中，大量蛋白编码基因的表达发生了显著性变化。通过对 mRNA-miRNA 网络预测发现，小 RNA 分子中的 miR-932 能够对这些发生表达变化的蛋白编码基因产生影响。进一步功能验证发现，miR-932 与 *Act5C* 基因能够直接作用，进而影响蜜蜂记忆形成（Cristino et al.，2014）。除影响蜜蜂记忆形成过程外，小 RNA 分子同样能够对蜜蜂行为和神经可塑性产生作用（Greenberg et al.，2012）。通过小 RNA 转录组技术，对不同分工类型的蜜蜂进行分析，发现不同社会化分工的状态与蜜蜂脑内的 miRNA 表达相关联。其中 miR-2796 在蜜蜂脑内表达丰度最高，miR-2796 位于 *Phospholipase C* (*PLC*)-*epsilon* 基因（*PLC-epsilon* 负责神经发育和分化）的内含子区域。通过时空表达分析，发现 *PLC-epsilon* 与 miR-2796 具有相同的组织表达特异类型。这些结果说明，miRNA 可能在蜜蜂社会化分工的等级制度形成过程中发挥重要的作用。

家蚕使用 WZ 性别决定系统，其性别决定机制与鸟类和爬行类相似。雄性家蚕含有两个 Z 型性染色体，而雌性家蚕含有 1 个 Z 型性染色体和 1 个 W 型性染色体。家蚕 W 型染色体对于雌性性别决定起到关键作用，说明在 W 型染色体上存在重要的调控因子来调节性别决定。但是家蚕 W 型染色体主要由转座子组成，并没有发现存在蛋白编码基因的迹象，这一结果暗示着家蚕性别决定机制并不依赖于蛋白编码基因。除转座子外，在家蚕 W 型染色体上还存在类似 piRNA 的非编码 RNA。家蚕的性别决定是在胚胎形成早期完成的。W 型染色体性别决定区域产生的性别决定因子 Fem piRNA 特异性地在雌性个体中表达。该 piRNA 能够下调 *Masc* 基因的表达，在胚胎时期控制剂量补偿和雄性化过程，并通过选择性剪切，产生雌性和雄性所特有的转录本，起到决定性别发育方向的作用。因此性染色体来源的单个 piRNA 在性别决定方面起着至关重要的作用（Kiuchi et al.，2014）。

昆虫中的长链非编码 RNA 在发育过程、行为认知、神经调节等多个生物适应过程中发挥重要功能。昆虫长链非编码 RNA 可以通过多种途径发挥功能，如通过染色质重塑介导的表观调控机制、细胞核内 RNA 滞留（sequestration）、邻近 mRNA 的表达调节等途径。在果蝇中，通过顺式作用调节，*hsw-omega* 基因能够转录出一段长链非编码 RNA，这段非编码 RNA 主要留存于细胞核内，形成一个称为核周 omega 斑点（perinuclear omega-speckle）的结构。这个结构能够对多个加工蛋白的定位和核内留存发挥作用。其中受到这个结构影响的蛋白质主要有不均一核糖核蛋白（heterogeneous nuclear ribonucleoprotein）、HP1、RNA 聚合酶Ⅱ等（Lakhotia et al.，2012）。

昆虫长链非编码 RNA 也能发挥基因转录的表观调控作用，如果蝇性染色体上的剂量补偿机制。相对于雌性果蝇 X 染色体上的基因，雄性果蝇位于 X 染色体上的基因的表达量显著上升。造成这种现象的原因是雄性果蝇只具有一条 X 染色体，而雌性果蝇具有两条 X 染色体，为了维持该染色体上基因表达量的平衡性，受到剂量补偿效应的调节，雄性果蝇该染色体上的基因呈现出较高的表达丰度。这种剂量补偿效应是通过染色质组蛋白 H4K16ac 状态的改变介导的，而改变组蛋白状态的复合物需要 roX1 和 roX2 两个重要的长链非编码 RNA 的参与（Deng and Meller，2006）。

昆虫长链非编码 RNA 也能起到发育调控的作用，bithorax 复合物对于果蝇的发育起到至关重要的作用，而很多的非编码 RNA 都在 bithorax 复合物中被检测到。这些非编码 RNA 首先在胚胎发育的胚盘期出现，并且它们的表达模式说明这些非编码 RNA 主要在 bithorax 复合物的结构域区段转录。因此推测这些非编码 RNA 对于活性结构域的形成至关重要，它们可能参与 Polycomb 响应元件的形成过程。在 bithorax 复合物的结构域区域能够表达一段长链非编码 RNA，能够通过顺式作用元件调节 bithorax 蛋白，进而影响特定腹部体节的发育（Pease et al.，2013）。在蜜蜂中存在形态和等级分化，导致社会化分工的形成。成年蜂后一般具有较大的卵巢尺寸，一般由 150～200 个卵巢管组成，而工蜂一般只有 20 个卵巢管。对蜂后和工蜂进行基因转录水平差异分析发现，有两段不具有蛋白质编码可能性的转录本在胚胎发育期表达，这两段非编码 RNA 在蜂后和工蜂的卵巢中存在显著性差异表达。其中名为 lnccov1 的非编码 RNA 可能参与工蜂的胚胎发育过程，能够导致卵巢管的细胞自噬性死亡（autophagic cell death）。原位荧光杂交实验说明 lnccov1 主要是存在于细胞核周围类似 omega-speckle 的结构中（Humann and Hartfelder，2011）。

昆虫长链非编码 RNA 也能起到行为调节的作用。研究发现，有两种长链非编码 RNA（*yar* 和 *sphinx*）可以调控果蝇的行为。*yar* 基因是一种顺式作用因子，位于基因组上面一类神经基因簇上，分布在 *yellow*（*y*）基因和 *achaete*（*ac*）基因座位之间（Soshnev et al.，2008），在果蝇胚胎发育过程中呈现出高丰度表达模式。利用基因突变技术敲除 *yar* 基因发现，这种长链非编码 RNA 通过转录后调控 *y* 和 *ac* 两个基因的表达，进而影响果蝇的睡眠行为（Soshnev et al.，2011）。另外一项研究发现，*sphinx* 可以调控雄性果蝇的求偶行为。*sphinx* 基因的核酸和氨基酸序列在果蝇属的不同物种中存在较大分化变异，这暗示着这一长链非编码 RNA 为应对环境变化发生了快速的适应性进化。通过 *sphinx* 的突变实验发现，*sphinx* 在化学感受器官上的特异表达能够阻断某些感觉通路，进而可能会引起雄性之间同性求偶行为的出现（Chen et al.，2011）。Nb-1 是一类长度为 700 个碱基的长链非编码 RNA 分子，其序列在近缘物种间也并不完全保守，最长可读框（ORF）也仅仅可能编码 23 个氨基酸。首先在蜜蜂脑中检测到 Nb-1 的表达活性，其表达量随着工蜂群体的年龄增长而逐步发生变化，这暗示着它可能在蜜蜂行为多态性方面发挥重要作用（Tadano et al.，2009）。

昆虫长链非编码 RNA 还可以起到神经调控的作用，如在蜜蜂中能够检测到 *Ks-1* 基因、*AncR-1* 基因、*Kakusei* 基因等多种非编码 RNA 分子。这些非编码 RNA 分子只在神经系统中特异表达。*Ks-1* 基因在 Kenyon 细胞中特异表达，并且在细胞核中特异性分布。这些 Kenyon 细胞位于蜜蜂脑组织中蘑菇体附近，可能与蜜蜂的行为、学习等功能相关联。*Ks-1* 基因的转录本存在 7 个潜在的可读框，其中最长的可读框可以编码 67 个氨基酸。该序列与其邻近物种中华蜜蜂（*Apis cerana*）的同源基因相比，在核酸水平存在很大的差异，同时与已知的蛋白质序列相比也没有序列相似性（Sawata et al.，2002）。*AncR-1* 基因在蜜蜂脑、生殖组织及一些感觉器官中均存在表达，并且主要分布于细胞核中。该长链非编码 RNA 分子位于基因组中大约 6900 个碱基范围内的基因座上，能够转录生成多个选择性剪切本（Sawata et al.，2004）。Kakusei 是一类长 7000 个碱基的长链非编码 RNA 分子，具有多个选择性剪切异构体，其表达量在神经刺激后能够短暂地上调，并且这类长链非编码 RNA 只分布在神经系统的细胞核内，可能在蜜蜂脑组织中行使 RNA 代谢和降解的功能（Kiya et al.，2008）。

参 考 文 献

Aravin A A, Sachidanandam R, Bourc'his D, et al. 2008. A piRNA pathway primed by individual transposons is linked to *de novo* DNA methylation in mice. Mol Cell, 31(6): 785-799.

Arner E, Daub C O, Vitting-Seerup K, et al. 2015. Transcribed enhancers lead waves of coordinated transcription in transitioning mammalian cells. Science, 347(6225): 1010-1014.

Ashe A, Sapetschnig A, Weick E M, et al. 2012. piRNAs can trigger a multigenerational epigenetic memory in the germline of *C. elegans*. Cell, 150(1): 88-99.

Ashe H L, Monks J, Wijgerde M, et al. 1997. Intergenic transcription and transinduction of the human beta-globin locus. Genes Dev, 11(19): 2494-2509.

Bagijn M P, Goldstein L D, Sapetschnig A, et al. 2012. Function, targets, and evolution of *Caenorhabditis elegans* piRNAs. Science, 337(6094): 574-578.

Beyret E, Lin H. 2011. Pinpointing the expression of piRNAs and function of the PIWI protein subfamily during spermatogenesis in the mouse. Dev Biol, 355(2): 215-226.

Bortvin A. 2013. PIWI-interacting RNAs (piRNAs)—a mouse testis perspective. Biochemistry (Mosc), 78(6): 592-602.

Brennecke J, Aravin A A, Stark A, et al. 2007. Discrete small RNA-generating loci as master regulators of transposon activity in *Drosophila*. Cell, 128(6): 1089-1103.

Buckley B A, Burkhart K B, Gu S G, et al. 2012. A nuclear Argonaute promotes multigenerational epigenetic inheritance and germline immortality. Nature, 489(7416): 447-451.

Burkhart K B, Guang S, Buckley B A, et al. 2011. A pre-mRNA-associating factor links endogenous siRNAs to chromatin regulation. PLoS Genet, 7(8): e1002249.

Carmell M A, Girard A, van de Kant H J, et al. 2007. MIWI2 is essential for spermatogenesis and repression of transposons in the mouse male germline. Dev Cell, 12(4): 503-514.

Castel S E, Martienssen R A. 2013. RNA interference in the nucleus: roles for small RNAs in transcription, epigenetics and beyond. Nat Rev Genet, 14(2): 100-112.

Chan H M, La Thangue N B. 2001. p300/CBP proteins: HATs for transcriptional bridges and scaffolds. J Cell Sci, 114(Pt 13): 2363-2373.

Chen Y, Dai H, Chen S, et al. 2011. Highly tissue specific expression of *Sphinx* supports its male courtship related role in *Drosophila melanogaster*. PLoS One, 6(4): e18853.

Cristino A S, Barchuk A R, Freitas F C, et al. 2014. Neuroligin-associated microRNA-932 targets actin and regulates memory in the honeybee. Nat Commun, 5: 5529.

Das P P, Bagijn M P, Goldstein L D, et al. 2008. Piwi and piRNAs act upstream of an endogenous siRNA pathway to suppress Tc3 transposon mobility in the *Caenorhabditis elegans* germline. Mol Cell, 31(1): 79-90.

De Fazio S, Bartonicek N, Di Giacomo M, et al. 2011. The endonuclease activity of Mili fuels piRNA amplification that silences LINE1 elements. Nature, 480(7376): 259-263.

De Santa F, Barozzi I, Mietton F, et al. 2010. A large fraction of extragenic RNA pol II transcription sites overlap enhancers. PLoS Biol, 8(5): e1000384.

Deng W, Lin H. 2002. Miwi, a murine homolog of piwi, encodes a cytoplasmic protein essential for spermatogenesis. Dev Cell, 2(6): 819-830.

Deng X, Meller V H. 2006. roX RNAs are required for increased expression of X-linked genes in *Drosophila melanogaster* males. Genetics, 174(4): 1859-1866.

Di Giacomo M, Comazzetto S, Saini H, et al. 2013. Multiple epigenetic mechanisms and the piRNA pathway enforce LINE1 silencing during adult spermatogenesis. Mol Cell, 50(4): 601-608.

Donertas D, Sienski G, Brennecke J. 2013. *Drosophila* Gtsf1 is an essential component of the Piwi-mediated transcriptional silencing complex. Genes Dev, 27(15): 1693-1705.

Ernst J, Kellis M. 2010. Discovery and characterization of chromatin states for systematic annotation of the human genome. Nat Biotechnol, 28(8): 817-825.

Evans J D, Brown S J, Hackett K J, et al. 2013. The i5K Initiative: advancing arthropod genomics for knowledge, human health, agriculture, and the environment. J Hered, 104(5): 595-600.

Faulkner G J, Kimura Y, Daub C O, et al. 2009. The regulated retrotransposon transcriptome of mammalian cells. Nat Genet, 41(5): 563-571.

Gou L T, Dai P, Yang J H, et al. 2014. Pachytene piRNAs instruct massive mRNA elimination during late spermiogenesis. Cell Res, 24(6): 680-700.

Greenberg J K, Xia J, Zhou X, et al. 2012. Behavioral plasticity in honey bees is associated with differences in brain microRNA transcriptome. Genes Brain Behav, 11(6): 660-670.

Grishok A, Sinskey J L, Sharp P A. 2005. Transcriptional silencing of a transgene by RNAi in the soma of *C. elegans*. Genes Dev, 19(6): 683-696.

Guang S, Bochner A F, Burkhart K B, et al. 2010. Small regulatory RNAs inhibit RNA polymerase II during the elongation phase of transcription. Nature, 465(7301): 1097-1101.

Guang S, Bochner A F, Pavelec D M, et al. 2008. An Argonaute transports siRNAs from the cytoplasm to the nucleus. Science, 321(5888): 537-541.

Hah N, Murakami S, Nagari A, et al. 2013. Enhancer transcripts mark active estrogen receptor binding sites. Genome Res, 23(8): 1210-1223.

Handler D, Meixner K, Pizka M, et al. 2013. The genetic makeup of the *Drosophila* piRNA pathway. Mol Cell, 50(5): 762-777.

Heinz S, Benner C, Spann N, et al. 2010. Simple combinations of lineage-determining transcription factors prime cis-regulatory elements required for macrophage and B cell identities. Mol Cell, 38(4): 576-589.

Hirano T, Iwasaki Y W, Lin Z Y, et al. 2014. Small RNA profiling and characterization of piRNA clusters in the adult testes of the common marmoset, a model primate. RNA, 20(8): 1223-1237.

Houwing S, Kamminga L M, Berezikov E, et al. 2007. A role for Piwi and piRNAs in germ cell maintenance and transposon silencing in zebrafish. Cell, 129(1): 69-82.

Humann F C, Hartfelder K. 2011. Representational difference analysis (RDA) reveals differential expression of conserved as well as novel genes during caste-specific development of the honey bee (*Apis mellifera* L.) ovary. Insect Biochem Mol Biol, 41(8): 602-612.

Jin C, Zang C, Wei G, et al. 2009. H3.3/H2A.Z double variant-containing nucleosomes mark 'nucleosome-free regions' of active promoters and other regulatory regions. Nat Genet, 41(8): 941-945.

Kim T K, Hemberg M, Gray J M, et al. 2010. Widespread transcription at neuronal activity-regulated enhancers. Nature, 465(7295): 182-187.

Kiuchi T, Koga H, Kawamoto M, et al. 2014. A single female-specific piRNA is the primary determiner of sex in the silkworm. Nature, 509(7502): 633-636.

Kiya T, Kunieda T, Kubo T. 2008. Inducible- and constitutive-type transcript variants of kakusei, a novel non-coding immediate early gene, in the honeybee brain. Insect Mol Biol, 17(5): 531-536.

Klenov M S, Sokolova O A, Yakushev E Y, et al. 2011. Separation of stem cell maintenance and transposon silencing functions of Piwi protein. Proc Natl Acad Sci USA, 108(46): 18760-18765.

Koch F, Fenouil R, Gut M, et al. 2011. Transcription initiation platforms and GTF recruitment at tissue-specific enhancers and promoters. Nat Struct Mol Biol, 18(8): 956-963.

Kotelnikov R N, Klenov M S, Rozovsky Y M, et al. 2009. Peculiarities of piRNA-mediated post-transcriptional silencing of stellate repeats in testes of *Drosophila melanogaster*. Nucleic Acids Res, 37(10): 3254-3263.

Kuramochi-Miyagawa S, Watanabe T, Gotoh K, et al. 2008. DNA methylation of retrotransposon genes is regulated by Piwi family members MILI and MIWI2 in murine fetal testes. Genes Dev, 22(7): 908-917.

Lai F, Orom U A, Cesaroni M, et al. 2013. Activating RNAs associate with Mediator to enhance chromatin architecture and transcription. Nature, 494(7438): 497-501.

Lakhotia S C, Mallik M, Singh A K, et al. 2012. The large noncoding hsromega-n transcripts are essential for thermotolerance and remobilization of hnRNPs, HP1 and RNA polymerase II during recovery from heat shock in *Drosophila*. Chromosoma, 121(1): 49-70.

Lau N C, Ohsumi T, Borowsky M, et al. 2009. Systematic and single cell analysis of *Xenopus* Piwi-interacting RNAs and Xiwi. EMBO J, 28(19): 2945-2958.

Le Thomas A, Rogers A K, Webster A, et al. 2013. Piwi induces piRNA-guided transcriptional silencing and establishment of a repressive chromatin state. Genes Dev, 27(4): 390-399.

Lee H C, Gu W, Shirayama M, et al. 2012. *C. elegans* piRNAs mediate the genome-wide surveillance of germline transcripts. Cell, 150(1): 78-87.

Lettice L A, Heaney S J H, Purdie L A, et al. 2003. A long-range Shh enhancer regulates expression in the developing limb and fin and is associated with preaxial polydactyly. Human Molecular Genetics, 12(14): 1725-1735.

Liber D, Domaschenz R, Holmqvist P H, et al. 2010. Epigenetic priming of a pre-B cell-specific enhancer through binding of Sox2 and Foxd3 at the ESC stage. Cell Stem Cell, 7(1): 114-126.

Lim A K, Lorthongpanich C, Chew T G, et al. 2013. The nuage mediates retrotransposon silencing in mouse primordial ovarian follicles. Development, 140(18): 3819-3825.

Lin Y C, Jhunjhunwala S, Benner C, et al. 2010. A global network of transcription factors, involving E2A, EBF1 and Foxo1, that orchestrates B cell fate. Nat Immunol, 11(7): 635-643.

Luteijn M J, van Bergeijk P, Kaaij L J, et al. 2012. Extremely stable Piwi-induced gene silencing in *Caenorhabditis elegans*. EMBO J, 31(16): 3422-3430.

Melgar M F, Collins F S, Sethupathy P. 2011. Discovery of active enhancers through bidirectional expression of short transcripts. Genome Biol, 12(11): R113.

Misof B, Liu S, Meusemann K, et al. 2014. Phylogenomics resolves the timing and pattern of insect evolution. Science, 346(6210): 763-776.

Morazzani E M, Wiley M R, Murreddu M G, et al. 2012. Production of virus-derived ping-pong-dependent piRNA-like small RNAs in the mosquito soma. PLoS Pathog, 8(1): e1002470.

Muerdter F, Guzzardo P M, Gillis J, et al. 2013. A genome-wide RNAi screen draws a genetic framework for transposon control and primary piRNA biogenesis in *Drosophila*. Mol Cell, 50(5): 736-748.

Pease B, Borges A C, Bender W. 2013. Noncoding RNAs of the Ultrabithorax domain of the *Drosophila* bithorax complex. Genetics, 195(4): 1253-1264.

Rajasethupathy P, Antonov I, Sheridan R, et al. 2012. A role for neuronal piRNAs in the epigenetic control of memory-related synaptic plasticity. Cell, 149(3): 693-707.

Reuter M, Berninger P, Chuma S, et al. 2011. Miwi catalysis is required for piRNA amplification-independent LINE1 transposon silencing. Nature, 480(7376): 264-267.

Rouget C, Papin C, Boureux A, et al. 2010. Maternal mRNA deadenylation and decay by the piRNA pathway in the early *Drosophila* embryo. Nature, 467(7319): 1128-1132.

Saito K, Ishizu H, Komai M, et al. 2010. Roles for the Yb body components Armitage and Yb in primary piRNA biogenesis in *Drosophila*. Genes Dev, 24(22): 2493-2498.

Sawata M, Takeuchi H, Kubo T. 2004. Identification and analysis of the minimal promoter activity of a novel noncoding nuclear RNA gene, AncR-1, from the honeybee (*Apis mellifera* L.). RNA, 10(7): 1047-1058.

Sawata M, Yoshino D, Takeuchi H, et al. 2002. Identification and punctate nuclear localization of a novel noncoding RNA, *Ks-1*, from the honeybee brain. RNA, 8(6): 772-785.

Shirayama M, Seth M, Lee H C, et al. 2012. piRNAs initiate an epigenetic memory of nonself RNA in the *C. elegans* germline. Cell, 150(1): 65-77.

Shpiz S, Ryazansky S, Olovnikov I, et al. 2014. Euchromatic transposon insertions trigger production of novel Pi- and endo-siRNAs at the target sites in the drosophila germline. PLoS Genet, 10(2): e1004138.

Sienski G, Donertas D, Brennecke J. 2012. Transcriptional silencing of transposons by Piwi and maelstrom and its impact on chromatin state and gene expression. Cell, 151(5): 964-980.

Soper S F, van der Heijden G W, Hardiman T C, et al. 2008. Mouse maelstrom, a component of nuage, is essential for spermatogenesis and transposon repression in meiosis. Dev Cell, 15(2): 285-297.

Soshnev A A, Ishimoto H, McAllister B F, et al. 2011. A conserved long noncoding RNA affects sleep behavior in *Drosophila*. Genetics, 189(2): 455-468.

Soshnev A A, Li X, Wehling M D, et al. 2008. Context differences reveal insulator and activator functions of a Su(Hw) binding region. PLoS Genet, 4(8): e1000159.

Tadano H, Yamazaki Y, Takeuchi H, et al. 2009. Age- and division-of-labour-dependent differential expression of a novel non-coding RNA, Nb-1, in the brain of worker honeybees, *Apis mellifera* L. Insect Mol Biol, 18(6): 715-726.

Wang K C, Yang Y W, Liu B, et al. 2011. A long noncoding RNA maintains active chromatin to coordinate homeotic gene expression. Nature, 472(7341): 120-124.

Watanabe T, Takeda A, Tsukiyama T, et al. 2006. Identification and characterization of two novel classes of small RNAs in the mouse germline: retrotransposon-derived siRNAs in oocytes and germline small RNAs in testes. Genes Dev, 20(13): 1732-1743.

Watanabe T, Tomizawa S, Mitsuya K, et al. 2011. Role for piRNAs and noncoding RNA in *de novo* DNA methylation of the imprinted mouse Rasgrf1 locus. Science, 332(6031): 848-852.

Watanabe T, Totoki Y, Toyoda A, et al. 2008. Endogenous siRNAs from naturally formed dsRNAs regulate transcripts in mouse oocytes. Nature, 453(7194): 539-543.

West J A, Cook A, Alver B H, et al. 2014. Nucleosomal occupancy changes locally over key regulatory regions during cell differentiation and reprogramming. Nat Commun, 5: 4719.

Yin H, Lin H. 2007. An epigenetic activation role of Piwi and a Piwi-associated piRNA in *Drosophila melanogaster*. Nature, 450(7167): 304-308.

Zaret K S, Watts J, Xu J, et al. 2008. Pioneer factors, genetic competence, and inductive signaling: programming liver and pancreas progenitors from the endoderm. Cold Spring Harb Symp Quant Biol, 73: 119-126.

Zhang D, Xiong H, Shan J, et al. 2008. Functional insight into Maelstrom in the germline piRNA pathway: a unique domain homologous to the DnaQ-H 3′-5′ exonuclease, its lineage-specific expansion/loss and evolutionarily active site switch. Biol Direct, 3: 48.

Zhu Y, Sun L, Chen Z, et al. 2013. Predicting enhancer transcription and activity from chromatin modifications. Nucleic Acids Res, 41(22): 10032-10043.

第 17 章　植物-昆虫互作的生态基因组学研究

植物-昆虫相互作用关系的研究是当今化学生态学和进化生态学领域的前沿课题，也是寻找害虫可持续控制途径的重要基础。Ehrlich 和 Raven（1964）通过对粉蝶类昆虫与十字花科植物关系的研究，提出了昆虫与植物的协同进化理论，阐明植物与昆虫相互适应的化学策略和机制。植物并不只会被动受害，为了防御昆虫的侵害它发展出了多种防御策略，主要分为植物的直接防御（direct defense）和间接防御（indirect defense）。前者是植物产生的次生化合物直接作用于取食植物的害虫（包括昆虫和螨类等，以下同），抑制它们的生长发育；后者是昆虫危害诱导的挥发性化合物（herbivore-induced plant volatile，HIPV）起到了招引天敌间接防御害虫的作用（Dicke and Baldwin，2010），另外植物释放的信息化合物还能作为启动防御的信号被相邻植物所利用（Baldwin and Schultz，1983）。昆虫也发展出了多种对抗植物防御的方式，如生化和行为适应机制减弱植物的直接和间接防御。以往这些研究主要是在宏观生态学和表观生理适应层面做的工作，揭示的规律往往是植物与昆虫相互适应性状之间的相关性，还没有深入机制层面。

近年来，基因组、转录组、蛋白质组等组学蓬勃兴起和快速发展，为解析植物-昆虫互作关系的分子机制（Whiteman and Jander，2010）、了解植物抗性机制、昆虫识别、定位寄主的嗅觉及调控机制（Missbach et al.，2014）带来了新的机遇，也为害虫防控技术体系的建立奠定了科学基础。据统计，到 2016 年 4 月，全球共有基因组测序项目 84 190 项，其中完成的有 8032 项。随着测序技术和相关生物信息学的迅速发展，人们认识到基因组学的发展将对认识植物-昆虫相互关系的进化和适应意义起到重要作用。因此，随着越来越多植物和昆虫基因图谱被解析，以及分子生物学、化学生物学、系统生物学等新兴学科的快速发展，后基因组时代的各类组学蓬勃发展，将使我们更加深入地了解植物-昆虫相互作用关系的维持和进化方向，了解适应关系的关键调节点，并对调节点进行干预，使其向有利于生产和环境友好的方向发展（Wang and Kang，2014）。

本章将以植物与斑潜蝇互作的分子机制为例介绍：①在基因组水平研究植物对昆虫取食的响应和对策；②利用拟南芥基因组芯片研究植物与植物化学通讯的机制；③在基因组水平研究昆虫嗅觉对寄主信息流的行为适应机制；④植食性昆虫寄主专化的基因组适应机制。

17.1　在基因组水平研究植物对昆虫取食的响应和对策

植物在长期进化过程中发展出了一套完备的机制来应对病原物和昆虫的侵害。植物防御信号通路的激活是启动防御机制的充分条件。其中最为保守的信号通路是植物激素（phytohormone）——茉莉酸（jasmonic acid，JA）、水杨酸（salicylic acid，SA）和乙烯（ethylene，ET）途径，它们分别主要抵御昆虫、病原菌和真菌，在植物防御微生物和昆虫侵染过程中发挥了十分重要的作用（Dicke et al.，2009；Pieterse et al.，2009；Wei et al.，2007，2011，2013）。它们的相互作用体现为相互协同、对抗和调节的网络关系，从而精细地调控植物的发育、生存，以及对生物和非生物环境胁迫的响应（Pieterse et al.，2009）。这些信号分子相互作用形成的网络调控系统在植物抗病方面已经取得了一定的进展。例如，利用拟南芥及其突变体的研究显示，寄生病原微生物侵染植物诱导 SA 信号途径，抑制了腐生菌诱导的 JA 途径基因的表达（Spoel et al.，2007）。另一项研究给植物外加 SA（模拟病害）与 MeJA（茉莉酸甲酯，模拟虫害），同样发现 JA 相关基因的表达受到 SA 的影响，而且很低剂量的 SA 就可以下调 JA 相关基因的表达（Koornneef et al.，2008）。ET 对 JA 或 SA 均有增效作用，而且其他植物激素如生长素、赤霉素和脱落酸也参与了植物抗病的过程（Pieterse et al.，2009）。

相比之下，在植物抗虫性方面，植物激素的相互作用及它们对昆虫选择行为的影响的研究还十分缺乏（Dicke et al.，2009）。最近，植物-昆虫相互作用的研究已经拓展到了网络系统，即多种作物、植食性昆虫和天敌的化学通讯，甚至是植物病害与虫害的相互作用（Stam et al.，2014）。在这样复杂的多级营养互作系统内，植物感知多种生物因子的刺激，合成和释放信息化合物的过程受到多种激素的共同调节，必将影响植食性昆虫的行为（Maffei et al.，2012）。例如，甜菜夜蛾幼虫（*Spodoptera exigua*，诱导 JA 途径）和白粉虱（*Bemisia tabaci*，诱导 SA 途径）取食后棉花释放的挥发物比仅由棉铃虫危害诱导的显著降低。最近的研究显示，白粉虱诱导的植物 SA 信号抑制叶螨危害诱导的 JA 相关植物挥发物和基因表达量，与只有叶螨危害的植物相比，捕食螨对同时被白粉虱和叶螨危害的植物选择性明显下降，证明诱导 SA 途径的昆虫取食可以降低诱导 JA 途径的昆虫被捕食的概率，首次从行为到分子水平证明，SA 对 JA 的对抗作用可以影响和调节昆虫的行为选择性（Zhang et al.，2009）。最新的研究显示，不但很低剂量的 SA 对 JA 有抑制作用，相反很低剂量的 JA 也可以抑制 SA 的基因表达，同时它们的对抗关系通过影响植物的次生代谢物而调控了植食性节肢动物的寄主选择行为（Wei et al.，2014）。从昆虫适应植物的角度看，有些植食性节肢动物也可以利用植物防御信号间的拮抗作用抵抗植物的防御。一个典型的例子就是，白粉虱和一些蚜虫取食诱导植物 SA 上调，而抑制 JA 及相关的次生代谢物，进而在寄主上得到更快的发育和繁殖更多的后代（Dicke et al.，2009）。由此可见，植物激素的相互作用精细调控植物与病虫的互作关系。

植物防御过程包括对诱导因子的识别、调动防御信号和表达防御基因与物质。以往研究显示，具有咀嚼式口器的昆虫（蛾类等大多数昆虫）取食诱导植物较大的抗性反应，植物以启动 JA 途径的防御为主；具有刺吸食（蚜虫）和胞食（螨类）习性的植食性昆虫诱导植物 SA 途径的防御，对植物造成的伤害较小，但是持续时间长。有些昆虫唾液中的激发子可以诱导特殊防御蛋白的表达，反过来也会抑制植物的防御反应。最新的一项研究发现，马铃薯叶甲利用口器中的共生微生物克服寄主植物对它的抗性，他们还鉴定出了一种细菌的效应蛋白（鞭毛蛋白，flagellin），并研究了它抑制植物抗性的机制（Chung et al.，2013）。因此，不同类型的取食者对植物具有不同的诱导模式，启动不同的防御途径。由此可见，这些研究主要集中于对个别关键信号通路的研究。实际上植物-

昆虫互作分子机制十分复杂，涉及多个途径。利用当今高通量的基因芯片技术、转录组和代谢组等手段开展这方面的研究，会从全基因组表达水平了解植物防御反应的分子机制。

以往的研究显示，差异基因表达（differential gene expression）、DNA 微阵列（DNA microarray）等高通量手段对全面了解植物受到各种生物或非生物胁迫时的基因表达谱发挥了重要的作用（Dicke et al.，2004；Dicke and Loreto，2010）。芯片表达谱结果表明，植物在受到外界胁迫时会进行资源的再分配，主要是防御相关的蛋白质、核酸包括次生代谢物等会上调，而与生长、光合作用相关的基因则下调。因此，植物受到胁迫后的再分配，主要是把生长方面的能量转向防御，很多胁迫会引起植物中茉莉酸、水杨酸和乙烯信号被同时调动，但不同的胁迫因素所引起的植物防御信号通路的程度不同。目前对不同胁迫因子为什么会诱导不同信号的强度差异机制还不是很清楚。另外，表达谱研究也有助于解释植物防御的机制。例如，实验表明紫外线照射可以预防植物受到昆虫侵害（Zavala et al.，2001），芯片分析揭示紫外线引起植物脂氧化物（oxylipin）的合成，从而发挥了抗虫作用（Izaguirre et al.，2003）。

下面以有潜叶为害习性的斑潜蝇为例，介绍为害模式与防御模式之间的分子互作关系。斑潜蝇属（*Liriomyza*）隶属于潜蝇科（Agromyzidae），迄今已记录 330 多种，是潜蝇科中最大类群之一（Kang et al.，2009）。但全世界真正的多食性斑潜蝇仅有 10 余种，它们潜食和为害植物叶片，导致植物光合作用减弱，影响作物的产量和质量。一些多食性种类在世界范围内造成巨大经济损失，已被许多国家确定为检疫对象。南美斑潜蝇（*L. huidobrensis*）（图 17.1 左）、美洲斑潜蝇（*L. sativae*）（图 17.1 右）和三叶草斑潜蝇（*L. trifolii*）从 20 世纪 90 年代起相继入侵中国，并迅速蔓延至大多数省区，记载的寄主植物种类由 14 科（Parrella，1987）拓展为近 30 科，包括许多经济作物（Kang et al.，2009）。斑潜蝇为害模式比较独特，雌性成虫能够利用它们的产卵器刺入植物细胞进行产卵（图 17.1），或者取食植物组织，影响植物的光合作用，有时甚至能够杀死植物幼苗（Wei et al.，2006）。雄性成虫虽然没有产卵器，但是它们也会在雌性成虫造成的产卵孔处取食植物（Parrella，1987）。幼虫在叶片内部取食叶肉和栅栏组织形成潜道，同时将排泄物也遗留在潜道内。南美斑潜蝇幼虫潜道为线型，而美洲斑潜蝇为蛇型（图 17.1），它们对植物造成的危害程度和诱导的植物反应也不相同（Wei et al.，2006）。

为了研究植物与潜食性为害的斑潜蝇互作的分子机制，我们采用 Affymetrix 公司的拟南芥全基因组 ATH1 芯片，全面检测拟南芥受到斑潜蝇为害后的防御反应。除检测斑潜蝇为害拟南芥叶片的本地反应（local infested，LI）外，也检测了未受伤害叶片的系统反应（systemically infested，SI）。

17.1.1　斑潜蝇为害引起的拟南芥基因表达谱变化

用含有 22 810 个探针、几乎包含了所有的 cDNA 和可读框的 Affymetrix ATH1 芯片来检测斑潜蝇为害引起的拟南芥基因表达谱变化。

层级聚类分析表明，三种处理（LI、SI 和对照）的三个重复彼此能够很好地聚类在一起，其中 LI 和对照的差异较为明显（图 17.2）。

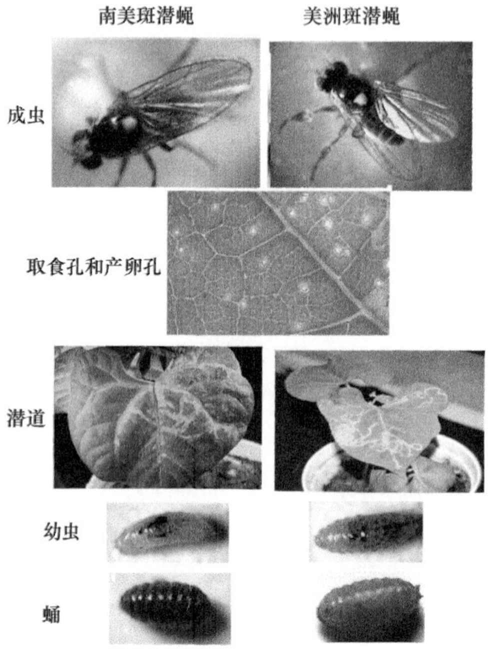

图 17.1 南美斑潜蝇和美洲斑潜蝇成虫、取食孔和产卵孔、幼虫潜道、幼虫和蛹

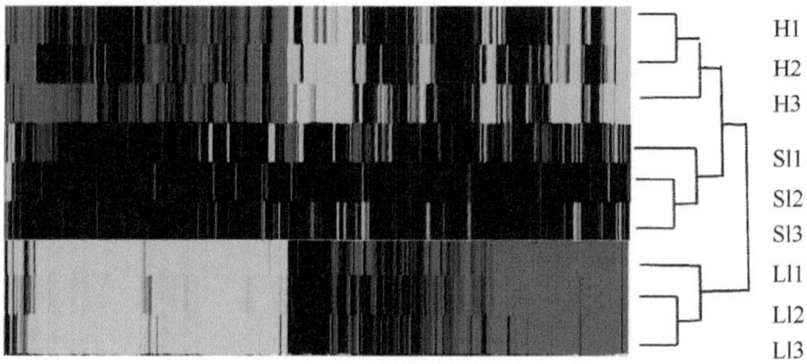

图 17.2 拟南芥受斑潜蝇为害后启动的本地（LI）、系统（SI）基因表达谱与健康对照（H）的聚类分析

每个处理重复 3 次

斑潜蝇直接为害的拟南芥叶片（LI）中共检测到 1695 个上调基因，1401 个下调基因。系统反应（SI）中则要少很多，496 个上调，129 个下调。虽然 LI 和 SI 的基因数目差别很大，但是差异基因直接的关系很明确，无论是上调还是下调基因，SI 相关基因基本都包含在 LI 中（表 17.1）。这说明局部防御和系统防御机制相似，但是防御强度不同。

表 17.1 拟南芥受斑潜蝇为害后基因表达变化情况

处理	本地反应 LI	LI 和 SI 共表达	系统反应 SI
有变化的基因数	2533	563	62
上调基因数目	1246	449	47
下调基因数目	1287	114	15

对 SI 的 62 个特异表达基因进行详细的通路分析表明（用 EasyGO 软件），它们主要集中在转录调控和几丁质（chitin）等植物激素的应答中（表 17.2）。

表 17.2　SI 生物过程中特异表达基因 EasyGO 通路分析

生物学过程	分析序列号	变化的基因数量	*P* 值
应答刺激	GO：0050896	28	1e–11
应答化学刺激	GO：0042221	16	1e–3
应答有机物	GO：0010033	6	1e–3
应答碳水化合物刺激	GO：0009743	6	1e–4
应答几丁质	GO：0010200	6	1e–7

注：*P* 值是 EasyGO 通路分析的显著性，值越小，说明这些基因在这个生物学过程中变动幅度就越大，可能也就越重要

17.1.2　拟南芥基因通路的 WEGO 分析

WEGO 分析差异基因的生物功能显示，LI 和 SI 所调动的通路基本相似，但是 LI 在每一个通路中都调动了更多的基因。所有的基因归入两大类群，分别是代谢和刺激响应。被调动的代谢途径包括氮代谢、次生物质代谢、细胞和初级代谢，以及细胞过程这个大的类群。许多刺激响应通路被调动，其中最明显的是应答生物压力和应答化学刺激（表 17.3），在这两条通路中 SI 和 LI 都调动了更多的基因。

表 17.3　WEGO 分析差异总基因的变化情况（*P*<0.01）

生物学过程	本地反应 LI	系统反应 SI
氮代谢过程	489	144
次生代谢过程	138	44
细胞代谢过程	1094	232
初级代谢过程	1140	259
细胞信号交流	312	122
调控细胞过程	548	167
应答生物压力	431	188
应答非生物压力	233	116
应答内生刺激	272	96
应答化学刺激	386	152

分析上调基因发现，它们与总基因的信号类别基本吻合，但 LI 和 SI 在每个过程中的基因数目差距变小（表 17.4）。下调基因主要集中在代谢的调控上，刺激响应基因下调比较少，SI 和 LI 直接的差距比总基因要更大（表 17.4）。

上调和下调的基因都集中在代谢和刺激响应通路中，因此它们也会调节不同的下级通路。为此，我们运用 EasyGO 对差异基因进行了进一步富集。LI 和 SI 的上调通路富集结果显示，防御通路占据相当大的部分（表 17.5 和表 17.6）。

表 17.4 WEGO 分析差异上调和下调基因的变化情况（*P*<0.01）

生物学过程	本地反应 LI		系统反应 SI	
	上调基因	下调基因	上调基因	下调基因
氮代谢过程	285	198	122	28
次生代谢过程	320	360	127	44
细胞代谢过程	556	482	205	51
初级代谢过程	592	540	193	43
细胞信号交流	150	146	68	12
调控细胞过程	280	151	115	20
应答压力	268	141	130	22
转运	162	126	38	11
应答非生物压力	120	103	58	17
应答内生刺激	162	59	71	12
应答化学刺激	272	133	123	19

表 17.5 EasyGO 通路分析 LI 生物学过程上调主要通路及基因

生物学过程	分析序列号	变化的基因数量	*P* 值
多生物过程	GO：0051704	111	1e–14
应答基因其他生物	GO：0015707	104	1e–14
防御反应	GO：0006952	118	1e–13
天然免疫反应	GO：0045087	49	1e–12
应答损伤	GO：0009611	48	1e–12
应答真菌	GO：00050832	27	1e–11
茉莉酸和乙烯依赖的系统抗性	GO：0009861	18	1e–10

注：*P* 值是 EasyGO 通路分析的显著性，值越小（负值），说明这些基因在这个生物学过程中变动幅度就越大，可能也就越重要

表 17.6 EasyGO 通路分析 SI 生物学过程上调主要通路及基因

生物学过程	分析序列号	变化的基因数量	*P* 值
多生物过程	GO：0051704	57	1e–14
应答基因其他生物	GO：0015707	55	1e–14
应答化学刺激	GO：0042221	118	1e–14
防御反应	GO：0006952	68	1e–14
天然免疫反应	GO：0045087	25	1e–13
应答损伤	GO：0009611	26	1e–13
应答真菌	GO：00050832	19	1e–12
茉莉酸和乙烯依赖的系统抗性	GO：0009861	11	1e–10
应答水分	GO：0009415	18	1e–7

注：*P* 值是 EasyGO 通路分析的显著性，值越小（负值），说明这些基因在这个生物学过程中变动幅度就越大，可能也就越重要

尽管采用了相当严格的标准（*P*=0.000 001），但是依然有很多通路被富集，包括其他有机物响应通路，如细菌、真菌、机械伤害响应通路；非生物因子响应通路，如渗透胁迫、水胁迫、冷胁迫等；化学刺激，如茉莉酸、乙烯和几丁质（表 17.5 和表 17.6）。甚至代谢相关的通路富集都是与防御相关的，最明显的是芳香化合物等次生物质的代谢。而脱落酸刺激响应和氨基酸代谢是 LI 上调基因特异的富集通路。

下调通路的富集比上调通路要明显少许多。我们采用了相对较弱的选择标准（LI：P=0.000 01；SI：P=0.001）。LI 的下调通路主要集中在细胞表面受体信号转导、色素合成及生长素刺激响应（表 17.7）；SI 的下调通路主要集中在温度刺激响应、次生代谢和氨基酸代谢等（表 17.8）。

表 17.7　EasyGO 通路分析 LI 生物学过程下调主要通路及基因

生物学过程	分析序列号	变化的基因数量	*P* 值
代谢过程	GO：0005152	555	1e–5
生物合成过程	GO：0009058	233	1e–5
细胞表面受体相关信号	GO：0007166	39	1e–11
色素代谢过程	GO：0042440	27	1e–7
应答激素刺激	GO：0009725	72	1e–5
应答生长素刺激	GO：0009733	38	1e–5

注：*P* 值是 EasyGO 通路分析的显著性，值越小（负值），说明这些基因在这个生物学过程中变动幅度就越大，可能也就越重要

表 17.8　EasyGO 通路分析 SI 生物学过程下调主要通路及基因

生物学过程	分析序列号	变化的基因数量	*P* 值
细胞过程	GO：0009987	50	1e–5
代谢过程	GO：0008152	50	1e–5
应答刺激	GO：0050896	30	1e–5
次生代谢过程	GO：0019748	11	1e–5
应答温度刺激	GO：0009266	11	1e–4
细胞氨基酸代谢过程	GO：0006519	12	1e–4

注：*P* 值是 EasyGO 通路分析的显著性，值越小（负值），说明这些基因在这个生物学过程中变动幅度就越大，可能也就越重要

17.1.3　拟南芥应对不同为害模式启动的差异基因表达谱

实验结果表明，斑潜蝇引起的拟南芥表达谱变化不仅涉及很多损伤和非生物因子相关的防御反应，而且病原菌相关基因也被大量调动。结合斑潜蝇幼虫的生物学特性，即将粪便留在潜道内有可能引起与病原菌相似的为害模式，我们提出科学问题：斑潜蝇引起的植物防御到底与植食性昆虫更加相似还是与病原菌更加接近？

为了回答这个问题，我们用层级聚类方法来研究拟南芥受斑潜蝇为害、机械损伤、病原菌特殊激发子、植物激素（如 MeJA 和 SA）等因子影响引起的基因表达谱变化之间的关系。除本研究的芯片实验数据外，其他数据来源于拟南芥信息中心数据库 *Arabidopsis thaliana* Information Resource（TAIR）（https://www.arabidopsis.org/servlets/Search?action= new_search&type=expression）。这些数据采用同样的分析方法取得差异基因，然后用 Cluster 软件进行层级聚类。结果表明，斑潜蝇引起的拟南芥表达谱变化和病菌第三型分泌系统（TTSS）分泌的病菌特异诱导因子 HrpZ 所引起的表达谱变化最相似，而与机械损伤和 MeJA 引起的拟南芥表达谱变化差异较大（图 17.3），说明斑潜蝇引起的拟南芥表达谱变化和斑潜蝇的为害模式具有密切的关系，斑潜蝇幼虫潜食为害对植物造成了类似于病害的反应类型。

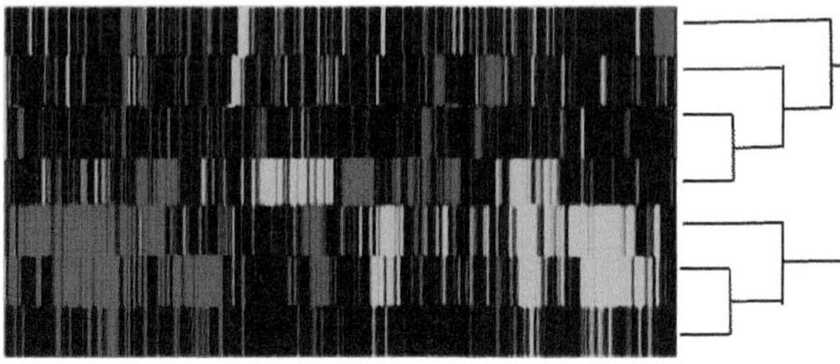

图 17.3　拟南芥伤诱导的层级聚类

斑潜蝇幼虫为害（Leafminer Local 和 Leafminer System）、机械损伤（Wound）、病原菌特殊激发子（Bacteria flg22 和 Bacteria HRPZ）、植物激素（MeJA 和 SA）等因子引起的基因表达谱变化

为了进一步确认上述结果，我们又选择了不同为害模式的昆虫或者病菌诱导的拟南芥数据（De Vos et al.，2005），包括细菌 *Pseudomonas syringae* pv. Tomato、真菌 *Alternaria brassicicola*、韧皮部为害昆虫 *Pieris rapae*、*Frankliniella occidentalis* 和刺吸式昆虫 *Myzus persicae*。这些数据来自同一个研究组，采用了与本研究相同的差异基因分析方法和基因的聚类分析方法，因而能够排除不同实验室带来的误差和干扰因素。结果表明，斑潜蝇诱导的拟南芥变化和细菌型病原菌 *Pseudomonas syringae* pv. Tomato 最为相似（图 17.4）。因此，入侵者为害模式是诱导植物防御反应的关键因子。

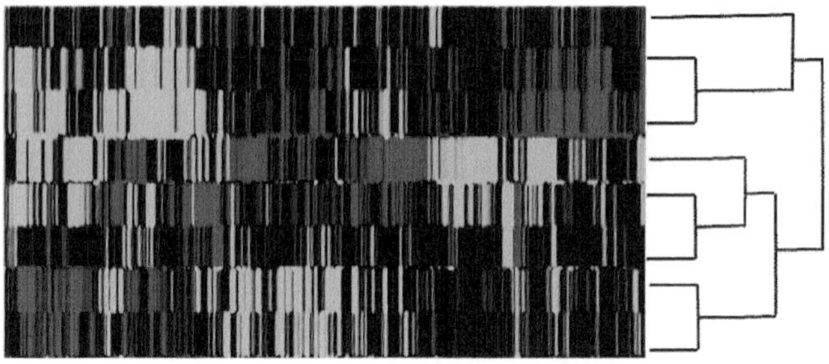

图 17.4　拟南芥伤诱导的层级聚类

拟南芥被斑潜蝇幼虫为害（Leafminer Local 和 Leafminer System）、不同为害模式的昆虫（*M. persicae*、*P. rapae* 和 *F. occidentalis*）或者病菌（*A. brassicicola* 和 *P. syringae*）诱导本地（LI）、系统（SI）基因表达谱变化

植物抗虫、抗病两个研究领域一直以来都是虫害和病害专家各自独立进行研究的，因此，植物抗虫和抗病之间很难建立联系并进行深入研究（Stout et al.，1999）。关于为害模式和植物抗性模式之间的关系，尽管前人也有过简单的论述（Glazebrook，2001），但本研究系统从基因组水平综合分析了植物抗虫和抗病的表达谱差异与为害模式的关系，提出了新的观点：植物的抗性反应不仅与为害种类有关，还与为害模式有着密切的关系。

三种抗性相关的植物激素——茉莉酸（JA）、水杨酸（SA）和乙烯（ET）之间复杂的相互关系已经被很多研究证实。本研究对它们的互作关系提出了新的解释，大量研究表明，SA 主要响应细菌病原菌，JA 响应昆虫，JA/ET 共同响应真菌（Yan and Dong，2014；Stam et al.，2014；Buscaill and Rivas，2014），但是这种对应关系不是绝对的。很多研究打破了植物激素和为害种类之间的对应关系（Dicke et al.，2009；Pieterse et al.，2009）。众所周知，植物防御可以分为为害类型的识别、信号调动、防御基因表达等（Pieterse et al.，2009），而信号调动是建立在为害类型的识别基础之上的。

除植食者的为害模式外，植物对这种模式的正确识别也很重要。例如，拟南芥对机械损伤的抗性反应要强于对植食性昆虫 *Pieris rapae* 的防御（Dicke et al.，2009）。这可能是因为 *P. rapae* 能够采取圆形取食模式的方式来尽量减小植物伤口面积。通常两种因子对植物防御起重要作用，第一是伤口情况，第二是为害者分泌的特异激发子（Bonaventure et al.，2011）。许多昆虫和病原菌常常通过减小这两种因子来逃避植物防御（Maffei et al.，2012），如昆虫通过不断吞食自己的唾液与叶片接触的部分来减小激发子对植物抗性物质的诱导；斑潜蝇幼虫期在植物叶片内刮食叶肉细胞形成潜道，同时将排泄物也遗留在潜道内，这样的微观环境有利于微生物的生存和活动。因此，斑潜蝇适应性强、寄主范围广，这很可能蕴含着微观水平的物种间相互作用机制。结合全基因表达差异分析和比较，我们推断作为广食性的斑潜蝇很可能通过长期与植物及相关微生物的进化，形成了通过相关微生物的协同作用欺骗植物产生类似于病害的响应，进而减轻植物对斑潜蝇（虫害）的抗性。最有可能的机制是，微生物的协同作用调动植物共有的 SA 通路而抑制 JA 的水平。为验证该科学假说，有必要对斑潜蝇相关微生物的种类和功能、侵染植物后诱导 SA 与 JA 的代谢物和基因的动态变化过程开展系统性研究。

植物系统防御和局部防御的模式往往很相似，而不同的攻击者所引起的系统防御和局部防御不同，这在很多不同昆虫和病菌为害植物的研究中已经被证明（Dicke et al.，2009; Pieterse et al.，2009），植物系统防御的信号被定位于茉莉酸及其衍生物（Soler et al.，2013）。那么，相同的长程信号如何引起不同的系统防御反应？除茉莉酸外，是否还有其他辅助因子共同调控植物的系统防御？这些都值得进一步的研究。

17.2　利用基因组芯片研究植物与植物化学通讯的机制

“植物-植物信息相互交流”理论发现于 20 世纪 80 年代。Baldwin 和 Schultz（1983）发现糖枫（*Acer saccharum*）幼苗被损伤后大量表达酚类物质，且诱导附近的健康糖枫羧醛化合物和丹宁碱浓度显著升高，他们推测可能是被损害植物释放的挥发类物质，导致相邻健康植物表达抗性相关化合物。Rhoades（1983）的实验发现，暴露于受害植株挥发物的红桤木（*Alnus rubra*）和柳树（*Salix sitchensis*）比对照组受植食性昆虫的为害轻，他排除了地下信号交流的可能性，认为植物的挥发性物质在植物-植物相互作用过程中起了重要作用。随后人们发现甲基茉莉酸和绿叶挥发物（green leaves volatile，GLV）在植物-植物相互交流中起到了信号传递的作用（Farmer and Ryan，1990；Bate and Rothstein，1998）。

“植物-植物相互交流”理论改变了植物只能被动受害的传统认识，提出植物能够主动相互交流和进行群体防御。然而，该理论一直以来备受质疑，主要是因为实验方法不够严谨，生态学意义不清楚。例如，实验均是在室内完成，野外是否会发生、有多大程度可以影响其他植物的适合度？实验中许多研究者会将植物长时间放在某个密闭的小空间中，引起内部二氧化碳快速被消耗，影响植物的生理状态，导致植物体产生防御反应（Dicke and Bruin，2001）。室内实验常用较高浓度的化合物处理植物，有些浓度远高于自然界中的实际浓度，因而让人们猜测在自然状态的低浓度是否能进行有效地“交流”。近些年，正向的实验证据也不断涌现。例如，Dolch 和 Tscharntke（2000）证明自然状态下植物之间也可以进行交流，他们在 10 个地点研究了红桤木（*Alnus rubra*）受伤后对相邻植物的影响，发现距受伤桤木越远的健康植株被害虫为害的程度越高，直接证明了植物间交流的生态效果。另一项野外长期的研究发现，被昆虫为害的艾树（sagebrush）可以连续数年增加它们旁边健康烟草的抗性，这种交流并不是发生在根部土壤中，而是地上叶子部分的交流（Karban et al.，2000）。随后一项基因表达的证据进一步确认了“植物-植物相互交流”现象。研究者发现，虫害后的利马豆可以导致健康利马豆抗性基因的表达（Arimura et al.，2000）。至此，人们终于确认了“植物-植物相互交流”的真实性（Agrawal，2000）。2001 年 *Biochemical Systematics and Ecology* 杂志出版了“植物-植物相互交流”的专刊（Dicke and Bruin，2001；Dicke and Dijkman，2001），认为植物和植物信息交流是非常普遍的生物现象。

随后的研究集中揭示“演讲者”挥发物的释放和“听众”接收者对信号的反应机制。“演讲者”释放的信息物质主要是绿叶挥发物（GLV）和萜烯类化合物。绿叶挥发物可以引起健康番茄挥发物的释放，特别是(Z)-3-hexen-ol 对玉米的诱导效果尤为明显（Farag and Pare，2002）。allo-ocimene 和绿叶挥发物均能引起拟南芥抗性物质的表达，并能作用于害虫。乙烯（ET）能够与(Z)-3-hexen-ol 协同发挥作用，提高玉米挥发物的释放（Ruther and Kleier，2005）。

作为“听众”接收者的直接防御和间接防御都受到了影响。间接防御的研究表明“听众”番茄的间接防御能力上调（Farag and Pare，2002）。挥发物处理的利马豆花外蜜露的释放比没有被预先处理过的植物要明显增多，表明植物挥发物可以诱导健康利马豆分泌花外蜜露吸引天敌（Choh et al.，2006）。直接防御的研究表明很多抗性基因能够被挥发物上调，尤其是茉莉酸信号通路和水杨酸信号通路的一些重要标志基因（Arimura et al.，2000；Kishimoto et al.，2005）。

“植物-植物相互交流”不仅限于同种植物之间，不同植物之间也能有效地交流。例如，被机械损伤的北美艾草（*Artemisia tridentata*）下风处的野生烟草（*Nicotiana attenuata*）抗虫能力显著提高，但如果阻隔它们之间的空气流动，这种效果就不会出现（Kessler et al.，2006）。另外，植物挥发物还能够引起同株植物中未受伤部位的叶子释放挥发性化合物，与不同株植物之间的交流结果相似（Heil and Bueno，2007）。

关于“植物-植物相互交流”的机制，目前观点主要认为“演讲者”释放的挥发物可“提前启动”（priming）“听众”植物的抗性通路，并进行较低水平的转录，当昆虫或其他进攻者来袭时，植物则能快速地表达抗性物质，节省了防御的时间（Heil and Ton，2008）。可见在植物防御中，防御物质的表达速度具有非常重要的作用。“提前启动”（priming）的概念是研究植物与植物信息交流的一条黄金标准。

目前关于“植物-植物相互交流”的研究主要是现象描述，深入的机制研究比较缺乏。有的植物“交流”显著，有的植物则较难发现交流的现象。不同植物的信号分子在“交流”中的结果也不同。对于“演讲者”释放挥发物的浓度、种类、节律等因素是否影响“听众”植物还未见报道；“听众”植物响应的高通量检测有可能是更加有效的研究手段（Baldwin et al.，2006）。目前这方面的研究还比较少，个别涉及芯片的工作，芯片基因的通量比较低，不能完整表现“听众”的反应；挥发物和“听众”之间的沟通是通过什么信号通路或者受体来完成的也不清楚。随着研究的深入，研究数据不断积累，详细地了解植物之间的“对话”机制，已经成为一个亟待解决的前沿科学问题。

为此，我们利用伤诱导挥发物量大的利马豆和虫害诱导挥发物很少的植物拟南芥作为“演讲者”，用健康的拟南芥作为“听众”（图 17.5），开展了“植物-植物相互交流”的系统研究。我们利用 Affymetrix 公司的全基因组芯片 ATH1 对“听众”在不同处理后的反应进行了全面的检测和分析。首先，我们证明“植物-植物相互交流”的效果和“演讲者”与“听众”的亲缘关系无关，而“演讲者”的挥发物特征是关键因子；其次，我们发现 C6 化合物和萜烯类化合物都能够引起健康植物表达抗性物质，但是 C6 与浓度关系密切，而萜烯类化合物与作用时间关系更加密切；最后，我们用拟南芥突变体作为听众揭示了乙烯信号通路在介导“植物-植物相互交流”时的关键作用。

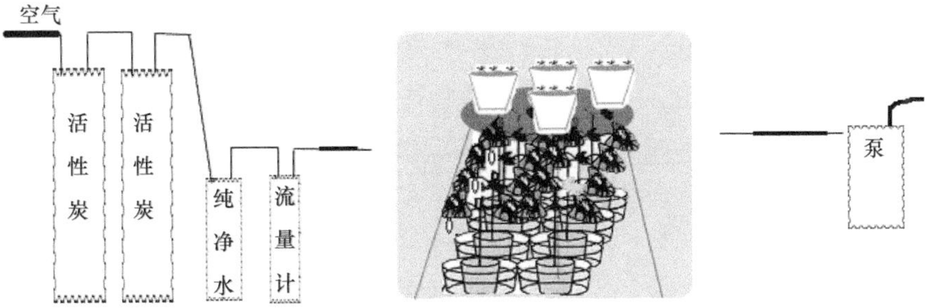

图 17.5　植物-植物相互交流实验示意图

利马豆作为“演讲者”（下方灰色盆的植物），拟南芥作为“演讲者”（上方白色盆的植物）

17.2.1 “植物-植物相互交流”效果和“演讲者”与“听众”的亲缘关系无关

为了检测“植物-植物相互交流”是否在“演讲者”与“听众”之间存在亲缘关系的差异，我们检测了健康拟南芥“听众”对两种“演讲者”的反应。一种是斑潜蝇幼虫为害的同种植物拟南芥，另一种是异种的利马豆。随后我们用 Affymetrix 公司的全基因组芯片 ATH1 来检测“听众”拟南芥基因组水平的应答。对照组的“演讲者”是没有被斑潜蝇为害的拟南芥或利马豆。结果显示，被二龄幼虫为害的拟南芥处理的健康拟南芥和对照之间几乎没有差别（图 17.6），基因表达谱聚类并没有将它们明显分开，它们交叉出现在聚类图上。相比之下，被斑潜蝇为害的利马豆气味处理的拟南芥基因表达谱与对照之间有很大差别（图 17.7）。对比 24h、48h 和空白对照可以看出，利马豆伤诱导气味的“听众”效应随着处理时间的增加，响应也越显著。

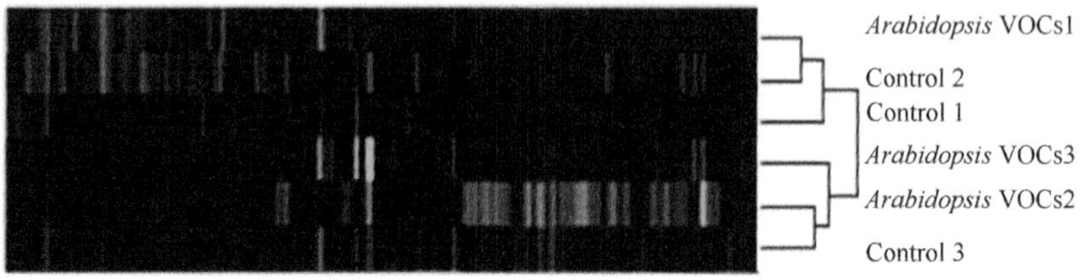

图 17.6 健康拟南芥受到斑潜蝇幼虫为害拟南芥诱导气味（VOC）和健康对照（Control）气味处理后基因表达谱的聚类分析

每个处理重复 3 次

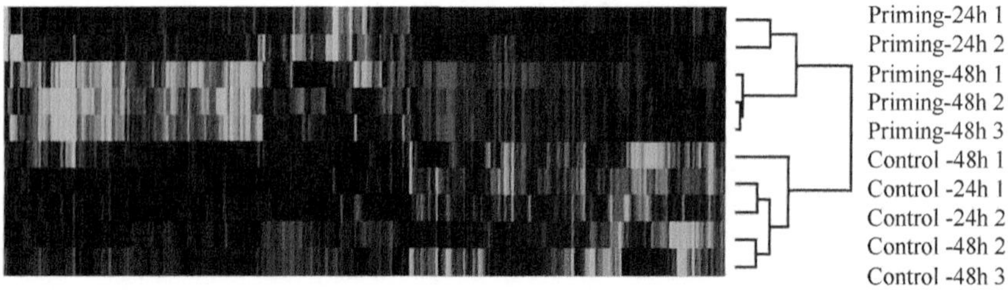

图 17.7 健康拟南芥受到斑潜蝇幼虫为害利马豆气味（VOC）与健康对照（Control）在 24h 和 48h 处理后诱导基因表达谱的聚类分析；Priming 用 VOC 处理 24h 或 48h

每个处理重复 2～3 次

比较两种“演讲者”植物释放的挥发物发现，拟南芥几乎不释放任何挥发物，而被二龄斑潜蝇为害的利马豆却释放出大量的挥发物（Wei et al.，2007）。

这些结果表明，“植物-植物相互交流”与“演讲者”和“听众”之间的亲缘关系无关，而与植物释放的信息化合物的种类和释放量有很大关系。以前的研究证实“植物-植物相互交流”既能够在同物种之间进行（Arimura et al.，2000），又能够在不同物种之间进行（Kessler et al.，2006），但没有探讨过两种相互交流的植物的亲缘关系和交流效果之间的关系。我们的结果回答了这个问题，即同一物种信息挥发物量少，交流就难以产生；不同物种之间，只要“演讲者”释放的挥发物浓度足够高，它们就能够达到显著的交流效果。因此，“植物-植物相互交流”是化合物的时间和剂量共同发生作用的过程。

17.2.2 植物间信息“交流”的基因表达变化

为了全面地解析“听众”拟南芥对信息化合物的刺激反应，我们对二龄幼虫为害的利马豆气味处理的健康拟南芥基因表达谱进行了详细分析。利用 WEGO 进行基因功能分析表明，差异基因主要集中在两个方面，一个是代谢相关基因，一个是抗性相关基因。代谢过程、细胞内过程、生物调节等是最为显著的代谢相关过程；免疫响应系统、刺激响应系统、其他有机物响应系统等是主要的抗性相关通路（图 17.8A）。处理 24h 和处理 48h 具有相似的反应通路，但是 48h 所调动的基因显著升高。上调和下调基因具有不同的特征。上调基因中，24h 和 48h 的差距比所有基因大（图 17.8B），即 48h 处理后，上调基因所占比例更大。但下调基因中，24h 和 48h 的差距明显减小，甚至刺激响应相关下调基因 24h 处理要多于 48h 处理（图 17.8C）。

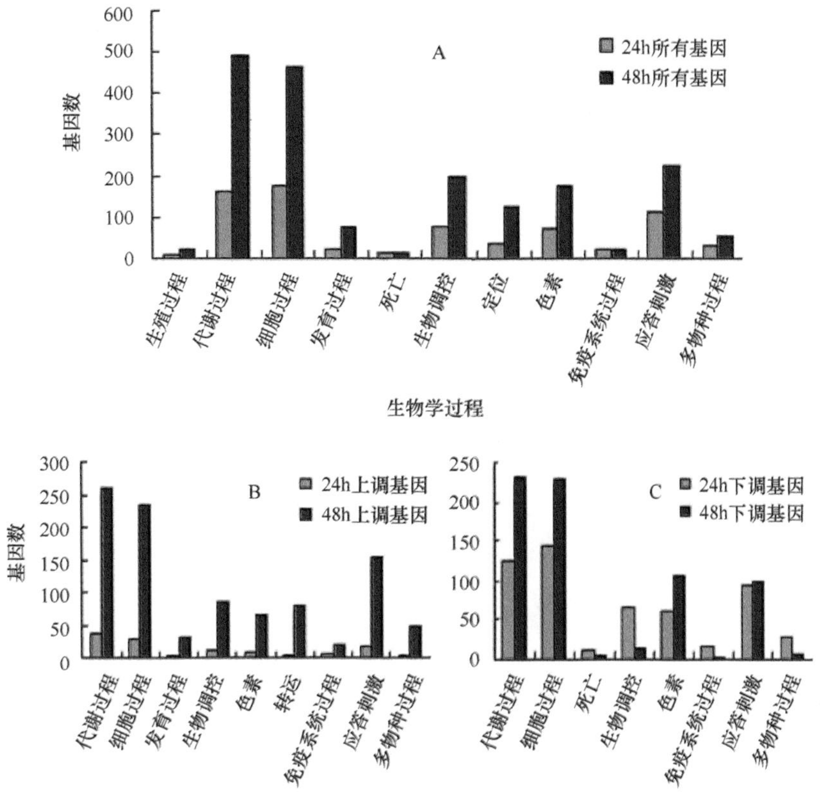

图 17.8　健康拟南芥受到斑潜蝇幼虫为害利马豆气味（VOC）诱导差异表达基因（A）及在 24h 和 48h 处理后上调（B）和下调（C）的基因

为了进一步分析"听众"上调、下调基因之间的关系，我们利用 EasyGO 将差异基因进行了通路富集，发现斑潜蝇为害利马豆气味处理健康拟南芥 24h 后，拟南芥上调基因很少，只有免疫应对通路被富集；然而处理 24h 后下调的基因比较多，包括很多抗性相关基因，其中水杨酸相关通路被显著富集，茉莉酸响应通路、其他有机物响应系统、生长素刺激响应通路等也被富集，证明这些通路的功能在 24h 处理后减弱。

然而处理 48h 后大量拟南芥基因上调。基因富集分析表明，很多代谢和防御相关通路均明显上调，说明经过 48h 的"交流"，"听众"许多通路被显著激活。这些通路主要是次生代谢物过程、氨基酸派生物质合成过程等，这些物质同样在植物中起到比较重要的直接防御功能。被富集的防御过程包括有机物响应系统、胁迫响应系统、外界刺激响应系统、化学物质（如茉莉酸、水杨酸）刺激响应系统等。48h 处理后下调基因比较少，被富集的主要是蓝光响应系统、氮类化合物分解代谢过程。

综上所述，用利马豆气味处理拟南芥后，拟南芥的很多防御相关通路先被轻微抑制，但与免疫相关的通路显著上调。防御相关通路上调的 6 个基因中有 3 个是乙烯（ET）响应相关基因，另外 3 个是茉莉酸（JA）响应相关基因。只有经过长时间的处理后，相关防御通路的基因才上调。

17.2.3 乙烯（ET）信号通路是识别“交流”信号的关键

“植物-植物相互交流”的初期，乙烯（ET）和茉莉酸（JA）信号被上调。因此这两个信号可能是“植物-植物相互交流”的关键受体通路。我们利用茉莉酸识别信号缺失体 *coi1-2* 和乙烯不敏感受体 *ein2-1* 两个信号突变体并将其作为“听众”，验证这两个信号通路在“植物-植物相互交流”中的作用。二龄斑潜蝇为害的利马豆气味处理 24h 和 48h 后，检测芯片数据中差异倍数最大的基因和各个重要信号通路的 36 种代表基因的表达。结果显示，*ein2-1* 对信号几乎不接收，抗性基因几乎没有变化；*coi1-2* 突变体与野生型拟南芥比，启动了一些抗性基因（图 17.9）。因此，ET 信号通路是“植物-植物相互交流”的关键因子，可以形象地称为“听众”的“耳朵”。

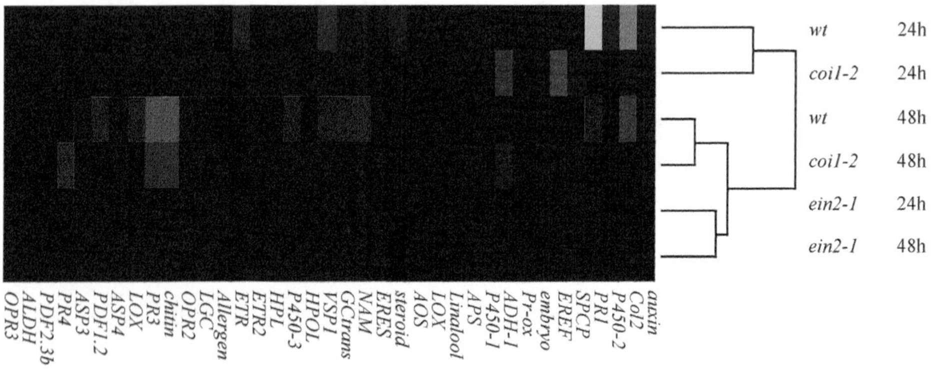

图 17.9 拟南芥不同基因型受斑潜蝇伤诱导后抗性基因的表达差异聚类分析

健康拟南芥野生型 *wt*、茉莉酸识别信号缺失体 *coi1-2* 和乙烯不敏感受体 *ein2-1*
被斑潜蝇幼虫为害的利马豆气味（VOC）处理 24h 和 48h 后 36 种抗性基因表达谱的聚类分析。
抗性基因包括 *P450-1*、*APS*、*Col2*、*HPOL*、*PR4*、*PDF1.2*、*VSP1*、*PR1* 和 *LOX* 等

“利马豆-拟南芥之间的相互交流”起始于 ET 和 JA 信号的上调。突变体实验结果显示，乙烯（ET）在交流过程中发挥了不可或缺的作用，茉莉酸虽然可以影响植物与植物之间的交流，但不是必不可少的。Ruther 和 Kleier（2005）证明 ET 可以促进玉米挥发物(Z)-3-hexen-ol 的释放，而这种挥发物可以介导植物的间接反应。茉莉酸（JA）和乙烯（ET）之间的密切关系已经被深入地分析（Soler et al.，2013），它们既可以相互整合，又有独立的效果。同时，JA 和 ET 的不同突变体具有不同的表型（Dong et al.，2004）。总之，乙烯（ET）信号通路可能是“植物-植物相互交流”信号的受体，而它们的作用引起了下游茉莉酸（JA）和乙烯（ET）作用的整合，从而诱导了大量抗性相关基因的表达。

17.2.4 绿叶挥发物和萜烯类化合物诱导拟南芥抗性基因的不同表达

一般植物挥发物主要是由 C6 化合物及其衍生物组成的绿叶挥发物（GLV）和萜烯类物质组成。不同化合物“语言”是否代表不同的意思？它们对“听众”的效果是否相

同？与作用时间和浓度是否有关系？下面内容将给以解释。

我们选取了(Z)-3-hexen-ol、Linalool 和 Ocimene 三种化合物，它们是斑潜蝇为害后利马豆挥发物的主体化合物，约占利马豆总挥发物量的 50%。以利马豆气味为对照，检测上述 36 种基因的表达。结果表明，挥发物 Linalool 在 24h 和 48h 处理后都能够达到斑潜蝇为害的利马豆对健康拟南芥的处理效果；Ocimene 萜烯类挥发物 24h 处理后的效果比较微弱，48h 后能够达到利马豆处理拟南芥的效果；(Z)-3-hexen-ol 这种绿叶挥发物与萜烯类物质的效果相似，也需要 48h 才能达到利马豆对拟南芥诱导的效果。

我们进一步检测不同浓度的上述三种化合物对健康拟南芥的交流效果。处理浓度为 15L 的玻璃罐中分别加入 0.1mol/L 的上述三种化合物 25ul、5ul 或 1ul，对照组分别加入相应量的二氯甲烷溶剂。结果表明，低浓度下，绿叶挥发物 Linalool 和(Z)-3-hexen-ol 对健康拟南芥的效果比较微弱，但是萜烯类化合物 Ocimene 在低浓度下效果好（图 17.10）。综上所述，绿叶挥发物（GLV）对“听众”交流的效果与浓度关系密切，而萜烯类挥发物对“听众”的效果与交流的持续时间相关。

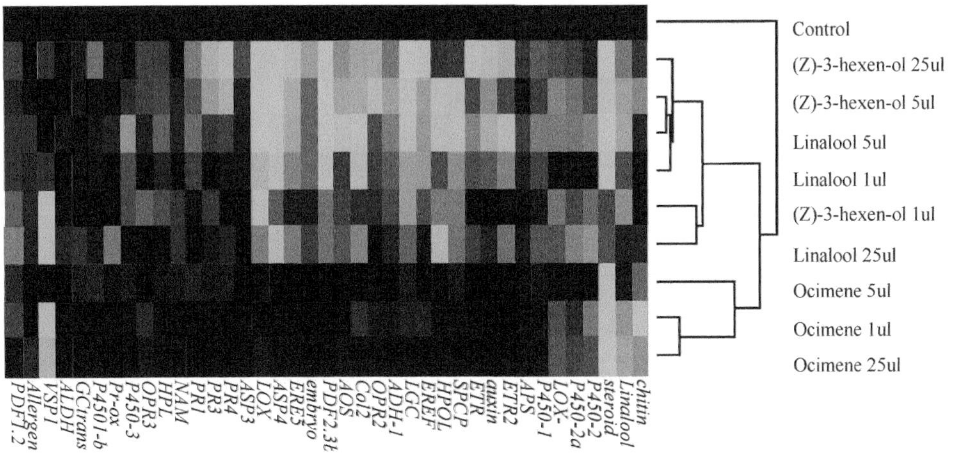

图 17.10　拟南芥被挥发物诱导后主要抗性基因的表达差异聚类分析

健康拟南芥被不同浓度 Linalool、(Z)-3-hexen-ol 和 Ocimene 气味处理 24h、48h 后 36 种抗性基因表达谱的聚类分析。抗性基因包括 *P450-1*、*APS*、*Col2*、*HPOL*、*PR4*、*PDF1.2*、*VSP1*、*PR1* 和 *LOX* 等

研究全基因组芯片的运用，让我们对“听众”的反应有了更深层次的了解。24h 的交流后，乙烯（ET）和茉莉酸（JA）相关的免疫基因上调，但是水杨酸（SA）信号通路显著下调，这和以前的研究中水杨酸和茉莉酸之间的拮抗作用相一致。这说明在较短时间的“交流”后，植物的“耳朵”乙烯信号通路开始活跃，而茉莉酸通路和乙烯通路之间具有密切的相互关系（Lorenzo et al.，2003），因此茉莉酸途径也被调动。当交流的时间延长时（48h），更多的防御基因被调动，几乎包含了所有刺激响应相关的通路，一些次生代谢物大量表达，这些物质在植物防御中也具有重要作用。拟南芥对生长素的响应减弱，说明植物“偷听”的过程是一个耗能的过程，它们需要在防御和生长之间达到一个平衡。

17.3 利用基因组研究昆虫嗅觉对寄主信息流的行为适应机制

植食性昆虫-植物互作促进了昆虫的多样性，其中植物化学起到了重要的作用（Ehrlich and Raven，1964）。昆虫进化过程中不但要适应植物产生的众多次生代谢物，它们也发展出了利用寄主植物释放的挥发性化合物来选择和开拓寄主的能力。因此，植物挥发物在由寄主转移（host shifting）引起的同域物种形成和生殖隔离中发挥了重要的作用（Syed et al.，2003）。有研究显示，昆虫少数嗅觉基因的改变就可以引起寄主偏好性的变化，进而在同域形成不同的生物型（Linn et al.，2003）。本节主要综述生态基因组研究在昆虫嗅觉适应寄主植物中的进展。

植食性昆虫通过嗅觉系统鉴定和识别环境中与寄主植物、配偶、产卵及生殖场所等相关的特异性化学气味分子，寻找和定位寄主（van Naters and Carlson，2006；Dicke et al.，2009；Nieh et al.，2015；Chen et al.，2015）。位于昆虫触角感器中的多种嗅觉蛋白和基因参与了这一过程，它们包括气味结合蛋白（OBP）、气味受体（OR）、亲离子受体（IR）、感觉神经膜蛋白（SNMP）和气味降解酶（ODE）等（Su et al.，2009）。气味受体的发现是嗅觉研究上的一个重大突破。研究表明，OR/IR 与识别的气味分子之间并不是一一对应的关系，每个 OR/IR 都有一个特异的气味反应谱（Missbach et al.，2014）。气味结合蛋白（OBP）的功能也是研究的热点问题，通过荧光标记结合实验明确了多种昆虫的 OBP 能与气味分子紧密结合。由于 OR/IR 和 OBP 基因家族进化速度快，新基因的产生和基因丢失事件在进化中频繁发生，因此通过同源克隆的方法获得基因信息效果不佳（Missbach et al.，2014）。近年来，基因组学、转录组学等一些现代生物学科蓬勃兴起和快速发展，为鉴定大量嗅觉相关基因提供了可能，也使得 OR/IR 和 OBP 等嗅觉相关基因的研究由果蝇、蚊子和家蚕等模式和经济昆虫向蚜虫、蛾类和飞蝗等多种农业害虫及向进化链条中关键物种延伸（表 17.9）。

表 17.9 基因组鉴定主要植食性昆虫嗅觉相关基因数量与模式昆虫对比

昆虫种类	OR	IR	OBP	文献
麦蚜（*Diuraphis noxia*）	21	—*	9	Nicholson et al.（2015）
豌豆蚜（*Acyrthosiphon pisum*）	58	11	15	Richards et al.（2010）
褐飞虱（*Nilaparvata lugens*）	50	—*	11	Xue et al.（2014）
小菜蛾（*Plutella xylostella*）	85	45	37	You et al.（2013）
飞蝗（*Locusta migratoria*）	95	11	22	Wang et al.（2014）
家蚕（*Bombyx mori*）	48	18	46	Xia et al.（2004）
帝王蝶（*Danaus plexippus*）	64	19	35	Zhan et al.（2011）
红带袖蝶（*Heliconius melpomene*）	70	—*	43	The *Heliconius* Genome Consortium（2012）
蜜蜂（*Apis mellifera*）	163	10	21	The Honeybee Genome Sequencing Consortium（2006）
果蝇（*Drosophila melanogaster*）	62	66	52	Adams et al.（2000）

*表示研究中没有提供具体数据

嗅觉相关基因在相同类群不同物种进化过程中，通过复制、丢失和突变等遗传学特性的改变来适应不同的寄主。例如，果蝇 12 个测序物种的嗅觉基因在不同进化支系上均发生过复制事件，为其他昆虫嗅觉适应性研究提供了良好的案例（Gardiner et al.，2008）。鳞翅目昆虫进化过程中发生了嗅觉基因的多次获得和丢失，嗅觉基因家族的扩张与被子植物辐射进化密切相关，这可能是鳞翅目昆虫适应寄主植物的主要机制（Simon et al.，2015）。豌豆蚜基因组测序发现了大量的 ORs，这些基因近期发生了快速的特异性复制，经受了进化的正选择（Richards et al.，2010）。对小菜蛾幼虫和成虫嗅觉感觉基因家族的研究发现，*OR* 基因发生了扩张，这一点与家蚕十分相似，并且不同组织、发育阶段和性别 *OR* 基因的表达量是动态变化的，推测这可能是应对寄主植物信息化合物动态变化的结果（You et al.，2013）。褐飞虱化学感受相关基因家族出现收缩现象，且 OBP 相关基因要少于其他测序昆虫的基因数量（Xue et al.，2014）。飞蝗拥有较多的嗅觉相关蛋白，可能与飞蝗适应禾本科植物及群聚生物习性相关（Wang et al.，2014）。通过多物种嗅觉相关基因（特别是 *OR*）的比较，可以看出多食性昆虫比寡食性或专食性昆虫的嗅觉相关基因要明显多，前者是后者的 2 倍左右（表 17.9），且 *OR* 基因在不同类群中均发生种特异性的扩张事件。尽管测序技术推动了嗅觉相关基因的发现（表 17.9），但为什么不同物种嗅觉基因家族的种类和序列差别巨大？这些基因是如何解码物种特异性和广谱性信息流的？因此，下一步只有将鉴定的大量嗅觉相关基因与反向化学生态学、分子和神经生物学相结合，采用先进的基因操作技术手段如 CRISPER/Cas9 等操纵配体与受体的识别，才能阐明它们在昆虫识别、定位宿主方面的机制。

17.4　植食性昆虫寄主专化的基因组适应机制

昆虫中有 50%的种类以植物为食，其中以鳞翅目和鞘翅目两大类群为代表的植食性昆虫的进化、繁盛与白垩纪（1.45 亿到 6500 万年间）被子植物的辐射进化有非常密切的关系（Jaenike，1990；Farrell，1998）。尽管有些昆虫可以取食和利用很多植物，称为广食性种类，但实际上大多数昆虫只取食少数植物，称为专食性种类。甚至广食性昆虫也有很强的寄主偏好性，这一现象被称为寄主专化性（host specialization）。在进化生物学界昆虫与植物互作的结果是驱使广食性向专食性进化，还是一个相反过程的观点并不统一，以鳞翅目和鞘翅目两大类群为代表的植食性昆虫的进化研究支持前一种进化过程，即随着被子植物的辐射进化，昆虫从广食性向专食性发展（Farrell，1998）。从广食性到专食性适应过程需要昆虫从形态、生理和遗传等多方面发生转变，特别是昆虫要面临植物抗性物质的选择压力。因此，它们往往通过调整自身免疫和解毒系统等来适应植物的化学防御，同时，也可以通过感觉（嗅觉和味觉）的专化性来寻找合适的植物或回避有毒有害的植物。因此，本节着重综述植食性昆虫寄主专化（化学适应）的生态基因组学的研究进展。

新一代测序技术为鉴定不同昆虫类群消化和解毒酶系基因家族提供了强大的工具。昆虫为应对植物产生次生代谢物的直接防御，主要发展了包括 UDP 糖基转移酶（UDP glycosyltransferase，UGT）、羧酸/胆碱酯酶（carboxyl/choline esterase，CCE）、谷胱甘肽

S-转移酶（glutathione S-transferase，GST）、ABC 接合酶（ATP-binding cassette，ABC）和细胞色素 P450 家族（表 17.10）等解毒酶系统。例如，相对于专食性的家蚕，小菜蛾抗药性相关基因数量明显增加，而且解毒酶基因也发生了复制事件，特别是 ABC 接合酶的种类显著多于家蚕（表 17.10）。这些都与小菜蛾寄主适应性范围广有关（You et al.，2013）。褐飞虱、豌豆蚜、麦蚜等半翅目同翅亚目昆虫解毒酶特异基因数目和预测基因数目都比其他昆虫多（表 17.10），表明这类昆虫的基因扩张是普遍现象。褐飞虱解毒和消化相关基因存在基因丢失现象，如 P450、GST 的基因数目很少，淀粉降解必需的α-淀粉酶，围食膜几丁质的合成酶 CHS2 也缺失，这些特点与褐飞虱取食水稻韧皮汁液的生活习性有关（Xue et al.，2014）。飞蝗主要以禾本科植物为食，基因组鉴定了五大类解毒酶系系（Wang et al.，2014），其中 UGT 和羧酸/胆碱酯酶系统在包括飞蝗的多数昆虫中都发生了扩张事件，这些基因家族的扩张为飞蝗适应广泛的寄主奠定了基础，如 UGT 主要是使禾本科植物代谢产物如酚类、黄酮类和生物碱等糖基化（Wang et al.，2014）。多物种比较可见，P450 家族以蜜蜂和麦蚜数量最少；蜜蜂和褐飞虱 GST 家族的基因也是最少的。相反，多食性和刺吸式豌豆蚜的 P450、GST 基因数目多，可能有利于适应上百种不同的植物。总之，解毒酶系系相关基因的扩张和收缩与适应寄主或环境中有毒物质有很大的相关性。

表 17.10　基因组鉴定主要植食性昆虫解毒酶基因数量与模式昆虫对比

昆虫种类	UGT	P450	CCE	GST	ABC	文献
麦蚜（*Diuraphis noxia*）	—*	48	8	11	53	Nicholson et al.（2015）
豌豆蚜（*Acyrthosiphon pisum*）	58	83	29	20	71	Richards et al.（2010）
褐飞虱（*Nilaparvata lugens*）	—*	67	—*	11	—*	Xue et al.（2014）
小菜蛾（*Plutella xylostella*）	—*	90	—*	36	95	You et al.（2013）
飞蝗（*Locusta migratoria*）	68	94	83	28	65	Wang et al.（2014）
家蚕（*Bombyx mori*）	45	84	73	23	50	Xia et al.（2004）
蜜蜂（*Apis mellifera*）	12	46	24	10	46	The Honeybee Genome Sequencing Consortium（2006）
果蝇（*Drosophila melanogaster*）	34	85	35	38	56	Adams et al.（2000）

*表示研究中没有提供具体数据

针对棉铃虫（*Helicoverpa armigera*）对不同含量棉酚抗性的转录组分析显示，中肠 P450 家族的基因（*CYP6AE14* 和 *CYP6AE11*）表达大幅度上调（Celorio-Mancera et al.，2011）。将 *CYP6AE14* 基因沉默，幼虫对棉酚耐受性明显降低。棉铃虫中肠表达的 *CYP6AB9* 和 *CYP9A17* 基因与寄主植物组织特异性取食有密切的关系（Celorio-Mancera et al.，2012）。转录组对比分析显示，广食性烟芽夜蛾（*Heliothis virescens*）和专食性烟草天蛾（*Maduca sexta*）取食野生型烟草和尼古丁、蛋白酶抑制剂和茉莉酸等防御物质缺失体烟草后，它们均动员了 CCE、GST 和 P450 家族的基因（Govind et al.，2010），然而，烟草天蛾启动的基因多为特异性的，而烟芽夜蛾启动的基因更为广谱。例如，尼古丁诱导的烟草天蛾基因表达数量明显少于对烟芽夜蛾的诱导，可见专食性昆虫对植物次生代谢物抗性适应性更强。对专食性蚜虫豌豆蚜与广食性桃蚜的转录组比较发现，桃蚜有 115 个 P450 家族基因发生了扩张，而豌豆蚜有 83 个基因发生了扩张，但两种蚜虫谷胱甘肽 *S*-转移酶和羧酸/胆碱酯酶家族的基因均没有扩张现象（Ramsey et al.，2010）。对适应烟草的桃蚜转录组分析发现，*CYP6CY3* 基因表达上调，而且该基因通过增加拷贝数和改变启动子区适应高尼古丁含量的烟草，进而形成了新的桃蚜烟草生物型（Puinean et al.，2010；Bass et al.，2013）。可见，从头组装基因组和转录组技术为研究植食性昆虫的寄主适应和专化性提供了强有力的工具。

最近一项研究揭示了昆虫从腐食性到植食性进化的基因组适应性机制。大多数昆虫从非植食性向植食性进化分歧的时间很早（白垩纪），比较基因组学很难对这一过程中昆虫基因组特征发生了什么变化给出强有力的证据，阐明这个问题是一项非常有挑战性的工作。一项植食性果蝇（*Scaptomyza flava*）与腐食性果蝇基因组的比较研究，为验证这个植食性起源的科学假说提供了重要证据（Whiteman et al.，2012）。*Scaptomyza* 的果蝇是以十字花科植物为食的专食性或寡食性昆虫，幼虫在叶表皮下潜食为害，其生物学与腐食性果蝇形成了鲜明的对比。*Scaptomyza* 的果蝇是如何从腐食性过渡到可以适应十字花科植物如拟南芥的抗虫代谢产物芥子油苷（glucosinolate）的？模式植物拟南芥拥有大量代谢途径相关的突变体，为解析 *S. flava* 与拟南芥互作的基因组研究提供了良好的材料。通过基因组水平的 RNA 测序探讨了 *S. flava* 对拟南芥芥子油苷的适应性。对 *S. flava* 的转录组和基因组数据与果蝇 12 个种的数据进行进化分析，结果表明，它的进化地位与果蝇 *Drosophila* 是并系群，分歧年代在 1600 万年到 600 万年间，远近于其他大多数植食性昆虫分化的时间。拟南芥受到幼虫取食的组织中 *cyp79b2* 基因表达量明显高于健康植物和机械损伤的植物，说明植食性果蝇的确引起了植物抗性基因的表达。*S. flava* 在拟南芥芥子油苷缺失体上的生长（幼虫体重）和发育（卵到成虫的时间）明显优于在野生型拟南芥上，进一步说明芥子油苷是限制 *S. flava* 生长发育的重要因素。为了探讨 *S. flava* 抗性基因对芥子油苷的响应，对来自野生型和芥子油苷敲除突变体（GKO）的果蝇进行了 454 RNA 测序，通过与进化分支最近的 *D. grimshawi* 的编码序列进行对比，组装得到 16 476 个高可信度的 *S. flava* 转录本。与取食 GKO 缺失体拟南芥的幼虫相比，在野生型拟南芥取食的幼虫上调了 278 个转录本（82%），下调了 63 个转录本（18%）。对黑腹果蝇同源基因的 AmiGO 分析发现，这些转录本功能被富集到了生物学过程的血淋巴凝聚、质膜的细胞成分和分子功能（如表皮/角质的结构组成）等方面，其中 121 个同源转录本中至少有 2 个序列（*Ance-3* 和 *Thor*）与黑腹果蝇食物因子胁迫引起的上调基因相似。通过过滤幼虫发育相关的数据，21 个与代谢、组织重建和伤诱导相关的基因被认为与潜蝇取食芥子油苷有关。芥子油苷诱导潜蝇上调基因的进化分析显示，这类基因的进化速度比较快。对潜蝇与果蝇非同源序列的组装和不同处理转录组比对，也找到了一些与芥子油苷相关的新基因。综合分析认为，潜蝇适应十字花科芥子油苷，采取了整合已存在的同功基因、扩展功能基因和快速进化基因及产生新基因的策略。虽然这项研究并没有找到潜蝇具体抗芥子油苷的基因家族或基因，但为进一步揭示植物与昆虫互作的生态基因组研究打开了一扇门。

利用比较基因组或转录组等方法研究昆虫与植物互作关系要注意一些问题，如类群的选择和实验设计要合适，否则基因表达谱的差异不一定都是寄主专化性造成的差异；

另外，基因测序组装及注释方面的错误也有可能影响结论。

总之，植物-昆虫互作的生态基因组学研究已经成为化学生态学和进化生态学领域新兴的前沿课题。通过植物和昆虫基因组学在它们互作中的深入研究，一些与进化和功能相关的基因被解析，特别是新的分子工具在非模式植物-昆虫互作中的开发与应用，使植物直接防御、间接防御，植物与植物化学通讯的群体反应机制，以及昆虫识别寄主的机制和昆虫寄主专化性机制的研究更加系统和整合，必将为寻找害虫更加特异的精准防治靶标分子和节点、建立和完善可持续防控策略提供重要的科学基础。

参 考 文 献

Adams M D, Celniker S E, Holt R A, et al. 2000. The genome sequence of *Drosophila melanogaster*. Science, 287(5461): 2185-2195.

Agrawal A A. 2000. Communication between plants: this time it's real. Trends in Ecology & Evolution, 15: 446.

Arimura G, Ozawa R, Shimoda T. 2000. Herbivory-induced volatiles elicit defence genes in lima bean leaves. Nature, 406: 512-515.

Baldwin I T, Halitschke R, Paschold A. 2006. Volatile signaling in plant-plant interactions: "Talking trees" in the genomics era. Science, 311: 812-815.

Baldwin I T, Schultz J C. 1983. Rapid changes in tree leaf chemistry induced by damage - evidence for communication between plants. Science, 221: 277-279.

Barthlott W, Rauer G, Ibisch P L, et al. 2000. Biodiversity and botanical gardens. Science, 231: 1528-1533.

Bass C, Zimmer C T, Riveron J M, et al. 2013. Gene amplification and microsatellite polymorphism underlie a recent insect host shift. Proc Natl Acad Sci USA, 110(48): 19460-19465.

Bate N J, Rothstein S J. 1998. C6-volatiles derived from the lipoxygenase pathway induce a subset of defense-related genes. Plant J, 16: 561-569.

Bonaventure G, VanDoorn A, Baldwin I T. 2011. Herbivore-associated elicitors: FAC signaling and metabolism. Trends in Plant Science, 16: 294-299.

Buscaill P, Rivas S. 2014. Transcriptional control of plant defence responses. Current Opinion in Plant Biology, 20: 35-46.

Celorio-Mancera M de la Paz, Ahn S J, Vogel H, et al. 2011. Transcriptional responses underlying the hormetic and detrimental effects of the plant secondary metabolite gossypol on the generalist herbivore *Helicoverpa armigera*. BMC Genomics, 12: 575.

Celorio-Mancera M de la Paz, Heckel D G, Vogel H. 2012. Transcriptional analysis of physiological pathways in a generalist herbivore: responses to different host plants and plant structures by the cotton bollworm, *Helicoverpa armigera*. Entomol Exp Appl, 144: 123-133.

Chen Y, Lin Y C, Kuo T W, et al. 2015. Sensory detection of food rapidly modulates arcuate feeding circuits. Cell, 160(5): 829-841.

Choh Y, Kugimiya S, Takabayashi J. 2006. Induced production of extrafloral nectar in intact lima bean plants in response to volatiles from spider mite-infested conspecific plants as a possible indirect defense against spider mites. Oecologia, 147: 455-460.

Chung S H, Rosa C, Scully E D, et al. 2013. Herbivore exploits orally secreted bacteria to suppress plant defenses. Proceedings of the National Academy of Sciences of the United States of America, 110: 15728-15733.

De Vos M, Van Oosten V R, Van Poecke R M. 2005. Signal signature and transcriptome changes of Arabidopsis during pathogen and insect attack. Molecular Plant-Microbe Interactions, 18: 923-937.

Dicke M, Baldwin I T. 2010. The evolutionary context for herbivore-induced plant volatiles: beyond the 'cry for help'. Trends in Plant Science, 15: 167-175.

Dicke M, Bruin J. 2001. Chemical information transfer between damaged and undamaged plants—preface. Biochemical Systematics and Ecology, 29: 979-980.

Dicke M, Dijkman H. 2001. Within-plant circulation of systemic elicitor of induced defence and release from roots of elicitor that affects neighbouring plants. Biochemical Systematics and Ecology, 29: 1075-1087.

Dicke M, Loreto F. 2010. Induced plant volatiles: from genes to climate change. Trends in Plant Science, 15(3): 115-117.

Dicke M, van Loon J J A, de Jong P W. 2004. Ecogenomics benefits community ecology. Science, 305(5684): 618-619.

Dicke M, van Loon J J A, Soler R. 2009. Chemical complexity of volatiles from plants induced by multiple attack. Nature Chemical Biology, 5: 317-324.

Dolch R, Tscharntke T. 2000. Defoliation of alders (*Alnus glutinosa*) affects herbivory by leaf beetles on undamaged neighbours. Oecologia, 125: 504-511.

Dong H P, Peng J L, Bao Z L. 2004. Downstream divergence of the ethylene signaling pathway for harpin-stimulated *Arabidopsis* growth and insect defense. Plant Physiology, 136(3): 3628-3638.

Ehrlich P R, Raven P H. 1964. Butterflies and plants-a study in coevolution. Evolution, 18(4): 586-608.

Farag M A, Fokar M, Zhang H A. 2005. (Z)-3-Hexenol induces defense genes and downstream metabolites in maize. Planta, 220(6): 900-909.

Farag M A, Pare P W. 2002. C-6-green leaf volatiles trigger local and systemic VOC emissions in tomato. Phytochemistry, 61: 545-554.

Farmer E E, Ryan C A. 1990. Interplant communication: airborne methyl jasmonate induces synthesis of proteinase inhibitors in plant leaves. Proc Natl Acad Sci USA, 87: 7713-7716.

Farrell B D. 1998. "Inordinate fondness" explained: why are there so many beetles? Science, 281: 555-559.

Gardiner A, Barker D, Butlin R K, et al. 2008. Drosophila chemoreceptor gene evolution: selection, specialization and genome size. Mol Ecol, 17: 1648-1657.

Glazebrook J. 2001. Genes controlling expression of defense responses in *Arabidopsis*—2001 status. Current Opinion in Plant Biology, 4: 301-308.

Govind G, Mittapalli O, Griebel T, et al. 2010. Unbiased transcriptional comparisons of generalist and specialist herbivores feeding on progressively defenseless *Nicotiana attenuate* plants. PLoS One, 5: e8735.

Heil M, Bueno J C S. 2007. Within-plant signaling by volatiles leads to induction and priming of an indirect plant defense in nature. Proceedings of the National Academy of Sciences of the United States of America, 104: 5467-5472.

Heil M, Ton J. 2008. Long-distance signalling in plant defence. Trends in Plant Science, 13(6): 264-272.

Izaguirre M M, Scopel A L, Baldwin I T. 2003. Convergent responses to stress. Solar ultraviolet-B radiation and *Manduca sexta* herbivory elicit overlapping transcriptional responses in field-grown plants of *Nicotiana longiflora*. Plant Physiology, 132: 1755-1767.

Jaenike J. 1990. Host specialization in phytophagous insects. Annual Review of Ecology and Systematic, 21: 243-273.

Kang L, Chen B, Wei J N, et al. 2009. Roles of thermal adaptation and chemical ecology in *Liriomyza* distribution and control. Annual Review of Entomology, 54: 127-145.

Karban R, Baldwin I T, Baxter K J, et al. 2000. Communication between plants: induced resistance in wild tobacco plants following clipping of neighboring sagebrush. Oecologia, 125: 66-71.

Kessler A, Halitschke R, Diezel C. 2006. Priming of plant defense responses in nature by airborne signaling between *Artemisia tridentata* and *Nicotiana attenuata*. Oecologia, 148: 280-292.

Kishimoto K, Matsui K, Ozawa R. 2005. Volatile C6-aldehydes and allo-ocimene activate defense genes and induce resistance against *Botrytis cinerea* in *Arabidopsis thaliana*. Plant and Cell Physiology, 46: 1093-1102.

Koornneef A, Leon-Reyes A, Ritsema T, et al. 2008. Kinetics of salicylate-mediated suppression of jasmonate signaling reveal a role for redox modulation. Plant Physiology, 147: 1358-1368.

Linn C, Feder J L, Nojima S, et al. 2003. Fruit odor discrimination and sympatric host race formation in *Rhagoletis*. Proc Natl Acad Sci USA, 100(20): 11490-11493.

Lorenzo O, Piqueras R, Sanchez-Serrano J J. 2003. *ETHYLENE RESPONSE FACTOR1* integrates signals from ethylene and jasmonate pathways in plant defense. Plant Cell, 15: 165-178.

Maffei M E, Arimura G I, Mithofer A. 2012. Natural elicitors, effectors and modulators of plant responses. Natural Product Reports, 29: 1288-1303.

Missbach C, Dweck H K, Vogel H, et al. 2014. Evolution of insect olfactory receptors. eLife, 3: e02115.

Nicholson S J, Nickerson M L, Dean M, et al. 2015. The genome of *Diuraphis noxia*, a global aphid pest of small grains. BMC Genomics, 16(1): 429.

Nieh E H, Matthews G A, Allsop S A, et al. 2015. Decoding neural circuits that control compulsive sucrose seeking. Cell, 160(3): 528-541.

Parrella M P. 1987. Biology of *Liriomyza*. Annual Review of Entomology, 32: 201-224.

Pieterse C M J, Leon-Reyes A, Van der Ent S, et al. 2009. Networking by small-molecule hormones in plant immunity. Nature Chemical Biology, 5: 308-316.

Puinean A M, Foster S P, Oliphant L, et al. 2010. Amplification of a cytochrome *P450* gene is associated with resistance to neonicotinoid insecticides in the aphid *Myzus persicae*. PLoS Genet, 6: e1000999.

Ramsey J S, Rider D S, Walsh T K, et al. 2010. Comparative analysis of detoxification enzymes in *Acyrthosiphon pisum* and *Myzus persicae*. Insect Mol Biol, 19 (Suppl 2): 155-164.

Rhoades D F. 1983. Responses of alder and willow to attack by tent caterpillars and webworms - evidence for pheromonal sensitivity of willows. Acs Symposium Series, 208: 55-68.

Richards S, Gibbs R A, Gerardo N M, et al. 2010. Genome sequence of the pea aphid *Acyrthosiphon pisum*. PLoS Biology, 8(2): e1000313.

Ruther J, Kleier S. 2005. Plant-plant signaling: ethylene synergizes volatile emission in *Zea mays* induced by exposure to (Z)-3-Hexen-1-ol. Journal of Chemical Ecology, 31: 2217-2222.

Simon J C, d'Alencon E, Guy E, et al. 2015. Genomics of adaptation to host-plants in herbivorous insects. Brief Funct Genomics, 14(6): 413-423.

Soler R, Erb M, Kaplan I. 2013. Long distance root–shoot signalling in plant–insect community interactions. Trends in Plant Science, 18: 149-156.

Spoel S H, Johnson J S, Dong X. 2007. Regulation of tradeoffs between plant defenses against pathogens with different lifestyles. Proceedings of the National Academy of Sciences of the United States of America, 104: 18842-18847.

Stam J M, Kroes A, Li Y, et al. 2014. Plant interactions with multiple insect herbivores: from community to genes. Annual Review of Plant Biology, 65: 689-713.

Stout M J, Fidantsef A L, Duffey S S. 1999. Signal interactions in pathogen and insect attack: systemic plant-mediated interactions between pathogens and herbivores of the tomato, *Lycopersicon esculentum*. Physiological and Molecular Plant Pathology, 54: 115-130.

Su C Y, Menuz K, Carlson J R. 2009. Olfactory perception: receptors, cells, and circuits. Cell, 139(1): 45-59.

Syed Z, Guerin P M, Baltensweiler W. 2003. Antennal responses of the two host races of the larch bud moth, *Zeiraphera diniana*, to larch and cembran pine volatiles. Journal of Chemical Ecology, 29: 1691-1708.

The *Heliconius* Genome Consortium. 2012. Butterfly genome reveals promiscuous exchange of mimicry adaptations among species. Nature, 487: 94-98.

The Honeybee Genome Sequencing Consortium. 2006. Insights into social insects from the genome of the honeybee *Apis mellifera*. Nature, 443(7114): 931-949.

van Naters W V, Carlson J R. 2006. Insects as chemosensors of humans and crops. Nature, 444(7117): 302-307.

Wang X, Fang X, Yang P, et al. 2014. The locust genome provides insight into swarm formation and long-distance flight. Nature Communications, 5: 2957.

Wang X, Kang L. 2014. Molecular mechanisms of phase change in locusts. Annual Review of Entomology, 59: 225-244.

Wei J N, van Loon J J A, Gols R, et al. 2014. Reciprocal crosstalk between jasmonate and salicylate defence-signalling pathways modulates plant volatile emission and herbivore host-selection behaviour. Journal of Experimental Botany, 65: 3289-3298.

Wei J N, Wang L H, Zhao J H, et al. 2011. Ecological trade-offs between jasmonic acid-dependent direct and indirect plant defences in tritrophic interactions. New Phytologist, 189(2): 557-567.

Wei J N, Wang L Z, Zhu J W, et al. 2007. Plants attract parasitic wasps to defend themselves against insect pests by releasing hexenol. PLoS One, 2: e852.

Wei J N, Yan L, Ren Q, et al. 2013. Antagonism between herbivore-induced plant volatiles and trichomes affects tritrophic interactions. Plant, Cell & Environment, 36: 315-327.

Wei J N, Zhu J W, Kang L. 2006. Volatiles released from bean plants in response to agromyzid flies. Planta, 224: 279-287.

Whiteman N K, Gloss A D, Sackton T B, et al. 2012. Genes involved in the evolution of herbivory by a leaf-mining, drosophilid fly. Genome Biol Evol, 4(9): 900-916.

Whiteman N K, Jander G. 2010. Genome-enabled research on the ecology of plant-insect interactions. Plant Physiology, 154: 475-478.

Xia Q, Zhou Z, Lu C, et al. 2004. A draft sequence for the genome of the domesticated silkworm (*Bombyx mori*). Science, 306(5703): 1937-1940.

Xue J, Zhou X, Zhang C X, et al. 2014. Genomes of the rice pest brown planthopper and its endosymbionts reveal complex complementary contributions for host adaptation. Genome Biology, 15(12): 521.

Yan S, Dong X. 2014. Perception of the plant immune signal salicylic acid. Current Opinion in Plant Biology, 20: 64-68.

You M S, Yue Z, He W Y, et al. 2013. A heterozygous moth genome provides insights into herbivory and detoxification. Nature Genetics, 45(2): 220-225.

Zavala J A, Scopel A L, Ballaré C L. 2001. Effects of ambient UV-B radiation on soybean crops: Impact on leaf herbivory by *Anticarsia gemmatalis*. Plant Ecology, 156: 121-130.

Zhan S, Merlin C, Boore J L, et al. 2011. The monarch butterfly genome yields insights into long-distance migration. Cell, 147(5): 1171-1185.

Zhang P J, Zheng S J, van Loon J J A, et al. 2009. Whiteflies interfere with indirect plant defense against spider mites in lima bean. Proceedings of the National Academy of Sciences of the United States of America, 106(50): 21202-21207.

第 18 章　唾液蛋白调控昆虫适应植物的生态基因组学研究

刺吸式口器昆虫是农业生产上最重要的一类害虫。它们利用口针刺吸取食消耗植物光合产物，传播植物病毒，同时还通过尾管分泌蜜露引发霉菌寄生，导致作物减产甚至绝收，对农业生产造成了极大的危害。由于刺吸式口器昆虫唾液腺分泌的唾液既可以帮助昆虫克服寄主植物的防御反应，又与传播植物病毒和诱导植物病理反应相关，因而，近年来受到昆虫学家、植物病理学家的高度重视。以蚜虫为例，唾液是蚜虫与寄主植物（或植物病毒）相互作用的调节者，唾液蛋白被认为是效应因子（Hogenhout and Bos，2011）。唾液腺作为唾液产生和传递的重要器官，在蚜虫的取食和病毒传递过程中发挥了重要作用（Blanc et al.，2011）。目前人们对昆虫唾液腺的结构和功能已有了解，但是对唾液腺分泌的效应因子（唾液蛋白）的功能，以及如何调控蚜虫与寄主植物、植物病毒之间的相互作用知之甚少。

18.1　昆虫唾液蛋白的组成

以蚜虫为例，刺吸式口器昆虫取食寄主植物时唾液腺分泌两种唾液，即胶状唾液和水状唾液。胶状唾液分泌后立即固化，在口针周围于叶片内形成唾液鞘，蚜虫取食结束后唾液鞘会残留在取食部位。蚜虫口针到达韧皮部筛管之前主要是在细胞间游走，刺探细胞时分泌少量水状唾液，到达筛管细胞后分泌并注入大量的水状唾液，稳定取食筛管汁液后也会间歇分泌水状唾液。胶状唾液是由脂蛋白、磷脂和共轭碳水化合物组成，而水状唾液主要包括不同的唾液酶类（Miles，1999）。在两种不同的唾液分泌物中，其唾液蛋白的组成成分不一样，在麦二叉蚜（*Schizaphis graminum*）的水状唾液和胶状唾液中均发现分子量为 66～69kDa 的唾液蛋白，而 154kDa 的唾液蛋白只在水状唾液中发现（Cherqui and Tjallingii，2000）。盲蝽科唾液只分泌一种类型，可能是胶状唾液和水状唾液的混合型（Miles，1999）。目前，对刺吸式口器昆虫胶状唾液的蛋白质组成成分的研究报道不多，而水状唾液的蛋白质鉴定近几年报道较多。另外，通过对唾液腺蛋白质组的解析和唾液分泌蛋白的信息预测，也有助于加深对唾液蛋白的认识（表 18.1）。

表 18.1　半翅目昆虫寄主植物胁迫诱导的唾液蛋白

唾液蛋白	半翅目昆虫	文献
参与降解植物化学物质和改变植物防御机制		
细胞色素氧化酶 B 亚基	*Diuraphis noxia*	Nicholson et al.（2012）
结合锌离子的脱氢酶	*Myzus persicae*	Cooper et al.（2010）
葡萄糖-甲醇-胆碱氧化还原酶	*Acyrthosiphon pisum*，*Sitobion avenae*，*Metopolophium dirhodum*	Carolan et al.（2009），Rao et al.（2013）

续表

唾液蛋白	半翅目昆虫	文献
	参与降解植物化学物质和改变植物防御机制	
葡萄糖脱氢酶	*A. pisum*，*M. persicae*，*S. avenae*，*M. dirhodum*，*Schizaphis graminum*，*Macrosiphum euphorbiae*，*Rhopalosiphum padi*，*Myzus cerasi*	Harmel et al.（2008），Cooper et al.（2010），Carolan et al.（2011），Nicholson et al.（2012），Rao et al.（2013），Nicholson and Puterka（2014），Chaudhary et al.（2014），Thorpe et al.（2016）
葡萄糖氧化酶	*M. persicae*	Harmel et al.（2008）
乙醇酸氧化酶	*Nilaparvata lugens*	Liu et al.（2016）
漆酶	*Nephotettix cincticeps*	Hattori et al.（2015）
儿茶酚氧化酶	*D. noxia*，*N. cincticeps*，*Mictis profana*，*Helopeltis theivora*	Miles（1999），Hori（2000），Ni et al.（2000），Hattori et al.（2015），Sarker and Mukhopadhyay（2006）
抗坏血酸氧化酶	*R. padi*，*D. noxia*	Ni et al.（2000）
酚氧化酶	*A. pisum*，*Macrosiphum rosae*，*S. avenae*，*Aphis gossipii*，*M. persicae*，*M. euphorbiae*，*Agonoscelis rutila*，*Eumecopus australasiae*，*Eumecopus punctiventris*，*Nezara viridula*，*Oechalia schellembergii*，*M. profana*，*Elasmolomus sordidus*，*Oplegnathus fasciatus*，*Dysdercus sidae*，*Creontiades modestum*，*Lygus rugulipennis*，*Moissonia importunitas*，*Tectocoris lineola*，*H. theivora*	Miles（1999），Hori（2000），Sarker and Mukhopadhyay（2006）
过氧化物酶类	*A. pisum*，*M. rosae*，*Therioaphis trifolii* f. *maculata*，*S. avenae*，*A. gossipii*，*M. persicae*，*M. euphorbiae*，*D. noxia*，*R. padi*，*H. theivora*，*Megoura viciae*，*M. dirhodum*，*M. cerasi*，*N. lugens*	Miles（1999），Ni et al.（2000），Cherqui and Tjallingii（2000），Sarker and Mukhopadhyay（2006），Vandermoten et al.（2014），Rao et al.（2013），Thorpe et al.（2016），Konishi et al.（2009），Liu et al.（2016）
谷胱甘肽过氧化物酶	*A. pisum*，*S. graminum*	Carolan et al.（2011），Nicholson and Puterka（2014）
过氧化氢酶	*D. noxia*	Ni et al.（2000）
超氧化物歧化酶	*R. padi*，*D. noxia*，*Empoasca fabae*	Ni et al.（2000），DeLay et al.（2012）
细胞色素 P450	*D. noxia*，*M. viciae*	Nicholson et al.（2012），Vandermoten et al.（2014）
谷胱甘肽 *S*-转移酶	*M. persicae*	Thorpe et al.（2016）
海藻糖酶	*A. pisum*，*D. noxia*，*M. persicae*，*Eurydema rugosum*，*O. fasciatus*，*Dysdercus koenigii*，*L. rugulipennis*，*S. avenae*，*M. dirhodum*，*M. euphorbiae*，*M. cerasi*	Hori（2000），Carolan et al.（2011），Nicholson et al.（2012），Rao et al.（2013），Chaudhary et al.（2014），Thorpe et al.（2016）
α-葡糖苷酶	*M. persicae*，*R. padi*，*Patemena angulosa*，*Pentatoma rufipes*，*Corticoris signatus*，*Coreus marginatus*，*Leptocorisa varicornis*，*M. profana*，*Gastrodes ferrugineus*，*Oxycarenus hyalinipennis*，*Dysdercus cingulatus*，*Dysdercus fasciatus*，*Pyrrhocoris apterus*，*Adelphocoris suturalis*，*Drepanocerus laticollis*，*Anoplocnemis curvipes*，*Clavigralla tomentosicollis*，*Clavigralla shadabi*，*Riptortus dentipes*，*Mirperus jaculus*，*N. lugens*	Miles（1999），Hori（2000），Harmel et al.（2008），Soyelu et al.（2007），Liu et al.（2016）
β-葡糖苷酶	*M. persicae*，*R. padi*，*S. graminum*，*C. marginatus*，*L. varicornis*，*D. fasciatus*，*E. fabae*，*S. avenae*	Miles（1999），DeLay et al.（2012），Rao et al.（2013）

续表

唾液蛋白	半翅目昆虫	文献
	参与降解植物化学物质和改变植物防御机制	
α-半乳糖苷酶，β-半乳糖苷酶	*P. angulosa*，*C. marginatus*，*Orthocephalus funestus*，*S. avenae*，*N. lugens*	Hori（2000），Rao et al.（2013），Liu et al.（2016）
蔗糖酶	*R. padi*，*M. profana*，*Amorbus obscuricornis*，*Gelonus tasmanicus*，*N. lugens*	Steinbauer et al.（1997），Miles（1999），Liu et al.（2016）
血管紧张素转化酶（M2 金属蛋白酶）	*A. pisum*，*N. lugens*	Carolan et al.（2009，2011），Liu et al.（2016），Wang et al.（2015b）
M1 锌金属蛋白酶	*A. pisum*	Carolan et al.（2009，2011）
clip 结构域丝氨酸蛋白酶	*A. pisum*，*N. lugens*	Carolan et al.（2009），Liu et al.（2016）
碱性磷酸酶	*S. avenae*，*Bemisia tabaci*，*D. noxia*，*Lygus* sp.，*D. koenigii*，*Coridius janus*	Urbanska et al.（1998），Hori（2000），Funk（2001），Cooper et al.（2010）
甲羟戊二酸单酰-辅酶 A 裂解酶，线粒体亚型 2	*D. noxia*	Nicholson et al.（2012）
衰老标记蛋白 SMP-30，钙调素	*A. pisum*，*N. cincticeps*，*M. persicae*	Carolan et al.（2009），Hattori et al.（2015），Thorpe et al.（2016）
钙网蛋白	*A. pisum*，*D. noxia*	Carolan et al.（2011），Nicholson et al.（2012）
载脂蛋白	*D. noxia*，*A. pisum*，*M. persicae*，*S. graminum*，*R. padi*，*N. lugens*，*N. cincticeps*	Nicholson et al.（2012），Vandermoten et al.（2014），Nicholson and Puterka（2014），Thorpe et al.（2016），Konishi et al.（2009），Hattori et al.（2015），Liu et al.（2016）
核膜蛋白 L1α	*D. noxia*	Nicholson et al.（2012）
肌球蛋白轻链激酶	*D. noxia*，*N. lugens*	Nicholson et al.（2012），Konishi et al.（2009），Liu et al.（2016）
转铁蛋白	*N. cincticeps*	Hattori et al.（2015）
	参与植物细胞退化	
磷酸化酶	*P. apterus*	Hori（2000）
果胶酶	*S. graminum*，*P. apterus*，*Capsus ater*，*Creontiades dilutes*，*Helopeltis clavifer*，*Lygus lineolaris*，*Lygus gemellatus*，*Lygus hesperus*，*Lygus pratensis*，*Lygus punctatus*，*Lygus rugulipennis*，*Miris dolabratus*，*Moissonia importunitas*，*Poeciloscytus unifasciatus*，*Pseudatomoscelis seriatus*，*Stenodema calcaratum*，*Stenotus binotatus*	Miles（1999），Hori（2000）
纤维素酶	*R. padi*，*D. noxia*，*Acrosternum hilare*，*S. graminum*，*Ragmus importunitas*，*Homalodisca vitripennis*，*N. cincticeps*	Miles（1999），Hori（2000），Ni et al.（2000），Backus et al.（2012），Hattori et al.（2015）
聚半乳糖醛酸酶	*S. graminum*，*A. pisum*，*M. persicae*，*L. hesperus*，*L. rugulipennis*，*L. pratensis*，*Lygus lineolaris*，*Orthops kalmii*，*Adelphocoris lineolatus*，*Closterotomus norwegicus*，*Poecilocapsus lineatus*	Laurema and Nuorteva（1961），Ma et al.（1990），Miles（1999），Cherqui and Tjallingii（2000），Frati et al.（2006），Celorio-Mancera et al.（2009）

续表

唾液蛋白	半翅目昆虫	文献
	参与植物细胞退化	
淀粉酶	*R. padi*，*S. avenae*，*M. persicae*，*Trioza jambolanae*，*B. tabaci*，*E. fabae*，*Eurygaster integriceps*，*H. theivora*，Pentatomidae，Coreoidea，Lygaeidae，Dinidoridae，Pyrrhocoridae，Miridae，Acanthosomatidae，Cydnidae，Largidae，Aradidae，Scutelleridae，Berytidae，Tingidae，*Arrhenothrips ramakrishnae*	Berlin and Hibbs（1963），Rajadurai et al.（1990），Miles（1999），Raman et al.（1999），Hori（2000），Ni et al.（2000），Ozgur（2006），Sarker and Mukhopadhyay（2006），Soyelu et al.（2007），Harmel et al.（2008），Mehrabadi and Bandani（2009），Zibaee et al.（2012），DeLay et al.（2012）
氨肽酶	*D. noxia*，*R. padi*，*N. cincticeps*，*N. lugens*	Nicholson et al.（2012），Thorpe et al.（2016），Hattori et al.（2015），Liu et al.（2016）
半胱氨酸内肽酶类	*A. curvipes*，*C. tomentosicollis*，*C. shadabi*，*R. dentipes*，*M. jaculus*，*N. lugens*，*R. padi*	Soyelu et al.（2007），Konishi et al.（2009），Thorpe et al.（2016），Liu et al.（2016）
蛋白酶	*T. jambolanae*，*E. integriceps*，*Aelia acuminate*，*Aelia sibirica*，*Dolycoris baccarum*，*Clavigralla gibbosa*，*O. fasciatus*，*C. janus*，*Dysdercus koeniggi*，*D. laticollis*，*A. curvipes*，*C. tomentosicollis*，*C. shadabi*，*R. dentipes*，*M. jaculus*，*Brachynema germari*，*H. theivora*，*A. ramakrishnae*，*N. lugens*	Rajadurai et al.（1990），Raman et al.（1999），Hori（2000），Ozgur（2006），Sarker and Mukhopadhyay（2006），Soyelu et al.（2007），Hosseininaveh et al.（2009），Bigham and Hosseininaveh（2010），Liu et al.（2016）
磷酸酶	*M. profana*，*L. gemellatus*，*L. pratensis*，*L. punctatus*，*P. apterus*，*N. lugens*	Hori（2000），Liu et al.（2016）
酸性磷酸酶	*O. fasciatus*，*C. janus*，*D. koenigii*，*L. rugulipennis*，*C. signatus*	Hori（2000）
脂肪酶，酯酶和果胶甲基化酶	*D. noxia*，*S. graminum*，*R. padi*，*T. jambolanae*，*E. integriceps*，*Bryocoropsis laticollis*，*Distantiella theobroma*，*Helopeltis bergrothi*，*D. fasciatus*，*C. janus*，*Oxycarenus hyalinepennis*，*O. fasciatus*，*Chilacis typhae*，*Leptoglossus occidentalis*，*H. theivora*，*Pheaacoccus manihoti*，*A. ramakrishnae*，*E. fabae*，*M. euphorbiae*，*N. cincticeps*	Rajadurai et al.（1990），Ma et al.（1990），Calatayud et al.（1996），Miles（1999），Raman et al.（1999），Hori（2000），Ni et al.（2000），Sarker and Mukhopadhyay（2006），DeLay et al.（2012），Chaudhary et al.（2014），Hattori et al.（2015）
羧酸酯水解酶	*O. fasciatus*	Hori（2000）
	其他蛋白质（钙结合蛋白，效应蛋白和其他非酶活蛋白）	
钙调蛋白	*M. viciae*，*M. persicae*	Tjallingii（2006），Will and van Bel（2006），Will et al.（2007，2009），Thorpe et al.（2016）
C002 蛋白	*A. pisum*，*R. padi*，*M. euphorbiae*，*M. persicae*	Mutti et al.（2008），Thorpe et al.（2016），Chaudhary et al.（2014），Bos et al.（2010）
NcSP84 蛋白	*N. cincticeps*	Hattori et al.（2012）
Armet 蛋白	*A. pisum*	Wang et al.（2015a）
Mp10 蛋白	*M. persicae*	Bos et al.（2010）
Mp42 蛋白	*M. persicae*	Bos et al.（2010）
囊泡融合蛋白 Nsf1	*D. noxia*	Nicholson et al.（2012）
纤维胶凝蛋白-3	*D. noxia*	Nicholson et al.（2012）
GTP 结合蛋白 Di-Ras2	*D. noxia*	Nicholson et al.（2012）
可能的肌动蛋白素/肌动蛋白解聚因子	*D. noxia*	Nicholson et al.（2012）

续表

唾液蛋白	半翅目昆虫	文献
其他蛋白质（钙结合蛋白，效应蛋白和其他非酶活蛋白）		
Lva 蛋白	*D. noxia*，*N. lugens*	Nicholson et al.（2012），Liu et al.（2016）
壳寡糖分解α-*N*-乙酰葡糖胺糖苷酶	*D. noxia*	Nicholson et al.（2012）
MAP1 蛋白	*D. noxia*，*N. lugens*	Nicholson et al.（2012），Liu et al.（2016）
唾液鞘蛋白	*S. avenae*，*M. dirhodum*，*M. persicae*，*M. cerasi*，*R. padi*，*A. pisum*，*N. lugens*	Rao et al.（2013），Thorpe et al.（2016），Liu et al.（2016）
碳酸酐酶	*S. avenae*，*S. graminum*，*R. padi*，*M. cerasi*，*N. cincticeps*，*M. persicae*	Rao et al.（2013），Nicholson and Puterka（2014）Thorpe et al.（2016），Hattori et al.（2015）
Yellow e-3 蛋白	*S. avenae*	Rao et al.（2013）
羧肽酶	*R. padi*，*N. lugens*	Thorpe et al.（2016），Liu et al.（2016）
热激蛋白	*N. lugens*，*M. persicae*，*N. cincticeps*	Konishi et al.（2009），Thorpe et al.（2016），Hattori et al.（2015），Liu et al.（2016）
锌指蛋白	*N. lugens*，*M. persicae*	Konishi et al.（2009），Thorpe et al.（2016）
毒液蛋白 M	*N. cincticeps*，*N. lugens*	Hattori et al.（2015），Liu et al.（2016）
碳水化合物激酶	*N. cincticeps*	Hattori et al.（2015）
染色体分离蛋白 SMC2 蛋白	*N. cincticeps*	Hattori et al.（2015）
肌动蛋白相关蛋白	*N. lugens*，*S. avenae*	Liu et al.（2016），Rao et al.（2013）
甘油醛-3-磷酸脱氢酶	*N. lugens*	Liu et al.（2016）

在刺吸式口器昆虫中，对唾液蛋白成分的研究以蚜虫最为深入，其水状唾液中含有酚氧化酶、过氧化物酶、果胶酶和淀粉酶；其胶状唾液中含有多酚氧化酶、过氧化物酶和 1,4-葡糖苷酶。一般情况下，刺吸式口器昆虫口针到达寄主植物韧皮部细胞前，总会伤害许多叶肉薄壁组织细胞而激活植物受伤信号通路，而有些粉虱可以巧妙地避开植物细胞液泡中非原质体的防御物质。这些昆虫的唾液在与植物互作的同时，可以传播微生物病原菌或诱导形成虫瘿，虫瘿主要是因为唾液酶类（蛋白酶、淀粉酶和脂肪酶）刺激了寄主植物的生理而诱导形成的（Raman，2010）。

总体来看，淀粉酶、蛋白酶、酚氧化酶、α-葡糖苷酶、儿茶酚氧化酶和果胶酶是在半翅目昆虫的唾液中研究最多的酶类；海藻糖酶、酯酶、脂肪酶、酸性和碱性磷酸酶、α-半乳糖苷酶和肽酶也受到了广泛关注（Miles，1999；Hori，2000）。胶状唾液和水状唾液都起到了降解寄主植物防御物质的作用。胶状唾液中的多酚氧化酶和过氧化物酶可以聚合植物细胞质外体的酚类物质，从而诱导植物防御。植物被刺吸式口器昆虫攻击时，植物挥发性物质的释放水平是很低的，可能与唾液酶和唾液蛋白能抑制植物挥发性物质的合成有关（Walling，2008）。

18.1.1　氧化还原酶

过氧化氢酶、儿茶酚氧化酶、超氧化物歧化酶、抗坏血酸氧化酶、过氧化物酶、细胞色素氧化酶和葡萄糖氧化酶类均存在于半翅目昆虫唾液或唾液腺中（Miles，1999；Hori，2000；Ni et al.，2000；DeLay et al.，2012），它们通过改变氧化还原的平衡来降解植物防御反应中的酚类化合物（Miles and Oertli，1993）。豌豆蚜（*Acyrthosiphon pisum*）唾液中的谷胱甘肽过氧化物酶可以降解蚕豆产生的活性氧来实现氧化还原平衡，也可以减少脂质过氧化物，促使其形成对应醇，还可以减少活性过氧化氢（Carolan et al.，2011）。其他黄素腺嘌呤二核苷酸依赖的氧化还原酶类，如豌豆蚜 *A. pisum* 唾液中的葡萄糖-甲醇-胆碱（GMC）氧化还原酶可以介导对蚕豆产生的化感物质（如乳酸、苯甲酸、对羟基苯甲酸、香草酸、脂肪酸、琥珀酸、苹果酸、乙醇酸和对羟基苯乙酸）的氧化解毒，因此抑制植物的防御机制（Asaduzzaman and Asao，2012；Carolan et al.，2009）。当棉铃虫（*Helicoverpa zea*）取食普通烟草时，其唾液中的葡萄糖氧化酶（也属于 GMC 氧化还原酶）可以抑制尼古丁防御途径（Eichenseer et al.，1999）。桃蚜（*Myzus persicae*）唾液中也存在葡萄糖氧化酶，可以通过抑制防御途径，引发蚕豆产生轻微受伤反应（Harmel et al.，2008）。半翅目昆虫唾液中葡萄糖氧化酶的合成可能作为一种优势策略，这是由于寄主植物受到不同种类蚜虫攻击时，葡萄糖氧化酶可以影响寄主植物中茉莉酸生物合成的调控基因的表达（Harmel et al.，2008）。

当不同蚜虫取食寄主植物时，脱氢酶可以引起寄主植物信号反应（Couldridge et al.，2007）。当桃蚜取食马铃薯植物叶片时，在取食叶片位点上可检测到谷氨酰胺合成酶和谷氨酸脱氢酶活性的快速升高，在距离取食位点远的叶片上也可以检测到谷氨酰胺合成酶的活性升高（Giordanengo et al.，2010）。葡萄糖脱氢酶的功能与葡萄糖氧化酶十分相似，均能抑制植物防御反应。葡萄糖脱氢酶在豌豆蚜（*A. pisum*）、麦双尾蚜（*Diuraphis noxia*）和桃蚜（*M. persicae*）的唾液中均被发现（Harmel et al.，2008；Carolan et al.，2009；Cooper et al.，2010）。在桃蚜（*M. persicae*）唾液中同样也发现 Zn^{2+}结合脱氢酶，其可以降解植物防御物质，尤其是醇类物质。乙醇 $NADP^{+}$氧化还原酶可以使乙醛变成乙醇，从而激活植物体内水杨酸、甲基茉莉酸和乙烯生物合成的途径（Somssich et al.，1996；Montesano et al.，2003）。

酚氧化酶通过单酚羟基化形成苯二酚，再由苯二酚氧化为邻-苯醌来积累邻-苯醌的含量，从而使个别植物细胞产生褐变（Urbanska et al.，1998）。酚氧化酶对酚类化合物的解毒起到重要作用，而且在棉蚜（*Aphis gossypii*）、马铃薯长管蚜（*Macrosiphum euphorbiae*）、蔷薇长管蚜（*Macrosiphum rosae*）、麦长管蚜（*Sitobion avenae*）、桃蚜（*M. persicae*）及一些盲蝽科（Miridae）昆虫的唾液或唾液腺中被检测到（Hori，2000；Sarker and Mukhopadhyay，2006）。酚氧化酶活性也在不同蚜虫种类的唾液鞘被检测到（Urbanska et al.，1994）。寄主植物被昆虫口针刺探时会产生酚类物质（作为防御反应），而酚氧化酶通过水解酚类物质来进行解毒（Miles，1999）。抗坏血酸氧化酶也属于一种酚氧化酶，在麦双尾蚜（*D. noxia*）和禾谷缢管蚜（*Rhopalosiphum padi*）唾液腺中表达，可以降解植物酚类物质（Ni et al.，2000）。黑尾叶蝉（*Nephotettix cincticeps*）取食水稻可以诱导漆酶和儿茶酚氧化酶在唾液中的表达，起到促进植物酚类物质快速氧化而抑制植物防御反应的作用（Hattori et al.，2005）。

过氧化物酶促使酚类底物（如氯酚）脱氢，生成含苯氧基的自由基，并在过氧化氢的作用下形成酚醛型聚合物。表 18.1 显示，棉蚜（*A. gossypii*）、苜蓿斑蚜（*Therioaphis trifolii maculata*）、马铃薯长管蚜（*M. euphorbiae*）、蔷薇长管蚜（*M. rosae*）、禾谷缢管蚜（*R. padi*）、麦长管蚜（*S. avenae*）、桃蚜（*M. persicae*）和褐飞虱（*Nilaparvata lugens*）的唾液或唾液腺中均含有不同的过氧化物酶，可作用于寄主植物酚类物质，特别是生物碱类。茶角盲蝽（*Helopeltis theivora*）取食茶树时唾液腺中的酶类物质诱导生长芽的坏死（Sarker and Mukhopadhyay，2006）。酚类氧化对昆虫在寄主植物上的存活至关重要，但它也会产生伤害植物细胞的过氧化氢，而唾液中的过氧化物酶可以减少合成的过氧化氢，抑制植物免疫反应，使昆虫不断地取食寄主植物。过氧化氢酶在麦双尾蚜（*D. noxia*）唾液腺中被检测到活性，并且与敏感麦苗的叶片萎黄病有关，可能通过减少叶绿素合成或退化叶绿素，间接影响植物氧化还原的平衡（Ni et al.，2000）。

细胞色素 P450 是几乎在所有昆虫唾液中都存在的一类主要唾液酶。它们作用于功能复杂的氧化酶类和单一氧化酶类，有利于昆虫降解植物化学物质。昆虫对某一特定寄主植物的适应性依赖于细胞色素 P450 对该植物化感物质的分解。当麦双尾蚜（*D. noxia*）取食小麦时，其唾液中的细胞色素 P450 可以解毒小麦化学物质，如对羟基苯甲酸、对羟基肉桂酸、香草醛、丁香酸、香草酸、反-阿魏酸、顺-阿魏酸和 DIMBOA［2,4-二羟基-7-甲氧基-（2H）-1,4-苯并噁嗪-3（4H）-酮］等（Wu et al.，2000；Nicholson et al.，2012）。

18.1.2 水解酶

缘蝽科昆虫 *Amorbus obscuricornis* 取食杏仁桉树和光亮桉树时分泌的水解酶会诱导植物产生中毒症状，如植物组织的萎蔫和坏疽（Steinbauer et al.，1997）。果胶酶、纤维素酶和淀粉酶可软化植物组织，帮助昆虫口针进行刺探。另外，果胶酶还可以提供味觉线索，促使昆虫对植物进行取食。单食性蚜虫（如甘蓝蚜虫 *Brevicoryne brassicae*）和寡食性蚜虫（如山胡桃黑蚜 *Melanocallis caryaefoliae*）比多食性蚜虫（如桃蚜 *M. persicae*）对植物体内多糖物质有更强的味觉敏感度，而多食性蚜虫具有一定区分不同多糖物质的能力（Campbell et al.，1986）。某些草盲蝽属昆虫取食植物叶肉组织时会造成一些简单的伤害，当它们取食植物分生组织时会对植物造成严重伤害，甚至导致植物组织畸形（Hori，2000）。

果胶是植物细胞胞间层的主要成分，会被果胶酶降解。果胶酶作为水状唾液的一种组成成分，可以诱发植物细胞发生退行性变化。果胶酶在豆荚盲蝽（*Lygus hesperus*）唾液腺中被发现，可以瓦解植物薄壁组织细胞（Strong and Kruitwagen，1968）。表 18.1 显示，果胶酶的活性已在许多不同蚜虫或半翅目昆虫唾液中被检测到（Miles，1999；Hori，2000）。

唾液中的纤维素酶水解植物细胞壁上的多糖物质（如木聚糖和阿拉伯半乳聚糖），促进昆虫口针刺入植物组织。拟绿蝽（*Acrosternum hilare*） 的纤维素酶降解纤维素，促进昆虫口针刺探入高粱中，但纤维素被降解会造成植物受伤反应（Miles，1999）。β-1,4-葡聚糖酶属于纤维素酶，在草翅叶蝉（*Homalodisca vitripennis*）的唾液腺提取物中被检测到，可以水解植物细胞壁中的半纤维素，并且帮助唾液鞘包裹的口针进入木质部组织（Backus et al.，2012）。

聚半乳糖醛酸酶可以水解果胶等物质，帮助胞间口针运动（Campbell and Dreyer，1990）。由表 18.1 看出，在许多半翅目昆虫的唾液腺或唾液中均发现内切聚半乳糖醛酸酶和外切聚半乳糖醛酸酶（Laurema and Nuorteva，1961；Miles，1999；Celorio-Mancera et al.，2009），并且它们的酶活也在长毛草盲蝽（*Lygus rugulipennis*）、牧草盲蝽（*Lygus pratensis*）、奥盲蝽（*Orthops kalmii*）、苜蓿盲蝽（*Adelphocoris lineolatus*）、马铃薯蝽（*Closterotomus norwegicus*）、麦二叉蚜（*S. graminum*）、豌豆蚜（*A. pisum*）和桃蚜（*M. persicae*）的唾液或唾液腺中被检测到（Frati et al.，2006；Miles，1999；Cherqui and Tjallingii，2000）。

淀粉酶是大部分植食性半翅目昆虫唾液中普遍存在的唾液酶（Urbanska and Leszczynski，1997；Hori，2000；Harmel et al.，2008）。α-淀粉酶、β-淀粉酶和淀粉转葡糖苷酶在许多缘蝽科昆虫（如巨缘蝽亚科的 *Anoplocnemis curvipes*、棒缘蝽亚科的 *Clavigralla tomentosicollis*、*Clavigralla shadabi* 和蛛缘蝽亚科的 *Riptortus dentipes*、*Mirperus jaculus*）的唾液腺中被检测到。α-淀粉酶和淀粉转葡糖苷酶水解淀粉，释放能量；β-淀粉酶水解淀粉的 α-D-（1,4）-糖苷键，释放 β-麦芽糖（Soyelu et al.，2007）。低分子量的唾液 α-淀粉酶可能是一种同工酶（Zibaee et al.，2012），如桃蚜（*M. persicae*）唾液 α-淀粉酶催化低聚糖和多糖的水解，以便为蚜虫提供葡萄糖（Harmel et al.，2008）。由表 18.1 可看出，在半翅目昆虫中，淀粉酶活性已在许多蝽类昆虫中被检测到，如蝽科（Pentatomidae）、缘蝽科（Coreidae）、长蝽科（Lygaeidae）、兜蝽科（Dinidoridae）、红蝽科（Pyrrhocoridae）、盲蝽科（Miridae）、扁蝽科（Aradidae）、土蝽科（Cydnidae）、大红蝽科（Largidae）、盾蝽科（Scutelleridae）、锤角蝽科（Berytidae）和网蝽科（Tingidae）；另外还在禾谷缢管蚜（*R. padi*）和麦长管蚜（*S. avenae*）中被检测到（Hori，2000；Miles，1999）。

海藻糖酶将海藻糖分解为两分子的葡萄糖。海藻糖可以参与拟南芥对桃蚜的防御反应，TPS11（Trehalose-PO4-synthase 11）在拟南芥对桃蚜的趋避性和抗生作用中十分重要，它可以促进碳的再分配合成淀粉，加速植物组织中淀粉积累来控制蚜虫感染的严重程度（Singh et al.，2011）。由表 18.1 看出，海藻糖酶存在于许多蚜虫的唾液中，如豌豆蚜（*A. pisum*）、麦双尾蚜（*D. noxia*）、桃蚜（*M. persicae*）、麦长管蚜（*S. avenae*）、麦无网长管蚜（*Metopolophium dirhodum*）、马铃薯长管蚜（*M. euphorbiae*）和李瘤蚜（*Myzus cerasi*）（Carolan et al.，2011；Nicholson et al.，2012；Rao et al.，2013；Chaudhary et al.，2014；Thorpe et al.，2016）。海藻糖酶的降解可能影响以海藻糖为主的植物防御反应。海藻糖可以延迟植物程序性细胞死亡，引起植物防御反应，促进应激反应（Baea et al.，2005）。

α-D-葡糖水解酶和 β-D-呋喃果糖苷酶可水解蔗糖、麦芽糖和海藻糖。根据 Urbanska 和 Leszczynski（1997）报道，麦长管蚜（*S. avenae*）和禾谷缢管蚜（*R. padi*）的口针刺入含有蔗糖的饲料时，利用 β-D-呋喃果糖苷酶活性将蔗糖分解为葡萄糖，供给蚜虫营养。蔗糖酶存在于两种缘蝽科昆虫（*A. obscuricornis* 和 *Gelonus tasmanicus*）的唾液腺中，帮助昆虫取食杏仁桉树和光亮桉树的韧皮部组织，导致植物萎蔫和坏死（Steinbauer et al.，1997）。

肽酶（蛋白酶）是水解蛋白质的酶类，在许多半翅目昆虫中被报道。蛋白酶对诱导虫瘿的形成十分重要。缘蝽科昆虫的唾液腺中具有高丰度的蛋白酶，与植物豆荚的典型受害症状相关，如幼嫩豆荚褶皱、年老豆荚部分被填充及成熟豆荚中带有酒窝状的种子（Soyelu et al.，2007）。

clip 结构域丝氨酸蛋白酶在豌豆蚜（*A. pisum*）唾液中存在，可以抑制蚕豆以酚氧化酶为主的先天防御反应（Carolan et al.，2011）。M2 金属蛋白酶（血管紧张素转化酶）和 M1 金属蛋白酶也存在于豌豆蚜（*A. pisum*）的唾液中，它们会破坏植物防御蛋白，通过增加韧皮部自由氨基酸水平，为昆虫提供大量食物。虽然它们确切的机制尚不清楚，但是 M2 金属蛋白酶会降解信号蛋白如激素和神经肽（Carolan et al.，2011）。

18.1.3 转移酶和裂解酶

谷胱甘肽 *S*-转移酶在昆虫中诱导杀虫剂抗性的产生已被广泛报道，但昆虫唾液中转移酶的报道很少。在灰飞虱唾液中发现两种转移酶，分别是转醛醇酶和二氢硫辛酰胺转琥珀酰酶，但它们的具体功能未知（Liu et al.，2016）。裂解酶不通过水解和氧化来降解底物。在半翅目昆虫中，关于裂解酶活性的研究不太多，但是氢过氧化物裂合酶的作用已在白背飞虱（*Sogatella furcifera*）中被报道，它可以诱导水稻对白叶枯病的抗性（Gomi et al.，2010）。羟甲基戊二酸-乙酰辅酶 A 裂合酶在麦双尾蚜的唾液中被检测到，它来源于线粒体，主要有助于产生酮体，可能降解植物蛋白和干扰脂质信号，因此改变寄主植物的生理机能（Nicholson et al.，2012）。

18.1.4 Ca^{2+}结合蛋白

Ca^{2+}结合蛋白存在于许多蚜虫的唾液中。当蚜虫口针刺入筛管后，通过一系列梯度膨压来被动地取食从口针流入的韧皮汁液。植物的先天防御机制会通过胼胝质［一个高分子量 β-（1,3）-葡聚糖聚合物］来堵塞植物筛管，应对蚜虫口针刺入植物后造成的伤害。昆虫利用唾液中的 Ca^{2+}结合蛋白［如钙调蛋白、钙网蛋白、SMP-30（钙调素）、Armet 和 NcSP84］，结合韧皮部中的 Ca^{2+}流阻止筛管发生堵塞。这些 Ca^{2+}结合蛋白在豌豆蚜（*A. pisum*）、巢菜修尾蚜（*Megoura viciae*）、麦双尾蚜（*D. noxia*）、黑豆蚜（*Aphis fabae*）、马铃薯长管蚜（*M. euphorbiae*）、麦二叉蚜（*S. graminum*）和黑尾叶蝉（*N. cincticeps*）的唾液中均被发现（Carolan et al.，2009，2011；Will et al.，2009；Hattori et al.，2012，2015；Nicholson et al.，2012）。从蚜虫的刺探电位图谱（EPG）的角度研究，当蚜虫取食寄主植物时，会调节被动摄入植物汁液和主动分泌水状唾液的过程。蚜虫造成的植物受伤反应可以激发植物体内 Ca^{2+}流，促使植物筛管堵塞。反过来，植物筛管堵塞也会在筛管形成电位下降的电势差，从而刺激蚜虫分泌包含 Ca^{2+}结合蛋白的水状唾液（Will et al.，2009）。

钙网蛋白通过螯合作用来干扰植物细胞中的 Ca^{2+}流，规避以 Ca^{2+}介导的植物受伤反应，帮助豌豆蚜摄取韧皮部汁液（Carolan et al.，2011；Nicholson et al.，2012）。SMP-30（钙调素）是一种 Ca^{2+}结合蛋白，对细胞内 Ca^{2+}稳态有一定的抑制作用，调节细胞内 Ca^{2+}信号（Carolan et al.，2009）。除蚜虫外，Ca^{2+}结合蛋白 NcSP84 也在黑尾叶蝉（*N. cincticeps*）的水状唾液中被发现（Hattori et al.，2012）。

18.1.5　非酶类蛋白

在麦双尾蚜（*D. noxia*）中发现一个纤维胶凝蛋白-3（ficolin-3），有助于昆虫的先天免疫反应。在植物防御反应中，纤维胶凝蛋白可以识别 *N*-乙酰基化合物，如细菌和真菌细胞壁的脂多糖物质，还可以激活某些化合物如凝集素，帮助吞噬作用和病原微生物的分解。在刺吸式口器昆虫中，Ca^{2+}是纤维胶凝蛋白活性的辅助因子，当昆虫取食时，细胞 Ca^{2+}流可以为纤维凝胶蛋白活性提供合适的条件（Nicholson et al.，2012）。

在豌豆蚜（*A. pisum*）和麦双尾蚜（*D. noxia*）唾液中发现载脂蛋白（apolipoprotein）（Carolan et al.，2009；Nicholson et al.，2012）。其他昆虫如烟草天蛾（*Manduca sexta*）和沙漠蝗（*Schistocerca gregaria*）报道的载脂蛋白有可能与脂质运输相关（Wang et al.，2002；van der Horst and Rodenburg，2010）。载脂蛋白在昆虫血淋巴中具有高丰度表达，参与昆虫免疫系统，可能改变植物防御性固醇、脂肪酸和类胡萝卜素类物质（Ma et al.，2006；Zdybicka-Barabas and Cytryńska，2011）。昆虫唾液腺分泌的载脂蛋白结合脂质诱导分子，可以干扰植物细胞免疫反应的信号通路，诱导植物免疫反应。

微管相关蛋白质（microtubule-associated protein，MAP1）在黑腹果蝇（*Drosophila melanogaster*）中参与神经信号转导和微管组织的形成（da Cruz et al.，2005）。MAP1 在麦双尾蚜（*D. noxia*）的唾液中被发现，参与阻碍细胞信号转导和促进取食行为（Nicholson et al.，2012）。

18.2　唾液蛋白在昆虫与植物互作中的作用

近些年来，昆虫唾液蛋白的鉴定有了长足的进展，但关于它们在昆虫-寄主植物相互作用中的功能研究还比较少。植物筛管钙离子浓度的变化可以影响胼胝质的合成和蛋白体 forisome 的形状变化。forisome 的作用类似于人的血小板，在缺失钙的情况下，forisome 不能形成缔结，导致筛管缺损口处无法被阻塞。机械损伤和昆虫取食使筛管周围的钙离子浓度升高，导致 forisome 膨胀，堵塞筛板，阻止汁液的流失。蚜虫唾液可以抑制钙离子引发的筛管堵塞，这一现象在多种蚜虫中存在（Will et al.，2007，2009），原因是水状唾液中有钙离子结合蛋白（Will et al.，2007），但具体是哪种蛋白质仍然未知。

第一个功能被鉴定的唾液蛋白是蚜虫特有蛋白 C002。这个蛋白质仅存在于蚜虫，在唾液腺中高表达，特别是在主唾液腺的 3 型和 4 型细胞表达。*C002* 在豌豆蚜基因组上是单拷贝基因，编码 219 个氨基酸，预测的成熟蛋白质大小为 21.8kDa，二级结构含有 62%的 α 螺旋。在蚜虫取食后的蚕豆叶片中检测到 C002 蛋白。注射 siRNA 干扰 *C002* 基因表达，蚜虫在植物上的取食行为受到破坏，表现为蚜虫找到合适位置开始刺探的能力下降、刺探表皮细胞或叶肉细胞的频率降低、取食韧皮部的时间大大缩短。因此，C002对促进蚜虫在植物上取食发挥了重要作用（Mutti et al.，2006，2008）。在本生烟和拟南芥上表达桃蚜的 *C002* 基因，能增加桃蚜的生殖力，但如果表达豌豆蚜的 *C002* 基因，则不能增加桃蚜的生殖力，说明 C002 仅有助于蚜虫在各自寄主植物上繁殖（Bos et al.，2010；Pitino and Hogenhout，2013）。

蚜虫唾液中第一个被研究的钙离子结合蛋白是 Armet 蛋白。Armet 是真核生物中比较保守的蛋白质，从低等动物到高等动物都有这种蛋白质，但植物没有该蛋白质。豌豆蚜的 Armet 全长有 174 氨基酸，N 端有分泌信号肽，C 端有内质网截留信号序列（KEEL），基因启动子区有内质网胁迫响应元件（$CCAATN_9CCAAG$）。不同物种的 Armet 有保守的 8 个半胱氨酸，分子内形成四对二硫键，是判别该蛋白质的一个重要分子特征。哺乳动物和鱼类有两个同源的 *Armet* 基因，分别称为 MANF（中脑星状细胞营养分子）和 CDNF（保守性多巴胺营养分子），在哺乳动物中都属于神经营养因子，但 CDNF 并不响应内质网胁迫（Petrova et al.，2003；Apostolou et al.，2008）。*Armet* 基因在哺乳动物各组织器官中广泛表达，但在与分泌相关的腺体器官中表达量相对较高。在无脊椎动物中，果蝇的 Armet 有神经营养因子和响应内质网胁迫的功能（Girardot et al.，2004；Palgi et al.，2009）。而 Armet 在刺吸式口器昆虫中（如豌豆蚜）可结合钙离子，结合的解离常数是 240μmol/L。蚜虫 Armet 也能响应内质网胁迫，说明这个胞内功能在高等和低等动物中是保守的。Armet 主要在豌豆蚜主唾液腺的 8 型细胞表达，在蚜虫唾液和取食后植物伤流中都能检测到该蛋白质，而且蚜虫取食植物比取食人工饲料 Armet 的表达量更高。干扰 *Armet* 基因表达会严重破坏豌豆蚜的取食行为，表现为取食波大大减少，刺探波增多，而且唾液分泌更加频繁，在植物上的存活率显著降低，但不影响蚜虫在人工饲料上的存活，说明 Armet 在蚜虫取食植物的过程中发挥重要的作用。将体外表达的豌豆蚜 Armet 蛋白注射到烟草叶片中，烟草许多参与植物与病原菌互作的基因表达量上升，说明 Armet 在蚜虫非寄主植物上能够引起植物抗病原菌的反应（Wang et al.，2015a）。

血管紧张素转化酶（angiotensin-converting enzyme，ACE，EC 3.4.15.1）在豌豆蚜的唾液中被检测到（Carolan et al.，2009）。ACE 属于 M2 金属蛋白酶家族，需要结合 Zn^{2+}才具有活性。在哺乳动物中，肾素-血管紧张素系统（RAS）具有调节血压和电解质平衡的重要作用，ACE 是 RAS 中的一个关键组成部分，主要功能是将无活性的血管紧张素Ⅰ转化为有活性的血管紧张素Ⅱ。在许多昆虫中已经发现了 ACE 的同源蛋白，但由于昆虫的循环系统是开放式的，推测昆虫 ACE 的生理功能可能与哺乳动物 ACE 不同。ACE 对昆虫的许多生理过程有影响，如对雄虫的性成熟、消化、神经肽加工、生长、发育和免疫有重要作用（Isaac et al.，1999，2007；Lemeire et al.，2008；Macours et al.，2003）。豌豆蚜基因组有三个 *ACE* 基因，ACE1 和 ACE2 预测是分泌蛋白，在蚜虫唾液腺高表达，ACE3 在生殖腺高表达。蚜虫取食植物时 ACE2 的表达量上升。将三个 *ACE* 基因的表达一一干扰，并不影响豌豆蚜在植物上的生存和繁殖，但同时干扰 *ACE1* 和 *ACE2* 的表达，豌豆蚜在植物上取食时间增长，刺探时间缩短，但生存率显著降低（Wang et al.，2015b）。

豌豆蚜有一个富含半胱氨酸、功能未知的蛋白质家族，仅存在于蚜虫类，包括 13 个基因，编码 14 种蛋白，其中 4 个基因在豌豆蚜唾液腺高表达。这个家族的特点是有

14 个保守的半胱氨酸，其中 6 个半胱氨酸形成 3 个 CXXC 结构域，大部分成员在 N 端有分泌信号肽。这个家族的基因没有内含子，分布在基因组 9 个 scaffold 上。研究表明，其中一个成员 ACYPI39568 能够结合锌离子，并且有两个结合位点，与锌离子的结合比例分别是 3∶1 和 1∶1。ACYPI39568 在唾液腺高表达，一龄幼虫期高表达。豌豆蚜取食植物比取食人工饲料表达更多的 ACYPI39568 蛋白，但干扰该基因的表达不影响豌豆蚜在植物上生存，说明这个家族成员的功能可能是冗余的（Guo et al.，2014）。

豌豆蚜中一个功能未知的蛋白 ACYPI006346 是蚜虫特有的蛋白质，与其他组织相比在唾液腺中表达量最高，并且只在主唾液腺的 5 型和 7 型细胞中表达。ACYPI006346 在豌豆蚜的整个发育阶段都有表达，成虫时表达量最高。在蚜虫取食后的人工饲料中能够检测到 ACYPI006346，证明该蛋白质是一种分泌蛋白质，但是在蚜虫取食后的植物伤流中没有检测到该蛋白质。在苕草（*Vicia villosa*）、蒺藜苜蓿（*Medicago truncatula*）和蚕豆（*Vicia faba*）植株上寄生的豌豆蚜克隆，它们的 ACYPI006346 基因表达量不同，蚕豆是豌豆蚜最适合的寄主，豌豆蚜蚕豆克隆的 ACYPI006346 表达量最低，而苕草是豌豆蚜难克服的寄主，苕草克隆的 ACYPI006346 表达量最高。因此该基因可能在蚜虫和寄主互作中发挥了重要功能。当注射该基因的 dsRNA 到三龄蚜虫，24h 后基因的表达量下降 47%，但是干扰 72h 后基因的表达量恢复到对照组水平，这种短暂的基因干扰效果不影响豌豆蚜在植物上的生存（Pan et al.，2015）。

豌豆蚜胶状唾液中的鞘蛋白（sheath protein，ACYPI009881）富含半胱氨酸，在氧化条件下通过分子间的二硫键形成聚合基质而使胶状唾液硬化。鞘蛋白对蚜虫唾液鞘的结构十分重要，干扰鞘蛋白的表达能够完全破坏唾液鞘的形成，同时蚜虫取食植物韧皮部的行为也被破坏，生殖力降低，但是对生存率的影响不大（Will and Vilcinskas，2015）。

桃蚜唾液中的效应蛋白 Mp10 能够诱导烟草植物叶片发生萎黄和局部细胞死亡，引发植物的防御反应，这种防御反应依赖于泛素连接酶结合蛋白 SGT1。但 Mp10 也能抑制 flg22 引发的活性氧爆发，而不抑制几丁质引发的活性氧爆发。桃蚜取食过量表达 Mp10 的烟草，繁殖率会降低，说明虽然 Mp10 能抑制 flg22 引发的免疫反应，但它引起的总的植物防御反应仍会导致蚜虫繁殖率降低。桃蚜的另一种效应蛋白 Mp42 对蚜虫的繁殖也有副作用（Bos et al.，2010）。马铃薯长管蚜（*M. euphorbiae*）两种可能的效应蛋白 Me10 和 Me23 在烟草上有利于蚜虫的繁殖，说明这两种蛋白质都能抑制烟草的防御反应，而在番茄上只有 Me10 对蚜虫的繁殖有促进作用（Atamian et al.，2013）。Me10 和 Me23 可能有磷酸化修饰（Chaudhary et al.，2015）。虽然这些效应蛋白在植物中的功能已被研究，但并未探索它们在蚜虫中的功能及如何影响蚜虫的取食和生存。

蚜虫唾液中除自身编码的效应蛋白外，还有来自共生菌的蛋白质，也可能作为效应蛋白调控蚜虫与植物的关系。例如，蚜虫必需共生菌（*Buchnera aphidicola*）编码的分子伴侣蛋白 GroEL 在马铃薯长管蚜的唾液中被发现。将 GroEL 蛋白注射到拟南芥叶片诱导了活性氧爆发，并且使 PTI（pattern-triggered immunity）早期反应的基因表达上调。在拟南芥和番茄中表达 GroEL 蛋白，也能激活 PTI 早期反应的基因表达，而且降低桃蚜和马铃薯长管蚜的繁殖力。因此，GroEL 通过诱导 PTI 反应而引起植物的抗虫反应（Chaudhary et al.，2014）。

18.3 唾液蛋白在昆虫寄主转换中的作用

昆虫寄主专化性是指昆虫对某种寄主植物取食专一性的反应，即对不同寄主植物种类的选择和嗜食程度。昆虫在面对植物的各种营养成分、化学防御机制和物理结构的变化下会对不同的寄主植物有不同的选择性。大多数植食性昆虫都有一定的寄主范围，仅能取食一个或几个属，或单一的科的寄主植物，能同时取食三个不同科寄主植物的昆虫种类还达不到所有昆虫种类的10%。在长期自然选择和进化过程中，很多半翅目昆虫已经形成不同的寄主专化型，尤其以蚜虫类最为典型。大部分蚜虫都只利用少数几种寄主植物，表现为单食性或寡食性，即使多食性蚜虫对其全部寄主植物也存在不同程度的寄主选择性，形成了两个或多个专食特定寄主植物的寄主专化型。另外，蚜虫在不同的生长季节，还有转主寄生现象，使得研究蚜虫的寄主专化更为复杂。目前，对于蚜虫寄主转换的研究主要集中在生态学和生理生化方面，而对蚜虫唾液腺及唾液蛋白在蚜虫寄主转换过程中的作用的研究相对较少。

蚜虫在寄主转换过程中取食行为会发生变化。韩心丽和严福顺（1995）对大豆蚜在寄主植物和非寄主植物上的取食行为进行比较，发现大豆蚜在寄主植物大豆的韧皮部取食时间比较长，而在非寄主植物棉花、丝瓜和黄瓜的韧皮部取食时间很短，甚至未取食。茶蚜（*Toxoptera aurantii*）在寄主茶树上分泌唾液的时间远比在非寄主大豆和小麦上的时间长，非刺探波（np 波）的时间比在大豆和小麦上的时间短（Han and Chen，2000）。胡想顺等（2007）利用 EPG 技术对禾谷缢管蚜在不同小麦品种（Ww2730、小偃 22 和 Batis）苗期的取食行为进行了比较研究，发现小偃 22 表皮部和韧皮部都存在阻碍蚜虫取食的物理和生化因素。禾谷缢管蚜在 Ww2730 取食遇到更多的阻碍是细胞间机械阻力，Batis 是较感蚜品种。王咏妙等（2004）利用 EPG 技术发现甜瓜型棉蚜在棉花上的取食行为容易被阻断，但口针定位韧皮部能力没有被削弱；棉花型棉蚜在甜瓜上口针无法顺利定位至韧皮部，甚至在 2h 内根本无法取食。

当蚜虫取食寄主植物时，将唾液分泌到寄主植物中引起寄主植物产生生理变化，从而刺激蚜虫取食。Cooper 等（2010）发现在三种蚜虫人工饲料（纯水、15%蔗糖、氨基酸）上饲养麦双尾蚜（*D. noxia*），其分泌的可溶性唾液蛋白明显不同，取食 15%蔗糖人工饲料的蚜虫分泌可溶蛋白含量最多，其次是取食氨基酸人工饲料的蚜虫，分泌最少的是取食纯水的蚜虫。Cooper 等（2011）对麦二叉蚜（*S. graminum*）、豌豆蚜和三种双尾蚜蚜虫（*Diuraphis* spp.）的唾液蛋白进行比较，发现取食同种寄主的双尾蚜和麦二叉蚜产生的唾液蛋白不同，对寄主产生的伤害也明显不同；与取食单子叶植物的麦二叉蚜和双尾蚜相比，取食双子叶植物的豌豆蚜唾液中具有 10 种特有的蛋白质成分。Vandermoten 等（2014）采用蛋白质组学的方法，结合液相色谱-电喷雾串联质谱法、双向胶内差异凝胶电泳（2-DDIGE）及基质辅助激光解吸电离飞行时间质谱（MALDI-TOF-MS），比较分析三种蚜虫（豌豆蚜、巢菜修尾蚜和桃蚜）的唾液蛋白，发现不同蚜虫之间的唾液蛋白有明显的差异，22%蛋白质与 DNA 结合相关，19%蛋白质与 GTP 结合相关，19%蛋白质有氧化还原活性，其中还鉴定了一个过氧化物氧化还原酶和一个 ATP 结合蛋白，参与调节植物的防御反应。比较专食性豌豆蚜、巢菜修尾蚜及多食性桃蚜的唾液蛋白质组，发现桃蚜有较高功能多样性的蛋白质，可能与桃蚜寄主多样性相关，它需要更多的唾液蛋白来应对多种植物的防御反应。麦双尾蚜有多种生物型，对具有不同抗虫基因的小麦有不同的毒力，其中Ⅰ、Ⅱ型分别是无毒型和有毒型。麦双尾蚜Ⅰ、Ⅱ生物型之间唾液腺表达基因存在非常大的差异，而且甲基化程度也不同，I 型比 II 型的甲基化水平高（Cui et al.，2012；Gong et al.，2012）。

利用长期生活在蚕豆上的豌豆蚜实验种群，通过瞬时转移或长期驯化至其他三种豆科植物（蒺藜苜蓿、苕草、紫花苜蓿）的方法，比较豌豆蚜在这 4 种不同喜好程度的寄主植物上生命周期、取食行为及对应条件下唾液腺基因的表达和响应。结果表明，经过 6 个月驯化，豌豆蚜蚕豆克隆在苕草和蒺藜苜蓿上均能驯化成功，而在紫花苜蓿上不能驯化成功。当豌豆蚜适应不同寄主植物后，其个体大小差异显著。以成蚜为例，蚕豆克隆的个体最大［(3.85±0.03) mm］，其次是蒺藜苜蓿驯化种群［(2.89±0.03) mm］，个体最小的是苕草驯化种群［(1.99±0.02) mm］。当瞬时转移至这三种新寄主植物时或形成稳定克隆后，蚜虫的净生殖率（R_0）、内禀增长率（r_m）和周限增长率（λ）都会明显下降，而平均世代周期（T）、若蚜期和成蚜期的时间都会明显变长。在不同适合度的寄主植物上蚜虫的取食行为也不同。当豌豆蚜蚕豆克隆瞬时转移至其他三种寄主植物上时，被动取食韧皮部汁液（E2 波）所需时间明显下降，非刺探波（np 波）的时间会明显增加。另外，豌豆蚜瞬时转移至苕草上，需要更多的时间刺探植物细胞寻找韧皮部汁液（C 波）；豌豆蚜瞬时转移至这两种苜蓿植物上，F 波时间占很高的比例（20%左右），说明豌豆蚜在刺探这两种寄主植物时口针遇到机械障碍。经过 6 个月的驯化，豌豆蚜蒺藜苜蓿和苕草驯化种群的取食行为有所改善，分泌水状唾液（E1 波）和被动取食韧皮部汁液（E2 波）的时间增加，同时非刺探波（np 波）的时间明显下降。蒺藜苜蓿的蚜虫种群机械障碍波（F 波）的比例明显降低。以蚕豆种群豌豆蚜唾液腺转录组为对照，比较蚕豆种群瞬时转移至蒺藜苜蓿、紫花苜蓿和苕草 5h 后唾液腺转录组的差异，分别有 411 个、438 个和 90 个基因表达量发生显著变化，共同变化的差异基因只有 8 个，都是共同下调的差异基因，其中包括 5 个热激蛋白。豌豆蚜在蒺藜苜蓿、苕草和紫花苜蓿上的特异差异基因的数目分别是 32 个、54 个和 63 个，与豌豆蚜在这三种寄主植物上的适应性高低呈反比，即特异差异基因数目越多，豌豆蚜在此寄主植物上的适应性越低。经过 6 个月驯化后，蒺藜苜蓿和苕草驯化种群与蚕豆种群唾液腺转录组对比，分别有 156 个和 188 个基因表达量发生显著变化。其中，在两个驯化种群中共同变化的差异基因共 72 个，50 个差异基因共同上调和 22 个差异基因共同下调。豌豆蚜在蒺藜苜蓿和苕草上的特异差异基因的数目分别是 84 个和 116 个，这同样与寄主植物上豌豆蚜的适应性高低呈反比（Lu et al.，2016）。

唾液腺表达基因也可能参与了蚜虫的冬夏寄主转换。桃粉大尾蚜（*Hyalopterus persikonus*）能够随着冬夏交替在禾本科和蔷薇科两类寄主植物间进行转换，是研究寄主转换的良好材料。通过解析不同寄主（寿星桃、美人梅、紫叶矮樱）上桃粉大尾蚜的转录组，鉴定得到一批可能与寄主适应性相关的差异基因，将这些差异基因与豌豆蚜唾液腺分泌组比对，得到一些可能参与寄主转换的唾液蛋白。与核糖体结合和氧化磷酸化相关的基因在夏寄主蚜虫中高表达。同样高表达的一些可能的分泌蛋白质，如解毒酶类、抗氧化酶、谷胱甘肽过氧化物酶、葡萄糖脱氢酶、血管紧张素转化酶、钙黏素和钙网蛋白也在夏寄主蚜虫中高表达。只有一个 SCP GAPR-1-like 家族蛋白和一个唾液鞘蛋白在冬寄主蚜虫中高表达。该研究结果在一定程度上解释了蚜虫对寄主利用和季节适应性的表型可塑性（Cui et al.，2016）。

参考文献

韩心丽, 严福顺. 1995. 大豆蚜在寄主与非寄主植物上的口针刺吸行为. 昆虫学报, 38: 278-283.

胡想顺, 赵惠燕, 胡祖庆, 等. 2007. 禾谷缢管蚜在三个小麦品种上取食行为的 EPG 比较. 昆虫学报, 50: 1105-1110.

王咏妙, 张鹏飞, 陈建群. 2004. 棉蚜寄主专化型及其形成的行为机理. 昆虫学报, 47: 760-767.

Apostolou A, Shen Y, Liang Y, et al. 2008. Armet, a UPR-upregulated protein, inhibits cell proliferation and ER stress-induced cell death. Experimental Cell Research, 314: 2454-2467.

Asaduzzaman M, Asao T. 2012. Autotoxicity in beans and their allelochemicals. Scientia Horticulturae, 134: 26-31.

Atamian H S, Chaudhary R, Cin V D, et al. 2013. In planta expression or delivery of potato aphid *Macrosiphum euphorbiae* effectors Me10 and Me23 enhances aphid fecundity. Molecular Plant-Microbe Interactions, 26: 67-74.

Backus E A, Andrews K B, Shugart H J, et al. 2012. Salivary enzymes are injected into xylem by the glassy-winged sharpshooter, a vector of *Xylella fastidiosa*. Journal of Insect Physiology, 58: 949-959.

Baea H, Hermanb E, Baileya B, et al. 2005. Exogenous trehalose alters *Arabidopsis* transcripts involved in cell wall modification, abiotic stress, nitrogen metabolism, and plant defense. Physiologia Plantarum, 125: 114-126.

Berlin D H, Hibbs E T. 1963. Digestive system morphology and salivary enzymes of the potato leafhopper, *Empoasca fabae* (Harris). Iowa Academy of Science, 70: 527-540.

da Cruz A B, Schwärzel M, Schulze S, et al. 2005. Disruption of the MAP1B-related protein FUTSCH leads to changes in the neuronal cytoskeleton, axonal transport defects, and progressive neurodegeneration in *Drosophila*. Molecular Biology of the Cell, 16: 2433-2442.

Bigham M, Hosseininaveh V. 2010. Digestive proteolytic activity in the pistachio green stink bug, *Brachynema germari* Kolenati (Hemiptera: Pentatomidae). Journal of Asia-Pacific Entomology, 13: 221-227.

Blanc S, Uzest M, Drucker M. 2011. New research horizons in vector-transmission of plant viruses. Current Opinion in Microbiology, 14: 483-491.

Bos J I B, Prince D, Pitino M, et al. 2010. A functional genomics approach identifies candidate effectors from the aphid species *Myzus persicae* (green peach aphid). PLoS Genetics, 6: e1001216.

Calatayud P A, Boher B, Nicole M, et al. 1996. Interactions between cassava mealybug and cassava: cytochemical aspects of plant cell wall modifications. Entomologia Experimentalis et Applicata, 80: 242-245.

Campbell D C, Dreyer D L. 1990. The role of plant matrix polysaccharides in aphid-plant interactions. *In*: Campbell R K, Eikenbary R D. Aphid – Plant Genotype Interactions. Amsterdam: Elsevier Press: 149-170.

Campbell D C, Jones K C, Dreyer D L. 1986. Discriminative behavioral responses by aphids to various plant matrix polysaccharides. Entomologia Experimentalis et Applicata, 41: 17-24.

Carolan J C, Caragea D, Reardon K T, et al. 2011. Predicted effector molecules in the salivary secretome of the pea aphid (*Acyrthosiphon pisum*): a dual transcriptomic/proteomic approach. Journal of Proteome Research, 10: 1505-1518.

Carolan J C, Fitzroy C I, Ashton P D, et al. 2009. The secreted salivary proteome of the pea aphid *Acyrthosiphon pisum* characterised by mass spectrometry. Proteomics, 9: 2457-2467.

Chaudhary R, Atamian H S, Shen Z, et al. 2014. GroEL from the endosymbiont *Buchnera aphidicola* betrays the aphid by triggering plant defense. Proceedings of the National Academy of Sciences of the United States of America, 111: 8919-8924.

Chaudhary R, Atamian H S, Shen Z, et al. 2015. Potato aphid salivary proteome: enhanced salivation using resorcinol and identification of aphid phosphoproteins. Journal of Proteome Research, 14: 1762-1778.

Cherqui A, Tjallingii W F. 2000. Salivary proteins of aphids, a pilot study on identification, separation and immunolocalisation. Journal of Insect Physiology, 46: 1177-1186.

Cooper W R, Dillwith J W, Puterka G J. 2010. Salivary proteins of russian wheat aphid (Hemiptera: Aphididae). Environmental Entomology, 39: 223-231.

Cooper W R, Dillwith J W, Puterka G J. 2011. Comparisons of salivary proteins from five aphid (Hemiptera: Aphididae) species. Environmental Entomology, 40: 151-156.

Couldridge C, Newbury H J, FordLloyd B, et al. 2007. Exploring plant responses to aphid feeding using a full *Arabidopsis* microarray reveals a small number of genes with significantly altered expression. Bulletin of Entomological Research, 97: 523-532.

Cui F, Smith C M, Reese J, et al. 2012. Polymorphisms in salivary-gland transcripts of Russian wheat aphid biotypes 1 and 2. Insect Science, 19: 429-440.

Cui N, Yang P, Guo K, et al. 2016. Large - scale gene expression reveals different adaptations of *Hyalopterus persikonus* to winter and summer host plants. Insect Science, 24(3): 431-442.

de la Paz Celorio-Mancera M, Greve L C, Teuber L R, et al. 2009. Identification of endo- and exo-polygalacturonase activity in *Lygus hesperus* (Knight) salivary glands. Archives of Insect Biochemistry and Physiology, 70: 122-135.

DeLay B, Mamidala P, Wijeratne A, et al. 2012. Transcriptome analysis of the salivary glands of potato leafhopper, *Empoasca fabae*. Journal of Insect Physiology, 58: 1626-1634.

Eichenseer H, Mathews M C, Bi J L, et al. 1999. Salivary glucose oxidase: multifunctional roles for *Helicoverpa zea*? Archives Insect Biochemistry and Physiology, 42: 99-109.

Frati F, Galletti R, Lorenzo G D, et al. 2006. Activity of endo-polygalacturonases in mirid bugs (Heteroptera: Miridae) and their inhibition by plant cell wall proteins (PGIPs). European Journal of Entomology, 103: 515-522.

Funk C J. 2001. Alkaline phosphatase activity in whitefly salivary glands and saliva. Archives of Insect Biochemistry and Physiology, 46: 165-174.

Giordanengo P, Brunissen L, Rusterucci C, et al. 2010. Compatible plant–aphid interactions: how aphids manipulate plant responses. Comptes Rendus Biologies, 333: 516-523.

Girardot F, Monnier V, Tricoire H. 2004. Genome wide analysis of common and specific stress responses in adult *Drosophila melanogaster*. BMC Genomics, 5: 74.

Gomi K, Satoh M, Ozawa R, et al. 2010. Role of hydroperoxide lyase in white-backed planthopper (*Sogatella furcifera* Horvath)-induced resistance to bacterial blight in rice, *Oryza sativa* L. The Plant Journal, 61: 46-57.

Gong L, Cui F, Sheng C, et al. 2012. Polymorphism and methylation of four genes expressed in salivary glands of Russian wheat aphid (Homoptera: Aphididae). Journal of Economic Entomology, 105: 232-241.

Guo K, Wang W, Luo L, et al. 2014. Characterization of an aphid-specific, cysteine-rich protein enriched in salivary glands. Biophysical Chemistry, 189: 25-32.

Han B Y, Chen Z M. 2000. Difference in probing behaviour of tea aphid on vegetative parts of tea plant and non-host plants. Insect Science, 7: 337-343.

Harmel N, Létocart E, Cherqui A, et al. 2008. Identification of aphid salivary proteins: a proteomic investigation of *Myzus persicae*. Insect Molecular Biology, 17: 165-174.

Hattori M, Konishi H, Tamura Y, et al. 2005. Laccase-type phenoloxidase in salivary glands and watery saliva of the green rice leafhopper, *Nephotettix cincticeps*. Journal of Insect Physiology, 51: 1359-1365.

Hattori M, Komatsu S, Noda H, et al. 2015. Proteome analysis of watery saliva secreted by green rice leafhopper, *Nephotettix cincticeps*. PLoS One, 10: e0123671.

Hattori M, Nakamura M, Komatsu S, et al. 2012. Molecular cloning of a novel calcium-binding protein in the secreted saliva of the green rice leafhopper *Nephotettix cincticeps*. Insect Biochemistry and Molecular Biology, 42: 1-9.

Hogenhout S A, Bos J I B. 2011. Effector proteins that modulate plant-insect interactions. Current Opinion in Plant Biology, 14: 422-428.

Hori K. 2000. Possible causes of diseases symptoms resulting from the phytophagous Heteroptera. *In*: Schaefer C W, Panizzi A R. Heteroptera of Economic Importance. Boca Raton: CRC Press: 11-35.

Hosseininaveh V, Bandani A, Hosseininaveh F. 2009. Digestive proteolytic activity in the Sunn pest, *Eurygaster integriceps*. Journal of Insect Science, 9 (70): 1-11.

Isaac R E, Ekbote U, Coates D, et al. 1999. Insect angiotensin-converting enzyme. A processing enzyme with broad substrate specificity and a role in reproduction. Annals of the New York Academy of Sciences, 897: 342-347.

Isaac R E, Lamango N S, Ekbote U, et al. 2007. Angiotensin-converting enzyme as a target for the development of novel insect growth regulators. Peptides, 28: 153-162.

Konishi H, Noda H, Tamura Y, et al. 2009. Proteomic analysis of the salivary glands of the rice brown planthopper, *Nilaparvata lugens* (Stål) (Homoptera: Delphacidae). Applied Entomology and Zoology, 44: 525-534.

Laurema S, Nuorteva P. 1961. On the occurrence of pectic polygalacturonase in the salivary glands of Heteroptera and Homoptera Auchenorrhyncha. Annales Entomologici Fennici, 27: 89-93.

Lemeire E, Vanholme B, van Leeuwen T, et al. 2008. Angiotensin-converting enzyme in *Spodoptera littoralis*: molecular characterization, expression and activity profile during development. Insect Biochemistry and Molecular Biology, 38: 166-175.

Liu X, Zhou H, Zhao J, et al. 2016. Identification of the secreted watery saliva proteins of the rice brown planthopper, *Nilaparvata lugens* (Stål) by transcriptome and Shotgun LC–MS/MS approach. Journal of Insect Physiology, 89: 60-69.

Lu H, Yang P, Xu Y, et al. 2016. Performances of survival, feeding behavior, and gene expression in aphids reveal their different fitness to host alteration. Scientific Reports, 6: 19344.

Ma G, Hay D, Li D, et al. 2006. Recognition and inactivation of LPS by lipophorin particles. Developmental and Comparative Immunology, 30: 619-626.

Ma R, Reese J C, Black IV W C, et al. 1990. Detection of pectinesterase and polygalacturonase from salivary secretions of living greenbugs, *Schizaphis graminum* (Homoptera: Aphididae). Journal of Insect Physiology, 36: 507-512.

Macours N, Hens K, Francis C, et al. 2003. Molecular evidence for the expression of angiotensin converting enzyme in hemocytes of *Locusta migratoria*: stimulation by bacterial lipopolysaccharide challenge. Journal of Insect Physiology, 49: 739-746.

Mehrabadi M, Bandani A R. 2009. Study on salivary glands α-amylase in wheat bug *Eurygaster maura* (Hemiptera: Scutelleridae). American Journal of Applied Sciences, 6: 555-560.

Miles P W. 1999. Aphid saliva. Biological Reviews, 74: 41-85.

Miles P W, Oertli J J. 1993. The significance of antioxidants in the aphid–plant interaction: the redox hypothesis. Entomologia Experimentalis et Applicata, 67: 275-283.

Montesano M, Hyytiainen H, Wettstein R, et al. 2003. A novel potato defence-related alcohol: NADP – oxidoreductase induced in response to *Ervinia carotovora*. Plant Molecular Biology, 52: 177-189.

Mutti N S, Louis J, Pappan L K, et al. 2008. A protein from the salivary glands of the pea aphid, *Acyrthosiphon pisum*, is essential in feeding on a host plant. Proceedings of the National Academy of Sciences of the United States of America, 105: 9965-9969.

Mutti N S, Park Y, Reese J C, et al. 2006. RNAi knockdown of a salivary transcript leading to lethality in the pea aphid, *Acyrthosiphon pisum*. Journal of Insect Science, 6: 38.

Ni X, Quisenberry S S, Pornkulwat S, et al. 2000. Hydrolases and oxidoreductase activities in *Diuraphis noxia* and *Rhopalosiphum padi* (Hemiptera: Aphididae). Annals of the Entomological Society of America, 93: 595-601.

Nicholson S J, Hartso S D, Puterka G J. 2012. Proteomic analysis of secreted saliva from Russian wheat aphid (*Diuraphis noxia* Kurd.) biotypes that differ in virulence to wheat. Journal of Proteomics, 75: 2252-2268.

Nicholson S J, Puterka G J. 2014. Variation in the salivary proteomes of differentially virulent greenbug (*Schizaphis graminum* Rondani) biotypes. Journal of Proteomics, 105: 186-203.

Ozgur E. 2006. Identification and characterization of hydrolytic enzymes of Sunn pest (*Eurygaster integriceps*) and cotton bollworm (*Helicoverpa armigera*). PhD Thesis, Middle East Technical University, Çankaya Ankara.

Palgi M, Lindström R, Peränen J, et al. 2009. Evidence that DmMANF is an invertebrate neurotrophic factor supporting dopaminergic neurons. Proceedings of the National Academy of Sciences of the United States of America, 106: 2429-2434.

Pan Y, Zhu J, Luo L, et al. 2015. High expression of a unique aphid protein in the salivary glands of *Acyrthosiphon pisum*. Physiological and Molecular Plant Pathology, 92: 175-180.

Petrova P S, Raibekas A, Pevsner J, et al. 2003. MANF: a new mesencephalic, astrocyte-derived neurotrophic factor with selectivity for dopaminergic neurons. Journal of Molecular Neuroscience, 20: 173-187.

Pitino M, Hogenhout S A. 2013. Aphid protein effectors promote aphid colonization in a plant species-specific manner. Molecular Plant-Microbe Interactions, 26: 130-139.

Rajadurai S, Mani T, Balakrishna P, et al. 1990. On the digestive enzymes and soluble proteins of the nymphal salivary glands of *Trioza jambolanae* Crawford (Triozinae: Psyllidae: Homoptera), the gall maker of the leaves of *Syzygium cumini* (L.) Skeels (Myrtaceae). Phytophaga, 3: 47-53.

Raman A. 2010. Insect–plant interactions: the gall factor. *In*: Seckbach J, Dubinsky Z. All Flesh is Grass: Plant–Animal Interrelationships. Heidelberg: Springer Press: 121-146.

Raman A, Rajadurai S, Mani T, et al. 1999. On the salivary enzymes and soluble proteins of the *Mimusops* gall thrips, *Arrhenothrips ramakrishnae* Hood (Tubulifera: Thysanoptera: Insecta). Zeitschrift fuer Angewandte Zoologie, 78: 131-136.

Rao S A K, Carolan J C, Wilkinson T L. 2013. Proteomic profiling of cereal aphid saliva reveals both ubiquitous and adaptive secreted proteins. PLoS One, 8: e57413.

Sarker M, Mukhopadhyay A. 2006. Studies on salivary and midgut enzymes of a major sucking pest of tea, *Helopeltis theivora* (Heteroptera: Miridae) from Darjeeling plains. Indian Journal of Entomological Research Soceity, 8: 27-36.

Singh V, Louis J, Ayre B G, et al. 2011. TREHALOSE PHOSPHATE SYNTHASE11- dependent trehalose metabolism promotes *Arabidopsis thaliana* defense against the phloem- feeding insect *Myzus persicae*. The Plant Journal, 67: 94-104.

Somssich I E, Wernert P, Kiedrowski S, et al. 1996. *Arabidopsis thaliana* defense-related protein ELI3 is an aromatic alcohol: NADP – oxidoreductase. Proceedings of the National Academy of Sciences of the United States of America, 93: 14199-14203.

Soyelu O L, Akingbohungbe A E, Okonji R E. 2007. Salivary glands and their digestive enzymes in pod-sucking bugs (Hemiptera: Coreoidea) associated with cowpea *Vigna unguiculata* ssp. *unguiculata* in Nigeria. International Journal of Tropical Insect Science, 27: 40-47.

Steinbauer M J, Taylor G S, Madden J L. 1997. Comparison of damage to Eucalyptus caused by *Amorbus obscuricornis* and *Gelonus tasmanicus*. Entomologia Experimentalis et Applicata, 82: 175-180.

Strong F E, Kruitwagen E C. 1968. Polygalacturonase in salivary apparatus of *Lygus hesperus* (Hemiptera). Journal of Insect Physiology, 14: 1113-1119.

Thorpe P, Cock P J A, Bos J. 2016. Comparative transcriptomics and proteomics of three different aphid species identifies core and diverse effector sets. BMC genomics, 17: 1.

Tjallingii W F. 2006. Salivary secretions by aphids interacting with proteins of phloem wound responses. Journal of Experimental Botany, 57: 739-745.

Urbanska A, Leszczynski B. 1997. Enzymatic adaptations of cereal aphids to plant glycosides.

communication of plants with the environment (abstracts). *In*: Proceedings of Phytochemical Society of North American and Phytochemical Society of Europe. Noordwijkerhout: The Netherlands: 20-23.

Urbanska A, Leszczynski B, Laskowska I, et al. 1998. Enzymatic defence of grain aphid against plant phenolics. *In*: Nieto Nafria J M, Dixon A F G. Aphids in Natural and Managed Ecosystems. León Universidad de León: 119-124.

Urbanska A, Tjallingii W F, Leszczynski B. 1994. Application of agarose-sucrose gels for investigation of aphid salivary enzymes. Aphids and Other Homopterous Insects, 4: 81-87.

van der Horst D J, Rodenburg K W. 2010. Locust flight activity as a model for hormonal regulation of lipid mobilization and transport. Journal of Insect Physiology, 56: 844-853.

Vandermoten S, Harmel N, Mazzucchelli G, et al. 2014. Comparative analyses of salivary proteins from three aphid species. Insect Molecular Biology, 23: 67-77.

Walling L L. 2008. Avoiding effective defenses: strategies employed by phloem-feeding insects. Plant Physiology, 146: 859-866.

Wang J, Sykes B D, Ryan R O. 2002. Structural basis for the conformational adaptability of apolipophorin III, a helixbundle exchangeable apolipoprotein. Proceedings of the National Academy of Sciences of the United States of America, 99: 1188-1193.

Wang W, Dai H, Zhang Y, et al. 2015a. Armet is an effector protein mediating aphid-plant interactions. The FASEB Journal, 29: 2032-2045.

Wang W, Luo L, Lu H, et al. 2015b. Angiotensin-converting enzymes modulate aphid-plant interactions. Scientific Reports, 5: 8885.

Will T, Kornemann S R, Furch A C, et al. 2009. Aphid watery saliva counteracts sieve-tube occlusion: a universal phenomenon? Journal of Experimental Biology, 212: 3305-3312.

Will T, Tjallingii W F, Thönnessen A, et al. 2007. Molecular sabotage of plant defense by aphid saliva. Proceedings of the National Academy of Sciences of the United States of America, 104: 10536-10541.

Will T, van Bel A J E. 2006. Physical and chemical interactions between aphids and plants. Journal of Experimental Botany, 57: 729-735.

Will T, Vilcinskas A. 2015. The structural sheath protein of aphids is required for phloem feeding. Insect Biochemistry and Molecular Biology, 57: 34-40.

Wu H, Haig T, Pratley J, et al. 2000. Distribution and exudation of allelochemicals in wheat *Triticum aestivum*. Journal of Chemical Ecology, 26: 2141-2154.

Zdybicka-Barabas A, Cytryńska M. 2011. Involvement of apolipophorin III in antibacterial defense of *Galleria mellonella* larvae. Comparative Biochemistry and Physiology B: Biochemistry and Molecular Biolology, 158: 90-98.

Zibaee A, Hoda H, Fazeli-Dinan M. 2012. Purification and biochemical properties of a salivary α-amylase in *Andrallus spinidens* Fabricius (Hemiptera: Pentatomidae). Invertebrate Survival Journal, 9: 49-57.

第 19 章　吸血节肢动物与哺乳动物的互作基因组学

19.1　吸血节肢动物与病原传播

19.1.1　常见吸血节肢动物

在自然界中，节肢动物种类最多，已发现 120 多万种，占动物种类的 85%左右。节肢动物种类繁多，形态多样。现根据体节的组合、附肢及呼吸器官等可将现存种类分为二亚门六纲。其中，在真节肢动物亚门中的昆虫纲、蛛形纲、甲壳纲、唇足纲和重足纲均与人类健康有关，可称为医学节肢动物。昆虫纲中有许多致病种类，如蚊、蠓、蝇、螨、蚤、虱、臭虫、蟑螂、锥蝽等。昆虫纲对人类的危害主要是骚扰、叮咬及传播疾病；蛛形纲中的蜘蛛、蝎、蜱、螨可致螫咬伤，常致过敏或中毒，其中蜱、螨还会传播一些疾病；甲壳纲中水蚤、蟹为日本血吸虫等某些蠕虫的中间寄主，给人类健康带来危害；唇足纲中如蜈蚣和重足纲中如马陆均可致螫伤。昆虫纲和蛛形纲中的一些类群是主要的病原传播媒介。

人类重要的传染性疾病有 2/3 可以通过昆虫传播，如登革热、黄热病、疟疾、西尼罗热、流行性乙型脑炎、鼠疫、斑疹伤寒、锥虫病、利什曼病及盘尾丝虫病等，均能引起人类极大的感染率和死亡率。昆虫纲中的蚊类是目前主要的人体病原物（病毒、细菌、立克次氏体、原生动物、线虫）的携带者，蚊科中病原主要的携带者为伊蚊、按蚊和库蚊。其中，伊蚊是蚊科中最大的一属，主要的种为埃及伊蚊、白纹伊蚊、东乡伊蚊、刺扰伊蚊、赫布里底伊蚊、玻利尼西亚伊蚊、盾纹伊蚊和中斑伊蚊等，主要传播基孔肯尼亚热、黄热病、登革热、寨卡病和丝虫病等。而埃及伊蚊被认为是世界范围内稳定存在且最具威胁性的蚊种。埃及伊蚊源于非洲，在过去的 20 年中已广泛分布于各大洲。

通过吸血节肢动物叮咬易感染脊椎动物而传播，并能引起严重的人畜共患性疾病的病毒称为虫媒病毒（arthropod-borne virus，arbovirus）。目前，虫媒病毒已达上百种，主要属于黄病毒科（Flaviviridae）、布尼亚病毒科（Bunyaviridae）和披膜病毒科（Togaviridae）等。目前，最为关注且最为重要的蚊传疾病——登革热，主要是由埃及伊蚊和白纹伊蚊传播的，全世界有 36 亿人处在登革病毒的威胁下，每年有 4 亿人遭受感染（Bhatt et al.，2013；Gubler，2012）。该疾病是由登革病毒先感染蚊中肠上皮细胞并开始复制，随后经血淋巴感染蚊子的脂肪体和气管，最终感染唾液腺，经雌性埃及伊蚊吸血进入人体内。

除蚊传播病原外，由蜱传播的病原也一直是科学家研究的重点。蜱是许多种脊椎动物体表暂时性的寄生虫，是一些人兽共患病的传播媒介和储存宿主。蜱分为三科：硬蜱科、软蜱科和纳蜱科。目前，全世界已发现的蜱 800 多种，硬蜱科约 700 种，软蜱科约 150 种，纳蜱科 1 种（分布于非洲南部）。据蜱类学记录，全球的蜱类具名近千种。至 2015 年，软蜱科（Argasidae）计有 5 属 200 种，包括锐蜱属（*Argas*）61 种、钝蜱属（*Ornithodoros*）118 种、穴蜱属（*Antricola*）17 种、赝蜱属（*Nothoaspida*）2 种、耳蜱属（*Otobius*）2 种。中国软蜱区系非常贫乏，迄今只记录有 14 种。纳蜱科（Nuttalliellidae）单一纳蜱属（*Nuttalliella*）1 种。而中国已记录的硬蜱科约 100 种，主要种类有全沟硬蜱、草原革蜱、亚东璃眼蜱和乳突钝缘蜱等（郭莉等，2010）。传播的疾病有森林脑炎、新疆出血热、蜱媒回归热、莱姆病、Q 热、北亚蜱传立克次体病、细菌性疾病、无形体病、红肉过敏症等。据报道，蜱可携带、传播 210 种病原体，其中立克次氏体 20 种，蜱传立克次体病是世界范围内严重威胁人类、动物健康的自然疫源性疾病，全年均可发病。立克次体病是由立克次氏体所引起的疾病，主要有流行性斑疹伤寒、地方性斑疹伤寒、洛杉矶斑疹伤寒、立克次体痘、恙虫病、斑点热、Q 热和战壕热等。立克次氏体通常被称为蜱热，是一种细菌，以鼠类为存储宿主，这种细菌可引起多种疾病，并通过某些节肢动物如虱、蚤、蜱或螨为媒介传给人类（Noda et al.，2015）。立克次氏体侵入人体后，常在小血管内皮细胞及单核吞噬细胞系统中繁殖，引起细胞肿胀、增生、坏死，微循环障碍及血栓形成，导致血管破裂与坏死，进而引起血管炎。立克次氏体在我国地域跨度较大，动物宿主和媒介种类繁多，蜱传立克次体病例逐年增加，尤其是东北内蒙古边境、山林地区经常受蜱类侵袭严重，直接威胁东北及内蒙古的居民（Xia et al.，2015）。

19.1.2 虫媒病毒与宿主共进化

过去的 20 年，4 种重要的虫媒病毒——登革病毒、寨卡病毒、西尼罗河病毒、基孔肯尼亚热病毒相继从亚欧大陆入侵西半球引发全球大流行（Fauci et al.，2016）。这些病毒均起源于数千年以前的非洲，当北非居民开始在居住地储水开始，原本生活于森林的埃及伊蚊（*Aedes aegypti*，以下简写为 *Ae. aegypti*）逐渐适应了将卵产在人类储水容器中，蚊子在人类生活区的滋生导致人类被蚊子所携带的病毒侵染。病毒在长期的进化进程中形成了一种人类—埃及伊蚊—人类的循环传播方式（Morens et al.，2014）。同时，某些病毒还适应了人类的家畜，如委内瑞拉马脑炎病毒可以感染马、流行性乙型脑炎病毒可以感染猪。病毒的进化、传播与人类活动密切相关，由于人类的活动，病毒在生态位上逐渐进化适应，进而使自身的生态位不断扩大（Fauci，2016）。

埃及伊蚊的进化过程和现今的分布情况与人类活动是密不可分的。Brown 等（2011）利用 4 种基因的 DNA 序列与带有 RAD 标签序列的 1504 SNP 标签发现，埃及伊蚊起源于非洲，在人类贸易与人口流动的过程中形成亚种，其种群数量不断增加并逐渐遍及热带及亚热带地区。*Ae. Aegypti* 的一个生态学上相似的类群现今仍存在于非洲大陆，作为一个亚种 *Aedes aegypti formosus* 存在。另一个亚种 *Ae. ae. aegypti* 除特有的隔离种群分布在东非沿海外，在非洲大陆并不存在这一亚种。*Ae. ae. aegypti* 是最原始类群 *Ae. aegypti* 的一个小种群。约 4000 年前，撒哈拉严重干旱导致 *Ae. aegypti* 被隔离到北非，严酷的

生存环境迫使 *Ae. aegypti* 选择适宜生存的人工储水容器来繁殖后代（Mattingly，1957；Tabachnick et al.，1979）。遗传学数据还表明，早在十四五世纪，人类的奴隶贸易活动首次将 *Ae. aegypti* 由非洲引入新大陆，随后由新大陆传入东南亚和太平洋地区（Stuart et al.，2006）。

蚊类携带何种虫媒病毒往往取决于人类的血液与人工繁育场所。能够适应人类活动的虫媒病毒类群可以存活并随人类贸易活动不断扩散，而扩散的结果就是引发一系列重大公共卫生问题。例如，1930 年，疟疾传播媒介——吸血蚊子在人类活动的干预下，完成了从西非到巴西的跨洲传播，而 *Aedes albopictus* 和 *Culex quinquefasciatus* 携带的病毒所引发的疾病也遍布全世界。

蚊子倾向于叮咬大的脊椎动物，如哺乳动物或鸟类，其中少部分如伊蚊和按蚊已经进化到专门叮咬人类。其中，吸食人类血液且传播病原的类群主要是非洲疟疾传播者 *Anopheles gambiae*、*Anopheles coluzzii* 及 *Aedes aegypti*。在进化过程中这些蚊类均表现为对人类气味有强烈的先天性偏好，喜欢叮咬人类并吸取血液。

10 000～15 000 年前，自人类开始形成稳定的群居生活起，雌性伊蚊和按蚊更容易通过辨识人类气味寻找食物，从人体血液中吸取营养并产卵繁殖后代（Besansky et al.，2004）。在生态学上，埃及伊蚊主要包括两个亚种，均生活在东非沿海。*Ae. aegypti aegypti* 专门吸食人体血液，祖系亚种 *Ae. aegypti formosus* 现今仍生活在森林中，吸食各种哺乳动物和爬行动物的血液（Mattingly，1957；Mcclelland et al.，1963）。McBride（2016）通过喂食血液实验发现，按蚊中 *An. gambiae* 与 *An. coluzzii* 比 *An. quadriannulatus* 和 *An. arabiensis* 更偏好人类气味，专门吸食人类血液。早在 1970 年，科学家最初使用嗅觉测量器研究吸血蚊子对人类气味具有强先天偏好这一课题时，对研究结果产生了强烈的分歧，至今都认可豚鼠、鼠与鸡等是蚊子最为偏爱的气味。为了进一步研究蚊子对人类气味是否具有强先天偏好，McBride 等（2014）在实验室采用风道、嗅觉测量器及一系列的实验验证，从相关的分子和化学机制研究这一问题。

何种特征的人类气味能够吸引蚊类并引起叮咬？针对这一问题，McBride 等（2014）在不同实验室和不同场地通过测定雌蚊对气味的研究结果发现，家养的蚊子更喜欢人类气味，野外的蚊子更喜欢豚鼠。另外，吸血蚊类更是强烈偏爱富含人类气味的混合气味。首先，二氧化碳是蚊子寻找寄主的一个重要信号分子。二氧化碳使 *An. gambiae/coluzzii* 和 *Ae. aegypti aegypti* 雌蚊对源于寄主的刺激更加敏感（Dekker et al.，2005；Healy et al.，1995）。研究表明，动物体内呼出的二氧化碳气体能够帮助蚊子在寄主中进行初步识别，甚至能帮助蚊类直接识别偏好寄主（Dekker and Takken，1998；Takken et al.，1997）。实验结果还表明，当同时存在人类气味和二氧化碳气流时，雌性 *Ae. Aegypti* 更喜欢人类气味；而当人类气味不存在时，结果却不同（Lacey et al.，2014）。其次，1968 年的一个研究发现人类皮肤中残留的乳酸是其他动物（包括灵长类）的 10～100 倍（Dekker et al.，2002）。Acree 及其同事发现人体内的乳酸作为活跃成分被释放时会吸引 *Ae. aegypti aegypti*，尤其是在二氧化碳存在时，雌性 *Ae. aegypti aegypti* 对乳酸极易产生反应。随后的实验更加证明了乳酸是蚊子识别人类气味的一个信号分子。当把蚊子偏爱的人类气味从人体内抽提出，然后用酶降解其中的乳酸后，蚊子便不再被吸引；当再加入乳酸后，蚊子又重新被吸引（Geier et al.，1996）。最后，*An. coluzzii* 对含乳酸与人类气味的提取物并不产生反应，但向牛气味的提取物中加入乳酸后，原本对牛气味不喜欢的 *An. coluzzii* 会被混合气味所吸引（Dekker，2002；Geier，1996）。人类汗液中含有丰富的氨。实验表明，氨与乳酸一样能够作为另一信号分子吸引 *An. gambiae/coluzzii*，但 *Ae. aegypti aegypti* 对氨分子并不偏爱（McBride，2016）。

嗅觉对于单一气味分子不产生反应或者排斥，但当混合其他气味分子时，也许会被吸引。嗅觉这种特性为研究蚊子对人类气味的强烈偏好提供了重要的依据。通过实验证明，氨使乳酸对 *Ae. aegypti aegypti* 更具吸引力，相反乳酸也使氨对 *Ae. coluzzii* 更具吸引力（Geier et al.，2000）。另外，当气味中混入丙酮及一系列的羧酸类物质时，也会吸引 *Ae. aegypti aegypti* 和 *Ae. coluzzii*。实验中使用装置将人类气味屏蔽后，蚊子会产生排斥反应；当向动物气味中加入乳酸时，蚊子又恢复对气味的吸引（Steib et al.，2001）。

Carolyn S. McBride 等在 2014 年的实验中也证明，蚊子本身的进化促进其对人类气味强烈偏好的发展。在蚊子的进化过程中，遗传和神经上的变化对于这种专化行为的发展起着重要的作用。实验表明，嗅觉神经元通过改变表达与嗅觉受体的敏感性来识别人类气味。昆虫的嗅觉受体主要包括三大基因家族：odorant receptor （OR）、ionotropic receptor（IR）和 gustatory receptor（GR）（Suh et al.，2014）。这些受体与其嗅觉蛋白，如气味分子结合蛋白（OBP）共同决定嗅觉神经元的表达。OR 识别不同复合物如酯类、醇类和酮类；触角的 IR 能够识别氨和有机酸；在蚊子体内有 3 个高度保守的 GR 识别二氧化碳分子（Suh et al.，2014）。氨、乳酸、羧酸类物质或假定的 IR 配体中的关键引诱剂与协同剂在蚊子对人类气味专一性发展中起着重要作用。同时，实验中发现 OR 决定蚊子对气味偏好行为的发展。2013 年，DeGennaro 及其同事研究发现，雌性 *Ae. aegypti aegypti* 在专性受体 orco 敲除后，所有的 OR 功能均丧失。而且在二氧化碳存在的情况下，雌性 *Ae. aegypti aegypti* 均表现出对人类气味的无选择性喜好。实验还表明，IR、GR 配体对于偏好行为的发展非常重要，OR 通路对于专一性识别同样重要（DeGennaro et al.，2013）。McBride 及其同事进一步研究 OR 家族所有成员并确定 *AaegOr4* 与蚊子专一性行为有关。*Ae. aegypti* 两个亚种 *Ae. aegypti formosus*、*Ae. aegypti aegypti* 及其杂交种是否具有对人类的偏爱性，与 *AaegOr4* 的高表达密切相关，因为这个基因对人类的气味甲基庚烯酮更敏感，而豚鼠没有这种气味（McBride，2016）。

19.2 吸血节肢动物与哺乳动物互作

当吸血节肢动物刺入宿主的皮肤吸血时，宿主会发生止血反应、激活凝血级联反应、血管收缩和炎症反应，使伤口愈合和组织重塑。同样，吸血节肢动物也会有相应的对策来抵抗宿主的这种反应。吸血节肢动物唾液中大量的蛋白质和小分子协助吸血节肢动物干扰宿主的止血和炎症反应，从而获得血餐。而且这些唾液分子在长期的宿主-病原共进化过程中已经产生，对克服宿主的止血和免疫反应，以及保证吸血节肢动物完成吸血和正常生长发育是非常重要的。吸血节肢动物唾液注入哺乳动物体内会引起宿主的适应性免疫反应，产生抗节肢动物唾液成分的抗体，因此，吸血节肢动物的唾液成分可以用来设计阻断病原传播的作用靶点和一种新的治疗药物。有研究报道，吸血节肢动物的唾液会帮助病原传播，但是对这种唾液成分的研究并不多。了解吸血节肢动物的唾液组成成分对认识它们的功能、应对宿主反应和病原传播有至关重要的作用。

19.2.1　蜱虫唾液蛋白组学

蜱是重要的吸血皮外寄生物，是多种病原微生物的宿主，传播多种重要的疾病。蜱在吸血过程中除造成宿主皮肤损坏、血液丢失外，还是虫媒病毒传播的媒介，造成人类疾病并导致重大经济损失。蜱的唾液腺中所含有的蛋白质组分与宿主的凝血、免疫体系的相互作用已研究很长时间，迄今为止，至少有 7 种蜱类的唾液转录组和蛋白质组被研究和报道。这些唾液腺蛋白分属于多个基因家族，其中包括脂质运载蛋白（lipocalin）家族、碱性尾巴分泌蛋白（BTSP）家族、碱性胰蛋白酶抑制剂（BPTI）家族、金属蛋白酶（metalloprotease）家族等。蜱的唾液成分是复杂多样的，包括蛋白因子和非蛋白因子，具有抑制血液凝集、血小板聚集、血管舒张、免疫调节物质，以及防止宿主产生痛、痒感觉的作用，不同种类的蜱唾液和唾液腺中含有的生物活性成分是不同的。

血管舒张因子：蜱虫刺入脊椎动物吸血时，活化的血小板释放花生四烯酸，转换成血栓素 A2（血小板聚集因子），激活的血小板释放血清素，血清素与血栓素 A2 一起作用，从而使血管收缩。为了应对血管收缩，蜱虫释放血管舒张因子，目前只在蜱虫唾液中鉴定出了非蛋白血管舒张因子，包括脂质衍生物，如环前列腺素和前列腺素（Bowman et al.，1996；Ribeiro et al.，1992，1988）。HRF 和 IRS-2 也有可能作为血管通透性的调节因子（Chmelar et al.，2012）。

血小板凝集抑制因子：血管损伤后，血小板聚集于皮下组织，并且血小板由激动剂激活（凝血酶、胶原蛋白、ADP、血栓素 A2）。激动剂结合血小板表面的特殊受体，引起一系列的生物化学反应，最终形成止血塞（Kazimírová et al.，2013）。蜱虫有多种策略抑制血小板凝集（Francischetti et al.，2010）：第一种是释放可以水解 ADP 和 ATP 的唾液三磷酸腺苷双磷酸酶，三磷酸腺苷双磷酸酶在美洲花蜱唾液中没有活性（Ribeiro et al.，1992），但是它可以使唾液中的前列腺素增加来抑制 ADP 的产生，从而抑制血小板凝集（Bowman et al.，1995；Ribeiro et al.，1992）。第二种策略是蜱虫释放血小板受体抑制子，在毛白钝缘蜱中，血小板的活性可以被 Moubatin（一种抑制因子）抑制，而且蜱抗凝肽（TAP）抑制血小板附着于基质蛋白上（Bowman et al.，1995；Waxman et al.，1993）。长角血蜱素（longicornin）是从硬蜱 *Haemapysalis longicornis* 中鉴定出来的另一种胶原蛋白抑制子（Cheng et al.，1999），但是 longicornin 不是直接结合在胶原蛋白纤维上，不作用于血小板附着在胶原蛋白的过程中，Moubatin 和 longicornin 有可能和胶原蛋白分享一个受体。唾液中的抗凝血酶在硬蜱和软蜱中都有发现，参与抑制凝固和凝血酶诱导的血小板凝集（Kazimírová et al.，2002；Nienaber et al.，1999）。丝氨酸蛋白酶抑制剂 IRS-2 抑制组织蛋白酶 G 和凝血酶诱导的血小板凝集（Jindrich et al.，2011）。抗血小板凝集还和蜱虫的前列腺素和环前列腺素有关，在宿主-寄生虫相互作用阶段，蜱虫唾液腺分泌极高浓度的前列腺素（PG）到宿主体内来调节炎症和免疫反应。目前，环前列腺素 PGI2 和前列腺素 PGA2/PGB2、PGD2、PGE2、PGF2 已经在一些蜱类中发现（Aljamali et al.，2002），蜱虫前列腺素增加血小板 cAMP 的浓度，抑制 ADP 的分泌，因此抑制血小板凝集、已凝集化的血小板去凝集。PGI2 是最有效的血小板凝集和 ADP 分泌的抑制子。长红锥蝽和温带臭虫唾液腺释放的一氧化氮（NO）能活化胞浆鸟苷酸环化酶，故其唾液腺内 NO 结合蛋白在某种意义上讲也能抑制血小板凝集。

血小板凝集靶向的血小板纤维蛋白原受体的激活后抑制子：纤维蛋白原和 GPⅡb-Ⅲa 复合物之间的相互作用是血小板凝集的最后也是最重要的一步。蜱中分离的钝缘软蜱肽（Savignygrin）（Benj et al.，2002）和变异革蜱素（Variabilin）（Wang et al.，1996）包含整合蛋白识别的修饰 RGD（arginin，glycin，aspartic acid），抑制其他配体结合到血小板受体上。解聚肽 Disaggregin 是一种来自软蜱 *O. moubata* 的纤维蛋白原受体 GPⅡb-Ⅲa 拮抗物，缺乏 RGD 修饰，通过不同的多肽机制抑制结合到配体来抑制血小板凝集（Karczewski et al.，1994）。

当血小板被活化后，血小板膜上的整合素 αⅡbβ3 与含有 RGD （Arg-Gly-Asp）序列的纤维蛋白原结合，引发血小板聚集。血小板凝集的解聚是蜱虫在抵御第一道防御机制失败后的主要方法（Mans et al.，2004）。血小板凝集的解聚可以通过用拮抗剂竞争结合到纤维蛋白受体使纤维蛋白从纤维蛋白受体中除去来实现。很多蜱产生 RGD 分子和 non-RGD 去整合素来阻止纤维蛋白原结合到整合蛋白 αⅡbβ3 上，αⅡbβ3 是活化的血小板表面的纤维蛋白原的受体。一种来自美洲大革蜱唾液腺的 variabilin 能阻止 ADP 诱导的血小板凝集和血小板的活化。variabilin 是第一个从蜱中分离的 RGD 修饰的拮抗物。来自 *Ixodes pacificus*、*I. scapularis* 的 Ixodegrins 和 variabilin 有序列相似性（Francischetti et al.，2005）。例如，*O. savignyi* 的 GPⅡb-Ⅲa 的拮抗物 Savignygrin 能在纤维蛋白受体上替代纤维蛋白从而导致解聚。

凝血级联抑制因子：蜱虫已经进化出强大的机制来抑制或者拖延凝血级联反应，从而使自己完成吸血过程。基于不同的反应机制，蜱虫的抗凝血因子分为凝血酶抑制子、FXa 抑制子、ETC 抑制子、接触系统蛋白抑制子。

凝血酶抑制子：主要是 Kunitz 型蛋白酶抑制剂，Ornithodorin（Locht et al.，1996），Savignin，Boophilin（Sandra et al.，2008），Rhipilin（Xiao et al.，2011），Madanin 1 和 2（Iwanaga et al.，2003），Variegin（Koh et al.，2007）、Microphilin（Ciprandi et al.，2006），BmAP（Horn et al.，2001），Calcaratin（Toshio et al.，2003）。长角血蜱的唾液腺蛋白 Madanin 1 和 2 结合凝血酶阴离子结合部位Ⅰ，但是它们不结合凝血酶的活性中心，而通过和纤维蛋白原、FⅤ、FⅧ竞争结合凝血酶部位Ⅰ来发挥抗凝作用。

FXa 抑制子：软蜱 *O. moubata* 唾液中的抗凝血多肽（TAP）研究最深入。TAP 有很多是与 Kunitz 型抑制子同源的，但是 TAP 是特异的 FXa 可逆的竞争性抑制剂。在 *I. scapularis* 唾液中 Salp14 蛋白特异性地抑制 FXa 活性位点（Sukanya et al.，2004）。一个

来源于 *Rhipicephalus appendiculatus* 唾液的未命名的蛋白质很可能作用于凝血酶原酶复合物，然而它的作用机制还不太清楚。

ETC 抑制子：黑脚硬蜱的唾液腺蛋白 Ixolaris 有两个 Kunitz 结构域，Ixolaris 可以结合 FXa 或 FX 抑制 TF/FⅦa 复合体。通过酵母表面展示技术，发现了 *I. scapularis* 幼虫唾液腺中的 P23 抗原。重组蛋白 P23 可以延时 TF 起始的凝血酶的形成（Schuijt et al.，2011）。P23 又称 TIX-5，该蛋白质通过特异性地抑制 Xa 介导的因子 V 的活性来实现对凝集系统的延时活动。

接触系统蛋白抑制子：目前发现的接触系统蛋白抑制子属于 Kunitz 型的蛋白酶抑制家族。BmTI-A（*B. microplus* trypsin inhibitor-A）抑制血管舒缓素和弹性蛋白酶，存在于 *B. microplus* 幼虫中。激肽释放酶-激肽系统抑制剂 Haemaphysalin 在 *H. longicornis* 中被鉴定出来。Ir-CPI 存在于 *I. ricinus* 唾液腺中，抑制内源性凝血途径，并且可以在体外比较小的程度上造成纤维蛋白酶溶解（Yves et al.，2009）。

其他的抗凝血反应：除以上凝血抑制因子外，其他的抗凝血因子在蜱虫中也有发现。在 *I. scapularis* 中发现的金属蛋白酶可以导致纤维蛋白酶溶解。唾液金属蛋白酶的作用似乎与它的抗纤维蛋白原和纤维蛋白活动有关。红扇头蜱幼虫中发现的 Kunitz 型丝氨酸蛋白酶抑制子（RsTI——*Rhipicephalus sanguineus* trypsin inhibitor）作用于血纤维蛋白溶酶和弹性蛋白酶。*H. longicornis* 中的血纤维蛋白溶酶原激活物 Longistatin 被发现可以水解纤维蛋白原和延迟纤维蛋白凝块的形成。此外，蜱的钙网蛋白可能结合钙离子（凝血酶的辅助因子）来调节宿主止血。*A. americanum* 中的磷脂酶 A2 可能和溶血活动有关（Kazimírová，2013）。

19.2.2　蚊子唾液蛋白组学

蚊子的唾液是各种分子的混合物，可以消化植物花粉中的碳水化合物、通过润滑口器促进吸血和抑制内稳态。蚊子在吸血的过程中向宿主体内注入唾液，传播疟疾和某些虫媒病毒。蚊子的唾液可以干扰宿主止血、炎症反应和影响某些病原体的成功传播。

抗血小板凝集分子：埃及伊蚊（*Aedes aegypti*）、按蚊属蚊虫和库蚊属蚊虫唾液中的 Apyrase（腺苷三磷酸双磷酸酶，属于 5′核苷酸酶家族），主要作用是催化腺苷三磷酸（ATP）和 ADP 水解成磷酸腺苷（AMP）和正磷酸盐来抑制血小板聚集，从而止疼、抵抗炎症反应和止血（Rodriguez et al.，2004）。分离自致倦库蚊（*Culex quinquefasciatus*）唾液中的血小板活化因子（PAF）——磷酰胆碱水解酶，分子质量 50～60kDa，能特异性抑制 PAF 诱导的血小板凝集。分离自致倦库蚊（*Culex quinquefasciatus*）唾液中的 Aegyptin，分子质量约 30kDa，其主要作用是特异性抑制由胶原暴露引起的血小板凝集。斯氏按蚊（*An. stephensi*）唾液中的一种抗血小板凝集因子（anopheline anti-platelet protein，AAPP），也具有类似作用。AAPP 通过直接结合胶原蛋白来阻断血小板结合到胶原蛋白上，进而抑制胞内钙离子的浓度（Shigeto et al.，2008）。

在传播登革热的埃及伊蚊中，胶原结合蛋白 Aegyptin 被证明有调节吸血时间和吸血成功率的作用。Chagas（2014）用转基因的方法研究 Aegyptin 在蚊子吸血中的作用：向雌蚊中注入反向重复的RNA序列（RNA干扰），使雌蚊唾液腺中的Aegyptin mRNA和蛋白质显著减少。转基因蚊子的吸老鼠血时间可长达78～300s，而对照组只有15～56s，但是在吸人血的实验中吸血的成功率和吸血量没有任何区别。体外试验中，转基因蚊子的唾液腺提取物不能抑制胶原诱导的血小板聚集。Aegyptin 的减少不会影响唾液 ADP诱导的血小板聚集的抑制和抗凝血活动。实验证明，复杂的唾液成分的协同作用对于达到最大吸血效率是必需的（Chagas et al.，2014）。

血管舒张物质：Sialo kinin是一种内源性的舒血管物质，其性质类似速激肽（tachykinin），在埃及伊蚊中首先分离得到。Sialo kinin 的主要作用是模拟内源性的 tachykinin（速激肽），与速激肽P物质作用类似，产生一氧化氮进而导致血管快速舒张（Champagne and Ribeiro，1994）。按蚊属蚊虫的唾液腺过氧化物酶与髓过氧化物酶（myeloperoxidase）高度同源，分子质量约 6.7kDa，具有儿茶酚氧化酶活性和过氧化物酶活性。myeloperoxidase产生过氧化氢破坏内源性缩血管物质，如5-羟色胺（5-HT）、儿茶酚胺等，从而在局部造成缓慢且持久的舒血管作用（Ribeiro and Valenzuela，1999）。

抗凝血级联因子：白足按蚊（*An. albimanus*）唾液的Anophilin是α-凝血酶原抑制剂。埃及伊蚊中Serpin-like蛋白影响凝血因子Xa（Rodriguez，2004）。抗凝血分子Xa在库蚊亚科中也存在。疟蚊利用儿茶酚氧化酶/过氧化物酶（作为血管舒张剂）来破坏去甲肾上腺素和血清素。

其他：D7蛋白家族是气味结合蛋白超家族的远亲，在蚊子中有两个D7家族存在，长的D7蛋白和短的D7蛋白。短的D7蛋白分子质量15～20kDa，长的D7蛋白分子质量27～30kDa。*Anopheles stephensi* 的一个短的D7蛋白 hamadarin 被证明有抗凝血活性，抑制因子XⅡ和前激肽释放酶的活性（Haruhiko et al.，2002）。*An. stephensi* 的D7r1是血管舒缓激肽抑制子和抗凝血蛋白，与 *An. gambiae* 的 hamadarin 蛋白同源。D7r1、D7r2、D7r3、D7r4、长的D7蛋白已经被证明可以结合血清素、组胺和去甲肾上腺素，因此成为抗血管收缩的物质，影响血小板聚集和减少伤痛（Calvo et al.，2006）。

唾液腺表面蛋白质（salivary gland surface protein，SGS）是蚊子唾液腺的一个蛋白家族，存在于埃及伊蚊中的SGS和疟原虫在唾液腺表面的受体有关。疟蚊中，Sgs4和Sgs5 蛋白专一性地在雌蚊唾液腺中产生，而且随着蚊子年龄的增长和吸血后分泌量增加，以及随着昼夜节律蛋白质水平出现波动。

19.2.3 研究技术

唾液蛋白组学：唾液的提取，人血清的制备，酶联免疫吸附测定（ELISA），SDS-PAGE，唾液蛋白的蛋白质印迹法（Western blotting）。

唾液转录组学：昆虫培养，唾液腺RNA的提取，文库构建，测序，生物信息学方法。

例如，对来自疟疾宿主斯氏按蚊唾液腺中一个新的kallikrein-kinin系统抑制子进行鉴定和特征描述（Haruhiko et al.，2007）。方法如下：雌性斯氏按蚊唾液腺cDNA文库的构建和测序，构建Anophensin蛋白表达质粒，构建HK的D5域和FXII的N端蛋白表达质粒，重组蛋白的表达与纯化，Anophensin对凝血的影响实验，Anophensin对血管舒缓激肽产生的影响实验，血管内皮细胞的培养和 Anophensin 对 HUVEC 的影响，表面等离激元共振实验。活体实验证明，Anophensin 是通过抑制 XII 因子（FXII）和 Prekallikrein（PK）的相互激活来抑制激肽释放酶-激肽系统的激活作用的。Anophensin 还能抑制体外培养的人静脉上皮细胞（HUVEC）的激肽释放酶-激肽系统的激活作用。此外，Anophensin 和 FXII 的 N 端、HK 的 D5 域结合。这些结果表明，Anophensin 通过干扰 FXII 和 HK 抑制激肽释放酶-激肽系统的激活，导致蚊子吸血时血管舒缓激肽释放的抑制。

参 考 文 献

郭莉, 毛光琼, 吴宣, 等. 2010. 蜱及蜱媒疾病的危害及防治. 四川畜牧兽医, 37: 49-50.

Aljamali M, Bowman A S, Dillwith J W. 2002. Identity and synthesis of prostaglandins in the lone star tick, *Amblyomma americanum* (L.), as assessed by radio-immunoassay and gas chromatography/mass spectrometry. Insect Biochemistry & Molecular Biology, 32: 331-341.

Benj M, Abrahami L, Neitz A H. 2002. Savignygrin, a platelet aggregation inhibitor from the soft tick *Ornithodoros savignyi*, presents the RGD integrin recognition motif on the Kunitz-BPTI fold. Journal of Biological Chemistry, 277: 21371-21378.

Besansky N J, Hill C A, Costantini C. 2004. No accounting for taste: host preference in malaria vectors. Trends in Parasitology, 20: 249-251.

Bhatt S, Gething P W, Brady O J, et al. 2013. The global distribution and burden of dengue. Nature, 496: 504-507.

Bowman A S, Dillwith J W, Sauer J R. 1996. Tick salivary prostaglandins: presence, origin and significance. Parasitology Today, 12: 388-396.

Bowman, Sauer J R, Zhu K, et al. 1995. Biosynthesis of salivary prostaglandins in the lone star tick, *Amblyomma americanum*. Insect Biochemistry & Molecular Biology, 25: 735-741.

Brown J E, Mcbride C S, Johnson P, et al. 2011. Worldwide patterns of genetic differentiation imply multiple 'domestications' of *Aedes aegypti*, a major vector of human diseases. Proceedings of the Royal Society B Biological Sciences, 278: 2446-2454.

Calvo E, Mans B J, Andersen J F, et al. 2006. Function and evolution of a mosquito salivary protein family. Journal of Biological Chemistry, 281: 1935-1942.

Chagas A C, Ramirez J L, Jasinskiene N, et al. 2014. Collagen-binding protein, Aegyptin, regulates probing time and blood feeding success in the dengue vector mosquito, *Aedes aegypti*. Proceedings of the National Academy of Sciences of the United States of America, 111: 6946-6951.

Champagne D E, Ribeiro J M. 1994. Sialokinin I and II: vasodilatory tachykinins from the yellow fever mosquito *Aedes aegypti*. Proceedings of the National Academy of Sciences of the United States of America, 91(1): 138-142.

Cheng Y, Wu H, Li D. 1999. An inhibitor selective for collagen-stimulated platelet aggregation from the salivary glands of hard tick *Haemaphysalis longicornis* and its mechanism of action. Science in China Ser C, 42: 457-464.

Chmelar J, Calvo E, Pedra J H F, et al. 2012. Tick salivary secretion as a source of antihemostatics. Journal of Proteomics, 75: 3842-3854.

Ciprandi A, Oliveira S K D, Masuda A, et al. 2006. Boophilus microplus: its saliva contains microphilin, a small thrombin inhibitor. Experimental Parasitology, 114: 40-46.

DeGennaro M, McBride C S, Seeholzer L, et al. 2013. orco mutant mosquitoes lose strong preference for humans and are not repelled by volatile DEET. Nature, 498: 487-491.

Dekker T, Geier M, Cardé R T. 2005. Carbon dioxide instantly sensitizes female yellow fever mosquitoes to human skin odours. Journal of Experimental Biology, 208(15): 2963-2972.

Dekker T, Steib B, Cardé R T, et al. 2002. L-lactic acid: a human-signifying host cue for the anthropophilic mosquito *Anopheles gambiae*. Medical & Veterinary Entomology, 16: 91-98.

Dekker T, Takken W. 1998. Differential responses of mosquito sibling species *Anopheles arabiensis* and *An. quadriannulatus* to carbon dioxide, a man or a calf. Medical & Veterinary Entomology, 12: 136-140.

Fauci A S, Morens D M. 2016. Zika virus in the Americas—yet another arbovirus threat. New England Journal of Medicine, 374 (7): 601-604.

Francischetti I M B, Mather T N, Ribeiro J M, et al. 2005. Tick saliva is a potent inhibitor of endothelial cell proliferation and angiogenesis. Thrombosis & Haemostasis, 94: 167-174.

Francischetti I M B. 2010. Platelet aggregation inhibitors from hematophagous animals. Toxicon Official Journal of the International Society on Toxinology, 56: 1130-1144.

Geier M, Bosch O J, Boeckh J. 2000. Ammonia as an attractive component of host odour for the yellow fever mosquito, *Aedes aegypti*. Chemical Senses, 24: 647-653.

Geier M, Sass H, Boeckh J. 1996. A search for components in human body odour that attract females of *Aedes aegypti*. Ciba Foundation Symposium, 200: 132-148.

Gouck H K. 1972. Host preferences of various strains of *Aedes aegypti* and *A. simpsoni* as determined by an olfactometer. Bulletin of the World Health Organization, 47: 680-683.

Gubler D J. 2012. The economic burden of dengue. American Journal of Tropical Medicine & Hygiene, 86: 743-744.

Haruhiko I, Masao Y, Yuki O, et al. 2002. A mosquito salivary protein inhibits activation of the plasma contact system by binding to factor XII and high molecular weight kininogen. Journal of Biological Chemistry, 277: 27651-27658.

Haruhiko I, Yuki O, Shiroh I, et al. 2007. Identification and characterization of a new kallikrein-kinin system inhibitor from the salivary glands of the malaria vector mosquito *Anopheles stephensi*. Insect Biochemistry & Molecular Biology, 37: 466-477.

Healy T P, Copland M J W. 1995. Activation of *Anopheles gambiae* mosquitoes by carbon dioxide and human breath. Medical & Veterinary Entomology, 9: 331-336.

Horn F, dos Santos P C, Termignoni C. 2001. *Boophilus microplus* anticoagulant protein: an antithrombin inhibitor isolated from the cattle tick saliva. Archives of Biochemistry & Biophysics, 384: 68-73.

Iwanaga S, Okada M, Isawa H, et al. 2003. Identification and characterization of novel salivary thrombin inhibitors from the ixodidae tick, *Haemaphysalis longicornis*. European Journal of Biochemistry, 270: 1926-1934.

Jindrich C, Oliveira C J, Pavlina R, et al. 2011. A tick salivary protein targets cathepsin G and chymase and inhibits host inflammation and platelet aggregation. Blood, 117: 736-744.

Karczewski J, Endris R, Connolly T M. 1994. Disagregin is a fibrinogen receptor antagonist lacking the Arg-Gly-Asp sequence from the tick, *Ornithodoros moubata*. Journal of Biological Chemistry, 269: 6702-6708.

Kazimírová M, Iveta Š. 2013. Tick salivary compounds: their role in modulation of host defences and pathogen transmission. Frontiers in Cellular & Infection Microbiology, 4: 473-474.

Kazimírová M, Jančinová V, Petríková M, et al. 2002. An inhibitor of thrombin-stimulated blood platelet aggregation from the salivary glands of the hard tick *Amblyomma variegatum* (Acari: Ixodidae). Enperimental & Applied Acarology, 28: 97-105.

Koh C Y, Kazimirova M, Trimnell A, et al. 2007. Variegin, a novel class of fast and tight-binding thrombin inhibitor from the tropical bont tick. Journal of Biological Chemistry, 282: 29101-29113.

Koh C Y, Kini R M. 2009. Molecular diversity of anticoagulants from haematophagous animals. Thrombosis & Haemostasis, 102: 437-453.

Lacey E S, Ray A, Cardé R T. 2014. Close encounters: contributions of carbon dioxide and human skin odour to finding and landing on a host in *Aedes aegypti*. Physiological Entomology, 39: 60-68.

Mans B J, Neitz A W H. 2004. Adaptation of ticks to a blood-feeding environment: evolution from a functional perspective. Insect Biochemistry & Molecular Biology, 34: 1-17.

Mattingly P F. 1957. Genetical aspects of the *Aedes aegypti* problem. I. Taxonom: and bionomics. Pathogens

& Global Health, 51: 392-408.

McBride C S, Baier F, Omondi A B, et al. 2014. Evolution of mosquito preference for humans linked to an odorant receptor. Nature, 515: 222-227.

McBride C S. 2016. Genes and odors underlying the recent evolution of mosquito preference for humans. Curr Biol, 26: R41-46.

Mcclelland G A H, Weitz B. 1963. Serological identification of the natural hosts of *Aedes Aegypti* (L.) and some other mosquitoes (Diptera, Culicidae) caught resting in vegetation in Kenya and Uganda. Annals of Tropical Medicine & Parasitology, 57: 214-224.

Morens D M, Fauci A S. 2014. Chikungunya at the door—déjà vu all over again? New England Journal of Medicine, 371: 885-887.

Nienaber J, Gaspar A R M, Neitz A W H. 1999. Savignin, a potent thrombin inhibitor isolated from the salivary glands of the tick *Ornithodoros savignyi* (Acari: Argasidae). Experimental Parasitology, 93: 82-91.

Noda A A, Rodríguez I, Miranda J, et al. 2015. First molecular evidence of *Coxiella burnetii* infecting ticks in Cuba. Ticks and Tick-borne Diseases, 7(1): 68-70 .

Ribeiro J M, Evans P M, MacSwain J L, et al. 1992. Amblyomma americanum: characterization of salivary prostaglandins E2 and F2 alpha by RP-HPLC/bioassay and gas chromatography-mass spectrometry. Experimental Parasitology, 74: 112-116.

Ribeiro J M, Makoul G T, Robinson D R. 1988. Ixodesdammini: evidence for salivary prostacyclin secretion. J. Parasitol., 74: 1068-1069.

Ribeiro J M, Valenzuela J G. 1999. Purification and cloning of the salivary peroxidase/catechol oxidase of the mosquito *Anopheles albimanus*. Journal of Experimental Biology, 202(Pt 7): 809-816.

Rodriguez H M. 2004. Insect-malaria parasites interactions: the salivary gland. Insect Biochemistry & Molecular Biology, 34: 615-624.

Sandra M R, Carla A, Calisto B M, et al. 2008. Isolation, cloning and structural characterisation of boophilin, a multifunctional Kunitz-type proteinase inhibitor from the cattle tick. PLoS One, 3: e1624.

Schuijt T J, Sukanya N, Sirlei D, et al. 2011. Identification and characterization of *Ixodes scapularis* antigens that elicit tick immunity using yeast surface display. PLoS One, 6: 121-123.

Shigeto Y, Toshiki S, Masashi N, et al. 2008. Inhibition of collagen-induced platelet aggregation by anopheline antiplatelet protein, a saliva protein from a malaria vector mosquito. Blood, 111: 2007-2014.

Steib B M, Geier M, Boeckh J. 2001. The effect of lactic acid on odour-related host preference of yellow fever mosquitoes. Chemical Senses, 26: 523-528.

Stuart P, Peter R, Alan P, et al. 2006. Human impacts on the rates of recent, present, and future bird extinctions. Proceedings of the National Academy of Sciences of the United States of America, 103: 10941-10946.

Suh E, Bohbot J, Zwiebel L J. 2014. Peripheral olfactory signaling in insects. Curr Opin Insect Sci, 6: 86-92.

Sukanya N, Montgomery R R, Kathleen D P, et al. 2004. Disruption of *Ixodes scapularis* anticoagulation by using RNA interference. Proceedings of the National Academy of Sciences of the United States of America, 101: 1141-1146.

Tabachnick W J, Powell J R. 1979. Genetic distinctness of sympatric forms of *Aedes aegypti* in East Africa. Evolution, 33: 287-295.

Takken W, Dekker T, Wijnholds Y G. 1997. Odor-mediated flight behavior of *Anopheles gambiae* giles *Sensu Stricto* and *An. stephensi* liston in response to CO_2, acetone, and 1-octen-3-ol (Diptera: Culicidae). Journal of Insect Behavior, 10: 395-407.

Toshio M, Tu A T, Azimov D A, et al. 2003. Isolation of anticoagulant from the venom of tick, *Boophilus calcaratus*, from Uzbekistan. Thrombosis Research, 110: 235-241.

van de Locht A Stubbs M T, Bode W, et al. 1996. The ornithodorin-thrombin crystal structure, a key to the TAP enigma? Embo Journal, 15: 6011-6017.

Wang X, Coons L B, Taylor D B, et al. 1996. Variabilin, a novel RGD-containing antagonist of glycoprotein IIb-IIIa and platelet aggregation inhibitor from the hard tick *Dermacentor variabilis*. Journal of

Biological Chemistry, 271: 17785-17790.

Waxman L, Connolly T M. 1993. Isolation of an inhibitor selective for collagen-stimulated platelet aggregation from the soft tick *Ornithodoros moubata*. Journal of Biological Chemistry, 268: 5445-5449.

Xia H, Hu C, Zhang D, et al. 2015. Metagenomic profile of the viral communities in *Rhipicephalus* spp. ticks from Yunnan, China. PLoS One, 10(3): e0121609.

Xiao G, Lei S, Yongzhi Z, et al. 2011. Characterization of the anticoagulant protein Rhipilin-1 from the *Rhipicephalus haemaphysaloides* tick. Journal of Insect Physiology, 57: 339-343.

Yves D, Géraldine R, Virginie B, et al. 2009. Ir-CPI, a coagulation contact phase inhibitor from the tick *Ixodes ricinus*, inhibits thrombus formation without impairing hemostasis. Journal of Experimental Medicine, 206: 2381-2395.

第 20 章　昆虫-病毒互作的生态基因组学研究

病毒个体微小，结构较其他生物体简单，但具备一般生命体的典型特征，如其化学复杂度、繁殖及进化的能力。然而，作为专性病原体，病毒必须完全依赖于其他生命体而在自然界中存活。病毒种类繁多，其宿主范围涵盖了微生物、植物及动物（包括人类）领域，严重威胁了人类与动物的健康和生命，并给畜牧业和农业的健康发展及自然界生态链的平衡带来极大的危害与灾难。由于其独特的非生命形式，病毒的大部分成员必须依赖于介体或宿主的迁移才能实现自然界中的扩散与传播。而昆虫凭借自身超强的运动（迁飞）能力，以及高效的取食方式，从其他物种中脱颖而出，一跃成为众多病毒（尤其是植物病毒）传播的最适介体。因此，解析昆虫-病毒的互作机制，将有利于我们找到控制病毒传播的有效靶点，无论对农业生产、畜牧业养殖还是对人类自身来说，均具有重要的科学意义。

昆虫是地球生物数量最多的类群，在地表、土壤陆地、淡水、海洋、天空乃至其他的生态环境中（如其他动物的体表或体内）均有分布。昆虫种类繁多，取食对象相当广泛，其中植食性昆虫种类最多，包含鳞翅目、半翅目、直翅目、缨翅目、竹节虫目，等等，它们以高等植物为食，对农作物的危害极为严重，与人类的生活息息相关。为了消灭害虫，农业生产中大量使用化学农药，但是额外的副作用也随之而来：化学农药导致严重的环境污染，毒害人类及家禽家畜；害虫抗药性增加；对有益昆虫的毒害，诱导新型害虫的产生；等等。同时，替代杀虫剂的新方法，尤其是对环境温和、无副作用的防虫方法，如生物防治，也在不断发展。生物防治主要包括寄生物、捕食者及病原物。前两组大多由其他类型昆虫代表实施，而第三组由侵染性的微生物来实施，可导致敏感型个体死亡。这些感染性的微生物可以是细菌、病毒、真菌、原生动物及线虫，这些均能被用作“生物杀虫剂”（具有生命的杀虫剂）。病毒以引发宿主出现典型病症而闻名，自然界中有些昆虫病毒可以侵染并杀死农作物和森林害虫，这些昆虫病毒已被用作生物农药，成为生物防治中的重要手段。

目前，生态基因组技术已应用到昆虫-病毒的互作研究中，在深入研究病毒基因组结构和变异，探寻昆虫体内病毒的基因组复制、转录和翻译机制，阐明病毒与介体、病毒与宿主细胞的互作方面发挥了重要作用。本章即主要从基因组、转录组水平来阐述病毒和昆虫的互作。

20.1　昆虫作为宿主与病毒的关系

20.1.1　昆虫病毒概述

昆虫病毒属于无脊椎动物病毒，其主要宿主是鳞翅目昆虫，其次为双翅目、膜翅目和鞘翅目昆虫。昆虫病毒可感染昆虫的各种组织细胞，如真皮、肠上皮、脂肪体、血淋巴等，症状较为多样，主要影响昆虫的取食、肠道消化乃至引发败血症，进而导致昆虫的死亡。昆虫病毒病在形态、结构上较为特殊，其突出特点是在被感染的宿主细胞中形成蛋白质结晶性质的包涵体（inclusion body）。包涵体可保护病毒免受外界不良环境的影响，其中的病毒粒子只有从包涵体中释放出来后，才具有侵染力。20 世纪 70 年代，根据包涵体的有无、形态及包涵体在细胞中的位置，可将昆虫病毒大体分为五类：核型多角体病毒（nucleopolyhedrosis virus，NPV）、质型多角体病毒（cytoplasmic polyhedrosis virus，CPV）、颗粒体病毒（granulosis virus，GV）、昆虫痘病毒（entomopox virus，EPV）、非包涵体病毒（*Idnoreovirus*）。然而，随着新发现的昆虫病毒的数量及种类的日益庞大，这种分类法逐步完善起来。根据国际病毒分类委员会（International Committee on Taxonomy of Virus，ICTV）的第 9 次报告，昆虫病毒被划分为 15 个科，包含 dsDNA 病毒：杆状病毒科（Baculoviridae）、囊泡病毒科（Ascoviridae）、虹彩病毒科（Iridoviridae）、痘病毒科（Poxviridae）和 Polydnaviridae；ssDNA 病毒：小 DNA 病毒科（Parvoviridae）；–ssRNA 病毒：弹状病毒科（Rhabdoviridae）；+ssRNA 病毒：双顺反子病毒科（Dicistroviridae）、传染性软腐病病毒科（Iflaviridae）、野田病毒科（Nodaviridae）和四病毒科（Tetraviridae）；dsRNA 病毒：双核糖核酸病毒科（Birnaviridae）、Revoviridae 的亚科 Spinareovirinae；ssRNA（RT）病毒：转座病毒科（Metaviridae）和 假病毒科（Pseudoviridae）（King and Adams，2012）。其中研究最为广泛的是杆状病毒科。

杆状病毒是一类杆状、具有囊膜的大型双链 DNA 病毒，可特异性地侵染无脊椎动物，其最常见的宿主为鳞翅目昆虫，是已知昆虫病毒中类群最大、发现最早、研究最多的。虽然杆状病毒同样可以进入包括人类在内的灵长类、啮齿类、兔子、猪、牛、鱼和鸟的细胞中，但无法增殖，且病毒的基因组也不能进入上述动物的染色体中，因此杆状病毒对于脊椎动物来说是安全的（Thiem and Cheng，2009）。杆状病毒科包含 4 属：α 杆状病毒属（*Alphabaculovirus*）、β 杆状病毒属（*Betabaculovirus*）、γ 杆状病毒属（*Gammabaculovirus*）和 δ 杆状病毒属（*Deltabaculovirus*）。α 杆状病毒属包含了原核型多角体病毒属 28 种中的 25 种，β 杆状病毒属包含原颗粒体病毒属中全部的 72 种。其中核型多角体病毒和颗粒体病毒均能形成包涵体（Fauquet et al.，2005）。

杆状病毒在其生命周期中具有两种不同形式：包埋型病毒粒子（occlusion-derived virus，ODV）和芽生型病毒粒子（budded virus，BV）。ODV 包裹于内涵体中，主要负责宿主的原发感染；而 BV 由感毒的宿主细胞释放后引发激发感染。杆状病毒的分子生物学研究已有 40 多年的历史，在侵染昆虫的过程中，相关基因的表达及功能的研究较为充分：涵盖了病毒进入细胞核，DNA 的复制、转录、翻译，BV 的装配、出芽，ODV 的装配，内涵体的形成及释放（Rohrmann，2011）。昆虫病毒主要是通过口器感染，但也有通过伤口和气孔等感染的可能（Kikhno et al.，2002）。昆虫吞入病毒进入中肠后，包涵体被中肠分泌的碱液溶解，释放出 ODV 到中肠肠腔，从而进一步侵染细胞。ODV 与宿主肠道柱状上皮细胞的细胞膜融合，通过内吞体进入细胞。之后核衣壳从内吞体中逃脱，并被转运至细胞核，病毒的转录和复制均在核内完成

（Rohrmann，2011）。

20.1.2　杆状病毒与宿主昆虫的互作研究

随着 DNA 重组技术的应用及病原和宿主基因组主要基因结构与功能的阐明，我们对杆状病毒入侵宿主的过程和病毒与宿主昆虫细胞间的关系在分子水平上有了新的认识，并积累了大量信息。杆状病毒与其宿主之间的相互作用，包括了从病毒结合、进入宿主时的物理作用，到主动调节宿主基因表达、修饰及宿主防御等复杂的过程，涵盖了分子生物学与生态学领域的内容。了解杆状病毒和昆虫细胞的互作机制将有助于发展杆状病毒的周边产物，包括一些环境友好型的害虫控制与改进真核表达介体系统的新方法，以及一系列重要和有价值的模型生物系统，如研究真核生物的转录、病毒 DNA 复制、膜融合和细胞凋亡的系统等，具有重要的科学意义与实用价值。

现今，随着基因组研究的发展，昆虫致病病毒的研究主要集中于全基因组测序方面。迄今为止，超过 58 个杆状病毒已完成全基因组测序。家蚕（*Bombyx mori*）和小菜蛾（*Plutella xylostella*）基因组信息被先后释放，一些鳞翅目昆虫 EST 序列的汇集，以及两种基因组范围的分析工具［寡核苷酸芯片（oligonucleotide microarray）和下一代测序（next generation sequencing，NGS）］也陆续被应用。新生技术的推广，填补了昆虫基因组信息的不足，奠定了从基因组水平上分析昆虫对杆状病毒的反应机制的信息学基础。从基因组、转录组水平上揭示宿主昆虫-病毒的互作机制，可为揭示昆虫免疫机制的研究提供新的研究思路，对昆虫病毒病的鉴定与防治研究具有重要的科学意义和实用价值。

本章节主要阐述杆状病毒与宿主昆虫间的互作系统，涵盖了核蛋白的运输、凋亡及热激效应，但对于理解促生存途径，DNA 损伤途径，蛋白质降解、翻译、信号途径，RNAi 途径及一些包括能量、核酸、氨基酸等在内的重要的代谢途径的响应机制依然知之甚少，亟待后续研究。

20.1.2.1　基因组和转录组水平

杆状病毒入侵宿主细胞后，可在短时间内快速增殖，通过控制宿主细胞周期进程进而调控宿主细胞，创造一个“病毒假 S 期”来重建细胞骨架，开启转录和包装，最终攻陷宿主的细胞核，导致病毒在宿主细胞中快速增殖。在棉铃虫核型多角体病毒（*Helicoverpa armigera* nucleopolyhedrovirus，HearNPV）系统中，感染病毒 48h 后，杆状病毒可在每个细胞中产生超过 250 000 个基因组，其 DNA 含量大约是未感染病毒时宿主基因组的 20 倍。总病毒 mRNA 的含量也要高于细胞正常生长时的 mRNA 含量（Nguyen et al.，2013a）。相似的现象在苜蓿丫纹夜蛾核多角体病毒（*Autographa californica* multicapsid nucleopolyhedrovirus，AcMNPV）侵染的草地贪夜蛾（*Spodoptera frugiperda*）的 Sf9 细胞系，或 AcMNPV 侵染的粉纹夜蛾（*Trichoplusia ni*）的 Tnms42 细胞系中也有发现（Chen et al.，2013）。

尽管宿主细胞感染病毒后，自身 mRNA 的合成和蛋白质翻译被严重抑制，但仍可通过上调或抑制某些特定基因和信号通路来应对病毒的入侵。近期研究表明，一些宿主细胞内的信号通路，如 DNA 损伤应答、热激应答、细胞凋亡、能量代谢、铁离子运输、泛素溶酶体降解及 miRNA 途径在病毒入侵后被上调（Mitchell and Friesen，2012）。

转录组学为 mRNA 水平上研究杆状病毒-昆虫的互作提供了有力工具。Iwanaga 等（2007）针对家蚕核型多角体病毒（*B. mori* nuclearpolyhedrosis virus，BmNPV）侵染的细胞进行研究，发现宿主细胞中的侵染在极大程度上受转录水平而并非翻译水平的调控。Gatehouse 等（2009）提出假设，蛋白质和 RNA 降解是控制杆状病毒引发的宿主基因系统性关闭的关键途径。此外研究发现，在 AcMNPV 侵染前后的 Sf9 细胞系中，多核糖体（mRNA-核糖体复合物）的含量无明显差异，说明即使在侵染后期（16 h.p.i），被侵染细胞也仍具有正常的翻译活性（Van Oers et al.，2003）。

基因组学可以从基因组的角度来研究细胞内的应答，从而极大程度地拓宽杆状病毒-昆虫互作的研究视角，然而昆虫基因组信息的缺乏，使研究昆虫的响应机制成为难点。为了攻克这一难关，针对非模式生物基因组规模的转录本测序——RNA 测序（RNA-seq）技术得到了快速的发展（Nguyen et al.，2012）。昆虫基因组信息的缺乏是影响昆虫-病毒互作研究的短板。在国际同仁的努力下，鳞翅目昆虫中只有家蚕（*B. mori*）和小菜蛾（*P. xylostella*）的基因组已完成测序（You et al.，2013）。为了攻克这一难关，一些研究组对来自不同昆虫物种的表达序列标签（expressed sequence tag，EST）文库进行了传统的 Sanger 测序，但仅能获得部分基因组信息。RNA-测序技术的兴起使得非模式生物的外显子测序得到了革命性的发展，已被广泛应用于包括烟草天蛾（*Manduca sexta*）（Pauchet et al.，2009）、烟芽夜蛾（*Heliothis virescens*）（Vogel et al.，2010）、大蜡螟（*Galleria mellonella*）（Vogel et al.，2011）、舞毒蛾（*Lymantria dispar*）（Sparks and Gundersen-Rindal，2011）和棉铃虫（*Helicoverpa zea*）（Nguyen et al.，2012）等在内的众多昆虫中，在分析杆状病毒-昆虫互作机制的过程中发挥了重要作用。

同时，研究人员对病毒的基因组也进行了相关的组学研究。一方面，Yamagishi 等（2003）进行了首例针对杆状病毒的基因芯片研究，PCR 扩增得到的病毒基因片段作为探针被印在基因芯片对应的 192 个点上，杂交发现了 4 个病毒的基因，分别为 *p10*、*p35*、*lef-3* 和 *lef-6*，这些基因参与了宿主细胞针对 AcMNPV 的不同响应途径。另一方面，Jiang 等（2006）借助 DNA 芯片发现 AcMNPV 全部的 155 个基因存在时序表达模式，并发现 12 个病毒基因依赖于病毒 *pe38* 基因来实现自身的表达。Xue 等（2012）利用 Illumina 对经家蚕核型多角体病毒感染后 8 个时间点上的家蚕细胞系进行了转录组测序，发现该病毒感染家蚕组织细胞后，细胞骨架、转录物、翻译相关蛋白、能量代谢、铁离子代谢和泛素蛋白等的代谢通路发生改变。Nguyen 等（2012）采用 Illumina 对棉铃虫转录组进行了测序，研究了其被核型多角体病毒感染后的基因表达情况。随着技术的发展，NGS 的应用开启了全基因组规模研究杆状病毒侵染过程的空前盛世，包括所有转录起始位点、多聚腺苷酸化位点、剪接变异体，以及不同侵染阶段的病毒蛋白与宿主蛋白的互作研究。近期，NGS 被应用于差异基因表达分析和蛋白质-蛋白质互作的生物信息学预测的研究中，发现有 22 个病毒蛋白可以与 2326 个宿主蛋白发生互作，而总的互作接近 8907 例（Xue et al.，2012）。另外，RNA-seq 全面定义了 AcMNPV 的基因的 218 个转录起始位点和 120 个多聚腺苷酸化位点（Chen et al.，2013）。同时，对病毒晚期基因 mRNA 的衣壳化过程进行研究发现，病毒可能利用一种新的机制来完成早期侵染，而这种机制可能完全依赖于宿主的 RNA 聚合酶。综上所述，这些基因组规模的转录组学研究，为解决杆状病毒的基因调控方面遗留的难题提供了巨大的科研力量。

20.1.2.2　microRNA 水平

（1）microRNA 的合成

microRNA（miRNA）是一类由 18~25 个核苷酸组成的小的非编码 RNA，广泛存在于动植物和病毒等生物中，进化过程中高度保守，并具有时空表达特异性，参与了生长发育、细胞凋亡、调控肿瘤的发生或发展、抗病毒等一系列重要的生命过程（Zhang et al.，2013）。RNA 干扰（RNA interference，RNAi）作为一种先天的抗病毒机制，最早发现于植物中（Lindbo et al.，1993），随后证明在昆虫的免疫体系中也存在。有研究表明：在受到病毒感染后，宿主编码的 miRNA 的表达水平会显著变化（Wu et al.，2013）。差异表达的 miRNA 可能由宿主的免疫应答引起，或由病毒感染诱导的调控因子所致。另外，病毒编码的 miRNA 也可调控参与自身复制的相关基因或宿主免疫相关基因的表达，从而进一步增强了宿主-病毒互作的复杂性。我们结合近几年昆虫 miRNA 在抗病毒免疫机制中的作用研究成果，就 miRNA 的产生、与靶基因的调控，以及在宿主昆虫-病毒互作中的作用研究进展进行简要综述。

通常由宿主细胞和 DNA 病毒编码的 miRNA，具有标准的产生途径。首先，由 RNA 聚合酶Ⅱ将细胞核内编码 miRNA 的基因转录成初级转录物（primary miRNA，pri-miRNA），其次，pri-miRNA 在位于细胞核中的 Drosha 和 DGCR8/Pasha 蛋白的共同作用下，被加工成约 70nt 的不完全配对茎环结构的 miRNA 前体（precursor miRNA，pre-miRNA），随后 pre-miRNA 在核输出蛋白-5（exportin-5）的帮助下，从细胞核转运至细胞质，被细胞质中的 Dicer 酶及其辅助因子 TRBP 切割成 3′端有两个突出碱基的 18~25nt 的双链 miRNA。成熟的 miRNA 与 Ago1 或 Ago2 等复合物形成 RNA 诱导的沉默复合体（RNA induced silencing complex，RISC），通过与靶 mRNA 的特定序列互补或不完全互补结合，诱导靶 mRNA 剪切或阻止其翻译，进而调控靶基因的表达（Lee et al.，2003）。近年来，研究发现，pri-miRNA 可不依赖于 Drosha 和 DGCR8，而从其他途径生成，但成熟的 miRNA 仍需 Dicer 酶在细胞质中进行剪切。

RNA 病毒曾被认为是不可能编码 miRNA 的，然而近年来，在反转录病毒，如人类免疫缺陷病毒（human immunodeficiency virus，HIV）、牛白血病病毒（bovine leukemia virus，BLV）、猴泡沫病毒（simian foamy virus，SFV）中发现了大量的 miRNA（Cullen，2012）。而包括西尼罗病毒（West Nile virus，WNV）、登革病毒（dengue virus，DENV）及甲型肝炎病毒（hepatitis A virus，HAV）在内的 RNA 病毒，也被证实可编码 miRNA（Helwak et al.，2013）。

（2）miRNA 在昆虫-病毒互作中的作用

近年来，高通量测序技术被广泛应用于宿主 miRNA 的表达谱研究中。Fullaondo 和 Lee（2012）在果蝇中预测发现，超过 70 个 miRNA 参与了果蝇免疫系统相关的 Toll 信号通路、IMD 信号通路及 JNK 和 JAK-STAT 信号通路的调控。Zhang 等（2014）研究发现，在受到病原菌侵染后，烟草天蛾的 miRNA 表达谱变化涉及了编码病原物模式识别、酚氧化酶原激活、抗菌肽合成及保守免疫信号转导等多个免疫应答相关通路的基因表达。Wu 等（2013）采用 Solexa 高通量测序技术对感染家蚕质型多角体病毒（*B. mori* cytoplasmic polyhedrosis virus，BmCPV）前后的中肠组织进行了小 RNA 测序，发现有 58 个 microRNA 在家蚕带毒前后的中肠组织中差异表达。对其相关靶基因的功能预测发现，大多数靶基因的功能与免疫应激相关。

宿主基因组编码的 miRNA 可实现宿主和病毒基因的双调控，从而调控病毒的增殖。Hussain 和 Asgari（2010）研究发现，棉铃虫编码的 Hz-miR24 在感染囊泡病毒的晚期，可下调病毒基因组编码的、依赖于 DNA 的 RNA 聚合酶及其 beta 亚基的转录水平。家蚕编码的 Bmo-miR-8 可靶向家蚕核型多角体病毒（BmNPV）的多个基因，抑制该 miRNA 的表达，从而导致家蚕脂肪体中 BmNPV 滴度的减少（Yan et al.，2014）。

此外，病毒也可编码 miRNA，可作用于病毒自身，达到调控自身基因组复制或抑制宿主免疫应答的目的。BmNPV 编码的 bmnpv-miR-3 在病毒感染早期，可作用于病毒 DNA 结合蛋白的编码基因及其他晚期表达基因（Singh et al.，2014），有利于病毒复制。棉铃虫杆状病毒（*H. zea* nudivirus-1，HzNV-1）在潜伏期仅表达一个持续感染相关基因 *pag1*（Wu et al.，2011）。该基因编码 2 个 miRNA，可降解病毒早期基因 *hhi1* 的转录本，与病毒潜伏期的维持密切相关。表 20.1 列出了有明确报道的，与宿主昆虫相互作用的病毒基因及蛋白质（Nguyen et al.，2013b）。

表 20.1　与宿主互作、在宿主体内发挥明确功能的病毒基因及蛋白质

功能分类	基因/通路	杆状病毒株系	功能
与宿主细胞受体互作的病毒基因	GP-64、F protein	GP-64 只存在于Ⅰ型、alpha-NPV 中，F protein 在Ⅱ型、alpha-NPV、beta-NPV 和 delta-NPV 中均存在	病毒-细胞受体附着，促进网格蛋白介导的内吞作用
	Per OS 传染性因子（Pif-1、Pif-2、Pif-3、p-74），以及可能的 Pif-4、Pif-5	所有的 *Pif* 和 *p-74* 均为杆状病毒的核心基因，在其他无脊椎动物 DNA 病毒中也存在，可在核中复制	Pif-1、Pif-2、Pif-3 和 p-74 可形成复合体，促进 ODV 与中肠上皮细胞受体的结合
细胞凋亡	IAP-1、IAP-2、IAP-3、IAP-4 和 IAP-5	IAP1-4 存在于 NPV 和颗粒病毒（GV）中，IAP-5 仅存在于 GV 中	杆状病毒 IAP 通过调节蛋白-蛋白间互作，来阻断半胱天冬酶（caspase）的激活
	P35	存在于 AcMNPV、BmNPV、CnNPV、MsMNPV、MvMNPV	结合并抑制宿主效应因子 caspase 的活性
	p49	存在于 SpltMNPV、LsMNPV、SlNPV、AcMNPV 及 HearNPV	抑制宿主起始 caspase 及效应因子 caspase 的活性
	复制相关的基因 *lef-1*、*lef-2*、*lef-3*、*lef-11*、*p-143*，DNA 聚合酶及 IE1/IE0	lef-3 存在于鳞翅目的 NPV 和 GV，lef-1、lef-2、lef-11 及 p-143 存在于所有的杆状病毒中（lef-11 除外，lef-11 不存在于 CnNPV），DNA 聚合酶及 IE1/IE0 存在于所有的Ⅰ型、Ⅱ型 α 杆状病毒中	激活宿主 DNA 损伤应答和细胞凋亡途径

续表

功能分类	基因/通路	杆状病毒株系	功能
细胞周期	ODV-EC27（病毒多功能细胞周期蛋白）	所有杆状病毒中	与宿主 cdc-2 互作，使细胞周期停留在 G2/M 期，或与宿主 cdc-6 互作，越过检验点（check-point）而使 DNA 复制
	P33-sulfhydryl oxidase（巯基氧化酶，SOX）	所有杆状病毒中	与宿主的 p53 蛋白形成稳定的复合体，阻止 p53 引发的细胞凋亡
细胞骨架和核衣壳运输	蛋白激酶-1（PK-1）、蛋白激酶-2（PK-2）	PK-1 存在于鳞翅目昆虫的 NPV、GV 中，PK-2 存在于 AcMNPV、BmNPV、PlxyNPV 及 RoMNPV 中	激动蛋白骨架重构
	Arif-1	所有Ⅰ，以及大部分Ⅱ型 α 杆状病毒	使纤丝状肌动蛋白（F-actin）在细胞膜上积累
	VP80（副肌球蛋白样-蛋白）/P78-83/VP39	VP80、P78-83 存在于所有Ⅰ、Ⅱ型鳞翅目的 NPV 中，VP39 存在于所有杆状病毒的基因组中	与宿主 F-肌动蛋白微丝（F-actin filament）互作，将核衣壳运输至细胞质中
	VP80	VP80 存在于所有Ⅰ、Ⅱ型鳞翅目的 NPV 中	与肌球蛋白、马达蛋白质及 F-actin 互作，将核衣壳运输至细胞核周边
	IE-1、PE38、HE65、Ac004、Ac102、Ac152	IE-1 存在于所有杆状病毒中，PE38 存在于所有Ⅰ型 NPV 中	使宿主单体球状肌动蛋白（G-actin）在细胞核积累
	P78-83（N-WASP-同源蛋白），ODV-C42	P78-83 存在于所有Ⅰ、Ⅱ型鳞翅目 NPV 中	侵染早期，通过肌动蛋白相关蛋白（Arp2/3 复合体）激活肌动蛋白的聚合，将核衣壳转移至核仁。在侵染后期，促使肌动蛋白在核仁内部形成 F-filament
	EXON0	在所有的鳞翅目 NPV 中均存在	与 β 微管蛋白（β-tubulin）互作，促进核衣壳与微管的结合
	P10	在所有Ⅰ、Ⅱ型 NPV 及大多数 GV 中均存在	与 α 微管蛋白（互作），调节细胞核分解和细胞裂解
病毒蛋白质的核-质转运	FP25K、E26	FP25K 存在于所有的鳞翅目 NPV 及 GV 中，E26 存在于Ⅰ型鳞翅目 NPV 中	与宿主输入蛋白 Importin-α-16 一起，转运病毒蛋白到达内核膜（INM）
新陈代谢	ADP-核糖焦磷酸酶（Ac38）	存在于所有的鳞翅目 NPV 及 GV 中	水解 ADP-核糖，该核糖是 NAD^+、单-或多聚 ADP-核糖化蛋白及环 ADP-核糖的代谢中间产物，具有解毒的作用
	P33-巯基氧化酶（SOX）	所有杆状病毒中	黄素腺嘌呤二核苷酸（FAD）结合的巯基氧化酶参与了蛋白质二硫键的形成，可保护蛋白质免受氧化应激的损害
	超氧化物歧化酶（SOD）	大多数鳞翅目杆状病毒中	将超氧化物转化为过氧化物
复制	核糖核苷酸还原酶	3 个 GV，10 个 NPVⅡ型、OpMNPV 及 LdMNPV 中	催化核糖核苷酸生成脱氧核糖核苷酸，参与 DNA 合成
	DNA 聚合酶复合体 DNA pol、解旋酶（helicase）、引发酶（primase）、SSB、LEF-2	所有杆状病毒中	可能需要宿主 DNA 拓扑异构酶和 DNA 连接酶
	dUTPase	9 个Ⅱ型 NPV、OpMNPV，以及两个 GV 基因组	阻止 dUTP 合成 DNA
转录	IE1/IE0、IE2、hrs、ADPRase（ADP-核糖焦磷酸酶）	IE1/IE0、hrs 和 ADPRase 存在于所有的杆状病毒中。IE2 存在于所有的Ⅰ型鳞翅目 NPV 中	与宿主转录因子结合
	Lef-6	存在于所有鳞翅目 NPV 和 GV 中	Lef-6 包含一个 TAP（TIP 相关蛋白），可以与核孔（nuclearporin）互作，介导 mRNA 转运至细胞质
	Ac98-38 K 蛋白	所有杆状病毒中	预测含有羧基末端（CTD）磷酸酶活性，可通过抑制 RNA 的延伸来负调控 RNA 聚合酶Ⅱ

续表

功能分类	基因/通路	杆状病毒株系	功能
翻译滞留	P35、IAP 及 P49	所有杆状病毒中	增强早期宿主的翻译滞留
	蛋白激酶 2（PK-2）	PK-2 存在于 AcMNPV、BmNPV、PlxyNPV 及 RoMNPV 中	抑制由宿主 eIF2α 激酶导致的翻译滞留
	宿主范围因子 1（Hrf-1）	仅在可感染舞毒蛾（*Lymantria dispar*）的病毒中存在，包括 LdMNPV 和 *Orgyia pseudotsugata* MNPV	抑制翻译滞留，但机制不明
	Hycu-ep32 基因	美国白蛾核多角体病毒（NPV）和 OpMNPV	诱导宿主翻译滞留，但机制不明
	IAP-1 和 IAP-2	在核型多角体病毒及颗粒体病毒中均存在	IAP-1、IAP-2 具有泛素连接酶活性，可对昆虫高蛋白进行泛素化修饰，促使其降解
生长和发育	蛋白质酪氨酸磷酸酶（PTP）	所有鳞翅目 I 类 NPV 中	增强宿主的活动活跃性
	病毒成纤维细胞生长因子（vFGF）	所有杆状病毒，以及在昆虫宿主中发现的直系同源中	通过系统性感染，增强宿主幼虫的活动能力
	几丁质酶和组织蛋白酶	在所有的 I 类（除 AgMNPV 外），所有的 II 类（除 AdhoNPV 的几丁质酶外）及 4 个 GV 中	几丁质酶破坏幼虫的几丁质层，组织蛋白酶是病毒的蛋白酶
	蜕化类固醇二磷酸尿苷（UDP）、葡糖基转移酶（EGT）	所有鳞翅目 I 类 NPV 中	通过抑制蜕皮来延长昆虫的生命和病毒的增殖时间（转移葡糖基使昆虫蜕皮激素蜕化、类固醇失活），使宿主行为活跃
MicroRNA	BmNPV-miR-1	在 AcMNPV、BomaNPV、PxMNPV、RoMNPV 及 MaviNPV 中保守存在	下调宿主小 RNA 从细胞核到细胞质的转运，从而减少宿主小 RNA 的活性组分
	BmNPV-miR-2、BmNPV-miR-3、BmNPV-miR-4	在 AcMNPV、BomaNPV、PxMNPV、RoMNPV 及 MaviNPV 中保守存在	可能靶向 8 个病毒基因，以及 64 个宿主基因

注：BmNPV. 家蚕核型多角体病毒；CnNPV. 黑须库蚊单核衣壳核型多角体病毒；AdhoNPV. 茶小卷蛾核型多角体病毒；BomaNPV. 野桑蚕核型多角体病毒；MsMNPV. 粘虫单核衣壳核型多角体病毒；SeMNPV. 甜菜夜蛾多核衣壳多角体病毒；SpltMNPV. 斜纹夜蛾多核衣壳多角体病毒；SlNPV. 斜纹夜蛾单核衣壳核型多角体病毒；OpMNPV. 黄杉毒蛾多核多角体病毒；LsMNPV. 粘虫多核多角体病毒；HearNPV. 棉铃虫核型多角体病毒；PlxyNPV. 小菜蛾核型多角体病毒；LdMNPV. 舞毒蛾多核多角体病毒；RoMNPV. 尺蠖多核多角体病毒；AgMNPV. 大豆夜蛾多核多角体病毒；PxMNPV. 小菜蛾多核衣壳核型多角体病毒；MaviNPV. 豆荚螟单核衣壳核型多角体病毒；GV，颗粒体病毒

20.2 昆虫作为介体与病毒的关系

介体昆虫-病毒-宿主这三者间的互作由各种直接、间接的关系所构成。其中，介体昆虫与病毒之间的直接互作包括病毒在昆虫体内的传播、增殖、对昆虫的影响，以及昆虫与病毒两者对共有资源的共享。其间接互作包括一方诱导宿主产生反应，进而改变了后者作为另一方宿主的适合性。已有研究表明，介体昆虫与病毒之间的相互影响可因物种组合不同而异，既可以是有利的，又可以是有害的，而这种互作产生的利害关系可显著影响一方或多方的种群数量动态（Stout et al.，2006）。例如，一些蚜虫、蓟马与其所传的病毒之间可表现出互惠共生关系，且这种互惠共生关系往往既有利于媒介昆虫的种群增长，又有利于病毒的流行（Colvin et al.，2006）。

20.2.1 昆虫传播的植物病毒概述

自然界中有 2000 多种病毒，其中感染植物的病毒涵盖了 21 科和 8 个未分配的属，

而这些病毒中又有许多能够专一性地感染人类的种植物，对农业、畜牧业及纤维制造业造成了严重的影响（Hull，2014）。据统计，在新出现的植物疾病中，由病毒引发的植物病毒病占了 47%（Anderson et al.，2004）。与其他的病毒宿主（如动物和细菌）不同，植物固着在土壤中，缺乏运动性，因而植物病毒必须借助高效的介体来完成在植物宿主间的传播，确保自身的扩散与存活。由于植物病毒寄生于植物宿主体内，需要介体的协助才能实现在宿主间的传播和移动，因此明确病毒与介体的互作，有针对性地控制介体的类型和移动范围，是高效防控植物病毒的前提。约 80%的植物病毒需要依赖介体昆虫进行传播（Thomas，2007）。在此过程中，植物病毒编码特定的蛋白质来实现与介体的识别和互作（Kritzman et al.，2002）。尽管参与植物病毒传播的介体多种多样，涵盖了真菌、线虫及不同类型的无脊椎动物，但大部分植物病毒选择特定的植食性昆虫作为其最主要的介体。其中，半翅目昆虫承担了超过 55%的虫传植物病毒的传播（Hogenhout et al.，2008）（表 20.2）。

表 20.2　介体及其传播的植物病毒

		病毒组					
介体分类	介体组	二十面体 RNA 病毒	杆状 RNA 病毒	DNA 病毒	带囊膜的 RNA 病毒	总数	该昆虫传播的植物病毒数/虫传植物病毒总数/%
半翅目	蚜虫	26	153[a]	13	5	197	28
	粉虱	—	13	115[b]	—	128	18
	叶蝉	8	—	15	3	26	4
	飞虱	10	4[c]	—	4	18	3
	其他	—	8	5	—	13	2
缨翅目	蓟马	2	—	—	14	16	2
鞘翅目	甲壳虫	50	1	—	—	51	7
蜱螨亚纲	螨	10	9	—	—	19	3
线虫纲	线虫	45	3	—	—	48	7
真菌门	真菌	8	16	—	—	24	3
	未鉴定的介体	84	60	19	3[d]	166	24
	总数	243	267	167	29	706	

注：a. 包含马铃薯 Y 病毒科、马铃薯 Y 病毒属的 110 种病毒；b. 双生病毒科、菜豆金黄花叶病毒属的病毒；c. 这些病毒属于纤细病毒属，具有多种形态；d. 这些病毒可能存在昆虫介体

半翅目昆虫具有不同的特征来保证植物病毒的有效传播。最主要的特征则是其刺吸式的口器，包含两个下颌和两个上颌的口针。一些植食性半翅目昆虫的特定取食位点是韧皮部、木质部或叶肉组织，其他半翅目昆虫则没有取食位置偏好。然而，我们所研究的、由半翅目昆虫传播的植物病毒，其在植物中的传播及定位大多局限于韧皮部，显示了昆虫取食和病毒传播的一致性。

早期研究发现，半翅目昆虫传播的病毒研究主要集中在病毒-介体整个系统的兼容性，如介体在感毒植物中的获毒时间、病毒保持自身侵染性的有效时间，以及病毒高效接种于健康植物的时间等。其中，传毒效率最高的昆虫介体集中于蚜科、粉虱科、叶蝉科、飞虱科等半翅目昆虫（Hogenhout et al.，2008），蚜虫和粉虱可传播高达 325 种植物

病毒（表 20.2）。这些病毒包含了马铃薯 Y 病毒属的 110 种病毒（仅由蚜虫传播），菜豆金黄花叶病毒属的 115 种病毒（仅由粉虱传播）。叶蝉可传播 26 种植物病毒，飞虱可传播 18 种植物病毒，最后 13 种植物病毒由介壳虫、木虱、角蝉等其他半翅目昆虫传播（表 20.2）。

根据传播方式的不同，病毒可大致分为三类（表 20.3）：非持久性病毒、半持久性病毒和持久性病毒（Nault and Ammar，1989）。非持久性病毒与介体昆虫的互作不紧密，其病毒主要保留在昆虫的口针上，昆虫可以快速地传毒和失毒，在昆虫蜕皮过程中病毒也会丢失（Hogenhout et al.，2008）。半持久性病毒大部分集中在昆虫的前肠（Nault and Ammar，1989），可在昆虫获毒后几小时或几天后将病毒传给植物，但也会在蜕皮过程中丢失。持久性病毒指病毒粒子必须穿过昆虫的细胞膜到达血腔后才能被传播（图 20.1）。

表 20.3 半翅目昆虫传播的植物病毒的传播特性

生物学特性	非持久性病毒	半持久性病毒	持久性病毒	
	口针传播	前肠传播[b]	持久循回/循环型	持久增殖型
AAP 和 IAP[a]	秒，分钟[c]	分钟，小时[d]	小时，天[d]	小时，天[d]
潜伏期	无	无	小时，天	小时，周
介体内部保留时间	分钟，蜕皮后消失	小时，蜕皮后消失	天，周	昆虫的整个生命
存在于昆虫血淋巴中	否	否	是	是
在介体中增殖	否	否	否[e]	是
经卵巢传播	否	否	否	经常

注：a. AAP，获毒期；IAP，接种期。b. 近期有研究揭示，半持久性病毒花椰菜花叶病毒（cauliflower mosaic virus，CaMV）也定位于口针中（Bak et al.，2013）；c. 该时间为获得病毒到病毒可接种于植物上皮细胞；d. AAP 和 IAP 的时间取决于病毒在植物中的定位，从植物韧皮部获取病毒的时间要远远长于从表皮或叶肉细胞获毒的时间；e. 番茄黄化曲叶病毒（TYLCV）除外，该病毒已被证实可在介体昆虫——粉虱中复制

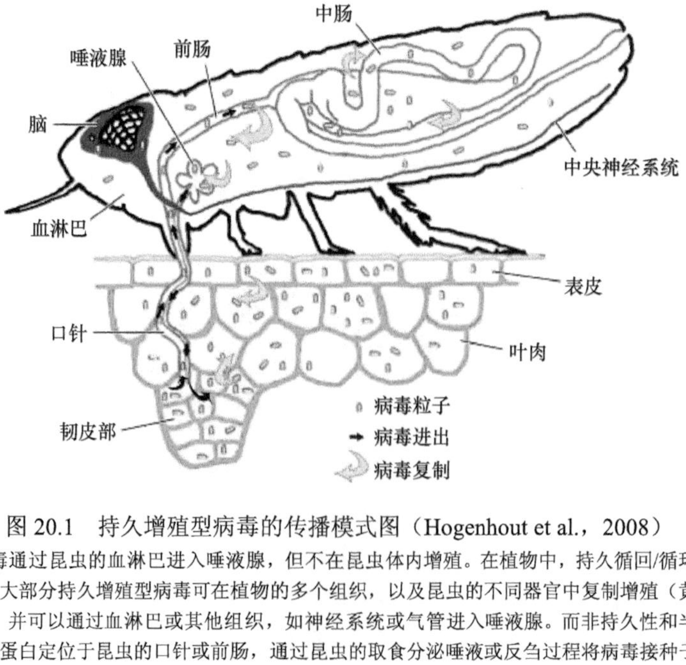

图 20.1 持久增殖型病毒的传播模式图（Hogenhout et al.，2008）

持久循回/循环型病毒通过昆虫的血淋巴进入唾液腺，但不在昆虫体内增殖。在植物中，持久循回/循环型病毒通常局限于韧皮部组织。相反，大部分持久增殖型病毒可在植物的多个组织，以及昆虫的不同器官中复制增殖（黄色箭头标志的即病毒潜在的复制场所），并可以通过血淋巴或其他组织，如神经系统或气管进入唾液腺。而非持久性和半持久性病毒只能借助于辅助蛋白定位于昆虫的口针或前肠，通过昆虫的取食分泌唾液或反刍过程将病毒接种于植物上

病毒粒子在介体昆虫取食过程中进入消化道，穿过肠道释放到血腔或其他组织中，最终进入唾液腺，在昆虫取食时随唾液分泌至宿主植物体内。持久性病毒可以不受蜕皮的影响长期或终生在昆虫体内存活并传播。与前两种类型不同，持久性病毒在介体传毒过程中具有一个特殊的时期称为潜伏期（latent period/incubation period），定义为介体获毒期（acquisition access period，AAP）和接种期（inoculation access period，IAP）之间的过渡时期，处于潜伏期的介体昆虫即使携带病毒也无法传播。根据病毒是否能在介体中复制增殖，持久性病毒又可进一步分为持久循回/循环型病毒和持久增殖型病毒（Nault and Ammar，1989；Hogenhout et al.，2008）。此外，持久增殖型病毒还经常通过感染雌虫的胚胎或生殖细胞而传播至其子代体内（Nault and Ammar，1989）。

关于植物病毒传播的生物学研究早在 100 多年前就已经开始了（Gutierrez et al.，2013）。从那之后，很多研究证明了昆虫介体介导的植物病毒传播的特异性，同时明确揭示了该过程所需的众多特殊分子的辅助参与，其中包括昆虫的壳蛋白、膜糖蛋白、辅助蛋白成分等。这些研究促进了参与介体互作的病毒蛋白的发现（表 20.4）。

表 20.4　病毒及介体的互作信息

所属科	病毒属/病毒	代表性病毒	介体	病毒编码的传播蛋白	毒粒存在部位
Potyviridae	***Potyvirus***	**烟草蚀纹病毒（TEV）**	**蚜虫**	**CP、HC-Pro**	**口针**
Bromoviridae	***Cucumovirus***	**黄瓜花叶病毒（CMV）**	**蚜虫**	**CP**	**口针**
Caulimoviridae	***Caulimovirus***	**花椰菜花叶病毒（CaMV）**	**蚜虫**	**CP、P2、P3**	**口针、口针末端（acrostyle）**
Closteroviridae	*Crinivirus*	莴苣侵染性黄化病毒（LIYV）	白粉虱	CPm	前肠
Luteoviridae[1]	*Luteovirus*	大麦黄矮病毒（BYDV）	蚜虫	CP-RTP	中肠、后肠
Geminiviridae[1]	*Begomovirus*	番茄黄花曲叶病毒（TYLCV）	白粉虱	CP	中肠、滤腔
Bunyaviridae[2]	*Tospovirus*	番茄斑萎病毒（TSWV）	蓟马	G_N	中肠
—#	*Tenuivirus*[2]	水稻条纹病毒（RSV）	飞虱		中肠、唾液腺、卵巢、脂肪体
Reoviridae[2]	*Phytoreovirus*	水稻矮缩病毒（RDV）	叶蝉	P2*	中肠、滤腔
Rhabdoviridae[2]	*Nucleorhabdovirus*	玉米花叶病毒（MMV）	飞虱	G	中肠

注：加粗字体标注的植物病毒是非循环型病毒，它们只能停留在介体昆虫的口针上，而不能在其体内循环。非加粗字体标注的植物病毒是循环型病毒，可以进入介体的特定组织，或循环 1 或增殖 2。#，指该病毒尚未分科。CP 为壳蛋白，HC-Pro 为辅助成分-蛋白酶，P2 为非毒粒辅助成分蛋白，P3 为锚定在 CaMV 毒粒上的蛋白质，CPm 为小壳蛋白，CP-RTP 为壳蛋白通读区域，G_N 为糖蛋白 N，P2*为由 RDV 片段 2 编码的外层壳蛋白，G 为糖蛋白

近年来，基于信息时代测序技术的发展，已有多篇关于昆虫与其所携带的植物病毒互作的组学研究被报道。Chen 等（2012）采用 Illumina 获得玉米细条纹病毒（maize fine streak virus，MFSV）的介体昆虫黑面叶蝉（*Graminella nigrifrons*）的 EST，发现该虫携带病毒后，其肽聚糖识别蛋白相关基因（peptidoglycan recognition protein，PGRP）显著下调（Chen et al.，2012）。

采用 Roche 454 对舞毒蛾 *L. dispar* 易感病毒细胞系（Sparks and Gundersen-Rindal，2011）进行转录组测序，鉴别了舞毒蛾细胞系中与病毒感染相关的基因。Xu 等（2012a）采用 Roche 454 获得了带毒前后白背飞虱（*Sogatella furcifera*）的转录组数据，从转录组水平上分析了白背飞虱对南方水稻黑条矮缩病毒（southern rice black-streaked dwarf virus，

SRBSDV）的响应，包括初级代谢相关基因的下调、细胞周期及泛素依赖的蛋白酶体途径的干扰，以及细胞水平的免疫响应等（Xu et al.，2012a）。烟粉虱唾液腺中的分泌蛋白与植物病毒传播有直接关系，通过 Illumina 对入侵烟粉虱和土著烟粉虱唾液腺转录产物进行测序，比较了健康烟草和感染病毒的烟草上发育的烟粉虱体内与生殖相关的基因表达水平的变化（Su et al.，2012）。由于篇节有限，本章主要针对纤细病毒属成员与其介体飞虱的互作机制进行介绍。

20.2.2 纤细病毒属与介体昆虫飞虱的互作

20.2.2.1 纤细病毒属成员概述

纤细病毒属（*Tenuivirus*）的成员主要包括水稻条纹病毒（rice stripe virus，RSV）、水稻草状矮化病毒（rice grassy stunt virus，RGSV）、玉米条纹病毒（maize stripe virus，MStV）和水稻白叶病毒（rice hoja blanca virus，RHBV），另有 2 个暂定成员稗草白叶病毒（echinochloa hoja blanca virus，EHBV）和冬小麦花叶病毒（winter wheat mosaic virus，WWMV）（Van Regenmortel et al.，2000）。纤细病毒属病毒粒体呈丝状，由核衣壳蛋白和基因组 RNA 组成，主要危害禾谷类植物，是一个与农业生产密切相关的植物病毒属。其中的代表成员水稻条纹病毒（rice stripe virus，RSV）可侵染包括水稻在内的 80 多种禾本科植物，以在水稻上引发的水稻条纹叶枯病最为严重，发病严重的年份甚至引发水稻绝收，故被视为水稻的"癌症"，极大程度地制约了东亚温带及亚热带地区农作物的产量与品质（Toriyama，1986）。

近年来，纤细病毒属病毒的分子生物学研究进展较快，各病毒的基因组片段序列相继被测定，其编码蛋白质的功能也被证实。其病毒粒子由 4~6 种–ssRNA 和壳蛋白组成，呈丝状或环状，每条 ssRNA 的 3′端和 5′端序列约有 20 个碱基对是互补的，RNA 多为双义编码（图 20.2）。

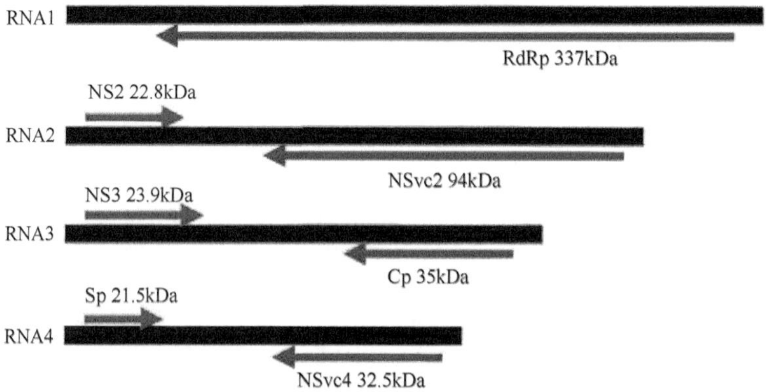

图 20.2 RSV 的基因组结构和 7 个编码框（Zhao et al.，2016a）
其中箭头方向表明每个编码基因的转录方向

大多数的纤细病毒属成员以飞虱作为其最主要介体并进行传播，并且具有极高的种属特异性（Falk and Tsai，1998）。病毒与介体昆虫的互作，主要指介体昆虫识别病毒的分子机制研究。目前，关于非循回型病毒及循回非增殖型病毒介体昆虫的传播机制已有相关文献报道（Ammar et al.，1994），部分循回增殖型病毒（如番茄斑萎病毒、水稻矮缩病毒等）的传播机制也已阐明（Omura et al.，1998），但对于纤细病毒属成员的传播机制尚未明确，仅在灰飞虱肠腔（中肠细胞、靠近上皮的基底膜）、卵巢（滤泡细胞、卵壳、卵巢小囊卵泡的细胞质）、主唾液腺基层的细胞质、脂肪体细胞质，以及肌细胞中检测到了病毒粒子或病毒不定性内涵体（Deng et al.，2013）。

20.2.2.2 纤细病毒与飞虱的互作

由于在自然条件下，纤细病毒属成员只能依赖介体昆虫飞虱以持久增殖的方式传播，因此解析介体昆虫对病毒的响应机制，将有助于我们找到昆虫高效传毒的原因，对进一步解析持久性病毒致病机制的研究有重要意义。

（1）基因组、转录组水平

褐飞虱（*N. lugens*）可传播呼肠孤病毒属的水稻草矮病毒（rice ragged stunt virus，RRSV）和纤细病毒属的 RGSV。在褐飞虱不同阶段的不同组织文库中，鉴定出了 37 000 个高质量的表达序列标签（expressed sequence tag，EST）（Noda et al.，2008）。在最富集的 10 个表达基因中，三个是未知基因，其中一个基因（*AA0383*）仅在雌虫的生殖器和卵巢中表达。另一个转录组数据是基于褐飞虱的 6 个数字基因表达文库（DGE 文库）外加 Illumina 测序产生的，共鉴定了 85 526 个 unigene，包含了 13 102 个集群和 72 424 个单独序列（Xue et al.，2010），并分析比对了短翅雄性成虫和短翅雌性成虫的文库，得到上调和下调显著的 11 个非同源基因。对褐飞虱唾液腺的转录组数据进行分析，发现代谢（如糖代谢、脂代谢等）、结合（如蛋白质结合、核酸结合、离子结合等）及转运相关蛋白在唾液腺中均显著表达。其中，预测的分泌蛋白共 35 种，推测其可能在褐飞虱进食及与宿主植物相互作用方面发挥作用（Konishi et al.，2009）。对肠道特异的转录组进行分析，发现糖水解酶、转运蛋白、蛋白酶及解毒相关基因在褐飞虱的肠道中大量富集（Peng et al.，2011）。相应地，关于褐飞虱的另一篇研究也揭示了消化、防御及解毒相关基因在肠道的富集（Bao et al.，2012）。近期，针对褐飞虱的转录组和基因组研究鉴定出了模式识别蛋白、酚氧化酶原激活途径的调节蛋白、免疫效应蛋白和包含 Toll、IMD、JAK-STAT 在内的信号转导途径等先天免疫的相关通路（Bao et al.，2013）。对带毒水平不同的两个褐飞虱群体的转录组数据进行比对分析发现，代谢、消化、唾液腺分泌相关基因在两个群体中的表达水平不同（Ji et al.，2013）。67 个编码分泌蛋白的基因呈现表达差异，其中 43 个在高带毒群体中特异性上调，24 个在高带毒群体中特异性下调，这些分泌蛋白可能在褐飞虱的毒力维持方面发挥作用（Ji et al.，2013）。与此同时，一些细胞和体液的免疫响应元件（如溶酶体、吞噬体、凝结物）及信号转导途径的蛋白质因子也在带毒的褐飞虱群体中被富集出来（Yu et al.，2014）。

昆虫灰飞虱（*Laodelphax striatellus* Fallen）以持久、增殖的方式传播 RSV（Toriyama，1986）。此外，对带毒和无毒灰飞虱转录组 EST 库及其基因表达水平的对比分析发现，编码卵黄蛋白原、蛋白酶、副肌球蛋白等的基因显著上调，推测上述基因可能参与了病毒在灰飞虱体内的生存、转运及卵传过程（Ji et al.，2013）。此外，蛋白质折叠、降解相关基因，如热激蛋白 Hsp70、E3 泛素-蛋白质连接酶等显著上调表达，Q-PCR 验证结果与转录组数据一致，说明 RSV 在介体昆虫的传播过程导致了昆虫体内相关蛋白质的降解（Lee et al.，2013）。Zhang 等（2010）将带毒前后灰飞虱的转录组数据与其他昆虫的基因组信息进行比较，发现灰飞虱具有与其他昆虫相似的免疫调节系统，如 RNAi 途径、JAK-STAT 及部分的 IMD 途径，尽管这些途径在灰飞虱带毒前后没有变化，但有可能在响应病原物的入侵过程中发挥作用。另外，一些转录本在无毒和带毒的灰飞虱中特应性表达，如卵黄蛋白原在带毒灰飞虱中大量富集，说明 RSV 可能依赖该蛋白质来抵御生理屏障，在病毒的垂直传播过程中发挥作用（Zhang et al.，2010），后已被实验证实（Huo et al.，2014）。对带毒前后灰飞虱的转录组数据进行研究发现，与无毒灰飞虱相比，在高带毒灰飞虱 EST 数据库中检测发现 *NS3* 转录物丰度最高，而 *NSvc4* 的转录本则没有被检测到（Zhang et al.，2010）。该现象与这两种病毒的蛋白质的作用有关：NS3 是 RNAi 的沉默抑制子，可在植物和昆虫中发挥作用，而 NSvc4 是病毒的移动蛋白，介导了植物胞间连丝介导的细胞-细胞间的病毒运输。RNA 衍生的小干扰 RNA（vsiRNA）在介体昆虫感染 RSV 时产生，并均匀分布于病毒的整个基因组上（Xu et al.，2012b），而且灰飞虱 Argonaute 2 可促进 RSV 在虫体内的积累，说明 RNAi 也是灰飞虱的一个抗病毒机制。

Zhao 等 2016 年首次对带毒前后灰飞虱的消化道和唾液腺的转录组进行比较研究，发现灰飞虱的消化道和唾液腺对 RSV 的响应具有明显差异。RSV 侵染后，介体昆虫消化道中消化和解毒相关基因被激活，DNA 复制和修复相关基因被抑制。而唾液腺中则是 RNA 转运被激活，而 MAPK、mTOR、Wnt 及 TGF-beta 信号通路被抑制。这提示我们，相较于唾液腺，消化道才是病毒复制的最佳场所。同时，唾液腺的免疫反应要远远强于消化道。感染 RSV 后，消化道和唾液腺的大部分免疫应答通路，尤其是 RNAi 通路不受影响（Zhao et al.，2016a），而该通路则主要作用于限制及控制昆虫病毒的侵染（Zambon et al.，2006），这也与现实环境中灰飞虱与 RSV 和平共存的关系相一致，说明在长期的进化过程中，植物病毒经过了某些进化，从而达到了逃逸介体昆虫免疫通路的目的。

（2）蛋白质组学水平

Sharma 等（2004）利用双向电泳及气相色谱对褐飞虱进行了 o-sec-丁基氨基甲酸甲酯复合物（o-sec-butylphenyl methylcarbamate compound，BPMC）毒性评估，发现 22 个蛋白质的表达被调控。随着 BPMC 的释放，褐飞虱的丝氨酸/苏氨酸蛋白激酶、副肌球蛋白、热激蛋白 Hsp90、β 微管蛋白（β-tubulin）、钙调蛋白、ATP 合酶、肌动蛋白和原肌球蛋白表达上调，而 β-线粒体加工肽酶、二氢硫辛酰胺脱氢酶、烯醇酶和 acyl-CoA 脱氢酶则表达下调。Konishi 等（2009）对褐飞虱的唾液蛋白进行分析，鉴定出 7 个蛋白质参与了能量代谢和蛋白质合成、折叠及修饰过程。3 个未确定的唾液蛋白拥有 EF 手形结构域（螺旋-环-螺旋结构），该结构域多见于钙结合蛋白，可能在取食过程中发挥作用（Konishi et al.，2009）。

Liu 等（2015）利用酵母双杂交体系，从蛋白质组学水平对 RSV 和介体昆虫灰飞虱的互作进行了研究，鉴定得到了 66 个可能与壳蛋白 Cp 互作的昆虫蛋白质，其中 5 个蛋白质（包含 atlasin 蛋白、一种新的表皮蛋白、叶鞘蛋白、NAC 区域蛋白及卵黄蛋白原）极大程度上与病毒的运动、复制及垂直传播相关。同时研究表明，表皮蛋白 CPR1 在 RSV 传播过程中必不可少，CPR1 可与 Cp 进行体内或体外结合，并共定位在灰飞虱的血淋巴中。将该蛋白质的编码基因下调表达后，会降低 RSV 在血淋巴和唾液腺中的积累量，并影响病毒的传播效率（Liu et al.，2015）。

参 考 文 献

Ammar E D, Jarlfors U, Pirone T P. 1994. Association of *Potyvirus* helper component protein with virions and the cuticle lining the maxillary food canal and foregut of an aphid vector. Phytopathology, 84: 1054-1060.

Anderson P K, Cunningham A A, Patel N G, et al. 2004. Emerging infectious diseases of plants: pathogen pollution, climate change and agrotechnology drivers. Trends Ecol. Evol., 19: 535-544.

Bak A, Gargani D, Macia J L, et al. 2013. Virus factories of cauliflower mosaic virus are virion reservoirs that engage actively in vector transmission. J Virol, 87: 12207-12215.

Bao Y, Qu L, Zhao D, et al. 2013. The genome and transcriptome-wide analysis of innate immunity in the brown planthopper, *Nilaparvata lugens*. BMC Genomics, 14: 160.

Bao Y, Wang Y, Wu W, et al. 2012. *De novo* intestine-specific transcriptome of the brown planthopper *Nilaparvata lugens* revealed potential functions in digestion, detoxification and immune response. Genomics, 99: 256-264.

Chen Y R, Zhong S, Fei Z, et al. 2013. The transcriptome of the baculovirus *Autographa californica* multiple nucleopolyhedrovirus (AcMNPV) in *Trichoplusia ni* cells. J Virol, 87: 6391-6405.

Chen Y T, Cassone B J, Bai X D, et al. 2012. Transcriptome of the plant virus vector *Graminella nigrifrons*, and the molecular interactions of maize fine streak rhabdovirus transmission. PLoS One, 7: e40613.

Colvin J, Omongo C A, Govindappa M R, et al. 2006. Host-plant viral infection effects on arthropod- vector population growth, development and behaviour: management and epidemiological implications. Adv Virus Res, 67: 419-452.

Cullen B R. 2012. MicroRNA expression by an oncogenic retrovirus. Proc Natl Acad Sci USA, 109: 2695-2696.

Deng J H, Li S, Hong J, et al. 2013. Investigation on subcellular localization of rice stripe virus in its vector small brown planthopper by electron microscopy. Virology Journal, 10: 310-318.

Falk B W, Tsai J H. 1998. Biology and molecular biology of viruses in the genus *Tenuivirus*. Annu Rev Phytopathol, 36: 139-163.

Fauquet C M, Mayo M A, Maniloff J, et al. 2005. Vrius taxonomy, VIIIth report of the international committee on taxonomy of viruses. London: Elsevier/Academic Press.

Fu M, Gao Y, Zhou Q J, et al. 2014. Human cytomegalovirus latent infection alters the expression of cellular and viral microRNA. Genes, 536: 272-278.

Fullaondo A, Lee S Y. 2012. Regulation of *Drosophila*-virus interaction. Dev Comp Immunol, 36: 262-266.

Gatehouse H S, Poulton J, Markwick N P, et al. 2009. Changes in gene expression in the permissive larval host light brown apple moth (*Epiphyas postvittana*, Tortricidae) in response to EppoNPV (Baculoviridae) infection. Insect Mol. Biol., 18: 635-648.

Gutierrez S, Michalakis Y, Van Munster M, et al. 2013. Plant feeding by insect vectors can affect life cycle, population genetics and evolution of plant viruses. Funct. Ecol., 27: 610-622.

Helwak A, Kudla G, Dudnakova T, et al. 2013. Mapping the human miRNA interactome by CLASH reveals frequent noncanonical binding. Cell, 153(3): 654-665.

Hogenhout S A, Ammar E D, Whitfield A E, et al. 2008. Insect vector interactions with persistently transmitted

viruses. Annual Review of Phytopathology, 46: 327-359.
Hull R. 2014. Matthew's Plant Virology. Salt Lake City: Academic Press: 1056.
Huo Y, Liu W, Zhang F, et al. 2014. Transovarial transmission of a plant virus is mediated by vitellogenin of its insect vector. PLoS Pathogen, 10(4): e100414.
Hussain M, Asgari S. 2010. Functional analysis of a cellular microRNA in insect host-ascovirus interaction. J Virol, 84: 612-620.
Iwanaga M, Shimada T, Kobayashi M, et al. 2007. Identification of differentially expressed host genes in *Bombyx mori* nucleopolyhedrovirus infected cells by using subtractive hybridization. Appl. Entomol. Zool., 42: 151-159.
Ji R, Yu H, Fu Q, et al. 2013. Comparative transcriptome analysis of salivary glands of two populations of rice brown planthopper, *Nilaparvata lugens*, that differ in virulence. PLoS One, 8: e79612.
Jiang S S, Chang I S, Huang L W, et al. 2006. Temporal transcription program of recombinant *Autographa californica* multiple nucleopolyhedrosis virus. J. Virol., 80: 8989-8999.
Kikhno I, Gutierrez S, Croizier L, et al. 2002. Characterization of *pif*, a gene required for the per os infectivity of *Spodoptera littoralis* nucleopolyhedrovirus. J. Gen. Virol., 83: 3013-3022.
King A M Q, Adams M J. 2012. International committee on taxonomy of viruses /Virus Taxonomy: Classification and Nomenclature of Viruses: Ninth Report of the International Committee on Taxonomy of Viruses. London: Elsevier/Academic Press.
Konishi H, Noda H, Tamura Y, et al. 2009. Proteomic analysis of the salivary glands of the rice brown planthopper, *Nilaparvata lugens* (Stal)(Homoptera: Delphacidae). Applied Entomology and Zoology, 44: 525-534.
Kritzman A, Gera A, Raccah B, et al. 2002. The route of tomato spotted wilt virus inside the thrips body in relation to transmission efficiency. Arch. Virol., 147: 2143-2156.
Lee J H, Choi J Y, Tao X Y, et al. 2013. Transcriptome analysis of the small brown planthopper, *Laodelphax striatellus*, carrying rice stripe virus. Plant Pathol. J., 29: 330-337.
Lee Y, Ahn C, Han J, et al. 2003. The nuclear RNase Ⅲ Drosha initiates microRNA processing. Nature, 425: 415-419.
Lindbo J A, Silva-Rosales L, Proebsting W M, et al. 1993. Induction of a highly specific antiviral state in transgenic plants: implications for regulation of gene expression and virus resistance. Plant Cell, 5: 1749-1759.
Liu W, Gray S, Huo Y, et al. 2015. Proteomic analysis of interaction between a plant virus and its vector insect reveals new functions of *Hemipteran cuticular* protein. Mol Cell Proteomics, 14(8): 2229-2242.
Mitchell J K, Friesen P D. 2012. Baculoviruses modulate a proapoptotic DNA damage response to promote virus multiplication. J. Virol., 86: 13542-13553.
Nault L R, Ammar E D. 1989. Leafhopper and planthopper transmission of plant viruses. Annual Review of Entomology, 34: 503-529.
Nguyen Q, Chan L C, Nielsen L K, et al. 2013a. Genome scale analysis of differential mRNA expression of *Helicoverpa zea* insect cells infected with a *H. armigera* baculovirus. Virology, 444: 158-170.
Nguyen Q, Nielsen L K, Reid S. 2013b. Genome scale transcriptomics of baculovirus-insect interactions. Viruses, 5: 2721-2747.
Nguyen Q, Palfreyman R W, Chan L C L, et al. 2012. Transcriptome sequencing of and microarray development for a *Helicoverpa zea* cell line to investigate in vitro insect cell-baculovirus interactions. PLoS One, 7: e36324.
Noda H, Kawai S, Koizumi Y, et al. 2008. Annotated ESTs from various tissues of the brown planthopper *Nilaparvata lugens*: a genomic resource for studying agricultural pests. BMC Genomics, 9: 117.
Omura T, Yan J, Zhong B, et al. 1998. The P2 protein of rice dwarf phytoreovirus is required for adsorption of the virus to cells of the insect vector. J. Virol., 72: 9370-9373.
Pauchet Y, Wilkinson P, Vogel H, et al. 2009. Pyrosequencing the *Manduca sexta* larval midgut transcriptome: messages for digestion, detoxification and defence. Insect Mol. Biol., 19: 61-75.
Peng X, Zha W, He R, et al. 2011. Pyrosequencing the midgut transcriptome of the brown planthopper,

Nilaparvata lugens. Insect Molecular Biology, 20: 745-762.

Rohrmann G F. 2011. Baculovirus Molecular Biology. 2nd ed. Bethesda: National Library of Medicine, National Center for Biotechnology Information.

Rosewick N, Momont M, Durkin K, et al. 2013. Deep sequencing reveals abundant noncanonical retroviral microRNAs in B-cell leukemia/lymphoma. Proc Natl Acad Sci USA, 110: 2306-2311.

Sharma R, Komatsu S, Noda H. 2004. Proteomic analysis of the brown planthopper: application to the study of carbamate toxicity. Insect Biochemistry and Molecular Biology, 34: 425-432.

Singh C P, Singh J, Nagaraju J. 2014. bmnpv-miR-3 facilitates BmNPV infection by modulating the expression of viral P6.9 and other late genes in *Bombyx mori*. Insect Biochem Mol Biol, 49: 59-69.

Sparks M E, Gundersen-Rindal D E. 2011. The *Lymantria dispar* IPLB-Ld652Y cell line transcriptome comprises diverse virus-associated transcripts. Viruses, 3: 2339-2350.

Stout M J, Thaler J S, Thomma B P H J. 2006. Plant-mediated interactions between pathogenic microorganisms and herbivorous arthropods. Annu Rev Entomol, 51: 663-689.

Su Y L, Li J M, Li M, et al. 2012. Transcriptomic analysis of the salivary glands of an invasive whitefly. PLoS One, 7: e39303.

Takahashi M, Toriyama S, Kikuchi Y. 1990. Complementarity between the 5′-and 3′-terminal sequences of rice stripe virus RNAs. J. Gen. Virol., 71: 2817-2821.

Thiem S M, Cheng X W. 2009. Baculovirus host-range. Virol. Sin., 24: 436-457.

Thomas H. 2007. Plant virus transmission from the insect point of view. Proceedings of the National Academy of Sciences of the United States of America, 104: 17905-17906.

Toriyama S. 1986. Rice stripe virus: prototype of a new group of viruses that replicate in plants and insects. Microbiology, 3: 347-351.

Van Oers M M, Doitsidou M, Thomas A A M, et al. 2003. Translation of both 5′TOP and non-TOP host mRNAs continues into the late phase of baculovirus infection. Insect Mol. Biol., 12: 75-84.

Van Regenmortel M H V, Fauquet C M, Bishop D H L, et al. 2000. Virus taxonomy: classification and nomenclature of viruses. Seventh Report of the International Committee on Taxonomy of Viruses. San Diego: Academic Press.

Vogel H, Altincicek B, Glockner G, et al. 2011. A comprehensive transcriptome and immune-gene repertoire of the lepidopteran model host *Galleria mellonella*. BMC Genomics, 12(1): 308.

Vogel H, Heidel A J, Heckel D G, et al. 2010. Transcriptome analysis of the sex pheromone gland of the noctuid moth *Heliothis virescens*. BMC Genomics, 11(1): 29.

Wu P, Han S H, Qin G X, et al. 2013. Involvement of microRNAs in infection of silkworm with *Bombyx mori* cytoplasmic polyhedrosis virus (BmCPV). PLoS One, 8: e68209.

Wu P, Qin G, Qian H, et al. 2016. Roles of miR-278-3p in IBP2 regulation and *Bombyx mori* cytoplasmic polyhedrosis virus replication. Gene, 575: 264-269.

Wu Y L, Wu C P, Liu C Y, et al. 2011. A non-coding RNA of insect HzNV-1 virus establishes latent viral infection through microRNA. Sci Rep, 1: 60.

Xu Y, Huang L, Fu S, et al. 2012b. Population diversity of Rice stripe virus derived siRNAs in three different hosts and RNAi-based antiviral immunity in *Laodelphax striatellus*. PLoS One, 7(9): e46238.

Xu Y, Zhou W, Zhou Y, et al. 2012a. Transcriptome and comparative gene expression analysis of *Sogatella furcifera* (Horvath) in response to southern rice black-streaked dwarf virus. PLoS One, 7(4): e36238.

Xue J, Bao Y Y, Li B L, et al. 2010. Transcriptome analysis of the brown planthopper *Nilaparvata lugens*. PLoS One, 5(12): e14233.

Xue J, Qiao N, Zhang W, et al. 2012. Dynamic interactions between *Bombyx mori* nucleopolyhedrovirus and its host cells revealed by transcriptome analysis. J. Virol., 86: 7345-7359.

Yamagishi J, Isobe R, Takebuchi T, et al. 2003. DNA microarrays of baculovirus genomes: differential expression of viral genes in two susceptible insect cell lines. Arch. Virol., 148: 587-597.

Yan H, Zhou Y, Liu Y, et al. 2014. miR-252 of the Asian tiger mosquito *Aedes albopictus* regulates dengue virus replication by suppressing the expression of the dengue virus envelope protein. J Med Virol, 86: 1428-1436.

You M, Yue Z, He W, et al. 2013. A heterozygous moth genome provides insights into herbivory and detoxification. Nat. Genet., 45: 220-225.

Yu H X, Ji R, Ye W F, et al. 2014. Transcriptome analysis of fat bodies from two brown planthopper (*Nilaparvata lugens*) populations with different virulence levels in rice. PLoS One, 9: e88528.

Zambon R A, Vakharia V N, Wu L P. 2006. RNAi is an antiviral immune response against a dsRNA virus in *Drosophila melanogaster*. Cell Microbiol, 8: 880-889.

Zhang F, Guo H, Zheng H, et al. 2010. Massively parallel pyrosequencing-based transcriptome analyses of small brown planthopper (*Laodelphax striatellus*), a vector insect transmitting rice stripe virus (RSV). BMC Genomics, 11: 303.

Zhang G, Hussain M, O'Neill S L, et al. 2013. Wolbachia uses a host micro RNA to regulate transcripts of a methytransferase contributing to dengue virus inhibition in *Aedes aegypti*. Proc Natl Acad Sci USA, 110: 10276-10281.

Zhang X, Zheng Y, Jagadeeswaran G, et al. 2014. Identification of conserved and novel microRNAs in *Manduca sexta* and their possible roles in the expression regulation of immunity-related genes. Insect Biochem Mol Biol, 47: 12-22.

Zhao W, Lu L X, Cui N, et al. 2016b. Organ-specific transcriptome response of the small brown planthoppers toward rice stripe virus. Insect Biochem Mol Biol, 70: 60-72.

Zhao W, Yang P C, Kang L, et al. 2016a. Different pathogenicities of rice stripe virus from the insect vector and viruliferous plants. New Phytol., 210(1): 196-207.

第 21 章　介体昆虫肠道微生态与病原微生物的传播

多种重要的动植物病原体通过介体昆虫进行传播（Hogenhout et al.，2008; Kilpatrick and Randolph，2012；Ng and Falk，2006；Pastula et al.，2016），如伊蚊传播登革病毒引起登革热（Bhatt et al.，2013）、按蚊传播疟原虫引起疟疾（Jensen and Mehlhorn，2009）、灰飞虱传播水稻条纹病毒引起水稻条纹叶枯病（Falk and Tsai，1998）、烟粉虱传播番茄曲叶黄化病毒引起番茄曲叶黄化病毒病（Ghanim et al.，1998）等。理解病原体在其介体昆虫体内的活动过程是了解病原体侵染的整个生活史并寻找有效抗病途径的关键步骤。

大多数严重的动植物病原体由其介体昆虫以持久增殖方式进行传播，昆虫肠道是病原体通过昆虫口针被吸入后到达的第一个生存环境，病原体需要首先在肠道内存活、定植、繁殖，进而能够穿越肠壁屏障进入血腔，从血腔实现对昆虫多种组织的系统侵染及进一步向其他宿主的传递，其中侵染唾液腺并水平传播至健康宿主、侵染卵巢并垂直传播至子代昆虫（Gray and Banerjee，1999；Hogenhout et al.，2008）。了解昆虫肠道微生态，在肠腔内干扰病原体的起始侵染，从源头切断病原体传播途径，是形成虫媒病防控策略的重要研究方向。

近年关于人类肠道菌群的研究成果表明，人自身肠道组织和细胞与肠道菌群共同决定着疾病的形成与发展（Gravitz，2012；O'Hara and Shanahan，2006；Robinson and Pfeiffer，2014）。与哺乳动物类似，多数昆虫肠道内也富集了大量且种类繁多的共生微生物，这些微生物与昆虫自身组织和细胞及昆虫细胞内共生菌共同组成了昆虫的肠道微生态系统。动植物病原体经过昆虫介体进行传播的过程中，都将首先获得在该生态系统中的成功定植（Boissiere et al.，2012；Hogenhout et al.，2008），而通过调节优化昆虫的肠道微生态系统，也可以达到改变昆虫与其传播的病原微生物的互作关系，进而影响病原体的侵染、传播和最终的疾病形成。本部分中，我们将探讨介体昆虫的肠道微生态结构及其对虫媒病病原体传播的影响。

21.1　昆虫肠道结构与功能

多数昆虫的肠道由前肠、中肠和后肠组成（图 21.1a）（Chapman et al.，2013）。其中，前肠在胚胎期由外胚层内陷形成，在组织上与体壁相似。肠腔由内向外可分为六层：内膜、肠壁细胞层、底膜、纵肌、环肌及围膜，前肠的内膜相当于体壁的表皮层，比较厚，对消化产物和消化酶都表现不渗透性，因此前肠没有吸收功能，其主要功能为摄食、吞咽、磨碎和暂时贮存食物。中肠来源于内胚层，对于大多数昆虫而言，中肠是分泌消化酶、消化食物和吸收养分的主要部位。多数昆虫中肠上皮细胞可分泌形成非细胞薄膜状结构，称为围食膜，主要由几丁质、蛋白质和多糖组成。昆虫中肠在组织上也分为六层，由内向外分别为围食膜、肠壁细胞层、底膜、环肌、纵肌及围膜。围食膜将中肠分隔成围食膜内、外两个空间。围食膜具有选择通透性，允许消化酶和已消化的小分子物质透过，而不允许大分子及微生物透过到达细胞层（Barbehenn and Martin，1997；Peters and Wiese，1986；Shao et al.，2001）。后肠的组织结构与前肠相似，由外胚层内陷形成，其区别为：后肠内膜较薄，易被水分和无机盐渗透；肌肉层次排列，中环肌在内、纵肌在外。后肠的功能包括排残和吸收。中肠后端以马氏管着生处与后肠分界。马氏管是昆虫排泄和渗透调节的主要器官，其基端开口于中肠和后肠的交界处，盲端封闭游离于血腔内（图 21.1a）。当含氮废物和电解液通过盲端运送时，原尿在细管内形成。原尿与消化的食物一起在后肠里混合。从昆虫肠道的结构与功能可以看出，中肠因其丰富的营养条件，是共生微生物的主要栖息地。在中肠内，共生菌群由围食膜包裹在肠腔侧，不与细胞层直接接触。部分昆虫的后肠也具有共生微生物生长繁殖的营养环境（图 21.1g~i），而前肠基本没有菌群定植。

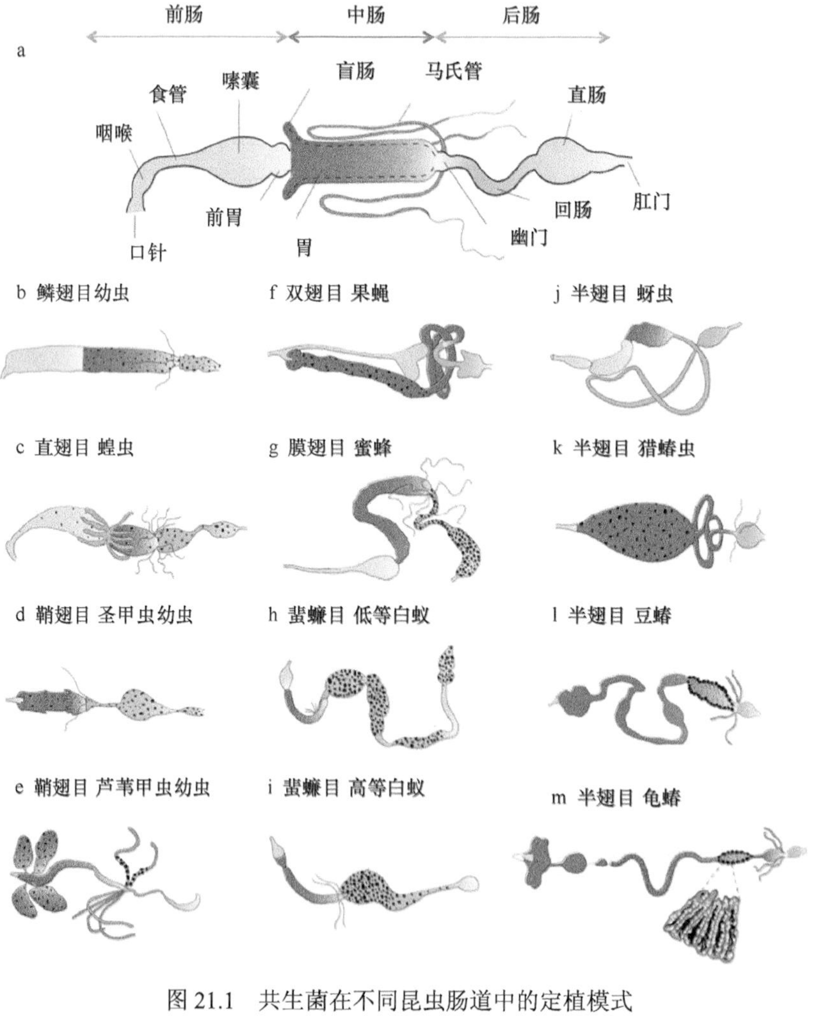

图 21.1　共生菌在不同昆虫肠道中的定植模式

a. 昆虫肠道的基本结构。前肠和后肠的内膜由粗实线表示，中肠分泌的围食膜由虚线表示。b~m. 不同昆虫的肠道结构示意图，未特殊说明的均为成虫。黑点表示主要共生菌群，龟蝽（m，放大的图片表示位于中肠隐窝结构中的共生细菌）和豆蝽（i，隐窝结构在图中未进行放大标注）的修饰结构表示共生菌定植的中肠隐窝（Hosokawa et al.，2012）。蓝色表示前肠和后肠，红色表示中肠。肠道结构示意图的绘制参考相关文献（Brune，2006；Buchner，1965；Chapman et al.，2013；Engel and Moran，2013；Fukatsu and Hosokawa，2002）

大多数昆虫肠道的基本结构保持一致（图 21.1），但由于取食方式和食物种类的不同，其肠道结构表现出多样化的修饰（Engel and Moran，2013）（图 21.1b~m）。例如，多数取食植物汁液的半翅目昆虫、多种甲虫、取食花蜜的蚂蚁和蜜蜂等，其中肠不产生围食膜（Cook and Davidson，2006；Lehane，1997；Nardi and Bee，2012）。该类昆虫中，其肠道微生物种类及丰度均很低，甚至完全没有微生物定植，细胞内共生菌在宿主取食及防御病原入侵的过程中发挥重要作用（Baumann，2005；Cheung and Purcell，1993；Kliot and Ghanim，2013）。此外，昆虫因其发育过程多次蜕皮，每次蜕皮过程都涉及前肠和后肠外骨骼式内膜及中肠围食膜结构的反复脱落，使其所黏附的共生菌群被严重破坏甚至清除。对蚊子肠道微生物的研究表明，昆虫的完全变态过程导致肠道菌群完全或近乎完全被清除，新羽化的成虫肠道内检测不到共生菌群（Moll et al.，2001）。某些昆虫因此进化出特化的中肠隐窝结构，使得微生物在蜕皮过程中得以存留（图 21.1 l，m）（Hosokawa et al.，2012）。随着最后一次蜕皮的完成，昆虫进入成虫阶段，其肠壁成为微生物定植的稳定场所。

21.2　肠道菌群的基本功能

在长期共进化过程中，昆虫与其肠道菌群相互适应并形成一种互惠互利的共生关系：一方面昆虫肠道为其共生菌群提供特定的生存环境，另一方面菌群为宿主提供多种有益作用而得以存留（Crotti et al.，2012；Engel and Moran，2013；Kaltenpoth and Engl，2014；Shi et al.，2010）。肠道菌群的基本功能包括：通过协助宿主消化扩大宿主的取食谱（Engel et al.，2012；Haslett，1983；Peng et al.，1985；Russell et al.，2009；Warnecke et al.，2007；Watanabe and Tokuda，2010）；通过提供宿主自身无法合成的必需营养物质辅助昆虫在不均衡的营养条件下存活（Eichler and Schaub，2002；Hongoh et al.，2008；Nikoh et al.，2011；Thong-On et al.，2012）；通过解毒作用增强昆虫在逆境中的生存能力（Aguilar et al.，2007；Dowd and Shen，1990；Genta et al.，2006；Hehemann et al.，2010；Kikuchi et al.，2012）；通过分泌抗菌肽、毒素等物质增强昆虫对病原微生物的防御能力（Cirimotich et al.，2011；Dillon et al.，2005；Gonzalez-Ceron et al.，2003；Koch and Schmid-Hempel，2011；Pumpuni et al.，1993）等。共生微生物介导的昆虫生物学性状的改变，扩大了宿主昆虫的生态位，共生微生物成为昆虫生长发育过程中重要的调控因子。图 21.2 总结了目前关于昆虫肠道菌群主要功能的研究进展（Engel and Moran，2013）。

21.2.1　昆虫肠道菌群的营养与解毒功能

昆虫具有多样化的取食特性，几乎陆地上所有的食物资源都能被昆虫利用（Shi et al.，2010），该性质在很大程度上依赖于其体内共生微生物的作用（Engel and Moran，2013）：在营养匮乏、食物材料不易降解或毒性因子污染的生存环境中，共生微生物通过多种方式为宿主创造适宜的生存条件。

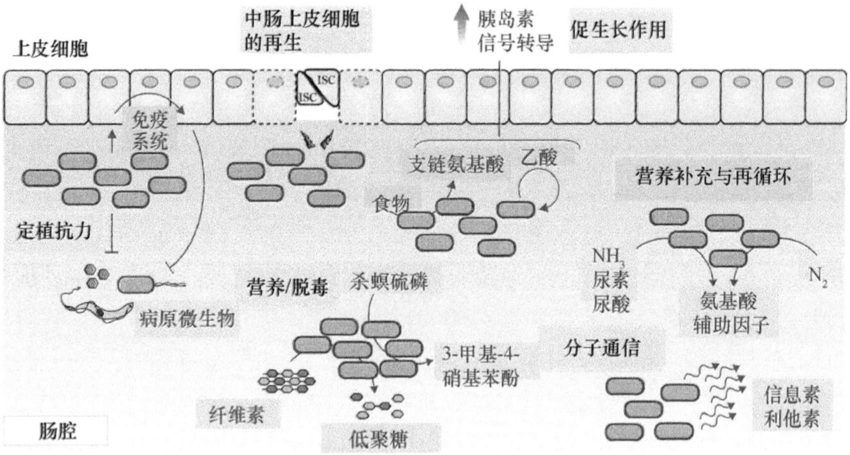

图 21.2　菌群在昆虫肠道内的功能

定植抗力：图中标识了肠道菌群对病原微生物形成定植抗力的两种机制，一是菌群预激活宿主免疫系统（图：免疫系统）对病原微生物进行快速防御，二是菌群自身产生抗病原微生物的效应因子（图：橘色六边形）（Cirimotich et al.，2011；Dillon et al.，2005；Gonzalez-Ceron et al.，2003；Koch and Schmid-Hempel，2011；Pumpuni et al.，1993）。中肠上皮细胞的再生：菌群激活肠道干细胞（图中缩写为 ISC）的分裂增殖，对脱落的肠壁上皮细胞（图：虚线四边形）进行补充，从而维持肠细胞稳态（Buchon et al.，2009a，2009b；Shin et al.，2011；Storelli et al.，2011）。营养：菌群将难降解的食物材料（图：纤维素）转化成昆虫自身能利用的营养物质（图：低聚糖）（Warnecke et al.，2007）。脱毒：菌群降解环境中的毒性因子（图：杀螟硫磷），使昆虫可以在特定的逆境中生存（Kikuchi et al.，2012；Ping et al.，2007）。促生长作用：肠道菌群通过激活胰岛素信号转导促进昆虫的生长发育（Brummel et al.，2004；Shin et al.，2011；Storelli et al.，2011）。营养补充与再循环：肠道菌群将含氮排泄物（图：NH_3、尿素、尿酸）转化为高价值的营养物质（图：氨基酸、辅助因子），或者直接从空气中固氮（图：N_2）（Hongoh et al.，2008）。分子通信：肠道菌群介导信息素或利他素的产生，分别参与昆虫的种内或种间通信（带箭头的波浪线）（Dillon et al.，2002；Leroy et al.，2011；Sharon et al.，2010）

草食性昆虫常面对氮源匮乏的生存环境，其肠道菌群通过专有的氮源代谢机制来弥补机体氮代谢机制的缺乏。以白蚁为例，其肠道菌群一方面可以利用宿主的含氮排泄物，并将它们回收成高价值的营养物质；另一方面可直接从空气中固氮（Hongoh et al.，2008；Thong-On et al.，2012）。肠道菌群专有的氮代谢机制使得白蚁能以氮源匮乏的植物作为主要食物。

共生菌能帮助昆虫消化难以降解的植物聚合物。例如，以木材为食物的昆虫，通过其肠道菌群分泌的纤维素酶，将植物细胞壁中结晶或无定形纤维降解为低聚糖，进而被昆虫利用（Russell et al.，2009；Warnecke et al.，2007；Watanabe and Tokuda，2010）；花粉萌发过程中产生大量的几丁质，以花粉为食物的蜜蜂，通过其肠道共生菌的几丁质酶活性使花粉壁穿孔或松动，从而有利于蜜蜂的取食过程（Engel et al.，2012）。

与营养功能相似的是肠道微生物的脱毒功能：肠道微生物帮助宿主将具有毒性的潜在的食物材料转化为无毒营养物质并加以利用，或降解宿主生活环境中的毒性物质，使宿主得以在该逆境中生存。例如，当点蜂缘蝽暴露于杀虫剂杀螟硫磷时，其每一代幼虫均需从土壤中吸收共生菌 *Burkholderia*；*Burkholderia* 通过将杀螟硫磷水解为无害的3-甲基-4-硝基苯酚赋予宿主对该杀虫剂的抗性，使得宿主具有在该特定逆境中生存的能力（Kikuchi et al.，2012）。

21.2.2　肠道菌群调节昆虫生长发育的功能

在昆虫中肠内，由消化作用及中肠菌群所产生毒素造成的伤害，上皮细胞需要不断地更新，昆虫通过干细胞增殖来补充脱落的上皮细胞，从而维持中肠内环境的稳态，而肠道菌群在维持肠细胞稳态的过程中发挥重要功能。以果蝇为例，其中肠细胞具有自我更新程序，该程序使得上皮细胞可以连续不断地被潜在的肠干细胞取代（Amcheslavsky et al.，2009；Casali and Batlle，2009）。在该程序中，中肠内的细菌诱导上皮细胞损伤与凋亡，进而激活干细胞内 JAK-STAT 信号通路，促进干细胞的增殖（Buchon et al.，2009a；Jiang et al.，2009）。从菌群作用机制可以看出，不同的菌群组成和丰度对上皮细胞更新程度的诱导有可能非常不同。与携带正常菌群的果蝇相比，无菌果蝇表现出肠细胞更新速度显著减慢，而病原菌的入侵则加速了肠细胞的更新（Buchon et al.，2009a）；在基因突变使果蝇无法控制其体内共生菌载量的条件下，菌群的过度增殖使得中肠干细胞过度增生，进而导致不正常的肠道形态（Buchon et al.，2009a）。由此可见，正常的肠道菌群，包括细菌的种类及组成，对昆虫肠细胞及肠结构的稳态具有重要的调控作用。

除对中肠自身的调控外，肠道菌群被证明能通过促进胰岛素信号转导来影响宿主的生长发育（Brummel et al.，2004；Shin et al.，2011；Storelli et al.，2011）。果蝇中肠定植有多种共生菌，其中以醋酸杆菌属和乳杆菌属为其优势菌群（Ren et al.，2007；Ryu et al.，2008；Wong et al.，2011）。实验室条件下饲养的果蝇，其中肠主要的共生菌为 *Commensalibacter intestini*、醋酸杆菌 *Acetobacter pomorum*、葡萄杆菌 *Gluconobacter morbifer*、乳杆菌 *Lactobacillus plantarum* 和乳杆菌 *Lactobacillus brevis*（Roh et al.，2008；Ryu et al.，2008）。无菌果蝇的生长发育明显慢于拥有正常肠道菌群的昆虫个体，尤其在营养匮乏的条件下，如当食物中的酵母含量下降至 0.1%时，无菌幼虫不能存活，而正常果蝇幼虫可发育成蛹（Shin et al.，2011）。向无菌果蝇喂食 *A. pomorum* 或 *L. plantarum*，单种共生菌均可有效恢复幼虫在低营养条件下的生存和发育，表明特定肠道菌群对果蝇生长起关键促进作用（Shin et al.，2011；Storelli et al.，2011）。该机制研究揭示了 *A. pomorum* 的吡咯喹啉醌依赖性醇脱氢酶基因的关键作用，通过产生乙酸及激活幼虫脑内胰岛素样肽的表达水平，激活胰岛素信号途径（Shin et al.，2011）；*L. plantarum* 则通过增强食物中蛋白质的同化作用，使得支链氨基酸在昆虫血腔中的浓度明显增加，进而激活胰岛素信号途径（Storelli et al.，2011），调节宿主的发育和代谢平衡。

21.2.3　肠道菌群的防御及保护功能

哺乳动物肠道微生物对宿主健康的影响，是菌群研究中最重要的内容之一（Chassaing，2015；Group et al.，2009；The Human Microbiome Project Consortium，2012；Kuss et al.，2011；Reyes et al.，2010；Robinson and Pfeiffer，2014）。目前的研究成果证明，哺乳动物肠道菌群对病原微生物存在多种防御机制，包括：菌群以高密度占领肠表面，作为物理屏障阻止病原微生物的侵入；共生菌占据中肠细胞表面的受体，阻止其与病原微生物的识别；共生菌与病原菌竞争宿主所提供的营养；菌群预置宿主免疫系统，对病原微生物的入侵产生快速免疫应答等（Bartlett，1979；Endt et al.，2010；Ivanov et al.，2009；Lupp et al.，2007；Stecher and Hardt，2011）。

昆虫共生菌对病原微生物的防御机制与哺乳动物不尽相同。首先，并非所有昆虫都具有稳定的肠道定植菌群，且昆虫肠道菌群的密度一般不如哺乳动物的高，通过菌群物理屏障阻止病原微生物侵入的机制在昆虫中可能并不普遍；其次，昆虫中肠的围食膜和后肠的表皮样内膜将上皮细胞与肠道菌群分开，通过共生菌-肠细胞直接互作阻止病原菌识别侵入的机制在昆虫中可能并不存在（Kumar et al.，2010；Kuraishi et al.，2011；Terra，1990）；再次，昆虫没有获得性免疫，共生菌群对昆虫免疫系统的预置机制也显著不同于哺乳动物（Pham et al.，2007；Rodrigues et al.，2010；Sadd and Schmid-Hempel，2006）；最后，目前所知的昆虫病原菌的种类非常有限，这极大地阻碍了昆虫共生菌群与病原菌互作机制的研究进展。

在多种昆虫体系中，比较无菌昆虫及携带自然菌群的昆虫对病原微生物的敏感性，从表型上确定了昆虫共生菌群在帮助其宿主防御病原微生物侵染中的功能。例如，欧洲雄蜂的肠道菌群可以保护其宿主不被病原体熊蜂短膜虫感染（Koch and Schmid-Hempel，2011）；沙漠蝗虫肠道菌群的多样性与病原体粘质沙雷氏菌的侵染呈负相关（Dillon et al.，2005）；按蚊属蚊子的肠道菌群能降低疟原虫感染水平（Cirimotich et al.，2011；Gonzalez-Ceron et al.，2003；Pumpuni et al.，1993）等。目前推测昆虫共生菌的抗病原体侵染机制包括：共生细菌以本底水平激活昆虫免疫相关基因的表达，因此对病原细菌的入侵产生快速响应；通过免疫重叠对其他类型的病原微生物产生快速免疫防御；通过共生菌诱导产生的抗微生物肽对病原微生物进行攻击（Bahia et al.，2014；Cirimotich et al.，2011；Dong et al.，2009；Meister et al.，2009；Minard et al.，2013；Ramirez et al.，2012；Xi et al.，2008）；特定的共生菌产生抑制特定病原菌生长的生物活性物质（Cirimotich et al.，2011；Ramirez et al.，2014）等。

21.2.4 肠道菌群介导的信息素调节昆虫间信息交流

由昆虫肠道菌群介导产生的信息素和利他素具有调节昆虫种内或种间信息交流的作用。例如，群居蝗虫的肠道菌群通过代谢食物中的化合物产生群居信息素（Dillon et al.，2002）；蚜虫通过其体内共生菌金黄色葡萄球菌产生含有利他素的蜜露，对产卵期的雌性苍蝇具有极强的吸引性（Leroy et al.，2011），由于苍蝇幼虫最终将吃掉蚜虫，因此该类共生菌的活力对其寄主是有害的。

21.3 昆虫细胞内共生菌

在昆虫肠道微生态系统中，除典型的肠道菌群外，还包括肠壁细胞内共生菌（Baumann，2005；McCutcheon and Moran，2010）。细胞内共生菌在昆虫中普遍存在，多数可经母系遗传，因此与肠道菌群相比，内共生菌在其宿主体内的存在更加稳定。这些可以稳定遗传的细胞内共生菌可参与到昆虫肠道菌群所能参与的所有生命活动中，包括营养、解毒、扩大取食谱、防御病原微生物等。此外，细胞内共生菌特有的对宿主的生殖调控能影响昆虫的种群动态。例如，*Wolbachia*、*Spiroplasma* 和 *Arsenophonus* 等细胞内共生菌通过诱导胞质不亲和使未感染该共生菌的雌虫与感染的雄虫交配后产生的胚胎无法顺利发育，而感染雌虫与未感染雄虫交配则可以产生携带该共生菌的子代昆虫，因此要提高该共生菌在种群内的感染比率（Werren et al.，2008），但当共生菌侵染诱导的杀雄作用导致性比紊乱，与雌虫个体交配的雄虫数量显著减少时，则会导致种群规模的降低（Engelstadter and Hurst，2007）。

细胞内共生菌可分为初级内共生菌和次级内共生菌两个类别。初级内共生菌常寄生在宿主特化的结构组织内，称为共生菌胞，该类型内共生菌仅通过生殖干细胞进行垂直传播。初级内共生菌与宿主之间为专性寄生的关系，一方面，内共生菌为宿主提供食物中缺乏的必需营养物质，宿主的存活离不开其初级内共生菌；另一方面，共生菌自身基因组高度退化，需依赖其宿主提供的营养得以生存。在营养代谢方面的互补导致了二者之间的互惠共生关系（Baumann，2005）。以蚜虫为例，其取食的植物韧皮部汁液中缺乏多种必需氨基酸和维生素，需其初级内共生菌 *Buchnera aphidicola* 帮助提供。*B. aphidicola* 与蚜虫之间的共生关系起源于 2 亿年前，在长期的共进化过程中，*B. aphidicola* 的基因组高度退化，而帮助其宿主蚜虫提供必需营养的相关基因则被选择性保留（Hansen and Moran，2011；Poliakov et al.，2011；Shigenobu et al.，2000）。

相比之下，次级内共生菌与宿主只是兼性共生，共生菌对宿主不是必需的。在传播途径上，该类内共生菌多垂直传播，少数可以在同种昆虫个体间水平传播，或水平传播至不同种昆虫体内（Grenier et al.，1998；Heath et al.，1999；Hurst et al.，2012；Panaram and Marshall，2007），因此次级内共生菌常拥有更大也更动态的基因组（Degnan et al.，2009；Werren et al.，2008）。昆虫的种间侵染实验表明，次级内共生菌从一种宿主转移至另一种宿主后，可以与新的宿主形成稳定的共生关系（Kambris et al.，2009；Moreira et al.，2009）。次级内共生菌在宿主体内的种群数量取决于几个方面：①如果无法垂直传播，那么宿主会保持足够高的水平传播率来平衡共生菌数量比率的下降问题；②宿主通过调控性别比来产生更多的携带共生体的雌性后代；③内共生菌可直接作用于宿主，提高宿主的生殖力，使宿主保持对共生菌的选择优势（Duron et al.，2008；Gueguen et al.，2010；Hilgenboecker et al.，2008）。在体内定植上，多数次级内共生菌可造成多组织感染，包括肠道、脂肪体、唾液腺等（Dobson et al.，1999）。从与宿主的相互关系上，该类内共生菌可参与多种宿主功能，包括营养物质的利用、环境适应性、解毒、抗病等（Feldhaar，2011），其对宿主的影响多数是有利的，但也存在不利于宿主的作用（Engelstadter and Hurst，2007）。与初级内共生菌相比，次级内共生菌更适于作为遗传操作的靶标，用于虫媒病害的防控。

21.4　肠道菌群的结构及其在宿主体内的维持

按照与宿主的适应程度，菌群可以划分为三种主要类别（Shapira，2016）（图 21.3）：一是由宿主遗传因子选择决定的核心菌群，其在同物种不同个体内普遍存在，不因环境变化而改变，该类共生菌多参与宿主关键的生命过程，或者为宿主提供与稳定的生态位长期相互适应的必需功能。二是环境菌群，该类共生菌从生存环境中获得，与宿主适应性较弱，其在宿主体内的丰度取决于外部环境中的密度。三是介于二者之间的与宿主适应性较强的可变菌群，可变菌群从环境获得，受宿主食物和地域的影响，但因其与宿主之间较强的相互适应性，宿主肠道能够从种类繁多的摄入微生物中选择出这些重要的共生菌。例如，*Riptortus pedestris* 每代通过取食获得共生菌 *Burkholderia*，并在中肠内达到很高浓度。无法获得 *Burkholderia* 的昆虫会表现出发育迟缓的症状（Kikuchi et al.，2007，2011）。可变菌群参与宿主多种生命活动，对维持昆虫的正常生长发育至关重要，最适于作为靶标用于病虫害防治（Prado et al.，2006；Salem et al.，2013）。

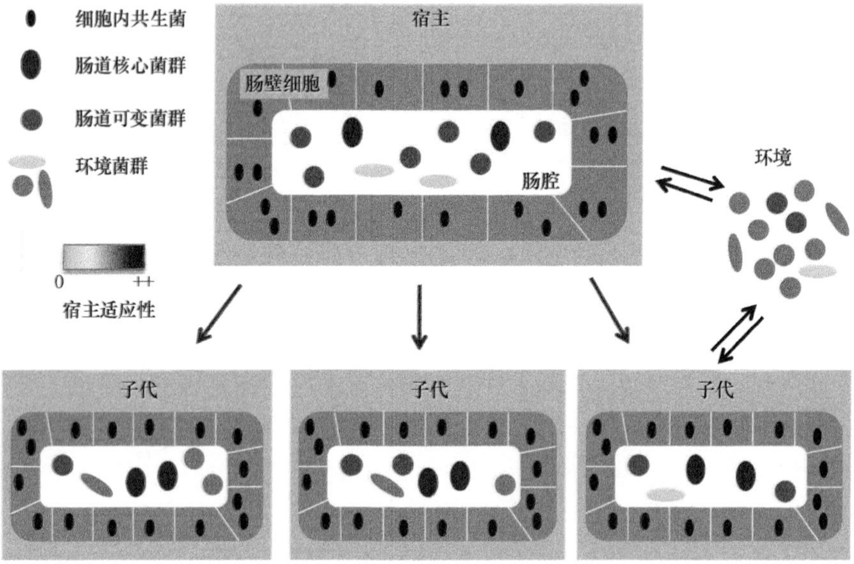

图 21.3　肠道菌群的组成及维持

共生菌的颜色表示其对宿主的适应程度。从“0”至“++”表示共生菌与宿主的适应性逐渐增加，绿色为适应性最低，深红色为适应性最高；宿主：共生菌的昆虫宿主；环境：环境菌群；子代：子代昆虫

宿主不同代次之间传播微生物，对有益微生物的保持至关重要。细胞内共生菌的传播机制比较明确：初级内共生菌可垂直传播至子代昆虫；多数次级内共生菌可垂直传播至子代昆虫，也可在不同个体之间进行水平传播（Grenier et al.，1998；Heath et al.，1999；Hurst et al.，2012；Panaram and Marshall，2007）。肠道菌群的维持则比较复杂。某些昆虫通过中肠隐窝结构保护共生微生物在蜕皮过程中得以存留（Hosokawa et al.，2012），肠腔内的微生物也可借助中肠隐窝结构进行垂直传播。例如，*Ishikawaella capsulata* 寄生在 *Megacopta punctatissima* 肠道隐窝结构内，产卵期的雌虫通过排便在卵鞘外缘产生特化的共生囊结构，幼虫孵化后很快吸收该囊结构而获得共生菌（Hosokawa et al.，2012）。多数共生菌需要由昆虫每代从环境中获得（Prado et al.，2006）。社会性昆虫，如蜜蜂，其肠道菌群可能在群体内通过粪食性、交哺作用及幼蜂与成年工蜂的社会性接触获得（Martinson et al.，2012）；群居性昆虫，如蟑螂和蟋蟀，可通过在公共区域排便和摄取食物来传播细菌（Woodbury and Gries，2013；Woodbury et al.，2013）；独居性雄

蜂通过在卵附近排便将细菌传播至子代。

21.5　介体昆虫肠道菌群与病原微生物的传播

介体昆虫通常不是其所传播的动植物病原体的最终宿主，但它是病原体生命循环所必需的，因此研究病原体在昆虫体内的传播过程，是了解其致病机制的重要内容，并将有助于形成以切断病原体传播途径将其限制在昆虫体内的抗病策略。肠道作为病原体起始感染之地，其微生态系统通过多种方式影响病原体建立感染的能力（Hogenhout et al.，2008）。

21.5.1　按蚊肠道菌群对疟原虫传播的影响

全球范围内每年有 1.98 亿人感染疟疾，造成 58.4 万人死于该疾病（WHO，2014），其病原体疟原虫通过按蚊进行传播。疟原虫经按蚊传播的路径为：当雌性按蚊取食于受疟原虫感染的患者血液时，疟原虫雌、雄配子体同时进入按蚊肠腔，并在其中分别发育为成熟的雌、雄配子，受精形成受精卵，进而变换为动合子；吸血 1 天后，动合子可穿过中肠上皮细胞层到达基底膜，在基底膜形成卵囊；大约吸血 14 天后，卵囊释放出大量子孢子体，经血淋巴侵入唾液腺，发育为成熟子孢子，并在按蚊再次吸血时随唾液进入人体。

从疟原虫的传播途径可以看出，其在入侵中肠上皮细胞前，需要经历在肠腔中的连续发育阶段；肠腔内的共生菌群有可能通过直接或间接的方式影响疟原虫的发育及传播。对按蚊肠道菌群的测序分析发现，按蚊成虫的肠道定植有多种微生物，然而从不同取食环境中收集的按蚊，其肠道菌群的组成差异很大，在属的水平，从几个属到几十个不等，肠道菌群的组成与幼虫生存环境中细菌的丰度密切相关（Boissiere et al.，2012；Dong et al.，2009）。将肠道菌群作为整体进行的功能研究表明，抗生素清除所有菌群后，无菌按蚊对疟原虫的敏感性增强。取食相同感染血食的无菌按蚊，与携带正常肠道菌群的昆虫相比，其体内疟原虫的滴度显著增加。

目前的功能研究从两方面阐明了按蚊肠道菌群影响疟原虫侵染水平的分子机制。一方面，肠道菌群通过预置昆虫免疫系统以限制疟原虫的侵染。通过对无菌及携带正常菌群的按蚊进行转录组比较发现，肠道菌群激活了部分抗疟原虫基因的表达。该现象从另一个角度来讲，蚊子对肠道内共生细菌的免疫响应在一定程度上与介导其抗疟原虫的免疫响应相重叠（Bahia et al.，2014；Cirimotich et al.，2011；Dong et al.，2009；Meister et al.，2009；Minard et al.，2013），因此，蚊子能通过肠道微生物预激活的起始免疫系统，清除大部分侵入肠道的疟原虫。另一方面，特定细菌通过独立于宿主昆虫的机制影响疟原虫的侵染。研究人员从赞比亚野生蚊子中分离到一种肠杆菌属细菌，该细菌可以通过干扰疟原虫在肠腔内的发育控制恶性疟原虫对蚊子的感染。进一步研究表明，该细菌产生的活性氧直接在肠腔内抑制疟原虫的发育（Cirimotich et al.，2011）。肠道菌群抗疟原虫感染方向的研究将有助于开发以共生菌为靶标，通过改变昆虫菌群结构增加抗疟原虫细菌的丰度为目标的疟疾防控策略。中国科学院上海植物生理生态研究所，联合美国约翰·霍普金斯大学，通过筛选稳定定植于按蚊体内的核心共生菌，对其进行基因工程改造赋予抗疟特性，从而实现通过肠道核心共生菌，在按蚊体内杀灭疟原虫的抗疟新方法（Wang et al.，2017）。研究人员在按蚊的体内分离到能兼具垂直和水平传播能力的沙雷氏菌属新菌株 AS1，该共生菌不仅能由雄蚊通过交配水平传播给雌蚊，还能通过黏附在卵壳表面经雌蚊产卵垂直传给后代蚊虫，实现在蚊群中代代相传；将抗疟效应蛋白基因导入 AS1 所获得的工程菌株，能在多种按蚊肠道内高效特异地抑制或杀灭疟原虫，使按蚊成为无效疟疾媒介（Wang et al.，2017）。

21.5.2 伊蚊肠道菌群对登革病毒传播的影响

登革病毒由埃及伊蚊进行传播，每年造成大约 1 亿人感染，严重危害人类健康（Gubler，2012）。该病毒的传播途径为：当雌性伊蚊取食于登革病毒感染的患者时，病毒随血液进入伊蚊肠道，在肠细胞内建立感染并复制增殖，病毒穿过肠道进入体腔，从体腔感染唾液腺，最终释放至唾液中，在伊蚊取食于健康人时，病毒随着伊蚊唾液进入人体。

Toll 信号转导途径被证明在伊蚊控制登革病毒的侵染过程中发挥主要的免疫功能。伊蚊中肠定植有丰富的微生物，菌群从整体上可以通过诱导 Toll 信号途径相关基因的表达，形成对登革病毒侵染的快速免疫响应（Ramirez et al.，2012；Xi et al.，2008）。

对埃及伊蚊（洛克菲勒菌株，保存于巴西北弗鲁米嫩塞州立大学生物技术实验室）进行肠道微生物测序分析发现，从属的层面看，主要的细菌分属于沙雷氏菌属、克雷伯菌属、*Asaia*、芽孢杆菌属、肠球菌属、肠杆菌属、克吕沃尔氏菌属和泛菌属。沙雷氏菌属为优势菌，其在不同蚊子个体中的平均丰度为 54.5%。共生菌主要聚集于中肠后段，围绕血食并贴近围食膜。在取食血液后的消化过程中，共生菌数量显著增加，在取食 48h 后中肠共生菌数量达到最高值，此时其肠腔几乎完全被共生菌占领（Gusmao et al.，2010）。另一项研究，对印度野生埃及伊蚊的肠道微生物进行测序分析发现，肠道微生物分属于 13 属，其中肠杆菌属为优势菌，占细菌总数的 62.5%（Yadav et al.，2015）。从巴拿马野外采集的伊蚊中肠内分离得到的紫色杆菌 *Chromobacterium* sp.（Csp_P）表现出对登革病毒的抗性。该细菌在体外培养后，通过添加到人工饲料中喂食无菌蚊子，可以成功定植于伊蚊中肠（Ramirez et al.，2012），Csp_P 在伊蚊中肠的定植能通过三种方式抑制登革病毒的传播：一是该细菌可以显著提高伊蚊幼虫和成虫的死亡率，通过缩短昆虫寿命限制病毒的传播机会；二是 Csp_P 能通过激活昆虫免疫响应抑制病毒的侵染及在虫体内的滴度；三是 Csp_P 形成的生物膜具有抗登革病毒的活性。此外，Csp_P 具有广谱抗菌活性，使其在占领昆虫肠道后成为优势菌，发挥抗病毒功能（Ramirez et al.，2014）。鉴定具有抗病毒活性的肠道菌群并阐明其抗病毒机制，将有助于开发新的虫媒病防治策略。

21.5.3 烟粉虱次级内共生菌对番茄黄化曲叶病毒传播的影响

烟粉虱（*Bemisia tabaci*）由 30 多种不同的生物型组成（De Barro et al.，2011），其

中 B 型和 Q 型烟粉虱最具入侵性，在世界范围内广泛分布，是棉花、蔬菜和园林花卉等植物的主要害虫之一。一方面，烟粉虱通过直接刺吸植物汁液，造成植株衰弱干枯，另一方面，通过传播植物病毒诱发植物病毒病害，造成更为严重的危害。由烟粉虱传播的双生病毒已经在多个国家和地区作物上造成毁灭性危害（Moffat，1999）。

番茄黄化曲叶病毒在烟粉虱体内通过持久方式进行传播，病毒在昆虫体内不复制或复制水平很低，然而病毒侵染昆虫后，可以在昆虫体内长期存在。研究表明，病毒通过其结构蛋白与特定昆虫共生菌分子伴侣蛋白 GroEL 的特异性互作，保护自身不被昆虫宿主的免疫系统识别及清除。在以色列仅有 B 型和 Q 型烟粉虱存在，其中 B 型烟粉虱能高效传播双生病毒，而 Q 型则只能以较低的效率传播该病毒。对其共生菌的分析发现，以色列 B 型体内定植有 *Hamiltonella* 和 *Rickettsia* 次级内共生菌，而 Q 型则定植有 *Rickettsia*、*Arsenophonus* 和 *Wolbachia*。体外试验表明，仅 *Hamiltonella* GroEL 能与双生病毒的结构蛋白互作，其余共生菌的 GroEL 均不能。在烟粉虱携毒前，用 *Hamiltonella* GroEL 抗血清饲喂烟粉虱，以中和它们体内的 GroEL，受处理后的烟粉虱传播番茄黄化曲叶病毒的概率下降 80%以上（Morin et al.，1999）。该研究阐明了虫媒病毒利用昆虫细胞内共生菌帮助自身存活的分子机制。

21.5.4　果蝇次级内共生菌 *Wolbachia* 抑制登革病毒在伊蚊体内的传播

Wolbachia 因其独特的遗传特性成为昆虫内共生菌研究的热点之一。*Wolbachia* 经宿主母系细胞质遗传，因此感染 *Wolbachia* 的雌性可以将其传给子代；此外，*Wolbachia* 可诱导细胞质不亲和性，即感染 *Wolbachia* 的雄性和未感染的雌性宿主交配后，受精卵不能正常发育，在胚胎期死亡。按照 *Wolbachia* 介导的遗传特性，将携带 *Wolbachia* 的昆虫种群引入不携带该共生菌的种群中，携菌昆虫种群在几个世代后即可基本替换不携菌的种群（Hoffmann et al.，2011）。因此 *Wolbachia* 可作为一种媒介在昆虫种群中传播人为改变的遗传特征，达到生物防治的目的。将果蝇 *Wolbachia* 注射至埃及伊蚊体内，*Wolbachia* 可以侵染伊蚊各组织，并保护伊蚊不被登革病毒侵染。显微注射至蚊子体腔的登革病毒可侵染极少数未感染 *Wolbachia* 的脂肪细胞，但不能侵染或传播至唾液腺细胞，因而不能传播至人类宿主（Hoffmann et al.，2011；Kambris et al.，2009；Moreira et al.，2009；Walker et al.，2011）。2014 年夏天在巴西释放携带 *Wolbachia* 的蚊子，通过种群替换有效控制了登革热疫情。防控策略的有效应用为以共生菌为靶标的科学研究提供了广阔的发展前景。

参 考 文 献

Aguilar C N, Rodriguez R, Gutierrez G, et al. 2007. Microbial tannases: advances and perspectives. Applied Microbiology and Biotechnology, 76: 47-59.

Amcheslavsky A, Jiang J, Ip Y T. 2009. Tissue damage-induced intestinal stem cell division in *Drosophila*. Cell Stem Cell, 4: 49-61.

Bahia A C, Dong Y, Blumberg B J, et al. 2014. Exploring Anopheles gut bacteria for *Plasmodium* blocking activity. Environmental Microbiology, 16: 2980-2994.

Barbehenn R V, Martin M M. 1997. Permeability of the peritrophic envelopes of herbivorous insects to dextran sulfate: a test of the polyanion exclusion hypothesis. Journal of Insect Physiology, 43: 243- 249.

Bartlett J G. 1979. Antibiotic-associated pseudomembranous colitis. Reviews of Infectious Diseases, 1: 530-539.

Baumann P. 2005. Biology of bacteriocyte-associated endosymbionts of plant sap-sucking insects. Annual Review of Microbiology, 59: 155-189.

Bhatt S, Gething P W, Brady O J, et al. 2013. The global distribution and burden of Dengue. Nature, 496: 504-507.

Boissiere A, Tchioffo M T, Bachar D, et al. 2012. Midgut microbiota of the malaria mosquito vector *Anopheles gambiae* and interactions with *Plasmodium falciparum* infection. PLoS Pathogens, 8(5): e1002742.

Brummel T, Ching A, Seroude L, et al. 2004. *Drosophila* lifespan enhancement by exogenous bacteria. Proceedings of the National Academy of Sciences of the United States of America, 101: 12974-12979.

Brune A. 2006. Symbiotic associations between termites and prokaryotes. *In*: Dworkin M, Falkow S. Prokaryotes. New York: Springer: 439-474.

Buchner P. 1965. Endosymbiosis of Animals with Plant Microorganisms. New York: John Wiley.

Buchon N, Broderick N A, Chakrabarti S, et al. 2009a. Invasive and indigenous microbiota impact intestinal stem cell activity through multiple pathways in *Drosophila*. Genes & Development, 23: 2333-2344.

Buchon N, Broderick N A, Poidevin M, et al. 2009b. *Drosophila* intestinal response to bacterial infection: activation of host defense and stem cell proliferation. Cell Host & Microbe, 5: 200-211.

Casali A, Batlle E. 2009. Intestinal stem cells in mammals and *Drosophila*. Cell Stem Cell, 4: 124-127.

Chapman R, Simpson S, Douglas A. 2013. The Insects: Structure and Function. 5th ed. Cambridge: Cambridge University Press.

Chassaing B. 2015. The intestinal microbiota helps shapping the adaptive immune response against viruses. Medecine Sciences, 31: 355-357.

Cheung W W K, Purcell A H. 1993. Ultrastructure of the digestive system of the leafhopper euscelidius variegatus kirshbaum (Homoptera, Cicadellidae), with and without congenital bacterial infections. International Journal of Insect Morphology & Embryology, 22: 49-61.

Cirimotich C M, Dong Y, Clayton A M, et al. 2011. Natural microbe-mediated refractoriness to *Plasmodium* infection in *Anopheles gambiae*. Science, 332: 855-858.

Cook S C, Davidson D W. 2006. Nutritional and functional biology of exudate-feeding ants. Entomologia Experimentalis et Applicata, 118: 1-10.

Crotti E, Balloi A, Hamdi C, et al. 2012. Microbial symbionts: a resource for the management of insect-related problems. Microbial Biotechnology, 5: 307-317.

Crotti E, Rizzi A, Chouaia B, et al. 2010. Acetic acid bacteria, newly emerging symbionts of insects. Applied and Environmental Microbiology, 76: 6963-6970.

De Barro P J, Liu S S, Boykin L M, et al. 2011. *Bemisia tabaci*: a statement of species status. Annual Review of Entomology, 56: 1-19.

Degnan P H, Yu Y, Sisneros N, et al. 2009. *Hamiltonella defensa*, genome evolution of protective bacterial endosymbiont from pathogenic ancestors. Proceedings of the National Academy of Sciences of the United States of America, 106: 9063- 9068.

Dillon R J, Vennard C T, Buckling A, et al. 2005. Diversity of locust gut bacteria protects against pathogen invasion. Ecology Letters, 8: 1291-1298.

Dillon R J, Vennard C T, Charnley A K. 2002. A note: gut bacteria produce components of a locust cohesion pheromone. Journal of Applied Microbiology, 92: 759-763.

Dobson S L, Bourtzis K, Braig H R, et al. 1999. *Wolbachia* infections are distributed throughout insect somatic and germ line tissues. Insect Biochemistry and Molecular Biology, 29: 153-160.

Dong Y, Manfredini F, Dimopoulos G. 2009. Implication of the mosquito midgut microbiota in the defense against malaria parasites. PLoS Pathogens, 5: e1000423.

Dowd P F, Shen S K. 1990. The contribution of symbiotic yeast to toxin resistance of the cigarette beetle (*Lasioderma serricorne*). Entomologia Experimentalis et Applicata, 56: 241-248.

Duron O, Bouchon D, Boutin S, et al. 2008. The diversity of reproductive parasites among arthropods: *Wolbachia* do not walk alone. BMC Biology, 6: 27.

Eichler S, Schaub G A. 2002. Development of symbionts in triatomine bugs and the effects of infections with trypanosomatids. Experimental Parasitology, 100: 17-27.

Endt K, Stecher B, Chaffron S, et al. 2010. The microbiota mediates pathogen clearance from the gut lumen after non-typhoidal *Salmonella* Diarrhea. PLoS Pathogens, 6(9): e1001097.

Engel P, Martinson V G, Moran N A. 2012. Functional diversity within the simple gut microbiota of the honey bee. Proceedings of the National Academy of Sciences of the United States of America, 109: 11002-11007.

Engel P, Moran N A. 2013. The gut microbiota of insects - diversity in structure and function. Fems Microbiology Reviews, 37: 699-735.

Engelstadter J, Hurst G D. 2007. The impact of male-killing bacteria on host evolutionary processes. Genetics, 175: 245-254.

Falk B W, Tsai J H. 1998. Biology and molecular biology of viruses in the genus *Tenuivirus*. Annual Review of Phytopathology, 36: 139-163.

Feldhaar H. 2011. Bacterial symbionts as mediators of ecologically important traits of insect hosts. Ecological Entomology, 36: 533-543.

Fukatsu T, Hosokawa T. 2002. Capsule-transmitted gut symbiotic bacterium of the Japanese common plataspid stinkbug, *Megacopta punctatissima*. Applied and Environmental Microbiology, 68: 389-396.

Genta F A, Dillon R J, Terra W R, et al. 2006. Potential role for gut microbiota in cell wall digestion and glucoside detoxification in *Tenebrio molitor* larvae. Journal of Insect Physiology, 52: 593-601.

Ghanim M, Morin S, Zeidan M, et al. 1998. Evidence for transovarial transmission of tomato yellow leaf curl virus by its vector, the whitefly *Bemisia tabaci*. Virology, 240: 295-303.

Gonzalez-Ceron L, Santillan F, Rodriguez M H, et al. 2003. Bacteria in midguts of field-collected *Anopheles albimanus* block *Plasmodium vivax* sporogonic development. Journal of Medical Entomology, 40: 371-374.

Gravitz L. 2012. The critters within. Nature, 485: S12-S13.

Gray S M, Banerjee N. 1999. Mechanisms of arthropod transmission of plant and animal viruses. Microbiology and Molecular Biology Reviews, 63: 128-148.

Grenier S, Pintureau B, Heddi A, et al. 1998. Successful horizontal transfer of *Wolbachia* symbionts between *Trichogramma wasps*. Proceedings of the Royal Society B-Biological Sciences, 265: 1441-1445.

Group N H W, Peterson J, Garges S, et al. 2009. The NIH human microbiome project. Genome Research, 19: 2317-2323.

Gubler D J. 2012. The economic burden of Dengue. American Journal of Tropical Medicine and Hygiene, 86: 743-744.

Gueguen G, Vavre F, Gnankine O, et al. 2010. Endosymbiont metacommunities, mtDNA diversity and the evolution of the *Bemisia tabaci* (Hemiptera: Aleyrodidae) species complex. Molecular Ecology, 19: 4365-4376.

Gusmao D S, Santos A V, Marini D C, et al. 2010. Culture-dependent and culture-independent characterization of microorganisms associated with *Aedes aegypti* (Diptera: Culicidae)(L.) and dynamics of bacterial colonization in the midgut. Acta Tropica, 115: 275-281.

Hansen A K, Moran N A. 2011. Aphid genome expression reveals host-symbiont cooperation in the production of amino acids. Proceedings of the National Academy of Sciences of the United States of America, 108: 2849-2854.

Haslett J R. 1983. A photographic account of pollen digestion by adult hoverflies. Physiological Entomology, 8: 167-171.

Heath B D, Butcher R D J, Whitfield W G F, et al. 1999. Horizontal transfer of *Wolbachia* between phylogenetically distant insect species by a naturally occurring mechanism. Current Biology, 9: 313-316.

Hehemann J H, Correc G, Barbeyron T, et al. 2010. Transfer of carbohydrate-active enzymes from marine bacteria to Japanese gut microbiota. Nature, 464: 908-912.

Hilgenboecker K, Hammerstein P, Schlattmann P, et al. 2008. How many species are infected with *Wolbachia*?—A statistical analysis of current data. Fems Microbiology Letters, 281: 215-220.

Hoffmann A A, Montgomery B L, Popovici J, et al. 2011. Successful establishment of *Wolbachia* in *Aedes* populations to suppress dengue transmission. Nature, 476: 454-457.

Hogenhout S A, Ammar E D, Whitfield A E, et al. 2008. Insect vector interactions with persistently transmitted viruses. Annual Review of Phytopathology, 46: 327-359.

Hongoh Y, Sharma V K, Prakash T, et al. 2008. Genome of an endosymbiont coupling N_2 fixation to cellulolysis within protist cells in *Termite* gut. Science, 322: 1108-1109.

Hosokawa T, Kikuchi Y, Nikoh N, et al. 2012. Polyphyly of gut symbionts in stinkbugs of the family Cydnidae. Applied and Environmental Microbiology, 78: 4758-4761.

Hurst T P, Pittman G, O'Neill S L, et al. 2012. Impacts of *Wolbachia* infection on predator prey relationships: evaluating survival and horizontal transfer between wMelPop infected *Aedes aegypti* and its predators. Journal of Medical Entomology, 49: 624-630.

Ivanov I I, Atarashi K, Manel N, et al. 2009. Induction of intestinal Th17 cells by segmented filamentous bacteria. Cell, 139: 485-498.

Jensen M, Mehlhorn H. 2009. Seventy-five years of Resochin in the fight against malaria. Parasitology Research, 105: 609-627.

Jiang H Q, Patel P H, Kohlmaier A, et al. 2009. Cytokine/Jak/Stat signaling mediates regeneration and homeostasis in the *Drosophila* midgut. Cell, 137: 1343-1355.

Kaltenpoth M, Engl T. 2014. Defensive microbial symbionts in *Hymenoptera*. Functional Ecology, 28: 315-327.

Kambris Z, Cook P E, Phuc H K, et al. 2009. Immune activation by life-shortening *Wolbachia* and reduced filarial competence in mosquitoes. Science, 326: 134-136.

Kikuchi Y, Hayatsu M, Hosokawa T, et al. 2012. Symbiont-mediated insecticide resistance. Proceedings of the National Academy of Sciences of the United States of America, 109: 8618-8622.

Kikuchi Y, Hosokawa T, Fukatsu T. 2007. Insect-microbe mutualism without vertical transmission: a stinkbug acquires a beneficial gut symbiont from the environment every generation. Applied and Environmental Microbiology, 73: 4308-4316.

Kikuchi Y, Hosokawa T, Fukatsu T. 2011. Specific developmental window for establishment of an insect-microbe gut symbiosis. Applied and Environmental Microbiology, 77: 4075-4081.

Kilpatrick A M, Randolph S E. 2012. Drivers, dynamics, and control of emerging vector-borne zoonotic diseases. Lancet, 380: 1946-1955.

Kliot A, Ghanim M. 2013. The role of bacterial chaperones in the circulative transmission of plant viruses by insect vectors. Viruses-Basel, 5: 1516-1535.

Koch H, Schmid-Hempel P. 2011. Socially transmitted gut microbiota protect bumble bees against an intestinal parasite. Proceedings of the National Academy of Sciences of the United States of America, 108: 19288-19292.

Kumar S, Molina C A, Gupta L, et al. 2010. A peroxidase/dual oxidase system modulates midgut epithelial immunity in *Anopheles gambiae*. Science, 327: 1644-1648.

Kuraishi T, Binggeli O, Opota O, et al. 2011. Genetic evidence for a protective role of the peritrophic matrix against intestinal bacterial infection in *Drosophila melanogaster*. Proceedings of the National Academy of Sciences of the United States of America, 108: 15966-15971.

Kuss S K, Best G T, Etheredge C A, et al. 2011. Intestinal microbiota promote enteric virus replication and systemic pathogenesis. Science, 334: 249-252.

Lehane M J. 1997. Peritrophic matrix structure and function. Annual Review of Entomology, 42: 525-550.

Leroy P D, Sabri A, Heuskin S, et al. 2011. Microorganisms from aphid honeydew attract and enhance the efficacy of natural enemies. Nature Communications, 2: 348.

Lupp C, Robertson M L, Wickham M E, et al. 2007. Host-mediated inflammation disrupts the intestinal microbiota and promotes the overgrowth of Enterobacteriaceae. Cell Host & Microbe, 2: 119-129.

Martinson V G, Moy J, Moran N A. 2012. Establishment of characteristic gut bacteria during development of the honeybee worker. Applied and Environmental Microbiology, 78: 2830-2840.

McCutcheon J P, Moran N A. 2010. Functional convergence in reduced genomes of bacterial symbionts spanning 200 my of evolution. Genome Biology and Evolution, 2: 708-718.

Meister S, Agianian B, Turlure F, et al. 2009. *Anopheles gambiae* PGRPLC-mediated defense against bacteria modulates infections with malaria parasites. PLoS Pathogens, 5: e1000542.

Minard G, Mavingui P, Moro C V. 2013. Diversity and function of bacterial microbiota in the mosquito holobiont. Parasites & Vectors, 6: 146.

Moffat A S. 1999. Plant pathology - Geminiviruses emerge as serious crop threat. Science, 286: 1835.

Moll R M, Romoser W S, Modrzakowski M C, et al. 2001. Meconial peritrophic membranes and the fate of midgut bacteria during mosquito (Diptera: Culicidae) metamorphosis. Journal of Medical Entomology, 38: 29-32.

Moreira L A, Iturbe O I, Jeffery J A, et al. 2009. A *Wolbachia* symbiont in *Aedes aegypti* limits infection with Dengue, *Chikungunya*, and *Plasmodium*. Cell, 139: 1268-1278.

Morin S, Ghanim M, Zeidan M, et al. 1999. A GroEL homologue from endosymbiotic bacteria of the whitefly *Bemisia tabaci* is implicated in the circulative transmission of Tomato yellow leaf curl virus. Virology, 256: 75-84.

Nardi J B, Bee C M. 2012. Regenerative cells and the architecture of beetle midgut epithelia. Journal of Morphology, 273: 1010-1020.

Ng J C, Falk B W. 2006. Virus-vector interactions mediating nonpersistent and semipersistent transmission of plant viruses. Annual Review of Phytopathology, 44: 183-212.

Nikoh N, Hosokawa T, Oshima K, et al. 2011. Reductive evolution of bacterial genome in insect gut environment. Genome Biology and Evolution, 3: 702-714.

O'Hara A M, Shanahan F. 2006. The gut flora as a forgotten organ. EMBO Reports, 7: 688-693.

Panaram K, Marshall J L. 2007. Supergroup *Wolbachia* in bush crickets: what do patterns of sequence variation reveal about this supergroup and horizontal transfer between nematodes and arthropods? Genetica, 130: 53-60.

Pastula D M, Smith D E, Beckham J D, et al. 2016. Four emerging arboviral diseases in North America: Jamestown Canyon, Powassan, chikungunya, and Zika virus diseases. Journal of NeuroVirology, 22(3): 257-260.

Peng Y S, Nasr M E, Marston J M, et al. 1985. The digestion of dandelion pollen by adult worker honeybees. Physiological Entomology, 10: 75-82.

Peters W, Wiese B. 1986. Permeability of the peritrophic membranes of some diptera to labeled dextrans. Journal of Insect Physiology, 32(1): 43-45, 47-49.

Pham L N, Dionne M S, Shirasu H M, et al. 2007. A specific primed immune response in *Drosophila* is dependent on phagocytes. PLoS Pathogens, 3(3): e26.

Ping L Y, Buchler R, Mithofer A, et al. 2007. A novel Dps-type protein from insect gut bacteria catalyses hydrolysis and synthesis of N-acyl amino acids. Environmental Microbiology, 9: 1572-1583.

Poliakov A, Russell C W, Ponnala L, et al. 2011. Large-scale label-free quantitative proteomics of the pea aphid-*Buchnera* symbiosis. Molecular & Cellular Proteomics, 10: M110.007039.

Prado S S, Rubinoff D, Almeida R P P. 2006. Vertical transmission of a pentatomid caeca-associated symbiont. Annals of the Entomological Society of America, 99: 577-585.

Pumpuni C B, Beier M S, Nataro J P, et al. 1993. *Plasmodium falciparum* inhibition of sporogonic development in *Anopheles stephensi* by Gram-negative bacteria. Experimental Parasitology, 77: 195-199.

Ramirez J L, Short S M, Bahia A C, et al. 2014. *Chromobacterium* Csp_P reduces Malaria and Dengue infection in vector mosquitoes and has entomopathogenic and *in vitro* anti-pathogen activities. PLoS Pathogens, 10(10): e1004398.

Ramirez J L, Souza N J, Cosme R T, et al. 2012. Reciprocal tripartite interactions between the *Aedes aegypti* midgut microbiota, innate immune system and Dengue virus influences vector competence. PLoS Neglected Tropical Diseases, 6: e1561.

Ren C, Webster P, Finkel S E, et al. 2007. Increased internal and external bacterial load during *Drosophila* aging without life-span trade-off. Cell Metabolism, 6: 144-152.

Reyes A, Haynes M, Hanson N, et al. 2010. Viruses in the faecal microbiota of monozygotic twins and their mothers. Nature, 466: 334-338.

Robinson C M, Pfeiffer J K. 2014. Viruses and the microbiota. Annual Review of Virology, 1: 55-69.

Rodrigues J, Brayner F A, Alves L C, et al. 2010. Hemocyte differentiation mediates innate immune memory in *Anopheles gambiae* mosquitoes. Science, 329: 1353-1355.

Roh S W, Nam Y D, Chang H W, et al. 2008. Phylogenetic characterization of two novel commensal bacteria involved with innate immune homeostasis in *Drosophila melanogaster*. Applied and Environmental Microbiology, 74: 6171-6177.

Russell J B, Muck R E, Weimer P J. 2009. Quantitative analysis of cellulose degradation and growth of cellulolytic bacteria in the rumen. Fems Microbiology Ecology, 67: 183-197.

Ryu J H, Kim S H, Lee H Y, et al. 2008. Innate immune homeostasis by the homeobox gene caudal and commensal-gut mutualism in *Drosophila*. Science, 319: 777-782.

Sadd B M, Schmid-Hempel P. 2006. Insect immunity shows specificity in protection upon secondary pathogen exposure. Current Biology, 16: 1206-1210.

Salem H, Kreutzer E, Sudakaran S, et al. 2013. Actinobacteria as essential symbionts in firebugs and cotton stainers (Hemiptera, Pyrrhocoridae). Environmental Microbiology, 15: 1956-1968.

Shao L, Devenport M, Jacobs L M. 2001. The peritrophic matrix of hematophagous insects. Archives of Insect Biochemistry and Physiology, 47: 119-125.

Shapira M. 2016. Gut microbiotas and host evolution: scaling up symbiosis. Trends in Ecology & Evolution, 31(7): 539-549.

Sharon G, Segal D, Ringo J M, et al. 2010. Commensal bacteria play a role in mating preference of *Drosophila melanogaster*. Proceedings of the National Academy of Sciences of the United States of America, 107: 20051-20056.

Shi W B, Syrenne R, Sun J Z, et al. 2010. Molecular approaches to study the insect gut symbiotic microbiota at the 'omics' age. Insect Science, 17: 199-219.

Shigenobu S, Watanabe H, Hattori M, et al. 2000. Genome sequence of the endocellular bacterial symbiont of aphids *Buchnera* sp. APS. Nature, 407: 81-86.

Shin S C, Kim S H, You H, et al. 2011. *Drosophila* microbiome modulates host developmental and metabolic homeostasis via insulin signaling. Science, 334: 670-674.

Stecher B, Hardt W D. 2011. Mechanisms controlling pathogen colonization of the gut. Current Opinion in Microbiology, 14: 82-91.

Storelli G, Defaye A, Erkosar B, et al. 2011. *Lactobacillus plantarum* promotes *Drosophila* systemic growth by modulating hormonal signals through TOR-dependent nutrient sensing. Cell Metabolism, 14: 403-414.

Terra W R. 1990. Evolution of digestive systems of insects. Annual Review of Entomology, 35: 181- 200.

The Human Microbiome Project Consortium. 2012. A framework for human microbiome research. Nature, 486: 215-221.

Thong-On A, Suzuki K, Noda S, et al. 2012. Isolation and characterization of anaerobic bacteria for symbiotic recycling of uric acid nitrogen in the gut of various termites. Microbes and Environments, 27: 186-192.

Walker T, Johnson P H, Moreira L A, et al. 2011. The wMel *Wolbachia* strain blocks dengue and invades caged *Aedes aegypti* populations. Nature, 476: 450-453.

Wang S, Dos-Santos A L A, Huang W, et al. 2017. Driving mosquito refractoriness to *Plasmodium falciparum* with engineered symbiotic bacteria. Science, 357: 1399-1402.

Warnecke F, Luginbuhl P, Ivanova N, et al. 2007. Metagenomic and functional analysis of hindgut microbiota of a wood-feeding higher termite. Nature, 450: 560-565.

Watanabe H, Tokuda G. 2010. Cellulolytic systems in insects. Annual Review of Entomology, 55: 609-632.

Werren J H, Baldo L, Clark M E. 2008. *Wolbachia*: master manipulators of invertebrate biology. Nature Reviews Microbiology, 6: 741-751.

WHO. 2014. World Malaria Report 2014. http://www.who.int/malaria/publications/ world_malaria_report_

2014/report/en/[2014-12-9].

Wong C N, Ng P, Douglas A E. 2011. Low-diversity bacterial community in the gut of the fruitfly *Drosophila melanogaster*. Environmental Microbiology, 13: 1889-1900.

Woodbury N, Gries G. 2013. Firebrats, *Thermobia domestica*, aggregate in response to the microbes *Enterobacter cloacae* and *Mycotypha microspora*. Entomologia Experimentalis et Applicata, 147: 154-159.

Woodbury N, Moore M, Gries G. 2013. Horizontal transmission of the microbial symbionts *Enterobacter cloacae* and *Mycotypha microspora* to their firebrat host. Entomologia Experimentalis et Applicata, 147: 160-166.

Xi Z, Ramirez J L, Dimopoulos G. 2008. The *Aedes aegypti* toll pathway controls dengue virus infection. PLoS Pathogens, 4: e1000098.

Yadav K K, Bora A, Datta S, et al. 2015. Molecular characterization of midgut microbiota of *Aedes albopictus* and *Aedes aegypti* from Arunachal Pradesh, India. Parasites & Vectors, 8: 641.

第22章　宏基因组在昆虫-植物-伴生微生物互作中的应用

微生物群落几乎分布在生物圈中的所有生境中，参与生物地球化学循环，如碳、氧、氮、硫、磷等元素的物质循环，在生态系统中起着重要的作用（Madsen，2011），大到影响生态系统的功能，小到影响个体宿主的生理活动。过去人们对于微生物群落的研究往往是用传统的分离鉴定手段，并结合生物化学、分子生物学和遗传学等方法，随着现代分子生物学技术的发展，如聚合酶链反应（polymerase chain reaction，PCR）、反转录聚合酶链反应（reverse transcription-PCR，RT-PCR）、限制性片段长度多态性（restriction fragment length polymorphism，RFLP）、变性梯度凝胶电泳（denaturing gradient gel electrophoresis，DGGE）或温度梯度凝胶电泳（temporal thermal gradient gel electrophoresis，TTGE）和基因测序等，人们发现自然环境中的微生物群落比之前通过传统微生物学方法所认识的要复杂得多，已有的研究表明自然界中大概 99%的微生物是不可培养的（Amann et al.，1995；Lok，2015），并且自然环境中微生物之间形成了错综复杂的生物网络，相互制约，相互影响，从自然环境中分离出的纯菌种具有某种生态学功能，但这并不能表明它在自然生境中也具有此功能，可能会被其他微生物抑制或增强，因此在相应生境中微生物种类到底有多少，如何发挥功能，依赖于分离培养的传统微生物研究方法不能够全面解答。

Handelsman 等（1998）提出了宏基因组学，指出对生境中所有微生物的总 DNA 进行研究。该方法不依赖于传统微生物培养技术，而是直接从环境样品中提取微生物的基因组，对微生物群落进行整体的研究和分析，克服了传统微生物研究方法的局限性。该方法将自然环境中所有微生物的遗传信息作为一个整体，全方位地研究微生物与环境或与生物体之间的联系（Zengler and Palsson，2012），使得基因组学分析从原先对单一微生物的研究扩展到对整个复杂生境的研究，也使得人们可以对生境中微生物组成、分布及动态变化进行全面研究。在第一代测序技术的条件下，由于测序速度慢、测序成本高等因素的限制，对自然环境样品中所有微生物进行宏基因组深度测序不太现实，但随着测序技术飞速发展，测序费用大大降低，测序通量迅速扩大，如二代测序 Illumina 平台 HiSeq2000 每天能运行产生 450Gb 长约 100 个碱基对的数据。12 世纪初至今测序成本大大降低，完成个人基因组测序（30 亿 bp）的费用约 1000 美元。测序技术的发展使得宏基因组技术成为通用技术（Gilbert and Dupont，2011）。

宏基因组学的研究策略包括两种，一种是基于直接高通量测序的方法：从环境样品中提取总 DNA，直接进行高通量测序，对序列进行拼接注释和生物信息学分析；另一种是基于宏基因组文库构建的方法：从环境样品中提取总 DNA，将总 DNA 连接到合适的载体上并转入宿主菌株，建立宏基因组文库，对文库中的克隆子进行筛选和分析。

由于现代测序技术的迅速发展，人们多采用第一种研究策略。以下简要介绍基于高通量测序的宏基因组学研究方法，如图 22.1 所示（Gilbert and Dupont，2011；马海霞等，2015）。

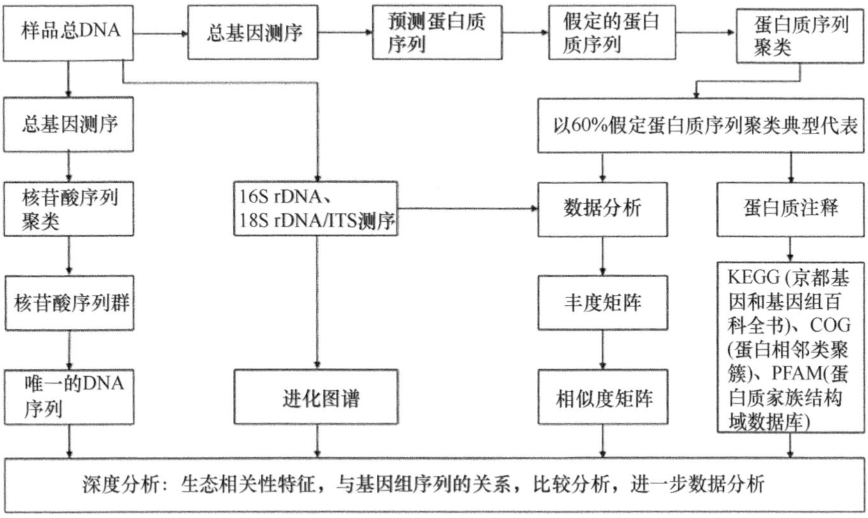

图 22.1　基于宏基因组序列分析微生物群落的一般策略

（Gilbert and Dupont，2011；马海霞等，2015）

从环境样品中提取总 DNA，对达到测序要求的总 DNA 样品上机测序，获得序列信息。根据不同的目的采取不同的途径对序列数据进行分析：①样品总 DNA 宏基因组测序。一般按照 cd-hit（如 95%的相似性）聚类，将同源序列聚类成簇，发现编码基因；借助生物信息学分析软件和蛋白质数据库，如 PFAM、TIGRFAM、COG（Cluster of orthologous groups of protein）和 KEGG 和 CAZy 数据库，预测分析蛋白质序列并注释蛋白质功能，分析潜在的基因功能及代谢通路；②对样品中的 16S rDNA、18S rDNA/ITS 特定序列 PCR 并进行高通量测序。一般按 97%序列相似性对细菌和真菌序列进行 OTU 聚类（Kunin et al.，2010；Peay et al.，2013），通过与相应的数据库分析比对可以获得微生物的种类、物种丰度和进化关系，解析微生物群落结构。

自宏基因组学技术诞生以来，其已经应用于多个领域的研究，如人体肠道、动物瘤胃、土壤、海洋和湖泊等，近年来该技术也应用于昆虫相关微生物群落的研究，解析昆虫肠道及其他昆虫相关微生境内等微生物群落的结构与功能。其中研究入侵昆虫伴生微生物群落在植物-昆虫-伴生微生物体系中的作用领域，揭示出昆虫伴生微生物群落比以往认识的更复杂，其复杂性包括物种种类更为丰富，在昆虫-植物互作中起到的调控作用更强，在环境因素和生物因素影响下微生物群落结构调整更迅速等。

22.1 伴生微生物群落结构与重要功能关联分析

随着细菌 16S 和真菌 ITS 的 454 焦磷酸测序方法在水、土壤、空气，以及在人类肠道和健康领域的成熟应用，越来越多的研究通过焦磷酸测序等方法，从群落水平上揭示了入侵昆虫伴生微生物群落的结构组成、动态变化及相应的功能，帮助人们更加全面和深入地理解入侵昆虫如何成功扩散、如何快速适应入侵地不利条件及如何影响本地生态系统等科学问题。

通过对原产地与入侵地昆虫伴生微生物群落的比较分析，发现两者的异同，能够更好地帮助理解入侵性昆虫与伴生微生物间的关系。Husseneder 等（2010）通过比较分析原产地中国南部和入侵地美国路易斯安那州的台湾地下白蚁（*Coptotermes formosanus*）肠道共生细菌的群落组成，发现两者之间没有显著的变化，可能这些伴生细菌与台湾地下白蚁有紧密的共生关系；原产地（日本、韩国和中国）和入侵地的北美洲入侵性大豆蚜（*Aphis glycines*）的共生细菌群落在很大程度上也比较近似，主要由 *Arsenophonus*、*Buchnera* 和 *Wolbachia* 组成，除日本的种群缺少 *Arsenophonus* 细菌外（Bansal et al.，2014）。另外，对原产地不同地区和入侵地的共生细菌群落进行比较分析，还能够帮助分析入侵种可能的入侵来源。von Dohlen 等（2013）调查了铁杉球蚜（*Adelges tsugae*）在中国、日本的几个地区种群和北美洲东西部的几个种群的共生变形菌门细菌组成，发现日本种群和北美洲东部的种群在变形菌组成上更趋同，这与关于铁杉球蚜入侵来源的线粒体证据比较吻合，从而辅助证明了共生菌可能作为工具帮助追溯入侵物种的来源。

另外，通过对入侵性昆虫光肩星天牛（*Anoplophora glabripennis*）肠道内共生微生物群落的研究，发现光肩星天牛肠道内存在许多已被证实参与生物合成必需氨基酸、维生素和甾醇及促进木质素降解的细菌，从而阐明了肠道微生物对入侵性昆虫的重要营养作用，可能是使其成功入侵的重要因素（Scully et al.，2013）；White 等（2015）通过 454 焦磷酸测序方法对入侵到新西兰的根须象甲（*Sitona obsoletus*）和新西兰本土的其他象甲物种的内共生细菌群落进行比较分析，发现 *S. obsoletus* 区别于其他象甲，具有不同的 *Wolbachia* 和 *Rickettsia* 菌株，推测这可能成为其能够抵御寄生蜂攻击的因素之一。因此，通过对入侵种和入侵地的本地物种共生细菌群落的比较分析，能够更深入地理解入侵种在入侵地生境中占有优势的潜在机制。

红脂大小蠹（*Dendroctonus valens* LeConte）（鞘翅目：象甲科，小蠹亚科，简称 RTB）于 20 世纪 80 年代由原产地北美洲引入中国，1999 年该虫于山西省多个地区首次暴发后，迅速扩散到河北、河南、陕西和北京等相邻地区（Yan et al.，2005）。据估计，红脂大小蠹已致死超过 1000 万棵油松（Yan et al.，2005），我国国家林业局已将红脂大小蠹列入我国 14 种林业检疫性有害生物之一（国家林业局 2013 年第 4 号公告）。而红脂大小蠹如何攻克入侵地新寄主油松从而入侵成功，对于理解该虫在新环境下形成新的生物学特性十分重要，在我国农林外来有害生物预防与控制方面具有重大意义，帮助林业管理部门找到更为可持续和有效的防控手段。

随着一系列研究的进行，人们发现红脂大小蠹与 ophiostomatoid 真菌有着紧密的共生关系，并且已对入侵地中国和原产地北美洲红脂大小蠹的 ophiostomatoid 伴生真菌群落进行了调查：Klepzig 等（1991）发现威斯康星州的一个红脂大小蠹种群，其中 73%携带 *L. terebrantis*，20%携带 *O. ips*，仅 7%携带 *L. procerum*；而在加利福尼亚州，发现红脂大小蠹携带 *L. terebrantis* 和 *O. ips*，未发现携带 *L. procerum*（Fox et al.，1992）；红脂大小蠹在北美洲地区的 ophiostomatoid 伴生真菌群落存在地域差异，但总体而言，主要携带 *L. terebrantis* 和 *O. ips*，而 *L. procerum* 有地域局限性（Six and Klepzig，2004）；Taerum 等（2013）对北美洲东西部红脂大小蠹伴生真菌群落的调查结果表明，北美洲西部的优势种是 *Grosmannia* spp.、*Leptographium* sp. 1 和 *Ophiostoma* sp. 1，而北美洲东部则是 *Grosmannia* spp.和 *L. procerum*；在中国，Lu 等（2009a，2009b）调查了入侵地中国的几个省份疫区后，发现红脂大小蠹的主要伴生真菌为 *L. procerum*，在这两份独立研究结果中，*L. procerum* 分别占所有分离株的 44%和 71%。在后续的研究中发现，中国的 *L. procerum* 在红脂大小蠹成虫进攻阶段能够通过诱导寄主油松产生更多的 3-蒈烯，而 3-蒈烯是红脂大小蠹最有效的引诱剂，从而协助红脂大小蠹成虫向寄主油松聚集进攻，另外诱导的寄主挥发物同时也抑制了其他伴生真菌，从而有利于 *L. procerum* 的成功定植（Lu et al.，2010）；Lu 等（2011）利用微卫星探针对分别来自美国和中国红脂大小蠹种群的 *L. procerum* 进行分析，发现中国红脂大小蠹携带的 *L. procerum* 没有独特的等位基因，其所有等位基因均来自美国红脂大小蠹种群，而非美国其他小蠹虫携带的 *L. procerum*；通过对等位基因频率和种群分化指数分析，进一步确认了中国红脂大小蠹携带的 *L. procerum* 来自美国红脂大小蠹种群，并且发现中国红脂大小蠹携带的 *L. procerum* 发生了快速进化并形成了独特的基因型，表现出更高的植物致病性和诱导更多 3-蒈烯的能力；红脂大小蠹伴生真菌 *L. procerum* 随红脂大小蠹入侵到中国后产生进化，可能是这种小蠹虫能够成功入侵的一种潜在动因。除参与化学信息物质介导的种间互作外，*L. procerum* 与中国红脂大小蠹似乎还建立了营养共生关系，因为红脂大小蠹伴生细菌挥发物改变了 *L. procerum* 对葡萄糖的优先利用，而选择利用了松醇，葡萄糖是红脂大小蠹幼虫生长发育的重要营养物质，从而红脂大小蠹幼虫保留更多的营养成分葡萄糖，减少了昆虫、真菌和细菌三者对共同营养资源的竞争，形成一种新的共生机制（Wang et al.，2012；Zhou et al.，2016）。

然而，已有的研究结果明确表明，中国红脂大小蠹 ophiostomatoid 伴生真菌群落组成与其在原产地的真菌群落十分不同。红脂大小蠹在入侵地中国建立了独特的伴生真菌群落（Lu et al.，2009a，2009b；Taerum et al.，2013；Wang et al.，2013），其中大部分物种在原产地北美洲所在生境从未被报道，主要包括：*O. rectangulosporium*、*O. minus*（European variety）、*L. pini-densiflorae*、*L. sinoprocerum*、*L. truncatum* 和 *Hyalorhinocladiella pinicola*。这意味着红脂大小蠹与本地 ophiostomatoid 真菌建立了新的携带关系，而从成虫和幼虫阶段分离得到的真菌来看（Lu et al.，2009a，2009b；Wang et al.，2013），这种共生关系很紧密，红脂大小蠹与酵母和细菌的共生关系也十分紧密。Lou 等（2014）利用可培养方法和 DGGE 分子方法对不同生活史阶段中国红脂大小蠹肠道、体表及蛀屑的细菌和酵母物种进行了调查，肠道分离有 23 种细菌、11 种酵母，体表有 40 种细菌、20 种酵母，蛀屑有 25 种细菌、11 种酵母，细菌主要属为 *Pseudomonas*、*Rahnella*、*Serratia*、*Erwinia*、*Bacillus* 和 *Streptomyces*（链霉菌）；酵母主要种为 *Candida piceae*、*Cyberlindnera americana*、*Candida oregonensis*、*Candida nitratophila* 等，但通过与北美洲红脂大小蠹比较发现，中国红脂大小蠹伴生的 *Pseudomonas* 不但量很大，而且种类非常多，有 11 种，其中最优势种 *Pseudomonas* sp. 11 在北美洲红脂大小蠹中可能并不存在，即使存在，推测丰度也应该较小。另外，中国红脂大小蠹伴生的 *Streptomyces* 种类多达 16 种，北美洲红脂大小蠹仅见报道有 6 种。

Cheng 等（2016）发现红脂大小蠹新携带的本地伴生真菌能够诱导油松产生防御性物质——柚皮素，柚皮素对幼虫生长发育及成虫钻蛀率都是不利的，是红脂大小蠹的拒食性物质，红脂大小蠹坑道微生物能够降解柚皮素来消除这种不利，然而在红脂大小蠹各生活史阶段内，其坑道微生物柚皮素降解活性差异很大。

Cheng 等（2018）按柚皮素降解活性分成低、中、高三组，共 19 份坑道样本，并对其样本进行细菌 16S 和真菌 ITS 焦磷酸测序分析，对 19 份代表性坑道样本的细菌群落分析，获得 155 786 条序列，聚类成 708 个 OTU；对于真菌群落分析，获得 277 369 条序列，聚类成 209 个 OTU。研究发现，无论是细菌群落还是真菌群落，低、中、高三组之间的 OTU 数目、香农-维纳多样性指数、辛普森多样性指数和 Buzas-Gibson 均匀度指数均没有显著差异。

但是，通过多变量分析，Cheng 等（2015）发现细菌群落组成的变异与相应坑道样本的柚皮素降解活性有显著的关联，而真菌群落组成的变异与柚皮素降解活性无显著相关性。在以 Jaccard 距离矩阵计算的 NMDS 图上，各个样本细菌群落能显著地被三组柚皮素降解活性组分离开来，但真菌群落不能被明显分离；以细菌 OTU 为 X 变量的 PLS 模型表现出很高的拟合优度和预测优度，而以真菌 OTU 为 X 变量时，PLS 模型的拟合优度和预测优度均不高，表明从群落水平看，坑道细菌而非真菌为野外红脂大小蠹坑道降解活性异质性的主因。进一步分析发现，细菌群落中有 86 个种系型（phylotype），其中有 35 个种系型显著专一性地集中在高降解活性坑道，8 个集中在中等降解活性坑道，另有 43 个集中在低降解活性坑道。值得注意的是，只有革兰氏阴性种系型与降解活性呈正相关，进一步说明革兰氏阴性细菌类群的丰度差异主要是来自 *Novosphingobium*、*Stenotrophomonas* 和 Chitinophagaceae 等属或科的种系型，从而导致坑道降解活性的异质性。

Cheng 等（2015）通过 454 焦磷酸测序的方法，从微生物群落组成与功能的关联性层面上揭示红脂大小蠹坑道微生物能缓解本地伴生真菌诱导油松产生的酚类防御，并且这种降解能力的强弱与坑道微生物群落的组成紧密关联，从而保护虫菌共生体在中国的入侵（图 22.2）。但是要想进一步了解坑道微生物群落中降解柚皮素的一些关键基因、相关酶系和代谢通路，还需要通过对坑道微生物的宏基因组学及宏转录组学或宏蛋白质组学进一步研究分析。

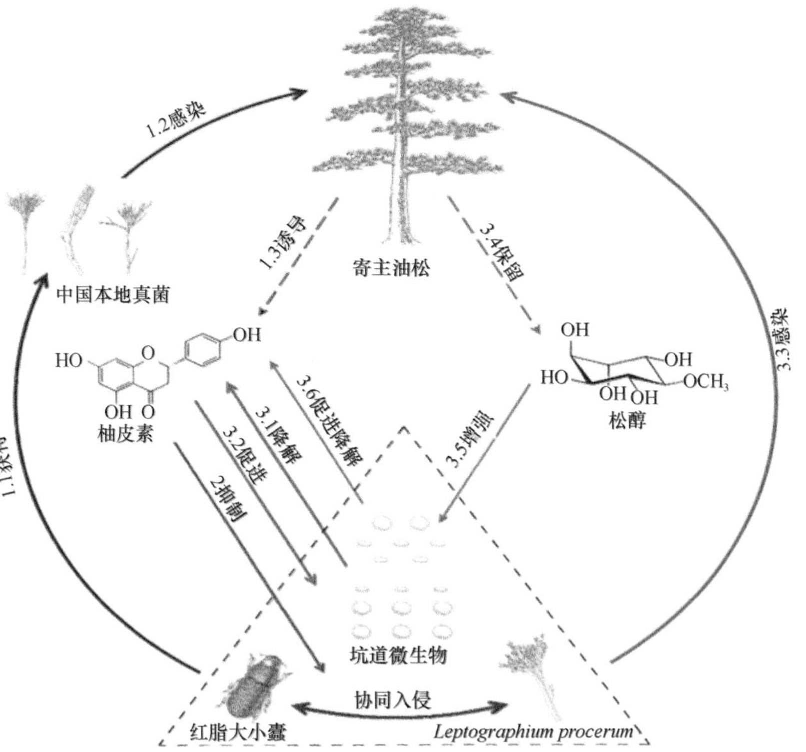

图 22.2　坑道微生物菌群参与调控的一种保护入侵性虫菌复合体免受生物防御性物质侵害的可能机制
1.1～1.3（紫线）：红脂大小蠹在中国新携带上的伴生真菌特异性诱导寄主油松产生柚皮素。2（红线）：柚皮素抑制 RTB-*L. procerum* 入侵复合体（虫菌复合体以棕色表示）。3.1～3.2（蓝线）：红脂大小蠹坑道微生物菌群降解柚皮素，而柚皮素促进微生物菌群的生长。3.3～3.4（蓝线）：入侵性真菌 *L. procerum* 保留松醇。3.5～3.6（蓝线）：松醇促进坑道微生物菌群的生长并加速其降解柚皮素。虚线三角形（黑色）：红脂大小蠹、*L. procerum* 和坑道微生物菌群三者间的紧密共生关系增强了这一虫菌复合体在中国的入侵潜能（程驰航，2015）

22.2　伴生微生物宏基因组解析与重要功能预测

随着对昆虫伴生微生物的深入研究，人们发现昆虫伴生微生物在植物-昆虫互作中发挥着越来越重要的作用。第一，营养作用，如 *Klebsiella* 和 *Pantoea* 等属的细菌能够为切叶蚁菌圃共生固氮（Pinto-Tomás et al.，2009）和降解木质纤维素（Suen et al.，2010）；蚜虫的初级共生细菌 *Buchnera aphidicola* 能够帮助合成必需氨基酸（Hansen and Moran，2011），而类似的例子还发生在蚂蚁（Feldhaar et al.，2007）、蟑螂（Sabree et al.，2009；Tokuda et al.，2013）上。第二，防御天敌作用，如豆蚜的次级共生菌 *Hamiltonella defensa* 能够使豆蚜抵御寄生胡蜂，保护昆虫寄主免于病原微生物和其他天敌的侵害（Oliver et al.，2005）；*Pseudomonas* 细菌帮助寄主甲虫产生聚酮类毒素来抵御捕食者（Piel，2002），*Streptomyces* 细菌产生抗生素保护寄主三角泥蜂免于致死病菌的伤害（Kaltenpoth et al.，2005）。第三，解毒作用，如培菌蚁的真菌圃真菌能够产生漆酶、氧化苯酚（Taprab et al.，2005）。此外，肠道共生细菌 *Burkholderia* 能帮助寄主蝽象降解有机磷类杀虫剂（Kikuchi et al.，2012）。第四，合成信息素作用，如 *Pantoea agglomerans* 还能帮助沙漠蝗产生聚集信息素（Dillon et al.，2000）。另外，切叶蚁、白蚁和食菌小蠹已进化出一系列的策略来保护它们的主要真菌食物（Mueller et al.，2005）；切叶蚁取食菌圃真菌 *Leucocoprinus gongylophorus* 后，消化系统能保留真菌的果胶酶活性，通过粪滴排出体外，帮助消化植物组织（Schiøtt et al.，2010）。可见，伴生微生物对于寄主昆虫在营养获取、防御天敌等方面起着重要的作用。

随着测序技术的发展，为了更全面和深入地了解微生物群落在植物-昆虫-伴生微生物体系中如何参与调控，如何发挥功能能，仅仅对群落中的细菌 16S 和真菌 ITS 焦磷酸测序是远远不够的，因为对群落中细菌 16S 和真菌 ITS 测序，只能分析微生物群落中的物种组成和丰度，从物种水平上分析群落的部分功能，不能够全面反映群落的所有功能，因此需要从基因水平上对伴生微生物群落进行全基因测序，挖掘参与物质代谢的功能基因，分析微生物群落的代谢通路。

Liu 等（2013）通过对云南土白蚁（*Odontotermes yunnanensis*）的 2000 个完整肠道（包括前肠、中肠和后肠）样品总 DNA 进行 454 焦磷酸测序，共得到 548 807 条序列，分析结果表明，拟杆菌门、厚壁菌门、变形菌门占优势；有大量编码与植物纤维素降解有关的碳水化合物活性酶（CAZyme），尤其是脱支酶、低聚糖降解酶；有许多编码降解真菌细胞壁的几丁质酶和低聚糖处理酶，揭示了肠道微生物对云南土白蚁的重要作用。另外，Aylward 等（2012）对 *Atta* 两种切叶蚁真菌圃上的细菌多样性及潜在功能进行了分析，通过对 *A. cephalotes* 完整的真菌圃和真菌圃的上、下两部分宏基因组测序，得到 1.2Gb 宏基因组序列，其中肠杆菌科大量分布，主要包括肠杆菌属、泛菌属、克氏杆菌属、柠檬酸杆菌属和埃希氏杆菌属，并且发现这些细菌群落具有参与木质纤维素降解和多种生物合成的基因，把缺氮食物转换成 B 族维生素、氨基酸和其他的细胞成分，对物质循环起着很重要的作用。通过对光肩星天牛幼虫肠道微生物群落宏基因组测序和其他食草动物伴生物生物群落宏基因组比较分析，发现光肩星天牛幼虫肠道微生物具有编码木质素降解有关的基因，包括编码漆酶、染料脱色过氧化物酶、β-乙醚酶、36 个糖苷水解酶家族（如纤维素酶和木聚糖酶）的基因，另外还有一些基因可以促进营养物质的利用、必需物质的合成及解毒等，这些研究能够促进工业纤维素生物燃料的发展，并且为防治光肩星天牛提供新的方法。

山松大小蠹（*Dendroctonus ponderosae*）原产于北美洲西部，是北美洲西部危害最严重的小蠹，也是最严重的森林害虫之一，从 1997~2007 年小蠹虫已经致死了大约 4700 万英亩①的针叶林，而中欧山松大小蠹从暴发到 2014 年，预计使不列颠哥伦比亚省减少了 1 万亿英亩的松树（Raffa et al.，2008）。随着气候变暖，山松大小蠹的分布范围不断扩大，从莫斯科北部到不列颠哥伦比亚省的南部，再到美国的北达科他州和加拿大的落基山脉西部（Amman and Cole，1983），如今已经蔓延到更高海拔的地区，越过了加拿大落基山脉这道历史性物理屏障，在黑松和北美短叶松的混交林及在单种北美短叶松的松林中成功定植（Cullingham et al.，2011；Lusebrink et al.，2011）。这些松树和

① 1acre = 0.404 856hm^2

北美短叶松覆盖了落基山脉东部的加拿大南部，连接了西部的白松和红松（Safranyik et al.，2010），因此山松大小蠹对北美洲境内的松树造成了巨大威胁。

小蠹虫的成功扩散及定植离不开伴生微生物的帮助，经过几十年的研究，发现一些共生真菌能够为小蠹幼虫提供营养，并且一些共生细菌还可以抵制一些拮抗真菌（Cardoza et al.，2006；Scott et al.，2008；Adams et al.，2009），而小蠹虫与伴生微生物的关系受寄主松树化学物质的调控。松树产生的高浓度萜烯类化学物质对很多昆虫都有毒害作用（Keeling and Bohlmann，2006），包括小蠹虫和共生真菌（Keeling and Bohlmann，2006）。当小蠹虫种群密度低时，健康松树释放的萜烯类防御物质严重阻碍了小蠹虫的定植，因此只能定植在一些不健康的松树上，但是当种群密度很高时，山松大小蠹包括其他几种小蠹虫可以通过信息素介导小蠹虫大规模的进攻来攻克寄主的防御（Raffa et al.，2008；Boone et al.，2011）。

随着分布区的蔓延，山松大小蠹也成功定植在了黑松和北美短叶松的杂交树上，但人们对它们如何攻克黑松和黑松与北美短叶松杂交树的防御、成功定植的机制还不甚了解。Adams 等（2013）推测山松大小蠹的共生细菌通过降解萜烯类有毒物质，帮助山松大小蠹攻克寄主防御，从而成功定植，为验证猜想，他们从两个样地的原寄主黑松和新寄主黑松与短叶松的杂交松上各采取山松大小蠹成虫和坑道，共取到成虫 300 个，坑道 150 个，进行群落宏基因组测序与分析，通过 454 焦磷酸测序与组装，得到 27.1~58.8Mb 序列，主要为假单胞菌属、拉恩氏菌属、沙雷菌属、欧文氏菌属、寡养单胞菌属、泛菌属，通过 KEGG 数据库进行功能预测，在每个样品中得到 90~198 个参与柠檬烯和蒎烯降解的基因，参与柠檬烯与蒎烯降解通路的有 20 种酶，而与其他降解植物生物质的微生物群落相比，山松大小蠹伴生群落中富含其中的 5 种酶，分别是乙醛脱氢酶、氧化还原酶、烯酰辅酶 A 水合酶和两个 3-羟酰基辅酶 A 表异构酶。对这些预测能够降解萜烯类的基因进行分类发现，这些基因与 *Pseudomonas abietaniphila* BKME-9 的 *dit* 基因簇同源，而 *dit* 基因能够降解双萜类物质，这些功能基因中大部分属于假单胞菌属、拉恩氏菌属、沙雷菌属和寡养单胞菌属的细菌，其中假单胞菌属、拉恩氏菌属这两属的基因序列占总功能基因序列的 60%左右。Adams 等（2013）首次解析了小蠹虫伴生细菌群落的宏基因组，并且从基因水平上分析了伴生细菌通过降解寄主松树的化学有毒物质、帮助山松大小蠹扩散与定植的潜力，未来还需要结合宏转录组学或宏蛋白质组学进一步研究伴生细菌降解寄主防御物质的能力大小及对山松大小蠹虫的生物学影响。

综上，宏基因组学技术不仅可以帮助人们认识微生物在特定环境下的物种组成及丰度，还可以帮助人们认识微生物的相关基因和功能，以及认识参与的物质代谢和其他生物体之间的联系。宏基因组学技术依赖于总 DNA 提取的质量与测序深度，自然环境非常复杂，环境中的核酸酶及污染物都会对 DNA 的提取质量产生影响，因此需要根据不同的环境样品进一步改善提取条件和提取方法。另外，测序数据的后续分析也至关重要，因为它影响最终的结果，由于其依赖于硬件系统与算法程序的精确性，因此还需要对其不断地改进，提高其精确性。相信随着样品处理与测序技术的发展，以及宏转录组学和宏蛋白质组学的发展，宏基因组学技术将为微生物群落结构与功能及与其他生物的关系等研究带来一场变革。

参 考 文 献

程驰航. 2015. 化学信息调控的入侵种红脂大小蠹-寄主油松-伴生真菌和细菌相互作用. 中国科学院动物研究所博士学位论文.

马海霞, 张丽丽, 孙晓萌, 等. 2015. 基于宏组学方法认识微生物群落及其功能. 微生物学通报, 42: 902-912.

Adams A S, Aylward F O, Adams S M, et al. 2013. Mountain pine beetles colonizing historical and naive host trees are associated with a bacterial community highly enriched in genes contributing to terpene metabolism. Applied and Environmental Microbiology, 79: 3468-3475.

Adams A S, Currie C R, Cardoza Y, et al. 2009. Effects of symbiotic bacteria and tree chemistry on the growth and reproduction of bark beetle fungal symbionts. Canadian Journal of Forest Research, 39: 1133-1147.

Amann R I, Ludwig W, Schleifer K H. 1995. Phylogenetic identification and in situ detection of individual microbial cells without cultivation. Microbiological Reviews, 59: 143-169.

Amman G D, Cole W E. 1983. Mountain pine beetle dynamics in lodgepole pine forests. Part II: Population dynamics. General Technical Report, Intermountain Forest and Range Experiment Station, USDA Forest Service, INT-145.

Aylward F O, Burnum K E, Scott J J, et al. 2012. Metagenomic and metaproteomic insights into bacterial communities in leaf-cutter ant fungus gardens. Isme Journal, 6(9): 1688.

Bansal R, Mian M A, Michel A P. 2014. Microbiome diversity of *Aphis glycines* with extensive superinfection in native and invasive populations. Environmental Microbiology Reports, 6: 57-69.

Boone C K, Aukema B H, Bohlmann J, et al. 2011. Efficacy of tree defense physiology varies with bark beetle population density: a basis for positive feedback in eruptive species. Canadian Journal of Forest Research, 41: 1174-1188.

Cardoza Y J, Klepzig K D, Raffa K F. 2006. Bacteria in oral secretions of an endophytic insect inhibit antagonistic fungi. Ecological Entomology, 31: 636-645.

Cheng C, Xu L, Xu D, et al. 2016. Does cryptic microbiota mitigate pine resistance to an invasive beetle-fungus complex? Implications for invasion potential. Sci Rep, 6: 33110.

Cullingham C I, Cooke J E, Dang S, et al. 2011. Mountain pine beetle host-range expansion threatens the boreal forest. Molecular Ecology, 20: 2157-2171.

Dillon R J, Vennard C T, Charnley A K. 2000. Pheromones: exploitation of gut bacteria in the locust. Nature, 403: 851.

Feldhaar H, Straka J, Krischke M, et al. 2007. Nutritional upgrading for omnivorous carpenter ants by the endosymbiont *Blochmannia*. BMC Biology, 5: 1.

Fox J, Wood D, Akers R, et al. 1992. Survival and development of *Ips paraconfusus* Lanier (Coleoptera: Scolytidae) reared axenically and with tree-pathogenic fungi vectored by cohabiting *Dendroctonus* species. The Canadian Entomologist, 124: 1157-1167.

Gilbert J A, Dupont C L. 2011. Microbial metagenomics: beyond the genome. Annual Review of Marine Science, 3: 347-371.

Handelsman J, Rondon M R, Brady S F, et al. 1998. Molecular biological access to the chemistry of unknown soil microbes: a new frontier for natural products. Chemistry & Biology, 5(10): R245-R249.

Hansen A K, Moran N A. 2011. Aphid genome expression reveals host–symbiont cooperation in the production of amino acids. Proceedings of the National Academy of Sciences of the United States of America, 108: 2849-2854.

Husseneder C, Ho H Y, Blackwell M. 2010. Comparison of the bacterial symbiont composition of the Formosan subterranean termite from its native and introduced range. The Open Microbiology Journal, 4: 53-66.

Kaltenpoth M, Göttler W, Herzner G, et al. 2005. Symbiotic bacteria protect wasp larvae from fungal infestation. Current Biology, 15: 475-479.

Keeling C I, Bohlmann J. 2006. Diterpene resin acids in conifers. Phytochemistry, 67: 2415-2423.

Kikuchi Y, Hayatsu M, Hosokawa T, et al. 2012. Symbiont-mediated insecticide resistance. Proceedings of the National Academy of Sciences of the United States of America, 109: 8618-8622.

Klepzig K D, Raffa K, Smalley E. 1991. Association of an insect-fungal complex with red pine decline in Wisconsin. Forest Science, 37: 1119-1139.

Kunin V, Engelbrektson A, Ochman H, et al. 2010. Wrinkles in the rare biosphere: pyrosequencing errors can lead to artificial inflation of diversity estimates. Environmental Microbiology, 12: 118-123.

Liu N, Zhang L, Zhou H, et al. 2013. Metagenomic insights into metabolic capacities of the gut microbiota in a fungus-cultivating termite (*Odontotermes yunnanensis*). PLoS One, 8(7): e69184.

Lok C. 2015. Mining the microbial dark matter. Nature, 522(7556): 270-273.

Lou Q Z, Lu M, Sun J H. 2014. Yeast diversity associated with invasive *Dendroctonus valens* killing *Pinus tabuliformis* in China using culturing and molecular methods. Microbial Ecology, 68: 397-415.

Lu M, Wingfield M J, Gillette N E, et al. 2010. Complex interactions among host pines and fungi vectored by an invasive bark beetle. New Phytologist, 187: 859-866.

Lu M, Wingfield M J, Gillette N, et al. 2011. Do novel genotypes drive the success of an invasive bark beetle-fungus complex? Implications for potential reinvasion. Ecology, 92: 2013-2019.

Lu M, Zhou X, De Beer Z, et al. 2009a. Ophiostomatoid fungi associated with the invasive pine-infesting bark beetle, *Dendroctonus valens*, in China. Fungal Diversity, 38: 133.

Lu Q, Decock C, Zhang X Y, et al. 2009b. Ophiostomatoid fungi (Ascomycota) associated with *Pinus tabuliformis* infested by *Dendroctonus valens* (Coleoptera) in northern China and an assessment of their pathogenicity on mature trees. Antonie van Leeuwenhoek, 96: 275-293.

Lusebrink I, Evenden M L, Blanchet F G, et al. 2011. Effect of water stress and fungal inoculation on monoterpene emission from an historical and a new pine host of the mountain pine beetle. Journal of Chemical Ecology, 37: 1013-1026.

Madsen E L. 2011. Microorganisms and their roles in fundamental biogeochemical cycles. Current Opinion in Biotechnology, 22: 456-464

Mueller U G, Gerardo N M, Aanen D K, et al. 2005. The evolution of agriculture in insects. Annual Review of Ecology, Evolution, and Systematics, 563-595.

Oliver K M, Moran N A, Hunter M S. 2005. Variation in resistance to parasitism in aphids is due to symbionts not host genotype. Proceedings of the National Academy of Sciences of the United States of America, 102: 12795-12800.

Peay K G, Baraloto C, Fine P V. 2013. Strong coupling of plant and fungal community structure across western Amazonian rainforests. The ISME Journal, 7: 1852-1861.

Piel J. 2002. A polyketide synthase-peptide synthetase gene cluster from an uncultured bacterial symbiont of *Paederus* beetles. Proceedings of the National Academy of Sciences of the United States of America, 99: 14002-14007.

Pinto-Tomás A A, Anderson M A, Suen G, et al. 2009. Symbiotic nitrogen fixation in the fungus gardens of leaf-cutter ants. Science, 326: 1120-1123.

Raffa K F, Aukema B H, Bentz B J, et al. 2008. Cross-scale drivers of natural disturbances prone to anthropogenic amplification: the dynamics of bark beetle eruptions. Bioscience, 58: 501-517.

Sabree Z L, Kambhampati S, Moran N A. 2009. Nitrogen recycling and nutritional provisioning by *Blattabacterium*, the cockroach endosymbiont. Proceedings of the National Academy of Sciences of the United States of America, 106: 19521-19526.

Safranyik L, Carroll A, Régnière J, et al. 2010. Potential for range expansion of mountain pine beetle into the boreal forest of North America. The Canadian Entomologist, 142: 415-442.

Schiøtt M, Rogowska-Wrzesinska A, Roepstorff P, et al. 2010. Leaf-cutting ant fungi produce cell wall degrading pectinase complexes reminiscent of phytopathogenic fungi. BMC Biology, 8: 156.

Scott J J, Oh D C, Yuceer M C, et al. 2008. Bacterial protection of beetle-fungus mutualism. Science, 322: 63.

Scully E D, Geib S M, Hoover K, et al. 2013. Metagenomic profiling reveals lignocellulose degrading system in a microbial community associated with a wood-feeding beetle. PLoS One, 8: e73827.

Six D L, Klepzig K D. 2004. *Dendroctonus* bark beetles as model systems for studies on symbiosis. Symbiosis, 37: 207-232.

Suen G, Scott J J, Aylward F O, et al. 2010. An insect herbivore microbiome with high plant biomass-degrading capacity. PLoS Genetics, 6: e1001129.

Taerum S J, Duong T A, De Beer Z W, et al. 2013. Large shift in symbiont assemblage in the invasive red turpentine beetle. PLoS One, 8: e78126.

Taprab Y, Johjima T, Maeda Y, et al. 2005. Symbiotic fungi produce laccases potentially involved in phenol degradation in fungus combs of fungus-growing termites in Thailand. Applied and Environmental Microbiology, 71: 7696-7704.

Tokuda G, Elbourne L D, Kinjo Y, et al. 2013. Maintenance of essential amino acid synthesis pathways in the *Blattabacterium cuenoti* symbiont of a wood-feeding cockroach. Biology Letters, 9: 20121153.

von Dohlen C D, Spaulding U, Shields K, et al. 2013. Diversity of proteobacterial endosymbionts in hemlock woolly adelgid (*Adelges tsugae*)(Hemiptera: Adelgidae) from its native and introduced range. Environmental Microbiology, 15: 2043-2062.

Wang B, Lu M, Cheng C, et al. 2013. Saccharide-mediated antagonistic effects of bark beetle fungal associates on larvae. Biology Letters, 9: 20120787.

Wang B, Salcedo C, Lu M, et al. 2012. Mutual interactions between an invasive bark beetle and its associated fungi. Bulletin of Entomological Research, 102(1): 71-77.

White J A, Richards N K, Laugraud A, et al. 2015. Endosymbiotic candidates for parasitoid defense in exotic and native New Zealand weevils. Microbial Ecology, 70: 274-286.

Yan Z, Sun J, Don O, et al. 2005. The red turpentine beetle, *Dendroctonus valens* LeConte (Scolytidae): an exotic invasive pest of pine in China. Biodiversity & Conservation, 14: 1735-1760.

Zengler K, Palsson B O. 2012. A road map for the development of community systems (CoSy) biology. Nature Reviews Microbiology, 10: 366-372.

Zhou F, Lou Q, Wang B, et al. 2016. Altered carbohydrates allocation by associated bacteria-fungi interactions in a bark beetle-microbe symbiosis. Scientific Reports, 6: 20135.

第三部分　生态基因组学的未来科学问题及应用

第 23 章　分子微生态学的兴起与宏基因组学的诞生

简单地说，生态学是研究各种生物与环境相互关系的学科，可分为宏观和微观生态学两个领域。微观生态学即微生物生态学，是在微观层面研究微生物群落的结构、功能，以及与宿主的相互作用关系，以分子生物学技术为手段研究微生态学就是分子微生态学（康乐和张民照，1995）。

人体微生态学是现代生命科学的一个分支，兴起于 20 世纪六七十年代。新兴的人体分子微生态学以微生物基因组 DNA 的序列为基础，采用宏基因组学（metagenomics）技术分析样品中 DNA 分子的种类和数量，进而确定微生物种群的组成和群落结构，研究微生物种群在人体这一生命环境系统中的发生、演化、组成结构和功能，阐述微生物种群与人体疾病和健康的相互作用关系及分子机制。

鉴于微生物与动植物宿主之间、微生物与非生物环境之间的关系和机制已在本书其他章节详细讨论，故在此略去，不做讨论。本章重点讨论人体分子微生态学和人体宏基因组学。

23.1　人体分子微生态学的兴起

细菌、真菌和病毒等种类繁多、数量庞大的微生物，寄居在人体的皮肤及与外界相通的腔道等部位。在人体微生态系统内，微生物与人体细胞相互作用、相互制约的共生关系是人体正常生命活动的基础和保障，共生关系的破坏往往诱发或导致各种疾病。人体微生态学研究这些微生物与人体健康和疾病的相互作用关系和作用机制。

23.1.1　人体微生态学的产生

19 世纪，巴斯德和科赫等建立的病原微生物学证实许多疾病（主要为传染性疾病）是由病原微生物引起的，应用抗生素等药物可以有效地进行防治。人类在与许多烈性传染病几千年的对抗中终于不再束手无策，而可以采取主动的防范措施，如疫苗和抗生素的广泛应用，使人类在与致病微生物的抗争中取得了前所未有的胜利，但也由此形成了细菌、病毒等微生物都具有致病性和有害的论点。1977 年，德国率先建立了人体微生态学研究所，研究改善肠道生态环境的细菌治疗方法，并希望进一步利用微生态理论和方法促进健康、防治疾病。以调整肠道菌群并促进人体健康为目的的人体微生态研究启动了。随着人体微生态学的产生和发展，微生物主要是有害的这一观点逐渐在改变。

23.1.2　人体分子微生态学的产生

人体口腔、皮肤、消化道和生殖道等部位为微生物提供了良好的环境，很多微生物

（总细胞数目多达 10^{14} 个）栖息在人体表面和绝大多数腔道内。人体肠道微生物群落基因组（微生物组）中包含的基因数目大约是人体自身基因数目的 100 倍，具有调节人体自身不具备的代谢及免疫功能。

这些微生物群落与人体器官类似：由多种细胞组成，微生物各种细胞间及微生物细胞与人体细胞之间互相作用，互相影响。例如，肠道微生物是人体物质和能量代谢的重要参与者，肠道菌群可发酵不溶性的纤维素等物质使人体获得更多额外能量，同时为肠道菌群自身的生长、增殖提供能量和营养物质，形成肠道菌群和人体的共生关系。人体各部位微生物群落结构的变化与人体健康密不可分（Backhed et al.，2005）。研究人体健康和各种代谢病、自身免疫病和过敏性疾病等不同状态下微生物菌群结构、功能基因的差异，对揭示发病机制和干预控制具有巨大潜力。但是，目前自然环境中 90%以上的微生物是不可培养的，人们对环境微生物的认识基本集中在不到 1%的可培养微生物上。与此类似，人体不同部位的微生态环境中，绝大多数种类的微生物也是难以培养的，人们对自身微生物的认识很有限。

DNA 分子双螺旋结构的解析，推动了整个生物科学的革命性发展，在短短的几十年中，分子生物学取得了辉煌的成就，随着分子生物学技术在人体微生态领域的广泛应用，人体微生态的研究很快被推进到一个新的阶段，即人体分子微生态学阶段，在 DNA 分子水平上研究微生物与人体生命活动相互作用、相互制约的分子机制和基础，阐述各种疾病的发生、发展机制逐渐成为人体微生态学的研究目标。近 10 多年来兴起的人体分子微生态学在很多方面推动、引领了医学和人体微生态学的蓬勃发展，并已经成为生物医学最具活力的研究领域之一。人体分子微生态学主要研究人体各部位菌群和疾病的互作关系，并从微生态学的角度重新认识人体的病理生理机制。人体分子微生态学提供的新理论和新方法，正在成为医学发展的新生长点。

23.2 宏基因组学的诞生

一个健康的成年人自身的细胞约有 10^{13} 个，而栖息在人体各部位的各种微生物约有 10^{14} 个，这些微生物的干重约 1500g，其中大部分集中分布在肠道（约 1200g）、皮肤（200g），以及口腔、肺、阴道（各 20g），还有鼻腔 10g，由于人体这些微生态环境中绝大多数种类的微生物是难以培养的，仅仅依赖传统培养方法对人体微生态的认识十分有限，失去了绝大部分微生物的信息。受限于此，20 世纪末，科学家发展了一种不需要预先培养就能研究这些微生物基因组构成和功能的宏基因组学（metagenomics）技术，这一新方法极大地促进了人体分子微生态学的发展。

（1）早期宏基因组学的研究策略

宏基因组是指特定环境全部生物遗传物质的总和，该英文名词 metagenomics 于 1998 年由美国学者 Jo Handelsman 提出。它是统计学上的多元分析（meta-analysis）和生物学上的基因组学（genomics）的组合。初期这种研究方法也被称为环境 DNA 文库（environmental DNA library）、全基因组贮存库（whole genome treasure）、群落基因组

（community genome）、集合基因组（collective genome）和宏基因组（metagenome）等。随着时间的推移，环境 DNA 文库、全基因组贮存库、群落基因组或集合基因组等这些名词逐渐被“宏基因组学”替代（Handelsman，2005）。

宏基因组学技术是逐渐发展的，在人体分子微生态学研究领域早期所采用的研究策略主要是构建宏基因组克隆文库，即从人体微生态环境中提取总 DNA，经纯化后连接到载体上，再转入大肠杆菌中，构建宏基因组克隆文库。随后，利用 DNA 序列和 DNA 编码功能两种途径对宏基因组克隆文库进行筛选。DNA 序列的筛选方法基于使用 DNA 序列探针或引物来筛选文库中的目的片段克隆。该方法的缺点是在筛选之前必须已知目的基因的部分 DNA 序列信息，而未知基因与已知基因序列差别较大的基因无法被筛选。因此，基于 DNA 序列的方法常用于分离已知基因家族的成员和基因中含有高度保守区的目的片段。

基于 DNA 编码功能的筛选方法主要通过对宏基因组文库中表达目的产物或表型的克隆进行筛选，获得目的基因后，可对其进行异源表达和生物活性分析。基于功能筛选的方法不需要已知 DNA 序列，并可能获得全新的基因序列，从而得到与已知基因表达产物完全不同的生物活性物质（Weinstock，2012）。

（2）第二代测序技术背景下宏基因组学的研究策略

宏基因组学技术是随着新的测序技术和生物信息学及各种组学分析工具的发展而发展的，近 10 年来，第二代测序技术不断普及和测序成本降低，这促进了宏基因组学研究质的飞跃。以 454、Solexa、SOLiD 和 HiSeq 为代表的第二代测序技术可以对宏基因组 DNA 直接进行高通量测序，而不再需要构建宏基因组克隆文库。利用高通量宏基因组测序可一次性获得海量 DNA 数据，通过生物信息学分析，这些数据中蕴含的各种微生物基因组信息都可以最大程度地被挖掘出来；重建那些尚未培养微生物的基因组，从而深入地研究和开发利用未培养微生物。

23.3　宏基因组学技术在人体微生态研究中的应用

人类宏基因组即栖息在人体中的所有微生物基因组的总和。“人类宏基因组计划”被称为“人类第二基因组计划”，但其规模和广度将远远超过人类基因组计划，2005 年“人类宏基因组计划”在巴黎启动，其测序工作量至少相当于 10 个人类基因组计划，预期发现超过 100 万个微生物新基因。这些基因对于许多疾病（肥胖、糖尿病、肿瘤和过敏性疾病）的发病机制和药物研究都将发挥重要作用。2010 年，欧盟又资助启动了“人类肠道宏基因组计划”，这些人类宏基因组计划及其相关生物技术产业的研发利用将极大地促进医学的发展，它的最终目标是通过调控人体微生物组成结构来提高人类的健康水平（Zhu et al.，2010）。

宏基因组学在人体微生态中的应用主要有两种策略：第一种是高通量测序人体某一部位宏基因组 16S rRNA 基因，分析此部位微生物群体中各种细菌的种类和丰度。16S rRNA 为所有细菌共有，其序列既含有保守区又含有可变区，在保守区之间存在 10 个左右可变区，保守区序列细菌间无差别；可变区序列在不同细菌的科、属、种间有不同程度的差异。利用保守区的通用引物，PCR 扩增 16S rRNA 基因并测序分析，可获悉样品中的菌群结构（存在哪些细菌及每种细菌所占的丰度比例）。该策略的局限是 16S rRNA 序列分析不能直接提示肠道微生物中含有哪些功能基因。如果要研究肠道菌群的功能基因，就要应用第二种策略：对人体某一部位全部宏基因组 DNA 进行直接测序，研究此部位微生物群体的功能和结构特点。

应用宏基因组测序技术进行人体各部位（如口腔、皮肤、肠道等）的分子微生态研究已广泛开展，其中宏基因组学在阴道微生态和肠道微生态的研究最具有代表性，本小节重点介绍宏基因组学在这两个领域的应用进展。

23.3.1 宏基因组学技术在阴道微生态研究中的应用

（1）健康妇女阴道菌群结构特征

20 世纪初，通过细菌培养技术，研究人员发现健康妇女阴道内存在大量乳杆菌，其他种属的细菌极少；相反，许多阴道炎症患者的乳杆菌含量明显减少或缺失，其他种属的细菌却大量繁殖。因此，乳杆菌是维持阴道健康微生态环境最重要的有益细菌。

近年来，宏基因组学和高通量测序技术改变了对健康妇女阴道菌群仅存在乳杆菌这一单一组成的认知。对阴道菌群的细菌核糖体 16S rRNA 基因进行高通量测序表明，健康妇女阴道菌群结构具有个体差异性，可粗略地分为三种类型，最常见的是单一一种乳杆菌占绝对优势型（90%以上）；第二种类型是存在两种乳杆菌，它们的数量旗鼓相当，数量比在 1∶1 到 1∶5 之间；第三种类型是乳杆菌比例极少或缺失，而以其他种类的细菌为主，表现为存在不同数量比例的阿托波氏菌、巨球菌、棒状杆菌、大肠杆菌、韦荣球菌、加德纳菌和其他种类细菌。

健康妇女阴道内占优势的乳杆菌种类主要包括弯曲乳杆菌、詹氏乳杆菌、惰性乳杆菌和加氏乳杆菌 4 种；乳杆菌缺失型妇女罹患阴道感染的风险明显增强；以乳杆菌为优势菌的妇女的阴道菌群结构比较稳定，不易出现菌群紊乱和感染等阴道疾患。同时，与以惰性乳杆菌和加氏乳杆菌占优势的阴道菌群相比，以弯曲乳杆菌和詹氏乳杆菌为优势菌的阴道更加稳定，不易受病菌侵扰，是保持阴道微生态平衡的有益菌。这说明不同阴道乳杆菌的功能特点不同，弯曲乳杆菌或詹氏乳杆菌详细的保护机制还有待进一步研究（Doerflinger et al.，2014）。

（2）健康妇女阴道菌群结构具有种族差异

宏基因组学和高通量测序技术还发现，健康妇女阴道菌群结构具有种族差异，90%左右的高加索裔白人和亚裔妇女属于第一或第二乳杆菌优势型，而第三种乳杆菌缺失型比例约为 10%。大约 70%的非洲和西班牙裔妇女阴道菌群属于乳杆菌优势型，第三种类型比例较高，可达 30%。黑人妇女阴道感染的发病率明显高于高加索裔白人和亚裔妇女（Ravel et al.，2011）。

（3）阴道微生态结构改变

育龄期妇女阴道内细菌会随着生理状态和局部环境的改变而改变。很多因素可影响阴道的微生态环境，如长期应用抗生素、机体免疫力低下、阴道灌洗和频繁更换性伴侣等引起阴道微生态失调，诱发女性泌尿生殖道感染。

育龄期妇女随着年龄增长，阴道内乳杆菌数量会逐渐减少。绝经后，卵巢雌激素分泌逐渐停止，阴道上皮细胞糖原储备缺乏，阴道 pH 上升，乳杆菌会进一步减少，致病菌因而增多。所以，乳杆菌对老年妇女的泌尿生殖健康也具有重要作用。

（4）乳杆菌与泌尿生殖道感染

健康育龄妇女泌尿生殖道内存在多种细菌，可粗略地分为“有益菌”和“致病菌”两大类，其中乳杆菌是维持泌尿生殖道健康最常见和最重要的有益菌。阴道内细菌种类的变化与妇女和胎儿的健康密切相关，其中的弯曲乳杆菌和詹氏乳杆菌是维持阴道健康微生态环境的主要优势“有益菌”，它们主要通过抑制外来的病原菌及其他条件致病菌的生长和入侵来维持泌尿生殖道菌群的健康环境，作用机制主要包括以下几方面：通过分解阴道黏膜上皮中贮存的糖原产生乳酸、乙酸等酸性物质，维持阴道的酸性环境，抑制病原菌的生长；也可通过产生过氧化氢和乳酸菌素等多种抑菌物质，用以杀死入侵的病原菌；另外，乳杆菌类有益菌通过在阴道黏膜上皮定植后，会形成先入为主的占位保护作用，阻止病原微生物的入侵（White et al.，2011）。

泌尿生殖道感染为妇女最为常见但又未受到重视的多发病，发病率仅次于呼吸道感染，可高达 40%；女性泌尿生殖道感染是尿路感染和生殖道感染的总称，它不仅直接影响妇女的身心健康，还会影响众多家庭的幸福和稳定，进而影响全社会的人口质量和经济发展。女性尿路感染常见的细菌是革兰氏阴性杆菌，其中以大肠埃希菌最多见，葡萄球菌次之，这些细菌为人体肠道及皮肤黏膜上的正常菌群，由于机体免疫力下降，这些细菌可由肠道及皮肤黏膜等寄居部位迁移至泌尿系统并大量繁殖引起尿路感染。女性常见的生殖道感染病原包括滴虫、霉菌和衣原体等，生殖道感染绝大多数先由阴道感染引起；因病情迁延扩散可引起盆腔炎，并导致不孕症。泌尿生殖道感染还可增加艾滋病和淋病等性病的危险，是真正的小疾病、大麻烦；感染的妊娠妇女可出现一系列妊娠并发症，如早产及产后感染等不良妊娠结局；分娩时通过产道还可直接使新生儿受这些病原体感染而致病（Hyman et al.，2014）。

（5）乳杆菌制剂治疗泌尿生殖道感染

目前，泌尿生殖道感染的治疗主要依靠各种抗生素，但治疗效果不佳，而且复发的比例很高，可达 40%以上，原因主要是患者生殖道内耐药性病原菌的存在致使抗生素失效；抗生素治疗即使可以杀死病原菌，但同时也杀死了有益菌，因此，难以恢复健康状态下的泌尿生殖道优势菌群。

微生态学理论认为，通过生态制剂调整疗法，扶正和保护阴道内优势菌群的组成和比例，驱除外来致病菌的侵扰，提高妇女本身固有的自我保护作用。乳杆菌是健康妇女阴道菌群的优势菌群，占阴道细菌总量的 90%以上，泌尿生殖道感染患者阴道乳杆菌明显减少，有的甚至完全检测不到，因此，丧失了抵御外来病原菌感染的能力。而通过补充缺失的乳杆菌，有利于重建女性泌尿生殖道的优势菌群，恢复其固有的保护作用（Blaser and Falkow，2009）。

益生菌（probiotics）又称微生态调节剂，是对人体健康有益的活的微生物，益生菌的有效性与菌种本身的性能密切相关。益生菌菌种必须是人体正常菌群的成员，世界卫生组织（WHO）于2001年制定了一套评价益生菌的指南。益生菌评价主要基于以下几点：菌株最好是来源于健康人体的优势菌株。虽然对此仍有争论，但绝大多数商业化成功的菌株均是筛选自健康人体；益生菌一般应能够黏附或定植于肠道或生殖道；益生菌代谢产物通常应具有抑菌活性，能够在数量上补充或调节肠道或生殖道菌群结构，或者具有一定的免疫调节能力。

益生菌乳杆菌制剂作为抗生素的替代品，在临床上的应用由来已久。在抗生素年代之前，在民间或医务界中已有使用乳杆菌培养物冲洗阴道治疗急性淋球菌性阴道炎成功的例证，20世纪七八十年代英、美、德国也有乳杆菌治疗泌尿生殖道感染的报道，近年国内也有使用乳杆菌制剂治疗多种泌尿生殖道感染的报道。

（6）我国现有治疗泌尿生殖道感染的乳杆菌制剂

目前，国内阴道益生菌菌剂只有一种即乳杆菌活菌胶囊制剂（定菌生），其主要成分是德氏乳杆菌活菌。虽然它是从健康妇女阴道分离出来的一种乳杆菌——德氏乳杆菌但是大量研究证明，德氏乳杆菌不是我国妇女阴道菌群中具有保护作用的优势菌株，我国健康妇女具有保护作用的优势菌株以弯曲乳杆菌或詹氏乳杆菌为主。据报道，乳杆菌活菌胶囊制剂（定菌生）治疗54例细菌性阴道感染患者，短期疗效（3天至3个月，平均18天）显著，其治疗率达到96.7%，能有效改善阴道内微生态环境。但是，没有3个月后长期疗效评估的研究报道，泌尿生殖道感染极易复发，一半以上的患者会在半年至一年内复发，因此，控制复发才是治疗的关键（李宝伟等，2011）。

（7）研发泌尿生殖道感染的乳杆菌制剂

显然，用分离自健康人体的非优势菌株不易在广大泌尿生殖道感染妇女中定植下来，研究证明，有保护作用的优势菌株——弯曲乳杆菌或詹氏乳杆菌的制剂将更容易在阴道内定居和增殖，并产生抗菌物质，从而发挥持久的作用。

目前，我国急需研发一种阴道外用药乳杆菌活菌制剂（分离自健康人体内有保护作用的优势菌株如弯曲乳杆菌或詹氏乳杆菌）。泌尿生殖道感染是妇女的常见病、多发病，易于复发，用抗生素虽有较好的短期疗效，但有40%的复发率。考虑到我国巨大的泌尿生殖道感染患病人群和乳杆菌独特的扶正祛邪的作用，进行乳杆菌制剂应用和开发的市场前景是光明的。因此，开发适应我国妇女特点的特异性阴道乳杆菌制剂不但市场前景广阔，而且临床意义突出，改变以往在治疗泌尿生殖道感染上的纯粹杀菌的用药指导思想，避免抗生素大量应用引起的一系列不良反应和弊端，有利于恢复女性泌尿生殖道的优势菌群，并重建其微生态平衡，从而有效降低泌尿生殖道感染的复发率，真正治愈女性泌尿生殖道感染。

23.3.2　宏基因组学技术在肠道微生态研究中的应用

过去研究人体肠道微生物主要依赖纯培养方法，但是肠道微生物只有约 10%能纯培养，绝大多数细菌很难进行纯培养和分离鉴定。因此，在高通量测序技术出现前，对人体肠道微生物的特征和认识十分有限，存在许多偏差，尤其对肠道菌群的海量遗传信息和与人体许多疾病的关联性等认识几乎是一片空白。

高通量宏基因组测序技术在肠道微生态学的广泛应用，对许多慢性疾病的诊断、发病机制及疾病的防治策略等都具有引领作用。它主要表现在两个方面：一是在发病机制方面，发现许多疾病的发生、发展过程与肠道微生态环境失衡有关；二是在疾病的防治方面，提出应用分子微生态制剂，调整肠道微生态环境失衡，达到预防或治疗疾病的目的。

（1）健康人肠道菌群结构和功能

对健康肠道菌群结构的再认识首先是从分析健康人的肠黏膜组织和粪便样品宏基因组中的 16S rRNA 基因序列开始的，通过 16S rRNA 基因序列分析发现，拟杆菌门（Bacteroidetes）和厚壁菌门（Firmicutes）的细菌在人体肠道中的丰度最高。肠道中存在种类繁多的细菌，大约有 400 种，其中 60%的细菌是新发现的新种。而古菌种类单一，仅仅有一个菌种 *Methanobrevibacter smithii*。

利用二代高通量宏基因组技术可以揭示健康人肠道菌群结构和功能有关的更全面的信息：健康人肠道菌群有 1000 种以上的细菌，每个人平均约含有 160 种优势菌种，其中 75 种菌种在多于 50%的个体中存在，57 种菌种在多于 90%的个体中存在。人肠道微生物宏基因组测序还发现，这些细菌中含有大量的功能基因，数目可达 330 万个，为非冗余肠道宏基因组蛋白编码基因，这一功能基因数目约是人类基因组总基因数的 100 倍（弗雷德里克斯，2014）。

（2）肠道菌群与慢性疾病

高通量宏基因组测序技术在肠道菌群失调与慢性疾病（尤其是代谢相关疾病）的关联性研究中发挥了关键的作用，是目前最具有活力的研究领域之一。

通过肥胖小鼠和瘦型小鼠肠道菌群 16S rRNA 基因序列和宏基因组序列的比较分析，发现肥胖小鼠与瘦型小鼠肠道菌群的结构特点具有明显差异；与瘦型小鼠相比，肥胖小鼠肠道菌群中的厚壁菌门比例明显增加，拟杆菌门比例明显下降。肠道菌群的这些变化可使机体从饮食中获得更多的能量，因为肥胖人群肠道菌群富含许多降解纤维素的相关基因，这些基因编码的酶可以把食物中人体难以消化吸收的纤维素降解为肠道可吸收的短链脂肪酸，为机体提供更多的能量，从而导致肥胖的形成。

由于肥胖小鼠肠道菌群含有更多与能量获得相关的代谢酶，因此，通过肥胖小鼠的肠道菌群移植，可以将肥胖表型移植至野生型无菌小鼠体内，使这些无菌小鼠从食物中摄取能量的能力提高而引起肥胖。

在肥胖人群和瘦人中也发现了有关肠道菌群类似的结构与功能特点，即肥胖患者的拟杆菌门丰度明显低于瘦人；肥胖人群体重减轻后，厚壁菌门的比例逐渐下降，拟杆菌门的比例逐渐上升，两个菌门的丰度接近健康体重人群。

除研究肥胖人群的肠道微生态细菌群落外，高通量宏基因组测序同样在肝病的研究中广泛应用，利用 454 焦磷酸测序技术对肝硬化患者肠道菌群宏基因组进行高通量测序分析发现，与健康人相比，肝硬化患者肠道中拟杆菌门明显降低，变形菌门和梭杆菌门显著增高；在细菌科水平上，肝硬化患者肠道菌群富含肠杆菌科、韦荣球菌科和链球菌科（李兰娟，2012）。

利用高通量宏基因组测序技术研究肠道菌群失调在肥胖、过敏性疾病和结肠癌等慢性疾病发生发展过程中的作用的详细阐述，请见第 26 章，本节不再展开。

23.4 宏基因组学技术在人体微生态研究中的展望

宏基因组学是一门年轻而又令人兴奋的学科，它在人类分子微生态学领域应用广泛，是研究人体微生态及慢性病的重要工具。

分子微生态学的发展历史表明，核心实验技术的突破是推动分子微生态学研究不断拓展普及的关键，宏基因组学研究在很大程度上依赖于测序技术，测序手段的不断进步为宏基因组学研究带来质的飞跃。第三代单分子测序技术，可以测更长的读长，在细菌全基因组测序和宏基因组测序等方面具有更多优势，将对人类分子微生态学研究具有越来越重要的作用。

另外，理论、数据分析方法、算法和软件方面的突破，也是推动分子微生态学研究向更深入层次推进的关键。如果没有强大的生物信息学平台支撑，宏基因组学的研究将无从开展（张德兴，2015）。

相信随着测序手段的不断改进、计算及分析能力的不断提升，宏基因组学高通量技术在人体分子微生态学的应用将会更加深入广泛地渗透到人体微生态学研究的众多领域，成为连接和融合很多慢性病整合研究领域的桥梁；为许多慢性疾病的发病机制和防治策略提供一些新的线索，最终通过调整人体微生态菌群结构，达到预防、治疗疾病，以及调整人体健康状态的目的。

参考文献

弗雷德里克斯 D N. 2014. 人体微生物组. 刘世利, 吴凤娟, 等, 译. 北京: 化学工业出版社.
康乐, 张民照. 1995. 分子生态学的兴起、研究热点和展望. 中国科学院院刊, 10: 292-295.
李宝伟, 王建文, 孙立梅, 等. 2011. 乳杆菌活菌制剂治疗细菌性阴道病的临床疗效观察. 中国微生态学杂志, 13(4): 202-203.
李兰娟. 2012. 感染微生态学. 北京: 人民卫生出版社.
张德兴. 2015. 对我国分子生态学研究近期发展战略的一些思考. 生物多样性, 23(5): 559-569.
Backhed F, Ley E, Sonnenburg J L, et al. 2005. Host-bacterial mutualism in the human intestine. Science, 307(5717): 1915-1920.
Blaser M J, Falkow S. 2009. What are the consequences of the disappearing human microbiota? Nat Rev Microbiol, 7(12): 887-894.

Doerflinger S Y, Throop A L, Herbst-Kralovetz M M. 2014. Bacteria in the vaginal microbiome alter the innate immune response and barrier properties of the human vaginal epithelia in a species-specific manner. J Infect Dis, 209: 1989-1999.

Handelsman J. 2005. Metagenomics or megagenomics? Nature Reviews Microbiology, 3(6): 457-458.

Hyman R W, Fukushima M, Jiang H, et al. 2014. Diversity of the vaginal microbiome correlates with preterm birth. Reprod Sci, 21(1): 32-40.

Ravel J, Gajer P, Abdo Z, et al. 2011. Vaginal microbiome of reproductive-age women. Proc Natl Acad Sci USA, 108(Suppl 1): S4680-S4687.

Weinstock G M. 2012. Genomic approaches to studying the human microbiota. Nature, 489(7415): 250-256.

White B A, Creedon D J, Nelson K E, et al. 2011. Vaginal microbiome in health and disease. Trends Endocrinol Metab, 22(10): 389-393.

Zhu B L, Wang X, Li L J. 2010. Human gut microbiome: the second genome of human body. Protein Cell, 1(8): 718-725.

第 24 章　水生生态系统的宏基因组学研究

——环境胁迫的生态学效应及方法学研究

24.1　水生生态系统遭受的环境胁迫

水生生态系统作为地球上最重要的生态系统类型之一，为生物圈的健康和稳定提供了重要的生物、生态和人文功能（Dudgeon et al.，2006；Balian et al.，2008）。例如，尽管淡水生态系统只占到地球表面积的百分之一，但它孕育着地球上约三分之一的脊椎动物。此外，水生生态系统在净化水源、回收养分、补给地下水、为野生动物提供栖息地等方面也发挥着重要的作用（Wetzel，2001）。由此可见，水生生态系统给人类社会带来巨大的生态效益、经济效益和社会效益。

然而，水生生态系统也是地球上受人类活动干扰最大的生态系统之一（Sala et al.，2000；Vie et al.，2009；Zhan et al.，2014a）。随着人类活动和全球一体化的加剧，水生生态系统及其生物多样性正面临着严峻的挑战（Revenga and Mock，2000；Dudgeon et al.，2006；Hambler et al.，2011）。据 2012 年世界自然保护联盟濒危物种红色名录（IUCN Red List of Threatened Species）统计，全球范围内超过 46 000 种淡水水生动物（约占全球淡水动物的 25%）已灭绝或正面临灭绝的危险。此外，水生生态系统受破坏的程度及水生生态系统生物多样性丧失的速度远远高于陆地生态系统（Sala et al.，2000）。Ricciardi 和 Rasmussen（1999）在研究北美洲水生动物的灭绝速度时发现，水生动物的灭绝速度是陆生动物的 5 倍之多。

近些年来，随着我国经济的飞速发展及城市化进程的加快，工农业生产和居民生活等剧增的人类活动所带来的水生生态环境危机不断加剧。发达国家上百年工业化过程中分时段出现的水生态问题正在我国短时间内集中暴发。我国各大流域及海岸带水体，尤其是地处经济发达、人口密集地区的水体，整体生态环境已经进入大范围生态退化、服务功能严重受损甚至丧失的阶段。综合水生生态系统的特征及受干扰程度，影响水生生态系统及其功能的主要因子有以下四个方面：栖息地丧失、水体污染、生物入侵和生物资源的过度开发利用（Pereira et al.，2012）。同时，全球范围内的环境变化，如氮沉降、气候变暖、降水和径流的变化等，都会加剧上述因素对水生生态系统的干扰并导致其功能被逐渐破坏（Poff et al.，2002；Galloway et al.，2004）。

24.1.1　栖息地丧失及其生态学效应

栖息地的改变与丧失是目前全球水生生态系统生物多样性变化的主要负面因子之一。人类活动导致的栖息地的改变与丧失已有较长的历史延续，时至今日，这一影响随着社会的发展而日益加剧（Allan and Flecker，1993）。就河流生态系统而言，为了满足对水源、能源及交通等的需求，人类通过修建大坝、蓄水池及开挖运河等不断改变河流的地质、地貌和水文特征。据不完全统计，全球大约有大坝（高于 15m）45 000 个，这些大坝会阻断河流的流动状态，使其变为静水系统，导致河流生态系统中的水量、流速、水温等因素发生一系列变化，从而阻断生物的扩散和迁移（Birstein et al.，1997）。就海岸带生态系统而言，快速发展的水产养殖、海岸工程作业和围海造田等人类活动也对海洋生物的栖息地造成严重的破坏。

栖息地丧失或生境破碎化会直接影响物种多样性、种群丰度、种群分布和遗传多样性，间接影响种群生长速率、缩短食物链长度和削弱繁殖能力、扩散能力和捕食能力（Fahrig，2003），进而破坏整个生态系统的能量流动、物质循环和信息传递，使水生生态系统的生物学功能、生态学功能和基本服务功能部分甚至全部丧失（Bunn and Arthington，2002；Cushman，2006；Halpern et al.，2008），这些影响在两栖类和底栖生物中表现较为显著。IUCN 红色名录显示，两栖类生物多样性已随着栖息地的不断破坏而面临威胁，栖息地的丧失或生境破碎化导致两栖类全球性的生物多样性锐减（Becker et al.，2007；Cushman，2006）。两栖类生物在生长发育过程中对生境有特殊的要求，而栖息地的丧失或生境破碎化直接降低两栖类生物对不同生境的耐受力，直接影响两栖类的生存能力，导致其生物多样性丧失或物种灭绝（Cushman，2006）。对于扩散能力弱的物种而言，它们直接暴露在栖息地丧失带来的生存威胁中，迅速导致种群数量锐减，进而可能导致灭绝；而对一些扩散（迁徙）能力强的两栖类生物而言，栖息地的生境破碎化会导致其在迁徙过程中的死亡率升高，最终导致局部灭绝事件的发生（Cushman，2006）。另外，栖息地的丧失或生境破碎化也会直接导致水文或底质变化，进而影响底栖生物群落的时空分布，尤其对一些环境敏感性底栖物种会产生极大的影响，甚至导致敏感物种的规模化灭绝（Nelson and Lieberman，2002）。

24.1.2　水体污染及其生态学效应

近年的研究表明，随着发展中国家经济和社会的快速发展，水体污染现象在这些国家愈发严重（Xiong et al.，2016a）。在中国，已有超过 1/3 的河流受到污染或者严重污染（2013 年中国环境状况公报）。水体污染是导致水生生态系统结构和功能变化的主要驱动力之一。水体污染最常见的表现形式为水体富营养化。水体的富营养化是在人类活动的影响下，生物所需的氮、磷等营养物质大量进入湖泊、河流、海湾等缓流水体，引起藻类及其他浮游生物迅速繁殖，导致水体溶解氧含量下降、水质恶化、鱼类及其他生物大量死亡的现象（Riis and Sand-Jensen，2001）。引起水生生态环境富营养化的氮、磷等营养物质主要来自未处理或处理不完全的工业废水、生活污水、有机垃圾和家畜家禽粪便及农施化肥等。水生生态系统中的化学污染物既可以来自点源污染（生活污水和工业废水排放等），也可以来自面源污染（农业生产与大气沉降等）。例如，在农业生产中，广泛应用的杀虫剂和多氯联苯等有机农药在水生生态系统中被越来越多地发现，这些有机污染物尤其是持久性有机污染物，具有较长的半衰期，能够通过食物链在生物体内富集，从而对水生生物或者水生生态系统造成严重危害（Schwarzenbach et al.，2010）。

尽管多数污染物均能使水生生态系统生物多样性锐减，进而导致结构和功能的变化甚至丧失，但是不同污染物的作用过程和机制不尽相同。例如，过去半个多世纪，为了农业增产，施加了大量氮肥和磷肥（Smith et al.，1999），这些营养元素有相当一部分不能被作物吸收，反而经过地表径流、大气循环等途径最终进入水生生态系统，进而导致有害藻华的暴发。另外，有些有害藻类产生的毒素比眼镜蛇毒液的毒性还大，严重影响了公共健康（Skulberg et al.，1984；Smith et al.，1999）。此外，有研究表明，富营养化还会影响白鲑鱼的基因交流，进而导致其遗传多样性的降低（Vonlanthen et al.，2012）。重金属污染一般不能在水体中被转化，使得进入水体中的重金属会在藻类和底泥中积累，进而被鱼、虾、贝等富集，在食物链中被逐级放大。而当重金属在生物体内积累到一定量以后，就会使生物体致畸或突变，最终导致生物体的死亡（Järup，2003）。

24.1.3 生物入侵及其生态学效应

由于频繁的人类活动，越来越多的外来生物被有意或无意地引入水生生态系统中。而这些外来生物快速适应当地环境，并与当地物种竞争空间、资源等，造成生物入侵。外来生物被引入一个新的环境中需要借助于多种载体与途径。这些载体或途径能够帮助外来生物打破已有的地理隔离或者空间障碍，使其成功扩散并入侵到新的环境中。已有研究表明，在水生生态系统中，外来生物引入的载体主要分为以下三类：水产养殖、航运、水族馆和观赏性动植物的贸易。随着人类对水产品需求的增加，水产养殖业已经成为全球发展最快的基础产业（FAO，2012），引入外来生物进行水产养殖成为越来越普遍的现象（Peeler et al.，2011）。Lin 等（2015）的研究表明，中国有超过 1/4 的水产品产量是通过养殖外来生物获得的，这些外来生物中超过 10 种已经成为入侵生物，并在养殖地周围暴发成灾。另外，航运承担着全球超过 90%的物流交换（International Maritime Organization，2015）。航运介导的两种主要入侵载体——压舱水和船壳污损，每天使超过 7000 种生物被携带并释放到海岸带和内河航道中（Carlton，1999），仅仅单次压舱水就足够释放超过 2100 万个浮游生物（Minton et al.，2005）。航运介导的大量外来生物的引入使得海岸带和内河航运水体成为生物入侵的重点区域。除此之外，据统计，全球超过 1/3 的烈性水生入侵生物是由任意丢弃水生宠物或者从水族馆逃逸的观赏性动植物所引起的（Padilla and Williams，2004）。这三种方式造成的生物入侵产生了巨大的生态学效应。

通过上述载体引入的外来生物一旦暴发成灾，并通过其他途径扩散到周边水体，将给整个水生生态系统带来不可逆转的生态灾难，因此生物入侵又被称为“生态系统的癌症”。外来物种一般会通过抑制或排挤本地物种的方式改变食物链或食物网组成，有些还会产生有毒有害物质直接干扰本地物种的正常生理生化功能，进而导致本地物种数目锐减，使得生态系统结构变得单一，最终导致生态功能退化等问题（Ruiz et al.，1999；Callaway et al.，2000；Hooff et al.，2004；Jiang et al.，2011）。入侵贝类，如斑马贻贝（*Dreissena polymorpha*）和沼蛤（*Limnoperna fortunei*）等会抑制土著贝类或其他生物的生长，并很快拓殖形成单一优势种群，破坏当地生态系统的生态平衡（Geller et al.，1999；Sousa et al.，2009）；同时，这些贝类又是污损生物，它们的大量繁殖会对渔业生产、工程作业、工农业生产和居民用水、发电设施等造成巨大的污损危害。

24.1.4 生物资源的过度开发利用及其生态学效应

对生物资源的过度开发利用，会导致水生生态系统生物多样性的下降，以及生态系统结构和功能的紊乱。在近海生态系统中，过度开发利用生物资源是导致其生物多样性丧失的主要原因之一。随着人类对海洋资源需求的增加和捕捞范围的扩大，过度捕捞已经成为制约海洋资源可持续发展的主要因素（Worm et al.，2009）。早在 1995 年，22%的海洋渔业资源已经被过度开发或面临枯竭，而且超过 44%的海洋资源也已经达到过度开发的界限。对海洋资源的开发利用（如捕捞业），通常所捕捞的不仅仅是目标生物，还包含大量的非目标生物。世界各地的海洋捕捞业每年所丢弃的非目标动物高达 2700 万 t。除此之外，对水生生态系统生物资源的开发范围和尺度也在不断扩大。从 20 世纪 60 年代中期开始，对渔业资源的利用和开发主要集中在北半球。至 80 年代，捕捞业已经不仅仅局限于近海海域，其范围扩展到大西洋北部和南部海域。到 20 世纪 90 年代，捕捞业已经发展到全球的绝大部分海域，除印度洋、太平洋和南极洲的一小部分海域外，其他海域都达到或超过了历史上的最大捕捞量（Pauly et al.，2009）。

生物资源的过度开发利用最直接的后果是水生生态系统的生物多样性锐减（Dudgeon et al.，2006）。过度捕捞导致的关键类群的灭绝会改变捕食-被捕食关系，直接影响食物链的营养结构，进而影响群落的组成和结构，使部分水域种群结构单一化，最终导致当地生态系统结构和功能多样性退化，并失去自我修复能力（Coleman and Williams，2002）。过度捕捞还会影响种群遗传多样性，生物资源的过度捕捞通过人为选择性或者遗传漂变降低物种的遗传多样性。微卫星标记分析证明，在长期的过度捕捞过程中，新西兰鲷鱼（*Pagrus auratus*）的遗传多样性发生锐减，而这将会直接影响其对环境的适应能力，进而影响其种群繁殖力和可持续发展（Hauser et al.，2002）。

综上所述，各种干扰胁迫给水生生态系统生物多样性、群落时空演替及功能等各方面都造成了明显的负面影响，下面将分别选取代表性案例：①水体污染物驱动水生生物的物种组成及空间分布；②水生群落中稀有生物及外来生物的检测，综合论述宏基因组学技术在解决上述问题中的作用。

24.2 利用宏基因组学技术研究环境胁迫产生的生态学效应

24.2.1 环境驱动的水生群落组成及空间分布

水生生态系统，包括河流、湖库和海洋生态系统等，为多种生物类群提供栖息、捕食、繁衍等的场所。然而，水生生态系统生物多样性减少的速率远远高于陆地生态系统（Malmqvist and Rundle，2002；Dudgeon et al.，2006；Vörösmarty et al.，2010）。众所周知，水体污染是导致水生生物多样性减少的主要原因。同时，这一过程也在改变群落的组成及空间地理分布。但对水体污染影响水生生物群落结构及其多样性的地理分布过程及机制，我们知之甚少，尤其是对浮游动物的研究相对匮乏。

浮游动物群落是水生生态系统中最为重要的生物群落之一，在水生生态系统的能量传递、稳定性维系、弹性保持等众多方面发挥不可替代的重要作用（Telesh，2004）。当浮游动物所处环境条件发生改变时，其群落结构及组成可在较短时间内发生剧烈变化，直接或间接导致食物网中关键链条的变化或缺失，进而影响水生生态系统的稳定、能量传递等生物学过程和生态学功能（Wen et al.，2011；Duggan et al.，2002）。为了更好地制定生物保护及环境管理措施，浮游动物群落的组成通常是众多生态学研究首先需要分析的指标。但由于浮游动物群落组成非常复杂，涉及多个生物类群，且多数类群形体微小、鉴定困难，浮游动物群落组成分析一直是水生生态学研究领域的难题。宏基因组学技术的迅猛发展为浮游动物群落组成分析提供了有力的技术支撑，为进一步解析水体污染影响水生生物群落结构及其多样性空间分布的过程及机制奠定了基础。

针对污染河流中，环境选择作用和扩散作用这两个重要驱动机制对生物群落组成的相对作用大小，Xiong 等（2017）借助于宏基因组学技术对浮游动物组成进行解析，深入研究了污染河流中浮游动物群落的空间分布格局及其驱动机制。其研究结果从生态学理论层面上否定了单条河流尺度上“扩散作用”假说，修正了前人关于“小尺度上扩散作用是影响群落空间格局形成的主要作用力”的结论，提出“在污染河流中，水体污染形成的环境梯度是决定浮游生物群落空间格局形成的主要驱动力（小尺度环境选择作用假说）”。

24.2.2 稀有物种（珍稀生物、入侵生物建群早期）的检出

水资源过度开发、水体污染、气候变化及生物入侵等因素很可能造成地球生命史上第六次物种大灭绝事件，全球生物灭绝的速率是人类出现以前的 10~100 倍（Pimm et al.，1995；Barnosky et al.，2011）。因此全面了解导致生物多样性锐减的原因及其产生的后果是生物多样性保护的重要前提。

典型的水生生物群落通常是由少数几种优势物种和大量的低丰度物种组成，其中数目庞大且种类繁多的稀有物种统称为“稀有生物区系”（Pedrós-Alió，2012）。根据稀有生物区系来源不同，可以将其分为本地稀有物种及近期引入的外来物种。其中本地物种可能因为对环境变化的适应性低等，其丰度锐减成为稀有物种（Wilson et al.，2011）；同时新引入的外来物种会在相当长的一段时间内以稀有物种的形式存在，当环境发生变化时，某些外来生物会成为生态系统中的优势种并暴发成灾。因此，稀有生物区系的分析，尤其是有待保护的本地稀有物种的检出及外来入侵生物的早期预警，是保护生物学及环境保护管理共同关心的核心问题之一。

与陆生生物相比，水生生物具有种类繁多、群落结构复杂、形体微小且群体规模极小、隐匿于水下、可用于物种鉴定的外部形态缺乏等特点（Darling and Mahon，2011；Zhan and MacIsaac，2015），导致水生生态系统中准确检出稀有生物在技术层面更具挑战。因为，建立准确、快速、高通量的检测方法是稀有区系研究的技术重点。宏基因组

学技术的迅猛发展为复杂群落的稀有生物区系的研究提供了强有力的技术支撑（Creer，2010；Hajibabaei，2012；Zhan et al.，2013）。

常用的稀有生物区系的检测方法是使用通用引物扩增环境 DNA（eDNA），然后对获得的基因组文库进行测序，依据测序得到的序列进行物种鉴定（图 24.1）（Zhan and MacIsaac，2015）。在整个检测过程中，筛查通用性好且分辨率高的引物是技术关键。为了筛查得到高效引物，很多研究针对不同的生物类群进行了有效的尝试，如 Zhan 等（2014a）针对具有重要生态学意义的浮游动物，通过对水生生态系统的典型群落进行生物信息学分析和比较不同类型的分子标记（线粒体 16S 基因和 COI 基因、18S rDNA），成功设计出基于 18S rDNA-V4 区的高分辨率通用引物（Uni18S：AGGGCAAKYCTGGTGCCAGC；Uni18SR：GRCGGTATCTRATCGYCTT）；对复杂水生群落的 PCR 扩增结果显示，此通用引物可以扩增出几乎所有水生生物类群（动物、原生生物、藻类、真菌等），且扩增偏向性极小；通过在复杂群落中混入指示物种的方式，成功标定了检测体系的灵敏度：在测序深度为每个群落 2 万条序列时，靶标生物的生物量百分比达到 2.3×10^{-5}%即可被检测到，比已有方法（Hajibabaei，2012）的灵敏度高 5 个数量级；同时也将低丰度入侵生物的检出概率提高了 5 倍，即在一个幼虫存在的条件下，检出概率达到 100%。这是目前在水生生态系统中报道的最灵敏的检测方法。利用上述构建方法，Brown 等（2016）对加拿大 16 个主要港口的生物群落进行解析，发现了 24 个外来物种，其中 11 个为新发现的外来生物，这一结果对水生生物入侵起到了很好的早期预警作用，为后期的防治和管理提供了技术支撑（Brown et al.，2016）。

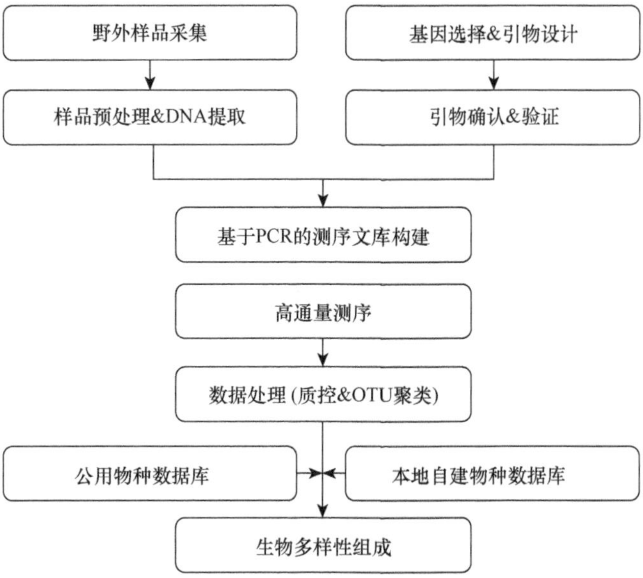

图 24.1　基于高通量测序的稀有物种区系检测方法流程图

尽管宏基因组学技术应用过程中存在一些问题（详见 23.3），但依然为难以用常规方法检测的复杂群落提供了最高效的工具。宏基因组学技术以其快速、灵敏、高效的特征被成功应用于淡水生态系统濒危物种的保护（Thomsen et al.，2012）与入侵生物的早期检测和预警中（Darling and Mahon，2011；Ojaveer et al.，2013）。同时，加拿大、新西兰、澳大利亚等国家已经将基于分子生物学的分析检测方法列入环境保护和管理中，为政策的制定和外来生物的管理提供技术支撑（Darling and Mahon，2011）。

24.3 水生生态系统的宏基因组学研究存在的问题及可能的解决方案

24.3.1 宏基因组文库的构建（PCR 法）

宏基因组文库的构建是揭示水生生态系统中物种的种类及丰度过程中重要的步骤之一，其设计是否合理及建库质量的高低直接影响后续测序及数据分析的结果。对于水生生态系统中宏基因组文库的构建，尤其是旨在研究生物多样性及稀有区系检测的诸多研究中，有以下三种常见方法：基于 PCR 扩增的方法、DNA 捕捉法（DNA capture）和鸟枪法测序。其中，以 PCR 扩增为基础的建库方案使用最多，但该方法存在一些不足之处，PCR 法存在的主要问题及可能的解决方法和思路如图 24.2 所示。尽管后两种方法可以克服 PCR 法存在的某些问题，但因两种方法存在明显的缺陷如灵敏度差等（Zhan and Maclsaac，2015；Xiong et al.，2016b）而不作为本书的讨论重点。

PCR 法构建宏基因组学文库的核心是高分辨率通用引物的筛选，“理想”的通用引物能扩增群落中所有物种且具有较高的物种分辨率。然而，已有的证据表明，这种“理想”的引物并不存在，不同基因或基因组区域上的对应引物在扩增群落时差异较大，在物种覆盖度、PCR 扩增效率及通用性方面等都存在问题（Machida and Knowlton，2012；Zhan et al.，2014a）。例如，对同一个群落分别用核糖体小亚基（18S rDNA）V4 区和线粒体 16S（mt16S）基因上的引物进行 PCR 扩增，高通量测序分析后发现基于 18S rDNA-V4 区扩增出了 38 目，而 mt16S 只得到 10 目（Zhan et al.，2014a）。虽然 COI 基因具有较高的物种分辨率和丰富的数据库，但 COI 基因由于自身具有很高的多态性，因此难以设计出覆盖种类较广的通用引物（Leray et al.，2013；Gibson et al.，2014；Zhan et al.，2014a）。针对此问题，我们建议利用两步扩增法加以解决，即首先用 18S rDNA-V4 区确定群落中存在的基本类群，然后根据目标类群设计种属特异性高分辨率引物（如基于 COI 的种属特异性引物）。两步法构建宏基因组文库将会显著提高水生生态系统生物多样性评价的准确性。

24.3.2 检测效率及检测阈值

宏基因组学方法的检测效率和阈值与分子标记的选择及相应引物的扩增能力直接相关。分子标记与相应引物的检测效率、检测阈值可对水生生物多样性的评价产生较大的影响。在众多分子标记中，线粒体上的 COI 和 16S 基因及细胞核基因 18S rDNA 常被用于各种生态系统中生物多样性的评价及相关物种的检测中（Zhan et al.，2013）。Zhan 等（2014a）利用宏基因组学技术比较了这三种分子标记及相应引物的检测效率，发现其对

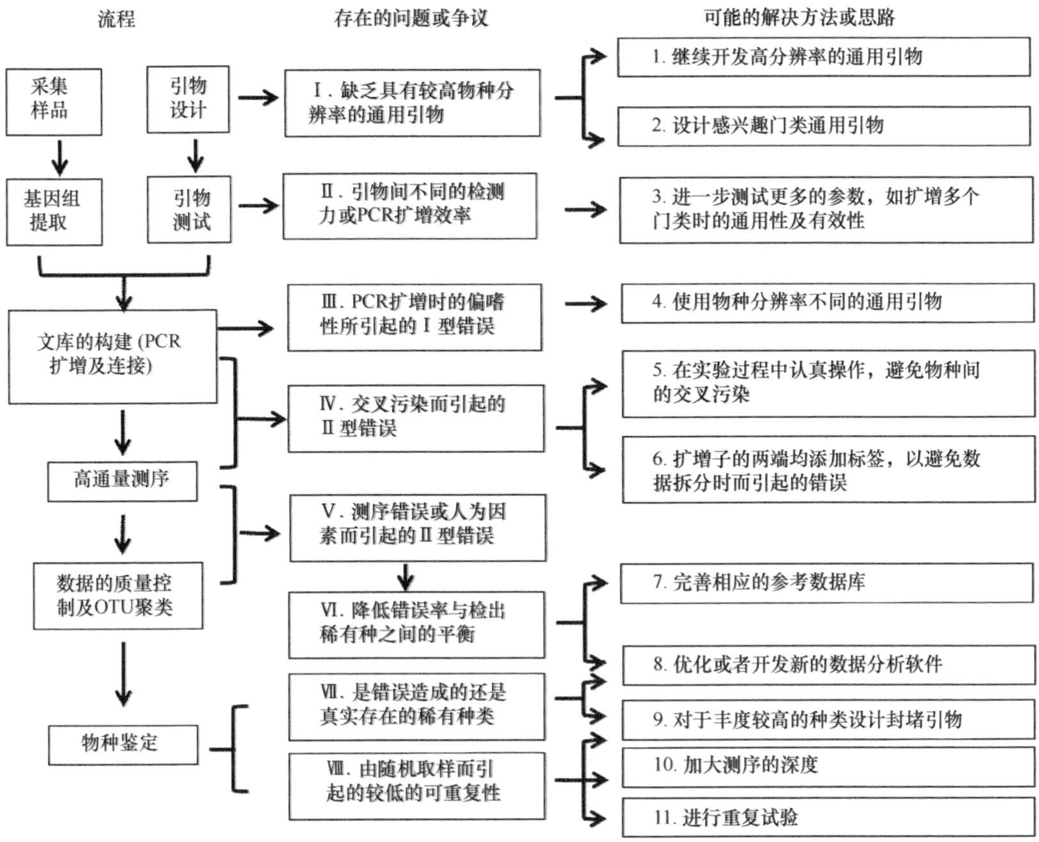

图 24.2　水生生态系统宏基因组研究的流程图、存在的问题或争议及可能的解决方法或思路
（引自 Zhan and MacIsaac，2015；Xiong et al.，2016b）

水生浮游群落主要类群的检测效率的差异较大（图 24.3）。已有的研究也表明，线粒体基因具有较高的物种分辨率，但难以设计出物种跨度范围较广的通用引物，利用这种通用引物或类似的引物所检测出物种的种类较少，但大部分能鉴定到种的水平（Leray et al.，2013；Gibson et al.，2014）。而根据 18S rDNA 上的保守区可设计出扩增物种类别较广的通用引物，利用这种通用引物可以检测出较多的种类，但分辨率较低，许多序列不能鉴定到种的水平。

不同分子标记及对应引物对目标生物有不同的检测阈值，如 Hajibabaei（2012）利用 454 焦磷酸测序对河流大型底栖生物的检测阈值为 1%的生物量；Pochon 等（2013）对海洋生物人工组建的群落的检测阈值为 0.64%的生物量；Zhan 等（2014a）对浮游动物的检测阈值为 2.3×10^{-5}%的生物量。尽管不同的研究采用了不同的生物及测序深度，但浮游动物比大型底栖动物群落和人工构建的海洋生物群落要复杂很多，且 Zhan 等（2014a）的测序深度要比其他两个研究浅。因此，不同分子标记的选择及对应引物的灵敏度是决定检测阈值的关键因素（Zhan et al.，2014a）。因此，在进行水生生态系统宏基因组研究之前，应根据研究目的的不同选择恰当的分子标记并设计引物。

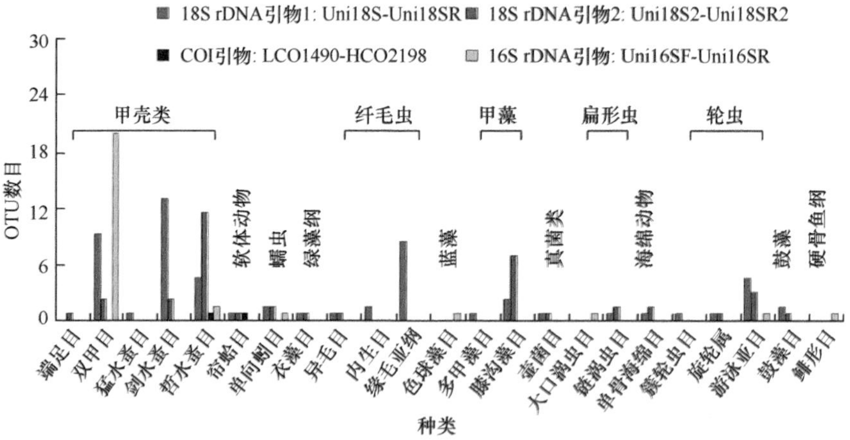

图 24.3　不同分子标记及对应引物对浮游群落的检测效率（Zhan et al.，2014a）

24.3.3　检测重复率

总体而言，无论是水生生态系统还是陆地生态系统，基于宏基因组学方法检测稀有区系生物多样性，得到的重复率均较低（Zhan et al.，2014b；Zhou et al.，2011）。一般而言，检测重复率随着 OTU 丰度的降低而急剧降低，单体（singleton）的检出重复率小于 20%（图 24.4）。造成较低检测重复率的原因是多方面的，其中低丰度 OTU 存在、随机取样及测序错误是主要的三个因素。

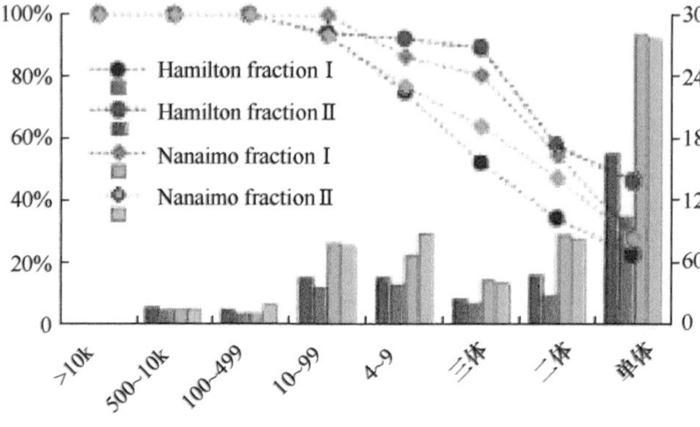

图 24.4　典型浮游生物群落 OTU 的组成及不同丰度 OTU 的重复率（Zhan et al.，2014b）

典型浮游生物群落分别来自加拿大五大湖区 Hamilton 港和太平洋沿岸 Nanaimo 港，柱状图示 OTU 的组成（右侧实线轴），折线图示不同丰度 OTU 的重复率（左侧虚线轴）。重复率评估采用两个平行样进行（fraction I 和 II），测序深度为 1/2 PicoTiter Plate

有些研究建议，低丰度 OTU 很可能是由测序错误造成的，应当在数据分析时删除（Kunin et al.，2010；Tedersoo et al.，2010）。而进一步的分析表明，至少一部分低丰度 OTU 归属于稀有种类（图 24.5），任意删除会影响稀有区系等的相关研究（Zhan et al.，2013；Kauserud et al.，2012）。因此，对低丰度 OTU 进行深入分析，将会增加水生生态系统稀有区系评价的准确性（Zhan et al.，2014b）。在整个宏基因组学分析过程中的随机取样是造成检测重复率低的另一重要原因（Zhou et al.，2008，2011）。随机取样在整个宏基因组学分析过程中广泛存在，如生物群落采样、DNA 提取、PCR 扩增和测序等。对于生物群落采样，较低的种群密度可导致平行样品中物种组成的不一致性（稀有物种会随机出现在平行样品中）；而在 PCR 过程中，由于引物扩增存在偏嗜性，会导致平行样品中扩增子组成的不一致性，进而造成较低的检测重复率。

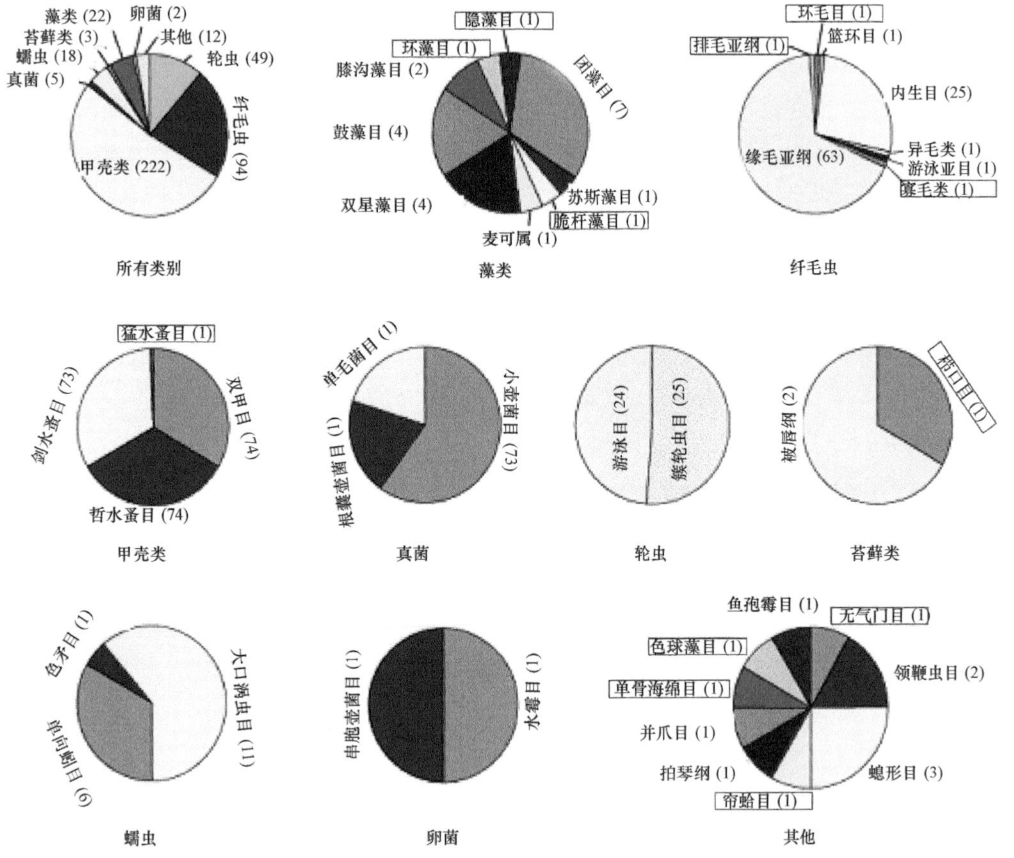

图 24.5　加拿大五大湖区 Hamilton 港浮游生物群落组成（Zhan et al.，2013）

方框标注群落中不可重复的低丰度（单体、二体和三体）OTU。这些低丰度 OTU 并非测序错误引起，而真实地代表浮游生物群落中的稀有生物

24.3.4　序列丰度与生物量之间的关系

序列的丰度能否反映生物量，决定着宏基因组学技术能否定量评价水生生态系统群落构成及物种的相对丰度。Zhan 等（2013）通过定向检测靶标生物的方式，评价了序列丰度与生物量之间的关系。其结果表明，生物量与序列丰度有较好的一致性趋势，即当生物量的比例较小时序列的丰度也较低，而当特定种所占生物量的比例较大时序列的丰度也较高；但两者在所有测试的物种中并不都呈现正相关关系（图 24.6）。因此，序列丰度可大体反映出群落中物种的相对丰富程度，但不能准确地定量衡量各个物种的相对生物量。

总而言之，在保证样品的处理一致性、水生宏基因组建库时仔细操作及加大测序深度的前提下，序列的丰度应当随着生物量的增加而升高，这表明基于高通量测序技术的水生生态系统多样性的评价依然具有较高的可靠性。

24.3.5 Ⅰ型和Ⅱ型错误

在宏基因组学技术应用的过程中广泛存在Ⅰ型错误和Ⅱ型错误，前者是指待检生物存在于受检样品中而实际没有检测到；后者是指待检生物不在受检样品中但实际检测到该物种的存在。引起这两种错误的原因是多样的（Zhan et al.，2015；Xiong et al.，2016b），而其中引起Ⅰ型错误的原因可主要分为两类：PCR扩增偏嗜和稀有种类的随机取样；引起Ⅱ型错误的主要原因为样品间的交叉污染、标签转换和数据分析过程中由人为因素或者分析软件本身的缺陷所造成的。

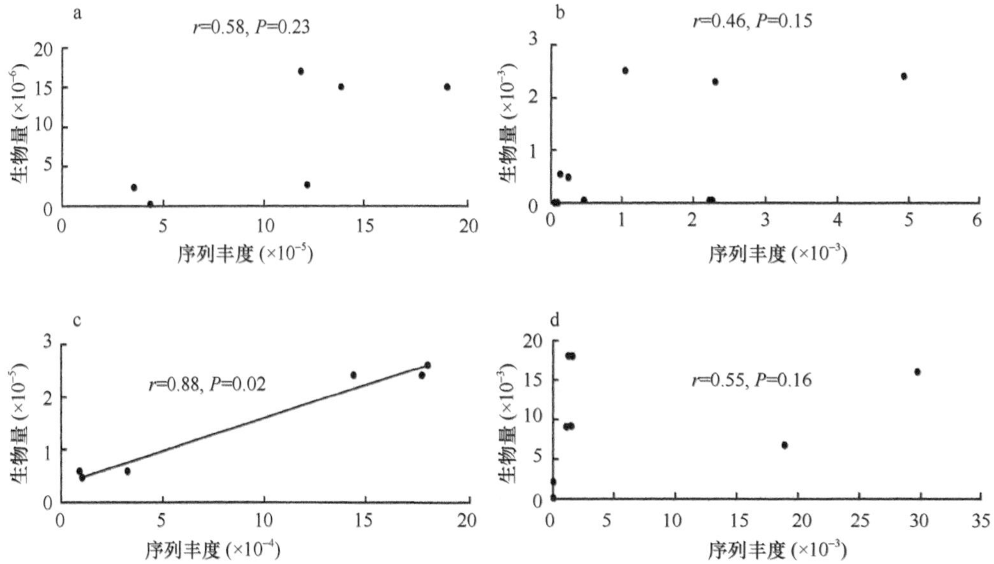

图 24.6 利用定向检测靶标生物的方法检测生物量和序列丰度的相关关系（Sun et al.，2015）

a. 海湾扇贝幼虫（*Argopecten irradians*）；b. 仿刺参幼虫（*Apostichopus japonicus*）；c. 沼蛤幼虫（*Limnoperna fortunei*）；d. 水虱（*Asellus aquaticus*）

在利用宏基因组学技术研究群落的组成时，Ⅰ型错误是普遍存在的（Liu et al.，2013；Clarke et al.，2014），尤其在针对稀有种类的研究中，Ⅰ型错误更容易出现（Bellemain et al.，2010；Engelbrektson et al.，2010）。有许多因素可导致PCR扩增时出现偏嗜现象，如引物在群落中各物种间的通用性差、群落中生物种类的丰度及个体差异大等。采用多个分子标记扩增目标群落可增加物种的检出率（增加群落组成的完整性），从而减少Ⅰ型错误（Sun et al.，2015）。另外，随机取样是引起Ⅰ型错误的另一个重要原因（详见24.3.3 检测重复率）。对于随机取样产生的Ⅰ型错误，一般通过增加重复、加大样品的测序深度、针对高丰度物种设计封堵探针等方式增加稀有生物的检测重复率。

随着测序平台测序能力的提升，许多不同的样品可混合后进行序列测定，这就要求必须在较短的时间内完成上百个宏基因组文库的构建。相关研究表明，在同一实验室短时间内完成多个文库构建的过程中，交叉污染不可避免，甚至非常严重。交叉污染可导致物种假阳性的出现（II型错误），甚至导致错误的结论（Schmieder and Edwards，2011）。为了避免交叉污染的出现，除实验操作过程中严格按照标准的实验步骤进行实验操作外，研究人员还发展并利用数据处理软件来检测及消除II型错误，如 DeconSeq（Schmieder and Edwards，2011）。即便如此，在处理来自环境中的样品时控制、检测和消除由交叉污染而引起的II型错误也会有巨大的困难。另外，标签转换（tag switching）是引起II型错误的另一重要原因（Carlsen et al.，2012；Berry et al.，2011）。为了将多个基因组文库混合进行测序，常用的做法为在每个文库构建的过程中，扩增子 5′端人工加入一个 6~12bp 的人工标签（tag）。将带有不同标签的文库混合后，在测序过程中低浓度未被利用的标签可以和扩增子互作而完成标签的转换（Carlsen et al.，2012）。构建文库中只在正向引物或者反向引物一端加入标签，后续数据分析时很难检测和消除标签转换，因此造成样品间的混合，引起II型错误。为了解决此问题，在文库构建过程中两端都加上不同的标签，在后续数据分析时只保留两端标签匹配的序列（Carlsen et al.，2012）。除此之外，还有其他技术细节的调整也可降低标签转换发生，如样品混合后迅速将宏基因组文库冷冻储藏起来并减少冷冻储藏的时间等（Carlsen et al.，2012）。

为了降低甚至消除 I 型错误和II型错误的发生率，数据质量的严格控制必不可少（Kunin et al.，2010）。传统的方法是利用测序产生的质量评估值（Phred quality score，Q 值），剔除由测序错误产生的部分序列，而这个滤错过程是否能够影响稀有物种的检出至今没有得到很好的验证。Zhan 等（2014c）利用自然群落和人工构建的群落（人工群落，加入目标物种）的方法，检测了基于 Q 值滤错对群落稀有区系的影响。在利用自然群落检测时，群落中真实存在的物种被选出作为内参，随着 Q 值的增加，这些真实存在的稀有物种被逐步删除（图 24.7）。在利用人工群落检测时，靶标生物以不同丰度混入自然群落，而后测序并进行 Q 值滤错。结果显示，稀有生物的丢失发生在所有 Q 值阈值上，丢失的程度随着生物量的减少而加剧（图 24.8）。因此，研究人员应该根据研究需要选择质控方式，如果研究目的是评估物种多样性，严格的质控可以提高结果的可靠性。但如果研究目的是研究稀有区系组成或稀有生物的检出，质控会使很多可能有重要生物学或者生态学意义的物种丢失。因此，质控及参数的选择必须慎重，需针对不同的群落选择质控方式并优化质控参数。

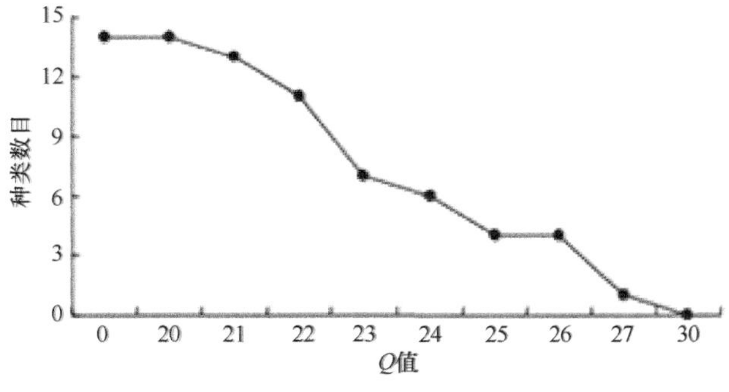

图 24.7　Q 值滤错使群落中的稀有物种丢失（示自然群落，目水平结果）（Zhan et al.，2014c）

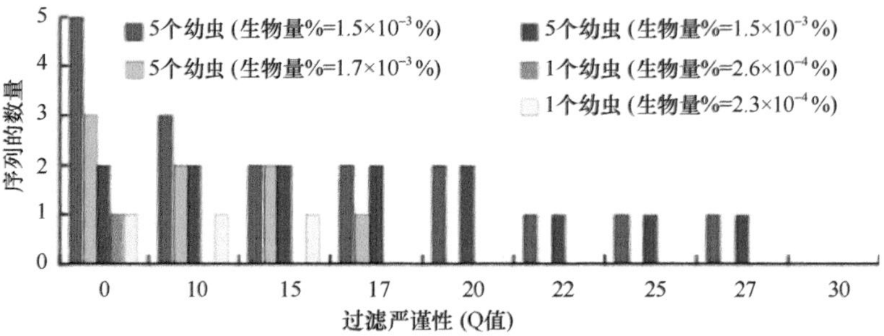

图 24.8 *Q* 值滤错使群落中的稀有物种丢失（示人工群落）（Zhan et al.，2014c）

24.4 小结与展望

丰富的生物多样性是生态系统功能维系的前提，认识、挖掘和保护生物多样性是生态学研究的主要任务之一。但对于复杂的水生生态系统而言，大多数生物体微小、隐蔽不易察觉，且对外界物理或生物因子干扰敏感。一般条件下，我们对水生生态系统中生物多样性的认知存在很大困难，很难对其内部发生的变化和机制进行研究。而宏基因组技术弥补了这一缺点，宏基因组学技术为快速检测群落的物种组成提供了强有力的工具，同时为进一步研究群落结构分布规律奠定了基础，进而能够深入阐释水生生态系统中群落结构动态变化与生态功能持续维系的内在联系和作用机制。

随着宏基因组学技术（作为重要的研究工具）被广泛应用，很多关键技术问题应该逐步解决，如数据的深入挖掘和解析、相关数据分析算法的研发、比对数据库的构建和完善等。这些技术问题的解决将为利用宏基因组学准确研究水生生态系统的关键科学问题、制定重要的水生生态管理策略奠定重要的基础。

参 考 文 献

中华人民共和国环境保护部. 2013. 2013 年中国环境状况公报. http://www.zhb.gov.cn/hjzl/zghjzkgb/lssj/2013nzghjzkgb/[2016-4-2].

Allan J D, Flecker A S. 1993. Biodiversity conservation in running waters. BioScience, 43(1): 32-43.

Balian E V, Segers H, Lévêque C, et al. 2008. The freshwater animal diversity assessment: an overview of the results. Hydrobiologia, 595(1): 627-637.

Barnosky A D, Matzke N, Tomiya S, et al. 2011. Has the Earth's sixth mass extinction already arrived? Nature, 471(7336): 51-57.

Becker C G, Fonseca C R, Haddad C F B, et al. 2007. Habitat split and the global decline of amphibians. Science, 318: 1775-1777.

Bellemain E, Carlsen T, Brochmann C, et al. 2010. ITS as an environmental DNA barcode for fungi: an in silico approach reveals potential PCR biases. BMC Microbiol, 10: 189.

Berry D, Mahfoudh K B, Wagner M, et al. 2011. Barcoded primers used in multiplex amplicon pyrosequencing bias amplification. Appl Environ Microbiol, 77: 7846-7849.

Birstein V J, Bemis W E, Waldman J R. 1997. The threatened status of acipenseriform species: a summary. Environmental Biology of Fishes, 48: 427-435.

Brown E A, Chain F J J, Zhan A. 2016. Early detection of aquatic invaders using metabarcoding reveals a high number of non-indigenous species in Canadian ports. Divers. Distrib., 22: 1045-1059.

Bunn S E, Arthington A H. 2002. Basic principles and ecological consequences of altered flow regimes for aquatic biodiversity. Environmental Management, 30: 492-507.

Callaway R M, Aschehoug E T. 2000. Invasive plants versus their new and old neighbors: a mechanism for exotic invasion. Science, 290: 521-523.

Carlsen T, Aas A B, Lindner D, et al. 2012. Don't make a mista(g)ke: Is tag switching an overlooked source of error in amplicon pyrosequencing studies? Fungal Ecol, 5: 747-749.

Carlton J T. 1999. The scale and ecological consequences of biological invasions in the world's oceans. *In*: Sandulund O, Schei P, Viken A. Invasive Species and Biodiversity Management. Dordrecht: Kluwer Academic Publishers.

Clarke L J, Soubrier J, Weyrich L S, et al. 2014. Environmental metabarcodes for insects: in silico PCR reveals potential for taxonomic bias. Mol. Ecol. Resour., 14: 1160-1170.

Coleman F C, Williams S L. 2002. Overexploiting marine ecosystem engineers: potential consequences for biodiversity. Trends in Ecology & Evolution, 17: 40-44.

Creer S. 2010. Second-generation sequencing derived insights into the temporal biodiversity dynamics of freshwater protists. Mol. Ecol., 19: 2829-2831.

Cushman S A. 2006. Effects of habitat loss and fragmentation on amphibians: a review and prospectus. Biological Conservation, 128: 231-240.

Darling J A, Mahon A R. 2011. From molecules to management: adopting DNA-based methods for monitoring biological invasions in aquatic environments. Environ Res, 111: 978-988.

Dudgeon D, Arthington A H, Gessner M O, et al. 2006. Freshwater biodiversity: importance, threats, status and conservation challenges. Biological Reviews, 81: 163-182.

Duggan I C, Green J D, Omasson K. 2002. Do rotifers have potential as bioindicators of lake trophic state? Verhandlungen des Internationalen Verein Limnologie, 27: 3497-3502.

Engelbrektson A, Kunin V, Wrighton K, et al. 2010. Experimental factors affecting PCR-based estimates of microbial species richness and evenness. ISME J, 4: 642-647.

Fahrig L. 2003. Effects of habitat fragmentation on biodiversity. Annual Review of Ecology, Evolution, and Systematics, 34(2): 487-515.

FAO. 2012. The state of World Fisheries and Aquaculture. http: //www.fao.org/docrep/016/i2727e/i2727e.pdf [2016-3-6].

Galloway J N, Dentener F J, Capone D G, et al. 2004. Nitrogen cycles: past, present, and future. Biogeochemistry, 70(2): 153-226.

Geller J B. 1999. Decline of a native mussel masked by sibling species invasion. Conservation Biology, 13: 661-664.

Gibson J, Shokralla S, Porter T M, et al. 2014. Simultaneous assessment of the macrobiome and microbiome in a bulk sample of tropical arthropods through DNA metasystematics. P Natl Acad Sci USA, 111(22): 8007-8012.

Hajibabaei M. 2012. The golden age of DNA metasystematics. Trends Genet, 28: 535-537.

Halpern B S, Walbridge S, Selkoe K A, et al. 2008. A global map of human impact on marine ecosystems. Science, 319: 948-952.

Hambler C, Henderson P A, Speight M R. 2011. Extinction rates, extinction-prone habitats, and indicator groups in Britain and at larger scales. Biological Conservation, 144(2): 713-721.

Hauser L, Adcock G J, Smith P J, et al. 2002. Loss of microsatellite diversity and low effective population size in an overexploited population of New Zealand snapper (*Pagrus auratus*). Proceedings of the National Academy of Sciences of the United States of America, 99: 11742-11747.

Hooff R C, Bollens S M. 2004. Functional response and potential predatory impact of *Tortanus dextrilobatus*, a carnivorous copepod recently introduced to the San Francisco Estuary. Marine Ecology Progress Series, 277: 167-179.

International Maritime Organization. 2015. Shipping and World Trade. http: //www.imo.org/en/Pages/Default.aspx[2016-4-12].

Järup L. 2003. Hazards of heavy metal contamination. British Medical Bulletin, 68: 167-182.

Jiang H, Fan Q, Li J T, et al. 2011. Naturalization of alien plants in China. Biodiversity and Conservation, 20: 1545-1556.

Kauserud H, Kumar S, Brysting A K, et al. 2012. High consistency between replicate 454 pyrosequencing analyses of ectomycorrhizal plant root samples. Mycorrhiza, 22: 309-315.

Kunin V, Engelbrektson A, Ochman H, et al. 2010. Wrinkles in the rare biosphere: pyrosequencing errors can lead to artificial inflation of diversity estimates. Environmental Microbiology, 12: 118-123.

Leray M, Yang J Y, Meyer C P, et al. 2013. A new versatile primer set targeting a short fragment of the mitochondrial COI region for metabarcoding metazoan diversity: application for characterizing coral reef fish gut contents. Front Zool, 10: 1-14.

Lin Y, Gao Z, Zhan A. 2015. Introduction and use of non-native species for aquaculture in China: status, risks and management solutions. Reviews in Aquaculture, 7(1): 28-58.

Liu S, Li Y, Lu J, et al. 2013. SOAPBarcode: revealing arthropod biodiversity through assembly of Illumina shotgun sequences of PCR amplicons. Methods Ecol Evol, 4: 1142-1150.

Machida R J, Knowlton N. 2012. PCR Primers for metazoan nuclear 18S rDNA and 28S ribosomal DNA sequences. PLoS One, 7: e46180.

Malmqvist B, Rundle S. 2002. Threats to the running water ecosystems of the world. Environ. Conserv., 29: 134-153.

Minton M S, Verling E, Miller A W, et al. 2005. Reducing propagule supply and coastal invasions via ships: effects of emerging strategies. Frontiers in Ecology and the Environment, 3: 304-308.

Nelson S M, Lieberman D M. 2002. The influence of flow and other environmental factors on benthic invertebrates in the Sacramento River, USA. Hydrobiologia, 489: 117-129.

Ojaveer H, Galil B S, Minchin D, et al. 2013. Ten recommendations for advancing the assessment and management of non-indigenous species in marine ecosystems. Mar. Policy., 44: 1-6.

Padilla D K, Williams S L. 2004. Beyond ballast water: aquarium and ornamental trades as sources of invasive species in aquatic ecosystems. Frontiers in Ecology and the Environment, 2(3): 131-138.

Pauly D, Alder J, Booth S, et al. 2009. Fisheries in large marine ecosystems: descriptions and diagnoses. *In*: Sherman K, Hempel G. The UNEP large marine ecosystem report: a perspective on changing conditions in LMEs of the World's Regional Seas. Nairobi: United Nations Environment Programme Regional Seas Reports and Studies No. 182: 23-40.

Pedrós-Alió C. 2012. The rare bacterial biosphere. Annu Rev Mar Sci, 4: 449-466.

Peeler E J, Oidtmann B C, Midtlyng P J, et al. 2011. Non-native aquatic animals introductions have driven disease emergence in Europe. Biological Invasions, 13(6): 1291-1303.

Pereira H M, Navarro L M, Martins I S. 2012. Global biodiversity change: the bad, the good, and the unknown. Annual Review of Environment and Resources, 37(1): 25-50.

Pimm S L, Russell G J, Gittleman J L, et al. 1995. The future of biodiversity. Science, 269: 347-350.

Pochon X, Bott N J, Smith K F, et al. 2013. Evaluating detection limits of next-generation sequencing for the surveillance and monitoring of international marine pests. PLoS One, 8(9): e73935.

Poff N L, Brinson M M, Day J W. 2002. Aquatic Ecosystems and Global Climate Change. Arlington: Pew Center on Global Climate Change: 44.

Revenga C, Mock G. 2000. Pilot Analysis of Global Ecosystems: Freshwater Systems. Washington DC: World Resource Institute.

Ricciardi A, Rasmussen J B. 1999. Extinction rates of North American freshwater fauna. Conservation Biology, 13(5): 1220-1222.

Riis T, Sand-Jensen K. 2001. Historical changes in species composition and richness accompanying perturbation and eutrophication of Danish lowland streams over 100 years. Freshwater Biology, 46(2): 269-280.

Ruiz G M, Fofonoff P, Hines A H, et al. 1999. Non-indigenous species as stressors in estuarine and marine communities: assessing invasion impacts and interactions. Limnology and Oceanography, 44: 950-972.

Sala O E, Chapin F S, Armesto J J, et al. 2000. Global biodiversity scenarios for the year 2100. Science, 287(5459): 1770-1774.

Schmieder R, Edwards R. 2011. Fast identification and removal of sequence contamination from genomic and metagenomic datasets. PLoS One, 6: e17288.

Schwarzenbach R P, Egli T, Hofstetter T B, et al. 2010. Global water pollution and human health. Annual Review of Environment and Resources, 35: 109-136.

Skulberg O M, Codd G A, Carmichael W W. 1984. Toxic blue-green algal blooms in Europe: a growing problem. Ambio, 13: 245-247.

Smith V H, Tilman G D, Nekola J C. 1999. Eutrophication: impacts of excess nutrient inputs on freshwater, marine, and terrestrial ecosystems. Environmental Pollution, 100: 179-196.

Sousa R, Gutiérrez J L, Aldridge D C. 2009. Non-indigenous invasive bivalves as ecosystem engineers. Biological Invasions, 11: 2367-2385.

Sun C, Zhao Y, Li H, et al. 2015. Unreliable quantitation of species abundance based on high-throughput sequencing data of zooplankton communities. Aquatic Biology, 24(1): 9-15.

Tedersoo L, Nilsson R H, Abarenkov K, et al. 2010. 454 Pyrosequencing and Sanger sequencing of tropical mycorrhizal fungi provide similar results but reveal substantial methodological biases. New Phytologist, 188: 291-301.

Telesh I V. 2004. Plankton of the Baltic estuarine ecosystems with emphasis on Neva Estuary: a review of present knowledge and research perspectives. Mar. Pollut. Bull., 49: 206-219.

The Ministry of Environmental Protection (MEP). 2013. The 2013 report on the State of the Environment in China. http: //www.zhb.gov.cn/[2016-2-3].

Thomsen P F, Kielgast J, Iversen L L, et al. 2012. Monitoring endangered freshwater biodiversity using environmental DNA. Mol Ecol., 21: 2565-2573.

Vie J, Hilton-Taylor C, Stuart S. 2009. Wildlife in a changing world: an analysis of the 2008 IUCN Red List of threatened species. Washington, District of Columbia: World Conservation Union, Gland, Switzerland: 1-184.

Vonlanthen P, Bittner D, Hudson A G, et al. 2012. Eutrophication causes speciation reversal in whitefish adaptive radiations. Nature, 482: 357-362.

Vörösmarty C J, Mclntyre P B, Gessner M O, et al. 2010. Global threats to human water security and river biodiversity. Nature, 467: 555-561.

Wen X, Xi Y, Qian F, et al. 2011. Comparative analysis of rotifer community structure in five subtropical shallow lakes in East China: role of physical and chemical conditions. Hydrobiologia, 661: 303-316.

Wetzel R G. 2001. Limnology: lake and river ecosystems. Eos Transactions American Geophysical Union, 21: 1-9.

Wilson H B, Joseph L N, Moore A L, et al. 2011. When should we save the most endangered species? Ecol Lett, 14: 886-890.

Worm B, Hilborn R, Baum J K, et al. 2009. Rebuilding global fisheries. Science, 325(5940): 578-585.

Xiong W, Li H, Zhan A. 2016b. Early detection of invasive species in marine ecosystems using high-throughput sequencing: technical challenges and possible solutions. Mar Biol, 163: 139.

Xiong W, Li J, Chen Y, et al. 2016a. Determinants of community structure of zooplankton in heavily polluted river ecosystems. Scientific Reports, 6: 22043.

Xiong W, Ni P, Chen Y Y, et al. 2017. Zooplankton community structure along a pollution gradient at fine geographical scales in river ecosystems: the importance of species sorting over dispersal. Molecular Ecology, 26: 4351-4360.

Zhan A, Bailey S A, Heath D D, et al. 2014a. Performance comparison of genetic markers for high-throughput sequencing-based biodiversity assessment in complex communities. Mol Ecol Resour, 14: 1049-1059.

Zhan A, He E A, Brown F J J, et al. 2014b. Reproducibility of pyrosequencing data for biodiversity assessment in complex communities. Methods Ecol Evol, 5: 881-890.

Zhan A, Hulák M, Sylvester F, et al. 2013. High sensitivity of 454 pyrosequencing for detection of rare species in aquatic communities. Methods Ecol Evol, 4: 558-565.

Zhan A, Maclsaac H J. 2015. Rare biosphere exploration using high-throughput sequencing: research progress and perspectives. Conserv Genet, 16: 513-522.

Zhan A, Xiong W, He S, et al. 2014c. Influence of artifact removal on rare species recovery in natural complex communities using high-throughput sequencing. PLoS One, 9: e96928.

Zhou J, Kang S, Schadt C W, et al. 2008. Spatial scaling of functional gene diversity across various microbial taxa. P Natl Acad Sci USA, 105: 7768-7773.

Zhou J, Wu L, Deng Y, et al. 2011. Reproducibility and quantitation of amplicon sequencing-based detection. The ISME Journal, 5: 1303-1313.

第 25 章　生态环境与流感病毒基因的变异

25.1　引　　言

流感病毒是一类典型的人畜共患病病原，能够跨越种间屏障感染不同的宿主，并可对生态圈中不同生态位的物种产生广泛的影响。流感病毒的流行不断更新着生态圈的生态位构造，同时生态圈环境的变化也在不断选择流感病毒的适应性变异，二者相互作用、相互改变，对人类社会有着深远影响。

作为寄生病原，流感病毒必须适应其寄居的宿主环境。而流感病毒的聚合酶为 RNA 聚合酶，缺乏有效的校正功能，因此在病毒基因组复制过程中容易出现差错，使流感病毒出现较高频率的点突变（point mutation）。在复制过程中，流感病毒不断地产生随机突变，只有适应当前生态环境和宿主条件的有利突变才能够使病毒获得生存优势。而一旦病毒得到适宜的繁衍和传播条件产生流行，就会改变其宿主在生态系统中原有的优势地位，进而又迫使病毒寻求和适应新的优势宿主。

流感病毒的跨物种传播严重威胁了人类的生命健康，因此防控流感的流行至关重要。长久以来，药物和疫苗的广泛使用有效地控制了流感疫情，但药物的选择压力也逐渐使病毒的耐药突变株获得生存优势，这给流感防控带来了新挑战。同时，流感病毒在与宿主免疫系统的博弈中也会采取各种免疫逃逸的生存策略，如发生抗原漂移、破坏宿主免疫系统功能等。流感病毒与宿主在长久的相互斗争中不断改变和适应彼此，二者的相互作用成为当今社会医学与生物学研究中的一个复杂而常新的热门课题。

流感病毒之所以一次次卷土重来而难以根除，另一个重要原因在于不同病毒株之间可以发生基因重配（reassortment）。由于流感病毒的基因组是分节段的单链 RNA 分子，并且一种宿主可能同时被多种流感病毒感染，这些不同来源的流感病毒可以在宿主体内发生基因片段的重新组合，产生多种新型流感病毒。这些新生病毒有的可以进行“宿主跳跃”，并在新的宿主种群中发生流行。自 20 世纪以来，全球暴发的四次流感大流行中有三次是由重配病毒引起的。

候鸟迁徙被认为是促进流感病毒突破地域限制、大范围传播的重要原因，迁徙鸟类和本地禽类的接触又进一步为流感病毒基因的重配提供了条件，成为产生新型病毒的“原料工厂”。规模化养殖同样极大地促进了流感疫情的暴发，家禽的散养模式及活禽市场的存在又为新型流感病毒的传播提供了便利，成为病毒由禽类宿主传播到人群中的源头。

此外，随着人类社会活动的国际化和“地球村”的出现，流感病毒突破远距离地域限制发生传播愈发频繁。防控流感病毒疫情不再是一个小范围的地域问题，而是一个全球性公共卫生问题，需要全世界各个国家的积极应对和通力合作。

25.2 流感病毒概述

流感病毒属于正黏病毒科，是一种有囊膜、多形态、分节段的单股负链 RNA 病毒。根据核蛋白（nucleoprotein，NP）和基质蛋白（matrix protein，M）抗原性的不同，流感病毒可分为 A、B、C、D 四种型别，其中 A 型流感病毒可以感染人及禽、猪、马、犬、猫、海豹等多种动物。根据表面血凝素（hemagglutinin，HA）和神经氨酸酶（neuraminidase，NA）的不同，又可将流感病毒分为 18 个 HA 亚型和 11 个 NA 亚型（Yoon et al.，2014）。根据 HA 和 NA 的一级序列，构建进化树可将 A 型流感病毒的 H1~H18 划分为两个组，第一组包括：H1、H2、H5、H6、H8、H9、H12、H11、H13、H16、H17 和 H18，第二组包括 H3、H4、H14、H7、H10 和 H15。N1~N11 按一级序列同样分为三组，第一组包括 N1、N4、N5 和 N8，第二组包括 N2、N3、N6、N7 和 N9，第三组为 N10 和 N11（Wu et al.，2014）。

流感病毒的基因组由 8 个单股负链 RNA 片段构成，从长到短分别为片段 1 至片段 8，可编码多种蛋白质，分别为聚合酶蛋白（polymerase basic protein 2，PB2；polymerase basic protein 1，PB1；polymerase acidic protein，PA）、血凝素蛋白、核蛋白、神经氨酸酶蛋白、基质蛋白（M1、M2）、非结构蛋白（nonstructural protein 1，NS1；nonstructural protein 2，NS2），以及由片段 2 可读框移码翻译产生的 PB1-F 蛋白（Chen et al.，2001）和 N40 蛋白（Wise et al.，2009），片段 3 移码翻译产生的 PA-N155、PA-N182、PA-X 等，片段 7 移码翻译产生的 M42 等（Jagger et al.，2012）。

25.2.1 聚合酶蛋白

流感病毒的聚合酶是由片段 1~3 编码产生的 PB2、PB1、PA 蛋白组成的三聚体，负责病毒基因组的转录和复制。PB2、PB1、PA 蛋白中都含有核定位信号序列，在宿主细胞的细胞质中合成后，可被转移至细胞核内组成聚合酶复合体，在细胞核内催化病毒基因的转录和复制（Hatta et al.，2000）。

在病毒基因的转录和复制过程中，这三种聚合酶蛋白可发挥不同的功能。流感病毒基因的转录需要利用宿主细胞的信使 RNA（mRNA）作为引物，而 PB2 蛋白可以识别并结合宿主细胞 mRNA 的帽状结构（Fechter et al.，2003；Neumann et al.，2004），PA 蛋白具有核酸内切酶功能，负责剪切宿主 mRNA 的帽状结构（Dias et al.，2009），PB1 蛋白具有催化作用，负责延伸 RNA 链（Poon et al.，1999）。

25.2.2 血凝素蛋白

血凝素蛋白由片段 4 编码，全长 562~566 个氨基酸，是构成流感病毒囊膜纤突的主要成分之一。HA 蛋白在流感病毒囊膜表面以三聚体形式存在，每个单体由信号肽、胞浆区、跨膜区和胞外区四部分组成，主要功能是识别和结合宿主细胞表面的唾液酸受体（Rogers et al.，1983），并且介导流感病毒的膜融合过程（Bullough et al.，1994）。另外，

HA 蛋白是流感病毒最主要的抗原蛋白，HA 蛋白抗原位点上的氨基酸变异可导致流感病毒抗原性的改变，有利于病毒逃避宿主的免疫应答（Jin et al.，2005；McDonald et al.，2007）。

25.2.3　核蛋白

病毒的核蛋白由片段 5 编码，是核衣壳的主要成分。NP 蛋白是一种多功能蛋白质，能够与病毒 RNA（vRNA）、聚合酶蛋白组合形成核糖核蛋白复合体（vRNP），保护 vRNA 不被降解（Biswas et al.，1998）；另外核蛋白还能够通过与 PB2 蛋白结合，调节病毒的转录和复制过程（Poole et al.，2004）。

25.2.4　神经氨酸酶蛋白

神经氨酸酶蛋白由片段 6 编码，与 HA 蛋白共同构成病毒囊膜表面的纤突。NA 蛋白在囊膜表面以四聚体的形式存在，是流感病毒的另一种重要抗原。NA 蛋白的主要功能是避免子代病毒粒子在宿主细胞膜上聚集，保证新生病毒粒子能够顺利出芽并释放（Liu et al.，1995）。常用的抗流感药物奥司他韦等为神经氨酸酶抑制剂。

25.2.5　基质蛋白

片段 7 有 2 个可读框，可编码两种基质蛋白，分别为基质蛋白 1 和基质蛋白 2。基质蛋白是病毒粒子中含量最多的蛋白质，占病毒粒子蛋白质总量的 30%~40%。基质蛋白 1 由 252 个氨基酸残基组成，主要功能是维持病毒的形态。另外，基质蛋白 1 还参与 vRNP 的核输出，以及子代病毒粒子的装配过程（Martin and Helenius，1991）。基质蛋白 2 具有离子通道活性，在病毒脱壳时可以酸化病毒粒子的内部环境（Stouffer et al.，2008）。另外，基质蛋白 2 能够与基质蛋白 1 作用，参与病毒基因组的包装及病毒粒子的形成（Zebedee and Lamb，1988）。常用的金刚烷胺类药物为离子通道抑制剂。

25.2.6　非结构蛋白

片段 8 也含有 2 个可读框，可编码 NS1 和 NS2 两种蛋白质。这两种蛋白质均为非结构蛋白，不构成病毒骨架，但大量存在于感染细胞中。在病毒感染早期 NS1 蛋白大量合成，而 NS2 蛋白在感染后期产生。NS1 和 NS2 蛋白在不同流感毒株间的氨基酸差异较大。NS1 蛋白可通过与宿主细胞 RNA 或蛋白质结合，抑制干扰素（IFN）的产生或拮抗 IFN 的抗病毒作用（Billharz et al.，2009；Kochs et al.，2007），从而抑制宿主的先天性免疫应答；NS1 也具有细胞凋亡因子前体功能，能够与热休克蛋白 90（Hsp90）结合，诱导细胞凋亡（Zhang et al.，2011）；此外，NS1 还能够与细胞核的 RNA 输出因子 1（NXF1）结合，阻止宿主 mRNA 的核输出（Satterly et al.，2007）。NS2 蛋白能与 M1 蛋白及核输出蛋白 CRM1 结合，将 vRNP 从细胞核输出至细胞质中（Boulo et al.，2007）。

25.3 流感病毒的天然宿主

目前，研究认为，流感病毒的天然储存库是野生水禽，16 种 HA 和 9 种 NA 蛋白均可在水禽中发现（Fouchier et al.，2005；Webster et al.，1992）。家禽和哺乳动物体内分离到的流感病毒都直接或间接地来源于水禽。此外，还有两种亚型（H17N10、H18N11）流感样病毒存在于蝙蝠体内（Tong et al.，2013）。

在水禽体内，流感病毒主要在其肠道进行复制（Webster et al.，1978），并且此类禽流感病毒 HA 蛋白偏好性结合 α-2,3 唾液酸受体。相反，能够在人群中引起流感流行的流感病毒主要在人的上呼吸道进行复制，病毒的 HA 蛋白偏好性结合 α-2,6 唾液酸受体。并且已有研究发现，流感病毒的内部蛋白质，如聚合酶蛋白等，也会根据感染宿主不同，发生适应性突变。因此，病毒在进行“宿主跳跃”过程时需要经过许多演化变异。

25.3.1 野生水禽

雁形目（鸭子、鹅、天鹅）和鸻形目（海鸟、鸥、海雀）等水禽是感染家禽和哺乳动物的流感病毒的最终来源（Fouchier et al.，2005；Webster et al.，1992）。目前可以从超过 100 种的水禽物种中分离到流感病毒（Olsen et al.，2006），钻水鸭特别是绿头鸭是流感病毒最主要的天然宿主之一（Widjaja et al.，2004）。一般而言，水禽感染流感病毒后通常为隐性感染，有时也表现出一定的症状。绿头鸭感染流感病毒后表现出体重下降，身体状况下降，但是无其他明显的疾病特征（Latorre-Margalef et al.，2009；van Gils et al.，2007）。另外，16 种 HA 亚型中，部分 H5 和 H7 亚型流感病毒为高致病性禽流感病毒，可导致水禽的死亡。

25.3.2 陆生家禽

陆生家禽中，鹌鹑可以感染大多数的流感病毒，并且感染后也表现为隐性感染。由于鹌鹑同时含有 a-2,3 唾液酸受体和 a-2,6 唾液酸受体，因而被认为是一种中间宿主（Perez et al.，2003）。由于研究者认为 H9N2 亚型禽流感病毒 G1 分支产生于鹌鹑，因此香港的活禽市场中禁止贩卖鹌鹑（Guan et al.，1999）。另外，鸡和火鸡等均对流感病毒高度易感，火鸡可以感染多种禽、哺乳动物流感病毒，并且可以感染 2009 年 pH1N1 流感病毒。尽管多种流感病毒可以在陆生禽类体内复制，但是除 H6N1 和 H9N2 亚型流感病毒外，很少有流感病毒可以在陆生禽类中建立稳定的谱系。近年来，有人认为鸡也可以作为一种中间宿主，可以同时感染不同来源的病毒，并将病毒进行重配产生新的流感病毒亚型。近年来出现的感染人的 H7N9 和 H10N8 亚型流感病毒即野鸟携带的流感病毒与家禽中流行的 H9N2 亚型流感病毒在鸡体内的重配产物（Chen et al.，2014；Gao et al.，2013）。携带 H9N2 病毒的鸡群就像一个“孵化器”，使野生鸟类来源的禽流感病毒得到更大的重配机会，进而产生更多的可感染人类的重配病毒（Liu et al.，2014）。

25.3.3　猪

与野鸟不同，猪仅能感染有限的几种流感病毒亚型（H1N1、H3N2、H1N2）。流感病毒感染猪最早发现于 1918 年西班牙流感暴发期间。猪感染流感病毒后通常表现出与人类似的症状，如流鼻涕、咳嗽、发烧、呼吸困难及结膜炎，严重时可导致肺炎。

由于猪的呼吸道中存在 α-2,3 唾液酸受体和 α-2,6 唾液酸受体两种唾液酸受体（Ito et al.，1998），因此其被认为是引起流感大流行病毒株的“混合器”。猪也可以感染禽流感病毒，其中欧亚类禽 H1N1 亚型猪流感病毒就来源于禽流感病毒；另外猪也能感染人流感病毒。研究者发现，猪体内可以分离到 2009 年 pH1N1 流感病毒和人季节性流感病毒（Nelson et al.，2012），因此其可以通过重配产生新的流感病毒。2009 年以后，在亚洲、美洲和欧洲的猪群中迅速检测到 pH1N1 流感病毒与地方性猪流感病毒的重配（Ducatez et al.，2011；Howard et al.，2011；Moreno et al.，2011；Nfon et al.，2011；Vijaykrishna et al.，2010），这充分说明猪在流感病毒的生态学中占有重要的地位。

25.3.4　蝙蝠

虽然水禽被认为是流感病毒的储存库，可以直接或间接地导致陆生禽类和哺乳动物感染流感病毒，但是蝙蝠体内检测到新型流感病毒的基因又提示我们流感病毒可能还有额外的储存库（Tong et al.，2013）。目前，蝙蝠体内可以检测到两种流感样病毒（H17N10、H18N11），由于该类病毒不能像经典流感病毒那样结合唾液酸受体（Tong et al.，2013），且存在于健康的蝙蝠体内，因此蝙蝠在流感病毒演化与生态中的作用仍需进一步研究。

25.4　流感病毒的传播途径

25.4.1　流感病毒生态循环的两个阶段

流感病毒的生态循环可以分为两个阶段：禽流感病毒的自然循环阶段和流感病毒在畜/禽/人的循环阶段（Shi et al.，2014）。在禽流感病毒的自然循环阶段中，水禽是禽流感病毒的天然储存宿主。多数的 A 型流感病毒在水禽中循环，为流感病毒在人类及哺乳动物中的大流行提供了基因多样性。在畜/禽/人的循环阶段中，禽流感病毒感染人主要有两种途径，第一种途径是通过偶尔的接触传播至鸡、鸭等家禽，而后通过接触传播至人类，或者通过与家禽体内的流感病毒重配而感染人。第二种途径是禽流感病毒感染家禽后，通过在中间宿主（猪）体内进行基因重配产生新型的流感病毒。猪同时对禽流感病毒和人流感病毒易感，因此重配人、禽流感病毒而产生能够引起流感流行的新型流感病毒。家禽和猪可以进一步传播流感病毒，使之感染人类，并可根据现有的人群免疫情况引起流感的流行。

最近，蝙蝠体内检测到 H17N10 和 H18N11 流感样病毒的基因（Tong et al.，2013），为流感病毒的生态循环提供了新的思路。由于目前尚未在蝙蝠体内分离到病毒，仅能检测到其完整的病毒基因，并且其 HA 和 NA 缺乏已知的功能，因此我们认为 H17N10 和 H18N11 为流感样病毒，并且有可能是现有流感病毒的祖先。

25.4.2 流感病毒的传播方式

流感病毒的传播方式主要有 5 种，分别是直接接触传播、间接接触传播、呼吸道飞沫传播、气溶胶传播和垂直传播。

（1）直接接触传播

在没有任何外界因素的参与下，易感者通过直接接触传染源而感染流感病毒。由于人的呼吸道中分布有流感病毒的受体，因此人在接触流感病毒时可以感染此种病毒。多数流感病毒可以通过此方式传播。

（2）间接接触传播

间接接触传播是指传染源通过中间对象（如污染的手或工具、粪便等）将流感病毒传染至易感者。流感病毒感染水禽后可以在其肠道内进行复制，并可以通过粪便排泄大量的病毒（Webster et al.，1978），因此新鲜粪便和湖水中均可以分离到禽流感病毒。经研究表明，流感病毒在 22℃的水中可以存活 4 天，在 0℃时可以存活 30 天以上，这为流感病毒经粪口途径传播提供了条件（Webster et al.，1978）。

（3）飞沫传播

感染者呼气、喷嚏、咳嗽或谈话时可以产生大量的携带流感病毒的大液滴（直径≥5μm），这些液滴排入环境后可以感染环境或新的宿主，导致流感病毒的传播。2013 年流行的 H7N9 亚型禽流感病毒具有一定的呼吸道飞沫传播能力（Zhang et al.，2013a）。2012 年，*Science* 杂志发表文章称 H5N1 亚型禽流感病毒在与 2009 年 pH1N1 亚型流感病毒重配后，可以获得在豚鼠间进行呼吸道飞沫传播的能力（Zhang et al.，2013b）。

（4）气溶胶传播

流感病毒可以存在于液滴核（直径<5μm）中，这种含有流感病毒的液滴可以在空气中飘浮存在，并可被气流冲散，当其被易感宿主吸入时，流感病毒即能感染新的宿主。除能够引起广泛流行的 H3N2 和 H1N1 亚型流感病毒外，H5N1 亚型禽流感病毒在获得一定的突变或与 2009 年 pH1N1 亚型流感病毒重配后，也可以在雪貂模型中通过气溶胶传播。另外据文献报道，目前广泛流行于家禽的 H9N2 亚型禽流感病毒也可在雪貂中有效传播。

（5）垂直传播

垂直传播是指病毒从母体经过胎盘或产道传染给胎儿的传播。历史上季节性流感和大流行流感中，病毒感染孕妇并发生垂直传播的现象偶有发生。1971 年，一例 H3N2 亚型流感病毒引起孕妇肺外脏器感染，在羊水和胎儿心脏中分离到病毒（Yawn et al.，

1971)。1984 年研究人员再次报道 H3N2 亚型流感病毒垂直传播的病例(McGregor et al., 1984)。2005 年，我国安徽省发生一例孕妇感染高致病性 H5N1 亚型禽流感病毒的病例（Shu et al., 2006），实体解剖首次证明高致病性 H5N1 亚型禽流感病毒能够经胎盘垂直传播感染胎儿（Gu et al., 2007）。2009 年 pH1N1 流感病毒流行期间，有四例孕妇感染的病例，其中胎儿经剖宫产取出后，病毒检测呈阳性（Uchide et al., 2012）。2011 年，研究者也发现一例感染季节性 H1N1 亚型流感病毒死亡的孕妇(Lieberman et al., 2011)，其胎盘绒毛间隙和胎儿绒毛膜的组织细胞存在病毒，该报道也证实季节性 H1N1 亚型流感病毒可以进行垂直传播。

25.5 流感病毒的基因变异

自然界中 A 型流感病毒的基因组处于持续的进化过程中，其基因组变异的方式主要有两种，分别是点突变和基因重配。

25.5.1 点突变

点突变是流感病毒产生变异最重要的机制之一。由于流感病毒的聚合酶为 RNA 聚合酶，缺乏有效的校正功能，在进行病毒基因组的复制时容易出现差错，因此流感病毒的突变率较高。点突变在流感病毒产生抗原漂移、耐药及宿主适应过程中发挥重要作用。

（1）疫苗的使用

流感病毒基因组中 *HA* 基因的变异率最高，这种高频率的变异可能与宿主抗体的压力筛选有关。疫苗在防控流感疫情中发挥重要的作用，然而疫苗免疫所造成的免疫压力也加速了抗原漂移（antigenic drift）。

我国长期采用灭活疫苗防控 H9N2 亚型禽流感，然而该疾病依然广泛流行。据文献报道，1994~2008 年鸡群中流行的 H9N2 亚型流感病毒可分为 3 个抗原群（C、D、E 群）（Sun et al., 2010）。而随着疫苗的使用，在 2010~2013 年，H9N2 亚型流感病毒发生了明显的抗原变异，出现了一个新的具有流行优势的抗原 F 群，说明该亚型病毒可能发生了抗原漂移（Wei et al., 2016）。韩国也有报道称，使用疫苗后 H9N2 亚型流感病毒迅速发生变异，目前的疫苗株不能控制不同基因型 H9N2 亚型流感病毒在鸡群中的复制和传播（Park et al., 2011）。很多研究也表明，疫苗免疫措施可加剧人流感病毒和禽流感病毒的抗原变异。

（2）药物的使用

目前，已有多种抗流感病毒药物应用于临床，按其作用机制可分为三类：第一类为离子通道抑制剂，如金刚烷胺（amantadine）；离子通道抑制剂通过干扰病毒的脱壳过程而特异性地抑制流感病毒的增殖。第二类为神经氨酸酶抑制剂（neuraminidase inhibitor, NAI)，如奥司他韦(Oseltamivir，商品名达菲)(Kim et al., 1997)及扎纳米韦(Zanamivir) （von Itzstein et al.，1993）等。神经氨酸酶抑制剂在很低浓度下即能抑制神经氨酸酶的活性。第三类为聚合酶抑制剂，如法匹拉韦（favipiravir），可以选择性地抑制流感病毒的 RNA 依赖的 RNA 聚合酶。抗流感病毒药物的使用极大程度地限制了流感病毒的传播。

然而随着抗流感病毒药物的广泛使用，流感病毒的耐药突变株也在不断出现（Ferraris and Lina，2008）。研究显示，2005~2006 年对金刚烷胺耐药的流感病毒株数量大幅上升，H3N2 亚型流感病毒在亚洲和美国的耐药比例分别高达 61%和 92%（Bright et al.，2005；Saito et al.，2008）。对奥司他韦类药物耐药性的检测结果显示，耐药突变株自 2004 年开始频繁出现（Kiso et al.，2004），2006~2007 年季节性 H1N1 亚型流感病毒有多个位点突变与奥司他韦耐药有关，2008~2009 年 H1N1 亚型流感病毒的奥司他韦耐药株已传遍世界（Ciancio et al.，2009；Hauge et al.，2009；Ledesma et al.，2011；Moscona，2009；Tamura et al.，2009；Ujike et al.，2010）。

流感病毒对抗病毒药物的耐药可能与单个氨基酸的突变有关。离子通道抑制剂产生耐药性可能与 M2 蛋白中跨膜区关键区域上单个氨基酸的突变有关。现已证实 L26F、V27A、A30T、S31N 和 G34E 位中的氨基酸有 1 个以上变异就会导致耐药株的出现，该区域是金刚烷胺的作用靶点，其中以第 31 位氨基酸发生的突变最为多见。

流感病毒对神经氨酸酶抑制剂的耐药可能与神经氨酸酶催化活性中心的位点突变有关。对于 H3N2 亚型流感病毒及 B 型流感病毒，耐药突变主要为 E119V 突变（Hatakeyama et al.，2011；Kiso et al.，2004；Okomo-Adhiambo et al.，2010），最为典型的是临床分离得到的 E119V 突变株及 E119V+I222V 双突变株（Baz et al.，2006）。另外，64%的季节性 H1N1 流感病毒存在 H274Y 突变（Hurt et al.，2009），该突变会使病毒对奥司他韦强烈耐药（Collins et al.，2008）。

（3）宿主的改变

禽流感病毒具有一定的宿主特异性，因此其在发生跨种间传播适应新宿主时往往伴随着基因组的改变。流感病毒感染时，病毒通过囊膜表面的 HA 蛋白识别和结合唾液酸受体吸附到细胞表面（Gambaryan et al.，1997；Sauter et al.，1989；Takemoto et al.，1996），经内吞作用进入细胞。内吞体中的低 pH 可以引发 HA 蛋白构象的改变，进而发生膜融合（Skehel and Wiley，2000）。流感病毒的 mRNA 随后释放到细胞质中并转运至细胞核内（Boulo et al.，2007；Cros and Palese，2003；Mould et al.，2000；Pinto and Lamb，2006），在细胞核内进行转录和复制（Dias et al.，2009；Kobayashi et al.，1996；Plotch et al.，1981；Smith and Hay，1982）。病毒的基因经转录后转运至细胞质中进行翻译，翻译后的 PB2、PB1、PA、NP 等蛋白质重新转运至细胞核内，并且组装成病毒的核糖核蛋白复合体，然后在 M1 蛋白及 NS2 蛋白的帮助下，转运出细胞核，进而包装成新的流感病毒（Cros and Palese，2003；Nayak et al.，2004），最终在 NA 蛋白的介导下从宿主细胞表面释放（Nayak et al.，2004；Rossman and Lamb，2011；Schmitt and Lamb，2005），然后感染其他宿主细胞。因此流感病毒在跨种间传播时需要多个基因的参与，病毒通过突变适应不同的宿主环境。

（4）血凝素基因

流感病毒感染时，首先通过其血凝素蛋白与宿主细胞表面的唾液酸受体结合，使病毒吸附到细胞表面。HA 蛋白胞外域的晶体结构表明 HA 蛋白在病毒囊膜表面以三聚体形式存在，可以分为头部区和茎部区（Gamblin and Skehel，2010；Lu，2013；Shi，2013；Wang et al.，2015b；Wilson et al.，1981）。HA 蛋白的受体结合区域在 HA 蛋白的头部形成一个浅的口袋，主要由 190-螺旋、130-环、220-环及基部保守的氨基酸（Y98、W153、H183 和 Y195、H3 编码）组成（Gamblin and Skehel，2010）。唾液酸受体主要是通过疏水相互作用、氢键及范德瓦耳斯力结合于此部位。据文献报道，人的上呼吸道（鼻黏膜、鼻旁窦、咽、气管）的上皮细胞主要表达 α-2,6 唾液酸受体，下呼吸道同时也分布有一些 α-2,3 唾液酸受体（Shinya et al.，2006）。据报道，禽流感病毒偏好性结合 α-2,3 唾液酸受体（Nobusawa et al.，1991；Rogers et al.，1983），而人流感病毒偏好性结合 α-2,6 唾液酸受体（Gambaryan et al.，1997；Govorkova et al.，2000）。宿主细胞表面唾液酸受体的不同构成了禽流感病毒感染哺乳动物宿主的第一道屏障。禽流感病毒适应哺乳动物宿主往往伴随着其受体结合偏好性的转变。

在禽流感病毒的基因组中，编码血凝素蛋白受体结合区域的基因十分保守，但是在适应哺乳动物宿主时，流感病毒的受体结合区域会发生变异，如 138、190、194、225、226 和 228 位氨基酸（Wright，2007），已知这些氨基酸的变异可以改变病毒的受体结合能力，对于流感病毒适应不同的宿主至关重要。

对于 H1 亚型流感病毒来说，HA 蛋白 225 位与 190 位氨基酸的组合在决定 H1 亚型流感病毒的受体结合特性中起重要作用。含有 E190/G225、E190/D225 或 D190/G225 的 HA 蛋白通常具有双重受体结合特异性，而含有 D190/D225 或 D190/E225 的 HA 蛋白偏好性结合人类受体（Shi et al.，2014）。对于 H2 和 H3 亚型流感病毒来说，Q226L 和 G228S 具有重要作用（Wright，2007）。L226 残基所导致的疏水环境，不利于 α-2,3 唾液酸受体中的亲水糖苷氧原子的取向，但是有利于 α-2,6 唾液酸受体的疏水 C6 原子的取向。另外，S228 残基可以与 Sia-1 形成氢键相互作用，这也可以增强 HA 蛋白对 α-2,6 唾液酸受体的结合能力。此外，HA158 糖基化及 P186S 的突变对 H5、H6 亚型禽流感病毒的受体结合特性至关重要（Gambaryan et al.，2006；Wang et al.，2015a）。

（5）核糖核蛋白复合体基因

除受体结合特性的转变外，禽流感病毒适应哺乳动物宿主还涉及病毒的核糖核蛋白复合体的适应性突变。其中 PB2 蛋白的 627 位氨基酸，被认为是决定流感病毒的宿主范围和毒力的重要因素（Subbarao et al.，1993）。禽流感病毒 PB2 蛋白的 627 位通常是 E，而人流感病毒通常为 K。据报道，在禽流感病毒进行小鼠或雪貂传代时，其 PB2 627 位会发生由 E 到 K 的突变（Herfst et al.，2012；Wang et al.，2012）。另外，在禽流感病毒适应哺乳动物宿主时，PB2 701 位也可以发生由 D 到 N 的突变。该突变既能增强病毒在小鼠体内的复制力（Gabriel et al.，2005；Gao et al.，2009），又能增强病毒在豚鼠间的传播力（Steel et al.，2009）。2013 年出现的 H7N9 亚型禽流感病毒中均含有 PB2 E627K

或 D701N 突变（Chen et al.，2013）。然而，2009 年 pH1N1 流感病毒的 PB2 蛋白上并没有 PB2 E627K 突变，但是其 590-591 位氨基酸的 SR 多态性可以弥补 PB2 蛋白表面的大的阳性电荷区，从而替代 PB2 627K 的功能（Mehle and Doudna，2009），也能够增强流感病毒在哺乳动物细胞中的聚合酶活性及体外复制力。另外，PA 蛋白 97 位由苏氨酸到异亮氨酸的突变也可以提高 H5N2、H9N2 亚型禽流感病毒在哺乳动物细胞中的聚合酶活性，并能够增强病毒在小鼠中的复制力，增强毒力（Song et al.，2009；Wang et al.，2012）。禽流感病毒在感染并适应小鼠的过程中，NP 蛋白同样也可以出现点突变。据文献报道 NP N319K 可以通过增强 NP 蛋白与输入蛋白 α1 的结合，从而促进其向核内积聚，增强禽流感病毒在哺乳动物细胞中的聚合酶活性，进而增强禽流感病毒对小鼠的毒力（Gabriel et al.，2008）。

总之，疫苗及药物的使用，以及宿主环境的改变都可以选择出对流感病毒生存有利的突变，并使突变毒株成为优势毒株，从而使病毒的基因组发生变异。

25.5.2 基因重配

由于 A 型流感病毒的基因组是分节段的 RNA，当两个或两个以上的不同流感病毒粒子同时感染一个宿主细胞时，在病毒的增殖过程中，不同病毒粒子的 8 个基因片段可能会发生随机互换，从而发生核酸水平上的重新组合，这种现象称为基因重配（甘孟候，2004）。由于 A 型流感病毒的基因组具有 8 个基因片段，当两种不同的病毒同时感染一个细胞时，理论上可以产生 2^8（256）种可能。在自然界中，这种混合感染的现象非常常见。例如，流感病毒的“混合器”猪的呼吸道中既有 α-2,3 唾液酸受体，又有 α-2,6 唾液酸受体，因此，猪能够感染人流感病毒和禽流感病毒，这就为基因的重配提供了便利。另外，野生水禽与家禽的频繁接触也为基因重配提供了便利。流感病毒通过基因重配交换基因可以极大地增加病毒的基因多样性，这种多样性也可以促进选择压力下的病毒进化。

自 20 世纪以来，全球共暴发了四次流感大流行，分别是 1918 年的西班牙大流感、1957 年的亚洲流感、1968 年的香港流感及 2009 年的墨西哥流感，除 1918 年西班牙流感病毒的基因组是全禽源的禽流感病毒外，其余三次流感的大流行毒株都是基因重配的结果（Watanabe et al.，2012）。重配病毒的表面蛋白基因（*HA*、*NA*）为禽源或猪源，由于人体缺乏对该抗原的免疫力，病毒能够逃避机体的免疫系统监视，从而导致病毒在人群中迅速传播。1957 年的亚洲流感病毒（H2N2）是由人流感病毒和禽流感病毒重配而成的，其 *PB1*、*HA*、*NA* 基因来自禽流感病毒，而其他 5 个基因（*PB2*、*PA*、*NP*、*M*、*NS*）来源于当时流行的人季节性 H1N1 流感病毒（Kawaoka et al.，1989；Scholtissek et al.，1978）。1968 年的香港流感病毒（H3N2）则是由先前流行的 H2N2 亚型流感病毒和禽流感病毒的 *HA*、*PB1* 基因重配而来（Kawaoka et al.，1989；Scholtissek et al.，1978）。2009 年 pH1N1 亚型流感病毒同样也是一种重配病毒。基因组分析表明，pH1N1 亚型流感病毒的 *NA* 和 *M* 基因来源于欧亚类禽猪流感病毒；*HA*、*NP* 和 *NS* 基因来源于北美洲经典猪流感病毒；*PB2* 和 *PA* 基因来源于禽流感病毒；*PB1* 基因来源于人季节性 H3N2 流感病毒（Gao and Sun，2010；Garten et al.，2009；Neumann et al.，2009）。

2013 年，中国暴发了 H7N9 亚型禽流感病毒疫情（Chen et al.，2013；Gao et al.，2013）。研究病毒溯源发现，H7N9 亚型禽流感病毒是一种新型的重配病毒，主要由 4 个不同来源的流感病毒重配而成（Cui et al.，2014）。其 *HA* 基因很可能来源于我国长三角地区鸭群中的 H7 亚型禽流感病毒，*NA* 基因可能来源于经过我国的迁徙候鸟，另外 6 个内部基因片段则来源于我国家禽中流行的 H9N2 亚型禽流感病毒。此外，2013 年感染人的 H10N8 亚型禽流感病毒与 H7N9 亚型禽流感病毒类似，也是一种重配病毒（Chen et al.，2014）。

另外，关于基因重配的研究显示，H9N2 亚型禽流感病毒在获得 2009 年 pH1N1 亚型流感病毒的 *PA* 基因以后，其对小鼠的致病性明显增强（Sun et al.，2011）；H5N1 亚型禽流感病毒在获得 2009 年 pH1N1 亚型流感病毒的 *PA* 基因后，病毒可在豚鼠中传播（Zhang et al.，2013b）。以上数据均表明，流感病毒基因的重配在流感病毒适应新宿主过程中至关重要。

综上所述，流感病毒基因组的突变可以使流感病毒经受生态环境改变带来的负面影响，并且可以在合适的选择条件下占据主导地位。同时基因重配为流感病毒拓宽宿主范围，为引起流感流行提供了条件，也为病毒的快速进化提供了可能。

25.6　候鸟迁徙与流感病毒传播

由于候鸟体内含有大量的流感病毒，其可以在迁徙路途中将流感病毒传染给其他物种。因此在禽流感病毒的全球传播中，候鸟扮演着“载体”和“传播器”的重要角色，。

2005 年 5~6 月，我国青海省青海湖国家级自然保护区发生了大规模的候鸟感染高致病性 H5N1 禽流感事件，包括斑头雁、鱼鸥和棕头鸥等在内的 6000 多只候鸟死亡（Liu et al.，2005）。继 2005 年青海湖候鸟疫情不久，蒙古国、哈萨克斯坦、俄罗斯、土耳其、罗马尼亚等欧亚国家及埃及、尼日尔、尼日利亚等非洲国家也先后暴发了 H5N1 亚型禽流感疫情，这是有记载以来规模最大、波及范围最广的一次禽流感暴发事件。病毒基因组进化分析表明，这些国家的病毒均与青海湖候鸟毒株具有很高的亲缘关系，暗示禽流感病毒可以沿着候鸟的迁徙方向，“乘着候鸟的翅膀”传入欧洲、非洲等国家。

众所周知，目前共有 8 条候鸟迁徙路线遍布全球，分别是：①跨越整个大西洋连接西欧、北美洲东部及西非狭长地带的“东大西洋迁徙线”；②连接东欧和西非的“黑海-地中海迁徙线”；③跨越印度洋，连接东非和西亚的“东非-西亚迁徙线”；④南北走向贯穿整个亚洲大陆架的“中亚迁徙线”；⑤横跨印度洋和大西洋、连接东亚和大洋洲大陆的“东亚-澳大利亚迁徙线”；⑥贯穿南、北美洲西部地区的“密西西比美洲迁徙线”；⑦“太平洋-美洲迁徙线”；⑧贯穿南、北美洲东部地区的“大西洋美洲迁徙线”。这 8 条候鸟迁徙路线存在复杂的重叠交汇区，但均集中于北极圈附近，形成了较大范围的候鸟迁徙交汇区，因而可导致出现不同候鸟种群间的相互感染和远距离跨洲传播。主要有三条路线覆盖了我国的全部领域，分别是“③东非-西亚迁徙线”“④中亚迁徙线”和“⑤东亚-澳大利亚迁徙线”，这三条路线与禽流感的传播密切相关，候鸟承担了传播病毒的角色。在这三条路线中，其中东亚-澳大利亚路线最为关键。自 2003 年 12 月韩国报告禽流感疫情后，2004 年东南亚、东亚一些国家如泰国、越南、日本、中国、印度尼西亚、柬埔寨、老挝等也暴发禽流感，而这些发病国家恰恰全都处于该迁徙路线上。

流感病毒感染水禽后通常在肠道中进行复制，并且通常无症状，但是可以通过粪便排泄大量的病毒（Webster et al.，1978）。新鲜粪便和湖水中均可以分离到禽流感病毒，这说明水禽可以非常有效地通过水中的粪便传播病毒。由于水禽会聚集到湖泊，因此大量的动物可以被湖水中的病毒感染。

迁徙候鸟可作为禽流感病毒的“载体”和“传播器”，将病毒传染给家禽家畜甚至人类。研究者对美国艾奥瓦州西北部敖德萨湖周边的 39 名野鸭猎人和 68 名野生动物保护工作者进行流感病毒的血清调查时发现，其中 3 人的血清对 H11N9 型低致病性禽流感病毒呈阳性，而这 3 人都有长期密切接触野生水禽的历史（Gill et al.，2006）。另外，候鸟会在迁徙路途中将 H5N1 亚型禽流感病毒传染给当地的家禽或家畜，家禽或家畜进而再将病毒传给与它密切接触的人类，或是与其体内存在的病毒进行重配，进而传给人类。

2013 年，中国暴发了 H7N9 亚型禽流感疫情，这是世界上首次发现的人感染 H7N9 亚型禽流感病毒（Chen et al.，2013；Gao et al.，2013）。研究其病毒溯源发现，H7N9 亚型禽流感病毒主要由 4 个不同来源的流感病毒重配而成（Cui et al.，2014）。其 *HA* 基因很可能来源于我国长江三角地区鸭群中的 H7 亚型禽流感病毒，而这种病毒很有可能是由在东亚迁徙路线上的候鸟传入我国长三角地区鸭群中的。另外，*NA* 基因的最可能来源也是经过我国的迁徙候鸟，而鸭群很可能作为一个重要的宿主，将野鸟的病毒传入家禽。

新型 H7N9 亚型禽流感病毒的出现表明，候鸟可以在迁徙过程中将其所携带的流感病毒基因传播至家禽，并与家禽体内存在的病毒进行重配，进而威胁人类健康。

25.7 生态环境改变对流感病毒传播的影响

近几十年来，经济的快速发展极大地影响了全球的生态环境，伴随着全球环境的改变，禽流感疫情越来越多。禽流感病毒可以在野生禽类中广泛流行，然而近几十年来，随着养禽业的发展，禽流感在家禽中暴发也越来越频繁。随之引起人类感染的流感病毒亚型越来越多，除在人群中稳定存在的 H1、H2 和 H3 亚型外，H5、H6、H7、H9 和 H10 均已出现感染人的病例。其中生态环境的改变与流感病毒的传播关系密切。

25.7.1 养禽模式

随着人类对畜禽产品需求的增加，又由于资源相对有限，因此多数养殖场的饲养密度较高。过于密集的饲养方式使得家禽家畜免疫力低下，不能有效地抵抗流感病毒的感染。另外，高密度的禽类和哺乳动物混居也可以使流感病毒通过粪便、水源、饲料等有效传播。因此，近些年来，禽流感在家禽中暴发的次数越多，禽流感病毒跨越种间屏障感染人类的次数也越来越多。

此外，我国的散养模式使得家禽可以与野生禽类及猪等动物广泛接触，这为禽流感病毒的传播及重配提供了便利。

25.7.2　活禽市场

随着人们生活水平的提高，人们对于口感和美味的追求越来越高，活禽现宰现制被认为可以最大程度地保证禽类制品的新鲜，这极大地促进了活禽市场的发展。活禽市场中，鸡、鸭、鸽子等频繁接触，这为新型流感病毒的产生提供了便利。此外，活禽市场也使得人禽接触频繁，进而成为疫病传播的重要途径。自 2013 年 3 月以来，我国上海、浙江和安徽等地出现人感染 H7N9 禽流感病毒疫情。研究者收集了杭州市人感染 H7N9 病例密集地区周边活禽交易市场中鸭、鸡、鹌鹑、鸽子、褐头雀鹛及污水和排泄物等样品，并进行了 H7N9 亚型禽流感病毒的检测。研究发现，鸡、鸽子、鸭和鹌鹑呈现阳性，环境样品（包括污水和排泄物）的阳性率也达到 100%。这说明活禽市场在流感病毒的传播中起重要作用（Wang et al.，2014）。同样，2013 年感染人 H10N8 亚型流感病毒也可追溯到活禽市场（Hu et al.，2015）。由于活禽市场中的禽类携带多种亚型的流感病毒，因此活禽市场中的禽类可以作为一种孵化器，通过基因重配产生新亚型的流感病毒，进而对人类造成严重的威胁（Liu et al.，2014）。人为的生态学效应，加快了禽流感病毒进化，促使了更多新亚型的产生，关闭活禽市场后疫情逐渐平息就证明了这一点。

25.7.3　气候因子

除生存环境外，温度、湿度等气候因子也与流感疫情的暴发息息相关。在温带气候条件下，流感疫情主要发生在冬季，并呈现一定的季节性。在低温环境下，病毒通常较为稳定，研究显示流感病毒在 17℃下保存 207 天仍具有感染活性，在 28℃下保存 102 天也仍具有感染性（Stallknecht et al.，1990a，1990b）。另外，在寒冷地区，湖泊或饮用水中的流感病毒可以存活至春天而继续感染水禽，因此被流感病毒污染的湖泊或饮用水可以有效地传播流感病毒。研究者还发现，5℃时流感病毒在豚鼠模型中的气溶胶传播效率高于其在 20℃时的传播效率，当温度达到 30℃时，病毒不能在豚鼠模型中通过气溶胶传播（Lowen et al.，2007）。这说明低温条件有利于流感病毒的传播。

同样，环境中的湿度也可以影响流感病毒的传播。据文献报道，20%~35%的相对湿度最适宜于流感病毒的传播，而当相对湿度达到 80%时，流感病毒则不能传播（Lowen et al.，2007）。此外，也有人认为绝对湿度与流感病毒的流行呈负相关（Shaman and Kohn，2009）。绝对湿度越低，流感病毒的传播效率则越高。以上研究均说明，气候因子极大地影响了流感病毒的传播。

25.8　小　　结

生态环境是人类生命的物质基础，是维持人类和其他生物生存发展的基本的自然环境状态，它有赖于整个生态系统的动态平衡，与人类的健康息息相关。自 20 世纪 80 年代以来，全球经济的快速发展及经济的全球化，使人类赖以生存的环境出现了巨大的变化。这种生态环境的变化也极大地影响着流感病毒的传播与变异。

经济的快速发展也带来了环境污染，生态系统被破坏，另外大量贩卖、捕杀、食用各种野生动物及野生禽类，使人类接触到一些以往很少遇到的病毒携带动物而遭受感染。近年来，多种亚型流感病毒感染人的病例频繁出现也证实这一点。除 H1、H2 和 H3 亚型流感病毒可以感染人外，H5、H6、H7、H9 和 H10 亚型禽流感病毒均可以跨越种间屏障感染人，这为防控禽流感病毒疫情带来了困难。

另外，随着“地球村”的出现，国与国之间的接触越来越密集，这使得传染性疾病的传播更为便利，输入性病例极大地挑战着各个国家的疾病防控能力。此外，迁徙候鸟在禽流感病毒的全球传播中扮演着“载体”和“传播器”的重要角色，可以在迁徙路途中将流感病毒传染给其他物种。而候鸟的迁徙路线往往涉及多个国家和地区，因此，防控迁徙鸟类传播流感病毒需要多个国家的共同努力。

同样，流感病毒的变异也影响着生态环境。流感大流行的频繁出现严重影响了人类的生命健康。1918 年西班牙流感导致超过 5000 万人死亡，超过第一次世界大战中战亡的总人数；2009 年 pH1N1 亚型流感病毒也导致 18 000 多人死亡。另外，随着流感病毒疫苗及药物的使用，抗原漂移和耐药病毒株的出现也为防控流感疫情带来了新的挑战。

综上所述，生态环境的变化与流感病毒的变异息息相关，未来需要我们密切关注流感病毒的演化，评估其对生态环境的影响，同时也需要监测生态环境的变化，以便更好地防控流感病毒疫情。

参考文献

甘孟侯. 2004. 禽流感. 北京: 中国农业出版社: 66.

Baz M, Abed Y, McDonald J, et al. 2006. Characterization of multidrug-resistant influenza A/H3N2 viruses shed during 1 year by an immunocompromised child. Clinical Infectious Diseases, 43: 1555-1561.

Billharz R, Zeng H, Proll S C, et al. 2009. The NS1 protein of the 1918 pandemic influenza virus blocks host interferon and lipid metabolism pathways. Journal of Virology, 83: 10557-10570.

Biswas S K, Boutz P L, Nayak D P. 1998. Influenza virus nucleoprotein interacts with influenza virus polymerase proteins. Journal of Virology, 72: 5493-5501.

Boulo S, Akarsu H, Ruigrok R W, et al. 2007. Nuclear traffic of influenza virus proteins and ribonucleoprotein complexes. Virus Research, 124: 12-21.

Bright R A, Medina M J, Xu X, et al. 2005. Incidence of adamantane resistance among influenza A (H3N2) viruses isolated worldwide from 1994 to 2005: A cause for concern. Lancet, 366: 1175-1181.

Bullough P A, Hughson F M, Skehel J J, et al. 1994. Structure of influenza haemagglutinin at the pH of membrane fusion. Nature, 371: 37-43.

Chen H, Yuan H, Gao R, et al. 2014. Clinical and epidemiological characteristics of a fatal case of avian influenza A H10N8 virus infection: A descriptive study. Lancet, 383: 714-721.

Chen W, Calvo P A, Malide D, et al. 2001. A novel influenza A virus mitochondrial protein that induces cell death. Nature Medicine, 7: 1306-1312.

Chen Y, Liang W, Yang S, et al. 2013. Human infections with the emerging avian influenza A H7N9 virus from wet market poultry: clinical analysis and characterisation of viral genome. Lancet, 381: 1916-1925.

Ciancio B C, Meerhoff T J, Kramarz P, et al. 2009. Oseltamivir-resistant influenza A (H1N1) viruses detected in Europe during season 2007-8 had epidemiologic and clinical characteristics similar to co-circulating susceptible A (H1N1) viruses. Euro Surveillance, 14(46): 19412.

Collins P J, Haire L F, Lin Y P, et al. 2008. Crystal structures of oseltamivir-resistant influenza virus neuraminidase mutants. Nature, 453: 1258-1261.

Cros J F, Palese P. 2003. Trafficking of viral genomic RNA into and out of the nucleus: Influenza, Thogoto and Borna disease viruses. Virus Research, 95: 3-12.

Cui L, Liu D, Shi W, et al. 2014. Dynamic reassortments and genetic heterogeneity of the human-infecting influenza A (H7N9) virus. Nature Communications, 5: 3142.

Dias A, Bouvier D, Crepin T, et al. 2009. The cap-snatching endonuclease of influenza virus polymerase resides in the PA subunit. Nature, 458: 914-918.

Ducatez M F, Hause B, Stigger-Rosser E, et al. 2011. Multiple reassortment between pandemic (H1N1) 2009 and endemic influenza viruses in pigs, United States. Emerging Infectious Diseases, 17: 1624-1629.

Fechter P, Mingay L, Sharps J, et al. 2003. Two aromatic residues in the PB2 subunit of influenza A RNA polymerase are crucial for cap binding. Journal of Biological Chemistry, 278: 20381-20388.

Ferraris O, Lina B. 2008. Mutations of neuraminidase implicated in neuraminidase inhibitors resistance. Journal of Clinical Virology, 41: 13-19.

Fouchier R A, Munster V, Wallensten A, et al. 2005. Characterization of a novel influenza A virus hemagglutinin subtype (H16) obtained from black-headed gulls. Journal of Virology, 79: 2814-2822.

Gabriel G, Dauber B, Wolff T, et al. 2005. The viral polymerase mediates adaptation of an avian influenza virus to a mammalian host. Proceedings of the National Academy of Sciences of the United States of America, 102: 18590-18595.

Gabriel G, Herwig A, Klenk H D. 2008. Interaction of polymerase subunit PB2 and NP with importin alpha1 is a determinant of host range of influenza A virus. PLoS Pathogens, 4: e11.

Gambaryan A S, Tuzikov A B, Piskarev V E, et al. 1997. Specification of receptor-binding phenotypes of influenza virus isolates from different hosts using synthetic sialylglycopolymers: non-egg-adapted human H1 and H3 influenza A and influenza B viruses share a common high binding affinity for 6′-sialyl(n-acetyllactosamine). Virology, 232: 345-350.

Gambaryan A, Tuzikov A, Pazynina G, et al. 2006. Evolution of the receptor binding phenotype of influenza A (H5) viruses. Virology, 344: 432-438.

Gamblin S J, Skehel J J. 2010. Influenza hemagglutinin and neuraminidase membrane glycoproteins. Journal of Biological Chemistry, 285: 28403-28409.

Gao G F, Sun Y. 2010. It is not just AIV: from avian to swine-origin influenza virus. Science China Life Sciences, 53: 151-153.

Gao R, Cao B, Hu Y, et al. 2013. Human infection with a novel avian-origin influenza A (H7N9) virus. New England Journal of Medicine, 368: 1888-1897.

Gao Y, Zhang Y, Shinya K, et al. 2009. Identification of amino acids in Ha and PB2 critical for the transmission of H5N1 avian influenza viruses in a mammalian host. PLoS Pathogens, 5: e1000709.

Garten R J, Davis C T, Russell C A, et al. 2009. Antigenic and genetic characteristics of swine-origin 2009 A (H1N1) influenza viruses circulating in humans. Science, 325: 197-201.

Gill J S, Webby R, Gilchrist M J, et al. 2006. Avian influenza among waterfowl hunters and wildlife professionals. Emerging Infectious Diseases, 12: 1284-1286.

Govorkova E A, Gambaryan A S, Claas E C, et al. 2000. Amino acid changes in the hemagglutinin and matrix proteins of influenza A (H2) viruses adapted to mice. Acta Virologica, 44: 241-248.

Gu J, Xie Z, Gao Z, et al. 2007. H5N1 infection of the respiratory tract and beyond: A molecular pathology study. Lancet, 370: 1137-1145.

Guan Y, Shortridge K F, Krauss S, et al. 1999. Molecular characterization of H9N2 influenza viruses: were they the donors of the "internal" genes of H5N1 viruses in Hong Kong? Proceedings of the National Academy of Sciences of the United States of America, 96: 9363-9367.

Hatakeyama S, Ozawa M, Kawaoka Y. 2011. *In vitro* selection of influenza B viruses with reduced sensitivity to neuraminidase inhibitors. Clinical Microbiology and Infection, 17: 1332-1335.

Hatta M, Asano Y, Masunaga K, et al. 2000. Mapping of functional domains on the influenza A virus RNA polymerase PB2 molecule using monoclonal antibodies. Archives of Virology, 145: 1947-1961.

Hauge S H, Dudman S, Borgen K, et al. 2009. Oseltamivir-resistant influenza viruses A (H1N1), Norway, 2007-08. Emerging Infectious Diseases, 15: 155-162.

Herfst S, Schrauwen E J, Linster M, et al. 2012. Airborne transmission of influenza A/H5N1 virus between ferrets. Science, 336: 1534-1541.

Howard W A, Essen S C, Strugnell B W, et al. 2011. Reassortant pandemic (H1N1) 2009 virus in pigs, United Kingdom. Emerging Infectious Diseases, 17: 1049-1052.

Hu M, Li X, Ni X, et al. 2015. Coexistence of avian influenza virus H10 and H9 subtypes among chickens in live poultry markets during an outbreak of infection with a novel H10N8 virus in humans in NanChang, China. Japanese Journal of Infectious Diseases, 68: 364-369.

Hurt A C, Ernest J, Deng Y M, et al. 2009. Emergence and spread of oseltamivir-resistant A(H1N1) influenza viruses in Oceania, South East Asia and South Africa. Antiviral Research, 83: 90-93.

Ito T, Couceiro J N, Kelm S, et al. 1998. Molecular basis for the generation in pigs of influenza A viruses with pandemic potential. Journal of Virology, 72: 7367-7373.

Jagger B W, Wise H M, Kash J C, et al. 2012. An overlapping protein-coding region in influenza A virus segment 3 modulates the host response. Science, 337: 199-204.

Jin H, Zhou H, Liu H, et al. 2005. Two residues in the hemagglutinin of A/Fujian/411/02-like influenza viruses are responsible for antigenic drift from A/Panama/2007/99. Virology, 336: 113-119.

Kawaoka Y, Krauss S, Webster R G. 1989. Avian-to-human transmission of the PB1 gene of influenza A viruses in the 1957 and 1968 pandemics. Journal of Virology, 63: 4603-4608.

Kim C U, Lew W, Williams M A, et al. 1997. Influenza neuraminidase inhibitors possessing a novel hydrophobic interaction in the enzyme active site: Design, synthesis, and structural analysis of carbocyclic sialic acid analogues with potent anti-influenza activity. Journal of the American Chemical Society, 119: 681-690.

Kiso M, Mitamura K, Sakai-Tagawa Y, et al. 2004. Resistant influenza A viruses in children treated with oseltamivir: descriptive study. Lancet, 364: 759-765.

Kobayashi M, Toyoda T, Ishihama A. 1996. Influenza virus PB1 protein is the minimal and essential subunit of RNA polymerase. Archives of Virology, 141: 525-539.

Kochs G, Garcia-Sastre A, Martinez-Sobrido L. 2007. Multiple anti-interferon actions of the influenza A virus NS1 protein. Journal of Virology, 81: 7011-7021.

Latorre-Margalef N, Gunnarsson G, Munster V J, et al. 2009. Effects of influenza A virus infection on migrating mallard ducks. Proceedings: Biological Sciences, 276: 1029-1036.

Ledesma J, Vicente D, Pozo F, et al. 2011. Oseltamivir-resistant pandemic influenza A (H1N1) 2009 viruses in Spain. Journal of Clinical Virology, 51: 205-208.

Lieberman R W, Bagdasarian N, Thomas D, et al. 2011. Seasonal influenza A (H1N1) infection in early pregnancy and second trimester fetal demise. Emerging Infectious Diseases, 17: 107-109.

Liu C, Eichelberger M C, Compans R W, et al. 1995. Influenza type A virus neuraminidase does not play a role in viral entry, replication, assembly, or budding. Journal of Virology, 69: 1099-1106.

Liu D, Shi W, Gao G F. 2014. Poultry carrying H9N2 act as incubators for novel human avian influenza viruses. Lancet, 383: 869.

Liu J, Xiao H, Lei F, et al. 2005. Highly pathogenic H5N1 influenza virus infection in migratory birds. Science, 309: 1206.

Lowen A C, Mubareka S, Steel J, et al. 2007. Influenza virus transmission is dependent on relative humidity and temperature. PLoS Pathogens, 3: 1470-1476.

Lu X. 2013. Structure and receptor-binding properties of an airborne transmissible avian influenza A virus hemagglutinin H5 (VN1203mut). Protein Cell, 4: 502-511.

Martin K, Helenius A. 1991. Nuclear transport of influenza virus ribonucleoproteins: the viral matrix protein (M1) promotes export and inhibits import. Cell, 67: 117-130.

McDonald N J, Smith C B, Cox N J. 2007. Antigenic drift in the evolution of H1N1 influenza A viruses resulting from deletion of a single amino acid in the haemagglutinin gene. Journal of General Virology, 88: 3209-3213.

McGregor J A, Burns J C, Levin M J, et al. 1984. Transplacental passage of influenza A/bangkok (H3N2) mimicking amniotic fluid infection syndrome. American Journal of Obstetrics and Gynecology, 149: 856-859.

Mehle A, Doudna J A. 2009. Adaptive strategies of the influenza virus polymerase for replication in humans. Proceedings of the National Academy of Sciences of the United States of America, 106: 21312-21316.

Moreno A, Di Trani L, Faccini S, et al. 2011. Novel H1N2 swine influenza reassortant strain in pigs derived from the pandemic H1N1/2009 virus. Veterinary Microbiology, 149: 472-477.

Moscona A. 2009. Global transmission of oseltamivir-resistant influenza. New England Journal of Medicine, 360: 953-956.

Mould J A, Drury J E, Frings S M, et al. 2000. Permeation and activation of the M2 ion channel of influenza A virus. Journal of Biological Chemistry, 275: 31038-31050.

Nayak D P, Hui E K, Barman S. 2004. Assembly and budding of influenza virus. Virus Research, 106: 147-165.

Nelson M I, Gramer M R, Vincent A L, et al. 2012. Global transmission of influenza viruses from humans to swine. Journal of General Virology, 93: 2195-2203.

Neumann G, Brownlee G G, Fodor E, et al. 2004. Orthomyxovirus replication, transcription, and polyadenylation. Current Topics in Microbiology and Immunology, 283: 121-143.

Neumann G, Noda T, Kawaoka Y. 2009. Emergence and pandemic potential of swine-origin H1N1 influenza virus. Nature, 459: 931-939.

Nfon C K, Berhane Y, Hisanaga T, et al. 2011. Characterization of H1N1 swine influenza viruses circulating in Canadian pigs in 2009. Journal of Virology, 85: 8667-8679.

Nobusawa E, Aoyama T, Kato H, et al. 1991. Comparison of complete amino acid sequences and receptor-binding properties among 13 serotypes of hemagglutinins of influenza A viruses. Virology, 182: 475-485.

Okomo-Adhiambo M, Demmler-Harrison G J, Deyde V M, et al. 2010. Detection of E119V and E119I mutations in influenza A (H3N2) viruses isolated from an immunocompromised patient: challenges in diagnosis of oseltamivir resistance. Antimicrobial Agents and Chemotherapy, 54: 1834-1841.

Olsen B, Munster V J, Wallensten A, et al. 2006. Global patterns of influenza A virus in wild birds. Science, 312: 384-388.

Park K J, Kwon H I, Song M S, et al. 2011. Rapid evolution of low-pathogenic H9N2 avian influenza viruses following poultry vaccination programmes. Journal of General Virology, 92: 36-50.

Perez D R, Lim W, Seiler J P, et al. 2003. Role of quail in the interspecies transmission of H9 influenza A viruses: molecular changes on ha that correspond to adaptation from ducks to chickens. Journal of Virology, 77: 3148-3156.

Pinto L H, Lamb R A. 2006. The M2 proton channels of influenza A and B viruses. Journal of Biological Chemistry, 281: 8997-9000.

Plotch S J, Bouloy M, Ulmanen I, et al. 1981. A unique cap(m7gpppxm)-dependent influenza virion endonuclease cleaves capped RNAs to generate the primers that initiate viral RNA transcription. Cell, 23: 847-858.

Poole E, Elton D, Medcalf L, et al. 2004. Functional domains of the influenza A virus PB2 protein: Identification of NP- and PB1-binding sites. Virology, 321: 120-133.

Poon L L, Pritlove D C, Fodor E, et al. 1999. Direct evidence that the poly(A) tail of influenza A virus mRNA is synthesized by reiterative copying of a U track in the virion RNA template. J Virol, 73: 3473-3476.

Rogers G N, Paulson J C, Daniels R S, et al. 1983. Single amino acid substitutions in influenza haemagglutinin change receptor binding specificity. Nature, 304: 76-78.

Rossman J S, Lamb R A. 2011. Influenza virus assembly and budding. Virology, 411: 229-236.

Saito R, Suzuki Y, Li D, et al. 2008. Increased incidence of adamantane-resistant influenza A(H1N1) and A(H3N2) viruses during the 2006-2007 influenza season in Japan. Journal of Infectious Diseases, 197: 630-632; author reply 632-633.

Satterly N, Tsai P L, van Deursen J, et al. 2007. Influenza virus targets the mRNA export machinery and the nuclear pore complex. Proceedings of the National Academy of Sciences of the United States of America, 104: 1853-1858.

Sauter N K, Bednarski M D, Wurzburg B A, et al. 1989. Hemagglutinins from two influenza virus variants bind to sialic acid derivatives with millimolar dissociation constants: A 500-MHz proton nuclear magnetic resonance study. Biochemistry, 28: 8388-8396.

Schmitt A P, Lamb R A. 2005. Influenza virus assembly and budding at the viral budozone. Advances in Virus Research, 64: 383-416.

Scholtissek C, Rohde W, Von Hoyningen V, et al. 1978. On the origin of the human influenza virus subtypes H2N2 and H3N2. Virology, 87: 13-20.

Shaman J, Kohn M. 2009. Absolute humidity modulates influenza survival, transmission, and seasonality. Proceedings of the National Academy of Sciences of the United States of America, 106: 3243-3248.

Shi Y, Wu Y, Zhang W, et al. 2014. Enabling the 'host jump': structural determinants of receptor-binding specificity in influenza A viruses. Nature Reviews: Microbiology, 12: 822-831.

Shi Y. 2013. Structures and receptor binding of hemagglutinins from human-infecting H7N9 influenza viruses. Science, 342: 243-247.

Shinya K, Ebina M, Yamada S, et al. 2006. Avian flu: Influenza virus receptors in the human airway. Nature, 440: 435-436.

Shu Y, Yu H, Li D. 2006. Lethal avian influenza A (H5N1) infection in a pregnant woman in AnHui Province, China. New England Journal of Medicine, 354: 1421-1422.

Skehel J J, Wiley D C. 2000. Receptor binding and membrane fusion in virus entry: The influenza hemagglutinin. Annual Review of Biochemistry, 69: 531-569.

Smith G L, Hay A J. 1982. Replication of the influenza virus genome. Virology, 118: 96-108.

Song M S, Pascua P N, Lee J H, et al. 2009. The polymerase acidic protein gene of influenza A virus contributes to pathogenicity in a mouse model. Journal of Virology, 83: 12325-12335.

Stallknecht D E, Kearney M T, Shane S M, et al. 1990a. Effects of pH, temperature, and salinity on persistence of avian influenza viruses in water. Avian Diseases, 34: 412-418.

Stallknecht D E, Shane S M, Kearney M T, et al. 1990b. Persistence of avian influenza viruses in water. Avian Diseases, 34: 406-411.

Steel J, Lowen A C, Mubareka S, et al. 2009. Transmission of influenza virus in a mammalian host is increased by PB2 amino acids 627K or 627E/701N. PLoS Pathogens, 5: e1000252.

Stouffer A L, Acharya R, Salom D, et al. 2008. Structural basis for the function and inhibition of an influenza virus proton channel. Nature, 451: 596-599.

Subbarao E K, London W, Murphy B R. 1993. A single amino acid in the PB2 gene of influenza A virus is a determinant of host range. Journal of Virology, 67: 1761-1764.

Sun Y, Pu J, Jiang Z, et al. 2010. Genotypic evolution and antigenic drift of H9N2 influenza viruses in China from 1994 to 2008. Veterinary Microbiology, 146: 215-225.

Sun Y, Qin K, Wang J, et al. 2011. High genetic compatibility and increased pathogenicity of reassortants derived from avian H9N2 and pandemic H1N1/2009 influenza viruses. Proceedings of the National Academy of Sciences of the United States of America, 108: 4164-4169.

Takemoto D K, Skehel J J, Wiley D C. 1996. A surface plasmon resonance assay for the binding of influenza virus hemagglutinin to its sialic acid receptor. Virology, 217: 452-458.

Tamura D, Mitamura K, Yamazaki M, et al. 2009. Oseltamivir-resistant influenza A viruses circulating in Japan. Journal of Clinical Microbiology, 47: 1424-1427.

Tong S, Zhu X, Li Y, et al. 2013. New world bats harbor diverse influenza A viruses. PLoS Pathogens, 9: e1003657.

Uchide N, Ohyama K, Bessho T, et al. 2012. Possible roles of proinflammatory and chemoattractive cytokines produced by human fetal membrane cells in the pathology of adverse pregnancy outcomes associated with influenza virus infection. Mediators of Inflammation, 2012: 270670.

Ujike M, Shimabukuro K, Mochizuki K, et al. 2010. Oseltamivir-resistant influenza viruses A (H1N1) during 2007-2009 influenza seasons, Japan. Emerging Infectious Diseases, 16: 926-935.

van Gils J A, Munster V J, Radersma R, et al. 2007. Hampered foraging and migratory performance in swans infected with low-pathogenic avian influenza A virus. PLoS One, 2: e184.

Vijaykrishna D, Poon L L, Zhu H C, et al. 2010. Reassortment of pandemic H1N1/2009 influenza A virus in swine. Science, 328: 1529.

von Itzstein M, Wu W Y, Kok G B, et al. 1993. Rational design of potent sialidase-based inhibitors of influenza virus replication. Nature, 363: 418-423.

Wang C, Wang J, Su W, et al. 2014. Relationship between domestic and wild birds in live poultry market and a novel human H7N9 virus in China. Journal of Infectious Diseases, 209: 34-37.

Wang F, Qi J, Bi Y, et al. 2015a. Adaptation of avian influenza A (H6N1) virus from avian to human receptor-binding preference. EMBO Journal, 34: 1661-1673.

Wang J, Sun Y, Xu Q, et al. 2012. Mouse-adapted H9N2 influenza A virus PB2 protein M147L and E627K mutations are critical for high virulence. PLoS One, 7: e40752.

Wang M, Zhang W, Qi J, et al. 2015b. Structural basis for preferential avian receptor binding by the human-infecting H10N8 avian influenza virus. Nature Communications, 6: 5600.

Watanabe Y, Ibrahim M S, Suzuki Y, et al. 2012. The changing nature of avian influenza A virus (H5N1). Trends in Microbiology, 20: 11-20.

Webster R G, Bean W J, Gorman O T, et al. 1992. Evolution and ecology of influenza A viruses. Microbiological Reviews, 56: 152-179.

Webster R G, Yakhno M, Hinshaw V S, et al. 1978. Intestinal influenza: replication and characterization of influenza viruses in ducks. Virology, 84: 268-278.

Wei Y, Xu G, Zhang G, et al. 2016. Antigenic evolution of H9N2 chicken influenza viruses isolated in China during 2009-2013 and selection of a candidate vaccine strain with broad cross-reactivity. Veterinary Microbiology, 182: 1-7.

Widjaja L, Krauss S L, Webby R J, et al. 2004. Matrix gene of influenza A viruses isolated from wild aquatic birds: ecology and emergence of influenza A viruses. Journal of Virology, 78: 8771-8779.

Wilson I A, Skehel J J, Wiley D C. 1981. Structure of the haemagglutinin membrane glycoprotein of influenza virus at 3 A resolution. Nature, 289: 366-373.

Wise H M, Foeglein A, Sun J, et al. 2009. A complicated message: identification of a novel PB1-related protein translated from influenza A virus segment 2 mRNA. Journal of Virology, 83: 8021-8031.

Wright P F. 2007. Does oseltamivir work against influenza B? Clinical Infectious Diseases, 44: 203.

Wu Y, Wu Y, Tefsen B, et al. 2014. Bat-derived influenza-like viruses H17N10 and H18N11. Trends in Microbiology, 22: 183-191.

Yawn D H, Pyeatte J C, Joseph J M, et al. 1971. Transplacental transfer of influenza virus. JAMA, 216: 1022-1023.

Yoon S W, Webby R J, Webster R G. 2014. Evolution and ecology of influenza A viruses. Current Topics in Microbiology and Immunology, 385: 359-375.

Zebedee S L, Lamb R A. 1988. Influenza A virus M2 protein: monoclonal antibody restriction of virus growth and detection of M2 in virions. Journal of Virology, 62: 2762-2772.

Zhang C, Yang Y, Zhou X, et al. 2011. The NS1 protein of influenza A virus interacts with heat shock protein Hsp90 in human alveolar basal epithelial cells: implication for virus-induced apoptosis. Journal of Virology, 8: 181.

Zhang Q, Shi J, Deng G, et al. 2013a. H7N9 influenza viruses are transmissible in ferrets by respiratory droplet. Science, 341: 410-414.

Zhang Y, Zhang Q, Kong H, et al. 2013b. H5N1 hybrid viruses bearing 2009/H1N1 virus genes transmit in guinea pigs by respiratory droplet. Science, 340: 1459-1463.

第 26 章　人体微生物组与慢性疾病

微生物几乎栖息在人体的每一个部位，这些肉眼看不见的微生物仅细菌总数量可达 10^{14} 个，约为人体细胞总数的 10 倍，它们主要分布在胃肠道、口鼻腔、女性生殖道和皮肤等部位。人体微生物组（the human microbiome）是生活在人体各部位所有微生物的遗传物质的总和，人自身基因组大约有 2.6 万个编码基因，而人体微生物组约有 300 万个编码基因，约是人类基因组的 100 倍。因此，人体可以被看作由人体细胞和微生物共同组成的“超级生物体”。人体存在两套基因组，一套是遗传自父母的自身基因组，一套是出生后从环境获得的微生物基因组（Zhu et al.，2010）。在长期的进化过程中，人体各部位的微生物与人体形成了密切的共生关系，这些微生物的种类和数量的改变可以影响人体的健康，许多疾病的发生发展都与人体微生物组密不可分。

26.1　人体微生物组

根据微生物与人体的相互作用关系，人体微生物可粗略地分为“共生微生物”和“条件致病微生物”两大类，如果某些因素导致“共生微生物”数量或种类改变，可导致“条件致病微生物”异常增殖，使人体微生态失衡，从而引起或诱发各种疾患。

人体各部位的微生物可以看成人体传统八大生理系统（运动系统、神经系统、内分泌系统、循环系统、呼吸系统、消化系统、泌尿系统和生殖系统）之外的第九大生理系统——微生态系统，它是人体不可缺少、具有重要功能的生理系统，人体微生态系统平衡的紊乱与人类的多种疾病密切相关。

微生物的种类繁多，可分为细菌、真菌、古菌和病毒四大类，它们对人体健康的作用和影响不尽相同，本章重点关注细菌菌群在人类慢性疾病中的作用。

26.1.1　人体微生物组研究方法

过去研究人体微生态主要依赖纯培养方法，但是只有约 10%的微生物能够在实验室中培养，绝大多数细菌是厌氧菌，营养条件要求苛刻，很难进行纯培养和分离鉴定。因此，对人体微生物的特征和认识十分有限。

近十几年来，随着基因组测序成本的降低和生物信息学的发展，高通量测序技术已广泛应用于人体各部位微生态菌群的研究。该技术可同时对数百万个 DNA 分子进行测序，因而可对微生态菌群的基因组进行深度细致的分析，又称为深度测序（deep sequencing）或二代测序（next generation sequencing）。某一微生态环境菌群中细菌种类的多少称为菌群多样性，而每一种细菌的含量多少称为该种细菌的丰度，这是两个重要的微生态学指标。

目前，常采用细菌核糖体 16S rRNA 基因序列和宏基因组学（metagenomics）两种方法研究人体各部位菌群的结构特点和基因功能（Weinstock，2012）。通过对细菌核糖体 16S rRNA 基因序列分析，可以确定人体各部位菌群的结构特点。16S rRNA 基因为所有细菌共有，其序列既有保守区又有可变区，不同细菌间保守区序列无差别；可变区序列在不同细菌的科、属、种间有不同程度的差异。因此，利用保守区的通用引物，通过聚合酶链反应（PCR）扩增 16S rRNA 基因，并采用高通量测序技术对人体各部位菌群的 16S rRNA 基因序列进行分析，即可获悉人体各部位菌群的结构特点。

宏基因组学的基本研究策略：提取和纯化人体各部位菌群基因组的大片段 DNA，构建文库、筛选目的基因，并进行高通量测序分析。借助大规模序列分析，结合生物信息学工具可发现过去纯培养方法无法得到的未知细菌的新基因或新基因簇。同时，菌群宏基因组文库中既包含可培养细菌的基因和基因组，又包含不可培养细菌的基因和基因组，可以将人体菌群的 DNA 克隆到可培养的宿主细胞中，研究目的基因的功能，避开了部分细菌难于分离培养的难题。这在全面了解人体各部位菌群的组成和代谢特点，挖掘具有应用潜力的新基因等方面具有重要意义。

26.1.2 人体微生物组研究计划

2007 年末，美国国立卫生研究院投资上亿美元启动了为期 5 年的人类微生物组计划，其目标是探索研究人类微生物组的可行性；研究人类微生物组变化与疾病健康的关系。人类微生物组计划主要采用高通量测序技术分析人体不同部位微生态环境（如口腔、皮肤、消化道和生殖道等）的菌群结构特征，探讨人体不同部位菌群结构的变化与疾病的关系。它的最终目标是通过调整控制人体微生物组成情况来改善、提高人类健康水平。该计划的完成将对人类认识自身、提高健康水平、推动医学和生命科学的发展具有重要意义（弗雷德里克斯，2014）。

虽然人体每个部位的微生物对该部位的健康都很重要，但肠道微生物是影响人类健康最主要的微生物群落，它在人体能量代谢和免疫调节方面具有重要作用，并与各种慢性病的发生发展密切相关，鉴于肠道微生态研究以细菌为主，肠道病毒、真菌和古菌研究较少，故在此略去，本章节只讨论肠道菌群。

26.2 肠道菌群：新发现的人体器官

数量庞大、种类繁多的肠道菌群通过肠道黏膜与机体发生密切的相互作用，人体的消化、吸收和免疫、内分泌等生理功能都与肠道菌群有关。人体肠道菌群可视为集代谢和免疫于一体的特殊“微生物器官”，它对人体的多种生理机能具有重要影响。肠道菌群是人体微生态系统的重要组成部分，是最大最复杂的微生态器官。

26.2.1 肠道菌群的生态学特征

肠道细菌种类多达 1000 种，数量庞大。如果按质量计算，人体肠道菌群约为 1500g，占人体重的 1/60~1/50。

地球上大约有 55 个细菌门，由于长期的进化选择作用，人体胃肠道中的千余种细菌仅包含拟杆菌门（Bacteroidetes）、厚壁菌门（Firmicutes）、放线菌门（Actinobacteria）、变形菌门（Proteobacteria）和疣微菌门（Verrucomicrobia）等 5 个细菌门。

健康人肠道菌群以密集的菌膜形式栖息在肠道黏液外层。肠道黏液分为内、外两层，黏液是由肠黏膜杯状细胞分泌的，含大量的高度糖基化的黏液素蛋白。肠黏液内层很致密，分子间隙比细菌小，肠道菌群不能进入，因此，健康肠道的黏液内层没有细菌。肠道菌群通过其所表达的黏附分子如血凝素和糖苷酶分子等黏附在黏液外层。

（1）成人肠道菌群的结构特点和生理性稳态

不同地域人群的肠道菌群结构存在相似性，主要表现在：在细菌门的水平上，肠道菌群多样性较低，拟杆菌门和厚壁菌门在大多数成人中为高丰度菌门，放线菌门、变形菌门和疣微菌门为低丰度菌门。在细菌菌属和菌种水平上，肠道菌群结构存在很大差异，表现为菌属或菌种的种类和丰度明显不同。

虽然在细菌菌种的水平上，不同成人个体肠道菌群结构存在差异，但就每个个体而言，肠道菌群结构相对恒定。对健康成年人肠道菌群结构进行多个时间点（时间点之间的间隔可为月或周）的分析发现，虽然少数菌种在不同时间点上有波动，但是多数菌种的种类和丰度在一段时间内是相对稳定的，即肠道菌群结构具有生理性稳态。

（2）肠型

根据肠道菌群生理性稳态的结构特点，可将肠道菌群分为 3 种不同的“肠型”（enterotype），肠型 1 以拟杆菌（*Bacteroides*）为主体，而普雷沃氏菌（*Prevotella*）和胃瘤球菌（*Ruminococcus*）比例很低；肠型 2 以普雷沃氏菌为主体，拟杆菌和胃瘤球菌比例很低；肠型 3 以胃瘤球菌为主体，而拟杆菌和普雷沃氏菌比例很低（Wu et al.，2011）。地域和饮食结构与肠型关系密切。

26.2.2 影响肠道菌群结构的因素

肠道菌群结构的生理性稳态可因年龄、遗传、环境、饮食和抗生素等多种因素的影响而发生改变，导致肠道菌群失调（dysbacteriosis），诱发多种慢性疾病。

（1）年龄

肠道菌群结构随年龄增长而改变，婴幼儿时期是肠道菌群多样性形成的关键时期，肠道菌群组成变化最大。婴幼儿时期肠道菌群的组成会影响儿童甚至成人对过敏性疾病的易感性。

胎儿肠道是无菌的，但是胎儿出生后，其肠道会迅速被细菌定植。定植的肠道菌群的结构与分娩方式有关，自然分娩的婴儿肠道定植菌群与母亲阴道菌群类似，包括乳杆菌、普雷沃氏菌和纤毛菌等；而剖宫产婴儿肠道菌群主要是母亲皮肤表面菌群，如葡萄球菌、棒状杆菌和丙酸菌等。另外，喂养方式也影响婴儿肠道菌群的结构，母乳喂养婴儿肠道内双歧杆菌丰度较高，配方奶喂养的婴儿肠道内大肠杆菌丰度较高。婴儿肠道菌群经历从无菌走向菌群多样性成熟的稳态过程，大约需要 1 年的时间。因此，幼儿 1 岁左右时，其肠道菌群结构接近成人。

健康成人肠道的核心菌群结构相对稳定，可一直保持到 70 岁。与年轻人相比，老年人肠道菌群多样性明显减少，并伴有双歧杆菌等益生菌数量的明显减少，这种变化与机体各种生理功能的老化同时发生，可能与老年慢性病的发生发展有一定的关系。

（2）饮食习惯、环境和遗传

除年龄外，饮食和环境因素也与肠道菌群的组成及功能息息相关。不同的饮食习惯对肠道菌群的结构具有明显影响，肠型的形成主要是饮食选择压力长期作用的结果，这种选择压力迫使肠道菌群发生结构上的调整，以消化肠道中可利用的碳源或氮源，如高脂饮食的人群以拟杆菌属为主导菌的肠型 1 较多，而低脂高纤维饮食的人群则以普雷沃氏菌属为主导菌的肠型 2 居多。

不同地域人群的肠道菌群特点存在很多差异，虽然这些差别与遗传、环境、卫生设施、洁净程度和抗生素使用等因素都有关联，但饮食结构与肠道菌群的相关性最为显著（De Filippo et al.，2010）。

美国人的肠道菌群和非洲马拉维或南美洲委内瑞拉印第安人相比，差别十分明显，印第安人和马拉维人的肠道菌群比美国人的肠道菌群具有更大的多样性，这与他们的长期高纤维饮食结构密切相关。以高纤维为主的饮食结构使其肠道菌群以普雷沃氏菌属为主，而美国人长期以高动物蛋白、高脂为主的饮食结构使其肠道菌群多以拟杆菌属为主。

遗传也是影响肠道菌群结构的重要因素。父母子女肠道菌群组成的相似程度明显高于无关个体，同卵双胞胎即使喂养环境不同，他们的肠道菌群结构也比无关个体更加相似，这说明遗传因素可以影响肠道菌群的结构。

（3）抗生素

大量摄入抗生素会显著改变肠道的菌群结构，显著降低菌群的多样性，可使肠道细菌种类减少三分之一，某些细菌菌群在停止服用抗生素 6 个月后都难以恢复。

滥用抗生素会打破肠道微生态的平衡状态，表现为双歧杆菌属、乳酸菌和类杆菌属等有益菌或共生菌减少，而艰难梭菌和白色念珠酵母菌等机会致病菌或病原菌增加。肠道菌群失调极易引发肠道黏膜炎症和感染。艰难梭菌相关性腹泻即抗生素滥用引起肠道感染的典型实例。

26.2.3　肠道菌群的功能

肠道菌群通过肠道黏膜与机体其他生理系统或器官相互作用，影响人体多方面的生理机能。人体的消化和吸收、免疫器官和细胞的发育都依赖于肠道菌群（Bckhed et al.，2005）。肠道菌群这一集多种生理功能于一体的特殊“微生物器官”对人体健康具有不可忽视的作用。

（1）肠道菌群调节人体物质和能量代谢

肠道菌群是人体物质和能量代谢的重要参与者。肠道菌群可发酵不溶性碳水化合物（纤维素），使人体获得更多额外能量，同时为肠道菌群自身的生长、增殖提供能量和营养物质，形成肠道菌群和人体的共生关系。与其他环境的微生物相比，肠道菌群基因组中富集了参与碳水化合物代谢和短链脂肪酸生成相关的基因，其中至少含有 81 种与碳水化合物代谢相关的糖苷水解酶基因，大部分是人体自身基因组缺乏的。肠道菌群可以发酵人体自身不能消化吸收的纤维素，生成乙酸、丙酸和丁酸等短链脂肪酸（short-chain fatty acid，SCFA），这些短链脂肪酸可被肠道上皮细胞吸收，该途径吸收的能量占人体从膳食中摄取的总能量的 10%。

（2）肠道菌群——黏膜屏障防火墙

肠道病原菌穿过黏液内层黏附到肠上皮细胞表面，这是病原体入侵感染的关键步骤，肠道菌群和肠黏膜表面的黏液层一起构成肠道菌群黏液层屏障，防止肠道病原菌越位定植。

大量的肠道菌群在肠道黏膜表面形成密集的菌膜，起到生物屏障防火墙的作用，物理性地防御致病菌的定植侵入。同时，肠道菌群还通过营养物质的竞争，限制肠道环境营养物的可利用性，防止外来病原体的生长繁殖。

肠道菌群不仅能够促进杯状细胞分泌黏液素，而且还能促进 B 淋巴细胞分泌免疫球蛋白 IgA，分泌型 IgA 能够结合到致病菌抗原上，从而抑制致病菌黏附到肠上皮细胞，并阻止这些细菌侵入肠黏膜固有层。因此，肠道菌群和分泌型 IgA 一起构成了肠道的免疫屏障，进一步巩固了黏膜屏障防火墙。

（3）肠道菌群促进黏膜免疫器官和细胞的发育成熟

肠道共生菌群可以与人体肠道的免疫系统相互作用，刺激黏膜免疫器官和免疫细胞的发育成熟。

肠道黏膜免疫器官又称肠相关淋巴样组织（gut-associated lymphoid tissue），主要包括肠系膜淋巴结（mesenteric lymph node）、黏膜下派尔集合淋巴结（Peyer’s patch）和固有层的散在性免疫细胞（树突细胞、T 淋巴细胞、B 淋巴细胞等）3 个部分。

与正常小鼠相比，无菌小鼠肠系膜淋巴结、派尔集合淋巴结的体积和免疫细胞数量明显降低，说明肠道菌群对肠道免疫器官的发育和成熟起到非常明显的促进作用。

肠道共生菌群不仅可以调控肠道免疫器官的大小和免疫细胞的数量，而且还能够刺激肠黏膜固有层辅助性 T 细胞（helper T cell，Th cell）即 $CD4^+$ T 淋巴细胞各亚群的分化发育。

（4）肠道菌群通过调节 $CD4^+$ T 细胞发育促进黏膜免疫平衡

肠道菌群对肠道的适应性免疫细胞（$CD4^+$ T）分化发育有调节作用，肠道菌群构成的改变会引起肠黏膜 $CD4^+$ T 细胞免疫稳态平衡的变化。

辅助性 $CD4^+$ T 细胞是适应性免疫系统中的关键组分，主要分布在肠道固有层和派尔集合淋巴结，包括 4 种细胞亚群：Th1、Th2、调节性 T 细胞（regulatory T cell，Treg cell）和 Th17（T helper 17）细胞。这些不同的 $CD4^+$ T 细胞通过分泌不同的细胞因子，调节人体的免疫反应。其中，Treg 细胞是免疫耐受和抑制炎症反应的关键调节因子，其功能失调会导致过敏性疾病、自身免疫病或肿瘤的发生。

Th1 细胞可以清除细胞内的病毒或胞内菌感染，主要参与细胞免疫；Th2 细胞在清除细胞外细菌和寄生虫的感染中发挥着重要作用，主要参与体液免疫。健康人的 Th1 和 Th2 细胞处于平衡状态。

除 Th1 和 Th2 细胞之间的平衡外，肠道黏膜稳态的维持还依赖于促炎症反应和抗炎症反应之间的相互制衡。促炎症反应主要与产生 γ-干扰素（IFN-γ）的 Th1 细胞和产生白细胞介素-17（interleukin-17，IL-17）的 Th17 细胞有关；抑制炎症主要与 Treg 细胞密切相关，分布在肠道的 Treg 细胞可通过 IL-10 抑制炎症反应，维持肠道黏膜免疫的稳态。

Th17 细胞的发育依赖于肠道共生菌群。肠道菌群中分节丝状菌（segmented filamentous bacteria）是属于梭菌属、产孢子的革兰氏阳性菌，分节丝状菌能够紧密黏附在肠黏膜上皮细胞，通过刺激肠道固有层 $CD11c^+$树突状细胞分泌细胞因子 IL-6 和 IL-23，诱导 Th17 细胞的分化成熟。Th17 细胞通过分泌细胞因子 IL-17 和 IL-22 发挥促炎反应和抗致病菌作用，同时还可促进肠道上皮细胞的再生和黏液的产生，从而加强机体对致病菌的防御和清除。

Treg 细胞的发育也依赖于肠道共生菌群。正常菌群中脆弱拟杆菌（*Bacteroides fragilis*）的多聚糖或某些梭菌（cluster Ⅳ和 XIVa）菌株混合物能诱导肠道固有层 Treg 细胞的分化发育。这些肠道梭菌通过发酵降解纤维素产生代谢产物短链脂肪酸，短链脂肪酸作用于肠道细胞的 G 蛋白偶联受体 GPR43，诱导 Treg 调节性 T 细胞的分化增殖，从而抑制肠黏膜的炎症反应（Mazmanian et al.，2005）。

总之，肠道菌群失调可引起 T 细胞功能状态失衡，并诱发相关疾病。Th1 和 Th17 细胞功能过强可引起自身免疫性疾病；Th2 细胞功能过强与过敏反应相关；Treg 细胞功能不足时，会诱导 Th1 和 Th17 细胞的过度增殖，导致肠道黏膜的炎症反应。

26.3 人体肠道菌群和慢性疾病

综上所述，抗生素、饮食和遗传等因素均可影响肠道菌群的组成和功能，引起肠道微生态失调。由于肠道菌群与肠黏膜屏障、免疫系统的发育成熟、物质和能量代谢密切相关，因此，肠道微生态的改变与失衡除会增加肠道疾病（肠道感染、炎症和肿瘤）的易感性外，还会影响人体其他系统，其中最为突出的是免疫系统和代谢系统相关的疾病，如过敏性疾病、肥胖、糖尿病等（Blaser and Falkow，2009）。

下面分别讨论肠道菌群失调在肥胖、糖尿病等代谢综合征、过敏性疾病和结直肠肿瘤这几种慢性病发生发展过程中的作用。

26.3.1 肠道菌群与代谢综合征

随着经济水平的发展和人们生活水平的提高，肥胖和糖尿病等代谢性疾病发病率在全球范围内迅速攀升。全球约有 10 亿人体重超标，其中 3 亿人属于肥胖症。肥胖并不只是身体美观与否的问题，肥胖是威胁人类健康的一个世界性卫生难题。因为肥胖会增加高血压、糖尿病和心脏病等多种慢性病的发病危险，严重影响身体健康。

导致肥胖的根本原因是能量的摄入与消耗的不平衡，但是对于引起肥胖的具体机制和病因尚未完全明确。目前研究认为肥胖是在人体基因和肠道菌群共同作用下导致的慢性疾病。肠道菌群能够影响营养物质的吸收和能量的平衡，某些肠道菌群代谢产物还可参与炎症反应，因此，肠道菌群在肥胖和糖尿病等代谢性疾病的发生发展中具有重要作用。

（1）肠道菌群结构变化与食物能量的利用率

肠道菌群可显著影响人体对食物中能量的生物利用率，肠道菌群对多糖的贮存起着重要的作用。肥胖人群和健康体重人群肠道菌群的结构具有明显差异，与健康体重的人群相比，肥胖人群的肠道菌群中厚壁菌门比例明显增加，拟杆菌门比例明显下降。

肠道菌群的这些变化可使机体从饮食中获得更多的能量，因为肥胖人群的肠道菌群富含降解纤维素的相关基因，这些基因编码的酶可以降解食物中难消化的纤维素，增加肠道单糖和短链脂肪酸的吸收，为人体提供更多的能量，从而引起体重增加（Qin et al.，2010）。

肥胖人群体重减轻后，厚壁菌门的比例逐渐下降，拟杆菌门的比例逐渐上升，两个菌门的丰度接近健康体重人群。

（2）肠道菌群通过调节基因表达增加能量的存储

肠道菌群除使肥胖人群直接从饮食中获得更多能量外，还能直接调控人体脂肪合成、存储和利用有关基因的表达，通过改变人体脂质代谢，导致肥胖的发生。禁食诱导脂肪细胞因子（*fasting-induced adipocyte factor*，*FIAF*）基因具有抑制脂肪累积、促进脂肪氧化的作用。饥饿状态下，*FIAF* 受到诱导表达，活性明显升高。

无菌动物肠道中的 *FIAF* 基因不需要饥饿诱导，可以持续表达，因此，即使饲喂高脂肪饲料，无菌动物也不能有效地贮存积累脂肪，只能分解消耗脂肪，不会发生肥胖。如果使无菌动物恢复肠道菌群，*FIAF* 基因的表达活性会明显受到抑制，高脂肪饲料可使脂肪积累显著增加。如果敲除 *FIAF* 基因，无菌动物会像普通有菌动物一样失去对高脂肪饲料的抵抗力，喂食高脂肪饲料将会导致肥胖。

在肥胖患者肠道内，史氏甲烷短杆菌（*Methanobrevibacter smithii*）菌株异常富集，该菌不需要饥饿诱导，即可明显抑制 FIAF 的生成，从而加速肠道脂肪的吸收，增加甘油三酯在脂肪细胞中的贮存积聚，可促进肥胖的发生发展。

（3）肠道菌群代谢产物导致慢性炎症反应和全身代谢综合征

糖尿病和肥胖等代谢性疾病常伴有内毒素血症及低度炎症反应，肠道菌群失调与此密切相关。肠道菌群失调主要通过增加细菌内毒素和降低肠道中的短链脂肪酸引起肠道和全身组织的慢性炎症反应。

内毒素是革兰氏阴性菌细胞膜的主要脂质成分——脂多糖（lipopolysaccharide，LPS），人体内源性的脂多糖主要来源于肠道菌群中的革兰氏阴性细菌。肥胖患者肠道菌群中革兰氏阴性细菌明显增加，导致肠道黏膜 LPS 的吸收增加，LPS 可以和肠道上皮细胞或肠黏膜组织中巨噬细胞表面相应的 LPS 受体（CD14、Toll 样受体、TLR4）结合，经过髓样分化因子（myeloid differentiation factor，MyD）88 依赖的“MyD88—TNFα”途径及非 MyD88 依赖的途径激活 NF-κB 炎症通路，引起肠黏膜及全身组织的低度慢性炎症（Round et al.，2011）。

肥胖患者的高脂饮食可以导致肠道菌群发生改变，尤其是以硬壁菌门中的梭菌属 cluster Ⅳ和 XIVa［如直肠真杆菌（*Eubacterium rectale*）和普拉梭菌（*Faecalibacterium prausnitzii*）］丰度减少为主要特点，这些梭菌可发酵纤维素产生短链脂肪酸，这些梭菌丰度下降将导致肠黏膜短链脂肪酸尤其是丁酸含量减少。丁酸不仅可以作为营养物质被吸收，还可以降低肠道黏膜屏障的通透性，并抑制炎症反应。

肥胖患者菌群失调，因此这些可产生丁酸的梭菌属丰度明显下降，导致丁酸产生减少，激活炎症反应，并增加肠黏膜的通透性，损害肠黏膜屏障，进而导致更多 LPS 进入血液循环，加重内毒素血症和全身低度炎症反应。因此，肥胖可引起肠道菌群比例失调，导致 LPS 产生增多，短链脂肪酸产生下降，激活炎症反应，进而导致全身代谢综合征。

26.3.2　肠道菌群与过敏性疾病

过敏性疾病是全球近 30 年发病率上升最快的疾病之一，给家庭和社会带来了巨大的负担。过敏性哮喘、过敏性鼻炎和湿疹是过敏性疾病的不同表现。过敏性疾病是由肥大细胞和 T 淋巴细胞、B 淋巴细胞等多种免疫细胞参与的，是以气道黏膜平滑肌反应性过高或皮肤组织红肿为主要病理生理变化的急性或慢性炎症反应。目前主要采用糖皮质激素和受体拮抗剂进行对症治疗，但不能从根本上治愈过敏性疾病，而且不能遏制其持续增长的发病趋势。

虽然导致过敏性哮喘发病率不断攀升的根本原因尚未明确，但目前普遍认为肠道菌群在过敏性疾病的发生发展中具有重要作用，肠道菌群能够帮助婴幼儿形成适度的免疫耐受，如果免疫耐受功能发育不良，就容易对环境抗原产生过敏性反应（Mazmanian et al.，2005）。研究人员先后提出两种假说解释过敏性疾病的发生机制，下面分别简单介绍。

（1）过敏性疾病的发病机制——“卫生假说”

全球各地过敏性哮喘发病率不断攀升，其中发达国家发病率远远高于发展中国家。由于抗生素的使用和良好的食品卫生环境，发达国家儿童感染性疾病发病率明显低于发展中国家，而流行病学数据显示婴幼儿期间细菌、病毒等感染性疾病的发生率与过敏性疾病发生率呈明显负相关。据此提出的“卫生假说”（hygiene hypothesis）认为：过敏性哮喘的发生与婴幼儿期是否受到足够的细菌等微生物抗原的刺激有关，如果生活环境过分无菌洁净，将会导致婴幼儿期免疫耐受功能发育不良，容易形成对各种环境抗原和食物抗原的过敏性反应。

（2）过敏性疾病的发病机制——肠道菌群失衡与“微生物剥夺假说”

随着人类微生物组计划的开展，对过敏性疾病的发病机制研究又有了新认识。近几年研究发现，与健康儿童相比，过敏性哮喘患儿肠道菌群中的双歧杆菌和梭菌 cluster Ⅳ和 XIVa 的数量明显减少。据此，过敏性疾病的发病机制由“卫生假说”进一步发展为“微生物剥夺假说”，“微生物剥夺假说”认为，婴幼儿肠道菌群的正常定植对免疫耐受的形成具有重要作用，各种原因导致的婴幼儿肠道某些菌群缺失，可使免疫耐受异常，从而导致过敏性疾病的发生。

如果婴幼儿生活环境过分无菌洁净，或剖宫产剥夺了婴儿和产道细菌接触的机会，或婴儿期过早大量使用广谱抗生素，都会降低多种菌群在婴儿肠道的及时定植并建立健康平衡的肠道菌群的概率，从而增加过敏性疾病的发病率。

（3）肠道菌群失调引起过敏性疾病的机制

肠道菌群是通过 Treg 细胞影响肠黏膜免疫稳态的变化和 Th1/Th2 免疫平衡的。Treg 细胞是免疫耐受和调节的关键，足够数量的 Treg 细胞的分化成熟对抑制过敏反应和促进免疫耐受的形成具有重要作用。当 Treg 细胞数量不足时，其对机体内 Th1、Th17 和 Th2 的调控会受到影响，导致 Th1/Th2 失衡和过强的 Th17 反应，过强的 Th2 和 Th17 反应即可引发过敏性哮喘等疾病。肠道内正常菌群的生长和繁殖对 Th1/Th2 细胞、Treg 和 Thl7 的平衡起着重要的作用。

胎儿的肠道是无菌的，免疫系统尚未发育成熟，即处于免疫耐受状态。出生后，通过产道、皮肤、母乳饮食和环境接触等多种途径，婴儿肠道内逐步定植各种细菌，形成婴儿的肠道菌群。

随着新生儿肠道菌群的逐步建立和免疫系统的发育成熟，胎儿期的免疫耐受状态会逐渐向以抗微生物感染为主导的免疫平衡发展，表现为 Th1 的功能增强、Th2 的功能相对减弱，即过敏反应和自身免疫反应受到一定的抑制。

肠道菌群通过调节肠道黏膜 T 细胞的分化、发育成熟参与免疫系统平衡的过程。人 Treg 细胞的发育依赖于肠道菌群梭菌属 cluster Ⅳ和 XIVa 中多种细菌的协同作用，单独一种梭菌诱导 Treg 的能力有限。肠道梭菌通过发酵降解纤维素产生代谢产物短链脂肪酸，促进结肠调节性 T 细胞的分化发育（Atarashi et al.，2011）。另外，肠道菌群中脆弱拟杆菌的多聚糖也能够刺激具有抗炎属性的 Treg 细胞的分化增殖，Treg 细胞可分泌 IL-10 并参与抗炎症反应，维持 Th1/Th2 细胞、Treg 和 Thl7 细胞的平衡，从而抑制过敏性疾病的发生发展。

（4）过敏性疾病预防

抗生素的使用导致婴幼儿肠道中已经定植的肠道菌群结构改变，在婴幼儿期使用抗生素可造成肠道菌群失衡，引起梭菌 cluster Ⅳ和 XIVa 减少，导致调节性 T 细胞降低，增加童年期或成年期的哮喘、湿疹等过敏性疾病的发病率。即使停用抗生素，也很难恢复到健康婴儿的状态。如果婴儿期接受一个疗程的抗生素治疗，那么日后罹患过敏性哮喘的风险会增加 40%；如接受两个疗程的抗生素治疗，其过敏性哮喘风险会增加 70%。因此，婴儿期应慎用抗生素。母亲服用益生菌或增加饮食粗纤维含量可以改变婴儿肠道菌群的组成，提高降解食物纤维的梭菌比例，降低过敏性疾病的发病率。

26.3.3　肠道菌群与结直肠癌

结直肠癌是结肠癌和直肠癌的总称，为最常见的消化道恶性肿瘤之一，其发病率在欧美国家处于恶性肿瘤的第二位，在我国恶性肿瘤中居第三位，而且发病率呈逐年上升趋势，严重威胁人民健康。

结直肠癌是在遗传、免疫、饮食和生活习惯等多因素的长期作用下，结直肠黏膜上皮细胞逐渐癌变的结果。约 10%的结直肠癌患者有家族史，这些患者有明显的遗传倾向；约 90%的结直肠癌患者无家族史，这部分散发性结直肠癌的致癌因素目前尚不明确，本部分讨论的重点是散发性结直肠癌。

散发性结直肠黏膜上皮细胞癌变是一个复杂长期、多步骤多途径的过程，以肠上皮阶段性、进行性的分子遗传学改变和相应的细胞组织学改变为主要病理生理特征。多种致癌因素可引起结直肠黏膜上皮细胞的癌基因突变激活和/或抑癌基因如 *APC* 和 *P53* 等的功能失活，从而导致肠上皮细胞出现不及时凋亡和过度增殖的生长失控状态，由慢性炎症的不典型增生进展为癌前病变，并最终发展为结直肠癌（弗雷德里克斯，2014）。

（1）结直肠癌患者肠道菌群失调

肠道菌群是肠道上皮细胞内环境的最重要的参与者，它们与肠道黏膜上皮细胞相互作用，介导结直肠癌的发生发展。在结直肠慢性炎症和癌前病变阶段，常伴有肠道菌群结构改变；与健康人相比，结直肠癌患者肠道菌群在种类、数量和多样性等方面存在明显差异，表现为菌群多样性降低，而肠道菌群中的机会致病菌丰度升高，如肠球菌（*Enterococcus*）、志贺菌（*Shigella*）、克雷伯菌（*Klebsiella*）、链球菌（*Streptococcus*）、消化链球菌（*Peptostreptococcus*）、拟杆菌（*Bacteroides*）、普雷沃氏菌（*Prevotella*）、梭杆菌（*Fusobacterium*）、卟啉菌（Prophyromonas）及奇异菌（*Atopobium*）等，其中以梭杆菌的丰度增加尤为显著，其丰度常常升高至健康人的 100 倍以上；相反，结直肠癌患者肠道菌群中的乳杆菌、双歧杆菌丰度下降，特别是产丁酸的梭菌 cluster Ⅳ和 XIVa（如 Lachnospiraceae/*Roseburia*）在结直肠癌患者肠道菌群中明显减少。

（2）饮食结构是导致结直肠癌发生肠道菌群失调的主要因素

引起结直肠癌的肠道菌群失调的因素复杂多样，其中最主要的因素是患者的饮食结构，长期高脂肪少纤维饮食可引起肠道菌群失调，表现为肠道有益菌缺失、致病菌富集等菌群结构紊乱现象。在结直肠癌高发的美国，人均饮食中脂肪摄入占总热量的 41.8%，且以饱和脂肪为主。而结直肠癌低发的日本，人均脂肪摄入只占总热量的 12.2%，并以不饱和脂肪为主。与低脂饮食结构的人群相比，长期高脂饮食，尤其是以大量红肉和脂肪为主的饮食结构会导致肠道菌群中的乳杆菌、双歧杆菌和产丁酸的梭菌（Lachnospiraceae/*Roseburia*）丰度减少。而拟杆菌、普雷沃氏菌和梭杆菌等细菌丰度增加。

（3）肠道菌群结构的改变与结直肠癌的发生发展

虽然肠道菌群结构的改变与结直肠癌的发生发展关系密切，但目前尚不能明确两者之间的因果关系，是肠道菌群结构失调导致结直肠癌，还是结直肠上皮细胞癌变导致肠道菌群改变，需要进一步研究。

目前，主要有两种模型解释肠道菌群结构的改变与结直肠癌的发生发展之间的关系，第一种是“Alpha-bugs”模型，即“主要病菌”说。该学说认为结直肠癌的发生是由某些主要致病菌“Alpha-bugs”引起的，这些细菌或菌群持续地在结直肠癌的发生发展中起决定作用。这些致病菌可以通过吸附受体、侵入肠上皮细胞或分泌毒素等方式，引起肠道上皮慢性炎性损伤和非典型增生；同时可进一步诱导肠上皮细胞发生癌基因突变激活和抑癌基因突变失活，当上皮细胞基因突变累积到一定程度时即可诱发结直肠癌。

第二种是“司机乘客（Driver-passenger）”模型，该学说认为有两大类细菌先后在结直肠癌的发生发展中起决定作用，开始是一类原发司机致病菌或称驱动致病菌（driver），这些原发驱动致病菌可促使肠道上皮细胞癌变，癌变发生后肠道癌变组织周围的微环境发生变化，原发驱动致病菌会被一些更适宜在已改变的肠道肿瘤微环境中生存的机会性致病菌所替代，这些致病菌替代者被定义为乘客致病菌或称伴随致病菌（passenger），伴随致病菌对肿瘤的进展有促进作用。

由于结直肠黏膜上皮细胞癌变是一长期过程，肠道菌群失调在结直肠癌变之前、早期和晚期都存在，因此，不论是处在结直肠癌病程的哪个阶段，肠道菌群结构组成的改变都对结直肠癌的发生、发展具有重要作用。但是具体是哪些细菌的过度生长或缺失引发了结直肠癌，尚未有明确结论。

（4）细菌代谢产物介导黏膜上皮细胞 DNA 损伤及基因组的不稳定

肠道菌群失调引起肠道细菌代谢能力发生改变，粪肠球菌的某些菌株可产生高活性氧（reactive oxygen species，ROS），硫酸盐还原菌（sulfate-reducing bacteria）通过还原硫酸根离子来降解食物中的有机物，产生硫化氢气体。肠道细菌在高脂饮食的条件下，还可以产生大量次级胆汁酸。与健康人相比，这些致病菌在结直肠癌患者肠道菌群内的丰度明显增加，从而导致这些致癌毒性物质在肠道内环境聚集。

肠道内的活性氧、硫化氢和次级胆汁酸等物质，可造成细胞 DNA 的损伤及基因组的不稳定，还可导致肠上皮细胞癌基因突变激活和抑癌基因失活，并进一步诱导黏膜上皮细胞过度增生，导致结直肠癌；这些毒性物质的致癌作用还可以相互叠加，如次级胆汁酸可以增加活性氧的毒性，加速结直肠癌的发生发展。

（5）结直肠黏膜免疫稳态的变化

肠道菌群可调节肠道黏膜 T 细胞的分化、发育成熟，肠道菌群构成的改变会引起肠黏膜免疫稳态的变化。Treg 细胞是调节免疫反应的关键细胞，Treg 和 Th17 淋巴细胞的生物学功能相互拮抗，促炎的 Th17 细胞和抑炎的 Treg 细胞相互制约以维持平衡，Treg 的功能缺失，会出现 Th17 占优势的炎症反应，Th1 和 Th17 活性增加，从而产生更多的促炎细胞因子。

结直肠癌变早期，肠道菌群失调引起产肠毒素脆弱拟杆菌增加，从而促进 Th17 细胞的分化发育和 IL-17 的分泌，促使肠道组织发生以 Th17 占优势的炎症反应。同时，结直肠癌变早期常伴有梭菌属 cluster Ⅳ和 XIVa 等产丁酸菌丰度减少，丁酸产生的降低可使肠道调节性 T 细胞 Treg 减少，Treg 可通过 IL-10 和 TGF-β 抑制炎症反应，Treg 细胞的减少，可以进一步加重促炎的 Th17 细胞诱导的肠道炎症反应，促进结直肠癌的发生发展。

（6）激活肠道上皮细胞炎症信号通路

肠道菌群失调后，某些致病菌通过受体吸附、分泌毒素并侵入肠道上皮细胞等方式激活肠道上皮细胞炎症信号通路。结直肠中富集的梭杆菌 *Fusobacterium nucleatum* 对结直肠上皮细胞具有侵袭性，*Fusobacterium nucleatum* 产生的毒素 FadA 可与肠上皮细胞膜表面分子 E-cadherin 结合，引起 β 联蛋白（β-catenin）在肠上皮细胞核中过量积累，促进细胞增殖，进一步激活 NF-κB 和 Akt 炎症反应途径，导致肠道上皮细胞发生癌变。

26.4　调节肠道菌群防治慢性病

由于肠道菌群在代谢性疾病、过敏性疾病和结直肠癌等慢性病的发生发展中起着重要的作用，因此，肠道菌群可作为预防和治疗这些慢性疾病的新靶点。以肠道菌群为靶点进行慢性疾病干预，主要通过饮食或益生菌等纠正肠道菌群失调，从而减少毒素进入血液循环，减轻慢性炎症，达到防治这些慢性病的目的（Weinstock，2012）。

26.4.1　合理饮食防治慢性病

长期不合理的饮食结构是代谢性疾病、过敏性疾病和结直肠癌等慢性病的致病因素。高脂高热量饮食结构可以导致肠道菌群失衡，并可引起肥胖及相关的代谢病。

因此，科学、合理的饮食结构（热量限制和高纤低脂），可调节肠道菌群失衡，重建健康的肠道菌群结构，预防、缓解甚至逆转肥胖等代谢性疾病的发生发展。

（1）热量限制

我国自古就有吃七成饱可以养生长寿的说法。对肥胖或 2 型糖尿病患者进行严格的饮食控制，减少每日的热量摄入，可以使失衡的肠道菌群结构恢复到与健康人肠道菌群接近的状态，患者对胰岛素的敏感度趋于正常，同时还可以明显改善患者的血糖、甘油三酯和胆固醇等血液生化代谢指标。因此，热量限制是重新塑造健康肠道菌群、防治肥胖等代谢性疾病发生发展的有效途径。

（2）高纤低脂膳食

富含膳食纤维的饮食能够为肠道有益菌提供发酵底物，促使产丁酸菌富集。产丁酸菌以膳食纤维为能源合成丁酸，除为肠道细胞提供充足的养分外，还可加强肠道黏膜的屏障功能，降低肠道通透性，并可促进肠道免疫反应关键调节细胞 Treg 的发育成熟，从而维持肠黏膜的免疫稳态。

低脂饮食可抑制肠道有害菌的增殖，降低内毒素的产生，缓解内毒素所引发的炎症反应。因此，防治慢性病，要多食用富含纤维素的食物，减少脂肪摄入。

26.4.2 合理使用抗生素防治慢性病

除通过饮食调节肠道菌群外，还可以利用广谱抗生素，纠正肠道菌群紊乱引起的代谢综合征反应。

虽然滥用抗生素会打破健康肠道菌群的结构，影响肠道黏膜屏障的功能，引发肠道黏膜炎症和过敏性疾病，但合理使用抗生素也可降低肠道菌群有害致病菌的丰度，减少进入血液的内毒素，增加肠屏障功能，降低代谢性内毒素反应和全身慢性炎症。因此，利用抗生素可调节肠道菌群的结构，调控肠道菌群失调引起的继发不良反应，减缓疾病的发生发展。

26.4.3 益生菌、益生元防治慢性病

益生元是难以消化但能被肠道菌群发酵的一类碳水化合物，主要功能是能刺激人体有益菌群的生长。益生菌是可以定植在人体、对人类健康有益的一类活性微生物，益生菌制剂的核心成分是对人体有益的细菌，如乳杆菌和双歧杆菌等。益生菌制剂可为单一菌种或混合菌种制剂，当活菌摄入量足够时，益生菌可定植于肠道黏膜。

肥胖患者经复合益生菌制剂治疗，可减轻体重，并减轻肠道内毒素水平及全身慢性炎症反应、改善肥胖及相关代谢性疾病症状。因此，可以使用益生元和益生菌增加肠道菌群中有益细菌的丰度，抑制与代谢性疾病、过敏性疾病和结直肠癌等慢性病发生发展有关的有害细菌的生长繁殖，减缓或逆转慢性病的进程。

定植成功的益生菌成为肠道菌群的一部分，可通过合成具有抗致病菌作用的小分子或活性肽，抑制肠道有害病原菌的定植和增殖；或通过减少肠道黏液降解和增加黏液分泌；或修复肠道细胞间紧密连接，维持肠黏膜屏障的完整性；或通过抑制肠道黏膜炎症反应，发挥有利于人体健康、防治慢性病的有益效应。

26.4.4 粪便菌群移植防治慢性病

由肠道菌群严重失调所致的艰难梭菌相关性腹泻，常规应用万古霉素治疗，有效率仅为 30.8%；最近，采用粪便菌群移植（fecal microbiota transplantation）技术进行治疗，疗效明显提高，治愈率达到 80%以上，粪便菌群移植的治疗效果远远优于抗生素治疗。

粪便菌群移植技术是把健康人的肠道菌群移植到患者肠道内，并最终使其在患者肠道黏膜定植下来，恢复患者严重失衡的肠道菌群，治疗由菌群失调引起的多种疾病。过去仅仅依赖抗生素治疗肠道感染，属于简单的杀灭致病菌的对抗治疗方案，粪便菌群移植疗法转为调整肠道菌群的微生态治疗方案。

受到粪便菌群移植治疗艰难梭菌难治性腹泻可喜疗效的鼓舞，目前，已有应用粪便菌群移植技术治疗炎症性肠病、代谢综合征及过敏性疾病的多项研究被报道。

26.5 小　结

肠道菌群与人体在长期的共同进化过程中，形成了相互依赖、相互作用的关系。过敏性疾病、免疫性疾病、肥胖等代谢性疾病的发生发展均与肠道菌群有关。从肠道菌群微生态失衡的角度看，对于大部分患者而言，这些慢性疾病的始动病因是不合理的膳食结构，如果在慢性病早期，进行饮食和益生菌调理，及时去除肠道菌群失衡的主要危险因素，避免滥用抗生素，将对过敏性疾病、糖尿病、肥胖等代谢性疾病的预防和治疗具有重要意义。通过调节肠道微生态的平衡来预防和治疗慢性疾病，是今后生物医学领域的研究热点和应用方向。

参考文献

弗雷德里克斯 D N. 2014. 人体微生物组. 刘世利, 吴凤娟, 等, 译. 北京: 化学工业出版社.

Atarashi K, Tanoue T, Shima T, et al. 2011. Induction of colonic regulatory T cells by indigenous *Clostridium* species. Science, 331: 337-341.

Bckhed F, Ley　R　E, Sonnenburg J L, et al. 2005. Host-bacterial mutualism in the human intestine. Science, 307: 1915-1920.

Blaser M J, Falkow S. 2009. What are the consequences of the disappearing human microbiota? Nat Rev Microbiol, 7: 887-894.

De Filippo C, Cavalieri D, Di Paola M, et al. 2010. Impact of diet in shaping gut microbiota revealed by a comparative study in children from Europe and rural Africa. Proc Natl Acad Sci USA, 107: 14691-14696.

Mazmanian S K, Liu C H, Tzianabos A O, et al. 2005. An immunomodulatory molecule of symbiotic bacteria directs maturation of the host immune system. Cell, 122: 107-118.

Qin J, Li R, Raes J, et al. 2010. A human gut microbial gene catalogue established by metagenomic sequencing. Nature, 464: 59-65.

Round J L, Lee S M, Li J, et al. 2011. The Toll-like receptor 2 pathway establishes colonization by a commensal of the human microbiota. Science, 332: 974-977.

Weinstock G M. 2012. Genomic approaches to studying the human microbiota. Nature, 489: 250-256.

Wu G D, Chen J, Hoffmann C, et al. 2011. Linking long-term dietary patterns with gut microbial enterotypes. Science, 334: 105-108.

Zhu B L, Wang X, Li L J. 2010. Human gut microbiome: the second genome of human body. Protein Cell, 1: 718-725.